취득방법

시험과목

- 필기 : 굴착기 조종, 점검 및 안전관리
- 실기 : 굴착기 조정 실무

검정방법

- 필기 : 전과목 혼합, 객관식 60문항 (60분)
- 실기 : 작업형(6분 정도)

합격기준

- 필기 : 100점을 만점으로 하여 60점 이상
- 실기 : 100점을 만점으로 하여 60점 이상

시험일정

상시시험으로 자세한 일정은 Q-net(www.q-net.or.kr)에서 확인

출제경향

굴착기 운전을 위한 장비점검을 비롯하여 굴착기를 조종하여 안전하게 운전, 주행 및 작업할 수 있는 능력을 평가한다.

필기

과목명 : 굴착기 조종, 점검 및 안전관리

필기 검정방법 : 객관식 4지 택일형 60문항

시험시간 : 1시간

주요항목

점검	1. 운전 전·후 점검 2. 장비 시운전 3. 작업상황 파악
주행 및 작업	1. 주행 2. 작업 3. 전·후진 주행장치
구조 및 기능	1. 일반사항 2. 작업장치 3. 작업용 연결장치 4. 상부회전체 5. 하부회전체
안전관리	1. 안전보호구 착용 및 안전장치 확인 2. 위험요소 확인 3. 안전운반 작업 4. 장비 안전관리 5. 가스 및 전기 안전관리
건설기계관리법 및 도로교통법	1. 건설기계관리법 2. 도로교통법
장비구조	1. 엔진구조 2. 전기장치 3. 유압일반

실기

과목명 : 굴착기 조종 실무

실기 검정방법 : 작업형

시험시간 : 6분

주요항목 : 장비 시운전, 주행, 터파기, 깎기, 쌓기, 메우기, 선택장치 작업, 작업상황 파악, 운전 전 점검, 안전·환경관리, 작업 후 점검

다락원아카데미 편

다락원

머리말

최근 건설 및 토목 등의 분양에서 각종 건설기계가 다양하게 사용되고 있습니다.
건설 산업현장에서 건설기계는 효율성이 매우 높기 때문에 국가산업 발전뿐만 아니라, 각종 해외 공사에서도 중요한 역할을 수행하고 있습니다. 이에 따라 건설 산업현장에는 건설기계 조종인력이 많이 필요하고 건설기계 조종면허에 대한 효용가치도 높아졌습니다.

〈2024 원큐패스 굴착기운전기능사 필기〉는 '빠른 시간 안에 굴착기운전기능사 필기시험'을 준비하는 수험생들이 굴착기 운전에 대한 이론을 마스터하는 것에 중점을 두었습니다.
또한, 최근 굴착기운전기능사 출제기준 및 시험형태(CBT 형식)가 변경되면서 기존과는 다르게 난이도 높은 문제가 출제되고 있는 현실을 감안하여, 이론 요약에 더욱 심혈을 기울였습니다.

〈원큐패스 굴착기운전기능사 필기 특징〉

1. 핵심 이론 요약 정리

건설기계의 방대한 이론 중에서 출제기준에 부합하는 핵심만을 요약하여 상세한 일러스트와 함께 수록하였습니다.

2. 기출문제 분석에 따른 출제예상문제 수록

각 이론에 해당하는 출제예상문제는 기존 기출문제를 철저히 분석하여 출제 빈도가 높은 유형의 문제로 구성하였습니다.

3. CBT 기반 실전 모의고사 제공

CBT 시험과 유사하게 구성한 최종 마무리 실전 모의고사 3회를 수록하여 시험 직전 자신의 실력을 테스트할 수 있도록 하였으며, 별도로 CBT 모바일 모의고사 1회를 제공하여 모바일로 간편하게 모의고사를 풀어볼 수 있도록 구성하였습니다.

수험생 여러분들의 앞날에 합격의 기쁨과 발전이 있기를 기원하며, 이 책의 부족한 점은 여러분들의 조언으로 계속 수정, 보완할 것을 약속드립니다.

이 책에 대한 문의사항은
원큐패스 카페(**http://cafe.naver.com/1qpass**)로 하시면 친절히 답변해 드립니다.

개요

굴착기는 주로 도로, 주택, 댐, 간척, 항만, 농지정리, 준설 등의 각종 건설공사나 광산 작업 등에 활용된다. 이에 특수한 기술을 요하며, 또한 안전운행과 기계수명 연장 및 작업능률 제고 등을 위해 숙련기능인력 양성이 필요하다.

수행직무

건설현장의 토목 공사를 위하여 굴착기를 조종하여 터파기, 깎기, 상차, 쌓기, 메우기 등의 작업을 수행하는 직무이다.

진로 및 전망

주로 건설업체, 건설기계 대여업체 등으로 진출하며, 이외에도 광산, 항만, 시·도 건설사업소 등으로 진출할 수 있다. 굴착기 등의 굴착, 성토, 정지용 건설기계는 건설 및 광산현장에서 주로 활용된다.

이론

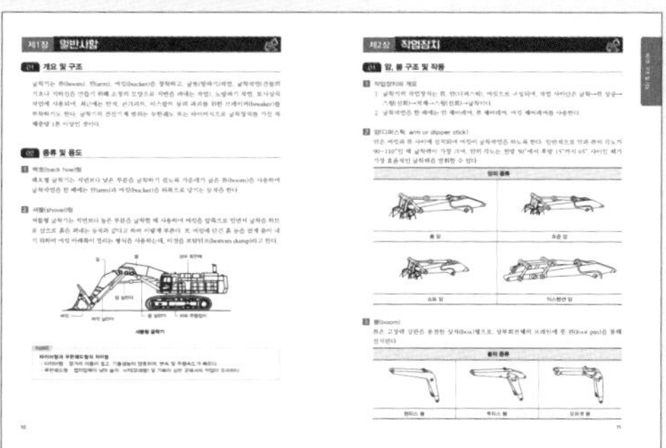

- 새롭게 변경된 출제기준에 맞추어 중요한 이론만을 간추려 핵심 요약 정리하였다.
- 반드시 암기하여야 할 개념만을 수록하였다.

출제 예상 문제

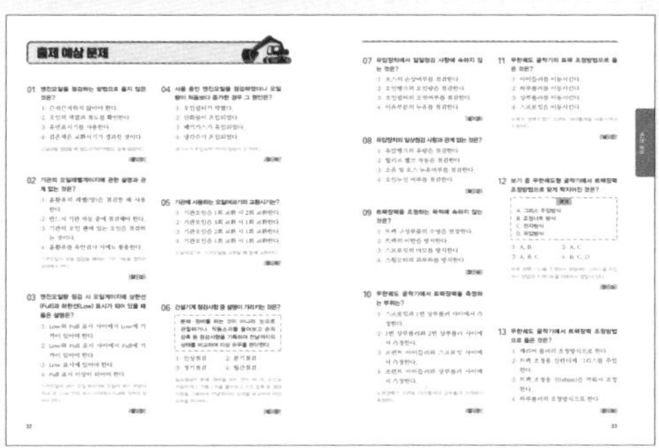

- 각 이론에 해당하는 출제예상문제를 수록하여 이론에 대한 이해도를 한층 높일 수 있도록 구성하였다.
- 기출문제의 철저한 분석을 통하여 출제 빈도가 높은 유형의 문제를 수록하였다.

최종 마무리 실전 모의고사 3회

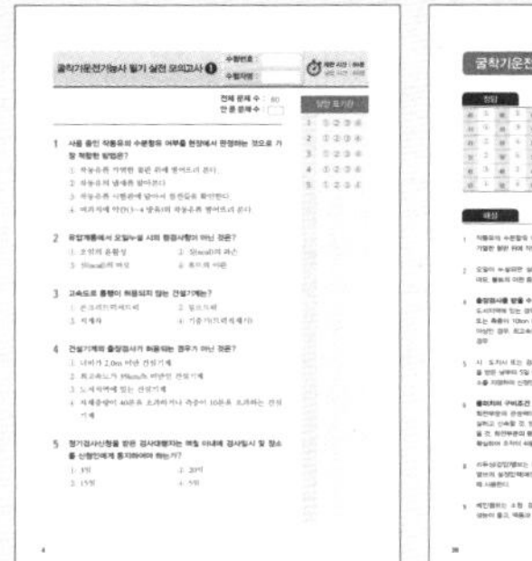

- CBT 시험과 유사하게 구성하여 시험 직전 실제로 자신의 실력을 테스트해 볼 수 있도록 구성하였다.

CBT 모바일 모의고사 1회

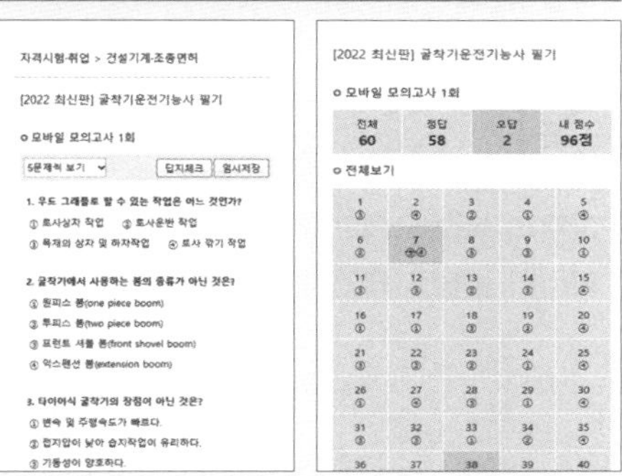

- 최종 마무리 실전 모의고사와 별도로 간편하게 모바일로 모의고사에 응시할 수 있도록 CBT 모바일 모의고사를 수록하였다.

차례

[이론]

[부록]

제1편

구조 및 기능

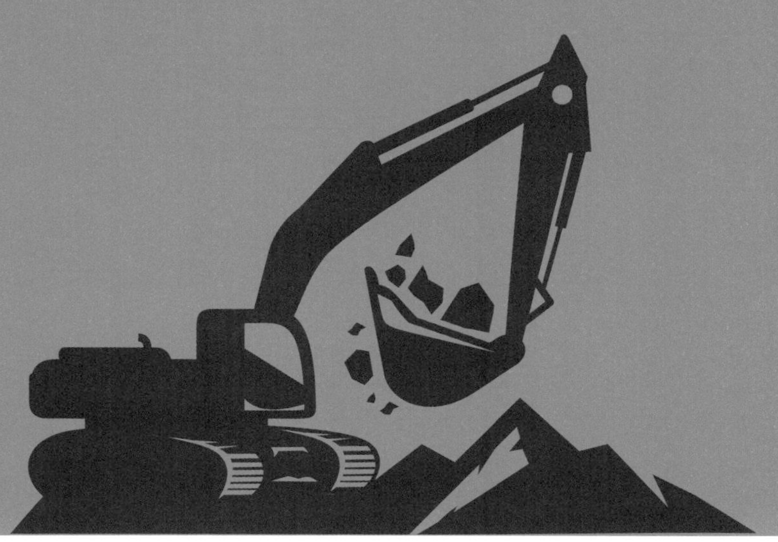

제1장 일반사항

01 개요 및 구조

굴착기는 붐(boom), 암(arm), 버킷(bucket)을 장착하고, 굴토(땅파기)작업, 굴착작업(건물의 기초나 지하실을 만들기 위해 소정의 모양으로 지반을 파내는 작업), 도랑파기 작업, 토사상차 작업에 사용되며, 최근에는 암석, 콘크리트, 아스팔트 등의 파괴를 위한 브레이커(breaker)를 부착하기도 한다. 굴착기의 건설기계 범위는 무한궤도 또는 타이어식으로 굴착장치를 가진 자체중량 1톤 이상인 것이다.

02 종류 및 용도

1 백호(back hoe)형

백호형 굴착기는 지면보다 낮은 부분을 굴착하기 쉽도록 가운데가 굽은 붐(boom)을 사용하며 굴착작업을 할 때에는 암(arm)과 버킷(bucket)을 뒤쪽으로 당기는 동작을 한다.

2 셔블(shovel)형

셔블형 굴착기는 지면보다 높은 부분을 굴착할 때 사용하며 버킷을 앞쪽으로 밀면서 굴착을 하므로 삽으로 흙을 퍼내는 동작과 같다고 하여 이렇게 부른다. 또 버킷에 담긴 흙 등을 쉽게 쏟아 내기 위하여 버킷 아래쪽이 열리는 형식을 사용하는데, 이것을 보텀덤프(bottom dump)라고 한다.

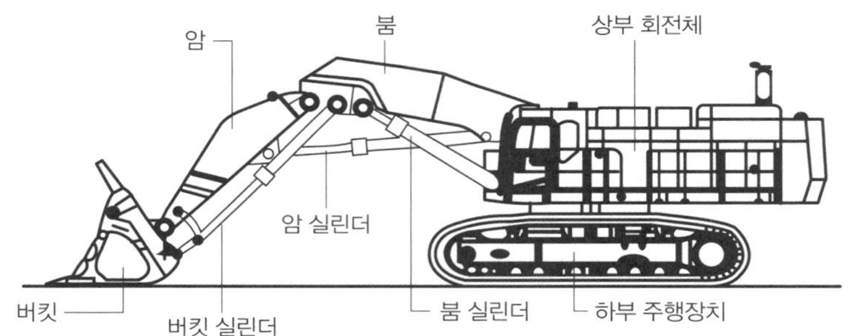

셔블형 굴착기

> **POINT**
>
> **타이어형과 무한궤도형의 차이점**
> - 타이어형 : 장거리 이동이 쉽고, 기동성능이 양호하며, 변속 및 주행속도가 빠르다.
> - 무한궤도형 : 접지압력이 낮아 습지·사지(모래땅) 및 기복이 심한 곳에서의 작업이 유리하다.

제2장 작업장치

01 암, 붐 구조 및 작동

1 작업장치의 개요

① 굴착기의 작업장치는 붐, 암(디퍼스틱), 버킷으로 구성되며, 작업 사이클은 굴착→붐 상승→스윙(선회)→적재→스윙(선회)→굴착이다.

② 굴착작업을 할 때에는 암 제어레버, 붐 제어레버, 버킷 제어레버를 사용한다.

2 암(디퍼스틱, arm or dipper stick)

암은 버킷과 붐 사이에 설치되며 버킷이 굴착작업을 하도록 한다. 일반적으로 암과 붐의 각도가 90~110°일 때 굴착력이 가장 크며, 암의 각도는 전방 50°에서 후방 15°까지 65° 사이일 때가 가장 효율적인 굴착력을 발휘할 수 있다.

암의 종류	
롱 암	표준 암
쇼트 암	익스텐션 암

3 붐(boom)

붐은 고장력 강판을 용접한 상자(box)형으로, 상부회전체의 프레임에 풋 핀(foot pin)을 통해 설치된다.

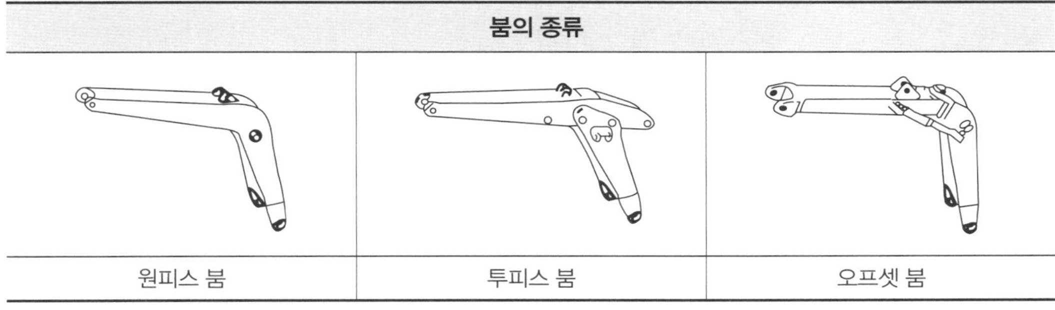

붐의 종류		
원피스 붐	투피스 붐	오프셋 붐

02 버킷의 종류 및 기능

버킷은 직접 굴착하여 토사를 담는 것으로 버킷 용량은 m^3로 표시한다. 버킷의 굴착력을 높이기 위해 투스(tooth)를 부착한다.

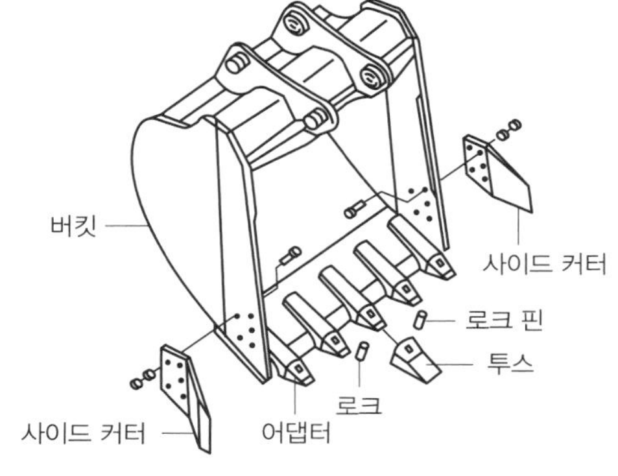

버킷의 구조

1 표준 버킷(standard bucket, 다목적 버킷)

일반적인 굴착, 도랑파기 등의 작업에 가장 널리 사용된다. 고강도의 열처리된 강을 사용하는 투스(tooth), 사이드 커터(side cutter) 및 마모 스트립(wear strip) 등이 버킷의 내마모성을 부여한다.

2 리퍼 버킷(ripper bucket)

굳은 땅·언 땅·콘크리트 및 아스팔트 파괴 또는 나무뿌리 뽑기, 발파한 암석파내기 등에 사용된다.

3 V형 버킷(V-shaped bucket)

주로 도랑파기 작업에 이용된다.

4 디칭 버킷(ditching bucket, 좁은 버킷)

폭이 좁은 버킷으로 파이프 등을 묻을 때 사용한다.

5 이젝터 버킷(ejector bucket)

점토작업을 할 때 버킷 안쪽 면에 부착된 점토를 탈착시킬 수 있는 버킷이다.

6 버킷 투스(버킷 포인트)

버킷의 굴착력을 증가시키기 위해 설치하며, 샤프형과 로크(록)형이 있다.

① 샤프형 투스(sharp type tooth) : 점토·석탄 등을 절단하여 굴착 및 적재할 때 사용한다.

② 로크형 투스(lock type tooth) : 암석·자갈 등을 굴착 및 적재작업에 사용한다.

제3장 작업용 연결장치(퀵 커플러[quick coupler])

1 작업용 연결장치의 정의

굴착기의 선택작업장치를 신속하게 분리 및 결합할 수 있는 장치이며, 종류에는 수동방식과 자동방식이 있다.

① 수동방식 : 버킷 핀의 잠금(locking) 장치를 볼트나 너트로 조이는 방식이다.
② 자동방식 : 운전석에서 솔레노이드 밸브(solenoid valve) 또는 조작레버로 유압실린더를 작동시켜 버킷 핀 잠금장치를 작동시키는 방식이다.

2 작업용 연결장치의 안전기준

① 버킷 잠금장치는 이중 잠금으로 할 것
② 유압 잠금장치가 해제된 경우 조종사가 알 수 있을 정도로 충분한 크기의 경고음이 발생할 것
③ 퀵 커플러 유압회로에 과다전류가 발생할 때 전원을 차단할 수 있어야 하며, 작동스위치는 조종사의 조작에 의해서만 작동되는 구조일 것

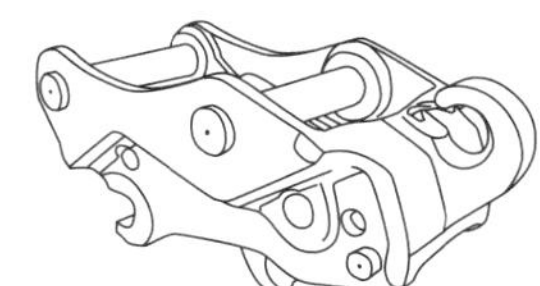
퀵 커플러

제4장 상부회전체

① 상부회전체는 하부주행장치의 프레임(frame) 위에 설치되며, 프레임 위에 스윙 볼 레이스(swing ball race)와 결합되고, 앞쪽에는 붐이 풋 핀(foot pin)을 통해 설치되어 있다.
② 선회고정장치(swing lock system)는 상부회전체에 설치되며, 주행 또는 작업 중 차체가 기울어져 상부회전체가 자연히 회전하는 것을 방지한다.
③ 카운터 웨이트(밸런스 웨이트, 평형추)는 작업을 할 때 굴착기의 뒷부분이 들리는 것을 방지한다.

제5장 하부주행체

무한궤도형 굴착기 하부주행장치의 동력전달순서는 엔진→유압펌프→제어밸브→센터조인트→주행모터→트랙이다.

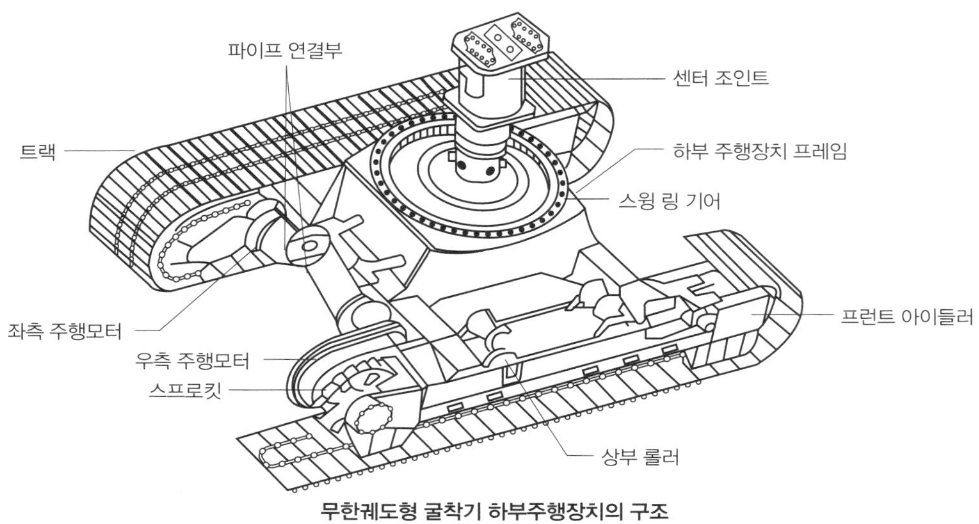

무한궤도형 굴착기 하부주행장치의 구조

1 센터조인트(center joint)

① 상부회전체의 중심부분에 설치되며, 상부회전체의 유압유를 하부주행장치(주행모터)로 공급해주는 장치이다.

② 상부회전체가 회전하더라도 호스, 파이프 등이 꼬이지 않고 원활히 송유한다.

2 주행모터(track motor)

① 센터조인트로부터 유압을 받아서 작동하며, 감속기어·스프로킷 및 트랙을 회전시켜 주행하도록 한다.

② 주행동력은 유압모터(주행모터)로부터 공급받으며, 무한궤도형 굴착기의 조향(환향)작용은 유압(주행)모터로 한다.

3 주행감속기어(travel reduction gear)

① 주행감속기어는 주행모터의 회전속도를 감속하여 견인력을 증대시켜 모터의 동력을 스프로킷으로 전달한다.

② 주행감속기어는 주행모터 피니언, 공전기어, 링기어 등으로 구성되어 있다. 주행모터 피니언과 공전기어 사이에서 감속이 되고 또 공전기어와 링기어 사이에서 감속되므로 공전기어를 2중 감속기어라고도 한다. 감속비는 약 4~5 : 1 정도이며 감속방법에는 베벨기어 형식과 유성기어 형식이 있다.

출제 예상 문제

01 굴착기로 할 수 없는 작업은 어느 것인가?

① 땅고르기 작업
② 차량토사 적재
③ 경사면 굴토
④ 준설작업

답 : ④

02 굴착기의 위치보다 높은 곳을 굴착하는 데 알맞은 것으로 토사 및 암석을 트럭에 적재하기 쉽게 디퍼 덮개를 개폐하도록 제작된 것은?

① 파워 셔블
② 기중기
③ 굴착기
④ 스크레이퍼

파워 셔블(power shovel)은 굴착기의 위치보다 높은 곳을 굴착하는 데 알맞으며, 토사 및 암석을 트럭에 적재하기 쉽게 디퍼(버킷)덮개를 개폐하도록 되어 있다.

답 : ①

03 트랙형 굴착기와 비교한 타이어형 굴착기의 장점에 속하는 것은?

① 굴착능력이 크다.
② 기동성능이 좋다.
③ 등판능력이 크다.
④ 접지압이 낮아 습지작업이 유리하다.

타이어형은 장거리 이동이 빠르고, 기동성능이 양호하다.

답 : ②

04 무한궤도형 굴착기와 타이어형 굴착기의 운전특성에 대한 설명으로 틀린 것은?

① 무한궤도형은 습지·사지에서의 작업이 유리하다.
② 타이어형은 변속 및 주행속도가 빠르다.
③ 무한궤도형은 기복이 심한 곳에서 작업이 불리하다.
④ 타이어형은 장거리 이동이 빠르고, 기동성이 양호하다.

무한궤도형은 접지압력이 낮아 습지·사지 및 기복이 심한 곳에서의 작업이 유리하다.

답 : ③

05 무한궤도형 굴착기의 장점으로 가장 거리가 먼 것은?

① 접지압력이 낮다.
② 운송수단 없이 장거리 이동이 가능하다.
③ 노면 상태가 좋지 않은 장소에서 작업이 용이하다.
④ 습지 및 사지에서 작업이 가능하다.

무한궤도형 굴착기를 장거리 이동할 경우에는 트레일러로 운반하여야 한다.

답 : ②

06 휠 형(wheel type) 굴착기에서 아워미터(hour meter)의 역할은?

① 엔진 가동시간을 나타낸다.
② 주행거리를 나타낸다.
③ 오일량을 나타낸다.
④ 작동유량을 나타낸다.

아워미터(시간계)는 엔진의 가동시간을 표시하는 계기이며, 엔진 가동시간에 맞추어 예방정비 및 각종 오일교환과 각 부위 주유를 정기적으로 하기 위해 설치한다.

답 : ①

07 굴착기의 3대 주요 구성요소로 가장 적당한 것은?

① 상부회전체, 하부회전체, 중간회전체
② 작업장치, 하부추진체, 중간선회체
③ 상부조정장치, 하부회전장치, 중간동력장치
④ 작업장치, 상부회전체, 하부추진체

굴착기는 작업장치, 상부회전체, 하부추진체로 구성된다.

답 : ④

08 굴착기에서 작업장치의 동력전달순서로 맞는 것은?

① 엔진→제어밸브→유압펌프→유압실린더 및 유압모터
② 유압펌프→엔진→제어밸브→유압실린더 및 유압모터
③ 유압펌프→엔진→유압실린더 및 유압모터→제어밸브
④ 엔진→유압펌프→제어밸브→유압실린더 및 유압모터

답 : ④

09 굴착기의 기본 작업 사이클 과정으로 맞는 것은?

① 선회→굴착→적재→선회→굴착→붐 상승
② 굴착→붐 상승→스윙→적재→스윙→굴착
③ 굴착→적재→붐 상승→선회→굴착→선회
④ 선회→적재→굴착→적재→붐 상승→선회

답 : ②

10 굴착기 버킷용량 표시로 맞는 것은?

① in^2 ② yd^2
③ m^2 ④ m^3

굴착기 버킷용량은 m^3로 표시한다.

답 : ④

11 굴착기의 버킷에서 굴착력을 증가시키기 위해 부착하는 것은?

① 노스
② 투스(포인트)
③ 보강 판
④ 사이드 판

버킷의 굴착력을 증가시키기 위해 버킷 앞부분에 투스(포인트)를 부착한다.

답 : ②

12 굴착기 버킷투스의 종류 중 점토, 석탄 등의 굴착작업에 사용하며, 절입성능이 좋은 것은 어느 것인가?

① 샤프형 투스(sharp type tooth)
② 롤러형 투스(roller type tooth)
③ 록형 투스(lock type tooth)
④ 슈형 투스(shoe type tooth)

버킷투스의 종류
- 샤프형 투스 : 점토·석탄 등을 절단할 때 사용하며 절입성능이 좋다.
- 록형 투스 : 암석·자갈 등을 굴착 및 적재작업에 사용한다.

답 : ①

13 굴착기 버킷투스의 사용 및 정비방법으로 틀린 것은?

① 샤프형은 점토, 석탄 등을 잘라낼 때 사용한다.
② 록형은 암석, 자갈 등의 굴착 및 적재 작업에 사용한다.
③ 버킷투스를 교환할 때 핀과 고무 등은 그대로 사용한다.
④ 마모상태에 따라 안쪽과 바깥쪽 투스를 교환하여 사용한다.

버킷투스를 교환할 때 핀과 고무 등은 신품으로 교체한다.

답 : ③

14 굴착기 붐(boom)은 무엇에 의하여 상부회전체에 연결되어 있는가?

① 테이퍼 핀(taper pin)
② 풋 핀(foot pin)
③ 킹 핀(king pin)
④ 코터 핀(cotter pin)

붐은 풋(푸트) 핀에 의해 상부회전체에 설치된다.

답 : ②

15 굴착기의 굴착작업은 주로 어느 것을 사용하는가?

① 버킷 실린더 ② 붐 실린더
③ 암 실린더 ④ 주행모터

굴착작업을 할 때에는 주로 암(디퍼스틱) 실린더를 사용한다.

답 : ③

16 굴착기의 굴착력이 가장 큰 경우는?

① 암과 붐이 일직선상에 있을 때
② 암과 붐이 45° 선상을 이루고 있을 때
③ 버킷을 최소작업 반경 위치로 놓았을 때
④ 암과 붐이 직각위치에 있을 때

암과 붐의 각도가 90~110° 정도일 때 가장 큰 굴착력을 발휘한다.

답 : ④

17 굴착기 작업장치의 연결부분(작동부분) 니플에 주유하는 것은?

① 그리스 ② 엔진오일
③ 기어오일 ④ 유압유

작업장치의 연결부분(핀 부분)의 니플에는 그리스(G.A.A)를 주유한다.

답 : ①

18 굴착기 작업장치의 핀 등에 그리스가 주유되었는지를 확인하는 방법으로 옳은 것은?

① 그리스 니플을 분해하여 확인한다.
② 그리스 니플을 깨끗이 청소한 후 확인한다.
③ 그리스 니플의 볼을 눌러 확인한다.
④ 그리스 주유 후 확인할 필요가 없다.

그리스 주유확인은 니플의 볼을 눌러 확인한다.

답 : ③

19 굴착기의 작업제어레버 중 굴착작업과 직접 관계가 없는 것은?

① 버킷 제어레버
② 스윙 제어레버
③ 암(스틱) 제어레버
④ 붐 제어레버

굴착작업을 할 때 사용하는 것은 암(스틱) 제어레버, 붐 제어레버, 버킷 제어레버이다.

답 : ②

20 굴착기가 굴착작업 시 작업능력이 떨어지는 원인으로 맞는 것은?

① 릴리프 밸브 조정불량
② 아워미터 고장
③ 조향핸들 유격과다
④ 트랙 슈에 주유가 안 됨

릴리프 밸브의 조정이 불량하면 굴착작업을 할 때 능력이 떨어진다.

답 : ①

21 굴착기의 붐 제어레버를 계속하여 상승위치로 당기고 있으면 어느 곳에 가장 큰 손상이 발생하는가?

① 엔진
② 유압펌프
③ 릴리프 밸브 및 시트
④ 유압모터

굴착기의 붐 제어레버를 계속하여 상승위치로 당기고 있으면 릴리프 밸브 및 시트에 가장 큰 손상이 발생한다.

답 : ③

22 굴착기의 상부회전체는 무엇에 의해 하부주행체와 연결되어 있는가?

① 풋 핀 ② 스윙 볼 레이스
③ 스윙모터 ④ 주행모터

상부회전체는 스윙 볼 레이스(swing ball race)에 의해 하부주행체와 연결되어 있다.

답 : ②

23 굴착기의 상부회전체는 몇 도까지 회전이 가능한가?

① 90° ② 180°
③ 270° ④ 360°

굴착기의 상부회전체는 360° 회전이 가능하다.

답 : ④

24 굴착기가 선회동작 시 유압유의 흐름을 나타낸 것이다. ( ) 안에 알맞은 것은?

> 유압펌프→제어밸브→브레이크 밸브→스윙모터→브레이크 밸브→( )→오일탱크

① 제어밸브
② 브레이크 밸브
③ 스윙모터
④ 유압펌프

답 : ①

25 굴착기 스윙(선회)동작이 원활하게 안 되는 원인으로 틀린 것은?

① 터닝조인트 불량
② 릴리프 밸브 설정압력 부족
③ 컨트롤 밸브 스풀 불량
④ 스윙(선회)모터 내부 손상

터닝조인트(turning joint)는 센터조인트라고도 부르며 무한궤도형 굴착기에서 상부회전체의 유압유를 주행모터로 공급하는 장치이다.

답 : ①

26 굴착기에 대한 설명으로 틀린 것은?

① 스윙 제어레버는 부드럽게 조작한다.
② 주행레버 2개를 동시에 앞으로 밀면 굴착기는 전진한다.
③ 센터조인트는 상부회전체 중심부분에 설치되어 있다.
④ 스윙모터는 일반적으로 기어모터를 사용한다.

굴착기의 스윙모터는 레이디얼 피스톤 모터를 사용한다.

답 : ④

27 굴착기 작업 시 안정성을 주고 굴착기의 균형을 잡아주기 위하여 설치한 것은?

① 붐　② 스틱
③ 버킷　④ 카운터 웨이트

카운터 웨이트(밸런스 웨이트, 평형추)는 작업할 때 안정성을 주고 굴착기의 균형을 잡아주기 위하여 설치한 것이다. 즉 작업을 할 때 굴착기의 뒷부분이 들리는 것을 방지한다.

답 : ④

28 타이어형 굴착기에서 유압식 동력전달장치 중 변속기를 직접 구동시키는 것은?

① 선회모터　② 토크컨버터
③ 주행모터　④ 기관

타이어형 굴착기가 주행할 때 주행모터의 회전력이 입력축을 통해 전달되면 변속기 내의 유성기어→유성기어 캐리어→출력축을 통해 차축으로 전달된다.

답 : ③

29 무한궤도형 굴착기에는 유압모터가 몇 개 설치되어 있는가?

① 3개　② 5개
③ 1개　④ 2개

무한궤도형 굴착기에는 일반적으로 주행모터 2개와, 스윙모터 1개가 설치된다.

답 : ①

30 무한궤도형 굴착기의 하부주행체 구성요소와 관련된 사항이 아닌 것은?

① 트랙 프레임　② 주행용 유압모터
③ 트랙 및 롤러　④ 붐 실린더

답 : ④

31 무한궤도형 굴착기의 구성부품이 아닌 것은?

① 유압펌프　② 오일 냉각기
③ 자재이음　④ 주행모터

자재이음은 타이어형 건설기계에서 구동각도의 변화를 주는 부품이다.

답 : ③

32 무한궤도형 굴착기의 하부추진체 동력전달순서로 맞는 것은?

① 엔진→제어밸브→센터조인트→유압펌프→주행모터→트랙
② 엔진→제어밸브→센터조인트→주행모터→유압펌프→트랙
③ 엔진→센터조인트→유압펌프→제어밸브→주행모터→트랙
④ 엔진→유압펌프→제어밸브→센터조인트→주행모터→트랙

답 : ④

33 굴착기의 상부선회체 유압유를 하부주행체로 전달하는 역할을 하고 상부선회체가 선회 중에 배관이 꼬이지 않게 하는 것은?

① 주행모터 ② 선회감속장치
③ 센터조인트 ④ 선회모터

센터조인트(center joint)
굴착기의 상부회전체의 회전 중심부분에 설치되어 있으며, 메인 유압펌프의 유압유를 주행모터로 전달한다. 또 상부회전체가 회전하더라도 호스, 파이프 등이 꼬이지 않고 원활히 공급한다.

답 : ③

34 무한궤도형 굴착기의 주행동력으로 이용되는 것은?

① 차동장치 ② 전기모터
③ 유압모터 ④ 변속기 동력

무한궤도형 굴착기의 주행동력은 유압모터(주행모터)로부터 공급받는다.

답 : ③

35 무한궤도형 굴착기 좌·우 트랙에 각각 한 개씩 설치되어 있으며 센터조인트로부터 유압을 받아 조향기능을 하는 구성품은?

① 주행모터
② 드래그 링크
③ 조향기어 박스
④ 동력조향 실린더

주행모터는 무한궤도형 굴착기 좌·우 트랙에 각각 한 개씩 설치되어 있으며 센터조인트로부터 유압을 받아 조향기능을 한다.

답 : ①

제2편
점검

제1장 운전 전·후 점검

01 작업환경 점검

1 굴착기 주기(주차)상태 확인

① 주기상태에서 버킷이 지면에 완전히 내려졌는지 확인할 것
② 주기 지면의 상태를 확인하고 필요하면 안전한 상태로 조치할 것
③ 굴착기의 잠금장치를 확인할 것
④ 안전수칙 준수여부를 확인할 것

2 굴착기를 트레일러로 운반할 때 주의사항

① 굴착기 운반용 트레일러의 안전작업 절차를 알아둘 것
② 미숙련자의 굴착기 운전으로 인한 사고요인을 파악할 것
③ 굴착기 뒷부분의 위험표지와 경광등을 부착할 것
④ 반입된 굴착기의 이상여부를 사전에 확인할 것
⑤ 상·하차할 때 운반용 트레일러의 위험요인을 분석할 것
⑥ 상·하차할 때 관리감독자 등 안전요원을 배치할 것
⑦ 안전모, 작업복, 작업화 등 안전보호구를 착용할 것

3 굴착기의 안전작업

① 안전교육을 실시하고, 작업계획을 수립할 것
② 안전보호구와 안전사고 관련사항을 숙지할 것
③ 안전장치 및 보조장치 이상여부를 확인할 것
④ 굴착기 정상작동 여부를 점검할 것
⑤ 작업장 주변상태 및 신호수와 배치상태 확인할 것
⑥ 작업 후 굴착기 이상여부를 확인할 것

3 굴착기 작업 반경 내의 위험요소 파악

① 지상구조물을 파악할 것
② 지하매설물을 파악할 것
③ 작업환경을 파악할 것
④ 작업 반경 내 위험요인을 파악할 것

02 오일 · 냉각수 점검

1 엔진오일 점검

(1) 엔진오일 압력경고등 점검

① 엔진오일 압력이 낮으면 엔진오일 압력경고등이 점등되거나 깜박거린다.

② 엔진오일 경고등이 점등되거나 깜박거리면 엔진오일의 양이 부족하거나 엔진오일의 상태가 불량한 경우이다.

엔진오일 압력경고등

③ 엔진오일이 부족하면 엔진 과열로 엔진의 수명에 영향을 줄 수 있다.

④ 엔진오일 경고등이 깜빡이면 즉시 엔진 가동을 정지하고 오일량을 점검한다.

(2) 엔진오일량 점검방법

① 굴착기를 평탄한 곳에 주기시킨 후 엔진의 가동을 정지시키고 15분 정도 기다린다.

② 엔진 덮개 고리를 풀고 덮개를 들어 올린다.

③ 유면표시기(oil level gauge)를 빼내서 깨끗한 걸레로 묻은 오일을 깨끗이 닦아낸 후 다시 끼워 넣는다.

④ 유면표시기를 다시 빼내어 오일량을 점검한다. 오일량은 유면표시기의 "FULL"표시와 "ADD" 표시 사이에서 유지되어야 한다.

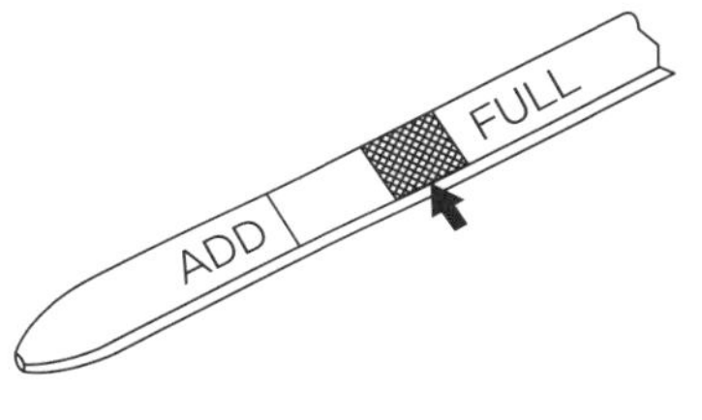

유면표시기

⑤ 유면표시기 상에서 "FULL" 표시 이상에 있으면 크랭크축이 엔진오일 내에 잠겨있게 된다. 이때 엔진은 과열되기 쉬우며, 높은 오일온도는 엔진오일의 윤활특성을 감소시킬 수 있다.

2 유압유의 양 점검방법

① 유압유가 뜨거운 상태에서 유압유 탱크의 보충 플러그를 열어서는 안 된다. 이 상태에서 보충 플러그를 열면 공기가 유압장치 내로 혼입되어 유압펌프 손상의 원인이 될 수 있다.

② 굴착기를 평탄한 지면에 주기시킨 다음 버킷을 지면에 내리고 암(디퍼스틱)을 수직으로 위치시킨다.

③ 유압유 탱크 접근 문을 연다.

④ 굴착기가 정상작동온도에 도달하기 전에는 유압유 탱크의 오일량을 저온범위에, 정상작동온도에 도달하면 유압유 탱크의 오일량을 고온범위에 유지시킨다.

⑤ 접근 문을 닫는다.

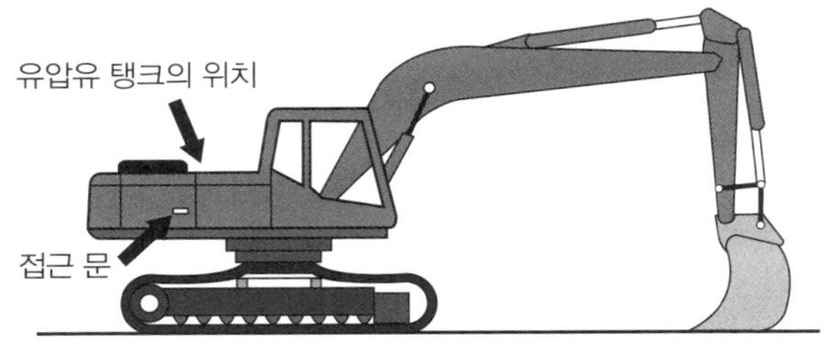

유압유 탱크 및 접근 문

3 냉각수 점검

① 엔진의 가동을 정지시킨다.
② 냉각수의 양을 점검할 때에는 라디에이터 캡을 손으로 만질 수 있을 만큼 충분히 냉각시킨다.
③ 냉각계통을 점검하기 전에 "운전하지 마시오." 또는 "위험점검 중"이라는 경고표시를 시동 스위치 또는 조종레버에 붙여서 점검하고 있는 것을 알려야 한다.
④ 냉각수가 정상이면 색깔은 파랗게 보인다. 너무 오랫동안 사용하여 색깔이 변하고 탁하게 보이면 엔진오일을 교체하듯이 냉각수도 교체한다.

03 구동계통 점검

1 타이어 점검

(1) 타이어의 마모 및 균열 점검

① 트레드의 부분적인 균열 및 과다마모를 점검한다.
② 트레드 일부가 떨어져 나간 부분이 있는지 점검한다.
③ 트레드 파손 및 공기압을 점검한다.
④ 트레드 원둘레 방향의 균열을 점검한다.
⑤ 타이어 숄더의 균열여부를 점검한다.

(2) 타이어의 공기압 점검

① 공기압이 부족하거나 과다하면 타이어 마모의 원인이 되므로 수시로 점검한다.
② 타이어 공기압은 온도 변화에 따라 수축·팽창하기 때문에 겨울에는 정상압력보다 약간 높게 유지한다.

2 트랙 점검

(1) 트랙의 장력점검

① 굴착기를 한쪽으로 기울이는 경우에는 굴착기를 안전지지대로 받치고 점검한다.
② 트랙은 링크·핀·부싱 및 슈 등으로 구성되고, 프런트 아이들러, 상·하부롤러, 스프로킷에 감겨져 있으며 스프로킷에서 동력을 받아 구동된다.

(2) 트랙의 유격점검

상부롤러와 프런트 아이들러 사이의 트랙 위에 곧은 자를 설치하고 처짐을 측정하며, 건설기계의 종류에 따라 다소 차이는 있으나 일반적으로 25~40mm 정도이다.

① 유격이 규정값보다 크면 트랙이 벗겨지기 쉽고 각종 롤러 및 트랙링크의 마멸이 촉진된다.

② 유격이 규정값보다 적으면 암석지대에서 작업을 할 때 트랙이 절단되기 쉬우며 각종 롤러, 트랙 구성부품의 마멸이 촉진된다.

(3) 트랙의 유격 조정방법

트랙의 유격을 조정하는 방법에는 2가지가 있으며, 2가지 모두 프런트 아이들러를 전진 및 후진시켜서 조정한다.

① 조정너트를 렌치로 돌려서 조정한다.(구형)

② 프런트 아이들러 요크 축에 설치된 그리스 실린더에 그리스(GAA)를 주입하거나 배출시켜 조정한다. 그리스를 실린더에 주입하면 트랙 유격이 적어지고, 그리스를 배출시키면 유격이 커진다.

(4) 트랙 장력(유격)을 조정할 때 유의사항

① 건설기계를 전진하다가 평지에 주기시킨다.

② 건설기계를 정지할 때 브레이크가 있는 경우에는 브레이크를 사용해서는 안 된다.

③ 2~3회 반복조정하여 양쪽 트랙의 유격을 똑같이 조정한다.

④ 한쪽 트랙을 들고서 늘어지는 것을 점검한다.

(5) 트랙을 분리하여야 하는 경우

① 트랙이 벗겨졌을 때

② 트랙을 교환하고자 할 때

③ 핀, 부싱 등을 교환하고자 할 때

④ 프런트 아이들러 및 스프로킷을 교환하고자 할 때

(6) 트랙이 벗겨지는 원인

① 트랙의 유격(긴도)이 너무 클 때

② 트랙의 정렬이 불량할 때(프런트 아이들러와 스프로킷의 중심이 일치되지 않았을 때)

③ 고속주행 중 급선회를 하였을 때

④ 프런트 아이들러, 상·하부 롤러 및 스프로킷의 마멸이 클 때

⑤ 리코일 스프링의 장력이 부족할 때

⑥ 경사지에서 작업할 때

제2장 장비 시운전

01 엔진 시운전

1 계기판 확인

각종 조작레버가 중립에 있는지 확인한 후 시동스위치를 키 박스에 꽂고 ON 위치로 돌려 아래의 사항을 점검한다.

① 부저가 약 2초간 울리고, 모든 경고등이 점등하는지 확인한다.

② 경고등 점검이 끝나면 약 5초 동안 클러스터 프로그램 버전이 LCD에 표시된 후 엔진 회전속도(rpm) 표시기능으로 되돌아간다.

③ 약 2초 후에는 다른 경고등은 소등되고 엔진오일 압력경고등과 충전경고등만 점멸된다.

2 엔진의 시동 후 난기운전(warming up)하기

굴착기의 적정 유압유 온도는 40~80℃ 정도이다. 유압유 온도가 25℃ 이하일 때 급격한 조작을 하면 유압장치에 고장이 발생할 수 있다. 작업을 하기 전에 유압유 온도가 25℃ 이상이 되게 난기운전을 실시한다.

① 엔진을 저속으로 5분 정도 공회전 시킨다.

② 엔진 회전속도를 증가시켜 중속회전으로 한다.

③ 버킷레버를 5분 정도 작동한다. 이때 버킷레버 이외에는 조작하지 않는다.

④ 엔진 회전속도를 최대로 하고 버킷레버 및 암레버를 5~10분 정도 작동한다.

⑤ 전체 실린더를 수차례 천천히 왕복시키고, 선회 및 주행조작을 가볍게 하면 난기운전이 완료된다. 겨울철에는 난기운전 시간을 연장한다.

02 구동부 시운전

1 무한궤도형 굴착기의 주행 자세

주행모터를 뒤쪽에 두고, 작업 장치는 앞쪽으로 한 상태로 주행한다. 하부주행장치와 상부회전체가 180° 선회한 상태에서는 주행방향이 반대로 되므로 주의한다.

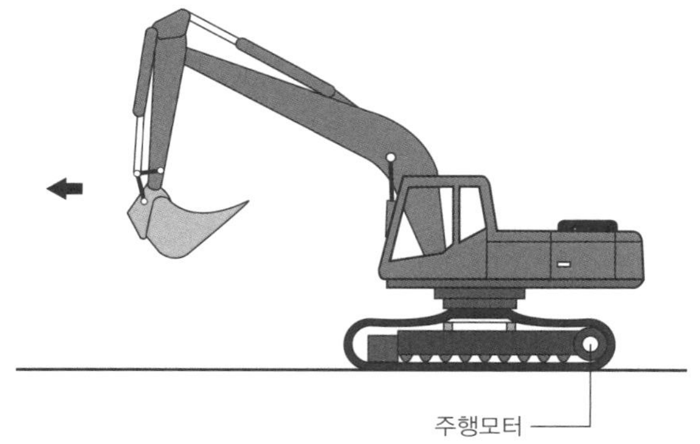

주행할 때의 자세

2 주행 조작방법

① 주행레버나 페달로 주행이 가능하며 어느 쪽을 사용해도 무방하다.

② 지면이 고르지 못하거나 장애물을 통과할 때는 굴착기 본체에 큰 충격이 가해지므로 엔진 회전속도를 낮추고 저속으로 주행한다.

3 직진 주행방법

① 좌·우 주행레버 또는 페달을 동시에 앞·뒤로 하여 전·후진한다.

② 주행속도는 주행레버 또는 페달의 조작정도에 따라 조절할 수 있고, 좌·우의 양을 조절함에 따라 완만한 방향전환도 가능하다.

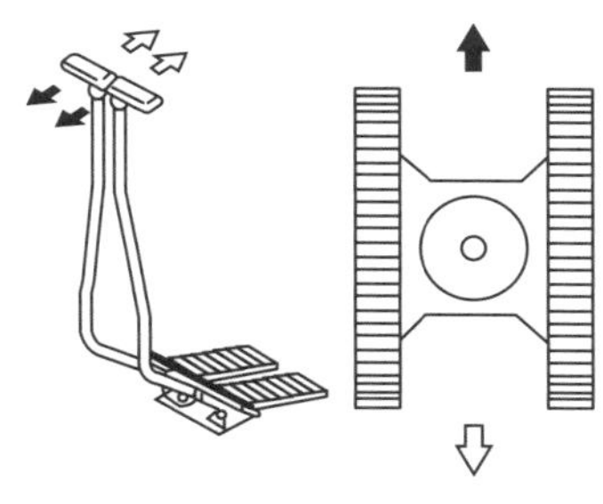

주행레버와 페달

4 경사지 주행방법

① 주행모터의 위치를 확인하여 주행레버의 조작방향이 틀리지 않도록 한다.

② 버킷을 지면에서 20~30cm 정도 들고 주행하며 긴급할 때 브레이크 역할을 할 수 있도록 한다.

③ 굴착기가 미끄러지거나 불안할 때는 즉시 버킷을 지면에 내려서 안전 대책을 취한다.

④ 경사지에서는 잠시 동안의 주·정차할 때에도 버킷을 지면에 내리고, 고임목을 받쳐준다.

제3장 작업상황 파악

01 작업공정 파악

1 작업공정

① 작업에서 수행해야 할 전반적인 절차와 작업물량, 작업일정, 작업내용, 작업종류, 작업지시사항, 연계작업 등을 포함한다.

② 공사의 시공기간 전반을 원활하고 순서대로 시행하기 위한 기준이 된다.

③ 각 부분공사의 작업량을 작업시간, 작업일수로 환산하여 작성한 공사의 일정이다.

2 작업공정계획표

① 건설공사를 하는 경우, 목적하는 건설물을 소정의 공사기간 내에 완성하기 위해 공사의 진행과정을 관리하는 것이 필요하며 이를 공정관리라고 한다. 이때 공정관리의 근거가 되는 문서가 작업공정계획표이다.

② 공정계획표는계획적인 공사를 진행시킨다. 공사의 진척사항을 파악하고, 인력·건설기계·경비 등을 조정관리하여 공사기간 내 공사를 완성시키기 위한 것이다.

③ 공사의 안전관리는 공정관리와 일체가 되어 추진되어야 한다. 이러한 의미에서 공정계획표는 공사의 안전관리를 추진하는 데 반드시 필요하다. 예를 들면 작업 간의 연락조정, 안전점검계획의 수립, 작업표준에 의한 작업 등도 공정표에 따라서 실시된다.

④ 작업공정계획표에는 주간공정계획표, 일간공정계획표, 연간공정계획표, 반기공정계획표, 공종별 공정계획표, 분기공정계획표 등이 있다.

⑤ 월간공정계획표는 월간계획에 따라 공사를 진행하고 공사의 진척상황을 파악하는 한편 인력·건설기계·경비 등을 조정·관리하는 것에 작성목적이 있다. 월간공정계획표에는 공사명과 기간을 비롯하여 각 공정에 따른 일자별 내용을 기재한다.

3 작업현장의 지형 · 지반의 특성 파악하기

① 작업 전에 지형, 지표(地表), 지하수, 용수(用水), 식생(植生) 등의 특성을 확인한다.

② 주변에서 미리 깎기 작업을 한 경사면을 확인한다.

③ 토질상태를 살펴서 배수상태, 지하수 및 용수의 상태를 확인한다.

④ 토사운반, 굴착면의 붕괴재해 예측을 확인한다.

⑤ 경사면, 법면의 경사도, 기울기 등을 고려하여 붕괴재해를 예측하고 확인한다.

⑥ 경사면의 상호작업 상황을 파악한다.

02 작업간섭사항 파악

1 연약지반의 파악

① 연약지반은 지반상부의 구조물의 하중을 지지하지 못하는 지반이다.

② 자연상태의 지반에 놓이는 하중의 크기가 매우 작은 경우 지반의 강도가 크지 않더라도 하중을 지지할 수 있으나 하중이 크면 지반의 강도가 크더라도 하중을 지지할 수 없는 경우가 있다.

③ 일반적으로 연약지반이라고 하면 정규압밀의 점토층, 유기질의 토층, 느슨한 실트층(silt layer), 느슨한 모래층, 느슨한 매립층 등을 의미한다.

2 지하매설물 안전대책

(1) 가스관 안전대책

① 굴착공사 착공 전에 관계기관의 협조를 받아 가스관 탐지기 등을 이용하여 가스관의 매설위치를 확인한다.

② 가스관의 매설위치를 표시한다.

③ 천공은 가스관 외면으로부터 1m 이상의 수평거리를 유지한다.

④ 노출된 가스관의 길이가 15m 이상이 되는 배관으로 매달기 방호조치가 되어 있는 경우에는 진동방지 기능을 목적으로 15m 이내의 간격으로 가로방향 방진조치를 한다.

⑤ 노출된 가스관 주위에는 가스가 누출될 때 이를 감지하기 위한 자동가스감지 및 경보장치 등을 설치하고 측정담당자를 지정하여 상시 점검하도록 한다.

⑥ 가스관 관리대장의 비치 및 관리자를 임명한다.

⑦ 가스배관 주위에서는 화기사용을 금지한다. 부득이 사용할 경우는 가스누출 여부의 확인과 안전조치를 취한 후 작업을 하여야 한다.

⑧ 노출된 가스관은 배관의 피복손상과 외부충격을 완화할 수 있는 고무판, 부직포 등을 사용하여 보호조치를 한다.

⑨ 가스관 근접장소에서의 화약 발파작업을 금지하며, 부득이 가스관 근접장소에서 작업을 하는 경우에는 비산 및 진동에 대비한 보호조치를 강구한 후 작업을 한다.

⑩ 가스밸브 위치 및 키 보관위치를 사전에 확인한다.

(2) 상수도관 안전대책

① 굴착공사 착공 전에 관계기관의 협조를 받아 공사구간 내에 매설된 상수도 도면 검토 후 탐지기를 사용하여 관로의 정확한 위치를 확인한다.

② 굴착공사 착공 전에 공사예정 구간 내의 지하매설 상수도관 현황도를 작성·비치한다.

③ 노출된 상수도관 및 굴착지점에 인접한 상수도관 중 해당지역 동결심도 미달로 인한 동결, 동파가 우려되는 상수도 시설물은 보온조치를 한다.

④ 노출된 관은 보온재로 덮고 표면을 비닐테이프 등으로 감아서 외부에서 물이 침입하지 않도록 한다.

⑤ 상수도 시설물에 직접 충격이나 하중이 작용하지 않도록 하고 미세한 손괴사항도 상수도관 관리기관과 협의 후 복구하고 후속공사를 진행한다.

⑥ 되메우기 작업을 할 때에는 파이프 및 피복도장 부위에 손상을 줄 우려가 있는 자갈이나 암석 등 이물질을 제거한 되메우기 흙을 사용하여 파이프의 양쪽 측면으로 되메우기를 실시한다.

⑦ 되메우기 전에 파이프 받침시설은 파이프 접합부분을 피하여 설치한다.

⑧ 파일을 제거할 때 진동 또는 지반침하로 토류판(土留板) 뒷면에 매설된 상수도관이 손상되지 않도록 조치한다.

⑨ 매달기 턴버클 등의 해체는 파이프의 기초가 마무리되고 파이프의 중심선까지 되메우기가 끝난 후 충격이 가지 않도록 서서히 해체하도록 한다.

⑩ 구부러진 파이프 부위 등 취약지점은 콘크리트 등으로 보호 공을 실시하여 추후에 이탈 등의 사고가 발생하지 않도록 한다.

(3) 하수도관 안전대책

① 기존 하수도관을 절단한 상태로 장기간 방치해서는 안 되며 대체시설은 우기를 감안하여 기존 하수도관 이상의 크기로 설치하여야 한다.

② 하수도관에 근접하여 굴착할 때에는 기존 하수도의 노후상태를 조사하여 적합한 보호대책을 강구하고 지반이완으로 하수도 연결부분에 틈이 생기는 일이 없도록 하여야 한다.

③ 굴착토사가 빗물받이에 유입되지 않도록 한다.

④ 공사용수를 하수도에 배수를 할 때에는 미리 토사를 침전시켜 토사가 하수도에 유입되지 않도록 한다.

⑤ 가설 하수도관을 설치할 때 기존 하수도관과의 연결부분은 틈이 생기지 않도록 하고 통수단면은 기존 하수도 단면 이하가 되지 않도록 한다.

⑥ 성토구간의 하수도 시설은 지반침하가 되지 않도록 기초를 설치하여야 한다.

3 전력 및 전기통신시설 안전대책

① 공사의 계획단계 등 착공 전에 전력 및 전기통신설비의 위치와 규모에 대해서 관계기관에 조회하고 실태파악을 한다.

② 브레이커에 의한 케이블 또는 관로의 파손방지를 위하여 케이블 매설장소 부근은 표면층을 제외하고는 인력굴착을 하고 공사착수 전에 시험굴착을 하도록 한다.

③ 지반개량 작업 중 약액 주입재료가 관로 안으로 유입되어 고결됨으로써 케이블의 설치작업이 불가능하게 되는 경우에 대비하여 사전에 관계기관과 공법, 시공시기, 대책 등에 대하여 협의한다.

④ 흙막이 지보공 토류판의 틈새로 토사가 유출되어 관로가 침하되는 것을 예방하기 위하여 굴착부근의 지반침하 및 관로의 방호상태를 점검하고 이상이 발견되면 응급처치를 함과 동시에 신속히 관계기관에 통보한다.

⑤ 굴착기로 굴착 중 굴착 깊이가 케이블 또는 관로의 토피보다 얕을 경우에도 버킷의 날 부분으로 관로가 손상될 우려가 있으므로 표지를 설치하거나 인력으로 굴착한다.

02 작업관계자간 의사소통

1 수신호를 통한 작업관계자와 의사소통

① 굴착기 작업현장 신호방법은 고용노동부 고시 "건설기계 표준 신호지침"에 의한다.
② 굴착기의 운전신호는 작업장의 책임자가 지명한 사람이 한다.
③ 신호수는 조종사와 긴밀한 연락을 취한다.
④ 신호수는 1인으로 하여 수신호, 호루라기 등을 정확하게 사용한다.
⑤ 신호수의 부근에서 혼동되기 쉬운 경음기, 음성, 동작 등을 해서는 안 된다.
⑥ 신호수는 조종사의 중간시야가 차단되지 않는 위치에 있어야 한다.
⑦ 신호수와 조종사 사이의 신호방법을 숙지한다.
⑧ 신호수는 굴착기의 성능, 작동 등을 충분히 이해하고 비상사태에서 응급처치가 가능하도록 항시 현장상황을 확인한다.

2 신호와 신호방법

신호		신호	
1. 안전하게 이동 : 호루라기를 짧게 불면서 한 손을 들고 손바닥을 진행방향으로 펴고 전후로 손을 흔든다.		**5. 긴급정지** : 호루라기를 짧게 연속으로 불면서 양손을 벌리고 높이 들어 흔든다.	
2. 오른쪽으로 : 호루라기를 길게 불면서 오른손을 위로 올려 옆으로 흔든다.		**6. 오른쪽으로 천천히 이동** : 호루라기를 짧게 불면서 오른손을 올리고 왼손을 좌우로 흔든다.	
3. 왼쪽으로 : 호루라기를 길게 불면서 왼손을 위로 올려 옆으로 흔든다.		**7. 왼쪽으로 천천히 이동** : 왼손을 올리고 오른손을 좌우로 흔든다.	
4. 정지 : 호루라기를 길게 불면서 한 손을 들고 조종사를 향해 높이 올린다.			

출제 예상 문제

01 엔진오일을 점검하는 방법으로 옳지 않은 것은?

① 끈적끈적하지 않아야 한다.
② 오일의 색깔과 점도를 확인한다.
③ 유면표시기를 사용한다.
④ 검은색은 교환시기가 경과한 것이다.

오일량을 점검할 때 점도(끈적끈적함)도 함께 점검한다.

답 : ①

02 기관의 오일레벨게이지에 관한 설명과 관계 없는 것은?

① 윤활유의 레벨(양)을 점검할 때 사용한다.
② 반드시 기관 작동 중에 점검해야 한다.
③ 기관의 오일 팬에 있는 오일을 점검하는 것이다.
④ 윤활유를 육안검사 시에도 활용한다.

기관오일의 양을 점검할 때에는 기관 가동을 정지한 상태에서 한다.

답 : ②

03 엔진오일량 점검 시 오일게이지에 상한선(Full)과 하한선(Low) 표시가 되어 있을 때 옳은 설명은?

① Low와 Full 표시 사이에서 Low에 가까이 있어야 한다.
② Low와 Full 표시 사이에서 Full에 가까이 있어야 한다.
③ Low 표시에 있어야 한다.
④ Full 표시 이상이 되어야 한다.

기관오일의 양은 오일게이지에 오일이 묻은 부분이 “Full”과 “Low”선의 표시 사이에서 Full에 가까이 있어야 한다.

답 : ②

04 사용 중인 엔진오일을 점검하였더니 오일량이 처음보다 증가한 경우 그 원인은?

① 오일필터가 막혔다.
② 산화물이 혼입되었다.
③ 배기가스가 유입되었다.
④ 냉각수가 혼입되었다.

냉각수가 혼입되면 엔진오일량이 증가한다.

답 : ④

05 기관에 사용하는 오일여과기의 교환시기는?

① 기관오일을 1회 교환 시 2회 교환한다.
② 기관오일을 3회 교환 시 1회 교환한다.
③ 기관오일을 2회 교환 시 1회 교환한다.
④ 기관오일을 1회 교환 시 1회 교환한다.

오일여과기는 기관오일을 교환할 때 함께 교환한다.

답 : ④

06 건설기계 점검사항 중 설명이 가리키는 것은?

> 분해·정비를 하는 것이 아니라, 눈으로 관찰하거나, 작동소리를 들어보고 손의 감촉 등 점검사항을 기록하여 전날까지의 상태를 비교하여 이상 유무를 판단한다.

① 일상점검 ② 분기점검
③ 정기점검 ④ 월간점검

일상점검은 분해·정비를 하는 것이 아니라, 눈으로 관찰하거나, 작동소리를 들어보고 손의 감촉 등 점검사항을 기록하여 전날까지의 상태를 비교하여 이상 유무를 판단한다.

답 : ①

07 유압장치에서 일일점검 사항에 속하지 않는 것은?

① 호스의 손상여부를 점검한다.
② 오일탱크의 오일량을 점검한다.
③ 오일필터의 오염여부를 점검한다.
④ 이음부분의 누유를 점검한다.

답 : ③

08 유압장치의 일상점검 사항과 관계 없는 것은?

① 유압탱크의 유량을 점검한다.
② 릴리프 밸브 작동을 점검한다.
③ 소음 및 호스 누유여부를 점검한다.
④ 오일누설 여부를 점검한다.

답 : ②

09 트랙장력을 조정하는 목적에 속하지 않는 것은?

① 트랙 구성부품의 수명을 연장한다.
② 트랙의 이탈을 방지한다.
③ 스프로킷의 마모를 방지한다.
④ 스윙모터의 과부하를 방지한다.

답 : ④

10 무한궤도 굴착기에서 트랙장력을 측정하는 부위는?

① 스프로킷과 1번 상부롤러 사이에서 측정한다.
② 1번 상부롤러와 2번 상부롤러 사이에서 측정한다.
③ 프런트 아이들러와 스프로킷 사이에서 측정한다.
④ 프런트 아이들러와 상부롤러 사이에서 측정한다.

트랙장력은 프런트 아이들러와 상부롤러 사이에서 측정한다.

답 : ④

11 무한궤도 굴착기의 트랙 조정방법으로 옳은 것은?

① 아이들러를 이동시킨다.
② 하부롤러를 이동시킨다.
③ 상부롤러를 이동시킨다.
④ 스프로킷을 이동시킨다.

트랙의 장력조정은 프런트 아이들러를 이동시켜서 조정한다.

답 : ①

12 보기 중 무한궤도형 굴착기에서 트랙장력 조정방법으로 맞게 짝지어진 것은?

보기
A. 그리스 주입방식
B. 조정너트 방식
C. 전자방식
D. 유압방식

① A, B ② A, C
③ A, B, C ④ B, C, D

트랙 장력(긴도)을 조정하는 방법에는 그리스를 주입하는 방법과 조정너트를 이용하는 방법이 있다.

답 : ①

13 무한궤도 굴착기에서 트랙장력 조정방법으로 옳은 것은?

① 캐리어 롤러의 조정방식으로 한다.
② 트랙 조정용 실린더에 그리스를 주입한다.
③ 트랙 조정용 심(shim)을 끼워서 조정한다.
④ 하부롤러의 조정방식으로 한다.

답 : ②

14 **무한궤도 굴착기에서 트랙장력이 약간 팽팽하게 되었을 때 작업조건이 오히려 효과적인 곳은?**

① 바위가 깔린 땅 ② 수풀이 우거진 땅
③ 진흙땅 ④ 모래땅

바위가 깔린 땅에서는 트랙장력을 약간 팽팽하게 하여야 한다.

답 : ①

15 **트랙장치의 트랙유격이 너무 커졌을 때 발생하는 현상은?**

① 주행속도가 빨라진다.
② 주행속도가 매우 느려진다.
③ 트랙이 벗겨지기 쉽다.
④ 슈판 마모가 급격해진다.

트랙유격이 커지면 트랙이 벗겨지기 쉽다.

답 : ③

16 **무한궤도 굴착기에서 트랙장력을 너무 팽팽하게 조정했을 때 미치는 영향과 관계 없는 것은?**

① 트랙링크의 마모가 촉진된다.
② 프런트 아이들러의 마모가 촉진된다.
③ 트랙이 이탈된다.
④ 스프로킷의 마모가 촉진된다.

트랙장력이 너무 팽팽하면 상·하부롤러, 트랙링크, 프런트 아이들러, 구동 스프로킷 등 트랙부품이 조기 마모된다.

답 : ③

17 **무한궤도 굴착기에서 주행 충격이 클 때 트랙 조정방법으로 옳지 않은 것은?**

① 굴착기를 전진하다가 정지시킨다.
② 브레이크가 있는 경우에는 브레이크를 사용해서는 안 된다.
③ 2~3회 반복 조정하여 양쪽 트랙의 유격을 똑같이 조정한다.
④ 장력은 일반적으로 25~40cm이다.

트랙유격은 일반적으로 25~40mm이다.

답 : ④

18 **무한궤도식 굴착기에서 트랙이 자주 벗겨지는 원인과 관계 없는 것은?**

① 유격(긴도)이 규정보다 크다.
② 트랙의 상·하부롤러가 마모되었다.
③ 트랙의 중심정렬이 맞지 않았다.
④ 최종구동기어가 마모되었다.

답 : ④

19 **무한궤도식 굴착기에서 트랙을 분리하여야 할 경우에 속하지 않는 것은?**

① 트랙을 교환하고자 할 때
② 아이들러를 교환하고자 할 때
③ 스프로킷을 교환하고자 할 때
④ 상부롤러를 교환하고자 할 때

트랙을 분리하여야 하는 경우는 트랙을 교환할 때, 스프로킷을 교환할 때, 프런트 아이들러를 교환할 때 등이다.

답 : ④

20 **무한궤도형 굴착기의 주행 불량의 원인과 관계 없는 것은?**

① 한쪽 주행모터의 브레이크 작동이 불량할 때
② 유압펌프의 토출유량이 부족할 때
③ 트랙에 오일이 묻었을 때
④ 스프로킷이 손상되었을 때

답 : ③

제3편

주행 및 작업

제1장 주행

01 주행성능 장치 확인

1 운전석에서 시야 확보

(1) 운전실 앞면 시야 확보의 필요성

운전실 안쪽에 부착된 개폐방법을 사용설명서를 통해 사전에 숙지하여 안전한 시야를 확보할 수 있도록 하는 것이 중요하다.

(2) 시야 확보를 위한 유리창 세척

① 운전석 앞 유리창을 청소한다.
② 운전석 옆과 뒷면 유리창을 청소한다.
③ 겨울철에는 유리창의 성애 제거를 한다.
④ 유리창 작동여부를 점검한다.
⑤ 운전 중에는 와이퍼를 사용하여 시야를 확보한다.

2 측면과 후방의 시야 확보

(1) 시야 확보의 중요성

사람의 접근과 주변구조물 등과의 충돌을 방지하기 위해 후사경은 중요한 역할을 한다. 운전자의 시야 확보는 안전한 작업을 위해 매우 중요하다.

(2) 시야 확보를 위한 카메라 설치

① 굴착기에는 3개의 카메라를 장착할 수 있다. 디스플레이(display) 사용설명서를 참조하여 설정하는 방법과 사용방법을 미리 숙지한다.
② 카메라 작동화면 설정
- 작동화면에서 ESS/CAM 스위치를 누르면 첫 번째로 지정한 카메라 화면이 나타난다.
- 선택스위치를 시계방향으로 돌리면 다음 순서의 카메라 화면이 표시되고 반시계 방향으로 돌리면 이전 순서의 카메라 화면이 표시된다.
- 선택스위치를 누르면 표시 화면이 확대된다.

02 작업현장 내 · 외 주행

1 굴착기 이동여건 파악하기

① 타이어형 굴착기인 경우 이동을 위한 주변교통 여건을 파악한다.
② 안전사고 예방을 위해서 작업 반경 내에 보행자와 작업자의 동선을 파악한다.
③ 시설물 파손을 예방하기 위하여 주변 장애물을 확인한다.

2 타이어형 굴착기가 도로를 주행할 때 주의사항

① 교통법규를 지킨다.
② 도로를 주행할 때 안전을 위해 급출발 및 급제동을 삼간다.
③ 운전조작은 천천히 확실하게 한다.
④ 차량 사이의 안전거리를 확보한다.

3 도로주행방법

(1) 굴착기 주행속도

타이어형 굴착기는 차량의 주행속도보다 느리며 자체중량이 크므로 전복위험이 있다. 따라서 도로를 주행할 때에는 안전한 주행이 요구되므로 교통법규에 대한 지식을 익혀 안전운행에 만전을 기해야 한다.

(2) 차선과 진로변경

① 지정차선 통행의 원칙
- 도로의 중앙 우측부분에 2개 이상의 차선을 설치한 경우 및 일방통행도로에서 2개 이상 차선이 있을 때에는 통행차량 기준에 따른 지정차선에 따라 통행하여야 한다.
- 차선에 따른 차량의 흐름보다 현저하게 낮은 속도로 진행할 때에는 우측 차선으로 통행할 수 있다.

② 진로의 변경 : 진로를 변경하고자 할 때에는 그 행위를 하고자 하는 지점에 이르기 전 30m (고속도로 100m) 이상의 지점에 이르렀을 때부터 신호를 하여야 한다.

③ 주행속도와 차량사이 거리 – 주행속도의 준수
- 법정 주행속도 또는 제한속도를 지켜야 하며, 최고 주행속도를 초과하거나 최저에 미달되는 주행속도로 주행해서는 안 된다.
- 모든 차량은 같은 방향으로 가고 있는 앞 차량의 뒤를 따를 때에는 앞 차량이 갑자기 정지하더라도 앞 차량과 충돌을 피할 수 있는 안전한 차량사이 거리를 확보하여야 하며, 차량사이의 거리는 정지거리와 같은 정도의 거리이다.

(3) 신호와 교차로 통행방법

① 신호·지시에 따를 의무 : 차마는 신호기, 안전표지가 표시하는 신호 또는 지시와 교통정리를 하는 경찰공무원 등의 신호 또는 지시에 따라야 한다.

② 교차로 통행방법

- 좌회전할 때에는 미리 도로의 중앙선을 따라 교차로 중심·안쪽으로 서행하여야 한다.
- 우회전할 때에는 미리 도로의 우측 가장자리를 따라 서행해야 한다.
- 좌회전하려는 차량은 그 교차로를 직행하거나 우회전하려는 차량이 있을 때에 그 차량의 진행을 방해해서는 안 된다.
- 직진하려 하거나 우회전하려는 차량은 이미 교차로 내에서 좌회전하고 있는 차량이 있을 때에 그 차량의 진행을 방해해서는 안 된다.

제2장 작업

01 깎기

깎기는 굴착기를 이용하여 작업지시사항에 따라 부지조성을 하기 위해 흙, 암반구간 등을 깎는 작업이다. 깎기 작업의 종류에는 일반적인 깎기 작업, 경사면(부지사면) 깎기 작업, 암반구간 깎기 작업, 상차작업 등이 있다.

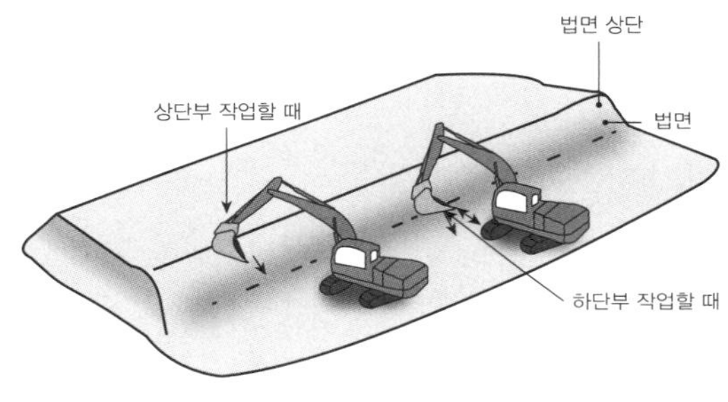

깎기 작업

1 작업 전 준비사항

(1) 작업순서 파악

① 작업계획서에 따라 작업순서, 작업방법, 작업안전, 장애물(간섭) 요인을 확인한다.

② 굴착기의 구조 및 성능, 작업특성, 작업 반경, 붐(boom), 버킷(bucket) 선회작업 범위를 파악한다.

(2) 굴착기 주변상황 파악

① 운전 전 점검을 위해 굴착기 주기(주차) 상태를 확인한다.

② 굴착기 작업 반경 내의 위험요소를 점검한다.

③ 주변시설물의 손괴방지를 위해 시설물의 위치를 확인한다.

2 조종사 사용설명서의 기재사항 확인

① 굴착기 조종사의 조작미숙으로 작업 중 작업자나 구조물 등과 충돌 등의 사고를 예방하기 위해 조종사의 능력을 확인한다.

② 법면, 토질이나 지층상태를 사전에 꼼꼼하게 점검하여 작업 중 붕괴사고 등을 일으키는 위험요소를 사전에 파악하고 조치한다.

③ 굴착법면의 굴착구배의 기준 등을 사전에 파악하여 법면의 붕괴 등 위험요인을 사전에 방지할 수 있도록 확인하고 조치한다.

④ 작업 반경 내 전선의 위치, 공사주변의 구조물, 지장물체, 연약지반 등을 파악하여 사전에 관계자와 협의하여 안전을 확보한다.

⑤ 작업자 개인의 건강상태를 확인한다. 과로나 음주운전은 사고의 위험으로부터 보호하는 능력이 떨어지므로 작업에 투입하지 않는다.

⑥ 일상점검 내용을 사전에 파악하여 굴착기의 상태를 확인한다.

⑦ 주기는 평탄하고 안전하다고 판단되는 곳에 정확하게 한다.

⑧ 굴착기의 주기상태를 확인하여 이상이 있는 경우에는 조치하여 문제를 해결하고 작업에 투입한다.

⑨ 경사면에 주기하면 하중으로 인해 전복할 수 있다.

⑩ 주기시키고 떠날 때는 버킷(bucket)을 지면에 완전히 내리고, 조종레버(lever)를 중립으로 한 후 시동스위치를 OFF 한 후 시동스위치를 빼서 보관한다.

⑪ 운전실 등 잠금장치를 확인한 후 자리를 이동한다.

⑫ 연약지반은 굴착기의 무게로 인해 지반이 침하하여 굴착기를 손상시킬 수 있으므로 연약지반은 피한다.

⑬ 낙석, 산사태, 물에 잠길 위험은 없는지 확인한다.

3 굴착기 조종방법

(1) 암(arm) 펴기

① 붐 레버를 뒤로 당기면 붐이 올라가고, 암 레버를 앞으로 밀면 앞쪽으로 뻗어진다.

② 암 레버를 앞으로 더 밀면 암이 완전히 앞으로 뻗어진다.

③ 버킷 레버를 오므리면 버킷이 채굴 위치로 들어간다.

(2) 파기

암 레버를 당겨서 암을 오므림과 동시에 붐 레버를 당기면서 채굴 깊이를 조종한다.

(3) 버킷 올리기

흙을 버킷으로 채굴을 했으면 붐 레버를 당겨 붐을 서서히 올린다.

02 쌓기

쌓기란 터파기와 깎기 작업에서 발생한 돌, 토사를 후속작업에 지장이 없도록 조치하여 쌓아 놓는 것으로 흙 쌓기, 돌 쌓기, 야적 쌓기 작업이 있다.

쌓기 작업

1 작업 전 준비사항

(1) 작업지시사항 파악

공정표 및 작업지시사항과 작업내용을 확인하고, 도면 및 현장을 확인하여 작업여건을 확인한다.

(2) 작업순서 파악

작업계획서에 따라 작업순서, 작업방법, 작업안전, 장애물(간섭) 요인을 확인한다.

(3) 쌓기 작업을 할 때 주의사항

① 굴착기를 사전점검하여 기계적 위험성을 제거하고 안전표지를 부착한다.
② 굴착기의 작업 반경, 붐, 버킷 선회 작업범위와 용량 및 용도를 확인하고 성능 및 작업특성을 맞춘다.
③ 안전장치(버킷링크 안전핀)를 부착하고 작동 여부 및 이상결함 여부를 확인한다.
④ 차량계 건설기계(덤프트럭 등) 작업계획서의 내용을 확인한다.
⑤ 작업할 때 주의사항을 확인하고 조치한다.
- 작업 반경 내 관계자 이외 인원의 출입을 통제하기 위한 방책 및 펜스를 설치한다.
- 작업복, 안전모, 안전화 등의 착용상태를 확인한다.
- 주변의 안전을 확인하고 굴착기에 승차한다.
- 굴착기에 승차하거나 하차할 때에는 반드시 양손과 한 발, 또는 한 손과 양발을 사용한다.

2 돌 또는 토사를 놓을 위치 파악

(1) 쌓기 작업을 시작할 곳의 위치 점검

① 산 : 지반높이 및 지질을 점검하고 선형을 확인한다.
② 하천 : 강줄기의 물 흐름 상태와 구조물의 시작과 끝 위치를 확인한다.

(2) 쌓기 재료의 위치 선정

① 터파기와 가까운 장소일 것
② 쌓기 재료 때문에 다른 작업에 방해가 되지 않는 장소일 것
③ 주변의 민원이 발생하지 않는 장소일 것
④ 장시간 재료를 방치하여도 문제가 발생되지 않는 장소일 것
⑤ 재료를 활용할 수 있게 운반길 옆에 장소할 것

(3) 쌓기 작업방법

① 밑에서 돌 쌓기를 할 경우 재료는 터파기한 곳의 반대쪽으로 한다.
② 돌, 토사 쌓기 작업이 쉽도록 주변의 장애물을 정리한다.
③ 보행자의 통행에 방해가 되지 않도록 통행로를 확보한다.
④ 돌이나 토사의 쌓기 작업을 위하여 현장 내에 작업통로를 확보한다.

03 메우기

메우기란 부지, 관로, 조경시설물, 도로를 완성시키기 위해 돌, 흙, 골재, 모래 등으로 빈 공간을 채우는 작업이다.

메우기 작업

1 작업 전 준비사항

(1) 작업순서 파악

작업계획서에 따라 작업순서, 작업방법, 작업안전, 장애물(간섭) 요인을 확인한다.

(2) 작업할 때 신호체계와 작업안전 파악

① 작업을 시작하기 전에 작업 책임자에게 신호방법을 확인해 둔다.
② 동료와의 신호는 수기(手旗)나 몸을 크게 사용한다. 정해진 동작으로 알기 쉽도록 전달한다.
③ 작업하는 동료가 잘 보이지 않는 곳에 있을 때는 신호방법을 확인해 둔다.
④ 작업을 시작하기 전에 확인해 둔다.
⑤ 굴착기의 작업 반경, 붐, 버킷 선회작업 범위를 파악하고 구조 및 성능, 작업특성을 맞춘다.

2 작업에 필요한 돌·흙·골재 및 모래의 양 파악하기

(1) 메우기 재료의 구비조건

① 압축성이 적을 것
② 팽창성이 없을 것
③ 배수성이 좋을 것
④ 동결저항력이 좋을 것

(2) 메우기 작업을 할 때 주의사항

① 안전한 메우기 작업을 위하여 신호수를 배치한다.
② 시공한 매설물의 파손을 방지하기 위하여 매설물의 위치를 파악한다.
③ 기존의 지하매설물의 파손을 방지하기 위하여 지하매설물의 위치를 파악한다.
④ 메우기 작업을 위한 굴착기의 통행로를 확보한다.
⑤ 지반침하를 방지하기 위하여 표토제거 작업을 수행한다.

04 선택장치 연결

1 선택작업장치의 정의

굴착기의 주요작업장치는 굴착기의 본체와 붐, 암, 버킷이며, 선택작업장치는 암(arm)과 버킷에 작업용도에 따라 옵션(option)으로 부착하여 사용한다.

2 선택작업장치의 종류

(1) 브레이커(breaker)

브레이커는 정(chisel)의 머리 부분에 유압방식 왕복해머로 연속적으로 타격을 가해 암석, 콘크리트 등을 파쇄하는 장치로 유압해머라 부르기도 한다. 공유압 플런저를 이용한 것과 전동 기관의 크랭크를 이용한 것이 있으며, 공유압방식이 파쇄하는 힘이 커 가장 많이 보급되어 있다.

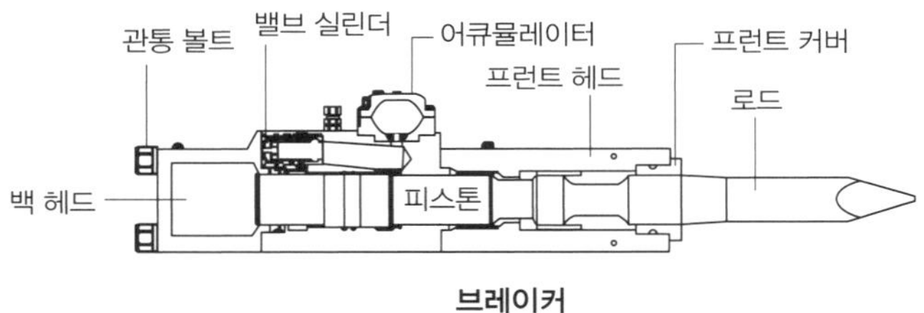

브레이커

(2) 크러셔(crusher)

크러셔는 2개의 집게로 작업 대상물을 집고, 조여서 암반 및 콘크리트 파쇄 작업과 철근절단 작업, 물체를 부수는 장치이다.

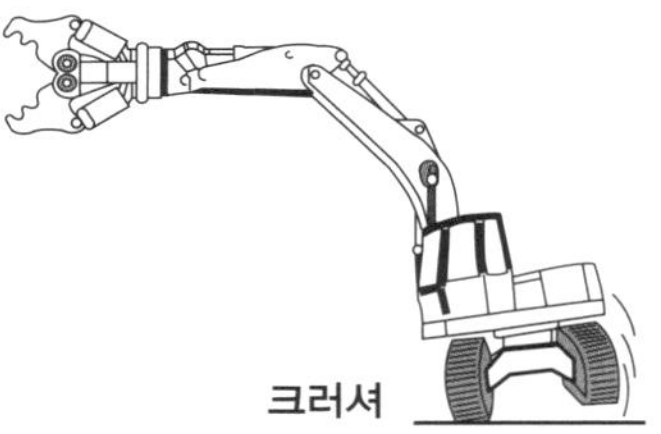
크러셔

(3) 그래플(grapple; 집게)

그래플은 그랩(grab)이라고도 하며, 유압실린더를 이용하여 2~5개의 집게를 움직여 작업물질을 집는 장치이다. 종류에는 스톤 그래플(stone grab), 우드 그래플(wood grab), 멀티 그래플(multi grab)이 있다.

① 고정형 그래플 : 돌(스톤 그래플), 나무(우드 그래플) 등을 이동시킬 때 사용한다.
② 회전형 그래플 : 고철, 나무 등을 이동하여 정확한 지점에 놓는 데 사용한다.

데몰리션 그래플 (demolition grapple ; 해체용 집게)	오렌지 그래플(orange grapple, 또는 오렌지 크램쉘)	멀티 그래플 (multi grapple ; 다용도 집게)
조적방식 건물, 목조건물 및 경량 구조물 해체작업 등의 파쇄작업과 재활용 작업장, 건축 폐기물 처리장에서 건물의 허물어진 잔해를 활용 목적에 따라 분류, 운반(이동, 상·하차) 등의 분류작업에 사용한다.	암반 상·하차, 쓰레기 수거작업을 할 때 사용하며, 고철 등을 집어 상판을 눌러주는 데 사용한다.	여러 가지 돌이나 목재 등을 집는 데 사용하며, 암에 실린더를 부착하여 사용하므로 구조변경 검사를 시행 후 사용하여야 한다.

(4) 그 밖의 선택작업장치

① 우드 클램프(wood clamp) : 우드 클램프는 목재의 상차 및 하차작업에 사용한다.

② 어스 오거(earth auger) : 어스오거는 유압모터를 이용한 스크루로 구멍을 뚫고 전신주 등을 박는 작업에 사용한다.

③ 트윈 헤더(twin header) : 트윈 헤더는 발파가 불가능한 지역의 모래, 암석, 석회암 절삭작업(연한 암석지대의 터널 굴착)을 할 때 사용한다.

(5) 벌목작업용 굴착기

① 펠러 번처(feller buncher) : 펠러 번처는 나무를 베어 한 곳에 쌓을 수 있는 장비이다. 나무를 집는 집게(grapple)와 회전 톱이 있는 펠링 헤드(felling head)라는 작업장치를 사용한다. 나무를 집는 집게는 유압실린더로, 회전 톱은 유압모터로 작동된다.

② 딜림버(delimber) : 딜림버는 펠러 번처로 베어 쌓아놓은 나무를 집어 들고 나무껍질을 벗기면서 가지를 잘라내어 통나무를 만드는 장비이다.

③ 로그 로더(log loader) : 로그 로더는 통나무를 쌓거나 운반장비에 실어주는 장비이다. 작업장치는 집게(grapple)를 사용하며 힐랙(heel rack ; 긴 나무를 집어 올릴 때 한쪽 끝을 받쳐주어 흔들리지 않도록 하는 받침대)을 장착하여 사용하기도 한다.

④ 하베스터(harvester) : 하베스터는 펠러 번처와 딜림버의 기능을 합친 장비이며, 나무를 베어 가지를 자르고, 필요한 길이로 절단하는 원목생산에 필요한 모든 작업을 할 수 있다.

출제 예상 문제

01 휠 타입 굴착기의 출발 시 주의사항으로 틀린 것은?

① 주차 브레이크가 해제되었는지 확인한다.
② 붐을 최대한 높이 든다.
③ 좌우 작업레버는 잠가둔다.
④ 좌우 아우트리거가 완전히 올라갔는지 확인한다.

답 : ②

02 타이어 굴착기의 주행 전 주의사항으로 틀린 것은?

① 버킷 실린더, 암 실린더를 충분히 늘려 펴서 버킷이 캐리어 상면 높이 위치에 있도록 한다.
② 버킷 레버, 암 레버, 붐 실린더 레버가 움직이지 않도록 잠가둔다.
③ 선회고정장치는 반드시 풀어 놓는다.
④ 굴착기에 그리스, 오일, 진흙 등이 묻어 있는지 점검한다.

주행을 할 때 선회고정장치는 반드시 잠가 두어야 한다.

답 : ③

03 무한궤도형 굴착기의 주행방법 중 잘못된 것은?

① 가능하면 평탄한 길을 택하여 주행한다.
② 요철이 심한 곳에서는 엔진 회전속도를 높여 통과한다.
③ 돌이 주행모터에 부딪치지 않도록 한다.
④ 연약한 땅을 피해서 간다.

답 : ②

04 무한궤도형 굴착기에서 주행 불량 현상의 원인이 아닌 것은?

① 한쪽 주행모터의 브레이크 작동이 불량할 때
② 유압펌프의 토출유량이 부족할 때
③ 트랙에 오일이 묻었을 때
④ 스프로킷이 손상되었을 때

주행 불량의 원인
유압펌프의 토출유량이 부족할 때, 센터조인트가 불량할 때, 주행모터의 브레이크 작동이 불량할 때, 스프로킷이 손상되었을 때

답 : ③

05 크롤러형 굴착기가 주행 중 주행방향이 틀려지고 있을 때 그 원인과 가장 관계가 적은 것은?

① 트랙의 균형이 맞지 않았을 때
② 유압장치에 이상이 있을 때
③ 트랙 슈가 약간 마모되었을 때
④ 지면이 불규칙할 때

주행방향이 틀려지는 이유
트랙의 균형(정렬) 불량, 센터조인트 작동 불량, 유압장치의 불량, 지면의 불규칙

답 : ③

06 굴착기 하부추진체와 트랙의 점검항목 및 조치사항을 열거한 것 중 틀린 것은?

① 구동 스프로킷의 마멸한계를 초과하면 교환한다.
② 각부 롤러의 이상상태 및 리닝장치의 기능을 점검한다.
③ 트랙 링크의 장력을 규정값으로 조정한다.
④ 리코일 스프링의 손상 등 상·하부롤러 균열 및 마멸 등이 있으면 교환한다.

리닝장치(leaning system)는 모터그레이더에서 회전 반경을 줄이기 위해 사용하는 앞바퀴 경사장치이다.

답 : ②

07 **트랙형 굴착기의 주행장치에 브레이크 장치가 없는 이유로 가장 적당한 것은?**

① 주속으로 주행하기 때문이다.
② 트랙과 지면의 마찰이 크기 때문이다.
③ 주행제어 레버를 반대로 작용시키면 정지하기 때문이다.
④ 주행제어 레버를 중립으로 하면 주행모터의 유압유 공급 쪽과 복귀 쪽 회로가 차단되기 때문이다.

트랙형 굴착기의 주행장치에 브레이크 장치가 없는 이유는 주행제어 레버를 중립으로 하면 주행모터의 유압유 공급 쪽과 복귀 쪽 회로가 차단되기 때문이다.

답 : ④

08 **굴착기 운전 시 작업안전사항으로 적합하지 않은 것은?**

① 스윙하면서 버킷으로 암석을 부딪쳐 파쇄하는 작업을 하지 않는다.
② 안전한 작업 반경을 초과해서 하중을 이동시킨다.
③ 굴착하면서 주행하지 않는다.
④ 작업을 중지할 때는 파낸 모서리로부터 장비를 이동시킨다.

굴착기로 작업할 때 작업 반경을 초과해서 하중을 이동시켜서는 안 된다.

답 : ②

09 **굴착기 운전 중 주의사항으로 가장 거리가 먼 것은?**

① 기관을 필요이상 공회전시키지 않는다.
② 급가속, 급브레이크는 장비에 악영향을 주므로 피한다.
③ 커브 주행은 커브에 도달하기 전에 속력을 줄이고, 주의하여 주행한다.
④ 주행 중 이상소음, 냄새 등의 이상을 느낀 경우에는 작업 후 점검한다.

주행 중 이상소음, 냄새 등의 이상을 느낀 경우에는 즉시 점검하여야 한다.

답 : ④

10 **굴착기로 덤프트럭에 상차작업 시 가장 중요한 굴착기의 위치는?**

① 선회거리를 가장 짧게 한다.
② 암 작동거리를 가장 짧게 한다.
③ 버킷 작동거리를 가장 짧게 한다.
④ 붐 작동거리를 가장 짧게 한다.

덤프트럭에 상차작업을 할 때 굴착기의 선회거리를 가장 짧게 하여야 한다.

답 : ①

11 **굴착기 등 건설기계 작업장에서 이동 및 선회 시 안전을 위해서 행하는 적절한 조치로 맞는 것은?**

① 경적을 울려서 작업장 주변 사람에게 알린다.
② 버킷을 내려서 점검하고 작업한다.
③ 급방향 전환을 위하여 위험시간을 최대한 줄인다.
④ 굴착작업으로 안전을 확보한다.

답 : ①

12 **굴착기로 작업 시 운전자의 시선은 항상 어디를 향해야 하는가?**

① 붐 ② 암
③ 버킷 ④ 후방

답 : ③

13 굴착기 작업의 안전수칙으로 옳지 못한 것은?

① 조종석을 떠날 때에는 엔진의 가동을 정지시킨다.
② 버킷에 토사를 담아 올릴 때에는 제동을 걸어둔다.
③ 조종자의 시선은 반드시 버킷을 주시해야 한다.
④ 후진할 때에는 후진을 하기 전에 사람이나 장애물을 확인한다.

버킷에 토사를 담아 올릴 때에는 제동을 걸어 두어서는 안 된다.

답 : ②

14 굴착기 작업 시 지켜야 할 안전수칙 중 틀린 것은?

① 흙을 파면서 스윙하지 말 것
② 한쪽 트랙을 들 때에는 붐과 암의 각도를 30도 이내로 할 것
③ 경사지에 주차를 할 때에는 반드시 고임목을 고일 것
④ 작업이 끝나고 조종석을 떠날 때에는 반드시 버킷을 지면에 내려놓을 것

한쪽 트랙을 들 때에는 붐과 암의 각도를 90도 정도로 할 것

답 : ②

15 굴착기 작업 중 동시작동이 불가능하거나 해서는 안 되는 작동은 어느 것인가?

① 굴착을 하면서 스윙한다.
② 붐을 들면서 덤핑을 한다.
③ 붐을 낮추면서 스윙을 한다.
④ 붐을 낮추면서 굴착을 한다.

굴착을 하면서 스윙을 하면 스윙모터에 과부하가 걸리므로 해서는 안 된다.

답 : ①

16 굴착기 작업 시 작업안전사항으로 틀린 것은?

① 기중작업은 가능한 피하는 것이 좋다.
② 타이어형 굴착기로 작업 시 안전을 위하여 아웃트리거를 받치고 작업한다.
③ 경사지 작업 시 측면절삭을 행하는 것이 좋다.
④ 한쪽 트랙을 들 때에는 암과 붐 사이의 각도는 90~110° 범위로 해서 들어주는 것이 좋다.

경사지에서 작업할 때 측면절삭을 해서는 안 된다.

답 : ③

17 굴착기 작업방법 중 틀린 것은?

① 버킷으로 옆으로 밀거나 스윙할 때의 충격력을 이용하지 않는다.
② 하강하는 버킷이나 붐의 중력을 이용하여 굴착하도록 한다.
③ 굴착부분을 주의 깊게 관찰하면서 작업하도록 한다.
④ 과부하를 받으면 버킷을 지면에 내리고 모든 레버를 중립으로 한다.

하강하는 버킷이나 붐의 중력을 이용하여 굴착해서는 안 된다.

답 : ②

18 굴착기 작업방법으로 적합하지 않은 것은?

① 작업효율을 위하여 지면의 형상에 따라 선회나 이동거리를 최대화한다.
② 지면은 낙석이나 움푹 파인 곳이 없이 평탄하게 조성한다.
③ 버킷에 토사가 담겼을 때에는 급선회, 급가속, 급제동을 하지 않는다.
④ 붐을 상승시킨 상태에서 급선회, 급가속, 급제동을 하지 않는다.

작업효율을 위하여 지면의 형상에 따라 선회나 이동거리를 최소화하여야 한다.

답 : ①

19 굴착기로 작업할 때 안전한 작업방법에 관한 사항들이다. 가장 적절하지 않은 것은?

① 작업 후에는 암과 버킷 실린더로드를 최대로 줄이고 버킷을 지면에 내려놓을 것
② 토사를 굴착하면서 스윙하지 말 것
③ 암석을 옮길 때는 버킷으로 밀어내지 말 것
④ 버킷을 들어 올린 채로 브레이크를 걸어두지 말 것

암석을 옮길 때는 버킷으로 밀어내도록 한다.

답 : ③

20 굴착을 깊게 하여야 하는 작업 시 안전준수사항으로 가장 거리가 먼 것은?

① 작업장소의 조명 및 위험요소의 유무 등에 대하여 점검하여야 한다.
② 작업은 가능한 숙련자가 하고, 작업안전 책임자가 있어야 한다.
③ 여러 단계로 나누지 않고, 한 번에 굴착한다.
④ 산소결핍의 위험이 있는 경우는 안전담당자에게 산소농도 측정 및 기록을 하게 한다.

굴착을 깊게 할 때에는 여러 단계로 나누어 굴착한다.

답 : ③

21 굴착기로 깎기 작업 시 안전준수사항으로 잘못된 것은?

① 상부에서 붕괴낙하 위험이 있는 장소에서 작업은 금지한다.
② 부석이나 붕괴되기 쉬운 지반은 적절한 보강을 한다.
③ 굴착면이 높은 경우에는 계단식으로 굴착한다.
④ 상·하부 동시작업으로 작업능률을 높인다.

깎기 작업을 할 때 상·하부 동시작업을 해서는 안 된다.

답 : ④

22 굴착작업 시 진행방향으로 옳은 것은?

① 전진 ② 후진
③ 선회 ④ 우방향

굴착기로 작업을 할 때에는 후진시키면서 한다.

답 : ②

23 굴착기의 효과적인 굴착작업이 아닌 것은?

① 붐과 암의 각도를 80~110° 정도로 선정한다.
② 버킷은 의도한대로 위치하고 붐과 암을 계속 변화시키면서 굴착한다.
③ 버킷 투스의 끝이 암(디퍼스틱)보다 안쪽으로 향해야 한다.
④ 굴착한 후 암(디퍼스틱)을 오므리면서 붐은 상승위치로 변화시켜 하역위치로 스윙한다.

굴착작업을 할 때에는 버킷 투스의 끝이 암(디퍼스틱)보다 바깥쪽으로 향해야 한다.

답 : ③

24 굴착기로 넓은 홈을 굴착작업 시 가장 알맞은 굴착순서는?

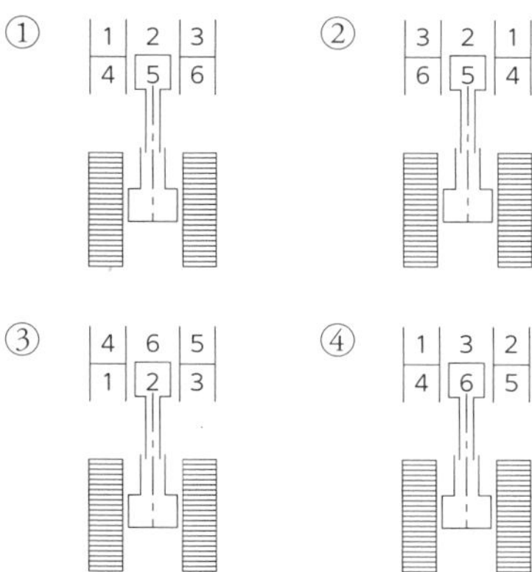

답 : ④

25 **크롤러형 굴착기가 진흙에 빠져서, 자력으로는 탈출이 거의 불가능하게 된 상태의 경우 견인방법으로 가장 적당한 것은?**

① 버킷으로 지면을 걸고 나온다.
② 두 대의 굴착기 버킷을 서로 걸고 견인한다.
③ 전부장치로 잭업 시킨 후, 후진으로 밀면서 나온다.
④ 하부기구 본체에 와이어로프를 걸고 크레인으로 당길 때 굴착기는 주행레버를 견인방향으로 밀면서 나온다.

답 : ④

26 **굴착기를 이용하여 수중작업을 하거나 하천을 건널 때의 안전사항으로 맞지 않는 것은?**

① 타이어 굴착기는 액슬 중심점 이상이 물에 잠기지 않도록 주의하면서 도하한다.
② 무한궤도 굴착기는 주행모터의 중심선 이상이 물에 잠기지 않도록 주의하면서 도하한다.
③ 타이어 굴착기는 블레이드를 앞쪽으로 하고 도하한다.
④ 수중작업 후에는 물에 잠겼던 부위에 새로운 그리스를 주입한다.

무한궤도 굴착기는 상부롤러 중심선 이상이 물에 잠기지 않도록 주의하면서 도하한다.

답 : ②

27 **굴착기 작업 중 운전자 하차 시 주의사항으로 틀린 것은?**

① 엔진 가동을 정지시킨 후 가속레버를 최대로 당겨 놓는다.
② 타이어형인 경우 경사지에서 정차 시 고임목을 설치한다.
③ 버킷을 땅에 완전히 내린다.
④ 엔진 가동을 정지시킨다.

가속레버(또는 가속다이얼)를 저속위치로 내려놓은 다음 엔진의 시동을 끈다.

답 : ①

28 **타이어 굴착기의 액슬 허브(axle hub)에 오일을 교환하고자 한다. 오일을 배출시킬 때와 주입할 때의 플러그 위치로 옳은 것은?**

① 배출시킬 때 : 1시 방향, 주입할 때 : 9시 방향
② 배출시킬 때 : 6시 방향, 주입할 때 : 9시 방향
③ 배출시킬 때 : 3시 방향, 주입할 때 : 9시 방향
④ 배출시킬 때 : 2시 방향, 주입할 때 : 12시 방향

액슬 허브의 오일을 배출시킬 때에는 플러그를 6시 방향에, 주입할 때는 플러그를 9시 방향에 위치시킨다.

답 : ②

29 **굴착기에 연결할 수 없는 작업장치는 어느 것인가?**

① 스캐리 파이어 ② 어스오거
③ 파일 드라이버 ④ 파워 셔블

굴착기에 연결할 수 있는 작업장치는 백호, 셔블, 파일 드라이버, 어스 오거, 우드 그래플(그랩), 리퍼 등이 있다.

답 : ①

30 굴착기 작업장치의 종류가 아닌 것은?

① 파워 셔블
② 백호 버킷
③ 우드 그래플
④ 파이널 드라이브

파이널 드라이브 기어(종감속 기어)는 엔진의 동력을 바퀴까지 전달할 때 마지막으로 감속하여 전달하는 동력전달장치이다.

답 : ④

31 굴착기의 작업장치 중 아스팔트, 콘크리트 등을 깰 때 사용되는 것으로 가장 적합한 것은?

① 드롭해머 ② 파일 드라이버
③ 마그네트 ④ 브레이커

브레이커(breaker)는 정(chisel)의 머리 부분에 유압 방식 왕복해머로 연속적으로 타격을 가해 암석, 콘크리트, 아스팔트 등을 파쇄하는 작업장치이다.

답 : ④

32 유압모터를 이용한 스크루로 구멍을 뚫고 전신주 등을 박는 작업에 사용되는 굴착기 작업장치는?

① 그래플 ② 브레이커
③ 오거 ④ 리퍼

오거(auger 또는 어스 오거)는 유압모터를 이용한 스크루로 구멍을 뚫고 전신주 등을 박는 작업에 사용한다.

답 : ③

33 굴착기의 작업장치에서 굳은 땅, 언 땅, 콘크리트 및 아스팔트 파괴 또는 나무뿌리 뽑기, 발파한 암석 파기 등에 가장 적합한 것은?

① 리퍼 ② 크램쉘
③ 셔블 ④ 폴립버킷

리퍼(ripper)는 굳은 땅, 언 땅, 콘크리트 및 아스팔트 파괴 또는 나무뿌리 뽑기, 발파한 암석 파기 등에 사용된다.

답 : ①

34 굴착기를 주차시키고자 할 때의 방법으로 틀린 것은?

① 단단하고 평탄한 지면에 주차시킨다.
② 어태치먼트(attachment)는 굴착기 중심선과 일치시킨다.
③ 유압계통의 유압을 완전히 제거한다.
④ 유압실린더 로드는 최대로 노출시켜 놓는다.

유압실린더 로드를 노출시켜서는 안 된다.

답 : ④

35 굴착기에서 유압실린더를 이용하여 집게를 움직여 통나무를 집어 상차하거나 쌓을 때 사용하는 작업장치는?

① 백호
② 파일 드라이버
③ 우드 그래플(그랩)
④ 브레이커

우드 그래플(wood grapple, 그랩)은 유압실린더를 이용하여 집게를 움직여 통나무를 집어 상차하거나 쌓을 때 사용하는 작업장치이다.

답 : ③

01 조향장치 및 현가장치 구조와 기능

1 동력조향장치(power steering system)

(1) 동력조향장치의 장점

① 조향기어 비율을 조작력에 관계없이 선정할 수 있다.
② 굴곡노면에서의 충격을 흡수하여 조향핸들에 전달되는 것을 방지한다.
③ 작은 조작력으로 조향조작을 할 수 있다.
④ 조향조작이 경쾌하고 신속하다.
⑤ 조향핸들의 시미(shimmy)현상을 줄일 수 있다.

(2) 동력조향장치의 구조

① 유압발생장치(오일펌프-동력부분), 유압제어장치(제어밸브-제어부분), 작동장치(유압실린더-작동부분)로 되어 있다.
② 안전 체크밸브는 동력조향장치가 고장났을 때 수동조작이 가능하도록 해 준다.

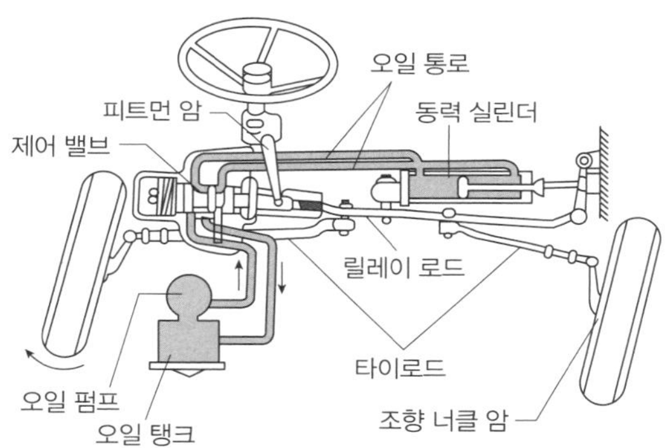

동력조향장치의 구조

(3) 앞바퀴 얼라인먼트(front wheel alignment)

① 앞바퀴 얼라인먼트(정렬)의 개요 : 캠버, 캐스터, 토인, 킹핀 경사각 등이 있으며, 앞바퀴 얼라인먼트의 역할은 다음과 같다.
- 조향핸들의 조작을 확실하게 하고 안전성을 준다.
- 조향핸들에 복원성을 부여한다.
- 조향핸들의 조작력을 가볍게 한다.
- 타이어 마멸을 최소로 한다.

② 앞바퀴 얼라인먼트 요소의 정의

- 캠버(camber) : 앞바퀴를 앞에서 보면 바퀴의 윗부분이 아래쪽보다 더 벌어져 있는데, 이 벌어진 바퀴의 중심선과 수선 사이의 각도이다.
- 캐스터(caster) : 앞바퀴를 옆에서 보았을 때 조향축(킹핀)이 수선과 어떤 각도를 두고 설치되며, 조향핸들의 복원성 부여 및 조향바퀴에 직진성능을 부여한다.
- 토인(toe-in) : 앞바퀴를 위에서 아래로 보았을 때 앞쪽이 뒤쪽보다 좁게 되어져 있는 상태이며, 토인은 2~6mm 정도 둔다.

(4) 무한궤도형 굴착기의 조향방법

무한궤도형 굴착기의 조향(환향)작용은 유압(주행)모터로 하며, 피벗 턴과 스핀 턴이 있다.

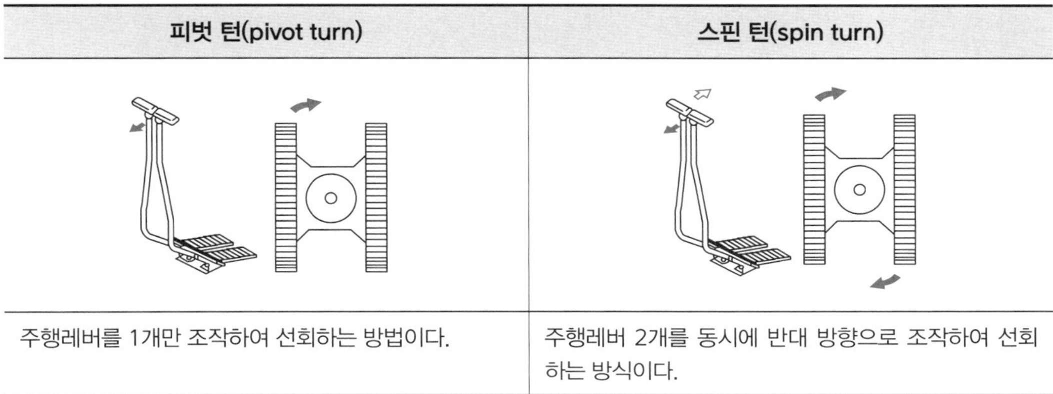

피벗 턴(pivot turn)	스핀 턴(spin turn)
주행레버를 1개만 조작하여 선회하는 방법이다.	주행레버 2개를 동시에 반대 방향으로 조작하여 선회하는 방식이다.

2 현가장치(suspension system)

(1) 스프링(spring)

건설기계에서 사용하는 스프링의 종류에는 판스프링, 코일스프링, 토션바스프링 등의 금속제 스프링과 고무스프링, 공기스프링 등의 비금속제 스프링이 있다.

(2) 토션바스프링(torsion bar spring)

토션바스프링은 비틀었을 때 탄성에 의해 원위치 하려는 성질을 이용한 스프링 강의 막대이다. 단위중량당 에너지 흡수율이 가장 크기 때문에 가볍게 할 수 있고, 구조가 간단하다.

(3) 쇽업소버(shock absorber)

쇽업소버는 도로면에서 발생한 스프링의 진동을 신속하게 흡수하여 승차감을 향상시키고 동시에 스프링의 피로를 감소시키기 위해 설치하는 기구이다.

(4) 스태빌라이저(stabilizer)

스태빌라이저는 토션바스프링의 일종으로 양끝은 좌·우의 컨트롤 암에 연결되고, 중앙부분은 차체에 설치되어 커브 길을 선회할 때 차체가 롤링(rolling ; 좌우 진동)하는 것을 방지한다. 즉 차체의 기울기를 감소시켜 평형을 유지하는 기구이다.

출제 예상 문제

01 타이어형 굴착기의 조향방식은 어느 것인가?

① 앞바퀴 조향방식이며, 기계식이다.
② 앞바퀴 조향방식이며, 유압식이다.
③ 뒷바퀴 조향방식이며, 기계식이다.
④ 뒷바퀴 조향방식이며, 공기식이다.

타이어형 굴착기는 앞바퀴 조향이며, 유압식이다.

답 : ②

02 조향장치의 특성에 관한 설명으로 옳지 않은 것은?

① 노면으로부터의 충격이나 원심력 등의 영향을 받지 않아야 한다.
② 타이어 및 조향장치의 내구성이 커야 한다.
③ 회전반경이 가능한 한 커야 한다.
④ 조향조작이 경쾌하고 자유로워야 한다.

조향장치는 회전반경이 작아서 좁은 곳에서도 방향을 변환을 할 수 있어야 한다.

답 : ③

03 동력조향장치의 장점과 관계 없는 것은?

① 조작이 미숙하면 엔진 가동이 자동으로 정지된다.
② 작은 조작력으로 조향조작을 할 수 있다.
③ 조향기어 비율을 조작력에 관계없이 선정할 수 있다.
④ 굴곡노면에서의 충격을 흡수하여 조향핸들에 전달되는 것을 방지한다.

동력조향장치의 조작이 미숙하여도 엔진이 정지하는 경우는 없다.

답 : ①

04 동력조향장치 구성부품에 속하지 않는 것은?

① 유압펌프
② 복동 유압실린더
③ 제어밸브
④ 하이포이드 피니언

유압발생장치(오일펌프), 유압제어장치(제어밸브), 작동장치(유압실린더)로 되어 있다.

답 : ④

05 파워스티어링에서 조향핸들이 매우 무거운 원인으로 옳은 것은?

① 볼 조인트의 교환시기가 되었다.
② 조향핸들 유격이 크다.
③ 바퀴가 습지에 있다.
④ 조향펌프에 오일이 부족하다.

조향펌프에 오일이 부족하면 조향핸들이 무거워진다.

답 : ④

06 타이어형 굴착기에서 조향핸들 유격이 큰 원인과 관계없는 것은?

① 타이로드의 볼 조인트가 마모되었다.
② 스티어링 기어박스 장착부가 풀려있다.
③ 스태빌라이저가 마모되었다.
④ 아이들 암 부시가 마모되었다.

스태빌라이저는 선회할 때 롤링을 작게 하고 빠른 평형상태를 유지시키는 현가장치의 부품이다.

답 : ③

07 주행 중 특정속도에서 조향핸들의 떨림이 발생되는 원인으로 옳지 않은 것은?

① 타이어 또는 휠이 불량하다.
② 타이어 사이즈와 휠 사이즈가 다르다.
③ 타이어 휠 밸런스가 맞지 않았다.
④ 타이어 좌우 공기압이 다르다.

주행 중 특정속도에서 조향핸들의 떨리는 원인은 타이어 사이즈와 휠 사이즈가 다를 때, 타이어 휠 밸런스가 맞지 않을 때, 타이어 또는 휠의 불량 때문이다.

답 : ④

08 조향바퀴의 얼라인먼트의 요소와 관계없는 것은?

① 캠버 ② 캐스터
③ 토인 ④ 부스터

조향바퀴 얼라인먼트의 요소에는 캠버, 토인, 캐스터, 킹핀 경사각 등이 있다.

답 : ④

09 타이어형 굴착기에서 앞바퀴 정렬의 역할과 관계 없는 것은?

① 조향핸들의 조작을 작은 힘으로 쉽게 할 수 있다.
② 타이어 마모를 최소로 한다.
③ 브레이크의 수명을 길게 한다.
④ 방향 안정성을 준다.

답 : ③

10 앞바퀴 얼라인먼트 요소 중 캠버의 필요성에 대한 설명과 관계 없는 것은?

① 조향 시 바퀴의 복원력이 발생한다.
② 조향 휠의 조작을 가볍게 한다.
③ 앞차축의 휨을 적게 한다.
④ 토(toe)와 관련성이 있다.

조향할 때 바퀴에 복원력을 부여하는 요소는 캐스터이다.

답 : ①

11 휠 얼라인먼트에서 토인의 필요성으로 관계 없는 것은?

① 조향바퀴를 평행하게 회전시킨다.
② 타이어 이상마멸을 방지한다.
③ 조향바퀴의 방향성을 준다.
④ 바퀴가 옆 방향으로 미끄러지는 것을 방지한다.

조향바퀴의 방향성을 주는 요소는 캐스터이다.

답 : ③

12 무한궤도형 굴착기의 환향은 무엇에 의하여 작동되는가?

① 주행펌프 ② 스티어링 휠
③ 스로틀 레버 ④ 주행모터

무한궤도형 굴착기의 환향(조향)작용은 유압(주행)모터로 한다.

답 : ④

13 굴착기의 한쪽 주행레버만 조작하여 회전하는 것을 무엇이라 하는가?

① 피벗회전 ② 급회전
③ 스핀회전 ④ 원웨이 회전

피벗회전(pivot turn)
좌·우측의 한쪽 주행레버만 밀거나, 당기면 한쪽 트랙만 전·후진시켜 조향을 하는 방법이다.

답 : ①

14 무한궤도 굴착기의 상부회전체가 하부주행체에 대한 역위치에 있을 때 좌측 주행레버를 당기면 차체가 어떻게 회전되는가?

① 좌향 스핀회전 ② 우향 스핀회전
③ 좌향 피벗회전 ④ 우향 피벗회전

상부회전체가 하부주행체에 대한 역위치에 있을 때 좌측 주행레버를 당기면 차체는 좌향 피벗회전을 한다.

답 : ③

15 굴착기의 양쪽 주행레버를 조작하여 급회전하는 것을 무슨 회전이라고 하는가?

① 저속회전　② 스핀회전
③ 피벗회전　④ 원웨이 회전

스핀회전(spin turn)
양쪽 주행레버를 동시에 한쪽 레버를 앞으로 밀고, 한쪽 레버는 뒤로 당기면서 급회전하여 조향하는 방법이다.

답 : ②

16 무한궤도 굴착기로 주행 중 회전 반경을 가장 적게 할 수 있는 방법은?

① 한쪽 주행모터만 구동시킨다.
② 구동하는 주행모터 이외에 다른 모터의 조향 브레이크를 강하게 작동시킨다.
③ 2개의 주행모터를 서로 반대 방향으로 동시에 구동시킨다.
④ 트랙의 폭이 좁은 것으로 교체한다.

회전 반경을 적게 하려면 2개의 주행모터를 서로 반대 방향으로 동시에 구동시킨다. 즉 스핀회전을 한다.

답 : ③

17 현가장치가 갖추어야 할 기능이 아닌 것은?

① 승차감의 향상을 위해 상하 움직임에 적당한 유연성이 있어야 한다.
② 원심력이 발생되어야 한다.
③ 주행안정성이 있어야 한다.
④ 구동력 및 제동력 발생 시 적당한 강성이 있어야 한다.

현가장치의 구비조건
- 승차감의 향상을 위해 상하 움직임에 적당한 유연성이 있을 것
- 주행안정성이 있을 것
- 구동력 및 제동력이 발생될 때 적당한 강성이 있을 것
- 선회할 때 원심력이 발생하지 말 것

답 : ②

18 현가장치에서 스프링 강으로 만든 가늘고 긴 막대 모양으로 비틀림 탄성을 이용하여 완충작용을 하는 부품은?

① 코일스프링　② 토션바스프링
③ 판스프링　④ 공기스프링

토션바스프링은 막대를 비틀었을 때 탄성(彈性)에 의해 원래의 위치로 복원하려는 성질을 이용한 스프링 강의 막대이다. 이 스프링은 단위중량당의 에너지 흡수율이 매우 크며 가볍고 구조가 간단하다.

답 : ②

19 토션바스프링(torsion bar spring)에 대하여 틀린 것은?

① 단위무게에 대한 에너지 흡수율이 다른 스프링에 비해 크며 가볍고 구조도 간단하다.
② 스프링의 힘은 바의 길이 및 단면적에 반비례한다.
③ 구조가 간단하고, 가로 또는 세로로 자유로이 설치할 수 있다.
④ 진동의 감쇠작용이 없어 쇽업소버를 병용한다.

토션바스프링의 힘은 토션바의 길이와 단면적으로 결정된다.

답 : ②

20 타이어형 건설기계가 고속으로 선회할 때 차체가 기울어지는 것을 방지하기 위한 장치는?

① 타이로드　② 토인
③ 프로포셔닝밸브　④ 스태빌라이저

스태빌라이저는 차량이 선회할 때 발생하는 롤링(rolling, 좌우 진동)현상을 감소시키고, 차량의 평형을 유지시키며, 차체의 기울어짐을 방지하기 위하여 설치한다.

답 : ④

21 현가장치에서 스프링이 압축되었다가 원위치로 되돌아올 때 작은 구멍(오리피스)을 통과하는 오일의 저항으로 진동을 감소시키는 것은?

① 스태빌라이저 ② 공기스프링
③ 토션바스프링 ④ 쇽업소버

쇽업소버는 스프링이 압축되었다가 원위치로 되돌아올 때 작은 구멍(오리피스)을 통과하는 오일의 저항으로 진동을 감소시킨다.

답 : ④

22 쇽업소버의 역할 중 가장 거리가 먼 것은?

① 좌우의 스프링의 힘을 균등하게 한다.
② 스프링의 상하 운동에너지를 열에너지로 바꾸는 일을 한다.
③ 주행 중 충격에 의하여 발생된 진동을 흡수한다.
④ 스프링의 피로를 적게 한다.

쇽업소버의 역할
- 스프링의 상하 운동에너지를 열에너지로 바꾸는 작용을 한다.
- 주행 중 충격에 의하여 발생된 진동을 흡수한다.
- 스프링의 피로를 적게 한다.

답 : ①

23 현가장치에 사용되는 공기스프링의 특징이 아닌 것은?

① 차체의 높이가 항상 일정하게 유지된다.
② 작은 진동을 흡수하는 효과가 있다.
③ 다른 기구보다 간단하고 값이 싸다.
④ 고유진동을 낮게 할 수 있다.

공기스프링의 장점
- 차체의 높이가 항상 일정하게 유지된다.
- 작은 진동을 흡수하는 효과가 있다.
- 고유진동을 낮게 할 수 있다.

답 : ③

24 토인에 대한 설명으로 틀린 것은?

① 토인 조정이 잘못되면 타이어가 편마모된다.
② 토인은 좌우 앞바퀴의 간격이 앞보다 뒤가 좁은 것이다.
③ 토인은 직진성능을 좋게 하고 조향을 가볍게 한다.
④ 토인은 반드시 직진상태에서 측정한다.

토인이란 좌우 앞바퀴의 간격이 앞보다 뒤가 넓은 상태이다.

답 : ②

02 변속장치 구조와 기능

1 변속기의 필요성

① 회전력을 증대시킨다.
② 기관을 무부하 상태로 한다.
③ 차량을 후진시키기 위하여 필요하다.

2 변속기의 구비조건

① 소형·경량이고, 고장이 없을 것
② 조작이 쉽고 신속할 것
③ 단계가 없이 연속적으로 변속될 것
④ 전달효율이 좋을 것

3 자동변속기(automatic transmission)

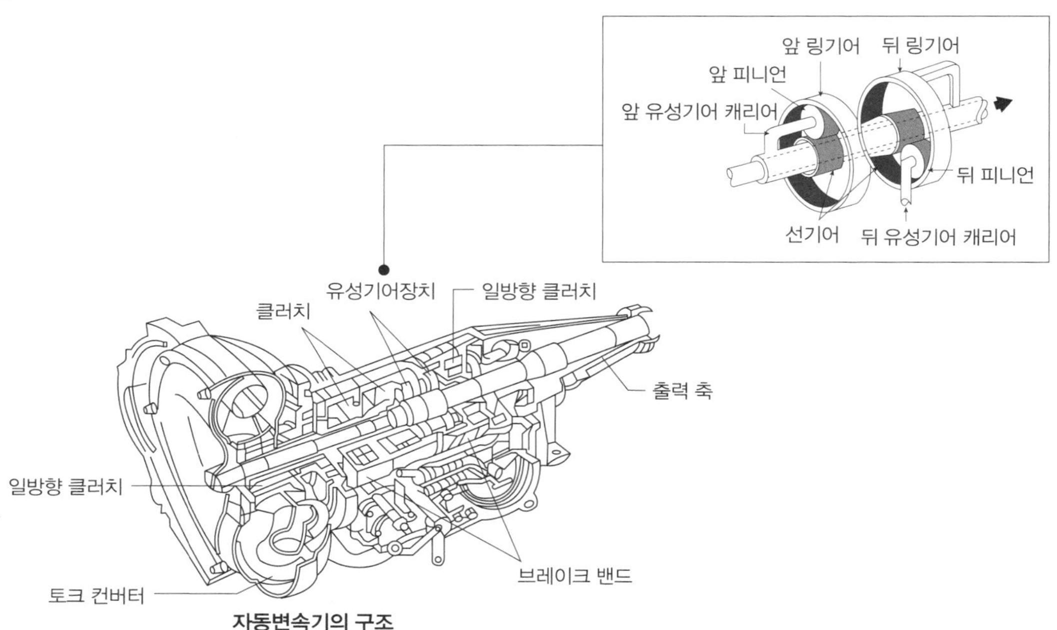

자동변속기의 구조

(1) 토크컨버터(torque converter)

토크컨버터는 펌프(임펠러)는 엔진의 크랭크축과 기계적으로 연결되고, 터빈(러너)은 변속기 입력축과 연결되어 펌프, 터빈, 스테이터 등이 상호운동하여 회전력을 변환시킨다.

(2) 다판 디스크 클러치와 브레이크 밴드

다판 디스크 클러치는 한쪽의 회전부분과 다른 한쪽의 회전부분을 연결하거나 차단하는 작용을 한다. 브레이크 밴드는 유성기어장치의 선기어·유성기어 캐리어 및 링기어의 회전운동을 필요에 따라 고정시키는 작용을 한다.

(3) 유성기어장치(planetary gear system)

유성기어장치는 바깥쪽에 링기어가 있으며, 중심부분에 선기어가 있다. 링기어와 선기어 사이에 유성기어(유성피니언)가 있고, 유성기어를 구동시키기 위한 유성기어 캐리어로 구성된다.

출제 예상 문제

01 변속기의 필요성에 속하지 않는 것은?

① 환향을 빠르게 한다.
② 시동 시 기관을 무부하 상태로 한다.
③ 기관의 회전력을 증대시킨다.
④ 건설기계의 후진 시 필요로 한다.

변속기는 기관을 시동할 때 무부하 상태로 하고, 회전력을 증가시키며, 역전(후진)을 가능하게 한다.

답 : ①

02 변속기의 구비조건으로 옳지 않은 것은?

① 단계가 없이 연속적인 변속조작이 가능해야 한다.
② 전달효율이 적어야 한다.
③ 소형·경량이어야 한다.
④ 변속조작이 쉬워야 한다.

변속기는 전달효율이 커야 한다.

답 : ②

03 토크컨버터의 동력전달매체는 어느 것인가?

① 클러치판 ② 기어
③ 벨트 ④ 유체

토크컨버터의 동력전달매체는 유체(오일)이다.

답 : ④

04 토크컨버터의 기본 구성부품에 속하지 않는 것은?

① 펌프 ② 터빈
③ 스테이터 ④ 터보

토크컨버터는 펌프(크랭크축에 연결), 터빈(변속기 입력축과 연결), 스테이터로 구성된다.

답 : ④

05 토크컨버터에 대한 설명으로 옳은 것은?

① 펌프, 터빈, 스테이터 등이 상호운동하여 회전력을 변환시킨다.
② 구성부품 중 펌프(임펠러)는 변속기 입력축과 기계적으로 연결되어 있다.
③ 구성부품 중 터빈은 기관의 크랭크축과 기계적으로 연결되어 구동된다.
④ 엔진속도가 일정한 상태에서 건설기계의 속도가 줄어들면 토크는 감소한다.

토크컨버터는 펌프(임펠러), 터빈(러너), 스테이터 등이 상호운동 하여 회전력을 변환시키는 장치이며, 엔진속도가 일정한 상태에서 건설기계의 주행속도가 줄어들면 토크가 증가한다.

답 : ①

06 자동변속기에 장착된 토크컨버터에 대한 설명으로 옳지 않은 것은?

① 조작이 쉽고 엔진에 무리가 없다.
② 일정 이상의 과부하가 걸리면 엔진의 가동이 정지한다.
③ 부하에 따라 자동적으로 변속한다.
④ 기계적인 충격을 오일이 흡수하여 엔진의 수명을 연장한다.

토크컨버터는 일정 이상의 과부하가 걸려도 엔진이 정지하지 않는다.

답 : ②

07 자동변속기에서 사용하는 토크컨버터에 대한 설명으로 관계 없는 것은?

① 펌프, 터빈, 스테이터로 구성되어 있다.
② 오일의 충돌에 의한 효율저하 방지를 위하여 가이드 링이 있다.
③ 토크컨버터의 회전력 변환비율은 3~5 : 1 이다.
④ 마찰클러치에 비해 연료소비율이 더 높다.

토크컨버터의 회전력 변환비율은 2~3 : 1 이다.

답 : ③

08 엔진과 직결되어 같은 회전수로 회전하는 토크컨버터의 구성부품은?

① 펌프 ② 터빈
③ 스테이터 ④ 변속기 출력축

펌프는 기관의 크랭크축에, 터빈은 변속기 입력축과 연결된다.

답 : ①

09 토크컨버터에서 오일의 흐름 방향을 바꾸어 주는 부품은?

① 임펠러 ② 터빈러너
③ 스테이터 ④ 변속기 입력축

스테이터는 오일의 흐름 방향을 바꾸어 회전력을 증대시킨다.

답 : ③

10 토크컨버터에서 회전력이 최댓값이 될 때를 무엇이라 하는가?

① 스톨 포인트
② 회전력
③ 토크변환 비율
④ 유체충돌 손실비율

스톨 포인트(stall point)란 터빈이 정지되어 있을 때 펌프에서 전달되는 회전력이며, 펌프의 회전속도와 터빈의 회전비율이 0으로 회전력이 최대인 점이다.

답 : ①

11 건설기계에 부하가 걸릴 때 토크컨버터의 터빈속도는?

① 일정하다. ② 관계없다.
③ 느려진다. ④ 빨라진다.

건설기계에 부하가 걸리면 토크컨버터의 터빈속도는 느려진다.

답 : ③

12 토크컨버터에서 사용하는 오일의 구비조건에 속하지 않는 것은?

① 착화점이 높을 것
② 비점이 높을 것
③ 빙점이 낮을 것
④ 점도가 높을 것

토크컨버터 오일은 점도가 낮고, 비중이 커야 한다.

답 : ④

13 **유성기어장치의 구성요소로 옳은 것은?**

① 평기어, 유성기어, 후진기어, 링기어
② 선기어, 유성기어, 래크기어, 링기어
③ 선기어, 유성기어, 유성기어 캐리어, 링기어
④ 링기어 스퍼기어, 유성기어 캐리어, 선기어

유성기어장치의 주요부품은 선기어, 유성기어, 링기어, 유성기어 캐리어이다.

답 : ③

14 **자동변속기가 장착된 건설기계의 모든 변속 단에서 출력이 떨어지는 경우와 관계 없는 것은?**

① 오일이 부족할 때
② 추진축이 휘었을 때
③ 엔진 고장으로 출력이 부족할 때
④ 토크컨버터가 고장 났을 때

답 : ②

15 **자동변속기의 메인압력이 떨어지는 원인과 관계 없는 것은?**

① 오일여과기가 막혔을 때
② 오일펌프 내에 공기가 생성되었을 때
③ 클러치판이 마모되었을 때
④ 오일이 부족할 때

자동변속기의 메인압력(유압)이 저하되는 원인은 오일펌프 내에 공기 생성, 오일필터 막힘, 오일부족 등이다.

답 : ③

16 **자동변속기가 과열하는 원인으로 옳지 않은 것은?**

① 오일이 규정량보다 많다.
② 과부하 운전을 계속하였다.
③ 변속기 오일냉각기가 막혔다.
④ 메인압력이 높다.

자동변속기의 오일량이 부족하면 과열된다.

답 : ①

03 동력전달장치 구조와 기능

1 드라이브 라인(drive line)

드라이브 라인은 슬립이음, 자재이음, 추진축으로 구성된다.

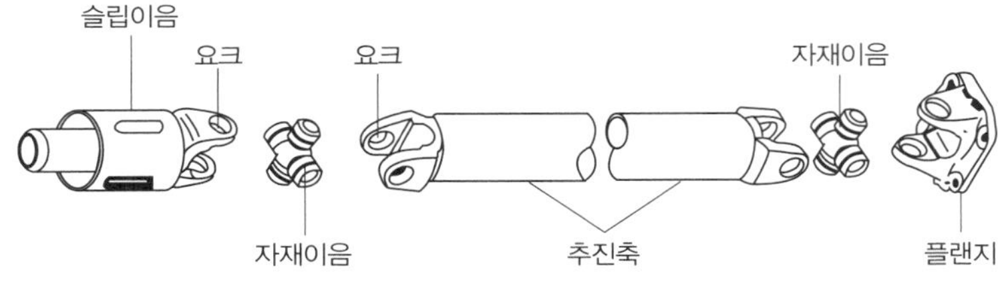

드라이브 라인의 구성

(1) 슬립이음(slip joint)

슬립이음은 추진축의 길이 변화를 주는 부품이다.

(2) 자재이음(유니버설 조인트)

① 자재이음은 변속기와 종감속기어 사이의 구동각도 변화를 주는 기구이다. 즉, 두 축 사이의 충격완화와 각도변화를 융통성 있게 동력을 전달한다.

② 자재이음에는 십자형 자재이음과 등속도 자재이음 등이 있다.

③ 등속도(CV) 자재이음은 진동을 방지하기 위해 개발된 것으로 종류에는 트랙터형, 벤딕스 와이스형, 제파형, 버필드형 등이 있다.

2 종감속기어와 차동기어장치

(1) 종감속기어(final reduction gear)

종감속기어는 기관의 동력을 바퀴까지 전달할 때 마지막으로 감속하여 전달한다.

(2) 차동기어장치(differential gear system)

① 차동기어장치는 차동사이드 기어, 차동피니언, 피니언 축 및 케이스로 구성된다.

② 차동피니언은 차동사이드 기어에, 차동사이드 기어는 차축과 스플라인으로 결합되어 있다.

③ 타이어형 건설기계가 선회할 때 바깥쪽 바퀴의 회전속도를 안쪽 바퀴보다 빠르게 한다.

④ 선회할 때 선회를 원활하게 해주는 작용을 한다. 즉 선회할 때 좌우 구동바퀴의 회전속도를 다르게 한다.

⑤ 일반적인 차동기어장치는 노면의 저항을 작게 받는 구동바퀴의 회전속도가 빠르게 될 수 있다.

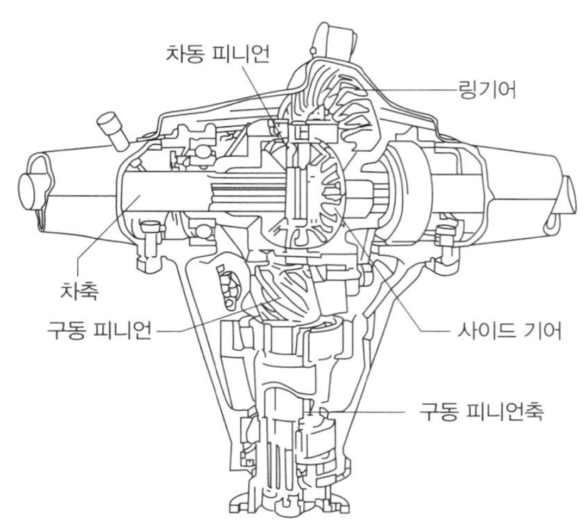

종감속기어와 차동기어장치의 구성

3 액슬축(차축) 지지방식

① 전부동식 : 차량의 하중을 하우징이 모두 받고, 액슬축은 동력만을 전달하는 형식이다.
② 반부동식 : 액슬축에서 1/2, 하우징이 1/2 정도의 하중을 지지하는 형식이다.
③ 3/4 부동식 : 액슬축이 동력을 전달함과 동시에 차량 하중의 1/4을 지지하는 형식이다.

출제 예상 문제

01 슬립이음과 자재이음이 설치되는 곳은?

① 차동기어 ② 종감속 기어
③ 드라이브 라인 ④ 유성기어

슬립이음과 자재이음은 드라이브 라인에 설치된다.

답 : ③

02 휠 형식(wheel type) 굴착기의 동력전달장치에서 슬립이음이 변화를 가능하게 하는 것은?

① 회전속도 ② 추진축의 길이
③ 드라이브 각도 ④ 추진축의 진동

슬립이음을 사용하는 이유는 추진축의 길이변화를 주기 위함이다.

답 : ②

03 추진축의 각도변화를 가능하게 하는 이음은?

① 슬리브 이음 ② 플랜지 이음
③ 슬립이음 ④ 자재이음

자재이음(유니버설 조인트)은 변속기와 종감속기어 사이(추진축)의 구동각도 변화를 가능하게 한다.

답 : ④

04 자재이음의 종류에 속하지 않는 것은?

① 플렉시블 이음 ② 커플 이음
③ 십자이음 ④ 트러니언 이음

자재이음의 종류에는 십자형 자재이음(훅 이음), 플렉시블 이음, 트러니언 이음, 등속도(CV) 자재이음 등이 있다.

답 : ②

05 유니버설 조인트 중 등속조인트의 종류에 속하지 않는 것은?

① 버필드형 ② 제파형
③ 트랙터형 ④ 훅형

등속조인트의 종류에는 트랙터형, 벤딕스 와이스형, 제파형, 버필드형 등이 있다.

답 : ④

06 추진축의 스플라인부가 마모되면?

① 가속 시 미끄럼 현상이 발생한다.
② 클러치 페달의 유격이 크다.
③ 주행 중 소음이 나고 차체에 진동이 있다.
④ 차동기어장치의 물림이 불량하다.

추진축의 스플라인이 마모되면 주행 중 소음이 나고 차체에 진동이 발생한다.

답 : ③

07 **타이어형 굴착기의 동력전달장치에서 최종적으로 구동력을 증가시키는 장치는?**

① 종감속기어 ② 스윙모터
③ 스프로킷 ④ 자동변속기

종감속기어(파이널 드라이브 기어)는 엔진의 동력을 마지막으로 감속하여 구동력을 증가시킨다.

답 : ①

08 **타이어형 굴착기의 종감속장치에서 열이 발생하는 원인과 관계 없는 것은?**

① 종감속기어의 접촉상태가 불량하다.
② 종감속기어 하우징 볼트를 과도하게 조였다.
③ 오일이 부족하다.
④ 오일이 오염되었다.

종감속장치에서 열이 발생하는 원인은 윤활유 부족, 윤활유의 오염, 종감속기어의 접촉상태 불량 등이다.

답 : ②

09 **타이어형 굴착기에서 차동기어장치를 설치하는 목적은?**

① 선회할 때 반부동식 축이 바깥쪽 바퀴에 힘을 주도록 하기 위함이다.
② 선회할 때 바깥쪽 바퀴의 회전속도를 안쪽 바퀴보다 빠르게 하기 위함이다.
③ 선회할 때 양쪽 바퀴의 회전이 동일하게 작용되도록 하기 위함이다.
④ 변속기어 조작을 쉽게 하기 위함이다.

차동기어장치는 선회할 때(커브를 돌 때) 바깥쪽 바퀴의 회전속도를 안쪽 바퀴보다 빠르게 한다.

답 : ②

10 **차축의 스플라인 부분은 차동기어장치의 어느 기어와 결합되어 있는가?**

① 구동 피니언
② 차동 피니언
③ 차동사이드 기어
④ 링 기어

답 : ③

11 **액슬축의 종류에 속하지 않는 것은?**

① 1/2 부동식 ② 전부동식
③ 반부동식 ④ 3/4 부동식

액슬 축(차축) 지지방식에는 전부동식, 반부동식, 3/4 부동식이 있다.

답 : ①

12 **액슬축에서 심한 소음이 날 때 점검사항과 관계 없는 것은?**

① 휠 허브 베어링을 점검한다.
② 타이어 공기압을 점검한다.
③ 잡음이 있는 타이어 쪽을 잭으로 들어올려서 점검한다.
④ 종감속장치 오일의 양과 질을 점검한다.

답 : ②

04 제동장치 구조와 기능

1 제동장치의 개요

① 제동장치는 주행속도를 감속시키거나 정지시키기 위한 장치이다.
② 독립적으로 작동시킬 수 있는 2계통의 제동장치가 있다.
③ 경사로에서 정지된 상태를 유지할 수 있는 구조이다.

2 제동장치 구비조건

① 작동이 확실하고, 제동효과가 클 것
② 신뢰성과 내구성이 클 것
③ 점검 및 정비가 쉬울 것

3 유압 브레이크(hydraulic brake)

유압 브레이크는 파스칼의 원리를 응용한다.

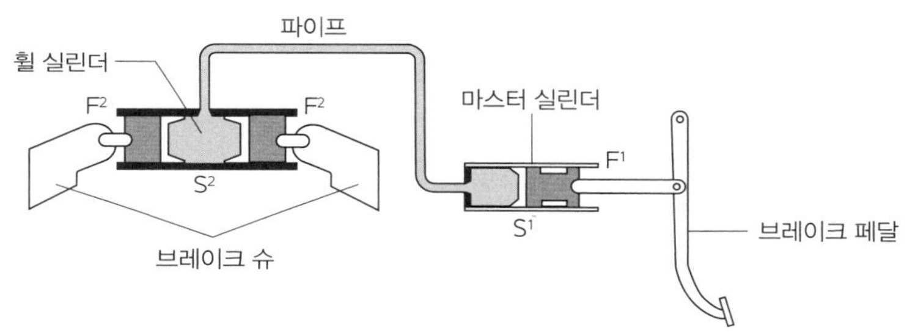

유압 브레이크의 구조

(1) 마스터 실린더(master cylinder)

① 마스터 실린더는 브레이크 페달을 밟으면 유압을 발생시킨다.
② 잔압은 마스터 실린더 내의 체크밸브에 의해 형성된다.

POINT

잔압(잔류압력)을 두는 목적
- 브레이크 작동지연을 방지한다.
- 베이퍼 록을 방지한다.
- 브레이크 계통 내에 공기가 침입하는 것을 방지한다.
- 휠 실린더 내에서 오일이 누출되는 것을 방지한다.

베이퍼 록(vapor lock)
브레이크 오일이 비등·기화하여 오일의 전달 작용을 불가능하게 하는 현상이며 그 원인은 다음과 같다.
- 긴 내리막길에서 과도하게 브레이크를 사용하였을 때
- 라이닝과 드럼의 간극 과소로 끌림에 의해 가열되었을 때
- 브레이크액의 변질에 의해 비점이 저하되었을 때
- 브레이크 계통 내의 잔압이 저하했을 때

※ 경사진 내리막길을 내려갈 때 베이퍼 록을 방지하려면 엔진 브레이크를 사용한다.

(2) 휠 실린더(wheel cylinder)

휠 실린더는 마스터 실린더에서 압송된 유압에 의하여 브레이크 슈를 드럼에 압착시킨다.

(3) 브레이크 슈(brake shoe)

브레이크 슈는 휠 실린더의 피스톤에 의해 드럼과 접촉하여 제동력을 발생하는 부품이며, 라이닝이 리벳이나 접착제로 부착되어 있다.

(4) 브레이크 드럼(brake drum)

브레이크 드럼은 휠 허브에 볼트로 설치되어 바퀴와 함께 회전하며, 브레이크 슈와의 마찰로 제동을 발생시킨다. 구비조건은 다음과 같다.

① 내마멸성이 클 것

② 정적·동적 평형이 잡혀 있을 것

③ 가볍고 강도와 강성이 클 것

④ 냉각이 잘될 것

POINT

페이드(fade) 현상

브레이크를 연속하여 자주 사용하면 브레이크 드럼이 과열되어, 마찰계수가 떨어지고 브레이크가 잘 듣지 않는 것으로 짧은 시간 내에 반복조작이나 내리막길을 내려갈 때 브레이크 효과가 나빠지는 현상이며, 방지책은 다음과 같다.

- 드럼의 냉각성능을 크게 할 것
- 온도상승에 따른 마찰계수 변화가 작은 라이닝을 사용할 것
- 드럼의 열팽창률이 적은 형상으로 할 것
- 드럼은 열팽창률이 적은 재질을 사용할 것

※ 페이드 현상이 발생하면 정차시켜 열을 식힌다.

(5) 브레이크 오일

브레이크 오일은 피마자기름에 알코올 등의 용제를 혼합한 식물성 오일이다.

4 배력 브레이크(servo brake)

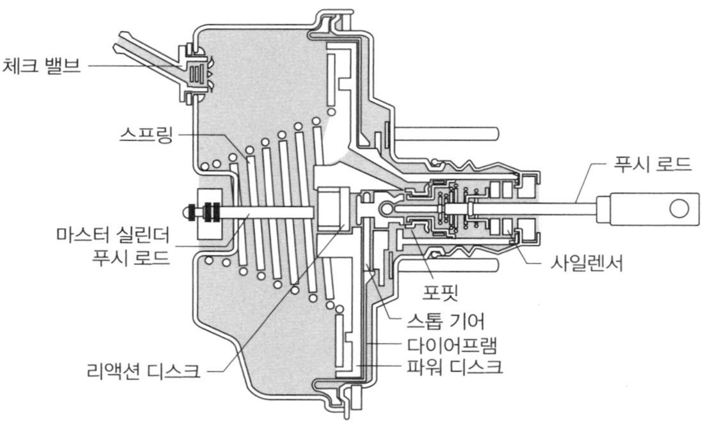

배력 브레이크의 구조(하이드로 백)

① 배력 브레이크는 유압 브레이크에서 제동력을 증대시키기 위해 사용한다.
② 진공배력방식(하이드로 백)은 기관의 흡입행정에서 발생하는 진공(부압)과 대기압 차이를 이용한다.
③ 진공배력장치(하이드로 백)에 고장이 발생하여도 유압 브레이크로 작동한다.

5 공기 브레이크(air brake)

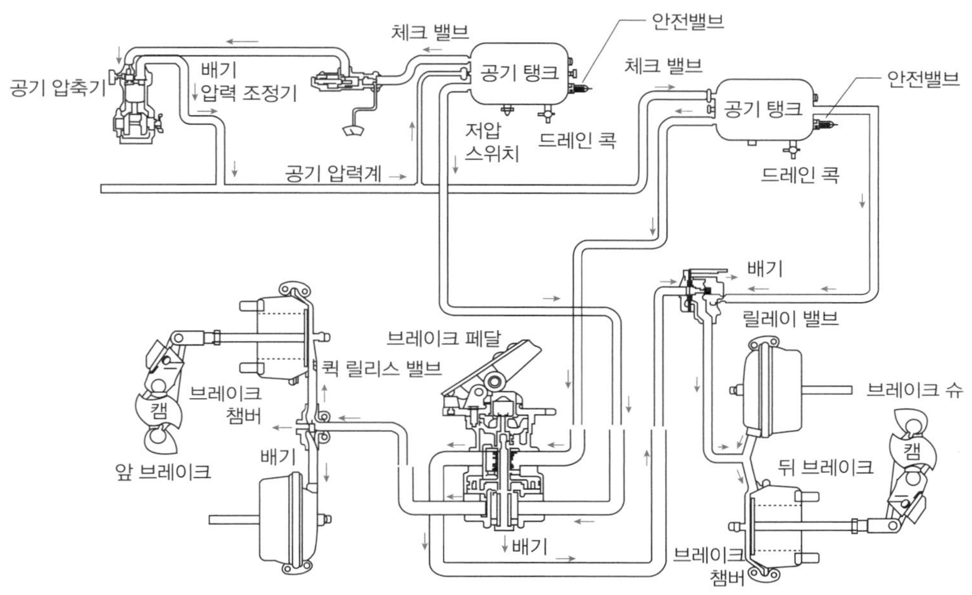

공기 브레이크의 구조

(1) 공기 브레이크의 장점

① 차량 중량에 제한을 받지 않는다.
② 공기가 다소 누출되어도 제동성능이 현저하게 저하되지 않는다.
③ 베이퍼 록 발생 염려가 없다.
④ 페달 밟는 양에 따라 제동력이 제어된다(유압방식은 페달 밟는 힘에 의해 제동력이 비례한다).

(2) 공기 브레이크의 작동

① 압축공기의 압력을 이용하여 모든 바퀴의 브레이크슈를 드럼에 압착시켜서 제동 작용을 한다.
② 브레이크 페달로 밸브를 개폐시켜 공기량으로 제동력을 조절한다.
③ 브레이크 슈를 확장시키는 부품은 캠(cam)이다.

출제 예상 문제

01 **제동장치의 기능과 관계 없는 것은?**

① 급제동 시 노면으로부터 발생되는 충격을 흡수하는 장치이다.
② 독립적으로 작동시킬 수 있는 2계통의 제동장치가 있다.
③ 주행속도를 감속시키거나 정지시키기 위한 장치이다.
④ 경사로에서 정지된 상태를 유지할 수 있는 구조이다.

제동장치는 주행속도를 감속시키고, 정지시키는 장치이며, 독립적으로 작동시킬 수 있는 2계통의 제동장치가 있다. 또 경사로에서 정지된 상태를 유지할 수 있어야 한다.

답 : ①

02 **타이어식 건설기계에서 사용하는 유압식 제동장치의 구성부품에 속하지 않는 것은?**

① 에어 컴프레서 ② 오일 리저브 탱크
③ 마스터 실린더 ④ 휠 실린더

유압식 제동장치는 마스터 실린더, 오일 리저브 탱크, 브레이크 파이프 및 호스, 휠 실린더, 브레이크 슈, 슈 리턴 스프링, 브레이크 드럼 등으로 구성되어 있다.

답 : ①

03 **유압 브레이크에서 잔압을 유지시키는 부품은?**

① 부스터 ② 체크밸브
③ 휠 실린더 ④ 압력조절기

유압 브레이크에서 잔압을 유지시키는 것은 체크밸브이다.

답 : ②

04 **내리막길에서 제동장치를 자주 사용 시 브레이크 오일이 비등하여 송유압력의 전달 작용이 불가능하게 되는 현상은?**

① 베이퍼 록 현상
② 페이드 현상
③ 브레이크 록 현상
④ 사이클링 현상

베이퍼 록 현상은 브레이크 오일이 비등 기화하여 오일의 전달 작용을 불가능하게 하는 현상이다.

답 : ①

05 **브레이크 파이프 내에 베이퍼 록이 발생하는 원인과 관계 없는 것은?**

① 브레이크 드럼이 과열되었다.
② 내리막길에서 지나치게 브레이크를 조작하였다.
③ 브레이크 계통 내의 잔압이 저하되었다.
④ 라이닝과 드럼의 간극이 과대하다.

라이닝과 드럼의 간극이 과대하면 제동이 잘 안 된다.

답 : ④

06 **브레이크 장치의 베이퍼 록 발생원인에 속하지 않는 것은?**

① 오일의 변질에 의한 비등점의 저하
② 드럼과 라이닝의 끌림에 의한 가열
③ 엔진 브레이크의 장시간 사용
④ 긴 내리막길에서 과도한 브레이크 사용

베이퍼 록을 방지하기 위해 엔진 브레이크를 사용한다.

답 : ③

07 타이어형 굴착기로 길고 급한 경사 길을 운전할 때 반 브레이크를 사용하면 어떤 현상이 발생하는가?

① 라이닝은 페이드, 파이프는 스팀록
② 파이프는 증기폐쇄, 라이닝은 스팀록
③ 파이프는 스팀록, 라이닝은 베이퍼 록
④ 라이닝은 페이드, 파이프는 베이퍼 록

길고 급한 경사 길을 운전할 때 반 브레이크를 사용하면 라이닝에서는 페이드가 발생하고, 파이프에서는 베이퍼 록이 발생한다.

답 : ④

08 긴 내리막길을 내려갈 때 베이퍼 록을 방지할 수 있는 운전방법은?

① 클러치를 끊고 브레이크 페달을 계속 밟고 속도를 조정하면서 내려간다.
② 변속레버를 중립으로 놓고 브레이크 페달을 밟고 내려간다.
③ 시동을 끄고 브레이크 페달을 밟고 내려간다.
④ 엔진 브레이크를 사용한다.

답 : ④

09 브레이크 드럼의 구비조건으로 옳지 않은 것은?

① 가볍고 강도와 강성이 클 것
② 정적·동적 평형이 잡혀 있을 것
③ 내마멸성이 적을 것
④ 냉각이 잘될 것

브레이크 드럼은 가볍고 내마멸성과 강도와 강성이 크고, 정적·동적 평형이 잡혀 있어야 하고, 냉각이 잘 되어야 한다.

답 : ③

10 타이어형 굴착기에서 브레이크를 연속하여 자주 사용하면 브레이크 드럼이 과열되어, 마찰계수가 떨어지며, 브레이크가 잘 듣지 않는 것으로 짧은 시간 내에 반복조작이나, 내리막길을 내려갈 때 브레이크 효과가 나빠지는 현상은?

① 채터링 현상　② 노킹 현상
③ 수막현상　④ 페이드 현상

답 : ④

11 제동장치의 페이드 현상 방지방법에 관한 설명으로 옳지 않은 것은?

① 온도상승에 따른 마찰계수 변화가 큰 라이닝을 사용할 것
② 드럼은 열팽창률이 적은 재질을 사용할 것
③ 드럼의 냉각성능을 크게 할 것
④ 드럼의 열팽창률이 적은 형상으로 할 것

페이드 현상을 방지하려면 온도상승에 따른 마찰계수 변화가 작은 라이닝을 사용한다.

답 : ①

12 운행 중 브레이크에 페이드 현상이 발생했을 때 조치방법은?

① 주차 브레이크를 대신 사용한다.
② 운행을 멈추고 열이 식도록 한다.
③ 운행속도를 조금 올려준다.
④ 브레이크 페달을 자주 밟아 열을 발생시킨다.

브레이크에 페이드 현상이 발생하면 정차시켜 열이 식도록 한다.

답 : ②

13 **진공식 제동배력장치의 설명으로 옳은 것은?**

① 릴레이 밸브 피스톤 컵이 파손되어도 브레이크는 작동된다.
② 릴레이 밸브의 다이어프램이 파손되면 브레이크가 작동되지 않는다.
③ 진공밸브가 새면 브레이크가 전혀 작동되지 않는다.
④ 하이드로릭 피스톤의 체크 볼이 밀착 불량이면 브레이크가 작동되지 않는다.

진공제동배력장치(하이드로 백)는 배력장치에 고장이 발생하여도 일반적인 유압 브레이크로 작동할 수 있도록 하고 있다.

답 : ①

14 **브레이크에서 하이드로 백에 관한 설명으로 옳지 않은 것은?**

① 대기압과 흡기다기관 부압과의 차이를 이용하였다.
② 하이드로 백은 브레이크 계통에 설치되어 있다.
③ 외부에 누출이 없는데도 브레이크 작동이 나빠지는 것은 하이드로 백 고장일 수도 있다.
④ 하이드로 백에 고장이 나면 브레이크가 전혀 작동하지 않는다.

답 : ④

15 **브레이크가 잘 작동되지 않을 때의 원인과 관계 없는 것은?**

① 브레이크 페달 자유간극이 작다.
② 휠 실린더 오일이 누출되었다.
③ 라이닝에 오일이 묻었다.
④ 브레이크 드럼의 간극이 크다.

브레이크 페달의 자유간극이 작으면 급제동되기 쉽다.

답 : ①

16 **유압 브레이크 장치에서 제동페달이 복귀되지 않는 원인은?**

① 진공 체크밸브 불량
② 마스터 실린더의 리턴구멍 막힘
③ 브레이크 오일 점도가 낮기 때문
④ 파이프 내의 공기의 침입

마스터 실린더의 리턴구멍이 막히면 제동이 풀리지 않는다.

답 : ②

17 **드럼 브레이크에서 브레이크 작동 시 조향핸들이 한쪽으로 쏠리는 원인과 관계 없는 것은?**

① 타이어 공기압이 고르지 않다.
② 마스터 실린더 체크밸브 작용이 불량하다.
③ 브레이크 라이닝 간극이 불량하다.
④ 한쪽 휠 실린더 작동이 불량하다.

브레이크를 작동시킬 때 조향핸들이 한쪽으로 쏠리는 원인은 타이어 공기압이 고르지 않을 때, 한쪽 휠 실린더 작동이 불량할 때, 한쪽 브레이크 라이닝 간극이 불량할 때 등이다.

답 : ②

18 **공기 브레이크의 장점으로 틀린 것은?**

① 차량중량에 제한을 받지 않는다.
② 베이퍼 록 발생이 많다.
③ 페달을 밟는 양에 따라 제동력이 조절된다.
④ 공기가 다소 누출되어도 제동성능이 현저하게 저하되지 않는다.

공기 브레이크는 베이퍼 록 발생 염려가 없다.

답 : ②

19 **공기 브레이크 장치의 구성부품에 속하지 않는 것은?**

① 마스터 실린더 ② 브레이크 밸브
③ 공기탱크 ④ 릴레이 밸브

공기 브레이크는 공기압축기, 압력조정기와 언로드 밸브, 공기탱크, 브레이크 밸브, 퀵 릴리스 밸브, 릴레이 밸브, 슬랙 조정기, 브레이크 체임버, 캠, 브레이크 슈, 브레이크 드럼으로 구성된다.

답 : ①

20 **공기 브레이크에서 브레이크 슈를 직접 작동시키는 부품은?**

① 브레이크 페달 ② 캠
③ 유압 ④ 릴레이 밸브

공기 브레이크에서 브레이크슈를 직접 작동시키는 것은 캠(cam)이다.

답 : ②

21 **제동장치 중 주브레이크의 종류에 속하지 않는 것은?**

① 배기 브레이크 ② 배력 브레이크
③ 공기 브레이크 ④ 유압 브레이크

배기 브레이크는 긴 내리막길을 내려갈 때 사용하는 감속 브레이크이다.

답 : ①

05 주행장치 구조와 기능

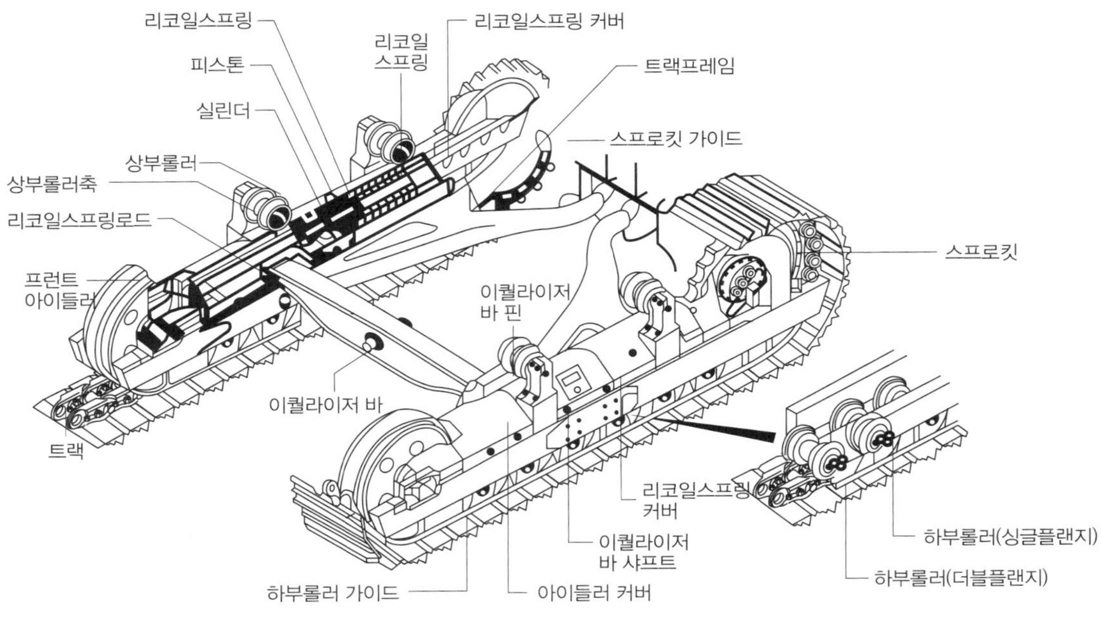

트랙장치의 구조

1 트랙(track, 무한궤도, 크롤러)

(1) 트랙의 구조

① 트랙은 링크·핀·부싱 및 슈 등으로 구성되며, 프런트 아이들러, 상·하부 롤러, 스프로킷에 감겨져 있고, 스프로킷으로부터 동력을 받아 구동된다.

② 트랙링크와 핀은 트랙 슈와 슈를 연결하는 부품이며, 트랙링크의 수가 38조이면 트랙 핀의 부싱도 38조이다.

(2) 트랙 슈의 종류

트랙 슈의 종류에는 단일돌기 슈, 2중 돌기 슈, 3중 돌기 슈, 습지용 슈, 고무 슈, 암반용 슈, 평활 슈 등이 있다.

① 단일돌기 슈(single groused shoe) : 돌기가 1개인 것으로, 견인력이 크며 중하중용 슈이다.

② 2중 돌기 슈(double groused shoe) : 돌기가 2개인 것으로, 중하중에 의한 슈의 굽음을 방지할 수 있으며 선회성능이 우수하다.

③ 3중 돌기 슈(triple groused shoe) : 돌기가 3개인 것으로, 조향할 때 회전 저항이 적어 선회성이 양호하며 견고한 지반의 작업장에 알맞다. 굴착기에서 많이 사용되고 있다.

④ 습지용 슈(wet type shoe) : 슈의 단면이 삼각형이며 접지면적이 넓어 접지압력이 작다.

⑤ 평활 슈(plate shoe) : 도로를 주행할 때 포장노면의 파손을 방지하기 위해 사용한다.

⑥ 스노우 슈(snow shoe) : 눈 위를 주행할 때 사용한다.

(3) 마스터 핀(master pin)

마스터 핀은 트랙의 분리를 쉽게 하기 위하여 둔 것이다.

2 프런트 아이들러(front idler ; 전부 유동륜)

① 프런트 아이들러는 트랙의 장력을 조정하면서 트랙의 진행방향을 유도한다.

② 프런트 아이들러와 스프로킷이 일치되도록 하기 위해 브래킷 옆에 심(shim)으로 조정한다.

3 리코일 스프링(recoil spring)

① 리코일 스프링은 주행 중 트랙 전방에서 오는 충격을 완화하여 차체 파손을 방지하고 운전을 원활하게 한다.

② 리코일 스프링을 2중 스프링으로 하는 이유는 서징현상을 방지하기 위함이다.

4 상부롤러(carrier roller)

① 상부롤러는 프런트 아이들러와 스프로킷 사이에 1~2개가 설치된다.

② 트랙이 밑으로 처지는 것을 방지하고, 트랙의 회전을 바르게 유지한다.

③ 싱글 플랜지형(바깥쪽으로 플랜지가 있는 형식)을 주로 사용한다.

5 하부롤러(track roller)

① 하부롤러는 트랙 프레임에 3~7개 정도가 설치된다.

② 건설기계의 전체중량을 지탱하며, 전체중량을 트랙에 균등하게 분배해 주고 트랙의 회전을 바르게 유지한다.

③ 하부롤러는 싱글 플랜지형과 더블 플랜지형을 사용하는데 싱글 플랜지형은 반드시 프런트 아이들러와 스프로킷이 있는 쪽에 설치한다.

④ 싱글 플랜지형과 더블 플랜지형은 하나 건너서 하나씩(교번) 설치한다.

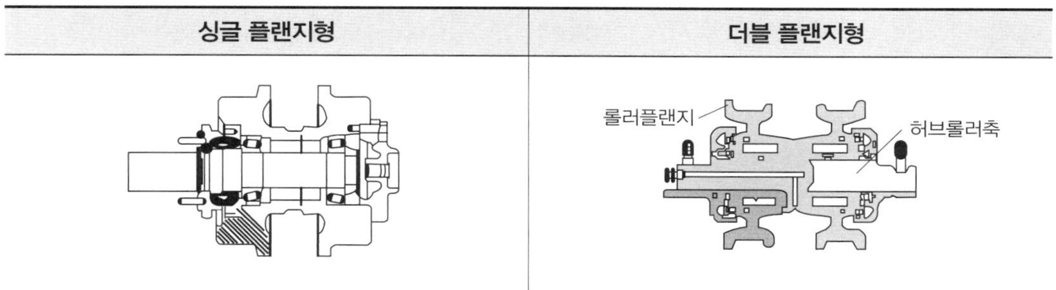

6 스프로킷(기동륜)

① 스프로킷은 최종구동기어로부터 동력을 받아 트랙을 구동한다.

② 스프로킷이 이상마멸하는 원인은 트랙의 장력과대, 즉 트랙이 이완된 경우이다.

③ 스프로킷이 한쪽으로만 마모되는 이유는 롤러 및 프런트 아이들러가 직선배열이 아니기 때문이다.

출제 예상 문제

01 하부구동체(under carriage)에서 굴착기의 무게를 지탱하고 완충작용을 하며, 대각지주가 설치된 부분은?

① 상부롤러 ② 트랙 프레임
③ 하부롤러 ④ 트랙

답 : ②

02 무한궤도형 굴착기 트랙의 구성부품으로 옳은 것은?

① 슈, 조인트, 스프로킷, 핀, 슈 볼트
② 슈, 슈볼트, 링크, 부싱, 핀
③ 슈, 스프로킷, 하부롤러, 상부롤러, 감속기
④ 스프로킷, 트랙롤러, 상부롤러, 아이들러

트랙은 슈, 슈 볼트, 링크, 부싱, 핀 등으로 구성되어 있다.

답 : ②

03 트랙장치의 구성부품 중 트랙 슈와 슈를 연결하는 부품은?

① 부싱과 캐리어 롤러
② 상부롤러와 하부롤러
③ 아이들러와 스프로킷
④ 트랙링크와 핀

트랙 슈와 슈를 연결하는 부품은 트랙링크와 핀이다.

답 : ④

04 트랙 구성부품을 설명한 것으로 옳지 않은 것은?

① 링크는 핀과 부싱에 의하여 연결되어 상·하부롤러 등이 굴러갈 수 있는 레일을 구성해 주는 부분으로 마멸되었을 때 용접하여 재사용할 수 있다.
② 부싱은 링크의 큰 구멍에 끼워지며 스프로킷 이빨이 부싱을 물고 회전하도록 되어 있으며 마멸되면 용접하여 재사용할 수 있다.
③ 슈는 링크에 4개의 볼트에 의해 고정되며 굴착기의 전체하중을 지지하고 견인하면서 회전하고 마멸되면 용접하여 재사용할 수 있다.
④ 핀은 부싱 속을 통과하여 링크의 작은 구멍에 끼워진다. 핀과 부싱을 교환할 때는 유압 프레스로 작업하며 약 100톤 정도의 힘이 필요하다. 그리고 무한궤도의 분리를 쉽게 하기 위하여 마스터 핀을 두고 있다.

부싱은 링크의 큰 구멍에 끼워지며 스프로킷 이빨이 부싱을 물고 회전하도록 되어 있으며 마멸되면 용접하여 재사용할 수 없다.

답 : ②

05 트랙링크의 수가 38조라면 트랙 핀의 부싱은 몇 조인가?

① 37조(set) ② 38조(set)
③ 39조(set) ④ 40조(set)

트랙링크의 수가 38조라면 트랙 핀의 부싱은 38조이다.

답 : ②

06 트랙 슈의 종류에 속하지 않는 것은?

① 고무 슈 ② 반이중 돌기 슈
③ 3중 돌기 슈 ④ 4중 돌기 슈

트랙 슈의 종류에는 단일돌기 슈, 2중 돌기 슈, 3중 돌기 슈, 습지용 슈, 고무 슈, 암반용 슈, 평활 슈 등이 있다.

답 : ④

07 도로를 주행할 때 포장노면의 파손을 방지하기 위해 주로 사용하는 트랙 슈는?

① 스노우 슈 ② 단일돌기 슈
③ 평활 슈 ④ 습지용 슈

평활 슈는 도로를 주행할 때 포장노면의 파손을 방지하기 위해 사용한다.

답 : ③

08 무한궤도형 굴착기에서 트랙을 탈거하기 위해서 제거해야 하는 것은?

① 슈(shoe)
② 부싱(bushing)
③ 링크(link)
④ 마스터 핀(master pin)

트랙의 분리할 경우에는 마스터 핀을 제거한다.

답 : ④

09 무한궤도 굴착기에서 프런트 아이들러의 작용에 대한 설명으로 옳은 것은?

① 토크를 발생하여 트랙에 전달한다.
② 구동력을 트랙으로 전달한다.
③ 트랙의 진로를 조정하면서 주행방향으로 트랙을 유도한다.
④ 파손을 방지하고 원활한 운전을 할 수 있도록 하여 준다.

프런트 아이들러(front idler, 전부 유동륜)는 트랙의 장력을 조정하면서 트랙의 진행방향을 유도한다.

답 : ③

10 무한궤도 굴착기에서 프런트 아이들러와 스프로킷을 일치시키기 위해서는 브래킷 옆에 어느 것으로 조정하는가?

① 심(shim) ② 쐐기(wedge)
③ 편심 볼트 ④ 시어핀(shear pin)

프런트 아이들러와 스프로킷이 일치되도록 하기 위해 브래킷 옆에 심(shim)으로 조정한다.

답 : ①

11 주행 중 트랙 전방에서 오는 충격을 완화하여 차체 파손을 방지하고 운전을 원활하게 하는 장치는?

① 댐퍼 스프링 ② 상부롤러
③ 리코일 스프링 ④ 트랙 롤러

리코일 스프링은 무한궤도 굴착기의 트랙 전면에서 오는 충격을 완화시키기 위해 설치한다.

답 : ③

12 무한궤도에 리코일 스프링을 이중 스프링으로 사용하는 목적은?

① 서징현상을 줄이기 위함이다.
② 강력한 힘을 축적하기 위함이다.
③ 강한 탄성을 얻기 위함이다.
④ 스프링이 잘 빠지지 않게 하기 위함이다.

리코일 스프링을 2중 스프링으로 하는 이유는 서징현상을 방지하기 위함이다.

답 : ①

13 상부롤러에 대한 설명으로 관계 없는 것은?

① 트랙의 회전을 바르게 유지한다.
② 전부 유동륜과 기동륜 사이에 1~2개가 설치된다.
③ 더블 플랜지형을 주로 사용한다.
④ 트랙이 밑으로 처지는 것을 방지한다.

상부롤러는 싱글 플랜지형(바깥쪽으로 플랜지가 있는 형식)을 사용한다.

답 : ③

14 롤러(roller)에 대한 설명으로 옳지 않은 것은?

① 하부롤러는 트랙의 마모를 방지한다.
② 상부롤러는 스프로킷과 아이들러 사이에 트랙이 처지는 것을 방지한다.
③ 하부롤러는 트랙프레임의 한쪽 아래에 3~7개 설치되어 있다.
④ 상부롤러는 일반적으로 1~2개가 설치되어 있다.

하부롤러는 굴착기의 전체하중을 지지하고 중량을 트랙에 균등하게 분배해 주며, 트랙의 회전위치를 바르게 유지한다.

답 : ①

15 무한궤도 굴착기의 스프로킷에 가까운 쪽의 하부롤러는?

① 싱글 플랜지형 ② 더블 플랜지형
③ 플랫형 ④ 오프셋형

싱글 플랜지형은 반드시 프런트 아이들러와 스프로킷이 있는 쪽에 설치하며 싱글 플랜지형과 더블 플랜지형은 하나 건너서 하나씩(교번) 설치한다.

답 : ①

16 무한궤도 주행장치에서 스프로킷의 이상 마모를 방지하기 위해서 조정하는 것은?

① 트랙의 장력
② 프런트 아이들러의 위치
③ 상부롤러의 간격
④ 슈의 간격

스프로킷이 이상 마멸하는 원인은 트랙의 장력과대, 즉 트랙이 이완된 경우이다.

답 : ①

17 무한궤도 굴착기에서 스프로킷이 한쪽으로만 마모되는 원인은?

① 트랙장력이 늘어났다.
② 스프로킷 및 아이들러가 직선배열이 아니다.
③ 상부롤러가 과다하게 마모되었다.
④ 트랙링크가 마모되었다.

스프로킷이 한쪽으로만 마모되는 원인은 스프로킷 및 프런트 아이들러가 직선배열이 아니기 때문이다.

답 : ②

06 타이어

1 공기압에 따른 타이어의 종류

고압타이어, 저압타이어, 초저압타이어가 있으며, 튜브 리스 타이어의 장점은 다음과 같다.

① 펑크 수리가 간단하다.

② 못이 박혀도 공기가 잘 새지 않는다.

③ 튜브 조립이 없어 작업성이 향상된다.

④ 튜브가 없어 조금 가볍다.

2 타이어의 구조

(1) 트레드(tread)

① 트레드는 타이어가 직접 노면과 접촉되어 마모에 견디고 적은 슬립으로 견인력을 증대시키는 부분이다.

② 트레드가 마모되면 지면과의 마찰력이 저하되어 발진성능 및 제동성능이 불량해지며, 구동력과 선회능력이 저하하고, 열의 발산이 불량하게 된다.

③ 타이어의 공기압이 높으면 트레드의 양단부보다 중앙부의 마모가 크다.

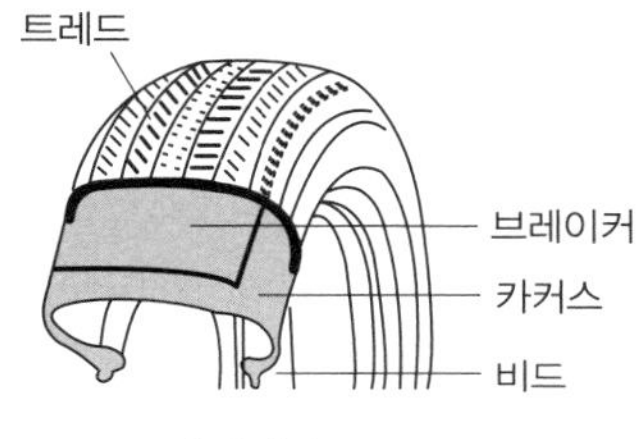

타이어의 구조

(2) 브레이커(breaker)

브레이커는 몇 겹의 코드 층을 내열성의 고무로 싼 구조로 되어 있으며, 트레드와 카커스의 분리를 방지하고 노면에서의 완충작용도 한다.

(3) 카커스(carcass)

카커스는 타이어의 골격을 이루는 부분이며, 공기압력을 견디어 일정한 체적을 유지하고, 하중이나 충격에 따라 변형하여 완충작용을 한다.

(4) 비드 부분(bead section)

비드 부분은 타이어가 림과 접촉하는 부분이며, 비드 부분이 늘어나는 것을 방지하고 타이어가 림에서 빠지는 것을 방지하기 위해 내부에 몇 줄의 피아노선이 원둘레 방향으로 들어 있다.

3 타이어의 호칭치수

① 고압 타이어 : 타이어 바깥지름(inch)×타이어 폭(inch) - 플라이 수(ply rating)

② 저압 타이어 : 타이어 폭(inch) - 타이어 안지름(inch) - 플라이 수

예 9.00-20-14PR에서 9.00은 타이어 폭, 20은 타이어 내경, 14PR은 플라이 수를 의미한다.

출제 예상 문제

01 타이어 림에 대한 설명으로 옳지 않은 것은?

① 손상 또는 마모 시 교환한다.
② 변형 시 교환한다.
③ 경미한 균열도 교환한다.
④ 경미한 균열은 용접하여 재사용한다.

타이어 림에 경미한 균열이 발생하였더라도 교환하여야 한다.

답 : ④

02 사용압력에 따른 타이어의 분류에 속하지 않는 것은?

① 초고압 타이어 ② 고압 타이어
③ 초저압 타이어 ④ 저압 타이어

공기압력에 따른 타이어의 분류에는 고압 타이어, 저압 타이어, 초저압 타이어가 있다.

답 : ①

03 튜브리스 타이어의 장점에 속하지 않는 것은?

① 펑크 수리가 간단하다.
② 타이어 수명이 길다.
③ 튜브 조립이 없어 작업성이 향상된다.
④ 못이 박혀도 공기가 잘 새지 않는다.

튜브리스 타이어의 특징
- 못에 찔려도 공기가 급격히 새지 않는다.
- 유리조각 등에 의해 찢어지는 손상은 수리가 어렵다.
- 고속 주행하여도 발열이 적다.
- 림이 변형되면 공기가 새기 쉽다.

답 : ②

04 타이어의 구조에서 직접 노면과 접촉되어 마모에 견디고 적은 슬립으로 견인력을 증대시키는 부분의 명칭은?

① 카커스 ② 브레이커
③ 트레드 ④ 비드

답 : ③

05 타이어의 트레드에 대한 설명으로 관계 없는 것은?

① 트레드가 마모되면 구동력과 선회능력이 저하된다.
② 트레드가 마모되면 열의 발산이 불량하게 된다.
③ 타이어의 공기압이 높으면 트레드의 양단부보다 중앙부의 마모가 크다.
④ 트레드가 마모되면 지면과 접촉 면적이 크게 되므로 마찰력이 증대되어 제동성능이 좋아진다.

트레드가 마모되면 지면과의 마찰력이 저하되어 발진성능 및 제동성능이 불량해진다.

답 : ④

06 타이어에서 몇 겹의 코드 층을 내열성의 고무로 싼 구조로 되어 있으며, 트레드와 카커스의 분리를 방지하고 노면에서의 완충작용도 하는 부분은?

① 카커스 ② 트레드
③ 비드 ④ 브레이커

답 : ④

07 타이어에서 고무로 피복된 코드를 여러 겹으로 겹친 층에 해당되며 타이어 골격을 이루는 부분은?

① 트레드 ② 카커스
③ 숄더 ④ 비드

답 : ②

08 내부에 고탄소강의 강선(피아노 선)을 묶음으로 넣고, 고무로 피복한 림 상태의 보강 부위로 타이어가 림에 견고하게 고정시키는 역할을 하는 부분은?

① 트레드 ② 카커스
③ 비드 ④ 숄더

답 : ③

09 타이어형 건설기계에 부착된 부품을 확인하였더니 13.00-24-18PR로 표기되어 있었을 경우 다음 중 무엇을 표시하는 것인가?

① 기동전동기 용량표시
② 타이어 규격표시
③ 유압펌프 용량표시
④ 엔진 일련번호 표시

답 : ②

10 타이어에 11.00-20-12PR 이란 표시 중 "11.00"이 의미하는 것은?

① 타이어 외경을 인치로 표시한 것이다.
② 타이어 폭을 인치로 표시한 것이다.
③ 타이어 내경을 인치로 표시한 것이다.
④ 타이어 폭을 센티미터로 표시한 것이다.

11.00-20-12PR에서 11.00은 타이어 폭(인치), 20은 타이어 내경(인치), 14PR은 플라이 수를 의미한다.

답 : ②

11 타이어형 굴착기 주행 중 발생할 수도 있는 히트 세퍼레이션 현상에 대한 설명으로 옳은 것은?

① 고속 주행할 때 타이어 공기압이 낮아져 타이어가 찌그러지는 현상이다.
② 고속 주행할 때 차체가 좌·우로 밀리는 현상이다.
③ 고속으로 주행 중 타이어가 터지는 현상이다.
④ 물에 젖은 노면을 고속으로 달리면 타이어와 노면 사이에 수막이 생기는 현상이다.

히트 세퍼레이션(heat separation)이란 고속으로 주행할 때 열에 의해 타이어의 고무나 코드가 용해 및 분리되어 터지는 현상이다.

답 : ③

memo

안전관리

제1장 안전보호구 착용 및 안전장치 확인

01 산업안전보건법 준수

1 산업안전의 개요

① 안전제일의 이념은 인명보호, 즉 인간존중이다.

② 위험요인을 발견하는 방법은 안전점검이며, 일상점검, 수시점검, 정기점검, 특별점검이 있다.

③ 재해가 자주 발생하는 주원인은 고용의 불안정, 작업 자체의 위험성, 안전기술 부족 때문이며, 사고의 직접적인 원인은 불안전한 행동 및 상태이다.

④ 안전의 3요소에는 관리적 요소·기술적 요소 및 교육적 요소가 있다.

⑤ 재해예방의 4원칙은 예방가능의 원칙, 손실우연의 원칙, 원인계기의 원칙, 대책선정의 원칙이다.

⑥ 사고발생이 많이 일어나는 순서는 불안전 행위→불안전 조건→불가항력이다.

⑦ 사고예방원리 5단계 순서는 조직→사실의 발견→평가분석→시정책의 선정→시정책의 적용이다.

⑧ 연쇄반응 이론의 발생순서는 사회적 환경과 선천적 결함→개인적 결함→불안전한 행동→사고→재해이다.

2 산업재해

(1) 재해와 산업재해

① 재해란 사고의 결과로 인하여 인간이 입는 인명피해와 재산상의 손실이다.

② 산업재해란 근로자가 업무에 관계되는 작업이나 기타 업무에 기인하여 사망 또는 부상하거나 질병에 걸리게 되는 것이다.

(2) 산업재해 부상의 종류

① 무상해 : 응급처치 이하의 상처로 작업에 종사하면서 치료를 받는 상해정도이다.

② 응급조치 상해 : 1일 미만의 치료를 받고 다음부터 정상작업에 임할 수 있는 정도의 상해이다.

③ 경상해 : 부상으로 1일 이상 14일 이하의 노동손실을 가져온 상해정도이다.

④ 중상해 : 부상으로 2주 이상의 노동손실을 가져온 상해정도이다.

(3) 사고가 발생하는 원인

① 안전장치 및 보호 장치가 잘되어 있지 않을 때

② 적합한 공구를 사용하지 않을 때

③ 정리정돈 및 조명장치가 잘되어 있지 않을 때

④ 기계 및 기계장치가 너무 좁은 장소에 설치되어 있을 때

※ 재해가 발생하였을 때 조치순서는 운전정지→피해자 구조→응급처치→2차 재해방지이다.

(4) 재해율의 분류

① 도수율 : 근로시간 100만 시간당 발생하는 사고건수이다.

② 강도율 : 근로시간 1,000시간당의 재해에 의한 노동손실 일수이다.
③ 연천인율 : 1년 동안 1,000명의 근로자가 작업할 때 발생하는 사상자의 비율이다.

02 안전보호구 및 안전장치

1 안전보호구(protective equipment)

(1) 안전모(safety cap)

안전모는 작업자가 작업할 때 비래하는 물건이나 낙하하는 물건에 의한 위험성으로부터 머리를 보호한다. 안전모의 사용 및 관리방법은 다음과 같다.

① 작업내용에 적합한 안전모를 착용한다.
② 안전모를 착용할 때 턱 끈을 바르게 한다.
③ 충격을 받은 안전모나 변형된 안전모는 폐기 처분한다.
④ 자신의 크기에 맞도록 착장제의 머리 고정대를 조절한다.
⑤ 안전모에 구멍을 내지 않도록 한다.
⑥ 합성수지는 자외선에 균열 및 노화가 되므로 자동차 뒤 유리 쪽에는 보관을 하지 않는다.
⑦ 안전모의 종류

- 낙하 방지용(A) : 물체의 낙하 및 비래에 의한 위험을 방지 또는 경감
- 낙하추락 방지용(AB) : 물체의 낙하 또는 비래 및 추락에 의한 위험을 방지 또는 경감
- 낙하감전 방지용(AE) : 물체의 낙하 및 비래에 의한 위험을 방지 또는 경감하고, 머리 부위 감전에 의한 위험을 방지
- 다목적용(ABE) : 물체의 낙하 또는 비래 및 추락에 의한 위험을 방지 또는 경감하고, 머리 부위 감전에 의한 위험을 방지

(2) 안전화(safety shoe)

① 경작업용 : 금속선별, 전기제품조립, 화학제품 선별, 식품가공업 등 경량의 물체를 취급하는 작업장용이다.
② 보통작업용 : 기계공업, 금속가공업 등 공구부품을 손으로 취급하는 작업 및 차량 사업장, 기계 등을 조작하는 일반작업장용이다.
③ 중작업용 : 광산에서 채광, 철강업에서 원료 취급, 강재 운반 등 중량물 운반 작업 및 중량이 큰 물체를 취급하는 작업장용이다.

(3) 안전작업복(safety working clothes)

① 작업장에서 안전모, 작업화, 작업복을 착용하는 이유는 작업자의 안전을 위함이다.
② 작업에 따라 보호구 및 그 밖의 물건을 착용할 수 있어야 한다.
③ 소매나 바지자락이 조여질 수 있어야 한다.
④ 화기사용 직장에서는 방염성, 불연성의 것을 사용하도록 한다.
⑤ 작업복은 몸에 맞고 동작이 편하도록 제작한다.
⑥ 상의의 끝이나 바지자락 등이 기계에 말려 들어갈 위험이 없도록 한다.
⑦ 옷소매는 폭이 좁게 된 것이나, 단추가 달린 것은 되도록 피한다.

(4) 보안경

보안경은 날아오는 먼지나 쇳가루 등으로부터 눈을 보호하고 유해광선에 의한 시력장해를 방지하기 위해 사용한다.

① 유리 보안경 : 고운 가루, 칩, 기타 비산물로부터 눈을 보호하기 위한 보안경이다.
② 플라스틱 보안경 : 고운 가루, 칩, 액체, 약품 등의 비산물로부터 눈을 보호하기 위한 보안경이다.
③ 도수렌즈 보안경 : 원시 또는 난시인 작업자가 보안경을 착용해야 하는 작업장에서 유해물질로부터 눈을 보호하고 시력을 교정하기 위한 보안경이다.

(5) 방음보호구(귀마개·귀덮개)

소음이 발생하는 작업장에서 작업자의 청력을 보호하기 위해 사용하며, 소음의 허용기준은 8시간 작업을 할 때 90db 이고, 그 이상의 소음 작업장에서는 귀마개나 귀덮개를 착용한다.

(6) 호흡용 보호구

산소결핍 작업, 분진 및 유독가스 발생 작업장에서 작업할 때 신선한 공기공급 및 여과를 통하여 호흡기를 보호한다.

POINT

안전보호구의 구비조건
- 착용이 간단하고 착용 후 작업하기 쉬울 것
- 유해, 위험요소로부터 보호성능이 충분할 것
- 품질과 끝마무리가 양호할 것
- 외관 및 디자인이 양호할 것

안전보호구를 선택할 때 주의사항
- 사용목적에 적합할 것
- 사용하기가 쉬고, 품질이 좋을 것
- 작업자에게 잘 맞을 것
- 관리하기가 편할 것

2 안전장치(safety device)

(1) 안전대

안전대는 신체를 지지하는 요소와 구조물 등 걸이설비에 연결하는 요소로 구성된다. 안전대의 용도는 작업제한, 작업자세 유지, 추락억제이다.

(2) 사다리식 통로

① 견고한 구조로 만들고, 심한 손상, 부식 등이 없는 재료를 사용할 것
② 발판의 간격은 일정하게 만들고, 발판 폭은 30cm 이상으로 만들 것
③ 사다리가 넘어지거나 미끄러지는 것을 방지하기 위한 조치를 할 것
④ 발판과 벽과의 사이는 15cm 이상의 간격을 유지할 것
⑤ 사다리의 상단(끝)은 걸쳐놓은 지점으로부터 60cm 이상 올라가도록 할 것
⑥ 사다리식 통로의 길이가 10m 이상인 경우에는 5m 이내마다 계단참을 설치할 것
⑦ 사다리식 통로는 90°까지 설치할 수 있다. 다만, 고정식이면서, 75°를 넘고, 사다리 높이가 7m를 넘으면 바닥으로 높이 2m 지점부터 등받이가 있어야 한다.

(3) 방호장치

① 격리형 방호장치 : 작업점 이외에 직접 사람이 접촉하여 말려들거나 다칠 위험이 있는 장소를 덮어씌우는 방호장치 방법이다.

② 덮개형 방호조치 : V-벨트나 평 벨트 또는 기어가 회전하면서 접선방향으로 물려 들어가는 장소에 많이 설치한다.

③ 접근반응형 방호장치 : 작업자의 신체부위가 위험한계 또는 그 인접한 거리로 들어오면 이를 감지하여 그 즉시 동작하던 기계를 정지시키거나 스위치가 꺼지도록 하는 방호법이다.

출제 예상 문제

01 안전의 제일이념으로 옳은 것은?

① 인간존중 ② 재산보호
③ 품질향상 ④ 생산성 향상

답 : ①

02 산업재해를 예방하기 위한 재해예방 4원칙에 속하지 않는 것은?

① 대책선정의 원칙
② 예방가능의 원칙
③ 원인계기의 원칙
④ 대량생산의 원칙

예방가능의 원칙, 손실우연의 원칙, 원인계기의 원칙, 대책선정의 원칙이 있다.

답 : ④

03 안전의 3요소에 속하지 않는 것은?

① 자본적 요소 ② 교육적 요소
③ 기술적 요소 ④ 관리적 요소

답 : ①

04 하인리히의 사고예방원리 5단계를 순서대로 나열한 것은?

① 조직→사실의 발견→평가분석→시정책의 선정→시정책의 적용
② 시정책의 적용→조직→사실의 발견→평가분석→시정책의 선정
③ 사실의 발견→평가분석→시정책의 선정→시정책의 적용→조직
④ 시정책의 선정→시정책의 적용→조직→사실의 발견→평가분석

답 : ①

05 재해발생 과정에서 하인리히의 연쇄반응 이론의 발생순서로 옳은 것은?

① 사회적 환경과 선천적 결함→개인적 결함→재해→불안전한 행동→사고
② 개인적 결함→사회적환경과 선천적 결함→사고→불안전한 행동→재해
③ 불안전한 행동→사회적환경과 선천적 결함→개인적 결함→사고→재해
④ 사회적 환경과 선천적 결함→개인적 결함→불안전한 행동→사고→재해

답 : ④

06 인간 공학적 안전설정으로 페일세이프(fail safe)란?

① 안전도 검사방법이다.
② 안전통제의 실패로 인하여 원상복귀가 가장 쉬운 사고의 결과이다.
③ 인간 또는 기계에 과오나 동작상의 실패가 있어도 안전사고를 발생시키지 않도록 하는 통제방책이다.
④ 안전사고 예방을 할 수 없는 물리적 불안전 조건과 불안전 인간의 행동이다.

페일세이프란 인간 또는 기계에 과오나 동작상의 실패가 있어도 안전사고를 발생시키지 않도록 하는 통제방책이다.

답 : ③

07 연 100만 근로시간당 몇 건의 재해가 발생했는가의 재해율 산출은?

① 연천인율 ② 강도율
③ 도수율 ④ 발생률

도수율은 안전사고 발생빈도로 근로시간 100만 시간당 발생하는 사고건수이다.

답 : ③

08 근로자 1,000명당 1년 간에 발생하는 재해자 수를 표시한 것은?

① 연천인율 ② 사고율
③ 강도율 ④ 도수율

연천인율은 근로자 1,000명당 1년 간에 발생하는 재해자 수이다.

답 : ①

09 산업안전보건법상 산업재해의 정의는?

① 근로자가 업무에 관계되는 건설물·설비·원재료·가스·증기·분진 등에 의하거나 작업 또는 그 밖의 업무로 인하여 사망 또는 부상하거나 질병에 걸리게 되는 것이다.
② 운전 중 본인의 부주의로 교통사고가 발생된 것이다.
③ 고의로 물적 시설을 파손한 것이다.
④ 일상 활동에서 발생하는 사고로서 인적 피해에 해당하는 부분이다.

답 : ①

10 안전관리상 인력운반으로 중량물을 운반하거나 들어 올릴 때 발생할 수 있는 재해와 가장 거리가 먼 것은?

① 충돌 ② 협착(압상)
③ 낙하 ④ 단전(정전)

답 : ④

11 산업재해의 분류에서 사람이 평면상으로 넘어졌을 때(미끄러짐 포함)를 의미하는 것은?

① 추락 ② 전도
③ 충돌 ④ 낙하

답 : ②

12 재해유형에서 중량물을 들어 올리거나 내릴 때 손 또는 발이 취급 중량물과 물체에 끼어 발생하는 것은?

① 협착 ② 낙하
③ 감전 ④ 전도

답 : ①

13 ILO(국제노동기구)의 구분에 의한 근로불능 상해의 종류 중 응급조치 상해는 며칠간 치료를 받은 다음부터 정상작업에 임할 수 있는 정도의 상해인가?

① 1일 미만 ② 5일 미만
③ 10일 미만 ④ 2주 미만

응급조치 상해란 1일 미만의 치료를 받고 다음부터 정상작업에 임할 수 있는 상해정도이다.

답 : ①

14 산업재해 부상의 종류별 구분에서 경상해란?

① 업무상 목숨을 잃게 되는 경우이다.
② 응급처치 이하의 상처로 작업에 종사하면서 치료를 받는 상해정도이다.
③ 부상으로 인하여 2주 이상의 노동손실을 가져온 상해정도이다.
④ 부상으로 1일 이상 14일 이하의 노동손실을 가져온 상해정도이다.

답 : ④

15 재해발생원인과 관계 없는 것은?

① 방호장치의 기능을 제거하였다.
② 관리감독이 소홀하다.
③ 작업장치 회전반경 내 출입을 금지하였다.
④ 잘못된 방법으로 작업을 하였다.

답 : ③

16 사고를 많이 발생시키는 원인 순서로 옳은 것은?

① 불안전행위→불안전조건→불가항력
② 불안전조건→불안전행위→불가항력
③ 불안전행위→불가항력→불안전조건
④ 불가항력→불안전조건→불안전행위

사고를 많이 발생시키는 원인 순서는 불안전행위→불안전조건→불가항력이다.

답 : ①

17 사고의 직접원인으로 옳은 것은?

① 불안전한 행동 및 상태이다.
② 사회적 환경 요인이다.
③ 유전적인 요소이다.
④ 성격 결함이다.

답 : ①

18 사고의 원인으로 작업자의 불안전한 행위에 속하는 것은?

① 작업장의 환경이 불량하다.
② 안전조치를 이행하지 않았다.
③ 물적 위험상태가 발생하였다.
④ 기계에 결함이 발생하였다.

답 : ②

19 산업재해원인은 직접원인과 간접원인으로 구분되는데 직접원인 중에서 불안전한 행동에 속하지 않는 것은?

① 경보 시스템이 불충분하다.
② 결함이 있는 장치를 사용하였다.
③ 허가 없이 장치를 운전하였다.
④ 개인 보호구를 사용하지 않았다.

답 : ①

20 불안전한 행동으로 인하여 오는 산업재해에 속하지 않는 것은?

① 불안전한 자세로 작업하였다.
② 안전장비를 착용하지 않았다.
③ 안전장치의 기능을 제거하였다.
④ 방호장치에 결함이 있다.

답 : ④

21 현장에서 작업자가 작업 안전상 반드시 알아두어야 할 사항은?

① 장비의 가격
② 안전규칙 및 수칙
③ 종업원의 기술정도
④ 종업원의 작업환경

답 : ②

22 안전교육의 목적으로 옳지 않은 것은?

① 능률적인 표준작업을 숙달시킨다.
② 위험에 대처하는 능력을 기른다.
③ 작업에 대한 주의심을 파악할 수 있게 한다.
④ 소비절약 능력을 배양한다.

답 : ④

23 산업공장에서 재해의 발생을 감소시키기 위한 방법에 속하지 않는 것은?

① 소화기 근처에 물건을 적재한다.
② 공구는 소정의 장소에 보관한다.
③ 통로나 창문 등에 물건을 세워 놓아서는 안 된다.
④ 폐기물은 정해진 위치에 모아둔다.

답 : ①

24 안전수칙을 지킴으로써 발생될 수 있는 효과에 속하지 않는 것은?

① 기업의 이직률이 감소된다.
② 기업의 신뢰도를 높여준다.
③ 상하동료 간의 인간관계가 개선된다.
④ 기업의 투자경비가 늘어난다.

답 : ④

25 작업환경 개선방법으로 옳지 않은 것은?

① 부품을 신품으로 모두 교환한다.
② 조명을 밝게 한다.
③ 소음을 줄인다.
④ 채광을 좋게 한다.

답 : ①

26 재해조사의 직접적인 목적에 속하지 않는 것은?

① 유사재해의 재발을 방지하기 위함이다.
② 재해원인의 규명 및 예방자료를 수집하기 위함이다.
③ 재해관련 책임자를 문책하기 위함이다.
④ 동종재해의 재발을 방지하기 위함이다.

답 : ③

27 산업재해 방지대책을 수립하기 위하여 위험요인을 발견하는 방법으로 옳은 것은?

① 안전점검
② 안전대책 회의
③ 경영층 참여와 안진조직 진단
④ 재해사후 조치

답 : ①

28 **점검주기에 따른 안전점검의 종류에 속하지 않는 것은?**

① 정기점검 ② 구조점검
③ 특별점검 ④ 수시점검

안전점검의 종류에는 일상점검, 정기점검, 수시점검, 특별점검 등이 있다.

답 : ②

29 **작업장 안전을 위해 작업장의 시설을 정기적으로 안전점검을 실시하여야 하는데 그 대상에 속하지 않는 것은?**

① 작업자가 출퇴근 시 사용하는 경우
② 노후화의 결과로 위험성이 큰 경우
③ 설비의 노후화 속도가 빠른 경우
④ 변조에 현저한 위험을 수반하는 경우

답 : ①

30 **일반적인 보호구의 구비조건에 속하지 않는 것은?**

① 착용이 간편할 것
② 재료의 품질이 양호할 것
③ 햇볕에 열화가 잘될 것
④ 위험유해 요소에 대한 방호성능이 충분할 것

답 : ③

31 **보호구 선택방법으로 옳지 않은 것은?**

① 잘 맞는지 확인하여야 한다.
② 품질보다는 식별기능 여부를 우선해야 한다.
③ 사용방법이 간편하고 손질이 쉬워야 한다.
④ 사용목적에 적합하여야 한다.

답 : ②

32 **보호구를 선택할 때의 주의사항과 관계 없는 것은?**

① 착용이 용이하고 크기 등 사용자에게 편리할 것
② 보호구 성능기준에 적합하고 보호성능이 보장될 것
③ 사용목적에 구애받지 않을 것
④ 작업행동에 방해되지 않을 것

답 : ③

33 **안전보호구에 속하지 않는 것은?**

① 안전모 ② 안전화
③ 안전장갑 ④ 안전 가드레일

답 : ④

34 **안전한 작업을 위해 반드시 보안경을 착용해야 하는 작업은?**

① 엔진오일 보충 및 냉각수 점검 작업
② 제동등 작동점검 작업
③ 전기저항 측정 및 배선점검 작업
④ 장비의 하체점검 작업

건설기계의 하체를 점검할 때에는 보안경을 착용하여야 한다.

답 : ④

35 **아크용접에서 눈을 보호하기 위한 보안경은?**

① 차광용 안경
② 방진안경
③ 도수안경
④ 실험실용 안경

답 : ①

36 사용구분에 따른 차광보안경의 종류에 속하지 않는 것은?

① 자외선용 ② 비산방지용
③ 용접용 ④ 적외선용

차광보안경의 종류
자외선용, 적외선용, 복합용, 용접용

답 : ②

37 안전모에 대한 설명으로 옳지 않은 것은?

① 알맞은 규격으로 성능시험에 합격품이어야 한다.
② 가볍고 성능이 우수하며 머리에 꼭 맞고 충격흡수성이 좋아야 한다.
③ 각종 위험으로부터 보호할 수 있는 종류의 안전모를 선택해야 한다.
④ 구멍을 뚫어서 통풍이 잘되게 하여 착용한다.

답 : ④

38 안전모의 관리 및 착용방법으로 옳지 않은 것은?

① 통풍을 목적으로 모체에 구멍을 뚫어서는 안 된다.
② 정해진 방법으로 착용하고 사용하여야 한다.
③ 사용 후 뜨거운 스팀으로 소독하여야 한다.
④ 큰 충격을 받은 것은 사용을 피한다.

답 : ③

39 방진마스크를 착용해야 하는 작업장은?

① 온도가 낮은 작업장
② 소음이 심한 작업장
③ 산소가 결핍되기 쉬운 작업장
④ 분진이 많은 작업장

분진(먼지)이 발생하는 장소에서는 방진마스크를 착용하여야 한다.

답 : ④

40 산소결핍의 우려가 있는 장소에서 착용하여야 하는 마스크는?

① 방진 마스크 ② 송기 마스크
③ 방독 마스크 ④ 가스 마스크

산소결핍의 우려가 있는 장소에서는 송기(송풍) 마스크를 착용해야 한다.

답 : ②

41 감전되거나 전기화상을 입을 위험이 있는 장소에서 작업 시 작업자가 착용해야 하는 것은?

① 구명구 ② 구명조끼
③ 비상벨 ④ 보호구

답 : ④

42 중량물 운반 작업 시 착용하여야 할 안전화는?

① 보통작업용 안전화
② 중작업용 안전화
③ 절연용 안전화
④ 경작업용 안전화

중량물 운반 작업을 할 때에는 중작업용 안전화를 착용하여야 한다.

답 : ②

43 **안전관리상 장갑을 끼고 작업하면 가장 위험한 작업은?**

① 판금작업　　② 줄 작업
③ 용접작업　　④ 드릴작업

선반·드릴 등의 절삭가공 및 해머작업을 할 때에는 장갑을 착용해서는 안 된다.

답 : ④

44 **전기기기에 의한 감전사고를 방지하기 위하여 필요한 설비는?**

① 대지전위 상승설비
② 접지설비
③ 고압계 설비
④ 방폭등 설비

전기기기에 의한 감전 사고를 막기 위해서는 접지설비를 하여야 한다.

답 : ②

45 **감전재해 사고발생 시 취해야 할 행동으로 옳지 않은 것은?**

① 설비의 전기 공급원 스위치를 내린다.
② 전원을 끄지 못했을 때는 고무장갑이나 고무장화를 착용하고 피해자를 구출한다.
③ 피해자 구출 후 상태가 심할 경우 인공호흡 등 응급조치를 한 후 작업을 직접 마무리 하도록 도와준다.
④ 피해자가 지닌 금속체가 전선 등에 접촉되었는가를 확인한다.

답 : ③

46 **감전재해 방지방법과 관계 없는 것은?**

① 전기기기에 위험표시를 한다.
② 전기설비에 약간의 물을 뿌려 감전여부를 확인한다.
③ 작업자에게 보호구를 착용시킨다.
④ 작업자에게 사전 안전교육을 시킨다.

답 : ②

47 **안전장치를 선정할 때 고려사항으로 옳지 않은 것은?**

① 안전장치 기능제거를 용이하게 할 수 있어야 한다.
② 위험부분에는 안전방호장치가 설치되어 있어야 한다.
③ 작업하기에 불편하지 않는 구조이어야 한다.
④ 강도나 기능 면에서 신뢰도가 커야 한다.

답 : ①

48 **작업복에 대한 설명으로 옳지 않은 것은?**

① 작업복은 몸에 알맞고 동작이 편해야 한다.
② 주머니가 너무 많지 않고, 소매가 단정한 것이 좋다.
③ 작업복은 항상 깨끗한 상태로 입어야 한다.
④ 착용자의 연령, 성별 등에 관계없이 일률적인 스타일을 선정해야 한다.

답 : ④

49 안전한 작업을 하기 위하여 작업복장을 선정할 때 유의사항과 관계 없는 것은?

① 화기사용 장소에서 방염성·불연성의 것을 사용하도록 한다.
② 작업복은 몸에 맞고 동작이 편하도록 제작한다.
③ 착용자의 취미·기호 등에 중점을 두고 선정한다.
④ 상의의 소매나 바지자락 끝 부분이 안전하고 작업하기 편리하게 잘 처리된 것을 선정한다.

답 : ③

50 납산 배터리 액체를 취급하는 데 가장 적합한 복장은?

① 화학섬유로 만든 옷을 입는다.
② 고무로 만든 옷을 입는다.
③ 무명으로 만든 옷을 입는다.
④ 가죽으로 만든 옷을 입는다.

답 : ②

51 아래 보기에서 작업자의 올바른 안전자세로 모두 맞게 짝지어진 것은?

보기
A. 자신의 안전과 타인의 안전을 고려한다.
B. 작업에 임해서는 아무런 생각 없이 작업한다.
C. 작업장 환경조성을 위해 노력한다.
D. 작업 안전사항을 준수한다.

① A, B, C
② A, C, D
③ A, B, D
④ A, B, C, D

답 : ②

52 사고로 인하여 위급한 환자가 발생하였을 때 의사의 치료를 받기 전까지 응급처치를 실시할 때 응급처치 실시자의 준수사항으로 옳지 않은 것은?

① 의식 확인이 불가능하여도 생사를 임의로 판정하지 않는다.
② 원칙적으로 의약품의 사용은 피한다.
③ 사고현장 조사를 실시한다.
④ 정확한 방법으로 응급처치를 한 후 반드시 의사의 치료를 받도록 한다.

답 : ③

53 보기는 재해발생 시 조치요령이다. 조치순서로 올바른 것은?

보기
A. 운전정지
B. 관련된 또 다른 재해방지
C. 피해자 구조
D. 응급처치

① A→B→C→D
② C→B→D→A
③ C→D→A→B
④ A→C→D→B

재해가 발생하였을 때 조치순서는 운전정지→피해자 구조→응급처치→2차 재해방지이다.

답 : ④

54 작업점 외에 직접 사람이 접촉하여 말려들거나 다칠 위험이 있는 장소를 덮어씌우는 방호장치는?

① 포집형 방호장치
② 위치 제한형 방호장치
③ 격리형 방호장치
④ 접근거부형 방호장치

격리형 방호장치는 작업점 이외에 직접 사람이 접촉하여 말려들거나 다칠 위험이 있는 장소를 덮어씌우는 방호장치이다.

답 : ③

55 **V-벨트나 평 벨트 또는 기어가 회전하면서 접선방향으로 물리는 장소에 설치되는 방호장치는?**

① 위치제한 방호장치
② 덮개형 방호장치
③ 접근반응형 방호장치
④ 격리형 방호장치

덮개형 방호조치는 V-벨트나 평 벨트 또는 기어가 회전하면서 접선방향으로 물려 들어가는 장소에 많이 설치한다.

답 : ②

56 **작업자의 신체부위가 위험한계 또는 그 인접한 거리로 들어오면 이를 감지하여 그 즉시 동작하던 기계를 정지시키거나 스위치가 꺼지도록 하는 방호장치법은?**

① 접근반응형 방호장치
② 위치제한형 방호장치
③ 포집형 방호장치
④ 격리형 방호장치

접근반응형 방호장치는 작업자의 신체부위가 위험한계 또는 그 인접한 거리로 들어오면 이를 감지하여 그 즉시 동작하던 기계를 정지시키거나 스위치가 꺼지도록 하는 방호법이다.

답 : ①

57 **리프트(lift)의 방호장치에 속하지 않는 것은?**

① 과부하 방지장치
② 출입문 인터록
③ 해지장치
④ 권과방지장치

리프트(lift)의 방호장치 : 과부하 방지장치, 출입문 인터록, 권과방지장치, 비상정지장치, 제동장치

답 : ③

58 **동력기계장치의 표준 방호덮개의 설치 목적과 관계 없는 것은?**

① 주유나 검사의 편리성 때문이다.
② 동력전달장치와 신체의 접촉을 방지한다.
③ 방음이나 집진하기 위함이다.
④ 가공물 등의 낙하에 의한 위험을 방지한다.

답 : ①

59 **방호장치 및 방호조치에 대한 설명으로 옳지 않은 것은?**

① 직접 접촉이 가능한 벨트에는 덮개를 설치해야 한다.
② 지반 붕괴의 위험이 있는 경우 흙막이 지보공 및 방호망을 설치해야 한다.
③ 충전회로 인근에서 차량, 기계장치 등의 작업이 있는 경우 충전부로부터 3m 이상 이격시킨다.
④ 발파작업 시 피난장소는 좌우측을 견고하게 방호한다.

답 : ④

제2장 위험요소 확인

01 안전표지

작업장에서 작업자가 판단이나 행동의 실수가 발생하기 쉬운 장소나 중대한 재해를 일으킬 우려가 있는 장소에 안전을 확보하기 위해 표시하는 표지이다.

① 금지표지 : 위험한 어떤 일이나 행동 등을 하지 못하도록 제한하는 표지이다.

② 경고표지 : 조심하도록 미리 주의를 주는 표지로 직접적으로 위험한 것, 위험한 장소에 대한 표지이다.

③ 지시표지 : 불안전 행위, 부주의에 의한 위험이 있는 장소를 나타내는 표지이다.

④ 안내표지 : 응급구호표지, 방향표지, 지도표지 등 안내를 나타내는 표지이다.

[안전표지의 종류]

금지표지	출입 금지	보행 금지	차량 통행 금지	사용 금지	탑승 금지
금지표지	금연	화기 금지	물체 이동 금지		
경고표지	인화성물질 경고	산화성물질 경고	폭발성물질 경고	급성독성물질 경고	부식성물질 경고
경고표지	방사성물질 경고	고압 전기 경고	매달린 물체 경고	낙하물 경고	고온 경고
경고표지	저온 경고	몸균형 상실 경고	레이저 광선 경고	발암성·변이원성·생식독성·전신독성·호흡기과민성물질경고	위험 장소 경고

지시표지	보안경 착용	방독마스크 착용	방진마스크 착용	보안면 착용	안전모 착용
지시표지	귀마개 착용	안전화 착용	안전장갑 착용	안전복 착용	
안내표지	녹십자	응급구호	들것	세안장치	비상용기구
안내표지	비상구	좌측 비상구	우측 비상구		

02 안전수칙

① 안전보호구 지급 착용 : 기계, 설비 등의 위험요인으로부터 작업자를 보호하기 위해 작업조건에 맞는 안전보호구의 착용방법을 숙지하고 착용한다.

② 안전보건표지 부착 : 위험장소 및 작업별로 위험요인에 대한 경각심을 부여하기 위하여 작업장의 눈에 잘 띄는 해당 장소에 안전표지를 부착한다.

③ 안전보건교육 실시 : 작업자 및 사업주에게 안전보건교육을 실시하여 안전의식에 대한 경각심을 고취하고 작업 중 발생할 수 있는 안전사고에 대비한다.

④ 안전작업 절차 준수 : 정비, 보수 등의 비계획적 작업 또는 잠재적 위험이 존재하는 작업공정에서 지켜야 할 작업 단위별 안전작업 절차와 순서를 숙지하여 안전작업을 할 수 있도록 유도한다.

03 위험요소

1 지상 시설물

① 전기 동력선 부근에서 작업하기 전에 관련기관과 연락을 취하여 안전사항을 숙지한다.

② 굴착기는 고압전선으로부터 최소 3m 이상 떨어져 있어야 한다.

③ 50,000V 이상인 경우에는 매 1,000V당 1m씩 떨어져 작업을 할 수 있도록 사전에 작업 반경을 확인한다.

④ 전기 동력선 부근에서 작업을 진행해야 할 경우 법규상에서 요구하는 최소 허용접근 거리보다 더 많이 떨어져서 작업을 할 수 있도록 사전에 안전사항을 숙지한다.

⑤ 안전작업을 위해 주의사항 등에 대하여 작업관계자와 협의가 필요하다.

⑥ 전기 동력선 부근에서 작업할 경우 매우 심각한 인명손상이 발생할 수 있으므로 특별한 안전조치가 요구된다.

2 지하 매설물

① 작업현장 주변에 가스관, 수도관, 통신선로 등의 지하 매설물 위치를 확인한다.

② 문화재 등 지장물체의 위치를 파악한다.

3 그 밖의 작업현장 주변상황

① 밀폐된 실내에서 굴착기로 작업할 때 환기장치 관련지식을 숙지한다.

② 작업현장의 지반관련 지식을 숙지한다.

③ 작업현장의 낙석 등 위험요인 관련 지식을 숙지한다.

④ 작업현장이 하천, 바닷가와 밀접한 경우 위험요인 관련지식을 숙지한다.

⑤ 안전작업 절차지식의 이해 : 작업계획 수립→안전교육 실시→개인 보호구 착용→굴착기 정상작동 여부확인→안전장치 및 보조장치 이상여부 확인→작업장 주변상태 및 신호수와 배치 상태 확인→작업→작업 후 굴착기 이상여부 확인

출제 예상 문제

01 안전·보건표지의 종류에 속하지 않는 것은?

① 성능표지　② 안내표지
③ 금지표지　④ 지시표지

답 : ①

02 안전·보건표지의 종류별 용도·사용 장소·형태 및 색채에서 바탕은 흰색, 기본모형은 빨간색, 관련부호 및 그림은 검정색으로 된 안전표지는?

① 보조표지　② 지시표지
③ 금지표지　④ 주의표지

금지표지의 바탕은 흰색, 기본모형은 빨간색, 관련부호 및 그림은 검정색으로 되어 있다.

답 : ③

03 그림과 같은 안전표지판이 의미하는 것은?

① 비상구 ② 보안경 착용
③ 출입금지 ④ 인화성 물질경고

답 : ③

04 안전·보건표지의 종류와 형태에서 그림의 안전표지판이 의미하는 것은?

① 보행금지 ② 사용금지
③ 출입금지 ④ 작업금지

답 : ②

05 안전·보건표지의 종류와 형태에서 그림과 같은 표지가 의미하는 것은?

① 인화성 물질경고
② 화기금지
③ 금연
④ 산화성 물질경고

답 : ②

06 안전·보건표지의 종류와 형태에서 그림의 안전표지판의 의미는?

① 사용금지 ② 탑승금지
③ 물체이동금지 ④ 보행금지

답 : ③

07 산업안전표지의 종류에서 경고표지에 속하지 않는 것은?

① 저온 경고
② 인화성물질 경고
③ 폭발성물질 경고
④ 방독마스크 착용

방독마스크 착용은 지시표지에 해당된다.

답 : ④

08 산업안전보건법령상 안전·보건표지의 종류 중 다음 그림의 의미는?

① 산화성물질 경고
② 급성독성물질 경고
③ 폭발성물질 경고
④ 인화성물질 경고

답 : ④

09 안전·보건표지의 종류와 형태에서 그림의 안전표지판이 의미하는 것은?

① 매달린 물체 경고
② 폭발물 경고
③ 몸 균형상실 경고
④ 방화성물질 경고

답 : ①

10 안전·보건표지의 종류와 형태에서 그림의 안전표지판을 사용하는 장소는?

① 폭발성의 물질이 있는 장소
② 레이저 광선에 노출될 우려가 있는 장소
③ 방사능 물질이 있는 장소
④ 발전소나 고전압이 흐르는 장소

답 : ②

11 보안경 착용, 방독마스크 착용, 방진마스크 착용, 안전모자 착용, 귀마개 착용 등을 나타내는 안전표지는?

① 금지표지 ② 경고표지
③ 안내표지 ④ 지시표지

답 : ④

12 산업안전보건표지의 종류에서 지시표지에 속하는 것은?

① 안전모 착용 ② 고온경고
③ 차량통행 금지 ④ 출입금지

지시표지에는 보안경 착용, 방독마스크 착용, 방진마스크 착용, 보안면 착용, 안전모 착용, 귀마개 착용, 안전화 착용, 안전장갑 착용, 안전복 착용 등이 있다.

답 : ①

13 안전·보건표지의 종류와 형태에서 그림의 안전표지는?

① 보행 금지
② 몸균형 상실 경고
③ 방독마스크 착용
④ 안전복 착용

답 : ④

14 안전·보건표지에서 안내표지의 바탕색으로 옳은 것은?

① 백색 ② 녹색
③ 적색 ④ 흑색

안내표지는 녹색바탕에 백색으로 안내대상을 지시하는 표지판이다.

답 : ②

15 안전표지의 종류 중 안내표지에 속하지 않는 것은?

① 비상구 ② 출입금지
③ 녹십자 표지 ④ 응급구호 표지

답 : ②

16 안전·보건표지 종류와 형태에서 그림의 안전표지판이 의미하는 것은?

① 녹십자 ② 비상구
③ 병원 ④ 안전지대

답 : ①

17 안전·보건표지의 종류와 형태에서 그림의 표지는?

① 비상구 ② 응급구호
③ 안전제일 ④ 들것

답 : ②

18 안전표지 중 응급치료소, 응급처치용 장비를 표시하는 데 사용하는 색채는?

① 녹색
② 적색
③ 흑색과 백색
④ 황색과 흑색

응급치료소, 응급처치용 장비를 표시하는 데 사용하는 색채는 녹색이다.

답 : ①

19 산업안전보건법령상 안전·보건표지에서 색채와 용도가 잘못된 것은?

① 파란색 : 지시
② 노란색 : 위험
③ 녹색 : 안내
④ 빨간색 : 금지, 경고

노란색 : 주의(충돌·추락·전도 및 그 밖의 비슷한 사고의 방지를 위해 물리적 위험성 표시)

답 : ②

20 작업현장에서 사용되는 안전표지 색채로 잘못 설명된 것은?

① 보라색 : 안전지도 표시
② 노란색 : 충돌·추락 주의 표시
③ 녹색 : 비상구 표시
④ 빨간색 : 방화 표시

보라색 : 방사능의 위험경고 표시

답 : ①

21 안전표지의 색채 중에서 대피장소 또는 비상구의 표지에 사용되는 색채는?

① 빨간색 ② 주황색
③ 녹색 ④ 청색

대피장소 또는 비상구의 표지에는 녹색을 사용한다.

답 : ③

22 굴착기로 작업할 때 고압전선으로부터 최소 몇 미터 이상 떨어져 있어야 하는가?

① 50cm 이상
② 1m 이상
③ 3m 이상
④ 10m 이상

답 : ③

23 50,000V 이상인 경우에는 매 몇 볼트[V] 당 1m씩 떨어져 작업을 할 수 있도록 사전에 작업 반경을 확인하여야 하는가?

① 1,000V ② 2,000V
③ 3,000V ④ 5,000V

답 : ①

제3장 안전운반 작업

01 장비사용설명서

건설기계 제작사에서 건설기계와 함께 공급되는 건설기계 사용설명서(Operator manual)는 건설기계의 제원, 각 장치의 그림, 각 부분의 중량, 기술자료, 운전방법, 작동방법, 작동할 때 유의사항, 윤활유 사양 및 주유위치, 작업할 때 안전유의사항, 예방정비 및 고장이 발생하였을 때 긴급조치사항 등이 포함되어 있다.

① 조종사는 굴착기를 사용하기 전에 사용설명서 내용을 숙지하여야 한다.
② 사고의 위험이 있을 때는 공사관계자와 충분한 협의를 한다.
③ 사용설명서는 항상 굴착기 운전실 정해진 위치에 깨끗이 보관한다.
④ 굴착기를 사용할 때 다음 사항은 금지되어 있다.
- 사람을 운송하는 수단으로 사용하지 말 것
- 작업하는 작업대로 사용하지 말 것
- 작업에 적합한 작업대 없이 물건을 인양하거나 운송하는 수단으로 사용하지 말 것
- 사전에 제작회사의 승인 없이 개조하지 말 것

⑤ 굴착기를 사용하기 전에는 반드시 사용설명서대로 일상점검을 한다.
⑥ 굴착기의 운전은 각 장치 및 사용설명서를 숙지한 자격이 있는 조종사가 해야 한다.
⑦ 과도한 음주 후나 과로한 상태에서 운전해서는 안 된다.
⑧ 점검결과 이상이나 고장이 있는 굴착기는 정비나 수리 후 운전한다.

02 안전운반

1 운반경로의 선정

운반경로를 선정할 때에는 미리 도로 및 인근상황에 대하여 충분히 조사하고, 사전에 도로 관리자 및 경찰 등과 협의하는 것이 좋으며, 다음 사항에 유의한다.

(1) 운반경로를 선정할 때 고려사항

① 통근, 통학 또는 시장근처 등 보행자가 많거나 차도와 보도의 구별이 없는 도로, 학교, 병원, 유치원, 도서관 등이 있는 도로는 가능한 한 피한다.
② 좁은 도로를 출입할 경우에는 나가는 도로와 들어오는 도로를 별개로 선정한다.
③ 주변에 대한 소음피해를 완화하기 위해 가능한 한 포장도로나 폭이 넓은 도로를 선정한다.
④ 경사가 급하거나 급커브가 많은 도로는 가능한 한 피한다.

(2) 운반경로의 유지

운반경로의 점검을 충분히 하고, 필요한 경우에는 유지, 보수를 공사계획에 포함하여 대책을 세운다.

2 무한궤도형 굴착기 운반방법

(1) 경사대(상차판) 준비하기

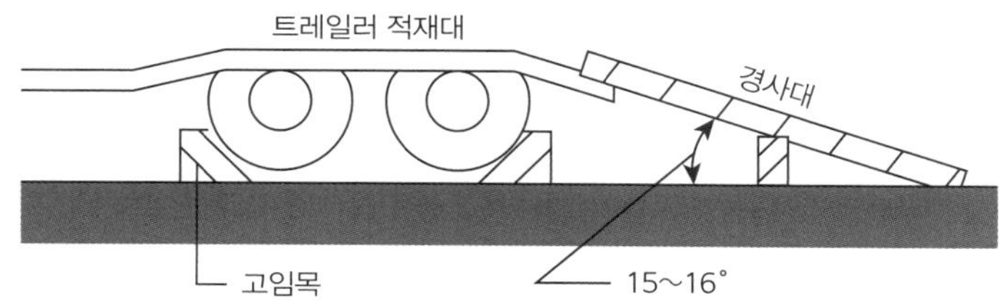

경사대(상차판) 준비

(2) 트레일러에 굴착기 적재하기

① 가능한 평탄한 노면에서 상·하차한다.

② 충분한 길이, 폭, 강도 및 구배를 확보한 경사대를 사용한다. 또 비나 눈 등으로 미끄러지기 쉬울 때는 주의하여 작업한다.

트레일러에 상차하기

③ 굴착기의 위치가 경사대에 대하여 나란하게 되도록 확인한다. 주행모터의 위치는 상차할 때에는 뒤쪽, 하차할 때에는 앞쪽으로 한다.

④ 트레일러에 굴착기를 상차 후 아래의 작업을 순서대로 진행한다.

- 트레일러 뒷바퀴 위에 수평이 되면 정지한다.
- 상부회전체를 180°선회한다. 그 후 굴착기를 천천히 트레일러 앞쪽으로 이동한다.

⑤ 위치가 결정되면 작업장치를 천천히 내린다.

- 수송할 때 버킷 실린더가 손상되지 않도록 각재를 대도록 한다.
- 주행속도 스위치는 반드시 저속에 두고 굴착기를 상·하차한다.
- 작업장치를 이용하여 상·하차하는 것은 위험하므로 하지 않는다.
- 경사대에서는 주행레버 이외는 조작하지 않는다.
- 적재대와 경사대의 경계부분은 굴착기의 중심위치가 급격히 변하므로 주의한다.

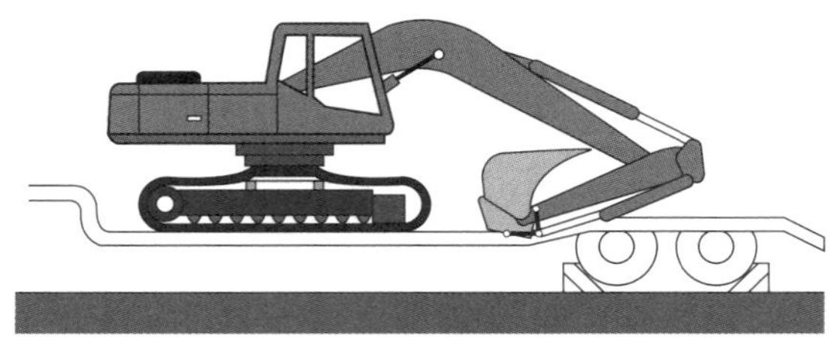

작업장치 아래로 위치

(3) 굴착기를 트레일러에 고정하기

① 암 실린더를 최대로 늘린다.
② 실린더 끝에서 로드의 5~7mm 부분에 마킹한다.
③ 암 실린더를 마킹부분까지 수축한다.
④ 스테이 브래킷(stay bracket)을 조절하여 적당한 위치에 고정시킨다.

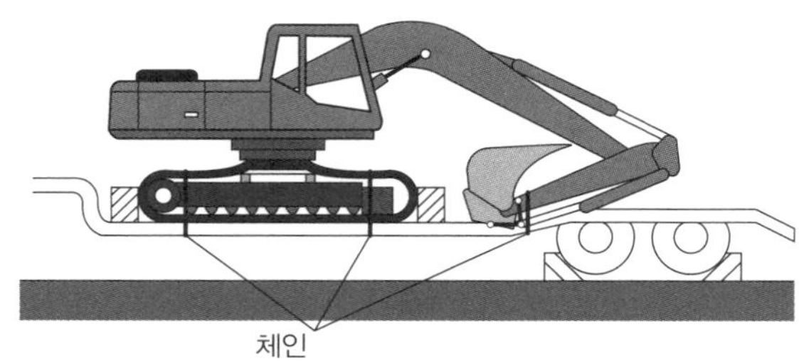

트레일러에 굴착기 고정

03 작업안전 및 그 밖의 안전사항

① 주행로의 지형, 지반 등으로 인한 미끄러짐의 위험이 있는지 확인한다.
② 이상소음, 누수, 누유 또는 부품, 조종레버 등에 이상이 있으면 즉시 그 원인을 확인하고 정비한다.
③ 주행을 할 때는 조종레버의 안전장치를 풀고 버킷을 지상 40~50cm 정도로 들어 올려 주행한다.
④ 정해진 주행속도를 지켜 운행한다.
⑤ 언덕을 내려올 때에는 가속레버를 저속위치로 하고 엔진 브레이크를 사용한다.
⑥ 언덕을 올라왔을 때, 절벽에서 사토할 때, 토사를 싣기 위해 덤프트럭에 접근할 때 등에는 부하 및 주행속도를 줄인다.
⑦ 고속선회 또는 암반상과 점토에서 급선회를 할 때는 무한궤도가 벗겨지지 않도록 주의한다.
⑧ 내리막 경사지에서 방향전환을 할 때에는 브레이크가 충분히 걸리는 위치까지 조종레버를 옮겨야 한다.
⑨ 굴착기의 작업범위 내에는 작업자를 출입시키지 않는다.
⑩ 주행 중 상부회전체가 선회하지 않도록 선회잠금장치를 잠가 둔다.

⑪ 굴착기가 전선 밑을 통과할 경우에는 유도자의 신호에 따르고, 저속으로 주행하며 노면 굴곡으로 인하여 붐(Boom)이 흔들려 전선에 접촉되지 않도록 전선과의 거리를 최소 2m 이상 유지한다.

⑫ 무한궤도 굴착기는 급하강하면서 방향전환을 하면 반대 방향으로 이동할 우려가 있으므로 주의한다.

⑬ 경사지에서 하중을 실은 채로 오르내릴 때에는 버킷을 낮춘다.

⑭ 장애물을 넘어갈 때에는 전도에 주의하며 주행속도를 줄여 신중히 주행한다.

⑮ 연약지반에서는 침하로 인해 굴착기가 전도되지 않도록 깔판 등으로 지반을 보강한 다음 통과한다.

⑯ 경사지에서 잠시 정지할 때에도 버킷 등을 지면에 내린 후 바퀴에 고임목 등으로 확실하게 받친다.

⑰ 정지 후 곧 운전을 하지 않을 경우에는 버킷 등은 지면에 내리고 브레이크 페달을 잠가야 하며 경사지에서 정지할 때에는 미끄럼 방지를 위해 바퀴에 고임목 등을 받쳐 둔다.

출제 예상 문제

01 무한궤도형 굴착기를 트레일러에 상·하차 하는 방법 중 틀린 것은?

① 언덕을 이용한다.
② 기중기를 이용한다.
③ 타이어를 이용한다.
④ 건설기계 전용 상하차대를 이용한다.

답 : ③

02 굴착기를 트레일러에 상차하는 방법에 대한 것으로 가장 적합하지 않은 것은?

① 가급적 경사대를 사용한다.
② 트레일러로 운반 시 작업장치를 반드시 앞쪽으로 한다.
③ 경사대는 15° 정도 경사시키는 것이 좋다.
④ 붐을 이용하여 버킷으로 차체를 들어 올려 탑재하는 방법도 이용되지만 전복의 위험이 있어 특히 주의를 요하는 방법이다.

트레일러로 굴착기를 운반할 때 작업장치를 반드시 뒤쪽으로 한다.

답 : ②

03 전부장치가 부착된 굴착기를 트레일러로 수송할 때 붐이 향하는 방향으로 가장 적합한 것은?

① 왼쪽 방향　② 오른쪽 방향
③ 앞 방향　④ 뒤 방향

답 : ④

04 굴착기를 트레일러에 탑재하여 운반할 때 상부회전체와 하부추진체를 고정시켜주는 것은?

① 밸런스 웨이트
② 스윙 록 장치
③ 센터조인트
④ 주행 록 장치

스윙 록 장치(선회고정장치)는 굴착기를 트레일러에 탑재하여 운반할 때 상부회전체와 하부추진체를 고정시켜준다.

답 : ②

05 굴착기를 기중기로 들어 올릴 때 주의사항으로 틀린 것은?

① 와이어로프는 충분한 강도가 있어야 한다.
② 배관 등에 와이어로프가 닿지 않도록 한다.
③ 굴착기의 앞부분부터 들리도록 와이어로프를 묶는다.
④ 굴착기 중량에 맞는 기중기를 사용한다.

답 : ③

장비 안전관리

01 장비 안전관리

1 유압실린더 작동상태 점검

① 조종레버를 작동하여 유압실린더의 누유여부 및 피스톤 로드의 손상을 점검한다.
② 유압실린더 내벽의 마모가 심하면 피스톤 로드의 내부 미끄럼 운동으로 붐이나 버킷이 자연 하강된다.

2 전·후진작동, 제동장치 및 조향핸들 조작상태 점검

① 전·후진작동 점검 : 전·후진레버를 조작하여 레버가 부드럽게 작동하는지 확인한다.
② 타이어형 굴착기의 제동장치 점검 : 브레이크 페달을 밟아 페달유격이 정상인지 확인한다.
③ 주차 브레이크 점검 : 주차 브레이크가 원활하게 해제되고 확실히 제동되는지 확인한다.
④ 타이어형 굴착기의 조향핸들 작동상태 점검 : 조향핸들을 조작하여 조향핸들에 이상진동이 느껴지는지 확인하고 유격상태를 점검한다.

3 연료누유 및 각종 오일누유 상태 점검

① 굴착기가 안전하게 주기되었는지 확인한다.
② 연료누유 및 각종 오일누유 점검은 작업 전 점검사항으로 주기된 굴착기의 지면을 확인하여 연료 및 각종오일의 누유흔적을 확인한다.

4 주차 및 작업종료 후 안전수칙

① 버킷을 지면에 완전히 내린다.
② 주차 브레이크를 체결하고 전·후진레버를 중립위치에 놓은 상태에서 엔진시동을 정지하고 시동 키는 운전자가 지참하여 관리한다.
③ 작업 후 점검을 실시하여 굴착기의 이상 유무를 확인한다.
④ 내·외부를 청소하고 더러움이 심할 경우 물로 세척한다.

02 일상점검표

일상점검은 작은 이상을 빨리 발견함으로 큰 고장으로 발전하지 않도록 하여, 굴착기를 최적·최상의 상태로 유지하고 수명을 연장하기 위하여 엔진을 시동하기 전에, 작업 중에, 작업을 완료한 후에 운전자가 실시하는 점검이다.

1 운전 전 점검사항

① 연료·냉각수 및 엔진오일 보유량과 상태를 점검한다.
② 유압유의 유량과 상태를 점검한다.
③ 작업장치 핀 부분의 니플에 그리스를 주유한다.
④ 타이어형 굴착기는 공기압을 점검하고, 무한궤도형 굴착기는 트랙의 장력을 점검한다.
⑤ 각종 부품의 볼트나 너트의 풀림 여부를 점검한다.
⑥ 각종 오일 및 냉각수의 누출부위는 없는지 점검한다.
⑦ 팬벨트의 유격을 점검한다.

2 운전 중 점검사항

① 엔진의 이상소음 및 배기가스 색깔을 점검한다.(배기가스 색깔이 무색이면 정상이다.)
② 유압경고등, 충전경고등, 온도계 등 각종 계기들을 점검한다.
③ 각 부분의 오일누출 여부를 점검한다.
④ 각종 조종레버 및 페달의 작동상태를 점검한다.
⑤ 운전 중 경고등이 점등하거나 결함이 발생하면 즉시 굴착기를 정차시킨 후 점검한다.

3 운전 후 점검사항

① 연료를 보충한다.
② 상·하부 롤러 사이의 이물질을 제거한다.
③ 각 연결부분의 볼트·너트 이완 및 파손 여부를 점검한다.
④ 선회서클을 청소한다.
⑤ 각 부품의 변형 및 파손유무, 볼트나 너트의 풀림 여부를 점검한다.
⑥ 굴착기 내·외부를 청소한다.

03 작업요청서

작업요청서에는 의뢰인의 인적사항, 출발 및 도착지, 운행경로, 장비제원, 안전장비 착용, 작업할 때 준수사항 등이 있다.

1 작업요청서의 확인사항

① 의뢰인의 이름, 업체명, 주소, 전화번호를 확인한다.
② 출발지점을 확인하고 도착지점을 정확히 파악 후 작업장 환경을 고려하여 최단거리 운송경로를 확인한다.
③ 작업장 주변여건을 확인한다.
④ 작업에 적합한 장비를 선정하고 장비사용설명서를 확인하여 굴착기의 차폭, 축간거리, 높이 및 차체중량 등을 확인한다.
⑤ 안전모, 안전작업복, 안전조끼, 안전화의 착용 여부를 확인한다.

2 작업할 때 확인사항

① 작업장 내 관계자 이외 출입이 통제되었는지 확인한다.
② 유도자는 적절하게 배치되었는지 확인한다.
③ 굴착기로 작업할 때 안전거리가 유지되었는지 확인한다.
④ 안전하게 주기할 수 있는 장소가 있는지 확인한다.

04 기계·기구 및 공구에 관한 사항

1 수공구(hand tool) 안전사항

(1) 수공구를 사용할 때 주의사항

① 수공구를 사용하기 전에 이상 유무를 확인한다.
② 작업자는 필요한 보호구를 착용한다.
③ 용도 이외의 수공구는 사용하지 않는다.
④ 사용 전에 공구에 묻은 기름 등은 닦아낸다.
⑤ 수공구 사용 후에는 정해진 장소에 보관한다.
⑥ 작업대 위에서 떨어지지 않게 안전한 곳에 둔다.
⑦ 예리한 공구 등을 주머니에 넣고 작업을 하여서는 안 된다.
⑧ 공구를 던져서 전달해서는 안 된다.

(2) 렌치(wrench)를 사용할 때 주의사항

① 볼트 및 너트에 맞는 것을 사용한다. 즉 볼트 및 너트 머리 크기와 같은 조(jaw)의 렌치를 사용한다.
② 볼트 및 너트에 렌치를 깊이 물린다.
③ 렌치를 몸 안쪽으로 잡아 당겨 움직이도록 한다.
④ 힘의 전달을 크게 하기 위하여 파이프 등을 끼워서 사용해서는 안 된다.
⑤ 렌치를 해머로 두들겨서 사용하지 않는다.
⑥ 높거나 좁은 장소에서는 몸을 안전하게 한 후 작업한다.
⑦ 해머대용으로 사용하지 않는다.
⑧ 복스렌치(box wrench)를 오픈엔드렌치(open-end wrench, 스패너[spanner])보다 많이 사용하는 이유는 볼트와 너트 주위를 완전히 싸게 되어 있어 사용 중에 미끄러지지 않기 때문이다.

(3) 소켓렌치(socket wrench)의 특징

① 임팩트(impact)용 및 수작업(hand work)용으로 많이 사용한다.
② 큰 힘으로 조일 때 사용한다.
③ 오픈엔드렌치와 규격이 동일하다.
④ 사용 중 잘 미끄러지지 않는다.

(4) 토크렌치(torque wrench)의 특징

① 볼트·너트 등을 조일 때 조이는 힘을 측정하기(조임력을 규정 값에 정확히 맞도록) 위하여 사용한다.

② 오른손은 렌치 끝을 잡고 돌리며, 왼손은 지지점을 누르고 눈은 게이지 눈금을 확인한다.

(5) 드라이버(driver) 사용방법

① 스크루 드라이버의 크기는 손잡이를 제외한 길이로 표시한다.

② 날 끝의 홈의 폭과 길이가 같은 것을 사용한다.

③ 작은 크기의 부품이라도 경우 바이스(vise)에 고정시키고 작업한다.

④ 전기 작업을 할 때에는 절연된 손잡이를 사용한다.

⑤ 드라이버에 압력을 가하지 말아야 한다.

⑥ 정(chisel) 대용으로 드라이버를 사용해서는 안 된다.

⑦ 자루가 쪼개졌거나 허술한 드라이버는 사용하지 않는다.

⑦ 드라이버의 끝을 항상 양호하게 관리하여야 한다.

⑧ 날 끝이 수평이어야 한다.

(6) 해머(hammer) 작업을 할 때 주의사항

① 해머로 녹슨 것을 때릴 때에는 반드시 보안경을 쓴다.

② 기름이 묻은 손이나 장갑을 끼고 작업하지 않는다.

③ 해머는 작게 시작하여 점차 큰 행정으로 작업한다.

④ 해머 대용으로 다른 것을 사용하지 않는다.

⑤ 타격면은 평탄하고, 손잡이는 튼튼한 것을 사용한다.

⑥ 사용 중에 자루 등을 자주 조사한다.

⑦ 타격 가공하려는 것을 보면서 작업한다.

⑧ 해머를 휘두르기 전에 반드시 주위를 살핀다.

⑨ 좁은 곳에서는 해머 작업을 하지 않는다.

2 드릴(drill) 작업을 할 때 주의사항

① 구멍을 거의 뚫었을 때 일감 자체가 회전하기 쉽다.

② 드릴의 탈·부착은 회전이 멈춘 다음 행한다.

③ 공작물은 단단히 고정시켜 따라 돌지 않게 한다.

④ 드릴 끝이 가공물을 관통했는지 손으로 확인해서는 안 된다.

⑤ 드릴 작업은 장갑을 끼고 작업해서는 안 된다.

⑥ 작업 중 쇳가루를 입으로 불어서는 안 된다.

⑦ 드릴 작업을 하고자 할 때 재료 밑의 받침은 나무판을 이용한다.

3 그라인더(grinder, 연삭숫돌) 작업을 할 때 주의사항

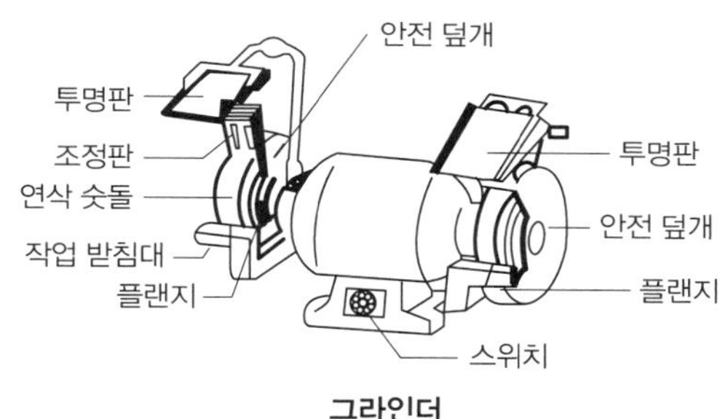

그라인더

① 숫돌차와 받침대 사이의 표준간격은 2~3mm 정도가 좋다.
② 반드시 보호안경을 착용하여야 한다.
③ 안전커버를 떼고서 작업해서는 안 된다.
④ 숫돌작업은 측면에 서서 숫돌의 정면을 이용하여 연삭한다.
⑤ 숫돌차의 회전은 규정 이상 빠르게 회전시켜서는 안 된다.
⑥ 숫돌차를 고정하기 전에 균열이 있는지 확인한다.

4 산소-아세틸렌 용접(oxy-acetylene welding) 주의사항

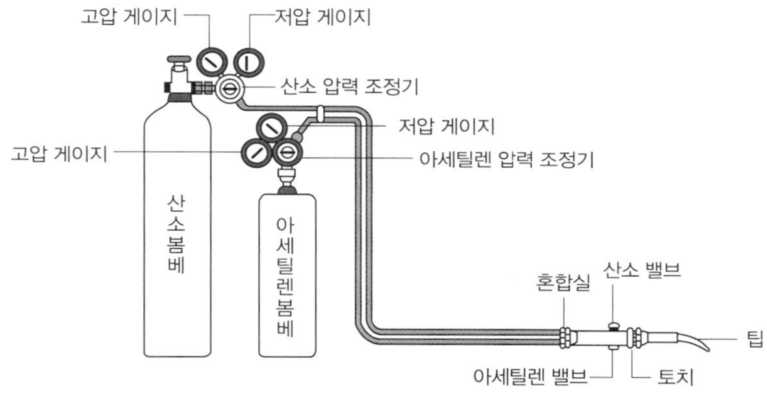

산소-아세틸렌가스 용접장치

① 반드시 소화기를 준비한다.
② 아세틸렌 밸브를 열어 점화한 후 산소 밸브를 연다.
③ 점화는 성냥불로 직접 하지 않는다.
④ 역화가 발생하면 토치의 산소 밸브를 먼저 닫고 아세틸렌 밸브를 닫는다.
⑤ 산소 통의 메인밸브가 얼었을 때 40℃ 이하의 물로 녹인다.
⑥ 산소는 산소병에 35℃에서 150기압으로 압축 충전한다.

출제 예상 문제

01 굴착기의 일상점검사항이 아닌 것은?

① 엔진오일량
② 냉각수 누출여부
③ 오일냉각기 세척
④ 유압오일량

답 : ③

02 굴착기의 시동 전에 이뤄져야 하는 외관점검사항이 아닌 것은?

① 고압호스 및 파이프 연결부 손상여부
② 각종 오일의 누유여부
③ 각종 볼트·너트의 체결상태
④ 유압유 탱크의 필터의 오염상태

답 : ④

03 굴착기의 작업 중 운전자가 관심을 가져야 할 사항이 아닌 것은?

① 엔진회전속도 게이지
② 온도 게이지
③ 작업속도 게이지
④ 굴착기의 잡음상태

답 : ③

04 굴착기 작업종료 후의 주의사항으로 가장 관계가 적은 것은?

① 굴착기를 토사 붕괴·홍수 등의 위험이 없는 평탄한 장소에 주차시킨다.
② 연료를 탱크에 가득 채운다.
③ 버킷은 지면에 내려놓는다.
④ 운전자는 유압유가 완전히 냉각된 후에 굴착기에서 떠난다.

답 : ④

05 기계장치의 안전관리를 위해 정지상태에서 점검해야 하는 사항과 관계 없는 것은?

① 볼트·너트의 헐거움
② 이상소음 및 진동상태
③ 장치의 외관상태
④ 벨트장력 상태

답 : ②

06 기계의 보수점검 시 운전상태에서 해야 하는 점검은?

① 벨트의 장력상태
② 베어링의 급유상태
③ 클러치의 작동상태
④ 체인의 장력상태

답 : ③

07 **기계시설의 안전유의사항으로 옳지 않은 것은?**

① 회전부분(기어, 벨트, 체인) 등은 위험하므로 반드시 커버를 씌워둔다.
② 작업장의 바닥은 보행에 지장을 주지 않도록 청결하게 유지한다.
③ 작업장의 통로는 근로자가 안전하게 다닐 수 있도록 정리정돈을 한다.
④ 발전기, 용접기, 엔진 등 장비는 한 곳에 모아서 배치한다.

답 : ④

08 **기계운전 중 안전수칙의 설명으로 옳은 것은?**

① 기계운전 중 이상한 냄새, 소음, 진동이 날 때는 정지하고, 전원을 끈다.
② 기계장비의 이상으로 정상가동이 어려운 상황에서는 중속 회전상태로 작업한다.
③ 작업의 속도 및 효율을 높이기 위해 작업범위 이외의 기계도 동시에 작동한다.
④ 빠른 속도로 작업 시는 일시적으로 안전장치를 제거한다.

답 : ①

09 **기계취급에 관한 안전수칙으로 옳지 않은 것은?**

① 기계운전 중에는 자리를 지킨다.
② 기계공장에서는 반드시 작업복과 안전화를 착용한다.
③ 기계의 청소는 작동 중에 수시로 한다.
④ 기계운전 중 정전 시는 즉시 주스위치를 끈다.

답 : ③

10 **동력공구를 사용할 때 주의사항과 관계 없는 것은?**

① 압축공기 중의 수분을 제거한다.
② 에어 그라인더는 회전수에 유의한다.
③ 규정 공기압력을 유지한다.
④ 보호구는 안 해도 무방하다.

답 : ④

11 **안전사항으로 옳지 않은 것은?**

① 퓨즈 교체 시에는 기준보다 용량이 큰 것을 사용한다.
② 전기장치는 반드시 접지하여야 한다.
③ 전선의 연결부는 되도록 저항을 적게 해야 한다.
④ 계측기는 최대 측정범위를 초과하지 않도록 해야 한다.

답 : ①

12 **무거운 물체를 인양하기 위하여 체인블록을 사용할 때 가장 안전한 방법은?**

① 무조건 굵은 체인을 사용하여야 한다.
② 체인이 느슨한 상태에서 급격히 잡아당기면 재해가 발생할 수 있으므로 안전을 확인할 수 있는 시간적 여유를 가지고 작업한다.
③ 이동 시는 무조건 최대거리 코스로 빠른 시간 내에 이동시켜야 한다.
④ 내릴 때는 하중 부담을 줄이기 위해 최대한 빠른 속도로 실시한다.

답 : ②

13 **수공구 사용 시 안전수칙으로 옳지 않은 것은?**

① 해머 작업은 미끄러짐을 방지하기 위해서 반드시 면장갑을 끼고 작업한다.
② 줄 작업으로 생긴 쇳가루는 브러시로 털어낸다.
③ 쇠톱 작업은 밀 때 절삭되게 작업한다.
④ 조정렌치는 조정조가 있는 부분에 힘을 받지 않게 하여 사용한다.

답 : ①

14 **수공구 사용방법으로 옳지 않은 것은?**

① 좋은 공구를 사용한다.
② 스패너는 너트에 잘 맞는 것을 사용한다.
③ 해머의 사용면이 넓고 얇아진 것을 사용한다.
④ 해머의 쐐기 유무를 확인한다.

답 : ③

15 **수공구를 사용할 때 유의사항으로 옳지 않은 것은?**

① 무리한 공구 취급을 금한다.
② 공구를 사용하고 나면 일정한 장소에 관리 보관한다.
③ 수공구는 사용법을 숙지하여 사용한다.
④ 토크렌치는 볼트를 풀 때 사용한다.

토크렌치는 볼트·너프 등을 조일 때 사용한다.

답 : ④

16 **작업장에 필요한 수공구의 보관방법으로 옳지 않은 것은?**

① 사용한 공구는 파손된 부분 등의 점검 후 보관한다.
② 공구함을 준비하여 종류와 크기별로 보관한다.
③ 날이 있거나 뾰족한 물건은 위험하므로 뚜껑을 씌워둔다.
④ 사용한 수공구는 녹슬지 않도록 손잡이 부분에 오일을 발라 보관하도록 한다.

사용한 수공구는 깨끗이 청소한 후 보관한다.

답 : ④

17 **안전하게 공구를 취급하는 방법으로 옳지 않은 것은?**

① 공구를 사용한 후 제자리에 정리하여 둔다.
② 숙달이 되면 옆 작업자에게 공구를 던져서 전달하여 작업능률을 올린다.
③ 공구를 사용 전에 손잡이에 묻은 기름 등은 닦아내어야 한다.
④ 끝 부분이 예리한 공구 등을 주머니에 넣고 작업을 하여서는 안 된다.

답 : ②

18 **볼트·너트를 조일 때 사용하는 공구에 속하지 않는 것은?**

① 파이프렌치 ② 토크렌치
③ 소켓렌치 ④ 복스렌치

답 : ①

19 **연료 파이프의 피팅을 풀 때 알맞은 렌치는?**

① 탭렌치 ② 복스렌치
③ 소켓렌치 ④ 오픈엔드렌치

연료 파이프의 피팅(fitting)을 풀거나 조일 때에는 오픈엔드렌치(스패너)를 사용한다.

답 : ④

20 **스패너 사용 시 주의사항과 관계 없는 것은?**

① 스패너의 입이 폭과 맞는 것을 사용한다.
② 스패너를 너트에 정확하게 장착하여 사용한다.
③ 필요 시 두 개를 연결하여 사용할 수 있다.
④ 스패너의 입이 변형된 것은 폐기한다.

답 : ③

21 **스패너 작업방법으로 옳은 것은?**

① 스패너로 볼트를 죌 때는 앞으로 당기고 풀 때는 뒤로 민다.
② 스패너로 죄고 풀 때는 항상 앞으로 당긴다.
③ 스패너 사용 시 몸의 중심을 항상 옆으로 한다.
④ 스패너의 입이 너트의 치수보다 조금 큰 것을 사용한다.

답 : ②

22 **6각 볼트·너트를 조이고 풀 때 가장 알맞은 공구는?**

① 복스렌치 ② 플라이어
③ 드라이버 ④ 바이스

답 : ①

23 **복스렌치가 오픈엔드렌치보다 비교적 많이 사용되는 이유는?**

① 2개를 한 번에 조일 수 있다.
② 볼트와 너트 주위를 감싸 힘의 균형 때문에 미끄러지지 않는다.
③ 다양한 볼트·너트의 크기를 사용할 수 있다.
④ 마모율이 적고 값이 싸다.

답 : ②

24 **토크렌치 사용방법으로 옳은 것은?**

① 핸들을 잡고 밀면서 사용한다.
② 볼트나 너트 조임력을 규정값에 정확히 맞도록 하기 위해 사용한다.
③ 게이지에 관계없이 볼트 및 너트를 조이면 된다.
④ 토크 증대를 위해 손잡이에 파이프를 끼워서 사용하는 것이 좋다.

토크렌치는 볼트나 너트의 조임력을 규정값에 정확히 맞도록 하기 위해 사용하며, 볼트나 너트를 조일 때만 사용하여야 한다.

답 : ②

25 해머로 작업을 할 때 주의사항과 관계 없는 것은?

① 자루가 단단한 것을 사용한다.
② 해머는 처음부터 힘차게 때린다.
③ 작업에 알맞은 무게의 해머를 사용한다.
④ 장갑을 끼지 않는다.

타격할 때 처음과 마지막에 힘을 많이 가하지 않도록 한다.

답 : ②

26 해머 작업의 안전수칙으로 옳지 않은 것은?

① 해머를 사용할 때 자루부분을 확인한다.
② 공동으로 해머 작업 시는 호흡을 맞춘다.
③ 장갑을 끼고 작업을 하면 안 된다.
④ 열처리된 장비의 부품은 강하므로 힘껏 때린다.

열처리된 재료(담금질한 재료)는 해머로 타격해서는 안 된다.

답 : ④

27 스크루(screw) 또는 머리에 홈이 있는 볼트를 박거나 뺄 때 사용하는 스크루 드라이버는 무엇으로 크기를 표시하는가?

① 손잡이를 제외한 길이로 크기를 표시한다.
② 손잡이를 포함한 전체 길이로 크기를 표시한다.
③ 생크(shank)의 두께로 크기를 표시한다.
④ 포인트(tip)의 너비로 크기를 표시한다.

스크루 드라이버의 크기는 손잡이를 제외한 길이로 표시한다.

답 : ①

28 드라이버 사용방법으로 옳지 않은 것은?

① 날 끝 홈의 폭과 깊이가 같은 것을 사용한다.
② 작은 공작물이라도 한손으로 잡지 말고 바이스 등으로 고정하고 사용한다.
③ 날 끝이 수평이어야 하며 둥글거나 빠진 것은 사용하지 않는다.
④ 전기 작업 시 자루는 모두 금속으로 되어 있는 것을 사용한다.

드라이버로 전기 작업을 할 때에는 반드시 절연된 자루를 사용한다.

답 : ④

29 드라이버를 사용할 때 주의사항으로 옳지 않은 것은?

① 규격에 맞는 드라이버를 사용한다.
② 잘 풀리지 않는 나사는 플라이어를 이용하여 강제로 뺀다.
③ 클립(clip)이 있는 드라이버는 옷에 걸고 다녀도 무방하다.
④ 드라이버는 지렛대 대신으로 사용하지 않는다.

답 : ②

30 정(chisel) 작업 시 안전수칙과 관계 없는 것은?

① 기름을 깨끗이 닦은 후에 사용한다.
② 담금질한 재료를 정으로 쳐서는 안 된다.
③ 차광안경을 착용한다.
④ 머리가 벗겨진 것은 사용하지 않는다.

답 : ③

01 가스안전관련 및 가스배관

1 LNG와 LPG의 차이점

(1) LNG(액화천연가스 또는 도시가스)

LNG(Liquefied Natural Gas)는 주성분이 메탄(methane)이며, 공기보다 가벼워서 누출되면 위로 올라가고, 특성은 다음과 같다.

① 배관을 통하여 각 가정에 공급되는 가스이다.

② 공기와 혼합되어 폭발범위에 이르면 점화원에 의하여 폭발한다.

③ 가연성으로서 폭발의 위험성이 있다.

④ 원래 무색·무취이나 부취제(머캡탄, 황화물, 황화알킬)를 첨가한다.

⑤ 천연고무에 대한 용해성이 없다.

(2) LPG(액화석유가스)

LPG(Liquefied Petroleum Gas)는 주성분이 프로판(propane)과 부탄(butane)이며, 공기보다 무거워서 누출되면 바닥에 가라앉는다.

2 가스배관의 종류

가스배관의 종류에는 본관, 공급관, 내관 등이 있다.

① 본관 : 도시가스 제조사업소의 부지경계에서 정압기까지 이르는 배관이다.

② 공급관 : 정압기에서 가스사용자가 구분하여 소유하거나 점유하는 건축물의 외벽에 설치하는 계량기의 전단밸브까지 이르는 배관이다.

3 가스배관과의 이격거리 및 매설깊이

① 상수도관을 도시가스배관 주위에 매설할 때 도시가스배관 외면과 상수도관과의 최소 이격거리는 30cm 이상이다.

② 가스배관과의 수평거리 2m 이내에서 파일박기를 하고자 할 때 시험굴착을 통하여 가스배관의 위치를 확인해야 한다.

③ 항타기(기둥박기 장비)는 부득이한 경우를 제외하고 가스배관의 수평거리를 최소한 2m 이상 이격하여 설치한다.

④ 가스배관과 수평거리 30cm 이내에서는 파일박기를 할 수 없다.

⑤ 도시가스배관을 공동주택부지 내에서 매설할 때 깊이는 0.6m 이상이어야 한다.

⑥ 폭 4m 이상 8m 미만인 도로에 일반도시가스배관을 매설할 때 지면과 배관 상부와의 최소 이격거리는 1.0m이다.

⑦ 도로 폭이 8m 이상의 큰 도로에서 장애물 등이 없을 경우 일반도시가스배관의 최소 매설깊이는 1.2m 이상이다.

⑧ 폭 8m 이상의 도로에서 중압도시가스배관을 매설 시 규정심도는 최소 1.2m 이상이다.

⑨ 가스도매사업자의 배관을 시가지의 도로노면 밑에 매설하는 경우 노면으로부터 배관 외면까지의 깊이는 1.5m 이상이다.

4 가스배관 및 보호포의 색상

① 저압인 경우에는 황색이다.

② 중압 이상인 경우에는 적색이다.

5 도시가스 압력에 의한 분류

① 저압 : 0.1MPa(메가파스칼) 미만

② 중압 : 0.1MPa 이상 1MPa 미만

③ 고압 : 1MPa 이상

6 인력으로 굴착하여야 하는 범위

가스배관의 주위를 굴착하고자 할 때에는 가스배관의 좌우 1m 이내의 부분은 인력으로 굴착하여야 한다.

7 라인마크(line mark)

① 지름이 9cm 정도인 원형으로 된 동(구리)합금이나 황동주물로 되어 있다.

② 분기점에는 T형 화살표가 표시되어 있다.

③ 직선구간에는 배관 길이 50m마다 1개 이상 설치되어 있다.

④ 도시가스라고 표기되어 있으며 화살표가 있다.

8 도로굴착자가 굴착공사 전에 이행할 사항

① 도면에 표시된 가스배관과 기타 저장물 매설유무를 조사하여야 한다.

② 조사된 자료로 시험굴착위치 및 굴착개소 등을 정하여 가스배관 매설위치를 확인하여야 한다.

③ 도시가스사업자와 일정을 협의하여 시험굴착 계획을 수립하여야 한다.

④ 위치표시용 페인트와 표지판 및 황색 깃발 등을 준비하여야 한다.

9 도시가스 매설배관 표지판의 설치기준

① 표지판의 가로치수는 200mm, 세로치수는 150mm 이상의 직사각형이다.

② 포장도로 및 공동주택부지 내의 도로에 라인마크(line mark)와 함께 설치해서는 안 된다.

③ 황색바탕에 검정색 글씨로 도시가스 배관임을 알리고 연락처 등을 표시한다.

④ 설치간격은 500m마다 1개 이상이다.

출제 예상 문제

01 아래 보기의 조건에서 도시가스가 누출되었을 경우 폭발할 수 있는 조건으로 모두 맞게 짝지어진 것은?

> **보기**
> A. 누출된 가스의 농도는 폭발범위 내에 들어야 한다.
> B. 누출된 가스에 불씨 등의 점화원이 있어야 한다.
> C. 점화가 가능한 공기(산소)가 있어야 한다.
> D. 가스가 누출되는 압력이 3.0MPa 이상이어야 한다.

① A
② A, B
③ A, B, C
④ A, C, D

답 : ③

02 LPG의 특성에 속하지 않는 것은?

① 액체상태일 때 피부에 닿으면 동상의 우려가 있다.
② 누출 시 공기보다 무거워 바닥에 체류하기 쉽다.
③ 원래 무색·무취이나 누출 시 쉽게 발견하도록 부취제를 첨가한다.
④ 주성분은 프로판과 메탄이다.

답 : ④

03 지상에 설치되어 있는 도시가스배관 외면에 반드시 표시해야 하는 사항이 아닌 것은?

① 소유자명　② 가스의 흐름방향
③ 사용가스명　④ 최고사용압력

답 : ①

04 도시가스사업법에서 압축가스일 경우 중압이라 함은?

① 10MPa~100MPa 미만
② 1MPa~10MPa 미만
③ 0.02MPa~0.1MPa 미만
④ 0.1MPa~1MPa 미만

답 : ④

05 도시가스 매설배관의 최고사용압력에 따른 보호포의 바탕색상으로 옳은 것은?

① 저압 – 흰색, 중압 이상 – 적색
② 저압 – 황색, 중압 이상 – 적색
③ 저압 – 적색, 중압 이상 – 황색
④ 저압 – 적색, 중압 이상 – 흰색

답 : ②

06 도시가스 제조사업소의 부지경계에서 정압기까지에 이르는 배관의 명칭은?

① 본관　② 외관
③ 내관　④ 강관

답 : ①

07 도시가스가 공급되는 지역에서 굴착공사 중에 아래 그림과 같은 것이 발견되었다. 이것은 무엇인가?

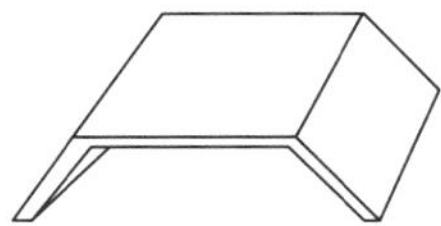

① 보호판
② 보호포
③ 라인마크
④ 가스누출 검지구멍

보호판은 철판으로 장비에 의한 배관손상을 방지하기 위하여 설치하는 것이며, 두께가 4mm 이상의 철판으로 부식방지(방식) 코팅되어 있다.

답 : ①

08 특수한 사정으로 인해 매설깊이를 확보할 수 없는 곳에 가스배관을 설치하였을 때 노면과 0.3m 이상의 깊이를 유지하여 배관 주위에 설치하여야 하는 것은?

① 가스차단장치
② 가스배관의 보호판
③ 도시가스 입상관
④ 가스 수취기

보호판은 배관 직상부 30cm 상단에 매설되어 있다.

답 : ②

09 도시가스배관을 지하에 매설 시 특수한 사정으로 규정에 의한 심도를 유지할 수 없어 보호판을 사용하였을 때 보호판 외면이 지면과 최소 얼마이상의 깊이를 유지하여야 하는가?

① 0.3m 이상　② 0.4m 이상
③ 0.5m 이상　④ 0.6m 이상

보호판 외면과 지면과의 깊이는 0.3m 이상을 유지하여야 한다.

답 : ①

10 일반도시가스 사업자의 지하배관을 설치할 때 공동주택 등의 부지 내에서는 몇 m 이상의 깊이에 배관을 설치해야 하는가?

① 1.5m 이상　② 1.2m 이상
③ 1.0m 이상　④ 0.6m 이상

답 : ④

11 폭 4m 이상 8m 미만인 도로에 일반도시가스 배관을 매설 시 지면과 도시가스배관 상부와의 최소 이격거리는?

① 0.6m 이상　② 1.0m 이상
③ 1.2m 이상　④ 1.5m 이상

답 : ②

12 가스도매사업자의 배관을 시가지의 도로 노면 밑에 매설하는 경우 노면으로부터 배관의 외면까지 몇 m 이상 매설 깊이를 유지하여야 하는가? (단, 방호구조를 안에 설치하는 경우를 제외한다.)

① 1.5m 이상 ② 1.2m 이상
③ 1.0m 이상 ④ 0.6m 이상

답 : ①

13 항타기는 원칙적으로 가스배관과의 수평거리가 몇 m 이상 되는 곳에 설치하여야 하는가?

① 1.0m 이상 ② 2.0m 이상
③ 3.0m 이상 ④ 5.0m 이상

답 : ②

14 파일박기를 하고자 할 때 가스배관과의 수평거리 몇 m 이내에서 시험굴착을 통하여 가스배관의 위치를 확인해야 하는가?

① 2m 이내 ② 3m 이내
③ 4m 이내 ④ 5m 이내

답 : ①

15 도시가스가 공급되는 지역에서 굴착공사를 하기 전에 도로부분의 지하에 가스배관의 매설 여부는 누구에게 요청하여야 하는가?

① 굴착공사 관할정보 지원센터
② 굴착공사 관할 경찰서장
③ 굴착공사 관할 시·도지사
④ 굴착공사 관할 시장·군수·구청장

가스배관 매설여부는 도시가스사업자 또는 굴착공사 관할정보 지원센터에 조회한다.

답 : ①

16 도시가스배관이 매설된 지점에서 가스배관 주위를 굴착하고자 할 때에 반드시 인력으로 굴착해야 하는 범위는?

① 배관 좌·우 1m 이내
② 배관 좌·우 2m 이내
③ 배관 좌·우 3m 이내
④ 배관 좌·우 4m 이내

답 : ①

17 도로 굴착자가 굴착공사 전에 이행할 사항에 대한 설명으로 옳지 않은 것은?

① 도면에 표시된 가스배관과 기타 저장물 매설유무를 조사하여야 한다.
② 굴착용역회사의 안전관리자가 지정하는 일정에 시험굴착을 수립하여야 한다.
③ 위치 표시용 페인트와 표지판 및 황색 깃발 등을 준비하여야 한다.
④ 조사된 자료로 시험굴착위치 및 굴착개소 등을 정하여 가스배관 매설위치를 확인하여야 한다.

답 : ②

18 도시가스배관을 지하에 매설할 경우 상수도관 등 다른 시설물과의 이격거리는?

① 10cm 이상 ② 30cm 이상
③ 60cm 이상 ④ 100cm 이상

답 : ②

19 **노출된 배관의 길이가 몇 m 이상인 경우에는 가스누출경보기를 설치하여야 하는가?**

① 20m 이상인 경우
② 50m 이상인 경우
③ 100m 이상인 경우
④ 200m 이상인 경우

노출된 배관의 길이가 20m 이상인 경우에는 가스누출경보기를 설치하여야 한다.

답 : ①

20 **굴착작업 중 줄파기 작업에서 줄파기 1일 시공량 결정은 어떻게 하도록 되어 있는가?**

① 시공속도가 가장 빠른 천공작업에 맞추어 결정한다.
② 시공속도가 가장 느린 천공작업에 맞추어 결정한다.
③ 공사시방서에 명기된 일정에 맞추어 결정한다.
④ 공사 관리 감독기관에 보고한 날짜에 맞추어 결정한다.

줄파기 1일 시공량 결정은 시공속도가 가장 느린 천공작업에 맞추어 결정한다.

답 : ②

21 **굴착공사 시 도시가스배관의 안전조치와 관련된 사항 중 (　　)안에 적합한 것은?**

도시가스사업자는 굴착예정 지역의 매설배관 위치를 굴착공사자에게 알려주어야 하며, 굴착공사자는 매설배관 위치를 매설배관 (A)의 지면에 (B)페인트로 표시할 것

① A 직상부, B 황색
② A 우측부, B 황색
③ A 좌측부, B 적색
④ A 직하부, B 황색

굴착공사자는 매설배관 위치를 매설배관 직상부의 지면에 황색페인트로 표시할 것

답 : ①

22 **도로굴착자는 가스배관이 확인된 지점에 가스배관 위치표시를 해야 한다. 비포장도로의 경우 위치표시 방법은?**

① 가스배관 직상부 도로에 보호판을 설치한다.
② 5m 간격으로 시험굴착을 해둔다.
③ 가스배관 직상부에 페인트를 사용하여 두 줄로 긋는다.
④ 표시말뚝을 설치한다.

가스배관 위치표시 방법 중 비포장도로의 경우에는 표시말뚝을 설치한다.

답 : ④

23 **굴착작업 중 줄파기 작업에서 줄파기 심도는 최소한 얼마 이상으로 하여야 하는가?**

① 0.6m 이상　② 1.0m 이상
③ 1.5m 이상　④ 2.0m 이상

굴착작업 중 줄파기 작업에서 줄파기 심도는 최소한 1.5m 이상으로 하여야 한다.

답 : ③

24 **굴착공사 중 적색으로 된 도시가스 배관을 손상시켰으나 다행히 가스는 누출되지 않고 피복만 벗겨졌을 경우 조치사항으로 옳은 것은?**

① 벗겨진 피복은 부식방지를 위하여 아스팔트를 칠하고 비닐테이프로 감은 후 직접 되메우기 한다.
② 해당 도시가스회사에 그 사실을 알려 보수하도록 한다.
③ 벗겨지거나 손상된 피복은 고무판이나 비닐테이프로 감은 후 되메우기 한다.
④ 가스가 누출되지 않았으므로 그냥 되메우기 한다.

답 : ②

25 **도로굴착자는 되메움 공사완료 후 도시가스배관 손상방지를 위하여 최소한 몇 개월 이상 지반침하 유무를 확인하여야 하는가?**

① 6개월　② 3개월
③ 2개월　④ 1개월

되메움 공사완료 후 최소 3개월 이상 지반침하 유무를 확인하여야 한다.

답 : ②

26 **도시가스배관 주위를 굴착 후 되메우기 시 지하에 매몰하면 안 되는 것은?**

① 보호포　② 보호판
③ 라인마크　④ 전기방식용 양극

답 : ③

27 **도시가스가 공급되는 지역에서 도로공사 중 그림과 같은 것이 일렬로 설치되어 있는 것이 발견되었다. 이것은 무엇인가?**

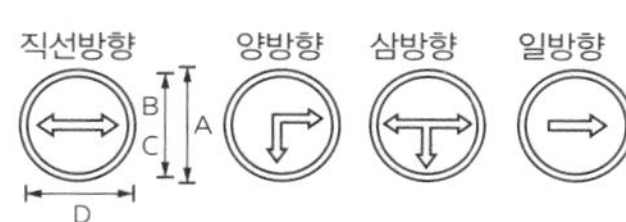

① 가스누출 검지구멍
② 보호판
③ 가스배관매몰 표지판
④ 라인마크

답 : ④

28 **도로상에 가스배관이 매설된 것을 표시하는 라인마크에 대한 설명으로 옳지 않은 것은?**

① 도시가스라 표기되어 있으며 화살표가 표시되어 있다.
② 청색으로 된 원형마크로 되어있고 화살표가 표시되어 있다.
③ 분기점에는 T형 화살표가 표시되어 있고, 직선구간에는 배관길이 50m마다 1개 이상 설치되어 있다.
④ 지름이 9cm 정도인 원형으로 된 동합금이나 황동주물로 되어있다.

답 : ②

29 **도시가스 매설배관 표지판의 설치기준과 관계 없는 것은?**

① 포장도로 및 공동주택부지 내의 도로에 라인마크(line mark)와 함께 설치한다.
② 표지판 모양은 직사각형이다.
③ 설치간격은 500m마다 1개 이상이다.
④ 황색바탕에 검정색 글씨로 도시가스 배관임을 알리고 연락처 등을 표시한다.

도시가스 매설배관 표지판은 라인마크(line mark)와 함께 설치해서는 안 된다.

답 : ①

30 **가스배관용 폴리에틸렌관의 특징이 아닌 것은?**

① 지하매설용으로 사용된다.
② 일광·열에 약하다.
③ 도시가스 고압관으로 사용된다.
④ 부식이 잘되지 않는다.

폴리에틸렌관은 도시가스 저압관으로 사용된다.

답 : ③

02 전기안전관련 및 전기시설

1 전선로와의 안전 이격거리

① 전압이 높을수록 이격거리를 크게 한다.
② 1개 틀의 애자수가 많을수록 이격거리를 크게 한다.
③ 전선이 굵을수록 이격거리를 크게 한다.

[전압에 따른 건설기계의 이격거리]

구 분	전압	이격거리	
저·고압	100V, 200V	2m	
	6,600V	2m	
특별고압	22,000V	3m	고압전선으로부터 최소 3m 이상 떨어져 있어야 하며, 50,000V 이상인 경우 1,000V당 1m씩 떨어져야 한다.
	66,000V	4m	
	154,000V	5m	
	275,000V	7m	
	500,000V	11m	

2 고압전선 부근에서 작업할 때 주의사항

① 굴착기의 최대 높이와 작업장 주변의 고압전선 등에 닿는 거리를 사전에 파악하여 안전한 작업을 할 수 있도록 위치를 확인한다.
② 작업장 주변에 고압전선이 있을 경우 굴착기의 작업부분과 부착물 등의 작업 반경과 동력선 등에 안전한 거리를 유지하고 작업한다.
③ 안전을 위해 굴착기는 고압전선으로부터 최소 3m 이상 떨어져 있어야 한다. 50,000V 이상인 경우에는 매 1,000V당 1m씩 떨어져 작업을 할 수 있도록 사전에 작업 반경을 확인하여야 하며 사고예방을 위한 최소한의 거리를 확보하는 것이 중요하다.
④ 고압전선 부근에서 작업을 진행해야 할 경우 법규상에서 요구하는 최소 허용접근거리보다 더 많이 떨어져서 작업을 할 수 있도록 사전에 위치를 파악한다.
⑤ 안전한 작업을 위하여 지상의 고압전선이 있을 경우 작업 전에 관계자와 협의하여 고압전선의 전원을 차단할 수 있도록 요청하고, 반드시 차단되었는지 확인한 후 다음 작업을 실시한다.
⑥ 고압전선 부근에서 작업할 경우 매우 심각한 인명 손상이 발생할 수 있으므로 특별한 안전 조치가 요구된다.
⑦ 안전작업을 위해 특별한 주의사항에 대하여 작업관계자와 협의한다.

3 작업장 주변의 건축구조물 등 장애물 위치 파악

① 작업장 주변에 구조물 등이 많을 때는 굴착기가 서로 부딪치지 않도록 사전에 위치를 파악하여 작업에 반영하도록 한다.
② 작업장 주변 구조물의 위치를 파악하여 작업 중 전·후로 이동할 수 있는 공간이 확보되었는지 확인해야 한다.
③ 지상의 고압전선의 전원이 있을 경우 안전한 작업을 위하여 작업 전에 작업계획을 확인하고 관계자와 협의하여 고압전선의 전원을 차단할 수 있도록 요청하고, 반드시 차단되었는지 확인한 후 다음 작업을 실시한다.

출제 예상 문제

01 발전소 상호간, 변전소 상호간, 발전소와 변전소 간의 전선로를 나타내는 용어는?

① 배전선로
② 전기수용 설비선로
③ 인입선로
④ 송전선로

발전소 상호간 또는 발전소와 변전소 간의 전선로를 송전선로라 한다.

답 : ④

02 교류전기에서 고전압이라 함은 몇 V를 초과하는 전압인가?

① 220V 초과 ② 380V 초과
③ 600V 초과 ④ 750V 초과

교류 전기에서 고전압이라 함은 600V를 초과하는 전압이다.

답 : ③

03 현재 한전에서 운용하고 있는 송전선로 종류가 아닌 것은?

① 22.9 kV 선로 ② 154 kV 선로
③ 345 kV 선로 ④ 765 kV 선로

한국전력에서 사용하는 송전선로 종류에는 154kV, 345kV, 765kV가 있다.

답 : ①

04 고압전선로 주변에서 작업 시 굴착기와 전선로와의 안전 이격거리에 대한 설명과 관계 없는 것은?

① 애자수가 많을수록 멀어져야 한다.
② 전압이 높을수록 멀어져야 한다.
③ 전선이 굵을수록 멀어져야 한다.
④ 전압에는 관계없이 일정하다.

답 : ④

05 인체감전 시 위험을 결정하는 요소에 속하지 않는 것은?

① 감전 시의 기온
② 인체에 전류가 흐른 시간
③ 전류의 인체통과 경로
④ 인체에 흐르는 전류 크기

답 : ①

06 그림과 같이 시가지에 있는 배전선로 "A"에는 일반적으로 몇 볼트(V)의 전압이 인가되는가?

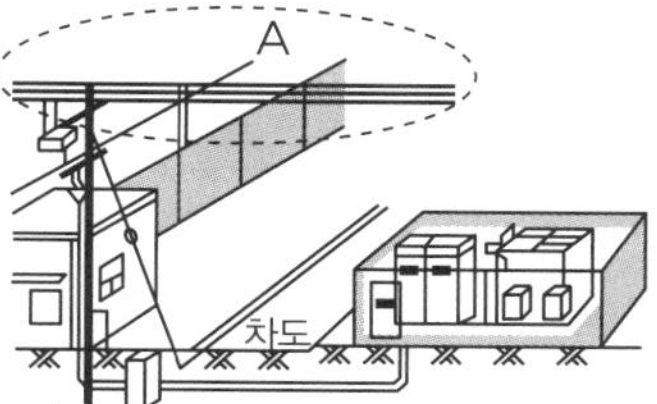

① 110V ② 220V
③ 440V ④ 22,900V

시가지에 있는 배전선로(콘크리트 전주)에는 22,900V의 전압이 인가되어 있다.

답 : ④

07 가공 송전선로에서 사용하는 애자에 관한 설명으로 옳지 않은 것은?

① 애자는 코일에 전류가 흐르면 자기장을 형성하는 역할을 한다.
② 애자는 고전압 선로의 안전시설에 필요하다.
③ 애자수는 전압이 높을수록 많다.
④ 애자는 전선과 철탑과의 절연을 하기 위해 취부한다.

애자는 전선과 철탑과의 절연을 하기 위해 취부(설치)하며, 고전압 선로의 안전시설에 필요하다. 또 애자수는 전압이 높을수록 많다.

답 : ①

08 굴착으로부터 전력 케이블을 보호하기 위하여 설치하는 표시시설과 관계 없는 것은?

① 모래
② 지중선로 표시기
③ 표지시트
④ 보호판

답 : ①

09 아래 그림에서 "A"는 특고압 22.9kV 배전선로의 지지와 절연을 위한 애자를 나타낸 것이다. "A"의 명칭은?

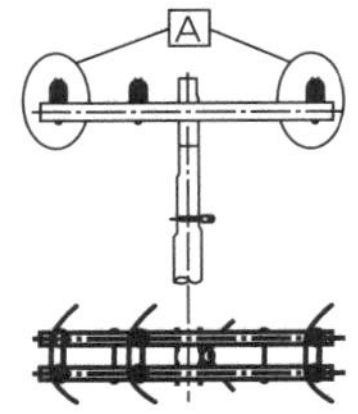

① 가공지선 애자
② 지선 애자
③ 라인포스트 애자(LPI)
④ 현수애자

라인포스트 애자(LPI)란 선로용 지지 애자이며, 점퍼선의 지지용으로 사용된다.

답 : ③

10 아래 그림과 같이 고압 가공전선로 주상변압기의 설치높이 H는 시가지와 시가지 외에서 각각 몇 m 인가?

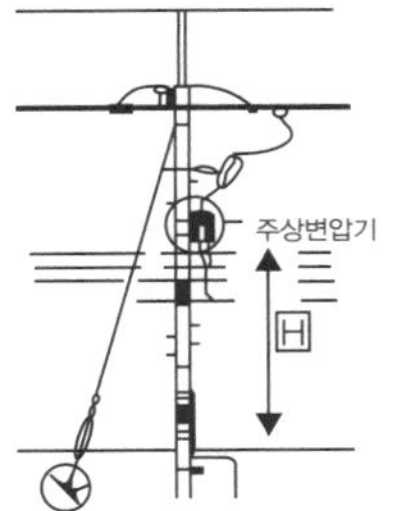

① 시가지=5.0m, 시가지 외=3.0m
② 시가지=4.5m, 시가지 외=3.0m
③ 시가지=5.0m, 시가지 외=4.0m
④ 시가지=4.5m, 시가지 외=4.0m

주상변압기의 설치높이는 시가지에서는 4.5m, 시가지 이외의 지역에서는 4.0m이다.

답 : ④

11 작업 중 고압전력선에 근접 및 접촉할 염려가 있을 때의 조치사항으로 옳은 것은?

① 고압전력선에 접촉만 하지 않으면 되므로 주의를 기울이면서 작업을 계속한다.
② 현장의 작업반장에게 도움을 청한다.
③ 관할 시설물관리자에게 연락을 취한 후 지시를 받는다.
④ 줄자를 이용하여 전력선과의 거리측정을 한다.

답 : ③

12 특별고압 가공 배전선로에 관한 설명으로 옳은 것은?

① 전압에 관계없이 장소마다 다르다.
② 배전선로는 전부 절연전선이다.
③ 높은 전압일수록 전주 상단에 설치하는 것을 원칙으로 한다.
④ 낮은 전압일수록 전주 상단에 설치하는 것을 원칙으로 한다.

답 : ③

13 가공전선로 주변에서 굴착작업 중 보기와 같은 상황발생 시 조치사항은?

보기
굴착작업 중 작업장 상부를 지나는 전선이 버킷 실린더에 의해 단선되었으나 인명과 장비의 피해는 없었다.

① 전주나 전주 위의 변압기에 이상이 없으면 무관하다.
② 발생 즉시 인근 한국전력사업소에 연락하여 복구하도록 한다.
③ 가정용이므로 작업을 마친 다음 현장 전기공에 의해 복구시킨다.
④ 발생 후 1일 이내에 감독관에게 알린다.

답 : ②

14 22.9kV 배전선로에 근접하여 굴착기 등 건설기계로 작업 시 안전관리상 옳은 것은?

① 전력선이 활선인지 확인 후 안전조치된 상태에서 작업한다.
② 안전관리자의 지시 없이 운전자가 알아서 작업한다.
③ 해당 시설관리자는 입회하지 않아도 무관하다.
④ 전력선에 접촉되더라도 끊어지지 않으면 사고는 발생하지 않는다.

답 : ①

15 전력케이블이 매설돼 있음을 표시하기 위한 표지시트는 차도에서 지표면 아래 몇 cm 깊이에 설치되어 있는가?

① 10cm ② 30cm
③ 50cm ④ 100cm

표지시트는 차도에서 지표면 아래 30cm 깊이에 설치되어 있다.

답 : ②

16 철탑에 154,000V라는 표시판이 부착되어 있는 전선 근처에서 작업 시 옳지 않은 것은?

① 철탑 기초에서 충분히 이격하여 굴착한다.
② 철탑 기초 주변 흙이 무너지지 않도록 한다.
③ 전선에 30cm 이내로 접근되지 않게 작업한다.
④ 전선이 바람에 흔들리는 것을 고려하여 접근금지 로프를 설치한다.

154,000V인 경우 전선에 5m 이내로 접근되지 않도록 해야 한다.

답 : ③

17 154kV 송전선로 주변에서 굴착기 작업에 관한 설명으로 옳은 것은?

① 전력회사에만 연락하면 전력선에 접촉해도 안전하다.
② 전력선에 접근되지 않도록 충분한 이격거리를 확보한다.
③ 전력선에 접촉되더라도 끊어지지 않으면 계속 작업한다.
④ 전력선에 접촉만 않도록 조심하여 작업한다.

답 : ②

18 지중전선로 지역에서 지하장애물 조사 시 옳은 방법은?

① 작업속도 효율이 높은 굴착기로 굴착한다.
② 일정 깊이로 보링을 한 후 코어를 분석하여 조사한다.
③ 장애물 노출 시 굴착기 브레이커로 찍어본다.
④ 굴착개소를 종횡으로 조심스럽게 인력으로 굴착한다.

답 : ④

19 굴착기를 이용하여 도로 굴착작업 중 "고압선 위험" 표지시트가 발견되었다. 다음 중 옳은 것은?

① 표지시트의 직하에 전력케이블이 묻혀 있다.
② 표지시트의 직각방향에 전력케이블이 묻혀 있다.
③ 표지시트의 우측에 전력케이블이 묻혀 있다.
④ 표지시트의 좌측에 전력케이블이 묻혀 있다.

답 : ①

20 전력케이블의 매설 깊이로 가장 알맞은 것은?

① 차도 및 중량물의 영향을 받을 우려가 없는 경우 0.3m 이상이다.
② 차도 및 중량물의 영향을 받을 우려가 없는 경우 0.6m 이상이다.
③ 차도 및 중량물의 영향을 받을 우려가 있는 경우 0.3m 이상이다.
④ 차도 및 중량물의 영향을 받을 우려가 있는 경우 0.6m 이상이다.

전력케이블의 매설 깊이는 차도 및 중량물의 영향을 받을 우려가 없는 경우 0.6m 이상이다.

답 : ②

21 차도 아래에 매설되는 전력케이블(직접매설식)은 지면에서 최소 몇 m 이상의 깊이로 매설되어야 하는가?

① 0.3m 이상 ② 0.9m 이상
③ 1.0m 이상 ④ 1.5m 이상

답 : ③

22 도로에서 굴착작업 중에 지하에 매설된 전력케이블 피복이 손상되었을 때 전력공급에 파급되는 영향은?

① 전력케이블에 충격 또는 손상이 가해지면 전력공급이 차단되거나 일정시일 경과 후 부식 등으로 전력공급이 중단될 수 있다.
② 케이블은 외피 및 내부가 철 그물망으로 되어 있어 절대로 절단되지 않는다.
③ 케이블을 보호하는 관은 손상이 되어도 전력공급에는 지장이 없으므로 별도의 조치는 필요 없다.
④ 케이블이 절단되어도 전력공급에는 지장이 없다.

답 : ①

23 그림은 전주 번호찰 표기내용이다. 전주길이를 나타내는 것은?

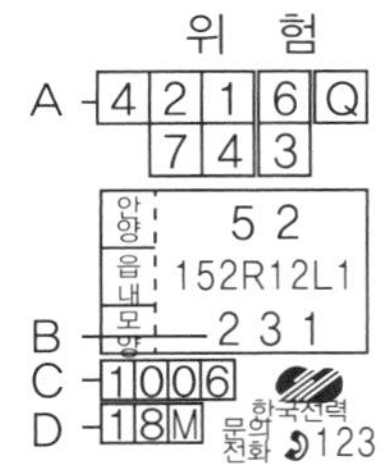

① A ② B
③ C ④ D

A는 관리구 번호, B는 전주번호, C는 시행 년 월, D는 전주길이를 나타낸다.

답 : ④

24 전기시설에 접지공사가 되어 있는 경우 접지선의 표시색은?

① 빨간색 ② 녹색
③ 노란색 ④ 흰색

접지선의 표시색은 녹색이다.

답 : ②

제5편

건설기계관리법 및 도로교통법

제1장 건설기계관리법

01 건설기계관리법의 목적

건설기계의 등록·검사·형식승인 및 건설기계사업과 건설기계조종사면허 등에 관한 사항을 정하여 건설기계를 효율적으로 관리하고 건설기계의 안전도를 확보하여 건설공사의 기계화를 촉진함을 목적으로 한다.

02 건설기계 사업

건설기계 사업의 분류에는 대여업, 정비업, 매매업, 해체재활용업 등이 있으며, 건설기계 사업을 영위하고자 하는 자는 시장·군수 또는 구청장에게 등록하여야 한다.

03 건설기계의 신규등록

1 건설기계를 등록할 때 필요한 서류

① 건설기계의 출처를 증명하는 서류
- 국내에서 제작한 건설기계 : 건설기계제작증
- 수입한 건설기계 : 수입면장 등 수입사실을 증명하는 서류. 다만, 타워크레인의 경우에는 건설기계제작증을 추가로 제출하여야 한다.
- 행정기관으로부터 매수한 건설기계 : 매수증서

② 건설기계의 소유자임을 증명하는 서류

③ 건설기계 제원표

④ 「자동차손해배상 보장법」에 따른 보험 또는 공제의 가입을 증명하는 서류

2 건설기계 등록신청

① 건설기계를 등록하려는 건설기계의 소유자는 건설기계소유자의 주소지 또는 건설기계의 사용본거지를 관할하는 특별시장·광역시장·도지사 또는 특별자치도지사(“시·도지사”)에게 제출하여야 한다.

② 건설기계 등록신청은 건설기계를 취득한 날(판매를 목적으로 수입된 건설기계의 경우에는 판매한 날)부터 2월 이내에 하여야 한다. 다만, 전시·사변 기타 이에 준하는 국가비상사태하에 있어서는 5일 이내에 신청하여야 한다.

3 등록사항의 변경신고

건설기계의 소유자는 건설기계등록사항에 변경(주소지 또는 사용본거지가 변경된 경우를 제외)이 있는 때에는 그 변경이 있은 날부터 30일(상속의 경우에는 상속개시일부터 6개월) 이내에 건설기계등록사항변경신고서(전자문서로 된 신고서를 포함)를 등록을 한 시·도지사에게 제출하여야 한다. 다만, 전시·사변 기타 이에 준하는 국가비상사태하에 있어서는 5일 이내에 하여야 한다.

① 변경내용을 증명하는 서류
② 건설기계등록증(자가용 건설기계 소유자의 주소지 또는 사용본거지가 변경된 경우는 제외)
③ 건설기계검사증(자가용 건설기계 소유자의 주소지 또는 사용본거지가 변경된 경우는 제외)

4 등록의 이전

건설기계의 소유자는 등록한 주소지 또는 사용본거지가 변경된 경우(시·도간의 변경이 있는 경우)에는 그 변경이 있은 날부터 30일(상속의 경우에는 상속개시일부터 6개월) 이내에 건설기계등록이전신고서에 소유자의 주소 또는 건설기계의 사용본거지의 변경사실을 증명하는 서류와 건설기계등록증 및 건설기계검사증을 첨부하여 새로운 등록지를 관할하는 시·도지사에게 제출(전자문서에 의한 제출을 포함)하여야 한다.

04 임시운행 사유

① 등록신청을 하기 위하여 건설기계를 등록지로 운행하는 경우
② 신규등록검사 및 확인검사를 받기 위하여 건설기계를 검사장소로 운행하는 경우
③ 수출을 하기 위하여 건설기계를 선적지로 운행하는 경우
④ 수출을 하기 위하여 등록말소 한 건설기계를 점검·정비의 목적으로 운행하는 경우
⑤ 신개발 건설기계를 시험·연구의 목적으로 운행하는 경우
⑥ 판매 또는 전시를 위하여 건설기계를 일시적으로 운행하는 경우
⑦ 임시운행기간은 15일 이내로 한다. 다만, 신개발 건설기계를 시험·연구의 목적으로 운행하는 경우에는 3년 이내로 한다.

05 건설기계의 등록말소

1 등록말소 사유 및 등록말소 신청기간

① 거짓이나 그 밖의 부정한 방법으로 등록을 한 경우
② 건설기계가 천재지변 또는 이에 준하는 사고 등으로 사용할 수 없게 되거나 멸실된 경우(사유가 발생한 날부터 30일 이내)
③ 건설기계의 차대(車臺)가 등록 시의 차대와 다른 경우
④ 건설기계가 건설기계안전기준에 적합하지 아니하게 된 경우

⑤ 최고(催告)를 받고 지정된 기한까지 정기검사를 받지 아니한 경우
⑥ 건설기계를 수출하는 경우
⑦ 건설기계를 도난당한 경우(사유가 발생한 날부터 2개월 이내)
⑧ 건설기계를 폐기한 경우(사유가 발생한 날부터 30일 이내)
⑨ 건설기계해체재활용업을 등록한 자에게 폐기를 요청한 경우(사유가 발생한 날부터 30일 이내)
⑩ 구조적 제작 결함 등으로 건설기계를 제작자 또는 판매자에게 반품한 경우(사유가 발생한 날부터 30일 이내)
⑪ 건설기계를 교육·연구 목적으로 사용하는 경우(사유가 발생한 날부터 30일 이내)
⑫ 대통령령으로 정하는 내구연한을 초과한 건설기계

06 건설기계 조종사 면허

1 건설기계 조종사 면허의 결격사유

① 18세 미만인 사람
② 건설기계조종 상의 위험과 장해를 일으킬 수 있는 정신질환자 또는 뇌전증환자
③ 앞을 보지 못하는 사람, 듣지 못하는 사람
④ 국토교통부령이 정하는 장애인
⑤ 마약, 대마, 향정신성 의약품 또는 알코올 중독자
⑥ 건설기계조종사면허가 취소된 날부터 1년이 경과되지 아니한 자
⑦ 거짓 그 밖의 부정한 방법으로 면허를 받아 취소된 날로부터 2년이 경과되지 아니한 자
⑧ 건설기계조종사면허의 효력정지기간 중에 건설기계를 조종하여 취소되어 2년이 경과되지 아니한 자

2 건설기계 면허 적성검사 기준

① 두 눈을 동시에 뜨고 잰 시력이 0.7 이상일 것(교정시력을 포함)
② 두 눈의 시력이 각각 0.3 이상일 것(교정시력을 포함)
③ 55데시벨(보청기를 사용하는 사람은 40데시벨)의 소리를 들을 수 있고, 언어분별력이 80% 이상 일 것
④ 시각은 150도 이상일 것
⑤ 마약·알코올 중독의 사유에 해당되지 아니할 것
⑥ 건설기계조종사는 10년마다(65세 이상인 경우는 5년마다) 시장·군수 또는 구청장이 실시하는 정기적성검사를 받아야 한다.

07 등록번호표

1 등록번호표에 표시되는 사항

등록번호표에는 기종, 등록관청, 등록번호, 용도 등이 표시된다.

2 등록번호표의 색칠

① 자가용 : 녹색 판에 흰색문자
② 영업용 : 주황색 판에 흰색문자
③ 관용 : 백색 판에 검은색문자
④ 임시운행 번호표 : 흰색 페인트 판에 검은색 문자

3 건설기계 등록번호

① 자가용 : 1001-4999
② 영업용 : 5001-8999
③ 관용 : 9001-9999

08 건설기계 검사

우리나라에서 건설기계에 대한 정기검사를 실시하는 검사업무 대행기관은 대한건설기계 안전관리원이다.

1 건설기계 검사의 종류

① 신규등록검사 : 건설기계를 신규로 등록할 때 실시하는 검사이다.
② 정기검사 : 건설공사용 건설기계로서 3년의 범위에서 국토교통부령으로 정하는 검사유효기간이 끝난 후에 계속하여 운행하려는 경우에 실시하는 검사와 대기환경보전법 및 소음·진동관리법에 따른 운행차의 정기검사이다.
③ 구조변경검사 : 건설기계의 주요구조를 변경 또는 개조한 때 실시하는 검사이다.
④ 수시검사 : 성능이 불량하거나 사고가 자주 발생하는 건설기계의 안전성 등을 점검하기 위하여 수시로 실시하는 검사와 건설기계 소유자의 신청을 받아 실시하는 검사이다.

2 정기검사 신청기간 및 검사기간 산정

① 정기검사를 받으려는 자는 검사유효기간의 만료일 전후 각각 31일 이내에 신청한다.
② 유효기간의 산정은 정기검사신청기간까지 신청한 경우에는 종전 검사유효기간 만료일의 다음 날부터, 그 외의 경우에는 검사를 받은 날의 다음 날부터 기산한다.

3 당해 건설기계가 위치한 장소에서 검사하는(출장검사) 경우

① 도서지역에 있는 경우
② 자체중량이 40톤을 초과하거나 축중이 10톤을 초과하는 경우
③ 너비가 2.5미터를 초과하는 경우
④ 최고속도가 시간당 35킬로미터 미만인 경우

4 굴착기 정기검사 유효기간

① 타이어형 굴착기의 정기검사 유효기간은 1년이다.
② 무한궤도식 굴착기의 정기검사 유효기간은 연식이 20년 이하인 경우에는 3년, 20년을 초과한 경우에는 1년이다.

5 정비명령

검사에 불합격된 건설기계에 대해서는 31일 이내의 기간을 정하여 해당 건설기계의 소유자에게 검사를 완료한 날(검사를 대행하게 한 경우에는 검사결과를 보고받은 날)부터 10일 이내에 정비명령을 해야 한다.

09 건설기계의 구조변경을 할 수 없는 경우

① 건설기계의 기종변경
② 육상작업용 건설기계규격의 증가 또는 적재함의 용량 증가를 위한 구조변경

10 건설기계조종사면허 취소 및 정지사유

1 면허취소 사유

① 거짓이나 그 밖의 부정한 방법으로 건설기계조종사면허를 받은 경우
② 건설기계조종사면허의 효력정지기간 중 건설기계를 조종한 경우
③ 건설기계 조종 상의 위험과 장해를 일으킬 수 있는 정신질환자 또는 뇌전증환자로서 국토교통부령으로 정하는 사람
④ 앞을 보지 못하는 사람, 듣지 못하는 사람, 그 밖에 국토교통부령으로 정하는 장애인
⑤ 건설기계 조종 상의 위험과 장해를 일으킬 수 있는 마약·대마·향정신성의약품 또는 알코올중독자로서 국토교통부령으로 정하는 사람
⑥ 건설기계의 조종 중 고의 또는 과실로 중대한 사고를 일으킨 경우
  • 고의로 인명피해(사망·중상·경상 등)를 입힌 경우
  • 과실로 중대재해가 발생한 경우
⑦ 건설기계조종사면허증을 다른 사람에게 빌려 준 경우
⑧ 술에 만취한 상태(혈중 알코올농도 0.08% 이상)에서 건설기계를 조종한 경우

⑨ 술에 취한 상태에서 건설기계를 조종하다가 사고로 사람을 죽게 하거나 다치게 한 경우
⑩ 2회 이상 술에 취한 상태에서 건설기계를 조종하여 면허효력정지를 받은 사실이 있는 사람이 다시 술에 취한 상태에서 건설기계를 조종한 경우
⑪ 약물(마약, 대마, 향정신성 의약품 및 환각물질)을 투여한 상태에서 건설기계를 조종한 경우
⑫ 정기적성검사를 받지 않거나 적성검사에 불합격한 경우

2 면허정지 사유

① 인명피해를 입힌 경우
- 사망 1명마다 : 면허효력정지 45일
- 중상 1명마다 : 면허효력정지 15일
- 경상 1명마다 : 면허효력정지 5일

② 재산피해 : 피해금액 50만 원 마다 면허효력정지 1일(90일을 넘지 못함)
③ 건설기계 조종 중에 고의 또는 과실로 가스공급시설을 손괴하거나 가스공급시설의 기능에 장애를 입혀 가스의 공급을 방해한 경우 : 면허효력정지 180일
④ 술에 취한 상태(혈중 알코올 농도 0.03% 이상 0.08% 미만)에서 건설기계를 조종한 경우 : 면허효력정지 60일

11 벌칙

1 2년 이하의 징역 또는 2천만 원 이하의 벌금

① 등록되지 아니한 건설기계를 사용하거나 운행한 자
② 등록이 말소된 건설기계를 사용하거나 운행한 자
③ 시·도지사의 지정을 받지 아니하고 등록번호표를 제작하거나 등록번호를 새긴 자
④ 건설기계의 주요 구조나 원동기, 동력전달장치, 제동장치 등 주요 장치를 변경 또는 개조한 자
⑤ 무단 해체한 건설기계를 사용·운행하거나 타인에게 유상·무상으로 양도한 자
⑥ 등록을 하지 아니하고 건설기계사업을 하거나 거짓으로 등록을 한 자
⑦ 등록이 취소되거나 사업의 전부 또는 일부가 정지된 건설기계사업자로서 계속하여 건설기계사업을 한 자

2 1년 이하의 징역 또는 1천만 원 이하의 벌금

① 거짓이나 그 밖의 부정한 방법으로 등록을 한 자
② 등록번호를 지워 없애거나 그 식별을 곤란하게 한 자
③ 구조변경검사 또는 수시검사를 받지 아니한 자
④ 정비명령을 이행하지 아니한 자
⑤ 건설기계조종사면허를 받지 아니하고 건설기계를 조종한 자
⑥ 건설기계조종사면허를 거짓이나 그 밖의 부정한 방법으로 받은 자
⑦ 소형 건설기계의 조종에 관한 교육과정의 이수에 관한 증빙서류를 거짓으로 발급한 자

⑧ 술에 취하거나 마약 등 약물을 투여한 상태에서 건설기계를 조종한 자와 그러한 자가 건설기계를 조종하는 것을 알고도 말리지 아니하거나 건설기계를 조종하도록 지시한 고용주

⑨ 건설기계조종사면허가 취소되거나 건설기계조종사면허의 효력정지처분을 받은 후에도 건설기계를 계속하여 조종한 자

⑩ 건설기계를 도로나 타인의 토지에 버려둔 자

3 100만 원 이하의 과태료

① 등록번호표를 부착·봉인하지 아니하거나 등록번호를 새기지 아니한 자

② 등록번호표를 부착 및 봉인하지 아니한 건설기계를 운행한 자

③ 등록번호표를 가리거나 훼손하여 알아보기 곤란하게 한 자 또는 그러한 건설기계를 운행한 자

④ 등록번호의 새김명령을 위반한 자

12 특별표지 또는 경고표지판 부착대상 대형 건설기계

① 길이가 16.7미터를 초과하는 건설기계

② 너비가 2.5미터를 초과하는 건설기계

③ 높이가 4.0미터를 초과하는 건설기계

④ 최소회전반경이 12미터를 초과하는 건설기계

⑤ 총중량이 40톤을 초과하는 건설기계(다만, 굴착기, 로더 및 지게차는 운전중량이 40톤을 초과하는 경우)

⑥ 총중량 상태에서 축하중이 10톤을 초과하는 건설기계(다만, 굴착기, 로더 및 지게차는 운전중량 상태에서 축하중이 10톤을 초과하는 경우)

13 건설기계의 좌석안전띠

① 30km/h 이상의 속도를 낼 수 있는 타이어식 건설기계에는 좌석안전띠를 설치해야 한다.

② 안전띠는 사용자가 쉽게 잠그고 풀 수 있는 구조이어야 한다.

출제 예상 문제

01 건설기계관리법의 입법목적에 해당되지 않는 것은?

① 건설기계의 효율적인 관리를 하기 위함
② 건설기계 안전도 확보를 위함
③ 건설기계의 규제 및 통제를 하기 위함
④ 건설공사의 기계화를 촉진함

건설기계관리법의 목적은 건설기계의 등록·검사·형식승인 및 건설기계사업과 건설기계조종사면허 등에 관한 사항을 정하여 건설기계를 효율적으로 관리하고 건설기계의 안전도를 확보하여 건설공사의 기계화를 촉진함을 목적으로 한다.

답 : ③

02 건설기계관련법상 건설기계의 정의를 가장 올바르게 한 것은?

① 건설공사에 사용할 수 있는 기계로서 대통령령이 정하는 것
② 건설현장에서 운행하는 장비로서 대통령령이 정하는 것
③ 건설공사에 사용할 수 있는 기계로서 국토교통부령이 정하는 것
④ 건설현장에서 운행하는 장비로서 국토교통부령이 정하는 것

건설기계라 함은 건설공사에 사용할 수 있는 기계로서 대통령령으로 정한 것이다.

답 : ①

03 건설기계관리법에서 정의한 '건설기계형식'으로 가장 옳은 것은?

① 형식 및 규격을 말한다.
② 성능 및 용량을 말한다.
③ 구조·규격 및 성능 등에 관하여 일정하게 정한 것을 말한다.
④ 엔진구조 및 성능을 말한다.

건설기계형식이란 구조·규격 및 성능 등에 관하여 일정하게 정한 것이다.

답 : ③

04 건설기계를 조종할 때 적용받는 법령에 대한 설명으로 가장 적합한 것은?

① 건설기계관리법 및 자동차관리법의 전체적용을 받는다.
② 건설기계관리법에 대한 적용만 받는다.
③ 도로교통법에 대한 적용만 받는다.
④ 건설기계관리법 외에 도로상을 운행할 때는 도로교통법 중 일부를 적용받는다.

건설기계를 조종할 때에는 건설기계관리법 외에 도로상을 운행할 때에는 도로교통법 중 일부를 적용 받는다.

답 : ④

05 건설기계관리법령상 건설기계의 범위로 옳은 것은?

① 덤프트럭 : 적재용량 10톤 이상인 것
② 공기압축기 : 공기토출량이 매분 당 $10m^3$ 이상의 이동식인 것
③ 불도저 : 무한궤도식 또는 타이어식인 것
④ 기중기 : 무한궤도식으로 레일식일 것

건설기계 범위
- 덤프트럭 : 적재용량 12톤 이상인 것. 다만, 적재용량 12톤 이상 20톤 미만의 것으로 화물운송에 사용하기 위하여 자동차관리법에 의한 자동차로 등록된 것을 제외한다.
- 기중기 : 무한궤도 또는 타이어식으로 강재의 지주 및 선회장치를 가진 것. 다만 궤도(레일)식은 제외한다.
- 공기압축기 : 공기토출량이 매분 당 $2.83m^3$(매 m^2 당 7킬로그램 기준) 이상의 이동식인 것

답 : ③

06 건설기계관리법령상의 건설기계가 아닌 것은?

① 아스팔트 피니셔
② 천장크레인
③ 쇄석기
④ 롤러

천장크레인은 산업기계에 속한다.

답 : ②

07 건설기계 등록신청에 대한 설명으로 맞는 것은? (단, 전시·사변 등 국가비상사태 하의 경우 제외)

① 시·군·구청장에게 취득한 날로부터 10일 이내 등록신청을 한다.
② 시·도지사에게 취득한 날로부터 15일 이내 등록신청을 한다.
③ 시·군·구청장에게 취득한 날로부터 1월 이내 등록신청을 한다.
④ 시·도지사에게 취득한 날로부터 2월 이내 등록신청을 한다.

건설기계등록신청은 특별시장·광역시장·도지사 또는 특별자치도지사(시·도지사)에게 건설기계를 취득한 날(판매를 목적으로 수입된 건설기계의 경우에는 판매한 날)부터 2월 이내에 하여야 한다. 다만, 전시·사변 기타 이에 준하는 국가비상사태하에 있어서는 5일 이내에 신청하여야 한다.

답 : ④

08 건설기계를 등록할 때 필요한 서류에 해당하지 않는 것은?

① 건설기계제작증
② 수입면장
③ 매수증서
④ 건설기계검사증 등본원부

건설기계를 등록할 때 필요한 서류
- 건설기계제작증(국내에서 제작한 건설기계의 경우)
- 수입면장 기타 수입 사실을 증명하는 서류(수입한 건설기계의 경우)
- 매수증서(관청으로부터 매수한 건설기계의 경우)
- 건설기계의 소유자임을 증명하는 서류
- 건설기계제원표
- 자동차손해배상보장법에 따른 보험 또는 공제의 가입을 증명하는 서류

답 : ④

09 시·도지사로부터 통지서 또는 명령서를 받은 건설기계소유자는 그 받은 날부터 며칠 이내에 등록번호표제작자에게 그 통지서 또는 명령서를 제출하고 등록번호표제작등을 신청하여야 하는가?

① 3일 ② 10일
③ 20일 ④ 30일

시·도지사로부터 통지서 또는 명령서를 받은 건설기계소유자는 그 받은 날부터 3일 이내에 등록번호표제작자에게 그 통지서 또는 명령서를 제출하고 등록번호표제작 등을 신청하여야 한다.

답 : ①

10 건설기계 등록·검사증이 헐어서 못쓰게 된 경우 어떻게 하여야 되는가?

① 신규등록신청
② 등록말소신청
③ 정기검사신청
④ 재교부 신청

등록·검사증이 헐어서 못쓰게 된 경우에는 재교부 신청을 하여야 한다.

답 : ④

11 건설기계 등록사항의 변경신고는 변경이 있는 날로부터 며칠 이내에 하여야 하는가? (단, 국가비상사태일 경우를 제외한다.)

① 20일 이내 ② 30일 이내
③ 15일 이내 ④ 10일 이내

건설기계의 소유자는 건설기계등록사항에 변경(주소지 또는 사용본거지가 변경된 경우 제외)이 있는 때에는 그 변경이 있은 날부터 30일(상속의 경우에는 상속개시일부터 6개월)이내에 등록을 한 시·도지사에게 제출하여야 한다. 다만, 전시·사변 기타 이에 준하는 국가비상사태 하에 있어서는 5일 이내에 하여야 한다.

답 : ②

12 건설기계 등록말소 사유에 해당되지 않는 것은?

① 건설기계를 폐기한 경우
② 건설기계의 차대가 등록 시의 차대와 다른 경우
③ 정비 또는 개조를 목적으로 해체된 경우
④ 건설기계가 멸실된 경우

정비 또는 개조를 목적으로 해체된 경우에는 건설기계 등록말소 사유에 속하지 않는다.

답 : ③

13 건설기계 등록말소 신청서의 첨부서류가 아닌 것은?

① 건설기계 등록증
② 건설기계 검사증
③ 건설기계 운행증
④ 등록말소사유를 확인할 수 있는 서류

등록말소 신청을 할 때의 구비서류
- 건설기계등록증
- 건설기계검사증
- 멸실·도난·수출·폐기·폐기요청·반품 및 교육·연구목적 사용 등 등록말소사유를 확인할 수 있는 서류

답 : ③

14 건설기계 소유자는 건설기계를 도난당한 날로부터 얼마 이내에 등록말소를 신청해야 하는가?

① 30일 이내
② 2개월 이내
③ 3개월 이내
④ 6개월 이내

건설기계를 도난당한 경우에는 도난당한 날부터 2개월 이내에 등록말소를 신청하여야 한다.

답 : ②

15 시·도지사가 저당권이 등록된 건설기계를 말소할 때 미리 그 뜻을 건설기계의 소유자 및 이해관계인에게 통보한 후 몇 개월이 지나지 않으면 등록을 말소할 수 없는가?

① 1개월　② 3개월
③ 6개월　④ 12개월

시·도지사는 등록을 말소하려는 경우에는 미리 그 뜻을 건설기계의 소유자 및 이해관계인에게 알려야 하며, 통지 후 1개월(저당권이 등록된 경우에는 3개월)이 지난 후가 아니면 이를 말소할 수 없다.

답 : ②

16 시·도지사는 건설기계 등록원부를 건설기계의 등록을 말소한 날부터 몇 년간 보존하여야 하는가?

① 1년　② 3년
③ 5년　④ 10년

건설기계 등록원부는 건설기계의 등록을 말소한 날부터 10년간 보존하여야 한다.

답 : ④

17 건설기계 등록번호표에 표시되지 않는 것은?

① 기종
② 등록번호
③ 등록관청
④ 연식

건설기계 등록번호표에는 기종, 등록관청, 등록번호, 용도 등이 표시된다.

답 : ④

18 건설기계등록번호표의 색칠 기준으로 틀린 것은?

① 자가용 : 녹색 판에 흰색문자
② 영업용 : 주황색 판에 흰색문자
③ 관용 : 흰색 판에 검은색 문자
④ 수입용 : 적색 판에 흰색문자

등록번호표의 색칠기준
- 자가용 건설기계 : 녹색 판에 흰색문자
- 영업용 건설기계 : 주황색 판에 흰색 문자
- 관용 건설기계 : 흰색 판에 흑색문자
- 임시운행 번호표 : 흰색 페인트 판에 검은색 문자

답 : ④

19 건설기계등록번호표 중 영업용에 해당하는 것은?

① 5001~8999
② 6001~8999
③ 9001~9999
④ 1001~4999

- 자가용 : 1001~4999
- 영업용 : 5001~8999
- 관용 : 9001~9999

답 : ①

20 굴착기의 기종별 기호 표시로 옳은 것은?

① 01　② 02
③ 03　④ 04

01 : 불도저, 02 : 굴착기, 03 : 로더, 04 : 지게차

답 : ②

21 건설기계 등록번호표가 02-6543인 것은?

① 로더-영업용
② 굴착기-영업용
③ 지게차-자가용
④ 덤프트럭-관용

답 : ②

22 **건설기계등록번호표의 봉인이 떨어졌을 경우에 조치방법으로 올바른 것은?**

① 운전자가 즉시 수리한다.
② 관할 시·도지사에게 봉인을 신청한다.
③ 관할 검사소에 봉인을 신청한다.
④ 가까운 카센터에서 신속하게 봉인한다.

봉인이 떨어졌을 경우에는 관할 시·도지사에게 봉인을 신청한다.

답 : ②

23 **건설기계등록을 말소한 때에는 등록번호표를 며칠 이내에 시·도지사에게 반납하여야 하는가?**

① 10일 ② 15일
③ 20일 ④ 30일

건설기계 등록번호표는 10일 이내에 시·도지사에게 반납하여야 한다.

답 : ①

24 **우리나라에서 건설기계에 대한 정기검사를 실시하는 검사업무 대행기관은?**

① 대한건설기계 안전관리원
② 자동차 정비업 협회
③ 건설기계 정비업협회
④ 건설기계 협회

우리나라에서 건설기계에 대한 정기검사를 실시하는 검사업무 대행기관은 대한건설기계 안전관리원이다.

답 : ①

25 **건설기계관리법령상 건설기계 검사의 종류가 아닌 것은?**

① 구조변경검사 ② 임시검사
③ 수시검사 ④ 신규등록검사

건설기계 검사의 종류에는 신규등록검사, 정기검사, 구조변경검사, 수시검사가 있다.

답 : ②

26 **건설기계관리법령상 건설기계를 검사유효기간이 끝난 후에 계속 운행하고자 할 때는 어느 검사를 받아야 하는가?**

① 신규등록검사 ② 계속검사
③ 수시검사 ④ 정기검사

정기검사
건설공사용 건설기계로서 3년의 범위에서 국토교통부령으로 정하는 검사유효기간이 끝난 후에 계속하여 운행하려는 경우에 실시하는 검사와 대기환경보전법 및 소음·진동관리법에 따른 운행차의 정기검사

답 : ④

27 **성능이 불량하거나 사고가 자주 발생하는 건설기계의 안전성 등을 점검하기 위하여 실시하는 검사와 건설기계 소유자의 신청을 받아 실시하는 검사는?**

① 예비검사 ② 구조변경검사
③ 수시검사 ④ 정기검사

수시검사
성능이 불량하거나 사고가 자주 발생하는 건설기계의 안전성 등을 점검하기 위하여 수시로 실시하는 검사와 건설기계 소유자의 신청을 받아 실시하는 검사

답 : ③

28 **정기검사 대상 건설기계의 정기검사 신청기간으로 옳은 것은?**

① 건설기계의 정기검사 유효기간 만료일 전후 45일 이내에 신청한다.
② 건설기계의 정기검사 유효기간 만료일 전 91일 이내에 신청한다.
③ 건설기계의 정기검사 유효기간 만료일 전후 각각 31일 이내에 신청한다.
④ 건설기계의 정기검사 유효기간 만료일 후 61일 이내에 신청한다.

정기검사를 받으려는 자는 검사유효기간의 만료일 전후 각각 31일 이내에 신청한다.

답 : ③

29 건설기계 정기검사 신청기간 내에 정기검사를 받은 경우, 다음 정기검사의 유효기간 시작 일을 바르게 설명한 것은?

① 유효기간에 관계없이 검사를 받은 다음 날부터
② 유효기간 내에 검사를 받은 것은 종전 검사유효기간 만료일부터
③ 유효기간에 관계없이 검사를 받은 날부터
④ 유효기간 내에 검사를 받은 것은 종전 검사유효기간 만료일 다음 날부터

정기검사 신청기간 내에 정기검사를 받은 경우 다음 정기검사 유효기간의 산정은 종전 검사유효기간 만료일의 다음날부터 기산한다.

답 : ④

30 정기검사 유효기간을 1개월 경과한 후에 정기검사를 받은 경우 다음 정기검사 유효기간 산정 기산일은?

① 검사를 받은 날의 다음 날부터
② 검사를 신청한 날부터
③ 종전검사유효기간 만료일의 다음 날부터
④ 종전검사신청기간 만료일의 다음 날부터

정기검사 유효기간을 경과한 후에 정기검사를 받은 경우 다음 정기검사 유효기간 산정 기산일은 검사를 받은 날의 다음 날부터이다.

답 : ①

31 신규등록일로부터 10년 경과된 타이어식 굴착기의 정기검사 유효기간은?

① 3년 ② 2년
③ 1년 ④ 6개월

타이어식 굴착기의 정기검사 유효기간은 1년이다.

답 : ③

32 건설기계관리법령상 정기검사 유효기간이 다른 건설기계는? (다만, 연식이 20년 이하인 경우)

① 덤프트럭
② 콘크리트믹서 트럭
③ 지게차
④ 굴착기(타이어식)

연식이 20년 이하인 지게차의 정기검사 유효기간은 2년이다.

답 : ③

33 건설기계관리법령상 정기검사 유효기간이 3년인 건설기계는? (단, 연식이 20년 이하인 경우)

① 덤프트럭
② 콘크리트믹서트럭
③ 트럭적재식 콘크리트펌프
④ 무한궤도식 굴착기

무한궤도식 굴착기의 정기검사 유효기간은 연식이 20년 이하인 경우에는 3년이고, 20년을 초과한 경우에는 1년이다.

답 : ④

34 건설기계의 정기검사 연기사유에 해당되지 않는 것은?

① 7일 이내의 기계정비
② 건설기계의 도난
③ 건설기계의 사고발생
④ 천재지변

건설기계소유자는 천재지변, 건설기계의 도난, 사고발생, 압류, 1월 이상에 걸친 정비 그 밖의 부득이 한 사유로 검사신청기간 내에 검사를 신청할 수 없는 경우에는 검사신청기간 만료일까지 검사연기신청서에 연기사유를 증명할 수 있는 서류를 첨부하여 시·도지사에게 제출하여야 한다.

답 : ①

35 **건설기계의 검사연기신청을 하였으나 불허통지를 받은 자는 언제까지 검사를 신청하여야 하는가?**

① 불허통지를 받은 날부터 5일 이내
② 불허통지를 받은 날부터 10일 이내
③ 검사신청기간 만료일부터 5일 이내
④ 검사신청기간 만료일부터 10일 이내

검사연기신청을 받은 시·도지사 또는 검사대행자는 그 신청일부터 5일 이내에 검사연기여부를 결정하여 신청인에게 통지하여야 한다. 이 경우 검사연기 불허통지를 받은 자는 검사신청기간 만료일부터 10일 이내에 검사신청을 하여야 한다.

답 : ④

36 **건설기계의 출장검사가 허용되는 경우가 아닌 것은?**

① 도서지역에 있는 건설기계
② 너비가 2.0미터를 초과하는 건설기계
③ 자체중량이 40톤을 초과하거나 축중이 10톤을 초과하는 건설기계
④ 최고속도가 시간당 35킬로미터 미만인 건설기계

출장검사를 받을 수 있는 경우
- 도서지역에 있는 경우
- 자체중량이 40ton 이상 또는 축중이 10ton 이상인 경우
- 너비가 2.5m 이상인 경우
- 최고속도가 시간당 35km 미만인 경우

답 : ②

37 **건설기계 소유자가 천재지변이나 그밖의 부득이한 사유로 건설기계 정기검사를 연기하는 경우 그 연기기간은 몇 월 이내로 하여야 하는가?**

① 1월 ② 2월
③ 3월 ④ 6월

검사를 연기하는 경우에는 그 연기기간을 6월 이내이다.

답 : ④

38 **건설기계의 검사를 연장받을 수 있는 기간을 잘못 설명한 것은?**

① 해외임대를 위하여 일시 반출된 경우 : 반출기간 이내
② 압류된 건설기계의 경우 : 압류기간 이내
③ 건설기계 대여업을 휴지한 경우 : 사업의 개시신고를 하는 때까지
④ 장기간 수리가 필요한 경우 : 소유자가 원하는 기간

검사를 연장받을 수 있는 기간
- 해외임대를 위하여 일시 반출되는 건설기계의 경우에는 반출기간 이내
- 압류된 건설기계의 경우에는 그 압류기간 이내
- 타워크레인 또는 천공기(터널보링식 및 실드굴진식으로 한정)가 해체된 경우에는 해체되어 있는 기간 이내
- 사업의 휴지를 신고한 경우에는 당해 사업의 개시신고를 하는 때까지

답 : ④

39 **건설기계의 제동장치에 대한 정기검사를 면제받기 위한 건설기계제동장치정비 확인서를 발행받을 수 있는 곳은?**

① 건설기계대여회사
② 건설기계정비업자
③ 건설기계부품업자
④ 건설기계매매업자

건설기계의 제동장치에 대한 정기검사를 면제받고자 하는 자는 정기검사의 신청 시에 당해 건설기계정비업자가 발행한 건설기계제동장치정비확인서를 시·도지사 또는 검사대행자에게 제출해야 한다.

답 : ②

40 건설기계관리법령상 건설기계의 구조변경 검사 신청은 주요구조를 변경 또는 개조한 날부터 며칠 이내에 하여야 하는가?

① 5일 이내
② 15일 이내
③ 20일 이내
④ 30일 이내

구조변경검사를 받으려는 자는 주요구조를 변경 또는 개조한 날부터 20일 이내 시·도지사에게 제출해야 한다.

답 : ③

41 건설기계의 정비명령은 누구에게 하여야 하는가?

① 해당 건설기계 운전자
② 해당 건설기계 검사업자
③ 해당 건설기계 정비업자
④ 해당 건설기계 소유자

시·도지사는 검사에 불합격된 건설기계에 대해서는 1개월 이내의 기간을 정하여 해당 건설기계의 소유자에게 검사를 완료한 날(검사를 대행하게 한 경우에는 검사결과를 보고받은 날)부터 10일 이내에 정비명령을 해야 한다.

답 : ④

42 정기검사에 불합격한 건설기계의 정비명령 기간으로 옳은 것은?

① 91일 이내
② 61일 이내
③ 45일 이내
④ 31일 이내

답 : ④

43 건설기계조종사에 관한 설명 중 틀린 것은?

① 면허의 효력이 정지된 때에는 건설기계조종사면허증을 반납하여야 한다.
② 해당 건설기계 운전 국가기술자격소지자가 건설기계조종사면허를 받지 않고 건설기계를 조종한 때에는 무면허이다.
③ 건설기계조종사의 면허가 취소된 경우에는 그 사유가 발생한 날부터 30일 이내에 주소지를 관할하는 시·도지사에게 그 면허증을 반납하여야 한다.
④ 건설기계조종사가 건설기계조종사면허의 효력정지 기간 중 건설기계를 조종한 경우, 시장·군수 또는 구청장은 건설기계조종사면허를 취소하여야 한다.

건설기계조종사의 면허가 취소된 경우에는 그 사유가 발생한 날부터 10일 이내에 주소지를 관할하는 시·도지사에게 그 면허증을 반납하여야 한다.

답 : ③

44 건설기계조종사면허에 대한 설명 중 틀린 것은?

① 건설기계를 조종하려는 사람은 시·도지사에게 건설기계조종사면허를 받아야 한다.
② 건설기계조종사면허는 국토교통부령으로 정하는 바에 따라 건설기계의 종류별로 받아야 한다.
③ 건설기계조종사면허를 받으려는 사람은 국가기술자격법에 따른 해당 분야의 기술자격을 취득하고 적성검사에 합격하여야 한다.
④ 건설기계조종사면허증의 발급, 적성검사의 기준, 그 밖에 건설기계조종사면허에 필요한 사항은 대통령령으로 정한다.

건설기계조종사면허증의 발급, 적성검사의 기준, 그 밖에 건설기계조종사면허에 필요한 사항은 국토교통부령으로 정한다.

답 : ④

45 **건설기계조종사의 면허 적성검사기준으로 틀린 것은?**

① 두 눈의 시력이 각각 0.3 이상
② 두 눈을 동시에 뜨고 측정한 시력이 0.7 이상
③ 시각은 150도 이상
④ 청력은 10데시벨의 소리를 들을 수 있을 것

건설기계조종사의 면허 적성검사기준
- 두 눈을 동시에 뜨고 잰 시력이 0.7 이상이고 두 눈의 시력이 각각 0.3 이상일 것(교정시력을 포함)
- 55데시벨(보청기를 사용하는 사람은 40데시벨)의 소리를 들을 수 있을 것
- 언어분별력이 80퍼센트 이상일 것
- 시각은 150도 이상일 것

답 : ④

46 **건설기계조종사면허의 결격사유에 해당되지 않는 것은?**

① 18세 미만인 사람
② 정신질환자 또는 뇌전증환자
③ 마약·대마·향정신성의약품 또는 알코올 중독자
④ 파산자로서 복권되지 않은 사람

건설기계조종사면허의 결격사유
- 18세 미만인 사람
- 정신질환자 또는 뇌전증환자
- 앞을 보지 못하는 사람, 듣지 못하는 사람
- 마약·대마·향정신성의약품 또는 알코올중독자
- 건설기계조종사면허가 취소된 날부터 1년이 지나지 아니하였거나 건설기계조종사면허의 효력정지 처분 기간 중에 있는 사람

답 : ④

47 **건설기계조종사의 적성검사에 대한 설명으로 옳은 것은?**

① 적성검사는 60세까지만 실시한다.
② 적성검사는 수시 실시한다.
③ 적성검사는 2년마다 실시한다.
④ 적성검사에 합격하여야 면허 취득이 가능하다.

건설기계조종사면허를 받으려는 사람은 「국가기술자격법」에 따른 해당 분야의 기술 자격을 취득하고 적성검사에 합격하여야 한다.

답 : ④

48 **건설기계조종사 면허증 발급신청 시 첨부하는 서류와 가장 거리가 먼 것은?**

① 신체검사서
② 국가기술자격증 정보
③ 주민등록표 등본
④ 소형건설기계 조종교육 이수증

면허증 발급신청 할 때 첨부하는 서류
- 신체검사서
- 소형건설기계조종교육이수증(소형건설기계조종사 면허증을 발급신청하는 경우에 한정한다)
- 건설기계조종사면허증(건설기계조종사면허를 받은 자가 면허의 종류를 추가하고자 하는 때에 한한다)
- 6개월 이내에 촬영한 탈모상반신 사진 2매
- 국가기술자격증 정보
- 자동차운전면허 정보(3톤 미만의 지게차를 조종하려는 경우에 한정한다)

답 : ③

49 **건설기계관리법령상 건설기계조종사 면허 취소 또는 효력정지를 시킬 수 있는 자는?**

① 대통령 ② 경찰서장
③ 시·도지사 ④ 국토교통부장관

답 : ③

50 도로교통법에 의한 제1종 대형자동차 면허로 조종할 수 없는 건설기계는?

① 콘크리트 펌프
② 노상안정기
③ 아스팔트 살포기
④ 타이어식 기중기

제1종 대형 운전면허로 조종할 수 있는 건설기계
덤프트럭, 아스팔트 살포기, 노상 안정기, 콘크리트 믹서트럭, 콘크리트 펌프, 트럭적재식 천공기

답 : ④

51 건설기계관리법상 소형건설기계에 포함되지 않는 것은?

① 3톤 미만의 굴착기
② 5톤 미만의 불도저
③ 5톤 이상의 기중기
④ 공기압축기

소형건설기계의 종류
5톤 미만의 불도저, 5톤 미만의 로더, 5톤 미만의 천공기(트럭적재식은 제외), 3톤 미만의 지게차, 3톤 미만의 굴착기, 3톤 미만의 타워크레인, 공기압축기, 콘크리트펌프(이동식에 한정), 쇄석기, 준설선

답 : ③

52 3톤 미만 굴착기의 소형건설기계 조종 교육시간은?

① 이론 6시간, 실습 6시간
② 이론 4시간, 실습 8시간
③ 이론 12시간, 실습 12시간
④ 이론 10시간, 실습 14시간

3톤 미만 굴착기, 지게차, 로더의 교육시간은 이론 6시간, 조종실습 6시간이다.

답 : ①

53 건설기계조종사 면허증의 반납사유에 해당하지 않는 것은?

① 면허가 취소된 때
② 면허의 효력이 정지된 때
③ 건설기계를 조종하지 않을 때
④ 면허증의 재교부를 받은 후 잃어버린 면허증을 발견한 때

면허증의 반납사유
- 면허가 취소된 때
- 면허의 효력이 정지된 때
- 면허증의 재교부를 받은 후 잃어버린 면허증을 발견한 때

답 : ③

54 건설기계관리법상의 건설기계 사업에 해당하지 않는 것은?

① 건설기계매매업
② 건설기계해체재활용업
③ 건설기계정비업
④ 건설기계제작업

건설기계 사업의 종류에는 매매업, 대여업, 해체재활용업, 정비업이 있다.

답 : ④

55 건설기계소유자가 건설기계의 정비를 요청하여 그 정비가 완료된 후 장기간 해당 건설기계를 찾아가지 아니하는 경우, 정비사업자가 할 수 있는 조치사항은?

① 건설기계를 말소시킬 수 있다.
② 건설기계의 보관·관리에 드는 비용을 받을 수 있다.
③ 건설기계의 폐기인수증을 발부할 수 있다.
④ 과태료를 부과할 수 있다.

건설기계사업자가 건설기계소유자로부터 받을 수 있는 보관·관리비용은 정비완료사실을 건설기계소유자에게 통보한 날부터 5일이 경과하여도 당해 건설기계를 찾아가지 아니하는 경우 당해 건설기계의 보관·관리에 소요되는 실제비용으로 한다.

답 : ②

56 **건설기계해체재활용업 등록은 누구에게 하는가?**

① 국토교통부장관
② 시장·군수 또는 구청장
③ 행정안전부장관
④ 읍·면·동장

답 : ②

57 **폐기대상건설기계 인수증명서를 발급할 수 있는 자는?**

① 시·도지사
② 국토교통부장관
③ 시장·군수
④ 건설기계해체재활용업자

건설기계해체재활용업자는 건설기계의 폐기요청을 받은 때에는 폐기대상 건설기계를 인수한 후 폐기요청을 한 건설기계소유자에게 폐기대상건설기계 인수증명서를 발급하여야 한다.

답 : ④

58 **신개발 건설기계의 시험·연구목적 운행을 제외한 건설기계의 임시운행 기간은 며칠 이내인가?**

① 5일
② 10일
③ 15일
④ 20일

임시운행기간은 15일 이내로 한다. 다만, 신개발 건설기계를 시험·연구의 목적으로 운행하는 경우에는 3년 이내로 한다.

답 : ③

59 **건설기계의 등록 전에 임시운행 사유에 해당되지 않는 것은?**

① 건설기계 구입 전 이상 유무를 확인하기 위해 1일간 예비운행을 하는 경우
② 등록신청을 하기 위하여 건설기계를 등록지로 운행하는 경우
③ 수출을 하기 위하여 건설기계를 선적지로 운행하는 경우
④ 신개발 건설기계를 시험·연구의 목적으로 운행하는 경우

임시운행 사유
- 등록신청을 하기 위하여 건설기계를 등록지로 운행하는 경우
- 신규등록검사 및 확인검사를 받기 위하여 건설기계를 검사장소로 운행하는 경우
- 수출을 하기 위하여 건설기계를 선적지로 운행하는 경우
- 수출을 하기 위하여 등록말소 한 건설기계를 점검·정비의 목적으로 운행하는 경우
- 신개발 건설기계를 시험·연구의 목적으로 운행하는 경우
- 판매 또는 전시를 위하여 건설기계를 일시적으로 운행하는 경우

답 : ①

60 **건설기계의 형식승인은 누가 하는가?**

① 국토교통부장관
② 시·도지사
③ 시장·군수 또는 구청장
④ 고용노동부장관

건설기계의 형식승인은 국토교통부장관이 한다.

답 : ①

61 건설기계 형식신고의 대상기계가 아닌 것은?

① 불도저
② 무한궤도식 굴착기
③ 리프트
④ 아스팔트 피니셔

형식신고의 대상 건설기계
불도저, 굴착기(무한궤도식), 로더(무한궤도식), 지게차, 스크레이퍼, 기중기(무한궤도), 롤러, 노상안정기, 콘크리트뱃칭플랜트, 콘크리트피니셔, 콘크리트살포기, 아스팔트믹싱플랜트, 아스팔트피니셔, 골재살포기, 쇄석기, 공기압축기, 천공기(무한궤도), 항타 및 항발기, 자갈채취기, 준설선, 특수건설기계

답 : ③

62 술에 취한 상태(혈중 알코올농도 0.03% 이상 0.08% 미만)에서 건설기계를 조종한 자에 대한 면허효력정지 처분기준은?

① 20일 ② 30일
③ 40일 ④ 60일

술에 취한 상태(혈중 알코올농도 0.03% 이상 0.08% 미만)에서 건설기계를 조종한 경우 면허효력정지 60일이다.

답 : ④

63 고의 또는 과실로 가스공급시설을 손괴하거나 기능에 장애를 입혀 가스의 공급을 방해한 때의 건설기계조종사 면허효력정지기간은?

① 240일 ② 180일
③ 90일 ④ 45일

건설기계를 조종 중에 고의 또는 과실로 가스공급시설을 손괴한 경우 면허효력정지 180일이다.

답 : ②

64 건설기계관리법령상 건설기계조종사면허의 취소처분 기준에 해당하지 않는 것은?

① 건설기계조종사면허증을 다른 사람에게 빌려 준 경우
② 술에 취한 상태(혈중 알코올농도 0.03%이상 0.08%미만)에서 건설기계를 조종하다가 사고로 사람을 죽게 하거나 다치게 한 경우
③ 건설기계 조종 중에 고의 또는 과실로 가스공급시설의 기능에 장애를 입혀 가스공급을 방해한 자
④ 술에 만취한 상태(혈중 알코올농도 0.08%)에서 건설기계를 조종한 경우

답 : ③

65 술에 만취한 상태(혈중 알코올 농도 0.08 퍼센트 이상)에서 건설기계를 조종한 자에 대한 면허의 취소·정지처분 내용은?

① 면허취소
② 면허효력정지 60일
③ 면허효력정지 50일
④ 면허효력정지 70일

답 : ①

66 건설기계조종사 면허정치처분 기간 중 건설기계를 조종한 경우의 정지처분 내용은?

① 면허취소
② 면허효력정지 60일
③ 면허효력정지 30일
④ 면허효력정지 20일

답 : ①

67 **건설기계조종사 면허의 취소·정지 처분 기준 중 "경상"의 인명피해를 구분하는 판단 기준으로 가장 옳은 것은?**

① 경상 : 1주 미만의 치료를 요하는 진단이 있는 경우
② 경상 : 2주 이하의 치료를 요하는 진단이 있는 경우
③ 경상 : 3주 미만의 치료를 요하는 진단이 있는 경우
④ 경상 : 4주 이하의 치료를 요하는 진단이 있는 경우

중상은 3주 이상의 치료를 요하는 진단이 있는 경우이며, 경상은 3주 미만의 치료를 요하는 진단이 있는 경우이다.

답 : ③

68 **등록되지 아니한 건설기계를 사용하거나 등록이 말소된 건설기계를 사용하거나 운행한 자 대한 벌칙은?**

① 100만 원 이하 벌금
② 300만 원 이하 벌금
③ 1년 이하의 징역 또는 1,000만 원 이하 벌금
④ 2년 이하의 징역 또는 2,000만 원 이하 벌금

등록되지 아니하거나 등록말소된 건설기계를 사용하거나 운행한 자는 2년 이하의 징역 또는 2천만 원 이하의 벌금

답 : ④

69 **건설기계조종사면허를 받지 아니하고 건설기계를 조종한 자에 대한 벌칙 기준은?**

① 2년 이하의 징역 또는 1천만 원 이하의 벌금
② 1년 이하의 징역 또는 1천만 원 이하의 벌금
③ 2년 이하의 징역 또는 300만 원 이하의 벌금
④ 1년 이하의 징역 또는 300만 원 이하의 벌금

건설기계조종사면허를 받지 아니하고 건설기계를 조종한 자는 1년 이하의 징역 또는 1,000만 원 이하의 벌금

답 : ②

70 **건설기계조종사면허가 취소되거나 정지처분을 받은 후 건설기계를 계속 조종한 자에 대한 벌칙으로 옳은 것은?**

① 30만 원 이하의 과태료
② 100만 원 이하의 과태료
③ 1년 이하의 징역 또는 1,000만 원 이하의 벌금
④ 1년 이하의 징역 또는 100만 원 이하의 벌금

건설기계조종사면허가 취소되거나 정지처분을 받은 후 건설기계를 계속 조종한 자에 대한 벌칙은 1년 이하의 징역 또는 1,000만 원 이하의 벌금

답 : ③

71 건설기계관리법령상 건설기계의 소유자가 건설기계를 도로나 타인의 토지에 계속 버려두어 방치한 자에 대해 적용하는 벌칙은?

① 1,000만 원 이하의 벌금
② 2,000만 원 이하의 벌금
③ 1년 이하의 징역 또는 1천만 원 이하의 벌금
④ 2년 이하의 징역 또는 2천만 원 이하의 벌금

건설기계의 소유자가 건설기계를 도로나 타인의 토지에 계속 버려두어 방치한 경우 1년 이하의 징역 또는 1천만 원 이하의 벌금

답 : ③

72 건설기계의 정비명령을 이행하지 아니한 자에 대한 벌칙은?

① 1년 이하의 징역 또는 5천만 원 이하의 벌금
② 1년 이하의 징역 또는 3천만 원 이하의 벌금
③ 1년 이하의 징역 또는 2천만 원 이하의 벌금
④ 1년 이하의 징역 또는 1천만 원 이하의 벌금

정비명령을 이행하지 아니한 자의 벌칙은 1년 이하의 징역 또는 1천만 원 이하의 벌금

답 : ④

73 건설기계관리법령상 구조변경검사를 받지 아니한 자에 대한 처벌은?

① 1년 이하의 징역 또는 1,000만 원 이하의 벌금
② 1년 이하의 징역 또는 1,500만 원 이하의 벌금
③ 2년 이하의 징역 또는 2,000만 원 이하의 벌금
④ 2년 이하의 징역 또는 2,500만 원 이하의 벌금

구조변경검사 또는 수시검사를 받지 아니한 자는 1년 이하의 징역 또는 1,000만 원 이하의 벌금

답 : ①

74 등록번호표를 가리거나 훼손하여 알아보기 곤란하게 한 자 또는 그러한 건설기계를 운행한 자에 대한 벌칙은?

① 100만 원 이하의 과태료
② 50만 원 이하의 과태료
③ 30만 원 이하의 과태료
④ 1년 이하의 징역

등록번호표를 가리거나 훼손하여 알아보기 곤란하게 한 자 또는 그러한 건설기계를 운행한 자에 대한 벌칙은 100만 원 이하의 과태료

답 : ①

75 건설기계의 등록번호표를 부착·봉인하지 아니하거나 등록번호를 새기지 아니한 자에게 부가하는 법규상의 과태료로 맞는 것은?

① 30만 원 이하의 과태료
② 50만 원 이하의 과태료
③ 100만 원 이하의 과태료
④ 20만 원 이하의 과태료

건설기계의 등록번호를 부착·봉인하지 아니하거나 등록번호를 새기지 아니한 자에게 부가하는 법규상의 과태료는 100만 원 이하

답 : ③

76 건설기계를 주택가 주변에 세워 두어 교통 소통을 방해하거나 소음 등으로 주민의 생활환경을 침해한 자에 대한 벌칙은?

① 200만 원 이하의 벌금
② 100만 원 이하의 벌금
③ 100만 원 이하의 과태료
④ 50만 원 이하의 과태료

건설기계를 주택가 주변에 세워 두어 교통소통을 방해하거나 소음 등으로 주민의 생활환경을 침해한 자에 대한 벌칙은 50만 원 이하의 과태료

답 : ④

77 건설기계관리법상 건설기계 형식에 관한 승인을 얻거나 그 형식을 신고한 자(제작자 등)는 당사자 간에 별도의 계약이 없는 경우에 건설기계를 판매한 날로부터 몇 개월 동안 무상으로 건설기계를 정비해주어야 하는가?

① 6개월 ② 12개월
③ 24개월 ④ 36개월

제작자로부터 건설기계를 구입한 자가 무상으로 사후관리를 받을 수 있는 법정 기간은 12개월이다. 다만, 12개월 이내에 건설기계의 주행거리가 20,000km(원동기 및 차동장치의 경우에는 40,000km)를 초과하거나 가동시간이 2,000시간을 초과한 때에는 12개월이 경과한 것으로 본다.

답 : ②

78 고속도로 통행이 허용되지 않는 건설기계는?

① 콘크리트믹서트럭
② 덤프트럭
③ 굴착기(타이어식)
④ 기중기(트럭적재식)

답 : ③

79 특별표지판 부착 대상 대형건설기계의 범위에 속하지 않는 것은?

① 길이가 15m인 건설기계
② 너비가 2.8m인 건설기계
③ 높이가 6m인 건설기계
④ 총중량 45톤인 건설기계

대형건설기계
- 길이가 16.7m 이상인 경우
- 너비가 2.5m 이상인 경우
- 최소회전 반경이 12m 이상인 경우
- 높이가 4m 이상인 경우
- 총중량이 40톤 이상인 경우
- 총중량 상태에서 축하중이 10톤을 초과하는 건설기계

답 : ①

80 대형건설기계에서 경고표지판 부착위치는?

① 작업인부가 쉽게 볼 수 있는 곳
② 조종실 내부의 조종사가 보기 쉬운 곳
③ 교통경찰이 쉽게 볼 수 있는 곳
④ 특별 번호판 옆

대형건설기계에는 조종실 내부의 조종사가 보기 쉬운 곳에 경고표지판을 부착하여야 한다.

답 : ②

81 타이어식 건설기계의 최고속도가 최소 몇 km/h 이상일 경우에 조종석 안전띠를 갖추어야 하는가?

① 30km/h ② 40km/h
③ 50km/h ④ 60km/h

지게차, 전복보호구조 또는 전도보호구조를 장착한 건설기계와 시간당 30킬로미터 이상의 속도를 낼 수 있는 타이어식 건설기계에는 좌석안전띠를 설치하여야 한다.

답 : ①

82 건설기계관리법에 따라 최고주행속도 15km/h 미만의 타이어식 건설기계가 필히 갖추어야 할 조명장치가 아닌 것은?

① 전조등
② 후부반사기
③ 비상점멸 표시등
④ 제동등

최고주행속도가 시간당 15킬로미터 미만인 타이어식 건설기계에 설치하여야 하는 조명장치

- 전조등
- 제동등. 다만, 유량 제어로 속도를 감속하거나 가속하는 건설기계는 제외한다.
- 후부반사기
- 후부반사판 또는 후부반사지

답 : ③

83 도로운행시의 건설기계의 축하중 및 총중량 제한은?

① 윤하중 5톤 초과, 총중량 20톤 초과
② 축하중 10톤 초과, 총중량 20톤 초과
③ 축하중 10톤 초과, 총중량 40톤 초과
④ 윤하중 10톤 초과, 총중량 10톤 초과

도로를 운행할 때의 건설기계 축하중 및 총중량 제한은 축하중 10톤 초과, 총중량 40톤 초과이다.

답 : ③

84 건설기계관리법령상 자동차손해배상보장법에 따른 자동차보험에 반드시 가입하여야 하는 건설기계가 아닌 것은?

① 타이어식 지게차
② 타이어식 굴착기
③ 타이어식 기중기
④ 덤프트럭

자동차손해배상보장법에 따른 자동차보험에 반드시 가입하여야 하는 건설기계
덤프트럭, 타이어식 기중기, 콘크리트믹서트럭, 트럭적재식 콘크리트펌프, 트럭적재식 아스팔트살포기, 타이어식 굴착기, 특수건설기계[트럭지게차, 도로보수트럭, 노면측정장비(노면측정장치를 가진 자주식인 것)]

답 : ①

01 도로교통법의 목적

도로에서 일어나는 교통상의 모든 위험과 장해를 방지하고 제거하여 안전하고 원활한 교통을 확보함을 목적으로 한다.

1 도로의 분류

① 도로법에 따른 도로
② 유료도로법에 따른 유료도로
③ 농어촌도로 정비법에 따른 농어촌도로
④ 그 밖에 현실적으로 불특정 다수의 사람 또는 차마(車馬)가 통행할 수 있도록 공개된 장소로서 안전하고 원활한 교통을 확보할 필요가 있는 장소

02 신호 또는 지시에 따를 의무

신호기나 안전표지가 표시하는 신호 또는 지시와 교통정리를 위한 경찰공무원 등의 신호 또는 지시가 다른 때에는 경찰공무원 등의 신호 또는 지시에 따라야 한다.

03 이상 기후일 경우의 운행속도

도로의 상태	감속운행속도
• 비가 내려 노면에 습기가 있는 때 • 눈이 20mm 미만 쌓인 때	최고 속도의 20/100
• 폭우·폭설·안개 등으로 가시거리가 100m 이내인 때 • 노면이 얼어붙는 때 • 눈이 20mm 이상 쌓인 때	최고 속도의 50/100

04 앞지르기 금지

1 앞지르기 금지

① 앞차의 좌측에 다른 차가 앞차와 나란히 가고 있을 때
② 앞차가 다른 차를 앞지르고 있거나 앞지르고자 할 때
③ 앞차가 좌측으로 방향을 바꾸기 위하여 진로 변경하는 경우 및 반대 방향에서 오는 차량의 진행을 방해하게 될 때

2 앞지르기 금지장소

교차로, 도로의 구부러진 곳, 비탈길의 고갯마루 부근, 가파른 비탈길의 내리막, 터널 안, 다리 위 등이다.

> **POINT**
>
> **차마 서로 간의 통행 우선순위**
> 긴급자동차 → 긴급자동차 이외의 자동차 → 원동기장치자전거 → 자동차 및 원동기장치자전거 이외의 차마

05 정차 및 주차 금지장소

1 주·정차 금지장소

① 화재경보기로부터 3m 이내의 곳
② 교차로의 가장자리 또는 도로의 모퉁이로부터 5m 이내의 곳
③ 횡단보도로부터 10m 이내의 곳
④ 버스여객 자동차의 정류소를 표시하는 기둥이나 판 또는 선이 설치된 곳으로부터 10m 이내의 곳
⑤ 건널목 가장자리로부터 10m 이내의 곳
⑥ 안전지대가 설치된 도로에서 그 안전지대의 사방으로부터 각각 10m 이내의 곳

2 주차 금지장소

① 소방용 기계기구가 설치된 곳으로부터 5m 이내의 곳
② 소방용 방화물통으로부터 5m 이내의 곳
③ 소화전 또는 소화용 방화물통의 흡수구나 흡수관을 넣는 구멍으로부터 5m 이내의 곳
④ 도로공사 중인 경우 공사구역의 양쪽 가장자리로부터 5m 이내
⑤ 터널 안 및 다리 위

06 교통사고 발생 후 벌점

① 사망 1명마다 90점(사고발생으로부터 72시간 내에 사망한 때)
② 중상 1명마다 15점(3주 이상의 치료를 요하는 의사의 진단이 있는 사고)
③ 경상 1명마다 5점(3주 미만 5일 이상의 치료를 요하는 의사의 진단이 있는 사고)
④ 부상신고 1명마다 2점(5일 미만의 치료를 요하는 의사의 진단이 있는 사고)

07 운전 중 휴대전화 사용이 가능한 경우

① 자동차 등이 정지해 있는 경우
② 긴급자동차를 운전하는 경우
③ 각종 범죄 및 재해신고 등 긴급을 요하는 경우
④ 안전운전에 지장을 주지 않는 장치로 대통령령이 정하는 장치를 이용하는 경우

출제 예상 문제

01 도로교통법의 제정목적을 바르게 나타낸 것은?

① 도로 운송사업의 발전과 운전자들의 권익보호
② 도로상의 교통사고로 인한 신속한 피해회복과 편익증진
③ 건설기계의 제작, 등록, 판매, 관리 등의 안전 확보
④ 도로에서 일어나는 교통상의 모든 위험과 장해를 방지하고 제거하여 안전하고 원활한 교통을 확보

도로교통법의 제정목적
도로에서 일어나는 교통상의 모든 위험과 장해를 방지하고 제거하여 안전하고 원활한 교통을 확보함을 목적으로 한다.

답 : ④

02 도로교통법상 도로에 해당되지 않는 것은?

① 해상도로법에 의한 항로
② 차마의 통행을 위한 도로
③ 유료도로법에 의한 유료도로
④ 도로법에 의한 도로

도로교통법상의 도로
- 도로법에 따른 도로
- 유료도로법에 따른 유료도로
- 농어촌도로 정비법에 따른 농어촌도로
- 그 밖에 현실적으로 불특정 다수의 사람 또는 차마(車馬)가 통행할 수 있도록 공개된 장소로서 안전하고 원활한 교통을 확보할 필요가 있는 장소

답 : ①

03 도로교통법에서 안전지대의 정의에 관한 설명으로 옳은 것은?

① 버스정류장 표지가 있는 장소
② 자동차가 주차할 수 있도록 설치된 장소
③ 도로를 횡단하는 보행자나 통행하는 차마의 안전을 위하여 안전표지 등으로 표시된 도로의 부분
④ 사고가 잦은 장소에 보행자의 안전을 위하여 설치한 장소

안전지대라 함은 도로를 횡단하는 보행자나 통행하는 차마의 안전을 위하여 안전표지 등으로 표시된 도로의 부분이다.

답 : ③

04 도로교통법상 건설기계를 운전하여 도로를 주행할 때 서행에 대한 정의로 옳은 것은?

① 매시 60km 미만의 속도로 주행하는 것을 말한다.
② 운전자가 차를 즉시 정지시킬 수 있는 느린 속도로 진행하는 것을 말한다.
③ 정지거리 10m 이내에서 정지할 수 있는 경우를 말한다.
④ 매시 20km 이내로 주행하는 것을 말한다.

서행이란 운전자가 위험을 느끼고 즉시 차를 정지할 수 있는 느린 속도로 진행하는 것이다.

답 : ②

05 정차라 함은 주차 외의 정지상태로서 몇 분을 초과하지 아니하고 차를 정지시키는 것을 말하는가?

① 3분　② 5분
③ 7분　④ 10분

정차란 운전자가 5분을 초과하지 아니하고 차를 정지시키는 것으로서 주차 외의 정지상태를 말한다.

답 : ②

06 도로교통법상 앞차와의 안전거리에 대한 설명으로 가장 적합한 것은?

① 일반적으로 5m 이상이다.
② 5~10m 정도이다.
③ 평균 30m 이상이다.
④ 앞차가 갑자기 정지할 경우 충돌을 피할 수 있는 거리이다.

안전거리란 앞차가 갑자기 정지할 경우 충돌을 피할 수 있는 거리이다.

답 : ④

07 도로교통법 상에서 교통안전표지의 구분이 맞는 것은?

① 주의표지, 통행표지, 규제표지, 지시표지, 차선표지
② 주의표지, 규제표지, 지시표지, 보조표지, 노면표시
③ 도로표지, 주의표지, 규제표지, 지시표지, 노면표시
④ 주의표지, 규제표지, 지시표지, 차선표지, 도로표지

교통안전표지의 종류
주의표지, 규제표지, 지시표지, 보조표지, 노면표시

답 : ②

08 그림과 같은 교통안전표지의 뜻은?

① 좌합류도로가 있음을 알리는 것
② 좌로 굽은 도로가 있음을 알리는 것
③ 우합류도로가 있음을 알리는 것
④ 철길건널목이 있음을 알리는 것

답 : ③

09 그림과 같은 교통안전표지의 뜻은?

① 좌합류 도로가 있음을 알리는 것
② 철길건널목이 있음을 알리는 것
③ 회전형교차로가 있음을 알리는 것
④ 좌로 계속 굽은 도로가 있음을 알리는 것

답 : ③

10 그림과 같은 교통안전표지의 뜻은?

① 우로 이중 굽은 도로
② 좌우로 이중 굽은 도로
③ 좌로 굽은 도로
④ 회전형 교차로

답 : ②

11 **그림의 교통안전표지는 무엇을 의미하는가?**

① 차 중량제한 표지
② 차 높이제한 표지
③ 차 적재량 제한 표지
④ 차 폭 제한 표지

답 : ①

12 **그림의 교통안전표지에 대한 설명으로 맞는 것은?**

① 최고중량 제한표시
② 차간거리 최저 30m 제한표지
③ 최고시속 30킬로미터 속도제한 표시
④ 최저시속 30킬로미터 속도제한 표시

답 : ④

13 **그림의 교통안전표지는?**

① 좌·우회전 표지
② 좌·우회전 금지표지
③ 양측방 일방 통행표지
④ 양측방 통행 금지표지

답 : ①

14 **도로교통법상 차로에 대한 설명으로 틀린 것은?**

① 차로는 횡단보도나 교차로에는 설치할 수 없다.
② 차로의 너비는 원칙적으로 3미터 이상으로 하여야 한다.
③ 일반적인 차로(일방통행도로 제외)의 순위는 도로의 중앙선 쪽에 있는 차로부터 1차로로 한다.
④ 차로의 너비보다 넓은 건설기계는 별도의 신청절차가 필요 없이 경찰청에 전화로 통보만 하면 운행할 수 있다.

차로에 대한 설명
- 지방경찰청장은 도로에 차로를 설치하고자 하는 때에는 노면표시로 표시하여야 한다.
- 차로의 너비는 3m 이상으로 하여야 한다. 다만, 좌회전전용차로의 설치 등 부득이하다고 인정되는 때에는 275cm 이상으로 할 수 있다.
- 차로는 횡단보도·교차로 및 철길건널목에는 설치할 수 없다.
- 보도와 차도의 구분이 없는 도로에 차로를 설치하는 때에는 보행자가 안전하게 통행할 수 있도록 그 도로의 양쪽에 길가장자리구역을 설치하여야 한다.

답 : ④

15 **도로교통관련법상 차마의 통행을 구분하기 위한 중앙선에 대한 설명으로 옳은 것은?**

① 백색실선 또는 황색점선으로 되어있다.
② 백색실선 또는 백색점선으로 되어있다.
③ 황색실선 또는 황색점선으로 되어있다.
④ 황색실선 또는 백색점선으로 되어있다.

노면표시의 중앙선은 황색의 실선 및 점선으로 되어 있다.

답 : ③

16 **편도 1차로인 도로에서 중앙선이 황색실선인 경우의 앞지르기 방법으로 맞는 것은?**

① 절대로 안 된다.
② 아무데서나 할 수 있다.
③ 앞차가 있을 때만 할 수 있다.
④ 반대 차로에 차량통행이 없을 때 할 수 있다.

답 : ①

17 **도로교통법령상 보도와 차도가 구분된 도로에 중앙선이 설치되어 있는 경우 차마의 통행방법으로 옳은 것은?(단, 도로의 파손 등 특별한 사유는 없다.)**

① 중앙선 좌측
② 중앙선 우측
③ 보도
④ 보도의 좌측

도로교통법령상 보도와 차도가 구분된 도로에 중앙선이 설치되어 있는 경우 차마는 중앙선 우측으로 통행하여야 한다.

답 : ②

18 **동일방향으로 주행하고 있는 전·후 차 간의 안전운전 방법으로 틀린 것은?**

① 뒤차는 앞차가 급정지할 때 충돌을 피할 수 있는 필요한 안전거리를 유지한다.
② 뒤에서 따라오는 차량의 속도보다 느린 속도로 진행하려고 할 때에는 진로를 양보한다.
③ 앞차가 다른 차를 앞지르고 있을 때에는 더욱 빠른 속도로 앞지른다.
④ 앞차는 부득이한 경우를 제외하고는 급정지·급감속을 하여서는 안 된다.

답 : ③

19 **차량의 통행우선순위가 맞는 것은?**

① 긴급자동차→일반 자동차→원동기장치자전거
② 긴급자동차→원동기장치자전거→승용자동차
③ 건설기계→원동기장치자전거→승합자동차
④ 승합자동차→원동기장치자전거→긴급자동차

통행의 우선순위
긴급자동차→일반 자동차→원동기장치자전거

답 : ①

20 **도로주행의 일반적인 주의사항으로 틀린 것은?**

① 가시거리가 저하될 수 있으므로 터널 진입 전 헤드라이트를 켜고 주행한다.
② 고속주행 시 급핸들조작, 급브레이크는 옆으로 미끄러지거나 전복될 수 있다.
③ 야간운전은 주간보다 주의력이 양호하며 속도감이 민감하여 과속우려가 없다.
④ 비 오는 날 고속주행은 수막현상이 생겨 제동효과가 감소된다.

야간운전은 주간보다 주의력이 산만하며 속도감이 둔감하여 과속할 우려가 있다.

답 : ③

21 도로에서는 차로별 통행구분에 따라 통행하여야 한다. 위반이 아닌 경우는?

① 왕복 4차선 도로에서 중앙선을 넘어 추월하는 행위
② 두 개의 차로를 걸쳐서 운행하는 행위
③ 일방통행도로에서 중앙이나 좌측부분을 통행하는 행위
④ 여러 차로를 연속적으로 가로지르는 행위

답 : ③

22 도로의 중앙을 통행할 수 있는 행렬로 옳은 것은?

① 학생의 대열
② 말·소를 몰고 가는 사람
③ 사회적으로 중요한 행사에 따른 시가행진
④ 군부대의 행렬

답 : ③

23 편도 4차로의 일반도로에서 타이어형 굴착기는 어느 차로로 통행해야 하는가?

① 1차로
② 2차로
③ 1차로 또는 2차로
④ 4차로

답 : ④

24 편도 4차로 일반도로에서 4차로가 버스전용차로일 때, 타이어형 굴착기는 어느 차로로 통행하여야 하는가?

① 2차로
② 3차로
③ 4차로
④ 한가한 차로

답 : ②

25 도로교통법상에서 차마가 도로의 중앙이나 좌측부분을 통행할 수 있도록 허용한 것은 도로 우측부분의 폭이 얼마 이하일 때인가?

① 2미터　② 3미터
③ 5미터　④ 6미터

차마가 도로의 중앙이나 좌측부분을 통행할 수 있도록 허용한 것은 도로 우측부분의 폭이 6m 이하일 때이다.

답 : ④

26 도로교통법상에서 운전자가 주행방향 변경 시 신호를 하는 방법으로 틀린 것은?

① 방향전환, 횡단, 유턴, 정지 또는 후진 시 신호를 하여야 한다.
② 신호의 시기 및 방법은 운전자가 편리한 대로 한다.
③ 진로 변경 시에는 손이나 등화로서 신호할 수 있다.
④ 진로 변경의 행위가 끝날 때까지 신호를 하여야 한다.

답 : ②

27 차량이 고속도로가 아닌 도로에서 방향을 바꾸고자 할 때에는 반드시 진행방향을 바꾼다는 신호를 하여야 한다. 그 신호는 진행방향을 바꾸고자 하는 지점에 이르기 전 몇 m 지점에서 해야 하는가?

① 10m 이상의 지점에 이르렀을 때
② 30m 이상의 지점에 이르렀을 때
③ 50m 이상의 지점에 이르렀을 때
④ 100m 이상의 지점에 이르렀을 때

진행방향을 변경하려고 할 때 신호를 하여야 할 시기는 변경하려고 하는 지점의 30m 전이다.

답 : ②

28 교차로에서 직진하고자 신호대기 중에 있는 차량이 진행신호를 받고 가장 안전하게 통행하는 방법은?

① 진행권리가 부여되었으므로 좌우의 진행차량에는 구애받지 않는다.
② 직진이 최우선이므로 진행신호에 무조건 따른다.
③ 신호와 동시에 출발하면 된다.
④ 좌우를 살피며 계속 보행 중인 보행자와 진행하는 교통의 흐름에 유의하여 진행한다.

답 : ④

29 정지선이나 횡단보도 및 교차로 직전에서 정지하여야 할 신호의 종류로 옳은 것은?

① 녹색 및 황색등화
② 황색등화의 점멸
③ 황색 및 적색등화
④ 녹색 및 적색등화

정지선이나 횡단보도 및 교차로 직전에서 정지하여야 할 신호는 황색 및 적색등화이다.

답 : ③

30 신호등에서 황색등화 시 통행방법으로 적합하지 않은 것은?

① 차마는 우회전을 할 수 있으나 보행자의 횡단을 방해할 수 없다.
② 차마는 정지선이 있거나 횡단보도가 있을 때에는 그 직전이나 교차로 직전에 정지하여야 한다.
③ 차마는 다른 교통에 주의하면서 교차로를 직진할 수 있다.
④ 이미 교차로에 진입하고 있는 경우에는 신속히 교차로 밖으로 진행하여야 한다.

답 : ③

31 좌회전을 하기 위하여 교차로에 진입되어 있을 때 황색등화로 바뀌면 어떻게 하여야 하는가?

① 정지하여 정지선으로 후진한다.
② 그 자리에 정지하여야 한다.
③ 신속히 좌회전하여 교차로 밖으로 진행한다.
④ 좌회전을 중단하고 횡단보도 앞 정지선까지 후진하여야 한다.

좌회전을 하기 위하여 교차로에 진입되어 있을 때 황색등화로 바뀌면 신속히 좌회전하여 교차로 밖으로 진행한다.

답 : ③

32 타이어형 굴착기를 운전하여 교차로에서 우회전을 하려고 할 때 가장 적합한 것은?

① 우회전은 언제 어느 곳에서나 할 수 있다.
② 교통신호에 따라 횡단하는 보행자의 통행을 방해하여서는 안 된다.
③ 우회전은 신호가 필요 없으며, 보행자를 피하기 위해 빠른 속도로 진행한다.
④ 우회전 신호를 행하면서 빠르게 우회전한다.

교차로에서 우회전을 하려고 할 때에는 신호를 행하면서 서행으로 주행하여야 하며, 교통신호에 따라 횡단하는 보행자의 통행을 방해하여서는 아니 된다.

답 : ②

33 편도 4차로의 경우 교차로 30미터 전방에서 우회전을 하려면 몇 차로로 진입통행해야 하는가?

① 2차로와 3차로로 통행한다.
② 1차로와 2차로로 통행한다.
③ 1차로로 통행한다.
④ 4차로로 통행한다.

답 : ④

34 교통정리가 행해지지 않는 교차로에서 통행의 우선권이 가장 큰 차량은?

① 우회전하려는 차량이다.
② 좌회전하려는 차량이다.
③ 이미 교차로에 진입하여 좌회전하고 있는 차량이다.
④ 직진하려는 차량이다.

답 : ③

35 주행 중 진로를 변경하고자 할 때 운전자가 지켜야 할 사항으로 틀린 것은?

① 후사경 등으로 주위의 교통상황을 확인한다.
② 신호를 주어 뒤차에게 알린다.
③ 진로를 변경할 때에는 뒤차에 주의할 필요가 없다.
④ 뒤에서 따라오는 차보다 느린 속도로 가려는 경우에는 도로의 우측 가장자리로 피하여 진로를 양보하여야 한다.

답 : ③

36 노면표시 중 진로변경 제한선에 대한 설명으로 맞는 것은?

① 황색 점선은 진로변경을 할 수 없다.
② 백색 점선은 진로변경을 할 수 없다.
③ 황색 실선은 진로변경을 할 수 있다.
④ 백색 실선은 진로변경을 할 수 없다.

노면표시의 진로변경 제한선은 백색 실선이며, 진로변경을 할 수 없다.

답 : ④

37 일방통행으로 된 도로가 아닌 교차로 또는 그 부근에서 긴급자동차가 접근하였을 때 운전자가 취해야 할 방법으로 옳은 것은?

① 교차로의 우측 가장자리에 일시정지하여 진로를 양보한다.
② 교차로를 피하여 도로의 우측 가장자리에 일시정지한다.
③ 서행하면서 앞지르기 하라는 신호를 한다.
④ 그대로 진행방향으로 진행을 계속한다.

교차로 또는 그 부근에서 긴급자동차가 접근하였을 때에는 교차로를 피하여 도로의 우측 가장자리에 일시정지한다.

답 : ②

38 교통안전시설이 표시하고 있는 신호와 경찰공무원의 수신호가 다른 경우 통행방법으로 옳은 것은?

① 경찰공무원의 수신호에 따른다.
② 신호기 신호를 우선적으로 따른다.
③ 자기가 판단하여 위험이 없다고 생각되면 아무 신호에 따라도 좋다.
④ 수신호는 보조신호이므로 따르지 않아도 좋다.

가장 우선하는 신호는 경찰공무원의 수신호이다.

답 : ①

39 도로교통법상 모든 차의 운전자가 반드시 서행하여야 하는 장소에 해당하지 않는 것은?

① 도로가 구부러진 부분
② 비탈길 고갯마루 부근
③ 편도 2차로 이상의 다리 위
④ 가파른 비탈길의 내리막

서행하여야 할 장소
- 교통정리를 하고 있지 아니하는 교차로
- 도로가 구부러진 부근
- 비탈길의 고갯마루 부근
- 가파른 비탈길의 내리막
- 지방경찰청장이 안전표지로 지정한 곳

답 : ③

40 **도로교통법에서 안전운행을 위해 주행속도를 제한하고 있는데, 악천후 시 최고속도의 100분의 50으로 감속 운행하여야 할 경우가 아닌 것은?**

① 노면이 얼어붙은 때
② 폭우, 폭설, 안개 등으로 가시거리가 100m 이내인 때
③ 비가 내려 노면이 젖어 있을 때
④ 눈이 20mm 이상 쌓인 때

최고속도의 50%를 감속하여 운행하여야 할 경우
- 노면이 얼어붙은 때
- 폭우·폭설·안개 등으로 가시거리가 100미터 이내일 때
- 눈이 20mm 이상 쌓인 때

답 : ③

41 **신호등이 없는 철길건널목 통과방법 중 옳은 것은?**

① 차단기가 올라가 있으면 그대로 통과해도 된다.
② 반드시 일지정지를 한 후 안전을 확인하고 통과한다.
③ 신호등이 진행신호일 경우에도 반드시 일시정지를 하여야 한다.
④ 일시정지를 하지 않아도 좌우를 살피면서 서행으로 통과하면 된다.

신호등이 없는 철길건널목을 통과할 때에는 반드시 일지정지를 한 후 안전을 확인하고 통과한다.

답 : ②

42 **철길건널목 안에서 차가 고장이 나서 운행할 수 없게 된 경우 운전자의 조치사항과 가장 거리가 먼 것은?**

① 철도공무 중인 직원이나 경찰공무원에게 즉시 알려 차를 이동하기 위한 필요한 조치를 한다.
② 차를 즉시 건널목 밖으로 이동시킨다.
③ 승객을 하차시켜 즉시 대피시킨다.
④ 현장을 그대로 보존하고 경찰관서로 가서 고장신고를 한다.

답 : ④

43 **도로교통법상에서 정의된 긴급자동차가 아닌 것은?**

① 응급전신·전화 수리공사에 사용되는 자동차
② 긴급한 경찰업무수행에 사용되는 자동차
③ 위독한 환자의 수혈을 위한 혈액운송 차량
④ 학생운송 전용 버스

답 : ④

44 **고속도로를 제외한 도로에서 위험을 방지하고 교통의 안전과 원활한 소통을 확보하기 위하여 필요 시 구역 또는 구간을 지정하여 자동차의 속도를 제한할 수 있는 자는?**

① 경찰서장
② 국토교통부장관
③ 지방경찰청장
④ 도로교통공단 이사장

지방경찰청장은 도로에서 위험을 방지하고 교통의 안전과 원활한 소통을 확보하기 위하여 필요하다고 인정하는 때에 구역 또는 구간을 지정하여 자동차의 속도를 제한할 수 있다.

답 : ③

45 승차 또는 적재의 방법과 제한에서 운행상의 안전기준을 넘어서 승차 및 적재가 가능한 경우는?

① 도착지를 관할하는 경찰서장의 허가를 받은 때
② 출발지를 관할하는 경찰서장의 허가를 받은 때
③ 관할 시·군수의 허가를 받은 때
④ 동·읍·면장의 허가를 받은 때

승차인원·적재중량에 관하여 안전기준을 넘어서 운행하고자 하는 경우 출발지를 관할하는 경찰서장의 허가를 받아야 한다.

답 : ②

46 경찰청장이 최고속도를 따로 지정·고시하지 않은 편도 2차로 이상 고속도로에서 건설기계 법정 최고속도는 매시 몇 km 인가?

① 100km/h ② 110km/h
③ 80km/h ④ 60km/h

고속도로에서의 건설기계 속도
- 모든 고속도로에서 건설기계의 최고속도는 80km/h, 최저속도는 50km/h이다.
- 지정·고시한 노선 또는 구간의 고속도로에서 건설기계의 최고속도는 90km/h 이내, 최저속도는 50km/h이다.

답 : ③

47 도로교통법에서는 교차로, 터널 안, 다리 위 등을 앞지르기 금지장소로 규정하고 있다. 그 외 앞지르기 금지장소를 다음 [보기]에서 모두 고르면?

보기
A. 도로의 구부러진 곳
B. 비탈길의 고갯마루 부근
C. 가파른 비탈길의 내리막

① A ② A, B
③ B, C ④ A, B, C

앞지르기 금지장소
교차로, 도로의 구부러진 곳, 터널 안, 다리 위, 경사로의 정상부근, 급경사로의 내리막, 앞지르기 금지표지 설치장소

답 : ④

48 가장 안전한 앞지르기 방법은?

① 좌·우측으로 앞지르기 하면 된다.
② 앞차의 속도와 관계없이 앞지르기를 한다.
③ 반드시 경음기를 울려야 한다.
④ 반대방향의 교통, 전방의 교통 및 후방에 주의를 하고 앞차의 속도에 따라 안전하게 한다.

답 : ④

49 **도로교통법에 따라 뒤차에게 앞지르기를 시키려는 때 적절한 신호방법은?**

① 오른팔 또는 왼팔을 차체의 왼쪽 또는 오른쪽 밖으로 수평으로 펴서 손을 앞·뒤로 흔들 것
② 팔을 차체 밖으로 내어 45도 밑으로 펴서 손바닥을 뒤로 향하게 하여 그 팔을 앞·뒤로 흔들거나 후진등을 켤 것
③ 팔을 차체 밖으로 내어 45도 밑으로 펴거나 제동등을 켤 것
④ 양팔을 모두 차체의 밖으로 내어 크게 흔들 것

뒤차에게 앞지르기를 시키려는 때에는 오른팔 또는 왼팔을 차체의 왼쪽 또는 오른쪽 밖으로 수평으로 펴서 손을 앞, 뒤로 흔들 것

답 : ①

50 **도로교통법상 올바른 정차방법은?**

① 정차는 도로모퉁이에서도 할 수 있다.
② 일방통행로에서는 도로의 좌측에 정차할 수 있다.
③ 도로의 우측 가장자리에 다른 교통에 방해가 되지 않도록 정차해야 한다.
④ 정차는 교차로 가장자리에서 할 수 있다.

답 : ③

51 **주차·정차가 금지되어 있지 않은 장소는?**

① 교차로
② 건널목
③ 횡단보도
④ 경사로의 정상부근

답 : ④

52 **도로교통법령상 정차 및 주차 금지장소에 해당되는 것은?**

① 교차로 가장자리로부터 10m 지점
② 정류장 표시판로부터 12m 지점
③ 건널목 가장자리로부터 15m 지점
④ 도로의 모퉁이로부터 3m 지점

주·정차 금지장소
- 화재경보기로부터 3m 지점
- 교차로의 가장자리 또는 도로의 모퉁이로부터 5m 이내의 곳
- 횡단보도로부터 10m 이내의 곳
- 버스정류장 표지판으로 부터 10m 이내의 곳
- 건널목의 가장자리로부터 10m 이내의 곳
- 안전지대의 사방으로부터 각각 10m 이내의 곳

답 : ④

53 **횡단보도로부터 몇 m 이내에 정차 및 주차를 해서는 안 되는가?**

① 3m ② 5m
③ 8m ④ 10m

답 : ④

54 **도로교통법에 따라 소방용 기계기구가 설치된 곳, 소방용 방화물통, 소화전 또는 소화용 방화물통의 흡수구나 흡수관으로부터 몇 미터 이내의 지점에 주차하여서는 안 되는가?**

① 10미터 ② 7미터
③ 5미터 ④ 3미터

도로교통법에 따라 소방용 기계기구가 설치된 곳, 소방용 방화물통, 소화전 또는 소화용 방화물통의 흡수구나 흡수관으로부터 5m 이내의 지점에 주차하여서는 안 된다.

답 : ③

55 **도로공사를 하고 있는 경우에 당해 공사구역의 양쪽 가장자리로부터 몇 미터 이내의 지점에 주차하여서는 안 되는가?**

① 5미터　　② 6미터
③ 10미터　　④ 15미터

도로공사를 하고 있는 경우에 당해 공사구역의 양쪽 가장자리로부터 5미터 이내의 지점에 주차하여서는 안 된다.

답 : ①

56 **도로교통법령상 운전자의 준수사항이 아닌 것은?**

① 출석지시서를 받은 때에는 운전하지 아니 할 것
② 자동차의 운전 중에 휴대용 전화를 사용하지 않을 것
③ 자동차의 화물 적재함에 사람을 태우고 운행하지 말 것
④ 물이 고인 곳을 운행할 때에는 고인 물을 튀게 하여 다른 사람에게 피해를 주는 일이 없도록 할 것

답 : ①

57 **밤에 도로에서 차를 운행하는 경우 등의 등화로 틀린 것은?**

① 견인되는 차 : 미등, 차폭등 및 번호등
② 원동기장치자전거 : 전조등 및 미등
③ 자동차 : 자동차안전기준에서 정하는 전조등, 차폭등, 미등
④ 자동차등 외의 모든 차 : 지방경찰청장이 정하여 고시하는 등화

자동차의 등화
전조등, 차폭등, 미등, 번호등과 실내조명등(실내 조명등은 승합자동차와 여객자동차 운송 사업용 승용자동차만 해당)

답 : ③

58 **도로교통법령에 따라 도로를 통행하는 자동차가 야간에 켜야 하는 등화의 구분 중 견인되는 차가 켜야 할 등화는?**

① 전조등, 차폭등, 미등
② 미등, 차폭등, 번호등
③ 전조등, 미등, 번호등
④ 전조등, 미등

야간에 견인되는 자동차가 켜야 할 등화는 차폭등, 미등, 번호등이다.

답 : ②

59 **야간에 차가 서로 마주보고 진행하는 경우의 등화조작 방법 중 맞는 것은?**

① 전조등, 보호등, 실내 조명등을 조작한다.
② 전조등을 켜고 보조등을 끈다.
③ 전조등 불빛을 하향으로 한다.
④ 전조등 불빛을 상향으로 한다.

답 : ③

60 **도로교통법에 의거, 야간에 자동차를 도로에서 정차하는 경우에 반드시 켜야 하는 등화는?**

① 방향지시등을 켜야 한다.
② 미등 및 차폭등을 켜야 한다.
③ 전조등을 켜야 한다.
④ 실내등을 켜야 한다.

야간에 자동차를 도로에서 정차하는 경우에 반드시 미등 및 차폭등을 켜야 한다.

답 : ②

61 도로교통법에 위반이 되는 것은?

① 밤에 교통이 빈번한 도로에서 전조등을 계속 하향했다.
② 낮에 어두운 터널 속을 통과할 때 전조등을 켰다.
③ 소방용 방화 물통으로부터 10m 지점에 주차하였다.
④ 노면이 얼어붙은 곳에서 최고속도의 20/100을 줄인 속도로 운행하였다.

답 : ④

62 범칙금 납부통고서를 받은 사람은 며칠 이내에 경찰청장이 지정하는 곳에 납부하여야 하는가?(단, 천재지변이나 그 밖의 부득이한 사유가 있는 경우는 제외한다.)

① 5일 ② 10일
③ 15일 ④ 30일

범칙금 납부통고서를 받은 사람은 10일 이내에 경찰청장이 지정하는 곳에 납부하여야 한다.

답 : ②

63 도로교통법에 의한 통고처분의 수령을 거부하거나 범칙금을 기간 안에 납부하지 못한 자는 어떻게 처리되는가?

① 면허증이 취소된다.
② 즉결심판에 회부된다.
③ 연기신청을 한다.
④ 면허의 효력이 정지된다.

통고처분의 수령을 거부하거나 범칙금을 기간 안에 납부하지 못한 자는 즉결심판에 회부된다.

답 : ②

64 교통사고로 인하여 사람을 사상하거나 물건을 손괴하는 사고가 발생하였을 때 우선 조치사항으로 가장 적합한 것은?

① 사고 차를 견인 조치한 후 승무원을 구호하는 등 필요한 조치를 취해야 한다.
② 사고 차를 운전한 운전자는 물적 피해 정도를 파악하여 즉시 경찰서로 가서 사고현황을 신고한다.
③ 그 차의 운전자는 즉시 경찰서로 가서 사고와 관련된 현황을 신고 조치한다.
④ 그 차의 운전자나 그 밖의 승무원은 즉시 정차하여 사상자를 구호하는 등 필요한 조치를 취해야 한다.

답 : ④

65 자동차 운전 중 교통사고를 일으킨 때 사고결과에 따른 벌점기준으로 틀린 것은?

① 부상신고 1명마다 2점
② 사망 1명마다 90점
③ 경상 1명마다 5점
④ 중상 1명마다 30점

교통사고 발생 후 벌점
- 사망 1명마다 90점(사고발생으로부터 72시간 내에 사망한 때)
- 중상 1명마다 15점(3주 이상의 치료를 요하는 의사의 진단이 있는 사고)
- 경상 1명마다 5점(3주 미만 5일 이상의 치료를 요하는 의사의 진단이 있는 사고)
- 부상신고 1명마다 2점(5일 미만의 치료를 요하는 의사의 진단이 있는 사고)

답 : ④

66 **도로교통법령상 총중량 2,000kg 미만인 자동차를 총중량이 그의 3배 이상인 자동차로 견인할 때의 속도는?(단, 견인하는 차량이 견인자동차가 아닌 경우이다.)**

① 매시 30km 이내
② 매시 50km 이내
③ 매시 80km 이내
④ 매시 100km 이내

총중량 2,000kg 미만인 자동차를 총중량이 그의 3배 이상인 자동차로 견인할 때의 속도는 매시 30km 이내이다.

답 : ①

67 **도로교통법상 운전이 금지되는 술에 취한 상태의 기준으로 옳은 것은?**

① 혈중 알코올 농도 0.03% 이상일 때
② 혈중 알코올 농도 0.02% 이상일 때
③ 혈중 알코올 농도 0.1% 이상일 때
④ 혈중 알코올 농도 0.2% 이상일 때

도로교통법령상 술에 취한 상태의 기준은 혈중 알코올농도가 0.03% 이상인 경우이다.

답 : ①

68 **도로교통법에 따르면 운전자는 자동차 등의 운전 중에는 휴대용 전화를 원칙적으로 사용할 수 없다. 예외적으로 휴대용 전화사용이 가능한 경우로 틀린 것은?**

① 자동차 등이 정지하고 있는 경우
② 저속 건설기계를 운전하는 경우
③ 긴급 자동차를 운전하는 경우
④ 각종 범죄 및 재해 신고 등 긴급한 필요가 있는 경우

운전 중 휴대전화 사용이 가능한 경우
- 자동차 등이 정지해 있는 경우
- 긴급자동차를 운전하는 경우
- 각종 범죄 및 재해신고 등 긴급을 요하는 경우
- 안전운전에 지장을 주지 않는 장치로 대통령령이 정하는 장치를 이용하는 경우

답 : ②

69 **도로교통법상 교통사고에 해당되지 않는 것은?**

① 도로운전 중 언덕길에서 추락하여 부상한 사고
② 차고에서 적재하던 화물이 전락하여 사람이 부상한 사고
③ 주행 중 브레이크 고장으로 도로변의 전주를 충돌한 사고
④ 도로주행 중에 화물이 추락하여 사람이 부상한 사고

답 : ②

70 **교통사고로서 "중상"의 기준에 해당하는 것은?**

① 1주 이상의 치료를 요하는 부상
② 2주 이상의 치료를 요하는 부상
③ 3주 이상의 치료를 요하는 부상
④ 4주 이상의 치료를 요하는 부상

중상의 기준은 3주 이상의 치료를 요하는 부상이다.

답 : ③

71 **운전면허 취소·정지처분에 해당되는 것은?**

① 운전 중 중앙선 침범을 하였을 때
② 운전 중 신호위반을 하였을 때
③ 운전 중 과속운전을 하였을 때
④ 운전 중 고의로 교통사고를 일으킨 때

답 : ④

72 **제1종 보통면허로 운전할 수 없는 것은?**

① 승차정원 15인 이하의 승합자동차
② 적재중량 12톤 미만의 화물자동차
③ 총중량 20톤 미만의 특수자동차(트레일러 및 레커를 제외)
④ 원동기장치자전거

제1종 보통면허로 운전할 수 있는 범위

- 승용자동차
- 승차정원 15인 이하의 승합자동차
- 승차정원 12인 이하의 긴급자동차(승용 및 승합자동차에 한정)
- 적재중량 12톤 미만의 화물자동차
- 건설기계(도로를 운행하는 3톤 미만의 지게차에 한정.)
- 총중량 10톤 미만의 특수자동차(트레일러 및 레커는 제외)
- 원동기장치 자전거

답 : ③

제6편

장비구조

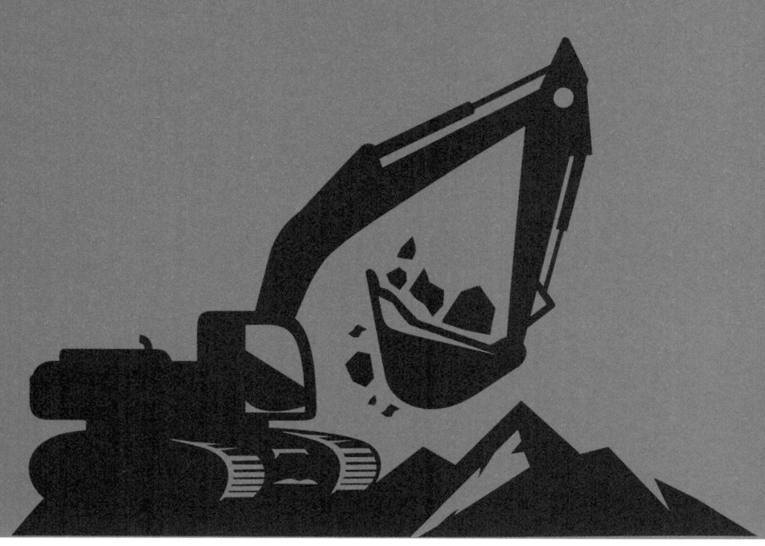

제1장 엔진구조

01 엔진본체 구조와 기능

1 엔진(heat engine)의 정의

엔진이란 연료를 연소시켜 발생한 열에너지를 기계적 에너지인 크랭크축의 회전력을 얻는 장치이다. 건설기계는 연료소비율이 낮고 열효율이 높은 디젤엔진을 주로 사용하며, 디젤엔진은 1893년 독일사람 "디젤(Diesel)"이 발명하였다.

2 4행정 사이클 엔진

4행정 사이클 엔진은 크랭크축이 2회전하고, 피스톤은 흡입→압축→폭발→배기의 4행정을 하여 1사이클을 완성한다.

3 2행정 사이클 엔진

2행정 사이클 엔진은 크랭크축 1회전(피스톤은 상승과 하강의 2행정뿐임)으로 1사이클을 완료하며 흡입 및 배기행정을 위한 독립된 행정이 없다.

4 엔진의 구성

엔진은 주요부분과 부속장치로 구분된다. 주요부분이란 동력을 발생하는 부분으로 실린더 헤드, 실린더 블록, 실린더, 피스톤-커넥팅 로드, 크랭크축과 베어링, 플라이 휠, 밸브와 밸브기구 등으로 구성된다. 그리고 부속장치에는 냉각장치, 윤활장치, 연료장치, 시동장치, 충전장치 등이 있다.

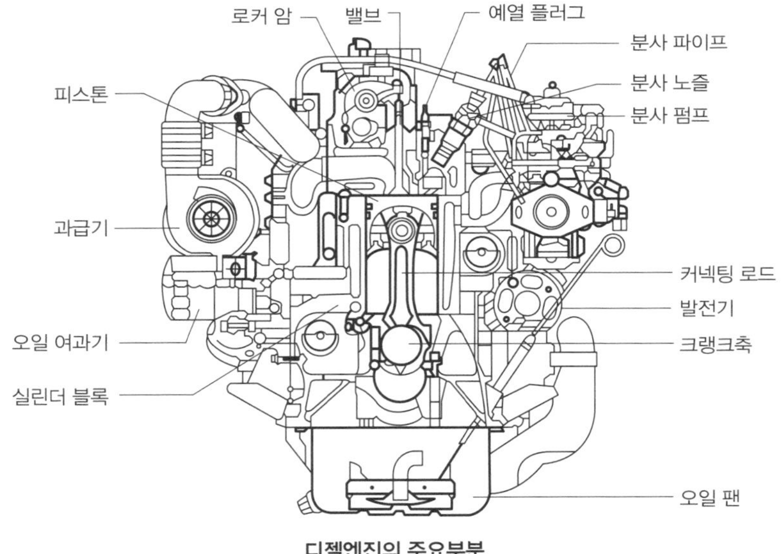

디젤엔진의 주요부분

(1) 실린더 헤드(cylinder head)

실린더 헤드는 헤드개스킷을 사이에 두고 실린더 블록에 볼트로 설치되며, 피스톤 및 실린더와 함께 연소실을 형성한다. 실린더 헤드 아래쪽에는 연소실과 밸브 시트가 있고, 위쪽에는 예열플러그 및 분사노즐 설치 구멍과 밸브기구의 설치부분이 있다.

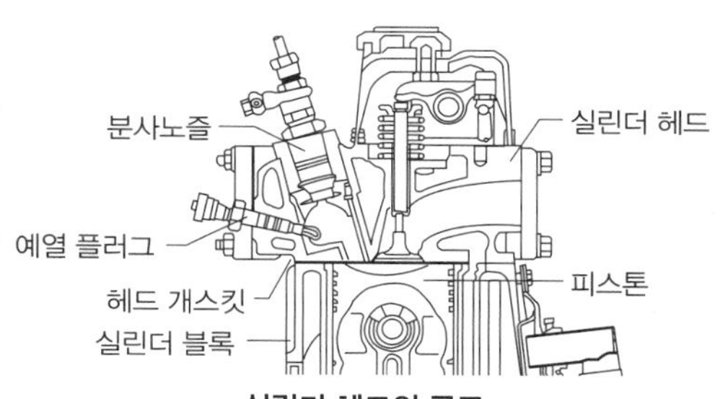

실린더 헤드의 구조

(2) 실린더 블록(cylinder block)

실린더 블록은 엔진의 기초 구조물이며, 위쪽에는 실린더 헤드가 설치되고, 아래 중앙부분에는 평면베어링을 사이에 두고 크랭크축이 설치된다. 내부에는 피스톤이 왕복운동을 하는 실린더가 마련되어 있으며, 실린더 냉각을 위한 물재킷이 실린더를 둘러싸고 있다. 또 주위에는 밸브기구의 설치부분과 실린더 아래쪽에는 개스킷을 사이에 두고 오일 팬이 설치되어 엔진오일이 담겨진다.

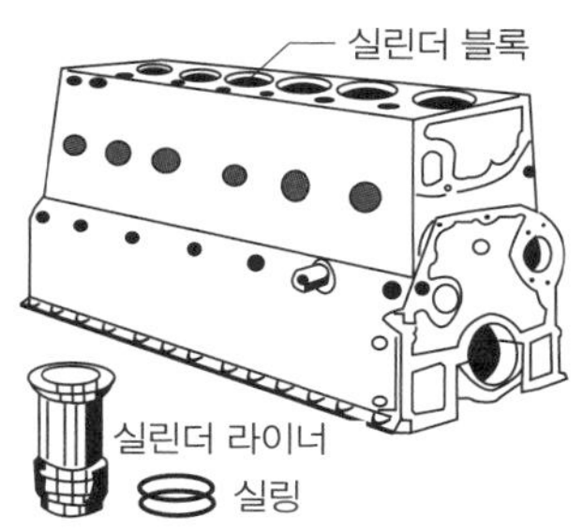

실린더 블록의 구조(라이너 방식)

(3) 피스톤과 커넥팅 로드

① 피스톤(piston) : 피스톤은 실린더 내를 직선왕복운동을 하여 폭발행정에서의 고온·고압가스로부터 받은 동력을 커넥팅 로드를 통하여 크랭크축에 회전력을 발생시키고 흡입·압축 및 배기행정에서는 크랭크축으로부터 힘을 받아서 각각 작용을 한다.

② 커넥팅 로드(connecting rod) : 커넥팅 로드는 피스톤 핀과 크랭크축을 연결하는 막대이며, 피스톤의 왕복운동을 크랭크축으로 전달하는 작용을 한다. 소단부는 피스톤 핀에 연결되고, 대단부는 평면베어링을 통하여 크랭크 핀에 결합되어 있다.

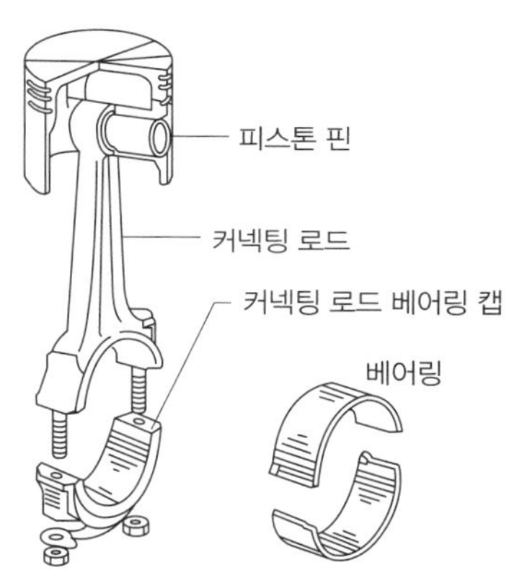

피스톤과 커넥팅 로드

(4) 크랭크축(crank shaft)

크랭크축은 폭발행정에서 얻은 피스톤의 동력을 회전운동으로 바꾸어 엔진의 출력을 외부로 전달하고, 흡입·압축 및 배기행정에서는 피스톤에 운동을 전달하는 회전축이다.

(5) 플라이 휠(fly wheel)

플라이 휠은 엔진의 맥동적인 회전을 관성력을 이용하여 원활한 회전으로 바꾸어 주는 역할을 하는 부품이다.

(6) 크랭크축 베어링(crank shaft bearing)

크랭크축과 커넥팅 로드 대단부에서는 평면베어링(미끄럼 베어링)을 사용한다.

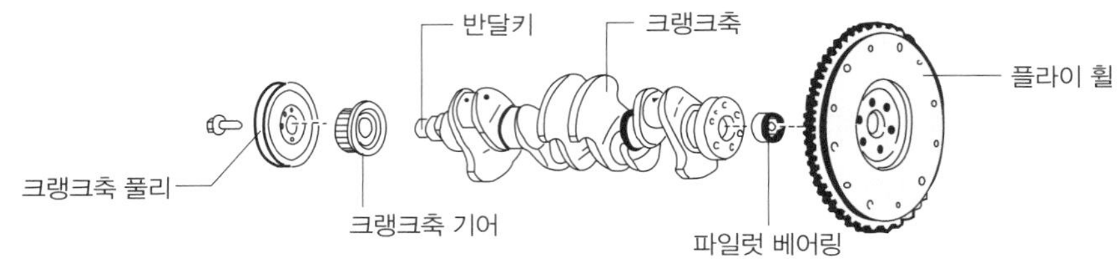

크랭크축과 플라이 휠

(7) 밸브 기구(valve train)

밸브 기구는 캠축, 밸브 리프터, 푸시로드, 로커 암, 밸브 등으로 구성된다.

① 캠축(cam shaft) : 캠축은 엔진의 밸브 수와 같은 수의 캠이 배열된 축이며, 기능은 크랭크축으로부터 동력을 받아 흡입 및 배기밸브를 개폐한다.

② 밸브 리프터(또는 밸브 태핏) : 밸브 리프터는 캠의 회전운동을 상하운동으로 바꾸어 푸시로드에 전달한다.

③ 푸시 로드와 로커 암(push rod rock arm) : 푸시 로드는 로커 암을 작동시키는 것이며, 로커 암은 밸브를 개방한다.

④ 밸브·밸브시트 및 밸브 스프링

- 흡배기 밸브 : 흡입 및 배기가스를 출입시키며 포핏 밸브를 사용한다.
- 밸브 시트 : 밸브 면과 밀착되어 연소실의 기밀을 유지하며 각도에는 30°와 45°가 있다.
- 밸브 스프링 : 로커 암에 의해 열린 밸브를 닫아 주며, 밸브가 닫혀 있는 동안 밸브 면을 시트에 밀착시키고, 캠의 형상에 따라 개폐되도록 한다.

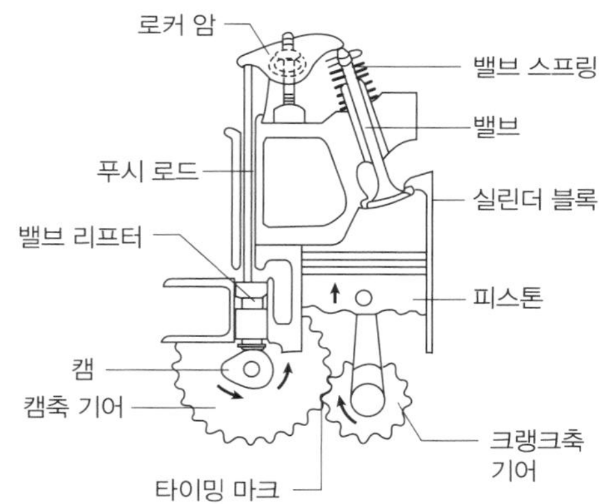

밸브 기구의 구조

출제 예상 문제

01 **열기관이란 어떤 에너지를 어떤 에너지로 바꾸어 유효한 일을 할 수 있도록 한 장치인가?**

① 위치 에너지를 기계적 에너지로 변환시킨다.
② 전기적 에너지를 기계적 에너지로 변환시킨다.
③ 기계적 에너지를 열에너지로 변환시킨다.
④ 열에너지를 기계적 에너지로 변환시킨다.

열기관(엔진)이란 열에너지를 기계적 에너지로 변환시키는 장치이다.

답 : ④

02 **고속 디젤기관의 장점에 속하지 않는 것은?**

① 가솔린기관보다 최고 회전수가 빠르다.
② 연료소비량이 가솔린기관보다 적다.
③ 열효율이 가솔린기관보다 높다.
④ 인화점이 높은 경유를 사용하므로 취급이 용이하다.

디젤기관은 가솔린기관보다 최고 회전수가 낮다.

답 : ①

03 **4행정 사이클 기관에서 1사이클을 완료할 때 크랭크축은 몇 회전하는가?**

① 4회전 ② 3회전
③ 2회전 ④ 1회전

4행정 사이클 기관은 크랭크축이 2회전하고, 피스톤은 흡입→압축→폭발(동력)→배기의 4행정을 하여 1사이클을 완성한다.

답 : ③

04 **4행정 사이클 기관의 행정순서로 옳은 것은?**

① 압축→동력→흡입→배기
② 흡입→압축→동력→배기
③ 압축→흡입→동력→배기
④ 흡입→동력→압축→배기

답 : ②

05 **디젤기관의 순환운동 순서로 옳은 것은?**

① 공기흡입→공기압축→연료분사→착화연소→배기
② 연료흡입→연료분사→공기압축→착화연소→연소·배기
③ 공기흡입→공기압축→연소·배기→연료분사→착화연소
④ 공기압축→가스폭발→공기흡입→배기→점화

디젤기관의 순환운동(사이클) 순서는 공기흡입→공기압축→연료분사→착화연소→배기이다.

답 : ①

06 **기관에서 피스톤의 행정이란?**

① 상사점과 하사점과의 총면적이다.
② 상사점과 하사점과의 거리이다.
③ 피스톤의 길이이다.
④ 실린더 벽의 상하 길이이다.

피스톤 행정이란 상사점과 하사점까지의 거리이다.

답 : ②

07 **4행정 사이클 디젤기관에서 흡입행정 시 실린더 내에 흡입되는 것은?**

① 연료 ② 스파크
③ 공기 ④ 혼합기

4행정 사이클 디젤기관의 흡입행정은 흡입밸브가 열려 공기만 실린더로 흡입하며 이때 배기밸브는 닫혀 있다.

답 : ③

08 **4행정 사이클 디젤기관의 압축행정에 관한 설명과 관계 없는 것은?**

① 연료가 분사되었을 때 고온의 공기는 와류운동을 하면 안 된다.
② 압축행정의 끝에서 연료가 분사된다.
③ 압축행정의 중간부분에서는 단열압축의 과정을 거친다.
④ 흡입한 공기의 압축온도는 약 400~700℃가 된다.

연료가 분사되었을 때 고온의 공기는 와류운동을 하여 연소를 촉진시켜야 한다.

답 : ①

09 **디젤기관의 압축비가 높은 이유는?**

① 공기의 압축열로 착화시키기 위함이다.
② 연료의 분사를 높게 하기 위함이다.
③ 기관 과열과 진동을 적게 하기 위함이다.
④ 연료의 무화를 양호하게 하기 위함이다.

디젤기관의 압축비가 높은 이유는 공기의 압축열로 자기착화시키기 위함이다.

답 : ①

10 **실린더의 압축압력이 저하하는 원인에 속하지 않는 것은?**

① 실린더 벽의 마멸이 크다.
② 연소실 내부에 카본이 누적되었다.
③ 헤드 개스킷의 파손에 의해 압축가스가 누설되고 있다.
④ 피스톤 링의 탄력이 부족하다.

압축압력이 저하되는 원인은 실린더 벽의 마모 또는 피스톤 링 파손 또는 과다 마모, 피스톤 링의 탄력부족, 헤드 개스킷에서 압축가스 누설, 밸브의 밀착불량 등이다.

답 : ②

11 **4행정 사이클 디젤기관의 동력행정에 관한 설명으로 옳지 않은 것은?**

① 분사시기의 진각에는 연료의 착화지연이 고려된다.
② 피스톤이 상사점에 도달하기 전 소요의 각도범위 내에서 분사를 시작한다.
③ 연료분사 시작점은 회전속도에 따라 진각된다.
④ 연료는 분사됨과 동시에 연소를 시작한다.

동력행정에서 연료가 분사된 후 약 1/1,000~4/1,000초의 착화지연기간을 거쳐 연소를 시작한다.

답 : ④

12 공기만을 실린더 내로 흡입하여 고압축비로 압축한 다음 압축열에 연료를 분사하는 작동원리의 디젤기관은?

① 제트기관 ② 전기점화기관
③ 외연기관 ④ 압축착화기관

디젤기관은 흡입행정에서 공기만을 실린더 내로 흡입하여 고압축비로 압축한 후 압축열에 연료를 분사하는 자기착화(압축착화)기관이다.

답 : ④

13 4행정 사이클 기관에서 흡기밸브와 배기밸브가 모두 닫혀 있는 행정은?

① 흡입행정과 압축행정
② 압축행정과 동력행정
③ 배기행정과 흡입행정
④ 폭발행정과 배기행정

4행정 사이클 기관에서 흡입과 배기밸브가 모두 닫혀 있는 행정은 압축과 동력(폭발)행정이다.

답 : ②

14 배기행정 초기에 배기밸브가 열려 실린더 내의 연소가스가 스스로 배출되는 현상을 무엇이라고 하는가?

① 블로다운
② 블로바이
③ 피스톤 슬랩
④ 피스톤 행정

블로다운(blow down)이란 폭발행정 끝 부분 즉 배기행정 초기에 배기밸브가 열려 실린더 내의 압력에 의해서 배기가스가 배기밸브를 통해 스스로 배출되는 현상이다.

답 : ①

15 2행정 사이클 기관에만 해당되는 과정(행정)은?

① 흡입 ② 소기
③ 동력 ④ 압축

소기행정은 2행정 사이클 기관에만 해당되는 과정(행정)이다.

답 : ②

16 디젤기관에서 실화할 때 일어나는 현상은?

① 연료소비가 감소한다.
② 기관이 과냉한다.
③ 기관회전이 불량해진다.
④ 냉각수가 유출된다.

실화(miss fire)가 발생하면 기관의 회전이 불량해진다.

답 : ③

17 디젤기관의 연소실 형상과 가장 관련이 적은 사항은?

① 공회전 속도 ② 열효율
③ 기관출력 ④ 운전 정숙도

기관의 연소실 형상에 따라 기관출력, 열효율, 운전정숙도, 노크 발생빈도 등이 관계된다.

답 : ①

18 아래의 보기는 기관에서 어느 구성부품을 형태에 따라 구분한 것인가?

보기
직접분사식, 예연소실식, 와류실식, 공기실식

① 동력전달장치 ② 연소실
③ 예열장치 ④ 연료분사장치

디젤기관 연소실은 단실식인 직접분사식과 복실식인 예연소실식, 와류실식, 공기실식 등으로 분류한다.

답 : ②

19 연소실의 구비조건에 속하지 않는 것은?

① 노크 발생이 적어야 한다.
② 고속회전에서 연소상태가 좋아야 한다.
③ 평균유효압력이 높아야 한다.
④ 분사된 연료를 가능한 한 긴 시간 동안 완전연소시켜야 한다.

연소실은 분사된 연료를 가능한 한 짧은 시간 내에 완전연소시켜야 한다.

답 : ④

20 기관의 연소실이 갖추어야 할 구비조건과 관계 없는 것은?

① 압축 끝에서 혼합기의 와류를 형성하는 구조이어야 한다.
② 돌출부가 없어야 한다.
③ 화염전파 거리가 짧아야 한다.
④ 연소실 내의 표면적은 최대가 되도록 한다.

연소실의 표면적은 최소가 되게 하여야 한다.

답 : ④

21 디젤기관의 연소실 중 연료소비율이 낮으며 연소압력이 가장 높은 연소실 형식은?

① 공기실식 ② 직접분사실식
③ 와류실식 ④ 예연소실식

직접분사실식은 피스톤 헤드를 오목하게 하여 연소실을 형성시키며, 연료소비율이 낮고 연소압력이 가장 높다.

답 : ②

22 실린더 헤드와 블록 사이에 삽입하여 압축과 폭발가스의 기밀을 유지하고 냉각수와 엔진오일이 누출되는 것을 방지하는 기능을 하는 부품은?

① 헤드 오일통로 ② 헤드 개스킷
③ 헤드 워터재킷 ④ 헤드 볼트

헤드 개스킷은 실린더 헤드와 블록 사이에 삽입하여 압축과 폭발가스의 기밀을 유지하고 냉각수와 엔진오일이 누출되는 것을 방지한다.

답 : ②

23 실린더 헤드 개스킷의 구비조건에 속하지 않는 것은?

① 복원성이 없을 것
② 내열성과 내압성이 있을 것
③ 기밀유지가 좋을 것
④ 강도가 적당할 것

헤드 개스킷은 기밀유지가 좋고, 내열성과 내압성이 있어야 하며, 복원성이 있고, 강도가 적당하여야 한다.

답 : ①

24 실린더 헤드 개스킷이 손상되었을 때 일어나는 현상은?

① 피스톤이 가벼워진다.
② 피스톤 링의 작동이 느려진다.
③ 엔진오일의 압력이 높아진다.
④ 압축압력과 폭발압력이 낮아진다.

헤드 개스킷이 손상되면 압축가스가 누출되므로 압축과 폭발압력이 낮아진다.

답 : ④

25 냉각수가 라이너 바깥둘레에 직접 접촉하고, 정비 시 라이너 교환이 쉬우며, 냉각효과가 좋으나, 크랭크 케이스에 냉각수가 들어갈 수 있는 단점을 가진 라이너 형식은?

① 습식라이너　② 건식라이너
③ 유압라이너　④ 진공라이너

습식라이너는 냉각수가 라이너 바깥둘레에 직접 접촉하고, 정비할 때 라이너 교환이 쉬우며, 냉각효과가 좋으나, 크랭크 케이스에 냉각수가 들어갈 수 있는 단점이 있다.

답 : ①

26 기관에서 실린더 마모가 가장 큰 부분은?

① 실린더 윗부분
② 실린더 연소실 부분
③ 실린더 중간부분
④ 실린더 아랫부분

실린더는 윗부분(상사점 부근)의 마멸이 가장 크다.

답 : ①

27 기관의 실린더 수가 많을 때의 장점에 속하지 않는 것은?

① 기관의 진동이 적다.
② 가속이 원활하고 신속하다.
③ 저속회전이 용이하고 큰 동력을 얻을 수 있다.
④ 연료소비가 적고 큰 동력을 얻을 수 있다.

기관의 실린더 수가 많으면 기관의 진동이 적고, 가속이 원활하고 신속하며, 저속회전이 용이하고 큰 동력을 얻을 수 있다.

답 : ④

28 디젤기관의 실린더 벽이 마모되었을 때 발생할 수 있는 현상과 관계 없는 것은?

① 압축압력이 증가한다.
② 연료소비량이 증가한다.
③ 윤활유 소비량이 증가한다.
④ 블로바이(blow-by)가스의 배출이 증가한다.

실린더 벽이 마멸되면 압축과 폭발압력이 저하하며, 크랭크실의 윤활유 오염과 소비량이 증가하고, 블로바이 가스의 배출과 연료소비율이 증가한다.

답 : ①

29 피스톤의 구비조건에 속하지 않는 것은?

① 고온·고압에 견딜 수 있을 것
② 피스톤 중량이 클 것
③ 열팽창률이 적을 것
④ 열전도가 잘될 것

피스톤은 중량이 적어야 한다.

답 : ②

30 피스톤의 형상에 의한 종류 중에 측압부의 스커트 부분을 떼어내 경량화하여 고속엔진에 많이 사용되는 피스톤은?

① 풀 스커트 피스톤
② 솔리드 피스톤
③ 슬리퍼 피스톤
④ 스플릿 피스톤

슬리퍼 피스톤은 측압부의 스커트 부분을 떼어내 경량화 하여 고속엔진에 많이 사용한다.

답 : ③

31 기관의 피스톤이 고착되는 원인에 속하지 않는 것은?

① 기관오일이 부족할 때
② 압축압력이 너무 높을 때
③ 기관이 과열되었을 때
④ 냉각수가 부족할 때

피스톤 간극이 적을 때, 기관오일이 부족할 때, 기관이 과열되었을 때, 냉각수량이 부족할 때 피스톤이 고착된다.

답 : ②

32 [보기]에서 피스톤과 실린더 벽 사이의 간극이 클 때 미치는 영향을 맞게 나열한 것은?

보기
A. 마찰열에 의해 소결되기 쉽다.
B. 블로 바이에 의해 압축압력이 낮아진다.
C. 피스톤링의 기능저하로 인하여 오일이 연소실에 유입되어 오일소비가 많아진다.
D. 피스톤 슬랩 현상이 발생되며, 기관출력이 저하된다.

① B, C, D　　② C, D
③ A, B, C　　④ A, B, C, D

답 : ①

33 피스톤 링에 대한 설명으로 옳지 못한 것은?

① 피스톤이 받는 열의 대부분을 실린더 벽에 전달한다.
② 피스톤 링이 마모된 경우 크랭크 케이스 내에 블로 다운 현상으로 인한 연소가스가 많아진다.
③ 압축과 팽창가스 압력에 대해 연소실의 기밀을 유지한다.
④ 피스톤 링의 절개구 모양에는 버트이음, 앵글이음, 랩이음 등이 있다.

피스톤 링이 마모되면 크랭크 케이스 내에 블로바이 현상으로 인한 미연소가스가 많아진다.

답 : ②

34 피스톤 링의 구비조건에 속하지 않는 것은?

① 열팽창률이 적어야 한다.
② 고온에서도 탄성을 유지할 수 있어야 한다.
③ 링 이음부의 압력을 크게 하여야 한다.
④ 피스톤 링이나 실린더 마모가 적어야 한다.

피스톤링은 링 이음부의 파손을 방지하기 위하여 압력을 작게 하여야 한다.

답 : ③

35 디젤엔진에서 피스톤 링의 3대 작용에 속하지 않는 것은?

① 열전도작용　　② 기밀작용
③ 오일제어작용　　④ 응력분산작용

피스톤링의 3대 작용은 기밀작용(밀봉작용), 오일제어 작용, 열전도 작용이다.

답 : ④

36 엔진오일이 연소실로 올라오는 이유는?

① 피스톤 링이 마모되었다.
② 피스톤 핀이 마모되었다.
③ 커넥팅 로드가 마모되었다.
④ 크랭크축이 마모되었다.

피스톤 링이 마모되거나 피스톤 간극이 커지면 기관오일이 연소실로 올라와 연소하므로 기관오일의 소모가 증대되며 이때 배기가스 색이 회백색이 된다.

답 : ①

37 기관에서 사용하는 크랭크축의 역할은?

① 직선운동을 회전운동으로 변환시키는 장치이다.
② 기관의 진동을 줄이는 장치이다.
③ 원활한 직선운동을 하는 장치이다.
④ 상하운동을 좌우운동으로 변환시키는 장치이다.

크랭크축은 피스톤의 직선운동을 회전운동으로 변환시키는 장치이다.

답 : ①

38 기관의 크랭크축(crank shaft) 구성부품에 속하지 않는 것은?

① 저널(journal)
② 플라이 휠(fly wheel)
③ 크랭크 핀(crank pin)
④ 크랭크 암(crank arm)

크랭크축은 메인저널, 크랭크 핀, 크랭크 암, 평형추로 구성되어 있다.

답 : ②

39 크랭크축은 플라이 휠을 통하여 동력을 전달하는 역할을 하는데 회전균형을 위해 크랭크 암에 설치된 부품은?

① 크랭크 베어링 ② 크랭크 핀
③ 밸런스 웨이트 ④ 저널

밸런스 웨이트(평형추)는 크랭크축의 회전균형을 위하여 크랭크 암에 설치되어 있다.

답 : ③

40 크랭크축의 비틀림 진동에 대한 설명으로 옳지 않은 것은?

① 비틀림 진동은 강성이 클수록 커진다.
② 비틀림 진동은 크랭크축이 길수록 커진다.
③ 비틀림 진동은 각 실린더의 회전력 변동이 클수록 커진다.
④ 비틀림 진동은 회전부분의 질량이 클수록 커진다.

크랭크축의 비틀림 진동은 강성이 적을수록, 기관의 회전속도가 느릴수록 크다.

답 : ①

41 기관의 크랭크축 베어링의 구비조건에 속하지 않는 것은?

① 추종 유동성이 있을 것
② 내피로성이 클 것
③ 매입성이 있을 것
④ 마찰계수가 클 것

크랭크축 베어링은 마찰계수가 작고, 내피로성이 커야 하며, 매입성과 추종유동성이 있어야 한다.

답 : ④

42 크랭크축 베어링의 바깥둘레와 하우징 둘레와의 차이인 크러시를 두는 이유는?

① 안쪽으로 찌그러지는 것을 방지한다.
② 볼트로 압착시켜 베어링 면의 열전도율을 높여준다.
③ 조립할 때 베어링이 제자리에 밀착되도록 한다.
④ 조립할 때 캡에 베어링이 끼워져 있도록 한다.

크러시를 두는 이유는 베어링 바깥둘레를 하우징 둘레보다 조금 크게 하고, 볼트로 압착시켜 베어링 면의 열전도율을 높이기 위함이다.

답 : ②

43 기관의 맥동적인 회전 관성력을 원활한 회전으로 바꾸어주는 부품은?

① 플라이 휠 ② 피스톤
③ 크랭크축 ④ 커넥팅 로드

플라이 휠은 기관의 맥동적인 회전을 관성력을 이용하여 원활한 회전으로 바꾸어준다.

답 : ①

44 기관의 동력전달 계통의 순서로 옳은 것은?

① 피스톤→커넥팅 로드→클러치→크랭크축
② 피스톤→클러치→크랭크축→커넥팅 로드
③ 피스톤→커넥팅 로드→크랭크축→클러치
④ 피스톤→크랭크축→커넥팅 로드→클러치

실린더 내에서 폭발이 일어나면 피스톤→커넥팅 로드→크랭크축→플라이 휠(클러치) 순서로 전달된다.

답 : ③

45 4행정 사이클 기관에서 크랭크축 기어와 캠축 기어와의 지름비율 및 회전비율은 각각 얼마인가?

① 2:1 및 1:2 ② 2:1 및 2:1
③ 1:2 및 1:2 ④ 1:2 및 2:1

4행정 사이클 기관의 크랭크축 기어와 캠축 기어와의 지름비율은 1:2 이고, 회전비율은 2:1 이다.

답 : ④

46 유압식 밸브 리프터의 장점에 속하지 않는 것은?

① 밸브 구조가 간단하다.
② 밸브 개폐시기가 정확하다.
③ 밸브 기구의 내구성이 좋다.
④ 밸브 간극 조정은 자동으로 조절된다.

유압식 밸브 리프터는 밸브 간극이 자동으로 조절되므로 밸브 개폐시기가 정확하며, 밸브 기구의 내구성이 좋으나 구조가 복잡하다.

답 : ①

47 흡·배기밸브의 구비조건으로 옳지 않은 것은?

① 열에 대한 저항력이 적을 것
② 열에 대한 팽창률이 적을 것
③ 열전도율이 좋을 것
④ 가스에 견디고 고온에 잘 견딜 것

흡입과 배기밸브는 열에 대한 저항력이 커야 한다.

답 : ①

48 기관에서 밸브의 개폐를 돕는 부품은?

① 너클 암 ② 로커 암
③ 스티어링 암 ④ 피트먼 암

기관에서 밸브의 개폐를 돕는 부품은 로커 암이다.

답 : ②

49 **엔진의 밸브장치 중 밸브 가이드 내부를 상하 왕복운동하며 밸브 헤드가 받는 열을 가이드를 통해 방출하고, 밸브의 개폐를 돕는 부품은?**

① 밸브 시트 ② 밸브 스프링
③ 밸브 페이스 ④ 밸브 스템

밸브 스템은 밸브 가이드 내부를 상하 왕복운동하며 밸브 헤드가 받는 열을 가이드를 통해 방출하고, 밸브의 개폐를 돕는다.

답 : ④

50 **엔진의 밸브가 닫혀있는 동안 밸브 시트와 밸브 페이스를 밀착시켜 기밀이 유지되도록 하는 것은?**

① 밸브 스프링
② 밸브 가이드
③ 밸브 스템
④ 밸브 리테이너

밸브 스프링은 밸브가 닫혀있는 동안 밸브 시트와 밸브 페이스를 밀착시켜 기밀이 유지되도록 한다.

답 : ①

51 **밸브 스템 엔드와 로커 암(태핏) 사이의 간극을 무엇이라고 하는가?**

① 밸브스템 간극
② 캠 간극
③ 밸브 간극
④ 로커 암 간극

밸브 간극이란 밸브 스템 엔드와 로커 암(태핏) 사이의 간극이다.

답 : ③

52 **기관의 밸브 간극이 너무 클 때 발생하는 현상은?**

① 정상온도에서 밸브가 확실하게 닫히지 않는다.
② 정상온도에서 밸브가 완전히 개방되지 않는다.
③ 푸시로드가 변형된다.
④ 밸브 스프링의 장력이 약해진다.

밸브 간극이 너무 크면 정상온도에서 밸브가 완전히 개방되지 않으며, 소음이 발생한다.

답 : ②

53 **기관의 밸브 간극이 작을 때 일어나는 현상은?**

① 밸브가 적게 열리고 닫히기는 꽉 닫힌다.
② 밸브 시트의 마모가 심하다.
③ 기관이 과열된다.
④ 실화가 일어날 수 있다.

밸브 간극이 적으면 밸브가 열려 있는 기간이 길어지므로 실화가 발생할 수 있다.

답 : ④

54 **디젤기관의 압축압력 측정방법으로 옳지 않은 것은?**

① 기관을 정상온도로 작동시킨다.
② 기관의 분사노즐은 모두 제거한다.
③ 배터리의 충전상태를 점검한다.
④ 습식시험을 먼저하고 건식시험을 나중에 한다.

습식시험이란 건식시험을 한 후 밸브불량, 실린더 벽 및 피스톤 링, 헤드개스킷 불량 등의 상태를 판단하기 위하여 분사노즐 설치구멍으로 기관오일을 10cc 정도 넣고 1분 후에 다시 하는 시험이다.

답 : ④

02 윤활장치 구조와 기능

윤활장치는 엔진의 작동을 원활하게 하고, 각 부분의 마찰로 인한 마멸을 방지하고자 엔진 각 작동부분에 오일을 공급한다.

1 엔진오일의 작용

① 마찰감소 및 마멸방지작용
② 실린더 내의 가스누출방지(밀봉, 기밀유지)작용
③ 열전도(냉각)작용
④ 세척(청정)작용
⑤ 응력분산(충격완화)작용
⑥ 부식방지(방청)작용

2 엔진오일의 구비조건

① 점도지수가 커 온도와 점도와의 관계가 적당할 것
② 인화점 및 자연발화점이 높을 것
③ 강인한 유막을 형성할 것
④ 응고점이 낮고 비중과 점도가 적당할 것
⑤ 기포발생 및 카본생성에 대한 저항력이 클 것

3 윤활장치의 구성부품

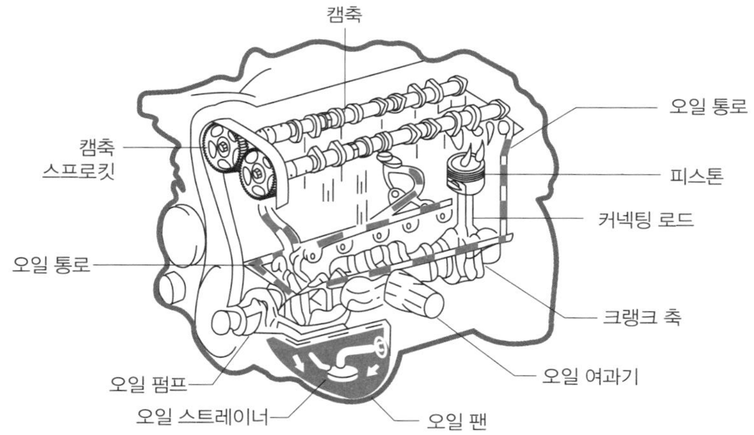

윤활장치의 구성

(1) 오일 팬(oil pan, 아래 크랭크 케이스)

오일 팬은 엔진의 가장 아래쪽에 설치되어 있으며 엔진오일이 담겨지는 용기이다.

(2) 오일 스트레이너(oil strainer)

오일 스트레이너는 오일 팬 속에 들어 있으며 가느다란 철망으로 되어 있어 비교적 큰 불순물을 제거하고, 오일을 펌프로 유도해 준다.

(3) 오일 펌프(oil pump)

오일 펌프는 오일 팬 내의 오일을 흡입·가압하여 각 윤활부분으로 압송하며, 종류에는 기어 펌프, 베인 펌프, 로터리 펌프, 플런저 펌프 등이 있다.

(4) 유압조절밸브(oil pressure relief valve)

유압조절밸브는 윤활회로 내의 유압이 과다하게 상승하는 것을 방지하여 유압을 일정하게 유지해 준다.

(5) 오일여과기(oil filter)

오일여과기는 오일의 세정(여과)작용을 하며, 여과지 엘리먼트를 주로 사용한다.

(6) 오일레벨게이지(oil level gauge ; 유면표시기)

오일레벨게이지는 오일 팬 내의 오일량을 점검할 때 사용하는 금속막대이며, F(full)와 L(low) 표시가 있다. 오일량을 점검할 때에는 엔진의 가동이 정지된 상태에서 점검하며, 이때 F선 가까이 있으면 양호하다. 그리고 보충할 때에는 F선까지 한다.

(7) 유압경고등

유압경고등은 유압이 규정값 이하로 낮아지면 점등되는 형식이다. 유압경고등이 운전 중에 점등되면 즉시 엔진의 가동을 정지시키고 그 원인을 점검한다.

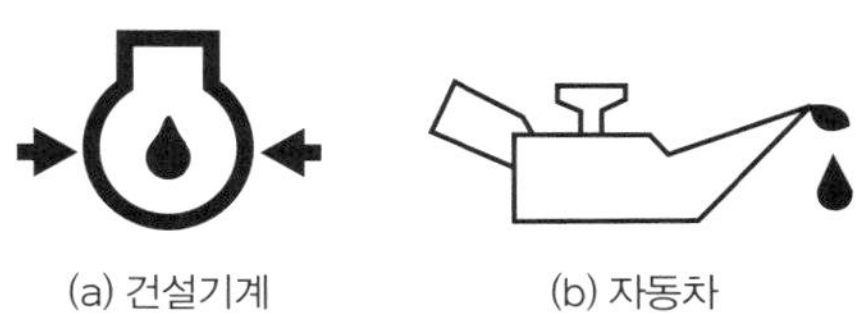
(a) 건설기계 (b) 자동차

유압경고등

출제 예상 문제

01 엔진오일의 작용에 속하지 않는 것은?

① 방청작용 ② 냉각작용
③ 오일제거작용 ④ 응력분산작용

윤활유의 주요기능은 밀봉작용, 방청작용, 냉각작용, 마찰 및 마멸방지작용, 응력분산작용, 세척작용 등이 있다.

답 : ③

02 기관 윤활유의 구비조건에 속하지 않는 것은?

① 점도가 적당할 것
② 응고점이 높을 것
③ 비중이 적당할 것
④ 청정력이 클 것

윤활유는 인화점 및 발화점이 높고 응고점은 낮아야 한다.

답 : ②

03 기관에 사용되는 윤활유의 성질 중 가장 중요한 사항은?

① 온도 ② 건도
③ 습도 ④ 점도

윤활유의 성질 중 가장 중요한 것은 점도이다.

답 : ④

04 윤활유의 온도변화에 따른 점도변화 정도를 표시하는 것은?

① 점도분포 ② 점화
③ 점도지수 ④ 윤활성

점도지수란 오일의 온도변화에 따른 점도변화 정도를 표시하는 것이다.

답 : ③

05 점도지수가 큰 오일의 온도변화에 따른 점도변화는?

① 온도변화에 따른 점도변화가 크다.
② 온도와는 관계 없다.
③ 온도변화에 따른 점도변화는 불변이다.
④ 온도변화에 따른 점도변화가 작다.

점도지수가 큰 오일은 온도변화에 따른 점도변화가 적다.

답 : ④

06 기관에 사용하는 윤활유 사용방법으로 옳은 것은?

① SAE 번호는 일정하다.
② 여름용은 겨울용보다 SAE 번호가 크다.
③ 겨울용은 여름용보다 SAE 번호가 큰 윤활유를 사용한다.
④ 계절과 윤활유 SAE 번호는 관계가 없다.

여름철에는 점도가 높은(SAE 번호가 큰) 오일을 사용하고, 겨울철에는 점도가 낮은(SAE 번호가 작은) 오일을 사용한다.

답 : ②

07 **겨울철에 윤활유 점도가 기준보다 높은 것을 사용했을 때 일어나는 현상은?**

① 겨울철에 특히 사용하기 좋다.
② 좁은 공간에 잘 스며들어 충분한 윤활이 된다.
③ 점차 묽어지기 때문에 경제적이다.
④ 엔진 시동을 할 때 필요 이상의 동력이 소모된다.

윤활유 점도가 기준보다 높은 것을 사용하면 점도가 높아져 윤활유 공급이 원활하지 못하게 되며, 기관을 시동할 때 동력이 많이 소모된다.

답 : ④

08 **윤활유의 첨가제에 속하지 않는 것은?**

① 기포방지제 ② 청정분산제
③ 에틸렌글리콜 ④ 점도지수향상제

윤활유 첨가제에는 부식방지제, 유동점강하제, 극압윤활제, 청정분산제, 산화방지제, 점도지수향상제, 기포방지제, 유성향상제, 형광염료 등이 있다.

답 : ③

09 **기관의 윤활방식 중 4행정 사이클 기관에서 주로 사용하는 윤활방식은?**

① 혼합식, 압력식, 편심식
② 비산식, 압송식, 비산압송식
③ 편심식, 비산식, 비산압송식
④ 혼합식, 압력식, 중력식

4행정 사이클 기관의 윤활방식에는 비산식, 압송식, 전압송식, 비산압송식 등이 있다.

답 : ②

10 **엔진의 윤활방식 중 오일 펌프로 급유하는 방식은?**

① 비산식 ② 비산분무식
③ 분사식 ④ 압송식

압송식은 오일 펌프로 기관오일을 급유한다.

답 : ④

11 **4행정 사이클 기관의 윤활방식 중 피스톤과 피스톤 핀까지 윤활유를 압송하여 윤활하는 방식은?**

① 압송비산식 ② 전압송식
③ 전비산식 ④ 전압력식

전압송식은 피스톤과 피스톤 핀까지 윤활유를 압송하여 윤활하는 방식이다.

답 : ②

12 **일반적으로 기관에서 주로 사용하는 윤활 방법은?**

① 비산압송급유식
② 분무급유식
③ 수급유식
④ 적하급유식

기관에서 주로 사용하는 윤활방식은 비산압송식이다.

답 : ①

13 기관의 주요 윤활부분과 관계 없는 부분은?

① 크랭크축 저널
② 플라이 휠
③ 피스톤 링
④ 실린더 벽

플라이 휠 뒷면에는 수동변속기의 클러치가 설치되므로 윤활을 해서는 안 된다.

답 : ②

14 엔진 윤활에 필요한 엔진오일을 저장하는 부품은?

① 오일 팬 ② 섬프
③ 스트레이너 ④ 오일여과기

오일 팬은 기관오일이 저장되어 있는 부품이다.

답 : ①

15 오일 스트레이너(oil strainer)에 대한 설명이 옳지 않은 것은?

① 불순물로 인하여 여과망이 막힐 때에는 오일이 통할 수 있도록 바이패스 밸브(by pass valve)가 설치된 것도 있다.
② 오일여과기에 있는 오일을 여과하여 각 윤활부로 보낸다.
③ 보통 철망으로 만들어져 있으며 비교적 큰 입자의 불순물을 여과한다.
④ 고정식과 부동식이 있으며 일반적으로 고정식을 주로 사용한다.

오일 스트레이너는 펌프로 들어가는 오일을 여과하는 부품이며, 철망으로 제작하여 비교적 큰 입자의 불순물을 여과한다. 현재는 고정식을 주로 사용하며, 불순물로 인하여 여과망이 막힐 때에는 오일이 통할 수 있도록 바이패스 밸브가 설치된 것도 있다.

답 : ②

16 엔진에서 오일을 가압하여 윤활부에 공급하는 장치는?

① 냉각수 펌프 ② 오일 펌프
③ 공기압축 펌프 ④ 진공 펌프

오일 펌프는 엔진이 가동되면 오일 팬 내의 오일을 흡입 가압하여 각 윤활부로 공급한다.

답 : ②

17 윤활장치에 사용하고 있는 오일 펌프의 종류에 속하지 않는 것은?

① 기어 펌프 ② 원심 펌프
③ 베인 펌프 ④ 로터리 펌프

오일 펌프의 종류에는 기어 펌프, 베인 펌프, 로터리 펌프, 플런저 펌프가 있다.

답 : ②

18 4행정 사이클 기관에 주로 사용하고 있는 오일 펌프는?

① 로터리 펌프와 기어 펌프
② 로터리 펌프와 나사 펌프
③ 원심 펌프와 플런저 펌프
④ 기어 펌프와 플런저 펌프

4행정 사이클 기관에서는 로터리 펌프와 기어 펌프를 주로 사용한다.

답 : ①

19 기관에서 사용하는 여과장치에 속하지 않는 것은?

① 공기청정기
② 인젝션 타이머
③ 오일 스트레이너
④ 오일 필터

답 : ②

20 기관의 윤활장치에서 사용하는 엔진오일의 여과방식에 속하지 않는 것은?

① 분류식 ② 샨트식
③ 전류식 ④ 합류식

기관오일의 여과방식에는 분류식, 샨트식, 전류식이 있다.

답 : ④

21 윤활장치에서 바이패스 밸브가 작동하는 시기는?

① 오일이 오염되었을 때 작동한다.
② 오일여과기가 막혔을 때 작동한다.
③ 오일이 과냉되었을 때 작동한다.
④ 엔진시동 시 항상 작동한다.

바이패스 밸브는 오일여과기가 막혔을 때 작동한다.

답 : ②

22 기관오일의 압력이 높아지는 원인에 속하지 않는 것은?

① 릴리프 스프링의 장력이 강하다.
② 기관오일의 점도가 낮다.
③ 기관오일의 점도가 높다.
④ 추운 겨울철에 기관을 가동하고 있다.

오일의 점도가 낮으면 오일압력이 낮아진다.

답 : ②

23 엔진오일의 압력이 낮아지는 원인에 속하지 않는 것은?

① 오일에 다량의 연료가 혼입되었다.
② 오일 파이프가 파손되었다.
③ 오일 펌프가 고장 났다.
④ 프라이밍 펌프가 파손되었다.

프라이밍 펌프는 기계제어 디젤기관의 연료장치 공기빼기를 할 때 사용한다.

답 : ④

24 굴착기 기관에 설치된 오일냉각기의 기능은?

① 기관오일의 압력을 일정하게 유지한다.
② 기관오일에 혼입된 수분과 슬러지 등을 제거한다.
③ 기관오일의 온도를 정상온도로 일정하게 유지한다.
④ 기관오일의 온도를 30℃ 이하로 유지한다.

오일냉각기는 냉각수를 이용하여 오일온도를 정상온도로 일정하게 유지한다.

답 : ③

25 기관의 윤활유 소모가 많아지는 주요 원인은?

① 비산과 압력 ② 연소와 누설
③ 비산과 희석 ④ 희석과 혼합

윤활유의 소비가 증대되는 주요 원인은 "연소와 누설"이다.

답 : ②

26 엔진오일이 많이 소비되는 원인에 속하지 않는 것은?

① 실린더 벽의 마모가 심하다.
② 피스톤 링의 마모가 심하다.
③ 밸브 가이드의 마모가 심하다.
④ 기관의 압축압력이 높다.

기관오일의 소비가 많아지는 원인은 실린더 벽의 마모가 심할 때, 피스톤링의 마모가 심할 때, 밸브 가이드의 마모가 심할 때 등이다.

답 : ④

27 엔진에서 오일의 온도가 상승하는 원인과 관계 없는 것은?

① 오일의 점도가 부적당하다.
② 오일냉각기가 불량하다.
③ 과부하 상태에서 연속으로 작업하고 있다.
④ 기관오일의 유량이 과다하다.

오일의 온도가 상승하는 원인은 과부하 상태에서의 연속작업, 오일 냉각기의 불량, 오일의 점도가 부적당할 때, 기관 오일량의 부족 등이다.

답 : ④

28 기관의 윤활유를 교환 후 윤활유 압력이 높아졌다면 그 원인은?

① 오일의 점도가 높은 것으로 교환하였다.
② 오일의 점도가 낮은 것으로 교환하였다.
③ 엔진오일 교환 시 연료가 흡입되었다.
④ 오일회로 내 누설이 발생하였다.

오일 점도가 높은 것을 사용하면 윤활유 압력이 높아진다.

답 : ①

29 기관에 작동 중인 엔진오일에 가장 많이 포함된 이물질은?

① 유입먼지 ② 카본(carbon)
③ 산화물 ④ 금속분말

답 : ②

30 엔진오일이 공급되는 장치에 속하지 않는 것은?

① 피스톤 ② 습식 공기청정기
③ 차동장치 ④ 크랭크축

차동장치에는 기어오일을 주유한다.

답 : ③

03 연료장치 구조와 기능

1 기계제어 디젤엔진 연료장치

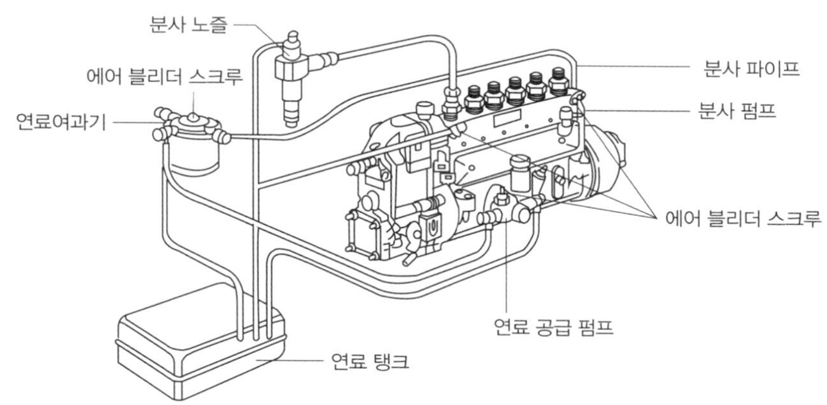

기계제어 디젤엔진 연료장치의 구성

(1) 연료탱크(fuel tank)

연료탱크는 연료를 저장하는 용기이며, 특히 겨울철에는 공기 중의 수증기가 응축하여 물이 되어 들어가므로 연료탱크 내에 연료를 가득 채워 두어야 한다.

(2) 연료공급펌프(feed pump)

연료공급펌프는 연료탱크 내의 연료를 흡입·가압하여 분사펌프로 보내는 장치이며, 연료계통에 공기가 침입하였을 때 공기빼기 작업을 하는 프라이밍 펌프가 있다.

(3) 연료여과기(fuel filter)

연료여과기는 연료 속의 먼지나 수분을 제거 분리한다.

(4) 분사펌프(injection pump)

분사펌프는 연료공급펌프에서 보내준 저압의 연료를 고압으로 형성하여 분사노즐로 보낸다. 그 구조는 펌프 하우징, 캠축, 태핏, 플런저와 배럴, 딜리버리 밸브, 분사시기 조정용 타이머, 연료 분사량 조정용 조속기 등으로 되어 있다.

(5) 분사노즐(injection nozzle)

분사노즐은 분사펌프에서 보내준 고압의 연료를 미세한 안개 모양으로 연소실 내에 분사한다.

2 전자제어 디젤엔진 연료장치(커먼레일 방식)

(1) 전자제어 디젤엔진 연료장치의 장점

① 유해배출가스를 감소시킬 수 있다.
② 연료소비율을 향상시킬 수 있다.
③ 엔진의 성능을 향상시킬 수 있다.

④ 운전성능을 향상시킬 수 있다.
⑤ 밀집된(compact) 설계 및 경량화를 이룰 수 있다.
⑥ 모듈(module)화 장치가 가능하다.

(2) 전자제어 디젤엔진의 연소과정

① 파일럿 분사(pilot injection ; 착화분사) : 파일럿 분사는 주분사가 이루어지기 전에 연료를 분사하여 연소가 원활히 되도록 한다.
② 주분사(main injection) : 주분사는 파일럿 분사 실행 여부를 고려하여 연료분사량을 조절한다.
③ 사후분사(post injection) : 사후분사는 유해배출가스 감소를 위해 사용한다.

(3) 전자제어 디젤엔진의 연료장치

① 저압연료펌프 : 연료펌프 릴레이로부터 전원을 받아 작동하며, 저압의 연료를 고압연료펌프로 보낸다.
② 연료여과기 : 연료 속의 수분 및 이물질을 여과하며, 연료가열장치가 설치되어 있어 겨울철에 냉각된 엔진을 시동할 때 연료를 가열한다.
③ 고압연료펌프 : 저압연료펌프에서 공급된 연료를 약 1,350bar의 높은 압력으로 압축하여 커먼레일로 보낸다.
④ 커먼레일(common rail) : 고압연료펌프에서 공급된 연료를 저장하며, 연료를 각 실린더의 인젝터로 분배해 준다. 연료압력센서와 연료압력조절밸브가 설치되어 있다.
⑤ 연료압력조절밸브 : 고압연료펌프에서 커먼레일에 압송된 연료의 복귀량을 제어하여 엔진 작동상태에 알맞은 연료압력으로 제어한다.
⑥ 고압파이프 : 커먼레일에 공급된 높은 압력의 연료를 각 인젝터로 공급한다.
⑦ 인젝터 : 높은 압력의 연료를 컴퓨터의 전류제어를 통하여 연소실에 미립형태로 분사한다.

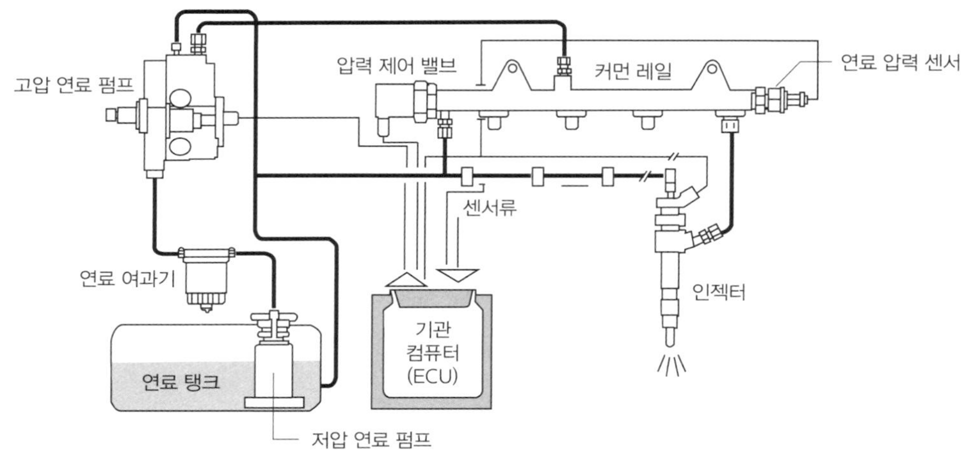

전자제어 디젤엔진 연료장치의 구성

(4) 컴퓨터(ECU)의 입력요소자

① 연료압력센서(RPS, rail pressure sensor) : 커먼레일 내의 연료압력을 검출하여 컴퓨터(ECU)로 입력시킨다.

② 공기유량센서(AFS, air flow sensor) : 열막 방식을 이용한다. 작용은 EGR(배기가스 재순환) 피드백 제어이며, 스모그 제한 부스터 압력제어용으로 사용한다.

③ 흡기온도센서(ATS, air temperature sensor) : 부특성 서미스터를 사용하며, 각종 제어(연료분사량, 분사시기, 엔진을 시동할 때 연료분사량 제어 등)의 보정신호로 사용된다.

④ 연료온도센서(FTS, fuel temperature sensor) : 부특성 서미스터를 사용하며, 연료온도에 따른 연료분사량 보정신호로 사용된다.

⑤ 수온센서(WTS, water temperature sensor) : 부특성 서미스터를 사용하며 냉간 시동에서 연료분사량을 증가시켜 원활한 시동이 될 수 있도록 엔진의 냉각수 온도를 검출한다.

⑥ 크랭크축 위치센서(CPS, crank shaft position sensor) : 크랭크축과 일체로 된 센서 휠(sensor wheel)의 돌기를 검출하여 크랭크축의 각도 및 피스톤의 위치, 엔진 회전속도 등을 검출한다.

⑦ 캠축 위치센서(CMP, cam shaft position sensor) : 캠축에 설치되어 캠축 1회전(크랭크축 2회전)당 1개의 펄스신호를 발생시켜 컴퓨터로 입력시킨다.

⑧ 가속페달 위치센서(APS, accelerator sensor) : 운전자의 의지를 컴퓨터로 전달하는 센서이며, 센서 1에 의해 연료분사량과 분사시기가 결정되며, 센서 2는 센서 1을 감시하는 기능으로 차량의 급출발을 방지하기 위한 것이다.

출제 예상 문제

01 디젤기관에서 사용하는 연료의 구비조건으로 옳은 것은?

① 발열량이 클 것
② 착화점이 높을 것
③ 점도가 높고 약간의 수분이 섞여 있을 것
④ 황(S)의 함유량이 클 것

연료는 발열량이 크고 연소속도가 빠르고, 착화점이 낮고, 황(S) 함유량이 적어야 한다.

답 : ①

02 연료의 세탄가와 가장 밀접한 관련이 있는 것은?

① 착화성 ② 폭발압력
③ 열효율 ④ 인화성

연료의 세탄가란 착화성을 표시하는 수치이다.

답 : ①

03 연료 취급에 대한 설명으로 옳지 않은 것은?

① 정기적으로 드레인콕을 열어 연료탱크 내의 수분을 제거한다.
② 연료 주입 시 물이나 먼지 등의 불순물이 혼합되지 않도록 주의한다.
③ 연료 주입은 운전 중에 하는 것이 효과적이다.
④ 연료를 취급할 때에는 화기에 주의한다.

연료 주입은 작업 후에 하는 것이 효과적이다.

답 : ③

04 디젤기관 연소과정에서 연소 4단계에 속하지 않는 것은?

① 후기연소기간(후연소기간)
② 화염전파기간(폭발연소기간)
③ 전기연소기간(전연소기간)
④ 직접연소기간(제어연소기간)

디젤엔진의 연소과정은 착화지연기간→화염전파기간→직접연소기간→후연소기간으로 이루어진다.

답 : ③

05 디젤엔진 연소과정 중 연소실 내에 분사된 연료가 착화될 때까지의 지연되는 기간으로 옳은 것은?

① 착화지연기간 ② 화염전파기간
③ 직접연소기간 ④ 후 연소시간

착화지연기간은 연소실 내에 분사된 연료가 착화될 때까지의 지연되는 기간으로 약 1/1,000~4/1,000초 정도이다.

답 : ①

06 디젤기관에서 착화지연기간이 길어져 실린더 내에 연소 및 압력상승이 급격하게 일어나는 현상은?

① 정상연소 ② 가솔린 노크
③ 디젤 노크 ④ 조기점화

디젤기관의 노크는 착화지연기간이 길어져 실린더 내의 연소 및 압력상승이 급격하게 일어나는 현상이다.

답 : ③

07 **디젤기관에서 노킹을 일으키는 원인은?**

① 흡입공기의 온도가 높을 때
② 연소실에 누적된 연료가 많아 일시에 연소할 때
③ 착화지연기간이 짧을 때
④ 연료에 공기가 혼입되었을 때

디젤기관의 노킹은 연소실에 누적된 연료가 많아 일시에 연소할 때 발생한다.

답 : ②

08 **디젤기관의 노킹 발생원인에 속하지 않는 것은?**

① 세탄가가 높은 연료를 사용하였을 때
② 분사노즐의 분무상태가 불량할 때
③ 착화기간 중 연료분사량이 많을 때
④ 기관이 과도하게 냉각되었을 때

디젤기관의 노킹은 세탄가가 낮은 연료를 사용하였을 때 발생한다.

답 : ①

09 **디젤기관의 노크 방지방법으로 옳지 않은 것은?**

① 세탄가가 높은 연료를 사용할 것
② 실린더 벽의 온도를 낮출 것
③ 흡기압력을 높일 것
④ 압축비를 높일 것

디젤기관의 노크 방지방법은 흡기압력과 온도, 압축비와 실린더(연소실) 벽의 온도를 높이는 것이다.

답 : ②

10 **노킹이 발생하였을 때 기관에 미치는 영향에 속하지 않는 것은?**

① 연소실 온도가 상승한다.
② 엔진에 손상이 발생할 수 있다.
③ 배기가스의 온도가 상승한다.
④ 출력이 저하된다.

노킹이 발생되면 기관회전속도, 기관출력, 흡기효율이 저하하며, 기관이 과열하고, 실린더 벽과 피스톤에 손상이 발생할 수 있다.

답 : ③

11 **디젤기관 연료장치의 구성부품에 속하지 않는 것은?**

① 분사노즐 ② 예열플러그
③ 연료공급펌프 ④ 연료여과기

예열플러그는 디젤기관의 시동보조장치이다.

답 : ②

12 **디젤엔진의 연료탱크에서 분사노즐까지 연료의 공급순서로 옳은 것은?**

① 연료탱크→연료공급펌프→연료여과기→분사펌프→분사노즐
② 연료탱크→연료여과기→분사펌프→연료공급펌프→분사노즐
③ 연료탱크→연료공급펌프→분사펌프→연료여과기→분사노즐
④ 연료탱크→분사펌프→연료여과기→연료공급펌프→분사노즐

연료 공급순서는 연료탱크→연료공급펌프→연료여과기→분사펌프→분사노즐이다.

답 : ①

13 굴착기 작업 후 연료탱크에 연료를 가득 채워주는 목적과 관계 없는 것은?

① 다음(내일)의 작업을 준비하기 위함이다.
② 연료압력을 높이기 위함이다.
③ 연료의 기포를 방지하기 위함이다.
④ 연료탱크에 수분이 생기는 것을 방지하기 위함이다.

답 : ②

14 디젤기관의 연료계통에서 응축수가 생기면 시동이 어렵게 되는데 이 응축수는 어느 계절에 주로 발생하는가?

① 겨울 ② 봄
③ 여름 ④ 가을

연료계통의 응축수는 주로 겨울에 많이 발생한다.

답 : ①

15 굴착기 운전자가 연료탱크의 배출 콕을 열었다가 잠그는 작업을 하고 있다면, 무엇을 배출하기 위한 작업인가?

① 공기를 배출하기 위한 작업
② 수분과 오물을 배출하기 위한 작업
③ 엔진오일을 배출하기 위한 작업
④ 유압유를 배출하기 위한 작업

연료탱크의 배출 콕(드레인 플러그)을 열었다가 잠그는 것은 수분과 오물을 배출하기 위함이다.

답 : ②

16 디젤기관 연료여과기의 기능은?

① 연료파이프 내의 압력을 높여준다.
② 연료분사량을 증가시켜 준다.
③ 연료 속의 이물질이나 수분을 제거 분리한다.
④ 엔진오일의 먼지나 이물질을 걸러낸다.

답 : ③

17 디젤기관 연료여과기에 설치된 오버플로밸브(over flow valve)의 기능과 관계 없는 것은?

① 연료여과기 각 부분을 보호한다.
② 인젝터의 연료분사시기를 제어한다.
③ 운전 중 공기배출 작용을 한다.
④ 연료공급펌프 소음발생을 억제한다.

오버플로밸브는 운전 중 연료계통의 공기배출, 연료공급펌프의 소음발생 억제, 연료여과기 각 부분 보호, 연료압력의 지나친 상승을 방지한다.

답 : ②

18 디젤기관 연료장치에서 연료필터의 공기를 배출하기 위해 설치된 것은?

① 글로플러그 ② 오버플로밸브
③ 코어플러그 ④ 벤트 플러그

- 벤트 플러그(vent plug)는 연료장치의 공기를 배출하기 위해 사용한다.
- 드레인 플러그(drain plug)는 액체를 배출하기 위해 사용한다.

답 : ④

19 연료탱크의 연료를 분사펌프 저압부분까지 공급하는 장치는?

① 연료분사펌프 ② 연료공급펌프
③ 인젝션 펌프 ④ 로터리 펌프

연료공급펌프는 연료탱크 내의 연료를 연료여과기를 거쳐 분사펌프의 저압부분으로 공급한다.

답 : ②

20 디젤기관 연료장치의 분사펌프에서 프라이밍 펌프를 사용하여야 하는 시기는?

① 기관의 출력을 증가시키고자 할 때
② 연료의 분사압력을 측정할 때
③ 연료의 분사량을 가감할 때
④ 연료계통의 공기배출을 할 때

프라이밍 펌프는 연료공급펌프에 설치되어 있으며, 분사펌프로 연료를 보내거나 연료계통의 공기를 배출할 때 사용한다.

답 : ④

21 디젤기관의 연료장치에서 공기빼기를 할 수 있는 부분에 속하지 않는 것은?

① 분사노즐 상단의 피팅 부분
② 연료탱크의 드레인 플러그
③ 분사펌프의 에어 브리드 스크루
④ 연료여과기의 벤트 플러그

드레인 플러그(drain plug)는 액체를 배출하기 위해 사용한다.

답 : ②

22 디젤기관의 연료라인에 공기가 혼입되었을 때의 현상으로 옳은 것은?

① 연료분사량이 많아진다.
② 디젤 노크가 일어난다.
③ 기관 부조 현상이 발생된다.
④ 분사압력이 높아진다.

연료에 공기가 흡입되면 공기가 연료의 공급을 방해하므로 기관이 부조를 일으킨다. 즉 기관의 회전이 불량해진다.

답 : ③

23 디젤기관의 연료장치에서 공기빼기를 하여야 하는 경우에 속하지 않는 것은?

① 연료탱크 내의 연료가 결핍되어 보충한 때
② 연료호스나 파이프 등을 교환한 때
③ 예열이 안 되어 예열플러그를 교환한 때
④ 연료여과기의 교환, 분사펌프를 탈·부착한 때

연료라인의 공기빼기 작업은 연료탱크 내의 연료가 결핍되어 보충한 경우, 연료호스나 파이프 등을 교환한 경우, 연료여과기를 교환한 경우, 분사펌프를 탈·부착한 경우 등에 한다.

답 : ③

24 디젤기관의 연료장치 공기빼기 순서로 옳은 것은?

① 연료여과기→연료공급펌프→분사펌프
② 연료공급펌프→분사펌프→연료여과기
③ 연료여과기→분사펌프→연료공급펌프
④ 연료공급펌프→연료여과기→분사펌프

연료장치 공기빼기 순서는 연료공급펌프→연료여과기→분사펌프이다.

답 : ④

25 프라이밍 펌프를 사용하여 디젤기관 연료장치 내에 있는 공기를 배출하기 어려운 부분은?

① 분사노즐 ② 연료여과기
③ 분사펌프 ④ 연료공급펌프

분사노즐은 기관을 크랭킹 시키면서 공기빼기를 한다.

답 : ①

26 디젤기관에서 주행 중 시동이 꺼지는 원인에 속하지 않는 것은?

① 연료여과기가 막혔다.
② 프라이밍 펌프가 작동하지 않는다.
③ 연료파이프에서 누설이 있다.
④ 분사파이프 내에 기포가 있다.

기관 가동 중 시동이 꺼지는 원인은 연료의 결핍, 연료탱크 내의 오물이 연료장치에 유입된 경우, 연료파이프에서 누설되는 경우, 연료여과기가 막힌 경우, 연료장치 내에 기포가 유입된 경우 등이다.

답 : ②

27 디젤기관에 공급하는 연료의 압력을 높이는 것으로 조속기와 타이머가 설치되어 있는 장치는?

① 원심펌프 ② 연료분사펌프
③ 프라이밍 펌프 ④ 유압펌프

분사펌프는 연료를 압축하여 분사순서에 맞추어 노즐로 압송시키는 장치이며, 조속기와 분사시기를 조절하는 장치가 설치되어 있다.

답 : ②

28 디젤기관의 연료분사펌프에서 연료분사량 조정방법은?

① 리밋슬리브를 조정한다.
② 프라이밍 펌프를 조정한다.
③ 컨트롤 슬리브와 피니언의 관계위치를 변화하여 조정한다.
④ 플런저 스프링의 장력을 조정한다.

연료분사량에 차이가 있으면 분사펌프 내의 컨트롤 슬리브와 피니언의 관계위치를 변화시켜 조정한다.

답 : ③

29 디젤기관에서 분사펌프의 플런저와 배럴 사이의 윤활은?

① 그리스 ② 경유
③ 유압유 ④ 기관오일

분사펌프의 플런저와 배럴 사이 및 분사노즐의 윤활은 경유로 한다.

답 : ②

30 디젤기관 인젝션 펌프에서 딜리버리 밸브의 기능에 속하지 않는 것은?

① 잔압유지 ② 후적방지
③ 유량조정 ④ 역류방지

딜리버리 밸브는 연료의 역류를 방지하고, 분사노즐의 후적을 방지하며, 잔압을 유지시킨다.

답 : ③

31 기관의 부하에 따라 자동적으로 연료분사량을 가감하여 최고회전속도를 제어하는 장치는?

① 조속기 ② 캠축
③ 플런저펌프 ④ 타이머

조속기(거버너)는 기관의 부하에 따라 자동적으로 연료분사량을 가감하여 최고회전속도를 제어한다.

답 : ①

32 디젤기관에서 인젝터 간 연료분사량이 일정하지 않을 때 일어나는 현상은?

① 출력은 향상되나 기관은 부조를 한다.
② 연소 폭발음의 차이가 있으며 기관은 부조를 한다.
③ 연료분사량에 관계없이 기관은 순조로운 회전을 한다.
④ 연료소비에는 관계가 있으나 기관 회전에는 영향은 미치지 않는다.

인젝터 간 연료분사량이 일정하지 않으면 연소 폭발음의 차이가 있으며 기관은 부조를 하게 된다.

답 : ②

33 디젤기관에서 회전속도에 따라 연료의 분사시기를 제어하는 장치는?

① 타이머 ② 기화기
③ 과급기 ④ 조속기

타이머(timer)는 기관의 회전속도에 따라 자동적으로 분사시기를 조정하여 운전을 안정시킨다.

답 : ①

34 디젤기관에서 연료분사펌프로부터 보내진 고압의 연료를 미세한 안개모양으로 연소실에 분사하는 장치는?

① 분사펌프 ② 연료공급펌프
③ 분사노즐 ④ 커먼레일

분사노즐은 분사펌프에 보내준 고압의 연료를 연소실에 안개모양으로 분사하는 부품이다.

답 : ③

35 디젤기관 노즐(nozzle)의 연료분사 3대 요건에 속하지 않는 것은?

① 착화 ② 무화
③ 관통력 ④ 분포

연료분사의 3대 요소는 무화(안개화), 분포(분산), 관통력이다.

답 : ①

36 분사노즐 시험기로 점검할 수 있는 사항은?

① 분사개시 압력과 후적
② 분포상태와 플런저의 성능
③ 분사개시 압력과 분사속도
④ 분포상태와 분사량

노즐테스터는 분포(분무)상태, 분사각도, 후적 유무, 분사개시 압력 등을 점검할 수 있다.

답 : ①

37 커먼레일 디젤엔진의 연료장치 구성부품에 속하지 않는 것은?

① 커먼레일 ② 분사펌프
③ 고압연료펌프 ④ 인젝터

커먼레일 디젤엔진의 연료장치는 연료탱크, 연료필터, 저압연료펌프, 고압연료펌프, 커먼레일, 인젝터 등이다.

답 : ②

38 **커먼레일 디젤엔진 연료장치의 저압계통과 관계 없는 장치는?**

① 연료여과기 ② 연료 스트레이너
③ 커먼레일 ④ 저압연료펌프

커먼레일은 고압연료펌프로부터 이송된 고압연료가 저장되는 부품으로 인젝터가 설치되어 있어 모든 실린더에 공통으로 연료를 공급하는 데 사용된다.

답 : ③

39 **커먼레일 디젤기관의 압력제한밸브에 대한 설명으로 옳지 않은 것은?**

① 연료압력이 높으면 연료의 일부분이 연료탱크로 되돌아간다.
② 커먼레일과 같은 라인에 설치되어 있다.
③ 기계식 밸브가 많이 사용된다.
④ 운전조건에 따라 커먼레일의 압력을 제어한다.

압력제한밸브는 커먼레일에 설치되어 있으며 커먼레일 내의 연료압력이 규정값보다 높아지면 열려 연료의 일부를 연료탱크로 복귀시킨다.

답 : ③

40 **기관에서 연료압력이 너무 낮을 때의 원인과 관계 없는 것은?**

① 연료펌프의 공급압력이 누설되었다.
② 연료압력 레귤레이터에 있는 밸브의 밀착이 불량하여 리턴포트 쪽으로 연료가 누설되었다.
③ 연료필터가 막혔다.
④ 리턴호스에서 연료가 누설되었다.

리턴호스는 연료장치에서 사용하고 남은 연료가 연료탱크로 복귀하는 호스이므로 연료압력에는 영향을 주지 않는다.

답 : ④

41 **커먼레일 디젤기관에서 크랭킹은 되는데 기관이 시동되지 않을 때 점검부위에 속하지 않는 것은?**

① 인젝터
② 분사펌프 딜리버리 밸브
③ 연료탱크 유량
④ 커먼레일 압력

분사펌프 딜리버리 밸브는 연료의 역류와 후적을 방지하고 고압파이프에 잔압을 유지시키는 작용을 한다.

답 : ②

42 **커먼레일 디젤기관의 연료압력센서(RPS)에 대한 설명으로 옳지 않은 것은?**

① 반도체 피에조 소자방식이다.
② 이 센서가 고장이면 시동이 꺼진다.
③ RPS의 신호를 받아 연료분사량을 조정하는 신호로 사용한다.
④ RPS의 신호를 받아 연료분사시기를 조정하는 신호로 사용한다.

연료압력센서(RPS)는 반도체 피에조 소자이며, 이 센서의 신호를 받아 ECU는 연료분사량 및 분사시기 조정신호로 사용한다. 고장이 발생하면 페일 세이프로 진입하여 연료압력을 400bar로 고정시킨다.

답 : ②

43 **커먼레일 디젤기관의 공기유량센서(AFS)로 많이 사용하는 방식은?**

① 칼만와류 방식 ② 열막 방식
③ 베인 방식 ④ 피토관 방식

공기유량센서(air flow sensor)는 열막(hot film) 방식을 사용한다.

답 : ②

44 커먼레일 디젤기관의 공기유량센서(AFS)에 대한 설명으로 옳지 않은 것은?

① 열막 방식을 사용한다.
② 연료량 제어기능을 주로 한다.
③ EGR 피드백 제어기능을 주로 한다.
④ 스모그 제한 부스터 압력제어용으로 사용한다.

공기유량센서의 기능은 EGR 피드백 제어와 스모그 제한 부스트 압력제어이다.

답 : ②

45 커먼레일 디젤기관의 흡기온도센서(ATS)에 대한 설명과 관계 없는 것은?

① 부특성 서미스터이다.
② 분사시기 제어보정 신호로 사용된다.
③ 연료량 제어보정 신호로 사용된다.
④ 주로 냉각팬 제어신호로 사용된다.

흡기온도센서는 부특성 서미스터를 이용하며, 분사시기와 연료분사량 제어보정 신호로 사용된다.

답 : ④

46 전자제어 디젤엔진의 회전수를 검출하여 연료 분사순서와 분사시기를 결정하는 센서는?

① 냉각수 온도센서
② 가속페달 위치센서
③ 크랭크축 위치센서
④ 엔진오일 온도센서

크랭크축 위치센서(CPS, CKP)는 크랭크축의 각도 및 피스톤의 위치, 기관회전속도 등을 검출한다.

답 : ③

47 커먼레일 디젤기관의 센서의 작용에 대한 설명으로 옳지 않은 것은?

① 수온센서는 기관의 온도에 따른 냉각팬 제어신호로 사용된다.
② 연료온도센서는 연료온도에 따른 연료량 보정신호로 사용된다.
③ 수온센서는 기관온도에 따른 연료량을 증감하는 보정신호로 사용된다.
④ 크랭크 포지션 센서는 밸브개폐시기를 감지한다.

답 : ④

48 커먼레일 디젤기관의 가속페달 포지션 센서에 대한 설명과 관계 없는 것은?

① 가속페달 포지션 센서 1은 연료량과 분사시기를 결정한다.
② 가속페달 포지션 센서 2는 센서 1을 검사하는 센서이다.
③ 가속페달 포지션 센서 3은 연료온도에 따른 연료량 보정신호로 사용한다.
④ 가속페달 포지션 센서는 운전자의 의지를 전달하는 센서이다.

가속페달 위치센서는 운전자의 의지를 ECU로 전달하는 센서이며, 센서 1에 의해 연료분사량과 분사시기가 결정된다. 센서 2는 센서 1을 검사하는 기능으로 차량의 급출발을 방지하기 위한 것이다.

답 : ③

49 커먼레일 디젤기관의 연료장치에서 출력요소에 속하는 것은?

① 엔진 ECU
② 공기유량센서
③ 브레이크 스위치
④ 인젝터

인젝터는 엔진-ECU의 신호에 의해 연료를 분사하는 출력요소이다.

답 : ④

04 흡배기장치 구조와 기능

1 공기청정기(air cleaner)

공기청정기는 흡입공기 여과와 흡입소음을 감소시키며, 엘리먼트가 막히면 배기가스 색깔은 흑색이 되고, 엔진의 출력은 저하한다. 건식 공기청정기의 경우 엘리먼트는 압축공기로 안쪽에서 바깥쪽으로 불어내어 청소하여야 한다.

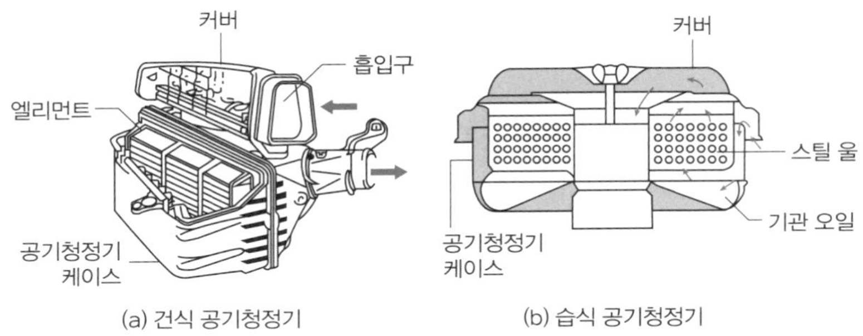

공기청정기의 종류

2 과급기(turbo charger)

과급기(터보차저)는 흡입공기량을 증가시켜 엔진의 출력을 증대(엔진의 중량은 10~15% 정도 증가하나 출력은 35~45% 증가)시키는 장치이다. 그리고 과급기가 부착된 엔진은 다음 사항에 주의하여야 한다.

① 엔진을 시동한 후 2~3분 정도 공회전 시킨다.
② 엔진의 시동을 정지하기 전에 1~2분 정도 공회전 시킨다.
③ 엔진을 시동한 즉시 급가속을 하지 않는다.
④ 엔진을 장시간 공회전 시켜서는 안 된다.
⑤ 공기청정기와 엔진오일은 규정된 시기에 교환하여야 한다.

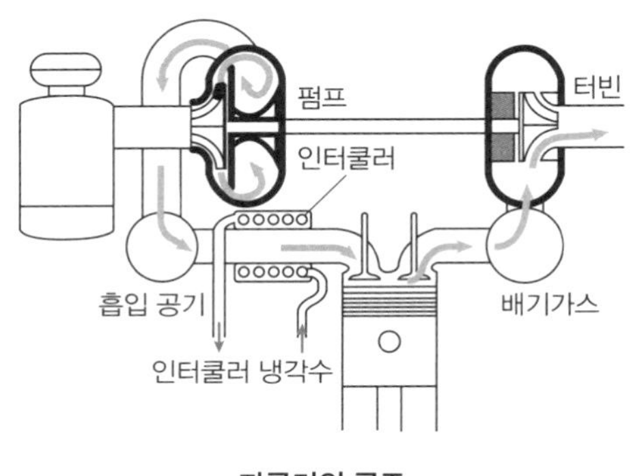

과급기의 구조

3 소음기(muffler, 머플러)

소음기를 부착하면 배기소음은 작아지나, 배기가스의 배출이 늦어져 엔진의 출력이 저하된다. 또 소음기에 카본이 많이 끼면 엔진이 과열하며, 피스톤에 배압이 커져 출력이 저하된다.

출제 예상 문제

01 흡기장치의 구비조건으로 옳지 않은 것은?

① 흡입부에 와류가 발생할 수 있는 돌출부를 설치해야 한다.
② 균일한 분배성을 가져야 한다.
③ 연소속도를 빠르게 해야 한다.
④ 전 회전영역에 걸쳐서 흡입효율이 좋아야 한다.

공기흡입 부분에는 돌출부분이 없어야 한다.

답 : ①

02 기관에 공기청정기를 설치하는 목적은?

① 공기의 가압작용을 하기 위함이다.
② 공기의 여과와 소음을 방지하기 위함이다.
③ 연료의 여과와 소음을 방지하기 위함이다.
④ 연료의 여과와 가압을 작용하기 위함이다.

공기청정기는 흡입공기의 먼지 등을 여과하는 작용 이외에 흡기소음을 감소시킨다.

답 : ②

03 공기청정기의 통기저항을 설명한 것으로 옳지 않은 것은?

① 기관출력에 영향을 준다.
② 통기저항이 커야 한다.
③ 통기저항이 적어야 한다.
④ 연료소비에 영향을 준다.

공기청정기의 통기저항이 크면 기관의 출력이 저하되고, 연료소비에 영향을 준다.

답 : ②

04 기관에서 사용하는 공기청정기에 대한 설명으로 옳지 않은 것은?

① 공기청정기가 막히면 출력이 감소한다.
② 공기청정기가 막히면 배기색은 흑색이 된다.
③ 공기청정기는 실린더 마멸과 관계없다.
④ 공기청정기가 막히면 연소가 나빠진다.

공기청정기가 막히면 불완전연소가 일어나 실린더 마멸을 촉진한다.

답 : ③

05 공기청정기가 막혔을 때 발생하는 현상은?

① 배기색은 흰색이며, 기관의 출력은 저하된다.
② 배기색은 흰색이며, 기관의 출력은 증가한다.
③ 배기색은 무색이며, 기관의 출력은 정상이다.
④ 배기색은 검은색이며, 기관의 출력은 저하된다.

공기청정기가 막히면 배기색은 검고, 기관의 출력은 저하된다.

답 : ④

06 건식 공기청정기 세척방법은?

① 압축오일로 안에서 밖으로 불어낸다.
② 압축공기로 밖에서 안으로 불어낸다.
③ 압축공기로 안에서 밖으로 불어낸다.
④ 압축오일로 밖에서 안으로 불어낸다.

건식 공기청정기는 여과망(엘리먼트)을 정기적으로 압축공기로 안쪽에서 바깥쪽으로 불어내어 청소하여야 한다.

답 : ③

07 습식 공기청정기에 대한 설명으로 옳지 않은 것은?

① 청정효율은 공기량이 증가할수록 높아지며, 회전속도가 빠르면 효율이 좋아진다.
② 공기청정기는 일정시간 사용 후 무조건 신품으로 교환해야 한다.
③ 공기청정기 케이스 밑에는 일정한 양의 오일이 들어 있다.
④ 흡입공기는 오일로 적셔진 여과망을 통과시켜 여과시킨다.

습식 공기청정기의 엘리먼트는 스틸 울(steel wool)이므로 세척하여 다시 사용한다.

답 : ②

08 흡입공기를 선회시켜 엘리먼트 이전에서 이물질을 제거하는 공기청정기의 방식은?

① 비스키무수식 ② 습식
③ 원심분리식 ④ 건식

원심분리식은 흡입공기를 선회시켜 엘리먼트 이전에서 이물질을 제거한다.

답 : ③

09 공기청정기의 종류 중 특히 먼지가 많은 지역에 적합한 공기청정기는?

① 건식 ② 습식
③ 복합식 ④ 유조식

유조식 공기청정기는 여과효율이 낮으나 보수 관리 비용이 싸고 엘리먼트의 파손이 적으며, 영구적으로 사용할 수 있어 먼지가 많은 지역에 적합하다.

답 : ④

10 아래의 보기에서 머플러(소음기)와 관련된 설명이 옳게 조합된 것은?

보기

A. 카본이 많이 끼면 기관이 과열되는 원인이 될 수 있다.
B. 머플러가 손상되어 구멍 나면 배기소음이 커진다.
C. 카본이 쌓이면 기관 출력이 떨어진다.
D. 배기가스의 압력을 높여서 열효율을 증가시킨다.

① A, C, D ② A, B, C
③ A, B, D ④ B, C, D

답 : ②

11 소음기나 배기관 내부에 많은 양의 카본이 부착되면 배압은?

① 높아진다.
② 낮아진다.
③ 저속에서는 높아졌다가 고속에서는 낮아진다.
④ 영향을 미치지 않는다.

소음기나 배기관 내부에 많은 양의 카본이 부착되면 배압은 높아진다.

답 : ①

12 기관에서 배기상태가 불량하여 배압이 높을 때 발생하는 현상과 관계 없는 것은?

① 기관의 출력이 감소된다.
② 피스톤의 운동을 방해한다.
③ 기관이 과열된다.
④ 냉각수 온도가 내려간다.

배압이 높으면 기관이 과열하고, 피스톤의 운동을 방해하므로 기관의 출력이 감소된다.

답 : ④

13 굴착기가 작동할 때 머플러에서 검은 연기가 발생하는 원인은?

① 에어클리너가 막혔을 때
② 워터펌프 마모 또는 손상되었을 때
③ 엔진오일량이 너무 많을 때
④ 외부온도가 높을 때

머플러에서 검은 연기가 배출되는 원인은 에어클리너가 막혔을 때, 연료분사량이 과다할 때, 분사시기가 빠를 때 등이다.

답 : ①

14 디젤엔진의 배기량이 일정한 상태에서 연소실에 강압적으로 많은 공기를 공급하여 흡입효율을 높이고 출력과 회전력을 증대시키기 위한 장치는?

① 연료압축기 ② 공기압축기
③ 과급기 ④ 냉각압축 펌프

과급기는 배기량이 일정한 상태에서 연소실에 강압적으로 많은 공기를 공급하여 흡입효율(체적효율)을 높이고 기관의 출력과 토크(회전력)를 증대시키기 위한 장치이다.

답 : ③

15 디젤기관의 과급기에 관한 설명으로 옳지 않은 것은?

① 배기터빈 과급기는 주로 원심식이 가장 많이 사용된다.
② 과급기를 설치하면 엔진중량과 출력이 감소된다.
③ 흡입공기에 압력을 가해 기관에 공기를 공급한다.
④ 체적효율을 높이기 위해 인터쿨러를 사용한다.

과급기를 설치하면 엔진의 중량은 10~15% 정도 증가하고, 출력은 35~45% 정도 증가한다.

답 : ②

16 디젤기관에 과급기를 설치하였을 때의 장점에 속하지 않는 것은?

① 고지대에서도 출력의 감소가 적다.
② 압축온도의 상승으로 착화지연기간이 길어진다.
③ 기관출력이 향상된다.
④ 회전력이 증가한다.

과급기를 부착하면 압축온도 상승으로 착화지연기간이 짧아진다.

답 : ②

17 터보차저의 특징으로 가장 관계 없는 것은?

① 연료소비율과 배기가스 정화효율이 향상된다.
② 구조 및 설치가 복잡하고, 엔진의 출력저하를 가져온다.
③ 고지대 작업 시에도 엔진의 출력저하를 방지한다.
④ 기관이 고출력일 때 배기가스의 온도를 낮출 수 있다.

답 : ②

18 터보차저를 구동하는 것은?

① 엔진의 여유동력 ② 엔진의 흡입가스
③ 엔진의 배기가스 ④ 엔진의 열에너지

터보차저는 엔진의 배기가스에 의해 구동된다.

답 : ③

19 디젤기관에서 급기온도를 낮추어 배출가스를 저감시키는 장치는?

① 유닛 인젝터(unit injector)
② 인터쿨러(inter cooler)
③ 냉각팬(cooling fan)
④ 라디에이터(radiator)

인터쿨러는 터보차저에 나오는 흡입공기의 온도를 낮춰 배출가스를 저감시키는 장치이다.

답 : ②

05 냉각장치 구조와 기능

냉각장치는 작동중인 엔진의 온도를 75~95℃(실린더 헤드 물재킷 내의 온도)로 유지하기 위한 것이다.

1 수랭식 냉각장치

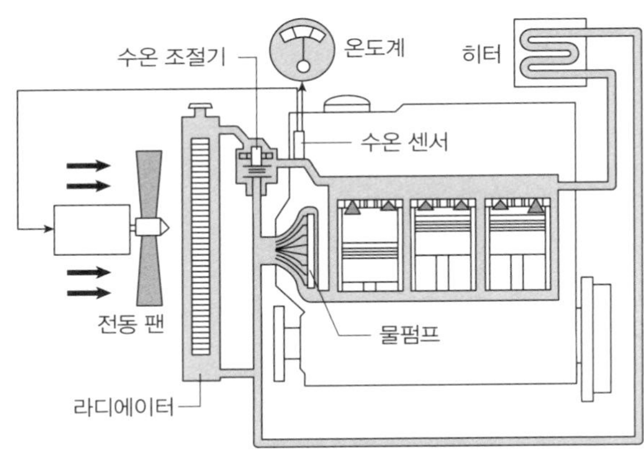

수령식 냉각장치의 구성

(1) 물재킷(water jacket)

물재킷은 실린더 블록과 헤드에 마련된 냉각수 통로이다.

(2) 물펌프(water pump)

크랭크축 풀리에서 팬벨트(V형 벨트)로 구동되며 냉각수를 순환시킨다.

(3) 냉각팬(cooling fan)

물펌프 축과 함께 회전하면서 라디에이터를 통하여 공기를 흡입하여 라디에이터 냉각을 도와준다. 최근에는 냉각수 온도에 따라 작동하는 전동 팬을 사용한다.

(4) 팬벨트(fan belt)

고무제 V벨트이며 풀리와의 접촉은 양쪽 경사진 부분에 접촉되어야 하며, 풀리의 밑 부분에 접촉하면 미끄러진다. 팬벨트는 풀리의 회전을 정지시킨 후 걸어야 한다.

(5) 라디에이터(radiator ; 방열기)

라디에이터는 엔진 내에서 뜨거워진 냉각수를 냉각시켜주는 기구이다.

(6) 라디에이터 캡

라디에이터 캡은 냉각장치 내의 비등점(끓는점)을 높이기 위해 압력 캡을 사용한다.

(7) 수온조절기(thermostat ; 정온기)

수온조절기는 냉각수 온도에 따라 개폐되어 엔진의 온도를 알맞게 유지한다.

2 냉각수와 부동액

(1) 냉각수

냉각수는 증류수·빗물·수돗물 등의 연수를 사용한다.

(2) 부동액

에틸렌글리콜, 메탄올(알코올), 글리세린 등이 있으며, 현재는 에틸렌글리콜을 주로 사용한다. 에틸렌글리콜은 물과 50:50의 비율로 혼합하면 -45℃까지 얼지 않으며, 팽창계수과 금속부식성이 크기 때문에 정기적으로(2~3년) 교환하여야 한다.

3 엔진의 과열원인

① 팬벨트의 장력이 적거나 파손되었을 때
② 냉각팬이 파손되었을 때
③ 라디에이터 호스가 파손되었을 때
④ 라디에이터 코어가 20% 이상 막혔을 때
⑤ 라디에이터 코어가 파손되었거나 오손되었을 때
⑥ 물펌프의 작동이 불량하거나 고장이 났을 때
⑦ 수온조절기(정온기)가 닫힌 채 고장이 났을 때
⑧ 수온조절기가 열리는 온도가 너무 높을 때
⑨ 물재킷 내에 스케일(물때)이 많이 쌓여 있을 때
⑩ 냉각수의 양이 부족할 때

출제 예상 문제

01 엔진 내부의 연소를 통해 일어나는 열에너지가 기계적 에너지로 바뀌면서 뜨거워진 엔진을 물로 냉각하는 방식은?

① 유랭식 ② 공랭식
③ 수랭식 ④ 가스 순환식

수랭식은 냉각수를 이용하여 기관 내부를 냉각하는 방식이다.

답 : ③

02 기관의 온도계는 어느 부분의 온도를 나타내는가?

① 연소실 내의 온도를 표시한다.
② 유압유의 온도를 표시한다.
③ 기관오일의 온도를 표시한다.
④ 냉각수의 온도를 표시한다.

수랭식 기관의 냉각수 온도는 실린더 헤드 물재킷의 온도이다.

답 : ④

03 엔진 작동에 필요한 냉각수 온도의 최적조건 범위는?

① 0~5℃ ② 10~45℃
③ 75~95℃ ④ 110~120℃

수랭식 엔진의 정상작동 온도는 75~95℃ 정도이다.

답 : ③

04 엔진과열 시 일어나는 현상에 속하지 않는 것은?

① 금속이 빨리 산화되고 변형되기 쉽다.
② 연료소비율이 줄고, 효율이 향상된다.
③ 윤활유 점도저하로 유막이 파괴될 수 있다.
④ 각 작동부분이 열팽창으로 고착될 수 있다.

엔진이 과열하면 각 작동부분이 열팽창으로 고착될 우려가 있고, 윤활유의 점도저하로 유막이 파괴될 수 있으며, 금속이 빨리 산화되고 변형되기 쉽다.

답 : ②

05 디젤엔진의 과냉 시 발생할 수 있는 사항과 관계 없는 것은?

① 엔진의 회전저항이 감소한다.
② 블로바이 현상이 발생된다.
③ 연료소비량이 증대된다.
④ 압축압력이 저하된다.

엔진이 과냉되면 엔진의 회전저항이 증가하고, 블로바이 현상이 발생하여 압축압력이 저하하며, 연료소비량이 증대된다.

답 : ①

06 기관의 냉각장치에 속하지 않는 부품은?

① 수온조절기 ② 릴리프 밸브
③ 냉각팬 및 벨트 ④ 방열기

릴리프 밸브는 윤활장치나 유압장치에서 유압을 규정 값으로 제어한다.

답 : ②

07 기관의 온도를 일정하게 유지하기 위해 설치된 물 통로에 해당하는 것은?

① 실린더 헤드 ② 워터재킷
③ 워터밸브 ④ 오일 팬

워터재킷(water jacket)은 실린더 헤드와 실린더 블록에 설치한 물 통로이다.

답 : ②

08 물펌프에 대한 설명으로 옳지 않은 것은?

① 물펌프의 구동은 벨트를 통하여 크랭크축에 의해서 구동된다.
② 물펌프의 효율은 냉각수 온도에 비례한다.
③ 냉각수에 압력을 가하면 물펌프의 효율은 증대된다.
④ 물펌프는 주로 원심펌프를 사용한다.

물펌프는 원심펌프를 사용하며, 효율은 냉각수 온도에 반비례하고 압력에 비례한다.

답 : ②

09 기관의 냉각 팬이 회전할 때 공기가 불어가는 방향은?

① 방열기 방향 ② 상부방향
③ 하부방향 ④ 회전방향

냉각 팬이 회전할 때 공기가 불어가는 방향은 방열기 방향이다.

답 : ①

10 냉각장치에 사용되는 전동 팬에 대한 설명으로 옳지 않은 것은?

① 팬벨트가 필요 없다.
② 정상온도 이하에서는 작동하지 않고 과열일 때 작동한다.
③ 엔진이 시동되면 동시에 회전한다.
④ 냉각수 온도에 따라 작동한다.

전동 팬은 전동기로 구동하므로 팬벨트가 필요 없으며, 엔진의 시동여부에 관계없이 냉각수 온도에 따라 작동한다. 즉 정상온도 이하에서는 작동하지 않고 과열일 때 작동한다.

답 : ③

11 팬벨트와 연결되지 않는 부품은?

① 기관 오일펌프 풀리
② 발전기 풀리
③ 워터 펌프 풀리
④ 크랭크축 풀리

팬벨트는 크랭크축 풀리, 발전기 풀리, 워터펌프 풀리와 연결된다.

답 : ①

12 팬벨트의 점검과정으로 옳지 못한 것은?

① 팬벨트는 풀리의 밑 부분에 접촉되어야 한다.
② 팬벨트 조정은 발전기를 움직이면서 조정한다.
③ 팬벨트는 엄지손가락으로 눌러서(약 10kgf) 처지는 양이 13~20mm 정도로 한다.
④ 팬벨트가 너무 헐거우면 기관 과열의 원인이 된다.

팬벨트는 풀리의 양쪽 경사진 부분에 접촉되어야 한다.

답 : ①

13 냉각 팬의 벨트 유격이 너무 클 때 발생하는 현상은?

① 착화시기가 빨라진다.
② 기관 과열의 원인이 된다.
③ 강한 텐션으로 벨트가 절단된다.
④ 발전기의 과충전이 발생된다.

냉각 팬의 벨트 유격이 너무 크면(장력이 약하면) 기관 과열의 원인이 되며, 발전기의 출력이 저하한다.

답 : ②

14 기관에서 팬벨트 및 발전기 벨트의 장력이 너무 강할 경우에 발생할 수 있는 현상은?

① 기관의 밸브장치가 손상될 수 있다.
② 기관이 과열된다.
③ 발전기 베어링이 손상될 수 있다.
④ 충전부족 현상이 생긴다.

팬벨트의 장력이 너무 강하면(팽팽하면) 발전기 베어링이 손상되기 쉽다.

답 : ③

15 라디에이터(radiator)에 대한 설명으로 옳지 않은 것은?

① 냉각효율을 높이기 위해 방열 핀이 설치된다.
② 공기흐름 저항이 커야 냉각효율이 높다.
③ 라디에이터 재료 대부분은 알루미늄 합금이 사용된다.
④ 단위면적당 방열량이 커야 한다.

라디에이터는 공기흐름 저항이 적어야 냉각효율이 높다.

답 : ②

16 사용하던 라디에이터와 신품 라디에이터의 냉각수 주입량을 비교했을 때 신품으로 교환해야 할 시점은?

① 40% 이상의 차이가 발생했을 때
② 30% 이상의 차이가 발생했을 때
③ 20% 이상의 차이가 발생했을 때
④ 10% 이상의 차이가 발생했을 때

신품 라디에이터와 사용하던 라디에이터의 냉각수 주입량이 20% 이상의 차이가 발생하면 교환한다.

답 : ③

17 라디에이터 내의 냉각수가 누출될 때 일어나는 현상은?

① 냉각수 비등점이 높아진다.
② 기관이 과열한다.
③ 기관이 과냉한다.
④ 냉각수 순환이 불량해진다.

라디에이터에서 냉각수가 누출되면 냉각수량 부족으로 기관이 과열한다.

답 : ②

18 기관의 냉각장치에서 냉각수의 비등점을 높여주기 위해 설치한 부품은?

① 압력식 캡 ② 냉각핀
③ 보조탱크 ④ 코어

냉각장치 내의 비등점(비점)을 높이고, 냉각범위를 넓히기 위하여 압력식 캡을 사용한다.

답 : ①

19 압력식 라디에이터 캡에 설치된 밸브의 종류로 옳은 것은?

① 입구밸브와 진공밸브
② 입구밸브와 출구밸브
③ 압력밸브와 진공밸브
④ 압력밸브와 메인밸브

라디에이터 캡에 설치된 밸브는 압력밸브와 진공밸브이다.

답 : ③

20 압력식 라디에이터 캡에 대한 설명으로 옳은 것은?

① 냉각장치 내부압력이 부압이 되면 진공밸브는 열린다.
② 냉각장치 내부압력이 규정보다 높을 때 진공밸브는 열린다.
③ 냉각장치 내부압력이 규정보다 낮을 때 공기밸브는 열린다.
④ 냉각장치 내부압력이 부압이 되면 공기밸브는 열린다.

압력식 라디에이터 캡의 진공밸브는 냉각장치 내부압력이 부압(진공)이 되면 열리고, 압력밸브는 냉각장치 내부압력이 규정보다 높으면 열린다.

답 : ①

21 라디에이터 캡의 스프링이 파손되었을 때 일어나는 현상은?

① 냉각수 비등점이 낮아진다.
② 냉각수 순환이 빨라진다.
③ 냉각수 순환이 불량해진다.
④ 냉각수 비등점이 높아진다.

압력밸브의 스프링이 파손되거나 장력이 약해지면 비등점이 낮아져 기관이 과열되기 쉽다.

답 : ①

22 엔진의 온도를 항상 일정하게 유지하기 위하여 냉각계통에 설치한 부품은?

① 크랭크축 풀리 ② 수온조절기
③ 물펌프 풀리 ④ 벨트 장력조절기

수온조절기(정온기)는 엔진의 온도를 항상 일정하게 유지하기 위하여 냉각계통에 설치한 부품이다.

답 : ②

23 디젤기관에서 냉각수의 온도에 따라 냉각수 통로를 개폐하는 수온조절기의 설치위치는?

① 라디에이터 상부에 설치되어 있다.
② 라디에이터 하부에 설치되어 있다.
③ 실린더 블록 물재킷 입구에 설치되어 있다.
④ 실린더 헤드 물재킷 출구에 설치되어 있다.

수온조절기는 실린더 헤드 물재킷 출구에 설치한다.

답 : ④

24 냉각장치에서 사용하는 수온조절기의 종류에 속하지 않는 것은?

① 펠릿 형식 ② 마몬 형식
③ 바이메탈 형식 ④ 벨로즈 형식

수온조절기의 종류에는 바이메탈 형식, 벨로즈 형식, 펠릿 형식이 있으며, 주로 펠릿형을 사용한다.

답 : ②

25 기관의 수온조절기에 있는 바이패스(by pass) 회로의 기능은?

① 냉각수를 여과시킨다.
② 냉각 팬의 속도를 제어한다.
③ 냉각수 온도를 제어한다.
④ 냉각수의 압력을 제어한다.

수온조절기 바이패스 회로의 기능은 냉각수 온도 제어이다.

답 : ③

26 냉각장치에서 수온조절기의 열림 온도가 낮을 때 발생하는 현상은?

① 물펌프에 과부하가 발생한다.
② 엔진의 워밍업 시간이 길어진다.
③ 엔진이 과열되기 쉽다.
④ 방열기 내의 압력이 높아진다.

수온조절기의 열림 온도가 낮으면 엔진의 워밍업 시간이 길어지기 쉽다.

답 : ②

27 디젤기관을 시동시킨 후 충분한 시간이 지났는데도 냉각수 온도가 정상적으로 상승하지 않을 때 그 원인은?

① 라디에이터 코어의 막힘
② 수온조절기가 열린 채 고장
③ 물펌프의 고장
④ 냉각 팬벨트의 헐거움

기관을 시동시킨 후 충분한 시간이 지났는데도 냉각수 온도가 정상적으로 상승하지 않는 원인은 수온조절기가 열린 상태로 고장 난 경우이다.

답 : ②

28 굴착기 운전 시 계기판에서 냉각수량 경고등이 점등되는 원인이 아닌 것은?

① 냉각수량이 부족하다.
② 냉각수 통로에 스케일(물때)이 많이 퇴적되었다.
③ 라디에이터 캡이 열린 채 운행하였다.
④ 냉각계통의 물 호스가 파손되었다.

냉각수 통로에 스케일(물때)이 많이 퇴적되면 기관이 과열한다.

답 : ②

29 굴착기 작업 시 계기판에서 냉각수 경고등이 점등되었을 때 조치방법으로 옳은 것은?

① 즉시 작업을 중지하고 점검 및 정비를 받는다.
② 라디에이터를 교환한다.
③ 작업을 마친 후 곧바로 냉각수를 보충한다.
④ 오일량을 점검한다.

냉각수 경고등이 점등되면 작업을 중지하고 냉각수량 점검 및 냉각계통의 정비를 받는다.

답 : ①

30 굴착기 기관에서 사용하는 부동액의 종류에 속하지 않는 것은?

① 에틸렌글리콜 ② 알코올
③ 글리세린 ④ 메탄

부동액의 종류에는 알코올(메탄올), 글리세린, 에틸렌글리콜이 있다.

답 : ④

31 라디에이터 캡을 열어 냉각수를 점검하였을 때 엔진오일이 떠 있다면 그 원인은?

① 밸브간극이 과다하다.
② 압축압력이 높아 역화 현상이 발생하였다.
③ 실린더 헤드 개스킷이 파손되었다.
④ 피스톤 링과 실린더가 과다 마모되었다.

라디에이터에 엔진오일이 떠 있는 원인은 헤드 개스킷 파손, 헤드볼트 풀림 또는 파손, 수랭식 오일냉각기에서의 누출 때문이다.

답 : ③

32 냉각장치에서 냉각수가 줄어드는 원인과 정비방법으로 옳지 않은 것은?

① 서모스탯(수온조절기) 하우징 불량 : 개스킷 및 하우징을 교체한다.
② 히터 또는 라디에이터 호스 불량 : 수리 및 부품을 교환한다.
③ 워터펌프 불량 : 조정한다.
④ 라디에이터 캡 불량 : 부품을 교환한다.

워터펌프가 불량하면 신품으로 교환한다.

답 : ③

33 냉각장치에서 소음이 발생하는 원인에 속하지 않는 것은?

① 팬벨트 장력이 헐겁다.
② 수온조절기의 작동이 불량하다.
③ 물펌프의 베어링이 마모되었다.
④ 냉각 팬의 조립이 불량하다.

수온조절기가 열린 상태로 고장나면 과냉하고, 닫힌 상태로 고장나면 기관이 과열한다.

답 : ②

34 굴착기로 작업 중 엔진온도가 급상승하였을 때 가장 먼저 점검해야 할 부분은?

① 부동액의 점도이다.
② 냉각수의 양이다.
③ 윤활유 점도지수이다.
④ 크랭크축 베어링 상태이다.

엔진온도가 급상승하면 라디에이터 보조탱크 내의 냉각수의 양을 가장 먼저 점검한다.

답 : ②

35 엔진 과열의 원인으로 옳지 못한 것은?

① 라디에이터 코어가 막혔다.
② 연료의 품질이 불량하다.
③ 냉각계통이 고장 났다.
④ 정온기가 닫힌 상태로 고장 났다.

답 : ②

36 굴착기 작업 중 온도계 지침이 “H” 위치에 근접하였을 때 운전자가 취해야 할 조치는?

① 작업을 중단하고 휴식을 취한 후 다시 작업한다.
② 윤활유를 즉시 보충하고 계속 작업한다.
③ 작업을 중단하고 냉각계통을 점검한다.
④ 작업을 계속해도 무방하다.

답 : ③

37 동절기에 기관이 동파되는 원인은?

① 엔진오일이 얼어서
② 냉각수가 얼어서
③ 발전기가 얼어서
④ 기동전동기가 얼어서

답 : ②

제2장 전기장치

01 전기의 기초사항

1 전류·전압 및 저항

(1) 전류

① 전류란 자유전자의 이동이며, 측정단위는 암페어(A)이다.

② 전류는 발열작용, 화학작용, 자기작용을 한다.

(2) 전압(전위차)

전압은 전류를 흐르게 하는 전기적인 압력이며, 측정단위는 볼트(V)이다.

(3) 저항

① 저항은 전자의 움직임을 방해하는 요소이며, 측정단위는 옴(Ω)이다.

② 전선의 저항은 길이가 길어지면 커지고, 지름이 커지면 작아진다.

2 전기회로의 법칙

(1) 옴의 법칙(Ohm' Law)

① 도체에 흐르는 전류는 전압에 정비례하고, 그 도체의 저항에는 반비례한다.

② 도체의 저항은 도체 길이에 비례하고, 단면적에 반비례한다.

(2) 키르히호프의 법칙(Kirchhoff's Law)

① 키르히호프의 제1법칙 : 회로 내의 어떤 한 점에 유입된 전류의 총합과 유출한 전류의 총합은 같다.

② 키르히호프의 제2법칙 : 임의의 폐회로(closed circuit)에서 기전력의 총합과 저항에 의한 전압강하의 총합은 같다.

(3) 줄의 법칙(Joule' Law)

저항에 의하여 발생되는 열량은 도체의 저항과 전류의 제곱 및 흐르는 시간에 비례한다.

즉, $H \fallingdotseq 0.24I^2Rt$ [H : 줄 열, I : 전류, R : 저항, t : 시간(sec)]

3 접촉저항

① 접촉저항은 도체를 연결할 때 헐겁게 연결하거나 녹 및 페인트 등을 떼어내지 않고 전선을 연결하면 그 접촉면 사이에 저항이 발생하여 열이 생기고 전류의 흐름이 방해되는 현상이다.

② 접촉저항은 스위치 접점, 배선의 커넥터, 축전지 단자(터미널) 등에서 발생하기 쉽다.

4 퓨즈(fuse)

① 퓨즈는 단락(short)으로 인하여 전선이 타거나 과대전류가 부하로 흐르지 않도록 하는 안전 장치이다. 즉 전기장치에서 과전류에 의한 화재예방을 위해 사용하는 부품이다.

② 퓨즈의 용량은 암페어(A)로 표시하며, 회로에 직렬로 연결된다.

③ 퓨즈의 재질은 납과 주석의 합금이다.

출제 예상 문제

01 전기가 이동하지 않고 물질에 정지하고 있는 전기는?

① 직류전기 ② 동전기
③ 정전기 ④ 교류전기

정전기(static electricity)란 전기가 이동하지 않고 물질에 정지하고 있는 전기이다.

답 : ③

02 전류의 3대 작용에 속하지 않는 것은?

① 자정작용 ② 자기작용
③ 발열작용 ④ 화학작용

전류의 3대 작용은 발열작용, 화학작용, 자기작용이다.

답 : ①

03 전류의 자기작용을 응용한 장치는?

① 전구 ② 축전지
③ 예열플러그 ④ 발전기

전류의 자기작용을 이용한 장치는 발전기, 전동기, 솔레노이드 기구 등이 있다.

답 : ④

04 전류의 크기를 측정하는 단위는?

① 볼트(V) ② 암페어(A)
③ 저항(R) ④ 캐소드(K)

전류의 측정단위는 암페어(A), 전압의 측정단위는 볼트(V), 저항의 측정단위는 옴(Ω)이다.

답 : ②

05 도체 내의 전류의 흐름을 방해하는 성질은?

① 저항 ② 전류
③ 전압 ④ 전하

답 : ①

06 전선의 저항에 대한 설명으로 옳은 것은?

① 전선의 지름이 커지면 저항이 감소한다.
② 전선이 길어지면 저항이 감소한다.
③ 전선의 저항은 전선의 단면적과 관계 없다.
④ 모든 전선의 저항은 같다.

전선의 저항은 지름이 커지면 감소하고, 길이가 길어지면 증가한다.

답 : ①

07 옴의 법칙에 대한 설명으로 옳은 것은?

① 도체에 흐르는 전류는 도체의 저항에 정비례한다.
② 도체에 흐르는 전류는 도체의 전압에 반비례한다.
③ 도체의 저항은 도체에 가해진 전압에 반비례한다.
④ 도체의 저항은 도체 길이에 비례한다.

도체의 저항은 도체 길이에 비례하고, 단면적에 반비례한다.

답 : ④

08 회로 중의 어느 한 점에 있어서 그 점에 흘러 들어오는 전류의 총합과 흘러 나가는 전류의 총합은 서로 같다는 법칙은?

① 플레밍의 왼손법칙
② 키르히호프 제1법칙
③ 줄의 법칙
④ 렌츠의 법칙

답 : ②

09 전기장치에서 접촉저항이 발생하는 부분과 관계 없는 것은?

① 축전지 터미널 ② 배선 중간지점
③ 스위치 접점 ④ 배선 커넥터

접촉저항은 스위치 접점, 배선의 커넥터, 축전지 단자(터미널) 등에서 발생하기 쉽다.

답 : ②

10 굴착기의 전기장치에서 과전류에 의한 화재예방을 위해 사용하는 부품은?

① 전파방지기 ② 퓨즈
③ 저항기 ④ 콘덴서

퓨즈는 전기장치에서 과전류에 의한 화재예방을 위해 사용하는 부품이다.

답 : ②

11 전기장치 회로에 사용하는 퓨즈의 재질은?

① 납과 주석합금 ② 구리합금
③ 스틸합금 ④ 알루미늄합금

퓨즈의 재질은 납과 주석의 합금이다.

답 : ①

12 전기회로에서 퓨즈의 설치방법으로 옳은 것은?

① 직렬 ② 병렬
③ 직·병렬 ④ 상관없다.

전기회로에서 퓨즈는 직렬로 설치한다.

답 : ①

13 퓨즈의 접촉이 나쁠 때 일어나는 현상은?

① 연결부가 튼튼해진다.
② 연결부가 끊어진다.
③ 전류의 흐름이 높아진다.
④ 연결부의 저항이 떨어진다.

답 : ②

14 굴착기의 전기회로의 보호장치는?

① 안전밸브 ② 턴 시그널 램프
③ 캠버 ④ 퓨저블 링크

퓨저블 링크(fusible link)는 전기회로를 보호하는 도체 크기의 작은 전선으로 회로에 삽입되어 있다.

답 : ④

02 축전지의 구조와 기능

1 축전지의 정의

축전지는 전류의 화학작용을 이용하며, 화학적 에너지를 전기적 에너지로 바꾸는 장치이다. 엔진 시동용으로 납산축전지를 주로 사용한다. 납산축전지는 1859년 프랑스 사람 가스톤 플랑테가 개발하였다.

2 축전지의 기능

① 시동장치의 전기적 부하를 담당한다.
② 발전기가 고장일 경우 주행전원으로 작동한다.
③ 운전상태에 따른 발전기 출력과 부하와의 불균형을 조정한다.

3 납산축전지의 구조

(1) 납산축전지의 양극판·음극판의 작용

양(+)극판은 과산화납(PbO_2)이고, 음(-)극판은 해면상 납(Pb)이다. 방전하면 양극판의 과산화납과 음극판의 해면상납이 묽은 황산(H_2SO_4)과 화학반응을 하여 모두 황산납($PbSO_4$)으로 변화하면서 전기를 발생시킨다. 엔진이 가동되면 발전기가 구동되어 방전된 축전지를 충전시킨다. 충전말기에 전기가 전해액 중의 증류수(H_2O)를 분해하여 양극에서는 산소(O)가, 음극에서는 수소(H_2)가 발생하므로 이때 불꽃(스파크)을 일으키거나 충격을 가하면 폭발할 위험성이 있다.

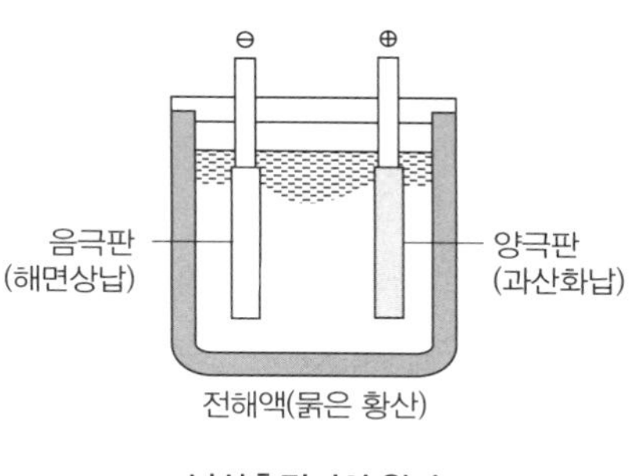

납산축전지의 원리

(2) 전해액

전해액은 무색·무취의 묽은 황산(H_2SO_4)이며, 양쪽 극판과의 화학작용으로부터 얻어진 전류의 저장 및 발생, 그리고 셀 내부의 전기적 전도 기능도 한다.

4 축전지 연결에 따른 용량과 전압의 변화

(1) 직렬 연결

같은 전압, 같은 용량의 축전지 2개 이상을 [+]단자와 다른 축전지의 [-]단자에 연결하는 방법이며, 이때 전압은 연결한 개수만큼 증가하고 용량(전류)은 1개일 때와 같다. 12V-50AH 축전지 3개를 직렬로 연결하면 36V-50AH가 된다.

(2) 병렬 연결

같은 전압, 같은 용량의 축전지 2개 이상을 [+]단자는 다른 축전지의 [+]단자에, [-]단자는 [-]단자에 연결하는 방법이며, 이때 용량(전류)은 연결한 개수만큼 증가하고 전압은 1개일 때와 같다. 12V-50AH 축전지 3개를 병렬로 연결하면 12V-150AH가 된다. 그리고 축전지가 방전되어 엔진의 시동이 불가능할 때 충전된 축전지를 연결할 경우(점프시킬 때)에는 반드시 병렬로 연결하여야 한다.

축전지 연결 방법

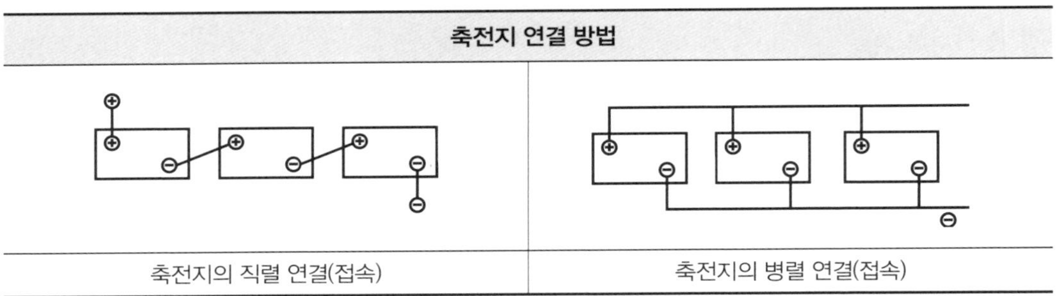

축전지의 직렬 연결(접속) / 축전지의 병렬 연결(접속)

5 MF(maintenance free battery) 축전지

MF축전지는 자기방전이나 화학반응을 할 때 발생하는 가스로 인한 전해액 감소를 방지하고, 축전지 점검·정비를 줄이기 위해 개발된 것이며 다음과 같은 특징이 있다.

① 증류수를 점검하거나 보충하지 않아도 된다.
② 자기방전 비율이 매우 낮다.
③ 장기간 보관이 가능하다.
④ 증류수를 전기분해할 때 발생하는 산소와 수소가스를 촉매마개를 사용하여 증류수로 환원시킨다.

6 축전지 단자에서 케이블 탈착 및 부착 순서

① 케이블을 떼어낼 때에는 [-]단자(접지단자)의 케이블을 먼저 떼어낸 다음 [+]단자의 케이블을 떼어낸다.
② 케이블을 설치할 때에는 [+]단자의 케이블을 먼저 연결한 다음 [-]단자의 케이블을 연결한다.

7 축전지를 충전할 때 주의사항

① 환기가 잘 되는 장소에서 충전할 것
② 불꽃이나 인화물질의 접근을 금지할 것
③ 축전지 전해액의 온도가 45℃ 이상 되지 않도록 할 것
④ 전해액이 흘러넘치는 경우에 대비하여 탄산소다나 암모니아수를 준비해 둘 것
⑤ 각 셀의 벤트 플러그는 열어둘 것(MF축전지는 제외)
⑥ 충전 중인 축전지에 충격을 가하지 말 것

출제 예상 문제

01 축전지 내부의 충·방전작용으로 옳은 것은?

① 물리작용 ② 탄성작용
③ 화학작용 ④ 자기작용

축전지 내부의 충전과 방전작용은 화학작용을 이용한다.

답 : ③

02 축전지의 구비조건에 속하지 않는 것은?

① 축전지의 용량이 클 것
② 전기적 절연이 완전할 것
③ 가급적 크고, 다루기 쉬울 것
④ 전해액의 누출방지가 완전할 것

축전지는 소형·경량이고, 수명이 길며, 다루기 쉬워야 한다.

답 : ③

03 굴착기에서 사용하는 축전지의 기능과 관계 없는 것은?

① 기관시동 시 전기적 에너지를 화학적 에너지로 바꾼다.
② 기동장치의 전기적 부하를 담당한다.
③ 발전기 고장 시 주행을 확보하기 위한 전원으로 작동한다.
④ 발전기 출력과 부하와의 언밸런스를 조정한다.

축전지는 기관을 시동할 때 화학적 에너지를 전기적 에너지로 바꾸어 공급한다.

답 : ①

04 굴착기에 사용되는 12V 납산축전지의 구성은?

① 2.1V 셀(cell) 3개가 병렬로 접속되어 있다.
② 2.1V 셀(cell) 3개가 직렬로 접속되어 있다.
③ 2.1V 셀(cell) 6개가 병렬로 접속되어 있다.
④ 2.1V 셀(cell) 6개가 직렬로 접속되어 있다.

12V 축전지는 2.1V의 셀(cell) 6개를 직렬로 접속한다.

답 : ④

05 납산축전지에서 격리판의 기능은?

① 과산화납으로 변화되는 것을 방지한다.
② 양극판과 음극판의 절연성을 높인다.
③ 전해액의 화학작용을 방지한다.
④ 전해액의 증발을 방지한다.

격리판은 양극판과 음극판의 단락을 방지하여 절연성을 높인다.

답 : ②

06 납산축전지의 케이스와 커버를 청소할 때 사용하는 용액은?

① 오일과 가솔린 ② 소다와 물
③ 소금과 물 ④ 비누와 물

축전지 커버와 케이스 청소는 소다와 물 또는 암모니아수를 사용한다.

답 : ②

07 납산축전지에 대한 설명과 관계 없는 것은?

① [+] 단자기둥은 [-] 단자기둥보다 가늘고 회색이다.
② 격리판은 비전도성이며 다공성이어야 한다.
③ 축전지 케이스 하단에 엘리먼트 레스트 공간을 두어 단락을 방지한다.
④ 음(-)극판이 양(+)극판보다 1장 더 많다.

축전지의 [+]단자기둥이 [-]단자기둥보다 굵다.

답 : ①

08 납산축전지 전해액에 대한 설명과 관계 없는 것은?

① 전해액은 증류수에 황산을 혼합하여 희석시킨 묽은 황산이다.
② 전해액의 온도가 1℃ 변화함에 따라 비중은 0.0007씩 변한다.
③ 온도가 올라가면 비중은 올라가고 온도가 내려가면 비중이 내려간다.
④ 축전지 전해액 점검은 비중계로 한다.

전해액은 온도가 상승하면 비중은 내려가고, 온도가 내려가면 비중은 올라간다.

답 : ③

09 20℃에서 완전충전 시 납산축전지의 전해액 비중은?

① 1.240　② 1.190
③ 1.280　④ 1.220

20℃에서 완전충전 된 납산축전지의 전해액 비중은 1.280이다.

답 : ③

10 전해액 충전 시 20°C일 때 비중으로 옳지 않은 것은?

① 25% 1.150~1.170
② 50% 1.190~1.210
③ 75% 1.220~1.260
④ 완전충전 1.260~1.280

75% 충전일 경우 전해액 비중은 1.220~1.240이다.

답 : ③

11 납산축전지를 오랫동안 방전상태로 두면 사용하지 못하게 되는 원인은?

① 극판에 수소가 형성되기 때문이다.
② 극판에 산화납이 형성되기 때문이다.
③ 극판이 영구 황산납이 되기 때문이다.
④ 극판에 녹이 슬기 때문이다.

납산축전지를 오랫동안 방전상태로 두면 극판이 영구 황산납이 되어 사용하지 못하게 된다.

답 : ③

12 납산축전지 설페이션(유화)의 원인에 속하지 않는 것은?

① 전해액 속에 황산이 과도하게 함유되었다.
② 축전지를 과충전 시켰다.
③ 전해액의 양이 부족하다.
④ 방전상태로 장시간 방치하였다.

축전지의 설페이션(유화)의 원인은 과다하게 방전시킨 경우이다.

답 : ②

13 납산축전지의 온도가 내려갈 때 일어나는 현상이 아닌 것은?

① 전압이 저하한다.
② 전류가 커진다.
③ 용량이 저하한다.
④ 비중이 상승한다.

축전지의 온도가 내려가면 비중은 상승하나, 용량·전류 및 전압이 모두 저하된다.

답 : ②

14 납산축전지의 양극과 음극단자를 구별하는 방법으로 옳지 않은 것은?

① 양극단자에 포지티브(positive), 음극단자에 네거티브(negative)라고 표기되어 있다.
② 양극은 적색, 음극은 흑색이다.
③ 양극단자의 직경이 음극단자의 직경보다 가늘다.
④ 양극단자에는 [+], 음극단자에는 [-]의 기호가 있다.

양극단자의 직경이 음극단자의 직경보다 굵다.

답 : ③

15 납산축전지의 단자에 부식이 발생하였을 때 일어나는 현상에 속하지 않는 것은?

① 시동스위치가 손상된다.
② 기동전동기의 회전력이 작아진다.
③ 전압강하가 발생된다.
④ 엔진 크랭킹이 잘되지 않는다.

축전지 단자에 부식이 발생하면 전압강하가 발생되어 기동전동기의 회전력이 작아져 엔진의 크랭킹이 잘되지 않는다.

답 : ①

16 납산축전지 단자에 녹이 발생했을 때의 조치방법은?

① 물걸레로 닦아내고 더 조인다.
② [+]와 [-] 단자를 서로 교환한다.
③ 녹을 닦은 후 고정시키고 소량의 그리스를 상부에 도포한다.
④ 녹슬지 않게 엔진오일을 도포하고 확실히 더 조인다.

단자(터미널)에 녹이 발생하였으면 녹을 닦은 후 고정시키고 소량의 그리스를 상부에 바른다.

답 : ③

17 굴착기에서 축전지의 케이블을 탈거할 때의 설명으로 옳은 것은?

① 절연되어 있는 케이블을 먼저 탈거한다.
② 접지되어 있는 케이블을 먼저 탈거한다.
③ [+] 케이블을 먼저 탈거한다.
④ 아무 케이블이나 먼저 탈거한다.

축전지에서 케이블을 탈거할 때에는 접지[-] 케이블을 먼저 탈거한다.

답 : ②

18 굴착기에서 납산축전지를 교환 및 장착할 때 연결순서로 옳은 것은?

① 축전지의 [+], [-]선을 동시에 부착한다.
② 축전지의 [+]선을 먼저 부착하고, [-]선을 나중에 부착한다.
③ 축전지의 [-]선을 먼저 부착하고, [+]선을 나중에 부착한다.
④ [+]나 [-]선 중 편리한 것부터 연결하면 된다.

축전지를 장착할 때에는 [+]선을 먼저 부착하고, [-]선을 나중에 부착한다.

답 : ②

19 납산축전지의 충·방전 상태의 설명으로 옳지 못한 것은?

① 축전지가 방전되면 양극판은 과산화납이 황산납으로 된다.
② 축전지가 충전되면 양극판에서 수소를, 음극판에서 산소를 발생시킨다.
③ 축전지가 충전되면 음극판은 황산납이 해면상납으로 된다.
④ 축전지가 방전되면 전해액은 묽은 황산이 물로 변하여 비중이 낮아진다.

충전되면 양극판에서 산소를, 음극판에서 수소를 발생시킨다.

답 : ②

20 어느 한도 내에서 단자 전압이 급격히 저하하며 그 이후는 방전능력이 없어지는 전압을 무슨 전압이라고 하는가?

① 방전종지전압
② 절연전압
③ 충전전압
④ 누전전압

방전종지전압이란 축전지의 방전은 어느 한도 내에서 단자 전압이 급격히 저하하며 그 이후는 방전능력이 없어지게 되는 전압이다.

답 : ①

21 12V용 납산축전지의 방전종지전압은 몇 V 인가?

① 1.75V ② 7.5V
③ 10.5V ④ 12V

축전지 1셀당 방전종지전압은 1.75V이며, 12V 축전지는 6셀이므로, 방전종지전압은 6×1.75V = 10.5V이다.

답 : ③

22 굴착기에 사용되는 납산축전지의 용량단위는?

① kW ② PS
③ Ah ④ kV

답 : ③

23 납산축전지의 용량을 결정하는 요소로 옳은 것은?

① 극판의 수와 발전기의 충전능력에 따라 결정된다.
② 극판의 크기, 극판의 수, 황산의 양에 의해 결정된다.
③ 극판의 수, 셀의 수, 발전기의 충전능력에 따라 결정된다.
④ 극판의 크기, 극판의 수, 단자의 수에 따라 결정된다.

축전지의 용량은 셀당 극판 수, 극판의 크기, 전해액(황산)의 양으로 결정된다.

답 : ②

24 납산축전지의 용량 표시방법에 속하지 않는 것은?

① 25시간율 ② 25암페어율
③ 냉간율 ④ 20시간율

축전지의 용량표시 방법에는 20시간율, 25암페어율, 냉간율이 있다.

답 : ①

25 아래 그림과 같이 12V용 축전지 2개를 사용하여 24V용 건설기계를 시동하고자 할 때 연결방법이 옳은 것은?

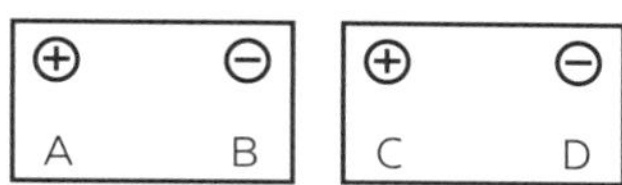

① A-B ② B-C
③ A-C ④ B-D

직렬연결이란 전압과 용량이 동일한 축전지 2개 이상을 [+]단자와 연결대상 축전지의 [-]단자에 서로 연결하는 방식이며, 이때 전압은 축전지를 연결한 개수만큼 증가하나 용량은 1개일 때와 같다.

답 : ②

26 12(V) 80(Ah) 축전지 2개를 직렬 연결하면 전압과 전류는?

① 24(V) 160(Ah)가 된다.
② 12(V) 160(Ah)가 된다.
③ 24(V) 80(Ah)가 된다.
④ 12(V) 80(Ah)가 된다.

축전지 2개를 직렬 연결하면 전압은 2배가 되고, 전류는 1개일 때와 같다.

답 : ③

27 12(V) 80(Ah) 축전지 2개를 병렬 연결하면 전압과 전류는?

① 12(V) 160(Ah)가 된다.
② 24(V) 80(Ah)가 된다.
③ 12(V) 80(Ah)가 된다.
④ 24(V) 160(Ah)가 된다.

축전지 2개를 병렬 연결하면 전압은 1개일 때와 같고, 전류는 2배가 된다.

답 : ①

28 충전된 축전지라도 방치해두면 사용하지 않아도 조금씩 자연 방전하여 용량이 감소하는 현상은?

① 급속방전 ② 강제방전
③ 자기방전 ④ 화학방전

자기방전이란 충전된 축전지라도 방치해두면 사용하지 않아도 조금씩 자연 방전하여 용량이 감소하는 현상이다.

답 : ③

29 충전된 축전지를 방치할 때 발생하는 자기방전의 원인과 관계 없는 것은?

① 음극판의 작용물질이 황산과 화학작용으로 방전된다.
② 전해액 내에 포함된 불순물에 의해 방전된다.
③ 격리판이 설치되어 방전된다.
④ 양극판 작용물질 입자가 축전지 내부에 단락으로 인해 방전된다.

축전지의 자기방전 원인은 음극판의 작용물질이 황산과 화학작용으로 인한 방전, 전해액 내에 포함된 불순물에 의한 방전, 양극판 작용물질 입자가 축전지 내부에 단락으로 인한 방전, 축전지 커버와 케이스의 표면에서 전기 누설로 인한 방전 등이다.

답 : ③

30 납산축전지의 자기방전량 설명으로 옳지 않은 것은?

① 전해액의 비중이 높을수록 자기방전량은 크다.
② 충전 후 시간의 경과에 따라 자기방전량의 비율은 점차 낮아진다.
③ 날짜가 경과할수록 자기방전량은 많아진다.
④ 전해액의 온도가 높을수록 자기방전량은 작아진다.

자기방전량은 전해액의 온도가 높을수록 커진다.

답 : ④

31 **납산축전지의 충전 중의 주의사항으로 옳지 않은 것은?**

① 차상에서 충전할 때는 축전지 접지[-] 케이블을 분리한다.
② 전해액의 온도는 45℃ 이상을 유지시킨다.
③ 충전 중 축전지에 충격을 가해서는 안 된다.
④ 통풍이 잘되는 곳에서 충전한다.

충전할 때 전해액의 온도가 최대 45℃를 넘지 않도록 하여야 한다.

답 : ②

32 **굴착기에 장착된 축전지를 급속충전 할 때 축전지의 접지케이블을 분리시키는 이유는?**

① 과충전을 방지하기 위함이다.
② 시동스위치를 보호하기 위함이다.
③ 발전기의 다이오드를 보호하기 위함이다.
④ 기동전동기를 보호하기 위함이다.

급속충전 할 때 축전지의 접지 케이블을 분리하여야 하는 이유는 발전기의 다이오드를 보호하기 위함이다.

답 : ③

33 **납산축전지를 충전할 때 화기를 가까이 하면 위험한 이유는?**

① 수소가스가 조연성 가스이기 때문에
② 수소가스가 폭발성 가스이기 때문에
③ 산소가스가 폭발성 가스이기 때문에
④ 산소가스가 인화성 가스이기 때문에

축전지 충전 중에 화기를 가까이 하면 위험한 이유는 발생하는 수소가스가 폭발하기 때문이다.

답 : ②

34 **기관을 가동시키고 있을 때 축전지의 전해액이 넘쳐흐르는 원인은?**

① 축전지가 과충전되고 있다.
② 기관의 회전속도가 너무 빠르다.
③ 팬벨트의 장력이 너무 느슨하다.
④ 전해액량이 규정보다 낮게 들어있다.

기관을 회전시키고 있을 때 축전지의 전해액이 넘쳐흐르는 원인은 축전지가 과다 충전되고 있기 때문이다.

답 : ①

35 **납산축전지 전해액이 자연 감소되었을 때 보충에 가장 알맞은 것은?**

① 황산 ② 증류수
③ 경수 ④ 수돗물

축전지 전해액이 자연 감소되었을 경우에는 증류수를 보충한다.

답 : ②

36 **MF(Maintenance Free) 축전지에 대한 설명으로 옳지 않은 것은?**

① 증류수는 매 15일마다 보충한다.
② 무보수용 배터리다.
③ 격자의 재질은 납과 칼슘합금이다.
④ 밀봉 촉매마개를 사용한다.

MF축전지는 증류수를 점검 및 보충하지 않아도 된다.

답 : ①

03 시동장치 구조와 기능

내연기관은 자기시동(self starting)이 불가능하므로 외부의 힘을 이용하여 크랭크축을 회전시켜야 한다. 이때 필요한 장치가 기동전동기와 축전지이다. 기동전동기의 원리는 계자철심 내에 설치된 전기자에 전류를 공급하면 전기자는 플레밍의 왼손법칙에 따르는 방향의 힘을 받는다. 기동전동기는 1912년 미국 사람 베터링이 개발하였다.

1 기동전동기

(1) 전기자(armature)

전기자는 회전력을 발생하는 부분이며, 전기자 철심은 자력선의 통과를 쉽게 하고 맴돌이 전류를 감소시키기 위해 성층철심으로 되어 있다.

(2) 정류자(commutator)

정류자는 브러시에서의 전류를 일정한 방향으로만 흐르게 한다.

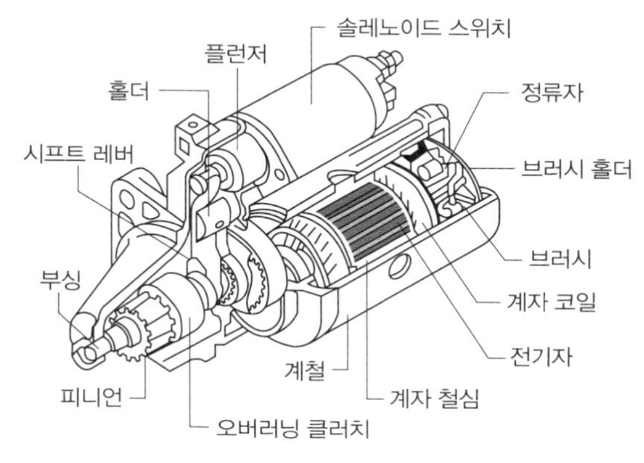

기동전동기의 구조

(3) 계철(yoke)

계철은 자력선의 통로와 전동기의 틀이며, 안쪽에 계자철심이 있고 여기에 계자코일이 감겨진다. 계자코일에 전류가 흐르면 계자철심이 전자석이 된다.

(4) 브러시와 브러시 홀더(brush & brush holder)

브러시는 정류자를 통하여 전기자 코일에 전류를 출입시키며, 브러시는 1/3 이상 마모되면 교환한다. 브러시는 일반적으로 4개를 사용한다.

(5) 오버러닝 클러치(over running clutch)

① 전기자 축에 설치되어 있으며, 엔진을 시동할 때 기동전동기의 피니언과 엔진 플라이휠 링기어가 물렸을 때 양 기어의 물림이 풀리는 것을 방지한다.

② 엔진이 시동된 후에는 기동전동기 피니언이 공회전하여 플라이휠 링기어에 의해 엔진의 회전력이 기동전동기에 전달되지 않도록 한다.

(6) 솔레노이드 스위치(solenoid switch)

마그넷 스위치라고도 부르며, 기동전동기의 전자석 스위치이며, 풀인 코일(pull-in coil)과 홀드인 코일(hold-in coil)로 되어 있다.

2 기동장치 사용방법

① 기동전동기 연속사용시간은 5~10초 정도로 하고, 엔진이 시동이 되지 않으면 다른 부분을 점검한 후 다시 시동한다.

② 엔진이 시동된 후에는 시동키를 조작해서는 안 된다.

③ 기동전동기의 회전속도가 규정 이하이면 오랜 시간 연속운전시켜도 엔진이 시동이 되지 않으므로 회전속도에 유의한다.

3 예열장치(glow system)

디젤엔진은 압축착화방식이므로 한랭한 상태에서는 경유가 잘 착화하지 못해 시동이 어렵다. 따라서 예열장치는 연소실이나 흡기다기관 내의 공기를 미리 가열하여 시동이 쉽도록 하는 장치이다.

(1) 예열플러그(glow plug type)

예열플러그는 예연소실식, 와류실식 등에 사용하며, 연소실에 설치된다. 그 종류에는 코일형과 실드형이 있고, 현재는 실드형을 사용한다.

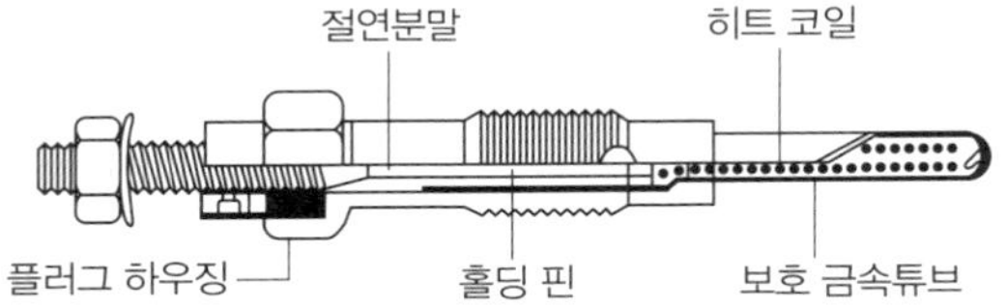

실드형 예열플러그의 구조

(2) 히트레인지(heat range)

히트레인지는 직접분사실식에서 사용하며, 흡기다기관에 설치된 열선에 전원을 공급하여 발생되는 열에 의해 흡입되는 공기를 가열하는 방식이다.

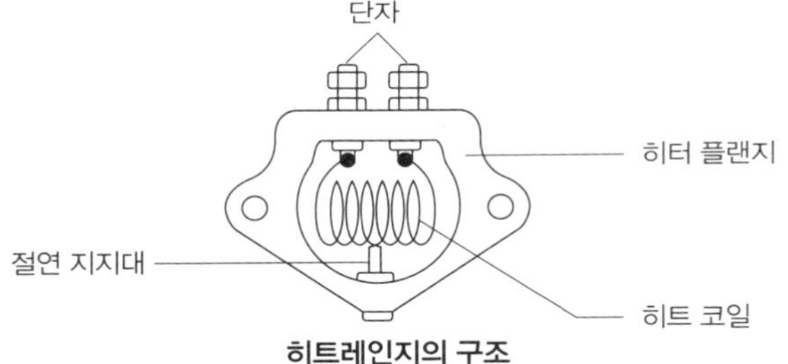

히트레인지의 구조

출제 예상 문제

01 **굴착기 전기장치 중 플레밍의 왼손법칙을 이용하는 장치는?**

① 발전기 ② 기동전동기
③ 릴레이 ④ 점화코일

기동전동기는 플레밍의 왼손법칙을 이용한다.

답 : ②

02 **전기자 코일, 정류자, 계자코일, 브러시 등으로 구성되어 기관을 가동시킬 때 사용되는 장치는?**

① 액추에이터 ② 오일펌프
③ 기동전동기 ④ 발전기

기동전동기는 전기자 코일 및 철심, 정류자, 계자코일 및 계자철심, 브러시와 홀더, 피니언, 오버러닝 클러치, 솔레노이드 스위치 등으로 구성되며, 기관을 가동시킬 때 사용한다.

답 : ③

03 **기동전동기의 기능에 대한 설명으로 옳지 않은 것은?**

① 기관을 구동시킬 때 사용한다.
② 플라이휠의 링기어에 기동전동기 피니언을 맞물려 크랭크축을 회전시킨다.
③ 기관의 시동이 완료되면 피니언을 링기어로부터 분리시킨다.
④ 축전지와 각부 전장품에 전기를 공급한다.

발전기로 축전지와 각부 전장품에 전기를 공급한다.

답 : ④

04 **기관 시동 시 기동전동기의 전류의 흐름으로 옳은 것은?**

① 축전지→전기자 코일→정류자→브러시→계자코일
② 축전지→계자코일→브러시→정류자→전기자 코일
③ 축전지→전기자 코일→브러시→정류자→계자코일
④ 축전지→계자코일→정류자→브러시→전기자 코일

기관을 시동할 때 기동전동기로 전류가 흐르는 순서는 축전지→계자코일→브러시→정류자→전기자 코일이다.

답 : ②

05 **기동전동기에서 전기자 철심을 여러 층으로 겹쳐서 제작하는 목적은?**

① 맴돌이 전류를 감소시키기 위하여
② 소형 경량화 하기 위하여
③ 자력선을 감소시키기 위하여
④ 온도상승을 촉진시키기 위하여

전기자 철심을 두께 0.35~1.0mm의 얇은 철판을 각각 절연하여 겹쳐 만든 이유는 자력선을 잘 통과시키고, 맴돌이 전류를 감소시키기 위함이다.

답 : ①

06 **기동전동기 전기자 코일에 항상 일정한 방향으로 전류가 흐르도록 하기 위해 설치한 것은?**

① 로터 ② 슬립링
③ 정류자 ④ 다이오드

정류자는 전기자 코일에 항상 일정한 방향으로 전류가 흐르도록 하는 작용을 한다.

답 : ③

07 기동전동기의 브러시는 본래 길이의 얼마 정도 마모되면 교환하는가?

① 1/10 이상　② 1/3 이상
③ 1/4 이상　④ 1/5 이상

기동전동기의 브러시는 본래 길이의 1/3 이상 마모되면 교환한다.

답 : ②

08 엔진이 시동된 다음에는 피니언이 공회전하여 링기어에 의해 엔진의 회전력이 기동전동기에 전달되지 않도록 하는 장치는?

① 오버러닝 클러치
② 전기자
③ 피니언
④ 정류자

오버러닝 클러치(over running clutch)의 기능

- 엔진이 시동된 다음에는 기동전동기 피니언이 공회전하여 엔진 플라이휠 링기어에 의해 엔진의 회전력이 기동전동기에 전달되지 않도록 한다.
- 기동전동기의 전기자 축으로부터 피니언으로는 동력이 전달되나 피니언으로부터 전기자 축으로는 동력이 전달되지 않도록 한다.

답 : ①

09 기동전동기 구성부품 중 자력선을 형성하는 부분은?

① 브러시　② 계자코일
③ 슬립링　④ 전기자

계자코일에 전기가 흐르면 계자철심은 전자석이 되며, 자력선을 형성한다.

답 : ②

10 기동전동기에서 마그네틱 스위치는?

① 저항조절기　② 전류조절기
③ 전압조절기　④ 전자석 스위치

마그네틱 스위치는 솔레노이드 스위치라고도 부르며, 기동전동기의 전자석 스위치이다.

답 : ④

11 기동전동기의 동력전달방식에 속하지 않는 것은?

① 계자 섭동식　② 전기자 섭동식
③ 벤딕스식　④ 피니언 섭동식

기동전동기의 동력전달방식에는 벤딕스 방식, 피니언 섭동방식, 전기자 섭동방식 등이 있다.

답 : ①

12 굴착기의 시동장치 취급 시 주의사항으로 옳지 않은 것은?

① 기동전동기의 연속사용시간은 3분 정도로 한다.
② 기동전동기의 회전속도가 규정 이하이면 오랜 시간 연속회전시켜도 시동이 되지 않으므로 회전속도에 유의해야 한다.
③ 기관이 시동된 상태에서 시동스위치를 켜서는 안 된다.
④ 전선 굵기는 규정 이하의 것을 사용하면 안 된다.

기동전동기의 연속사용시간은 10~15초 정도로 한다.

답 : ①

13 기동전동기 피니언을 플라이휠 링기어에 물려 기관을 크랭킹 시킬 수 있는 시동스위치의 위치는?

① ON 위치　② ST 위치
③ OFF 위치　④ ACC 위치

답 : ②

14 엔진이 시동되었는데도 시동스위치를 계속 ON 위치로 할 때 미치는 영향은?

① 기동전동기의 수명이 단축된다.
② 클러치 디스크가 마멸된다.
③ 크랭크축 저널이 마멸된다.
④ 엔진의 수명이 단축된다.

엔진이 기동되었을 때 시동스위치를 계속 ON 위치로 하면 기동전동기가 엔진에 의해 구동되어 수명이 단축된다.

답 : ①

15 오버러닝 클러치 형식의 기동전동기에서 기관이 기동된 후 계속해서 스위치(I/G Key)를 ST 위치에 놓고 있으면 어떻게 되는가?

① 기동전동기의 전기자에 과전류가 흘러 전기자가 탄다.
② 기동전동기의 피니언이 고속 회전한다.
③ 기동전동기의 마그넷 스위치가 손상된다.
④ 기동전동기가 부하를 많이 받아 정지된다.

기관이 시동된 후 계속해서 시동스위치를 ST(시동)위치에 놓고 있으면 기관에 의해 기동전동기가 구동되어 피니언이 고속으로 회전한다.

답 : ②

16 기동전동기가 회전이 안 되거나 회전력이 약한 원인으로 옳지 않은 것은?

① 브러시가 정류자에 잘 밀착되어 있다.
② 축전지 전압이 낮다.
③ 시동스위치의 접촉이 불량하다.
④ 배터리 단자와 터미널의 접촉이 나쁘다.

기동전동기가 회전이 안 되는 경우 기동전동기 브러시 스프링 장력이 약해 정류자의 밀착이 불량한 때이다.

답 : ①

17 시동스위치를 시동(ST)위치로 했을 때 솔레노이드 스위치는 작동되나 기동전동기는 작동되지 않는 원인이 아닌 것은?

① 엔진 내부의 피스톤이 고착되었다.
② 시동스위치의 작동이 불량하다.
③ 축전지 방전으로 전류용량이 부족하다.
④ 기동전동기 브러시가 손상되었다.

시동스위치를 시동위치로 했을 때 솔레노이드 스위치는 작동되나 기동전동기가 작동되지 않는 원인은 축전지의 과다방전, 엔진내부 피스톤 고착, 전기자 코일 또는 계자코일의 개회로(단선), 기동전동기의 브러시 손상 등이다.

답 : ②

18 겨울철에 디젤기관 기동전동기의 크랭킹 회전수가 저하되는 원인과 관계 없는 것은?

① 기온저하로 기동부하가 증가하였다.
② 시동스위치의 저항이 증가하였다.
③ 온도에 의한 축전지의 용량이 감소되었다.
④ 엔진오일의 점도가 상승하였다.

겨울철에 기동전동기 크랭킹 회전수가 낮아지는 원인은 엔진오일의 점도 상승, 온도에 의한 축전지의 용량 감소, 기온저하로 기동부하 증가 등이다.

답 : ②

19 기동전동기는 정상회전하지만 피니언이 링기어와 물리지 않을 경우의 고장원인이 아닌 것은?

① 정류자 상태가 불량하다.
② 기동전동기의 클러치 피니언의 앞 끝이 마모되었다.
③ 마그네틱 스위치의 플런저가 튀어나오는 위치가 다르다.
④ 전동기축의 스플라인 접동부가 불량하다.

정류자 상태가 불량하면 기동전동기가 원활하게 작동하지 못한다.

답 : ①

20 디젤기관의 냉간 시 시동을 보조하는 장치에 속하지 않는 것은?

① 히트레인지(예열플러그)
② 실린더의 감압장치
③ 과급장치
④ 연소촉진제 공급장치

디젤기관의 시동보조장치에는 예열장치, 흡기가열장치(흡기히터와 히트레인지), 실린더 감압장치, 연소촉진제 공급장치 등이 있다.

답 : ③

21 예열장치의 설치목적으로 옳은 것은?

① 냉각수의 온도를 조절하기 위함이다.
② 냉간 시동 시 시동을 원활하게 하기 위함이다.
③ 연료분사량을 조절하기 위함이다.
④ 연료를 압축하여 분무성능을 향상시키기 위함이다.

예열장치는 냉간 상태에서 디젤기관을 시동할 때 기관으로 흡입된 공기온도를 상승시켜 시동을 원활히 한다.

답 : ②

22 디젤엔진의 예열장치에서 연소실 내의 압축공기를 직접 예열하는 방식은?

① 예열플러그 방식
② 히트레인지 방식
③ 흡기히터 방식
④ 히트릴레이 방식

예열플러그는 예열장치에서 연소실 내의 압축공기를 직접 예열한다.

답 : ①

23 디젤기관 예열장치에서 실드형 예열플러그의 설명으로 옳지 않은 것은?

① 기계적 강도 및 가스에 의한 부식에 약하다.
② 예열플러그들 사이의 회로는 병렬로 결선되어 있다.
③ 발열량이 크고 열용량도 크다.
④ 예열플러그 하나가 단선되어도 나머지는 작동된다.

실드형 예열플러그는 히트코일이 보호금속 튜브 속에 들어 있어 연소열의 영향을 덜 받으므로 예열플러그 자체의 기계적 강도 및 가스에 의한 부식에 강하다.

답 : ①

24 6실린더 디젤기관의 병렬로 연결된 예열플러그 중 3번 실린더의 예열플러그가 단선되었을 때 나타나는 현상으로 옳은 것은?

① 2번과 4번 실린더의 예열플러그도 작동이 안 된다.
② 축전지 용량의 배가 방전된다.
③ 3번 실린더 예열플러그만 작동이 안 된다.
④ 예열플러그 전체가 작동이 안 된다.

병렬로 연결된 예열플러그는 단선되면 단선된 것만 작동을 하지 못한다.

답 : ③

25 디젤기관에서 예열플러그가 단선되는 원인으로 옳지 않은 것은?

① 기관이 과열된 상태에서 빈번하게 예열시켰다.
② 규정 이상의 과대전류가 흐르고 있다.
③ 예열시간이 규정보다 너무 짧다.
④ 예열 플러그를 설치할 때 조임이 불량하다.

예열플러그의 예열시간이 너무 길면 단선된다.

답 : ③

26 예열플러그가 심하게 오염되는 원인으로 옳은 것은?

① 냉각수가 부족하다.
② 예열플러그의 용량이 과다하다.
③ 불완전연소 또는 노킹이 발생하였다.
④ 기관이 과열되었다.

예열플러그가 심하게 오염되는 원인은 불완전연소 또는 노킹이 발생하였기 때문이다.

답 : ③

04 충전장치 구조와 기능

1 발전기의 원리

N, S극에 의한 스테이터 코일 내에서 로터를 회전시키면 플레밍의 오른손법칙에 따라 기전력이 발생한다.

2 교류발전기

교류발전기(alternator, 알터네이터)는 스테이터, 로터, 정류기(다이오드)로 구성된다.

(1) 스테이터(stator ; 고정자)

스테이터는 전류가 발생하는 부분이며, 3상 교류가 유기된다.

(2) 로터(rotor ; 회전자)

로터는 브러시를 통하여 여자전류를 받아서 자속을 만든다.

(3) 다이오드(diode ; 정류기)

다이오드는 스테이터에서 발생한 교류를 직류로 정류하여 외부로 공급하고, 축전지의 전류가 발전기로 역류하는 것을 방지한다.

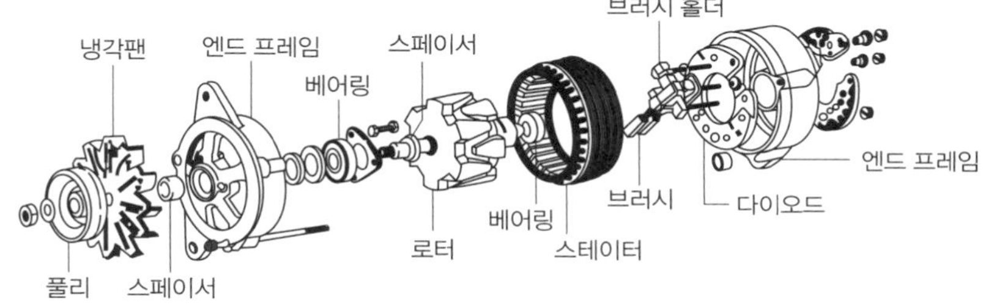

교류발전기의 구조

출제 예상 문제

01 굴착기의 전기장치 중 플레밍의 오른손법칙을 사용하는 장치는?

① 히트코일 ② 기동전동기
③ 발전기 ④ 릴레이

발전기의 원리는 플레밍의 오른손법칙을 사용한다.

답 : ③

02 충전장치의 기능에 속하지 않는 것은?

① 각종 램프에 전력을 공급한다.
② 기동장치에 전력을 공급한다.
③ 축전지에 전력을 공급한다.
④ 에어컨 장치에 전력을 공급한다.

기동장치에 전력을 공급하는 것은 축전지이다.

답 : ②

03 축전지 및 발전기에 대한 설명으로 옳은 것은?

① 시동 전과 후 모두 전력은 배터리로부터 공급된다.
② 발전하지 못해도 배터리로만 운행이 가능하다.
③ 시동 후 전원은 배터리이다.
④ 시동 전 전원은 발전기이다.

기관 시동 전의 전원은 배터리, 시동 후의 전원은 발전기이다. 또 발전기가 발전하지 못해도 배터리로만 운행이 가능하다.

답 : ②

04 굴착기의 충전장치에서 주로 사용하는 발전기의 형식은?

① 3상 교류발전기
② 단상 교류발전기
③ 와전류 발전기
④ 직류발전기

건설기계에서는 주로 3상 교류발전기를 사용한다.

답 : ①

05 충전장치에서 발전기를 구동하는 장치는?

① 변속기 입력축
② 크랭크축
③ 추진축
④ 캠축

발전기는 크랭크축에 의해 구동된다.

답 : ②

06 교류(AC)발전기의 특성에 속하지 않는 것은?

① 소형·경량이고 출력도 크다.
② 전압조정기, 전류조정기, 컷아웃릴레이로 구성된다.
③ 소모부품이 적고 내구성이 우수하며 고속회전에 견딘다.
④ 저속에서도 충전성능이 우수하다.

교류발전기의 조정기는 전압조정기만 있으면 된다.

답 : ②

07 교류(AC)발전기의 장점으로 옳지 않은 것은?

① 정류자를 두지 않아 풀리비를 작게 할 수 있다.
② 저속 시 충전특성이 양호하다.
③ 소형·경량이다.
④ 반도체 정류기를 사용하므로 전기적 용량이 크다.

교류발전기는 정류자를 두지 않아 풀리비를 크게 할 수 있다.

답 : ①

08 교류발전기에 대한 설명으로 옳지 않은 것은?

① 철심에 코일을 감아 사용한다.
② 영구자석을 사용한다.
③ 전자석을 사용한다.
④ 2개의 슬립링을 사용한다.

교류발전기는 철심에 코일을 감은 전자석을 사용하며, 로터에는 브러시로부터 여자전류를 공급받는 슬립링이 2개 있다.

답 : ②

09 교류발전기에 대한 설명과 관계 없는 것은?

① 조정기는 전압조정기만 필요하다.
② 고정된 스테이터에서 전류가 생성된다.
③ 타여자 방식의 발전기이다.
④ 정류자와 브러시가 정류작용을 한다.

교류발전기는 실리콘 다이오드로 정류작용을 한다.

답 : ④

10 교류발전기의 구성부품에 속하지 않는 것은?

① 스테이터 코일 ② 슬립링
③ 다이오드 ④ 전류조정기

교류발전기는 스테이터, 로터, 다이오드, 슬립링과 브러시, 엔드 프레임, 전압조정기 등으로 되어있다.

답 : ④

11 교류발전기에서 유도전류가 발생하는 부품은?

① 로터 ② 스테이터
③ 계자코일 ④ 전기자

교류발전기에 유도전류를 발생하는 부품은 스테이터(stator)이다.

답 : ②

12 교류발전기에서 회전체에 해당하는 것은?

① 엔드프레임 ② 브러시
③ 로터 ④ 스테이터

교류발전기에서 로터(회전체)는 전류가 흐를 때 전자석이 되는 부분이다.

답 : ③

13 전류가 흐를 때 전자석이 되는 AC 발전기의 부품은?

① 로터 ② 아마추어
③ 스테이터 철심 ④ 계자철심

답 : ①

14 교류발전기에서 회전하는 구성부품에 속하지 않는 것은?

① 로터코어 ② 브러시
③ 슬립링 ④ 로터코일

브러시는 슬립링을 통하여 로터코일에 여자전류를 공급하며, 엔드프레임에 고정되어 있다.

답 : ②

15 교류발전기에서 마모성이 있는 부품은?

① 슬립링 ② 다이오드
③ 스테이터 ④ 엔드프레임

슬립링은 로터코일에 여자전류를 공급하며, 브러시와 접촉되어 회전하므로 마모성이 있다.

답 : ①

16 교류발전기에서 발생한 교류를 직류로 변환하는 구성부품은?

① 스테이터 ② 정류기
③ 콘덴서 ④ 로터

정류기는 교류발전기의 스테이터 코일에 발생한 교류를 직류로 변환시키는 부품이다.

답 : ②

17 교류발전기에서 다이오드의 역할은?

① 교류를 정류하고, 역류를 방지한다.
② 전압을 조정하고, 교류를 정류한다.
③ 전류를 조정하고, 교류를 정류한다.
④ 여자전류를 조정하고, 역류를 방지한다.

교류발전기 다이오드의 역할은 교류를 정류하고, 역류를 방지한다.

답 : ①

18 교류발전기에서 높은 전압으로부터 다이오드를 보호하는 구성품은?

① 정류기 ② 계자코일
③ 콘덴서 ④ 로터

콘덴서는 교류발전기에서 높은 전압으로부터 다이오드를 보호한다.

답 : ③

19 교류발전기에 사용되는 반도체인 다이오드를 냉각시키기 위한 부품은?

① 냉각튜브
② 히트싱크
③ 엔드프레임에 설치된 오일장치
④ 유체클러치

히트싱크는 다이오드가 정류작용을 할 때 다이오드를 냉각시키는 작용을 한다.

답 : ②

20 교류발전기가 충전작용을 못하는 경우 점검하지 않아도 되는 부품은?

① 충전회로
② 솔레노이드 스위치
③ 발전기 구동벨트
④ 레귤레이터

솔레노이드 스위치는 기동전동기의 전자석 스위치이다.

답 : ②

21 기계식 분사펌프가 장착된 디젤기관에서 가동 중에 발전기가 고장이 났을 때 짧은 기간 내에 발생할 수 있는 현상과 관계 없는 것은?

① 전류계의 지침이 [-]쪽을 가리킨다.
② 충전경고등에 불이 들어온다.
③ 배터리가 방전되어 시동이 꺼지게 된다.
④ 헤드램프를 켜면 불빛이 어두워진다.

발전기가 고장 나면 배터리 충전이 안 되며, 각 전장부품에 전기가 공급되지 못한다.

답 : ③

05 등화 및 계기장치 구조와 기능

1 전조등

전조등은 좌우 램프별로 병렬로 연결되며, 형식에는 실드 빔형과 세미실드 빔형이 있다.

(1) 실드 빔형(shield beam type)

반사경·렌즈 및 필라멘트가 일체로 된 형식이다.

(2) 세미 실드 빔형(semi shield beam type)

반사경·렌즈 및 필라멘트가 별도로 되어 있어 필라멘트가 단선되면 전구를 교환하면 된다.

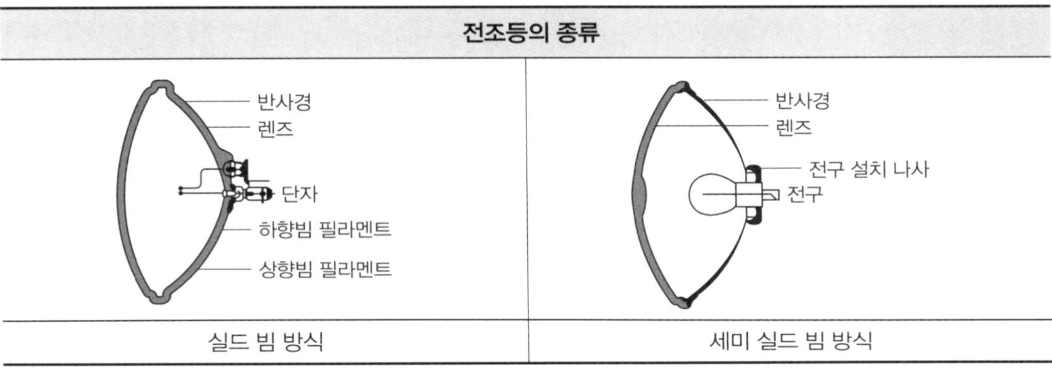

2 방향지시등

(1) 플래셔 유닛(flasher unit)

① 방향지시기 전구에 흐르는 전류를 일정한 주기로 단속·점멸하여 램프를 점멸시키거나 광도를 증감시키는 부품이다.

② 중앙에 있는 전자석과 이 전자석에 의해 끌어 당겨지는 2조의 가동접점으로 구성되어 있다.

③ 전자열선 방식 플래셔 유닛은 열에 의한 열선(heat coil)의 신축작용을 이용한다.

④ 운전석에는 방향지시등의 신호를 확인할 수 있는 파일럿램프가 설치되어 있다.

3 계기판의 계기와 경고등

(1) 계기(gauge)

속도계	연료계	온도계(수온계)
10 20 30 40 50 mph Km/h	1/2 E F	H 적색 C
• 타이어형 굴착기의 주행 속도를 표시한다.	• 연료보유량을 표시하는 계기이다. • 지침이 "E"를 지시하면 연료를 보충한다.	• 엔진 냉각수 온도를 표시하는 계기이다. • 엔진을 시동한 후에는 지침이 작동범위 내에 올 때까지 공회전시킨다.

(2) 경고등(warning light) 및 표시등

엔진점검 경고등	브레이크 고장 경고등	축전지 충전 경고등
CHECK		
• 엔진점검 경고등은 엔진이 비정상인 작동을 할 때 점등된다. • 엔진검검 경고등이 점등되면 굴착기를 주차시킨 후에 정비업체에 문의한다.	• 브레이크 장치의 오일압력이 정상 이하이면 경고등이 점등된다. • 경고등이 점등되면 엔진의 가동을 정히하고 원인을 점검한다.	• 시동스위치를 ON으로 하면 이 경고등이 점등된다. • 엔진이 작동할 때 충전경고등이 점등되어 있으면 충전회로를 점검한다.
연료레벨 경고등	**안전벨트 경고등**	**냉각수 과열 경고등**
• 이 경고등이 점등되면 즉시 연료를 공급한다.	• 엔진 시동 후 초기 5초 동안 경고등이 점등된다.	• 엔진 냉각수의 온도가 104℃ 이상 되었을 때 점등된다. • 이 경고등이 점등되면 냉각계통을 점검한다.
주차 브레이크 표시등	**엔진예열 표시등**	**엔진오일 압력 표시등**
P		
• 주차 브레이크가 작동되면 표시등이 점등된다. • 주행하기 전에 표시등이 OFF 되었는지 확인한다.	• 시동스위치가 ON 위치일 때 표시등이 점등되면 엔진 예열장치가 작동 중이다. • 엔진오일 온도에 따라 약 15~45초 후 예열이 완료되면 표시등이 OFF 된다. • 표시등이 OFF 되면 엔진을 시동한다.	• 엔진오일 펌프에서 유압이 발생하여 각 부분에 윤활작용이 가능하도록 하는데 엔진 가동 전에는 압력이 낮으므로 점등되었다가 엔진이 가동되면 소등된다. • 엔진 가동 후에 표시등이 점등되면 엔진의 가동을 정지시킨 후 오일량을 점검한다.

출제 예상 문제

01 굴착기에 사용되는 계기의 구비조건에 속하지 않는 것은?

① 소형이고 경량이어야 한다.
② 구조가 복잡해야 한다.
③ 지침을 읽기가 쉬워야 한다.
④ 가격이 싸야 한다.

계기는 구조가 간단하고, 소형·경량이며, 지침을 읽기 쉽고, 가격이 싸야 한다.

답 : ②

02 조명에 관련된 용어의 설명으로 옳지 않은 것은?

① 빛의 밝기를 광도라 한다.
② 피조면의 밝기는 조도로 나타낸다.
③ 광도의 단위는 칸델라(cd)이다.
④ 조도의 단위는 루멘이다.

조도는 피조면의 밝기를 나타내는 것으로 단위는 룩스(Lux)이다.

답 : ④

03 배선 회로도에서 표시된 0.85RW의 "R"은 무엇을 표시하는가?

① 줄 색 ② 바탕색
③ 단면적 ④ 전선의 재료

0.85는 전선의 단면적, R은 바탕색, W는 줄 색을 나타낸다.

답 : ②

04 배선의 색과 기호에서 파랑색(Blue)의 기호는?

① B ② R
③ L ④ G

G(Green, 녹색), L(Blue, 파랑색), B(Black, 검정색), R(Red, 빨강색)

답 : ③

05 전기장치의 배선작업에서 작업시작 전에 가장 먼저 조치하여야 할 사항은?

① 배터리 비중을 측정한다.
② 접지선을 제거한다.
③ 시동스위치를 끈다.
④ 고압케이블을 제거한다.

배선작업 시작 전에 먼저 축전지 접지선을 탈착한다.

답 : ②

06 실드 빔식 전조등에 대한 설명으로 옳지 않은 것은?

① 내부에 불활성가스가 들어있다.
② 필라멘트가 끊어졌을 때 전구를 교환할 수 있다.
③ 사용에 따른 광도의 변화가 적다.
④ 대기조건에 따라 반사경이 흐려지지 않는다.

실드 빔형 전조등은 필라멘트가 끊어지면 렌즈나 반사경에 이상이 없어도 전조등 전체를 교환하여야 한다.

답 : ②

07 **헤드라이트에서 세미 실드빔 형식에 대한 설명으로 옳은 것은?**

① 렌즈와 반사경은 일체이고, 전구는 교환이 가능한 것이다.
② 렌즈·반사경 및 전구가 일체인 것이다.
③ 렌즈·반사경 및 전구를 분리하여 교환이 가능한 것이다.
④ 렌즈와 반사경을 분리하여 제작한 것이다.

세미 실드빔 형식은 렌즈와 반사경은 녹여 붙였으나 전구는 별개로 설치한 것으로 필라멘트가 끊어지면 전구만 교환하면 된다.

답 : ①

08 **헤드라이트의 구성부품으로 옳지 않는 것은?**

① 전구　　② 렌즈
③ 반사경　　④ 플래셔 유닛

전조등은 전구(필라멘트), 렌즈, 반사경으로 구성된다.

답 : ④

09 **전조등의 좌우램프 간 회로에 대한 설명으로 옳은 것은?**

① 병렬로 되어 있다.
② 병렬과 직렬로 되어 있다.
③ 직렬 또는 병렬로 되어 있다.
④ 직렬로 되어 있다.

전조등 회로는 병렬로 연결되어 있다.

답 : ①

10 **방향지시등 전구에 흐르는 전류를 일정한 주기로 단속·점멸하여 램프의 광도를 증감시키는 부품은?**

① 파일럿 유닛
② 방향지시기 스위치
③ 디머 스위치
④ 플래셔 유닛

플래셔 유닛(flasher unit)은 방향지시등 전구에 흐르는 전류를 일정한 주기로 단속·점멸하여 램프의 광도를 증감시키는 부품이다.

답 : ④

11 **방향지시등에 대한 설명으로 옳지 않은 것은?**

① 램프를 점멸시키거나 광도를 증감시킨다.
② 점멸은 플래셔 유닛을 사용하여 램프에 흐르는 전류를 일정한 주기로 단속 점멸한다.
③ 전자열선식 플래셔 유닛은 전압에 의한 열선의 차단작용을 이용한 것이다.
④ 중앙에 있는 전자석과 이 전자석에 의해 끌어 당겨지는 2조의 가동접점으로 구성되어 있다.

전자열선방식 플래셔 유닛은 열에 의한 열선(heat coil)의 신축작용을 이용한다.

답 : ③

12 **한쪽의 방향지시등만 점멸속도가 빠른 원인은?**

① 한쪽 램프가 단선되었다.
② 플래셔 유닛이 고장 났다.
③ 전조등 배선의 접촉이 불량하다.
④ 비상등 스위치가 고장 났다.

한쪽 램프가 단선되면 한쪽의 방향지시등만 점멸속도가 빨라진다.

답 : ①

13 **방향지시등 스위치를 작동할 때 한쪽은 정상이고, 다른 한쪽은 점멸작용이 정상과 다르게(빠르게, 느리게, 작동불량) 작용하는 경우 그 고장원인으로 옳지 않은 것은?**

① 전구 1개가 단선되었다.
② 플래셔 유닛이 고장 났다.
③ 전구를 교체하면서 규정용량의 전구를 사용하지 않았다.
④ 한쪽 전구소켓에 녹이 발생하여 전압강하가 있다.

플래셔 유닛이 고장 나면 모든 방향지시등이 점멸되지 못한다.

답 : ②

14 **방향지시등이나 제동등의 작동 확인은 언제 하는가?**

① 일몰 직전 ② 운행 중
③ 운행 전 ④ 운행 후

답 : ③

15 **건설기계의 등화장치 종류 중에서 조명용 등화에 속하지 않는 것은?**

① 전조등 ② 후진등
③ 안개등 ④ 번호등

답 : ④

16 **등화장치에 관한 설명으로 옳지 않은 것은?**

① 후진등은 변속기 시프트레버를 후진위치로 넣으면 점등된다.
② 제동등은 브레이크 페달을 밟았을 때 점등된다.
③ 번호등은 단독으로 점멸되는 회로가 있어서는 안 된다.
④ 방향지시등은 방향지시등의 신호가 운전석에서 확인되지 않아도 된다.

운전석에서 방향지시등의 신호를 확인할 수 있는 파일럿 램프가 설치되어 있다.

답 : ④

17 **기관을 시동한 후 정상운전 가능상태를 확인하기 위해 점검해야 하는 것은?**

① 오일압력계 ② 엔진오일량
③ 냉각수 온도계 ④ 주행속도계

기관을 시동한 후 가장 먼저 오일압력계(유압계)를 점검한다.

답 : ①

18 **다음 그림의 의미는?**

① 냉각수 온도 표시등
② 와셔액 부족 경고등
③ 엔진오일 압력 표시등
④ 브레이크액 누유 경고등

답 : ③

19 **엔진오일 압력 표시등이 점등되는 원인으로 옳지 않은 것은?**

① 오일회로가 막혔을 때
② 오일이 부족할 때
③ 오일여과기가 막혔을 때
④ 엔진을 급가속 시켰을 때

오일 압력 표시등이 점등되는 경우는 기관오일의 양이 부족할 때, 오일 여과기 등 윤활계통이 막혔을 때이다.

답 : ④

20 굴착기로 작업할 때 계기판에서 오일경고등이 점등되었을 때 조치할 사항은?

① 엔진오일을 교환한 후 작업한다.
② 냉각수를 보충하고 작업한다.
③ 엔진을 분해 조립을 한다.
④ 즉시 기관시동을 끄고 오일계통을 점검한다.

오일경고등이 점등되면 즉시 기관의 시동을 끄고 오일계통을 점검한다.

답 : ④

21 운전 중 운전석 계기판에 그림과 같은 등이 갑자기 점등되었다. 무슨 표시인가?

① 배터리 완전충전 표시등
② 충전 경고등
③ 전기장치 작동 표시등
④ 전원차단 경고등

답 : ②

22 운전 중 계기판에 충전 경고등이 점등되는 원인으로 옳은 것은?

① 주기적으로 점등되었다가 소등되는 것이다.
② 정상적으로 충전이 되고 있음을 나타낸다.
③ 충전계통에 이상이 없음을 나타낸다.
④ 충전이 되지 않고 있음을 나타낸다.

충전 경고등이 점등되면 충전이 되지 않고 있음을 나타낸다.

답 : ④

23 엔진의 가동이 정지된 상태에서 계기판 전류계의 지침이 정상에서 [−]방향을 지시하고 있는 원인과 관계 없는 것은?

① 발전기에서 축전지로 충전되고 있다.
② 배선에서 누전되고 있다.
③ 전조등 스위치가 점등위치에서 방전되고 있다.
④ 엔진 예열장치를 동작시키고 있다.

발전기에서 축전지로 충전되면 전류계 지침은 [+]방향을 지시한다.

답 : ①

24 건설기계 운전 중 운전석 계기판에 그림과 같은 등이 갑자기 점등되었다. 무슨 표시인가?

① 배터리 충전 경고등
② 연료레벨 경고등
③ 냉각수 과열 경고등
④ 유압유 온도 경고등

답 : ③

제3장 유압일반

01 유압유

1 파스칼의 원리(Pascal's Principle)

파스칼의 원리란 밀폐된 용기 내에 액체를 가득 채우고 그 용기에 힘을 가하면 그 내부압력은 용기의 각 면에 수직으로 작용하며, 용기 내의 어느 곳이든지 똑같은 압력으로 작용한다는 것이다.

2 유압장치의 장점 및 단점

(1) 유압장치의 장점

① 작은 동력원으로 큰 힘을 낼 수 있고, 정확한 위치제어가 가능하다.
② 운동방향을 쉽게 변경할 수 있고, 에너지 축적이 가능하다.
③ 과부하 방지가 간단하고 정확하다.
④ 원격제어가 가능하고, 속도제어가 쉽다.
⑤ 무단변속이 가능하고 작동이 원활하다.
⑥ 윤활성, 내마멸성, 방청성이 좋다.
⑦ 힘의 전달 및 증폭과 연속적 제어가 쉽다.

(2) 유압장치의 단점

① 고압 사용으로 인한 위험성 및 이물질에 민감하다.
② 유압유의 온도에 따라서 점도가 변하여 기계의 속도가 변화하므로 정밀한 속도와 제어가 곤란하다.
③ 폐유에 의해 주위환경이 오염될 수 있다.
④ 유압유는 가연성이 있어 화재에 위험하다.
⑤ 회로구성이 어렵고 누설되는 경우가 있다.
⑥ 에너지의 손실이 크며, 파이프를 연결한 곳에서 유압유가 누출될 우려가 있다.
⑦ 구조가 복잡하므로 고장원인의 발견이 어렵다.

3 유압유의 구비조건

① 강인한 유막을 형성할 수 있을 것
② 적당한 점도와 유동성이 있을 것
③ 비중이 적당할 것
④ 인화점 및 발화점이 높을 것
⑤ 압축성이 없고 윤활성이 좋을 것
⑥ 점도와 온도의 관계가 좋을 것(점도지수가 클 것)
⑦ 물리적·화학적 변화가 없고 안정이 될 것
⑧ 체적탄성계수가 크고, 밀도가 작을 것

⑨ 유압장치에 사용되는 재료에 대하여 불활성일 것
⑩ 독성과 휘발성이 없을 것
⑪ 물·먼지 및 공기 등을 신속히 분리할 수 있을 것

4 유압유의 관리

(1) 유압유의 오염과 열화원인

① 유압유의 온도가 너무 높을 때
② 다른 유압유와 혼합하여 사용하였을 때
③ 먼지·수분 및 공기 등의 이물질이 혼입되었을 때

(2) 열화를 찾아내는 방법

① 색깔의 변화 및 수분·침전물의 유무를 확인한다.
② 흔들었을 때 거품이 없어지는 양상을 확인한다.
③ 자극적인 악취유무를 확인한다.

5 유압유의 온도

난기운전을 할 때에는 유압유의 온도가 30℃ 이상 되게 하여야 하며, 사용적정온도는 40~80℃이다.

출제 예상 문제

01 유압장치를 적절히 표현한 것은?

① 기체를 액체로 전환시키기 위하여 압축하는 것
② 오일의 유체 에너지를 이용하여 기계적인 일을 하도록 하는 것
③ 오일의 연소에너지를 통해 동력을 생산하는 것
④ 오일을 이용하여 전기를 생산하는 것

유압장치란 유압유의 유체 에너지를 이용하여 기계적인 일을 하는 것이다.

답 : ②

02 파스칼의 원리에 대한 설명이 옳지 못한 것은?

① 밀폐용기 내의 한 부분에 가해진 압력은 액체 내의 전부분에 같은 압력으로 전달된다.
② 정지 액체의 한 점에 있어서의 압력의 크기는 전 방향에 대하여 동일하다.
③ 정지 액체에 접하고 있는 면에 가해진 압력은 그 면에 수직으로 작용한다.
④ 점성이 없는 비압축성 유체에서 압력에너지, 위치에너지, 운동에너지의 합은 같다.

답 : ④

03 **압력을 바르게 표현한 공식으로 옳은 것은?**

① 압력=힘-면적
② 압력=면적×힘
③ 압력=면적÷힘
④ 압력=힘÷면적

압력은 가해진 힘/단면적으로 나타낸다.

답 : ④

04 **단위시간에 이동하는 유체의 체적을 무엇이라고 하는가?**

① 언더 랩　② 드레인
③ 유량　④ 토출압력

유량이란 단위시간에 이동하는 체적이다.

답 : ③

05 **유압장치의 장점과 관계 없는 것은?**

① 정확한 위치제어가 가능하다.
② 배관이 간단하다.
③ 소형으로 큰 힘을 낼 수 있다.
④ 원격제어가 가능하다.

유압장치는 회로구성이 어렵고, 관로를 연결하는 곳에서 유압유가 누출될 우려가 있다.

답 : ②

06 **유압장치의 단점에 속하지 않는 것은?**

① 고압 사용으로 인한 위험성이 존재한다.
② 전기·전자의 조합으로 자동제어가 곤란하다.
③ 작동유 누유로 인해 환경오염을 유발할 수 있다.
④ 관로를 연결하는 곳에서 작동유가 누출될 수 있다.

유압장치는 전기·전자의 조합으로 자동제어가 가능한 장점이 있다.

답 : ②

07 **유압유의 점도에 대한 설명으로 관계 없는 것은?**

① 점성계수를 밀도로 나눈 값이다.
② 점성의 정도를 표시하는 값이다.
③ 점도가 낮아지면 유압이 떨어진다.
④ 온도가 상승하면 점도는 낮아진다.

점도는 점성의 정도를 나타내는 값이며, 온도가 상승하면 점도와 유압이 낮아지고, 온도가 내려가면 점도는 높아진다.

답 : ①

08 **유압유의 점도가 지나치게 높을 때 발생하는 현상과 관계 없는 것은?**

① 내부마찰이 증가하고, 압력이 상승한다.
② 유동저항이 커져 압력손실이 증가한다.
③ 동력손실이 증가하여 기계효율이 감소한다.
④ 오일누설이 증가한다.

유압유의 점도가 높으면 유동저항이 커져 압력손실 및 동력손실의 증가로 기계효율이 감소하고, 내부마찰이 증가하여 압력이 상승하며 열 발생의 원인이 된다.

답 : ④

09 **유압계통에 사용되는 오일의 점도가 너무 낮을 경우 일어나는 현상과 관계 없는 것은?**

① 오일누설 증가
② 유압회로 내 압력저하
③ 시동저항 증가
④ 유압펌프의 효율저하

유압유의 점도가 너무 낮으면 유압펌프의 효율저하, 유압유의 누설증가, 유압계통(회로)내의 압력저하, 액추에이터의 작동속도가 늦어진다.

답 : ③

10 **서로 다른 2종류의 유압유를 혼합하였을 경우에 대한 설명으로 옳은 것은?**

① 서로 보완 가능한 유압유의 혼합은 권장사항이다.
② 유압유의 성능이 혼합으로 인해 향상된다.
③ 열화현상을 촉진시킨다.
④ 점도가 달라지나 사용에는 전혀 지장이 없다.

서로 다른 2종류의 유압유를 혼합하면 열화현상을 촉진시킨다.

답 : ③

11 **작동유의 주요기능에 속하지 않는 것은?**

① 압축작용 ② 냉각작용
③ 윤활작용 ④ 동력전달작용

작동유는 냉각작용, 동력전달작용, 밀봉작용, 윤활작용 등을 한다.

답 : ①

12 **[보기]에서 작동유의 구비조건이 맞게 짝지어진 것은?**

보기

A. 압력에 대해 비압축성일 것
B. 밀도가 작을 것
C. 열팽창계수가 작을 것
D. 체적탄성계수가 작을 것
E. 점도지수가 낮을 것
F. 발화점이 높을 것

① A, B, C, F ② B, C, E, F
③ B, D, E, F ④ A, B, C, D

유압유는 비압축성일 것, 밀도와 열팽창계수가 작을 것, 체적탄성계수가 클 것, 점도지수가 높을 것, 인화점 및 발화점이 높을 것

답 : ①

13 **유압유의 첨가제에 속하지 않는 것은?**

① 마모방지제 ② 점도지수 방지제
③ 산화방지제 ④ 유동점 강하제

유압유 첨가제에는 마모방지제, 점도지수 향상제, 산화방지제, 소포제(기포방지제), 유동점 강하제 등이 있다.

답 : ②

14 **금속 간의 마찰을 방지하기 위한 방안으로 마찰계수를 저하시키기 위하여 사용되는 첨가제는?**

① 점도지수 향상제
② 방청제
③ 유성향상제
④ 유동점 강하제

유성향상제는 금속 간의 마찰을 방지하기 위한 방안으로 마찰계수를 저하시키기 위하여 사용되는 첨가제이다.

답 : ③

15 **유압유를 외관상 점검한 결과 정상적인 상태인 것은?**

① 기포가 발생되어 있다.
② 투명한 색체로 처음과 변화가 없다.
③ 흰 색체를 나타낸다.
④ 암흑 색체이다.

사용 중인 유압유는 투명한 색체로 처음과 변화가 없어야 한다.

답 : ②

16 **유압유의 점검사항과 관계 없는 것은?**

① 소포성 ② 점도
③ 마멸성 ④ 윤활성

유압유의 점검사항은 점도, 내마멸성, 소포성(거품방지성), 윤활성이다.

답 : ③

17 **유압유에 수분이 생성되는 주원인은?**

① 유압유의 열화 ② 슬러지 생성
③ 공기 혼입 ④ 유압유 누출

답 : ③

18 **작동유에 수분이 미치는 영향과 관계 없는 것은?**

① 작동유의 내마모성을 향상시킨다.
② 작동유의 방청성을 저하시킨다.
③ 작동유의 산화와 열화를 촉진시킨다.
④ 작동유의 윤활성을 저하시킨다.

유압유에 수분이 혼입되면 윤활성, 방청성, 내마모성을 저하시키고, 산화와 열화를 촉진시킨다.

답 : ①

19 **사용 중인 작동유의 수분함유 여부를 현장에서 판정하는 방법으로 옳은 것은?**

① 여과지에 약간(3~4방울)의 오일을 떨어뜨려 본다.
② 오일을 시험관에 담아, 침전물을 확인한다.
③ 오일을 가열한 철판 위에 떨어뜨려 본다.
④ 오일의 냄새를 맡아본다.

작동유의 수분함유 여부를 판정하기 위해서는 가열한 철판 위에 오일을 떨어뜨려 본다.

답 : ③

20 **유압장치에서 작동유에 거품이 생기는 원인과 관계 없는 것은?**

① 오일탱크와 펌프 사이에서 공기가 혼입되었다.
② 작동유가 부족하여 공기가 일부 흡입되었다.
③ 유압펌프 축 주위의 흡입측 실(seal)이 손상되었다.
④ 유압유의 점도지수가 크다.

답 : ④

21 **작업현장에서 오일의 열화를 찾아내는 방법에 속하지 않는 것은?**

① 색깔의 변화나 수분, 침전물의 유무를 확인한다.
② 오일을 가열하였을 때 냉각되는 시간을 확인한다.
③ 자극적인 악취유무를 확인한다.
④ 흔들었을 때 생기는 거품이 없어지는 양상을 확인한다.

열화를 판정하는 방법은 점도, 색깔의 변화나 수분유무, 침전물의 유무, 자극적인 악취유무(냄새), 흔들었을 때 생기는 거품이 없어지는 양상 등이 있다.

답 : ②

22 **유압유의 노화촉진 원인과 관계 없는 것은?**

① 플러싱을 하였을 때
② 다른 오일이 혼입되었을 때
③ 수분이 혼입되었을 때
④ 유압유 온도가 높을 때

플러싱(flushing)이란 노화된 유압유를 빼낸 후 유압계통을 세척하는 작업이다.

답 : ①

23 유압유의 열화를 촉진시키는 직접적인 요인으로 옳은 것은?

① 배관에 사용되는 금속의 강도약화
② 공기 중의 습도저하
③ 유압유의 온도상승
④ 유압펌프의 고속회전

유압유의 온도가 상승하면 열화를 촉진시킨다.

답 : ③

24 유압유를 교환하는 판단조건과 관계 없는 것은?

① 점도가 변화되었을 때
② 유량이 감소하였을 때
③ 수분이 유입되었을 때
④ 색깔이 변화하였을 때

답 : ②

25 유압장치에서 작동유의 정상작동온도는?

① 125~140℃ 정도
② 112~115℃ 정도
③ 40~80℃ 정도
④ 5~10℃ 정도

작동유의 정상작동 온도범위는 40~80℃ 정도이다.

답 : ③

26 유압유(작동유)의 온도상승 원인과 관계 없는 것은?

① 유압회로 내의 작동압력이 너무 낮을 때
② 유압회로 내에서 공동현상이 발생하였을 때
③ 작동유의 점도가 너무 높을 때
④ 유압모터 내에서 내부마찰이 발생할 때

유압회로 내의 작동압력(유압)이 너무 높으면 유압장치의 열 발생 원인이 된다.

답 : ①

27 유압유 온도가 과열되었을 때 유압장치에 미치는 영향으로 옳지 않은 것은?

① 오일의 열화를 촉진한다.
② 오일의 점도저하에 의해 누출되기 쉽다.
③ 온도변화에 의해 유압기기가 열 변형되기 쉽다.
④ 유압펌프의 효율이 높아진다.

답 : ④

28 유압유 관내에 공기가 혼입되었을 때 발생하는 현상으로 옳지 않은 것은?

① 기화현상 ② 공동현상
③ 열화현상 ④ 숨돌리기 현상

관로에 공기가 침입하면 실린더 숨돌리기 현상, 열화 촉진, 공동현상 등이 발생한다.

답 : ①

02 유압펌프, 유압실린더 및 유압모터

1 유압펌프(hydraulic pump)

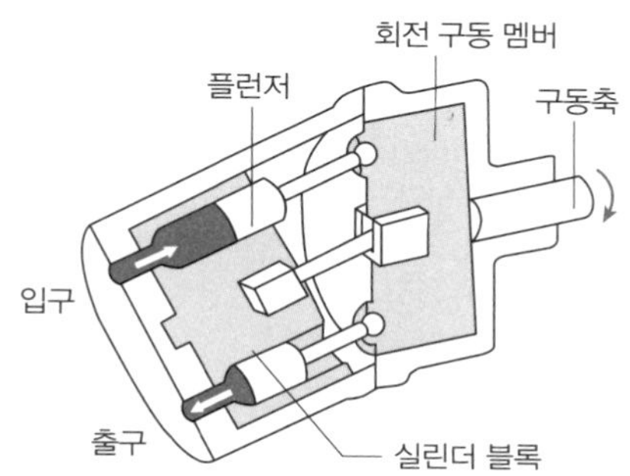

액시얼 플런저펌프의 구조

① 유압펌프는 원동기(내연기관, 전동기 등)로부터의 기계적인 에너지를 이용하여 유압유에 압력 에너지를 부여하는 장치이다.

② 유압펌프는 동력원(원동기)과 커플링으로 직결되어 있어 동력원이 회전하는 동안에는 항상 함께 회전하여 오일탱크 내의 유압유를 흡입하여 제어밸브(control valve)로 송유(토출)한다.

③ 종류에는 기어 펌프, 베인 펌프, 피스톤(플런저) 펌프, 나사 펌프, 트로코이드 펌프 등이 있다.

④ 가변용량형(가변토출량형)은 작동 중 유압펌프의 회전속도를 바꾸지 않고도 토출유량을 변환시킬 수 있는 형식이다.

⑤ 정용량형은 유압펌프가 1사이클을 작동할 때 토출유량이 일정하며, 토출유량을 변화시키려면 펌프의 회전속도를 바꾸어야 하는 형식이다.

2 유압액추에이터(작업기구)

유압펌프에서 보내준 유압유의 압력 에너지를 직선운동이나 회전운동을 하여 기계적인 일을 하는 기구이며, 유압모터와 실린더가 있다.

(1) 유압실린더(hydraulic cylinder)

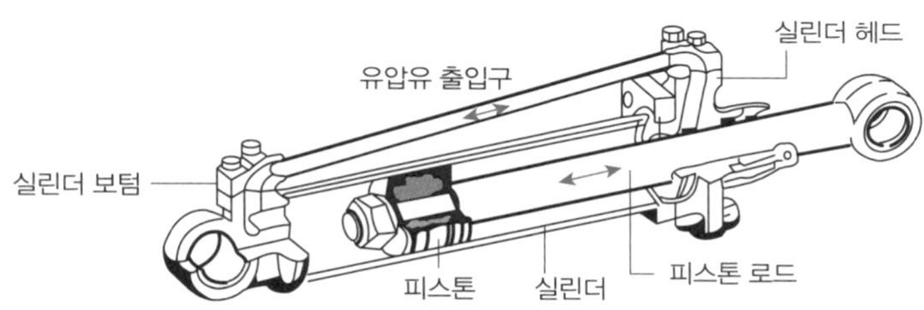

유압실린더의 구조(복동형)

① 유압실린더는 실린더, 피스톤, 피스톤 로드로 구성된 직선 왕복운동을 하는 액추에이터이다.

② 종류에는 단동실린더, 복동실린더(싱글 로드형과 더블 로드형), 다단실린더, 램형 실린더 등이 있다.

(2) 유압모터(hydraulic motor)

유압모터는 유압 에너지에 의해 연속적으로 회전운동하여 기계적인 일을 하는 장치이다. 종류에는 기어 모터, 베인 모터, 플런저 모터가 있으며, 장점 및 단점은 다음과 같다.

장점	• 넓은 범위의 무단변속이 용이하다. • 소형·경량으로 큰 출력을 낼 수 있다. • 구조가 간단하며, 과부하에 대해 안전하다. • 정·역회전 변화가 가능하다. • 자동원격 조작이 가능하고 작동이 신속·정확하다. • 전동모터에 비하여 급속정지가 쉽다. • 회전속도나 방향의 제어가 용이하다. • 회전체의 관성이 작아 응답성이 빠르다.
단점	• 유압유의 점도변화에 의하여 유압모터의 사용에 제약이 있다. • 유압유가 인화하기 쉽다. • 유압유에 먼지나 공기가 침입하지 않도록 특히 보수에 주의해야 한다. • 공기와 먼지 등이 침투하면 성능에 영향을 준다.

출제 예상 문제

01 유압장치의 구성요소 중 유압발생장치와 관계 없는 것은?

① 유압실린더
② 엔진 또는 전기모터
③ 오일탱크
④ 유압펌프

유압실린더는 유압펌프의 유압을 받아 작동하는 장치이다.

답 : ①

02 원동기(내연기관, 전동기 등)로부터의 기계적인 에너지를 이용하여 작동유에 유압 에너지를 부여해 주는 유압장치는?

① 유압탱크 ② 유압스위치
③ 유압밸브 ④ 유압펌프

유압펌프는 원동기의 기계적 에너지를 유압에너지로 변환한다.

답 : ④

03 굴착기의 유압펌프를 구동하는 장치는?

① 엔진의 캠축
② 전동기
③ 엔진의 플라이휠
④ 에어 컴프레서

건설기계의 유압펌프는 엔진의 플라이휠에 의해 구동된다.

답 : ③

04 유압펌프에 관한 설명으로 옳지 않은 것은?

① 벨트에 의해서만 구동된다.
② 엔진 또는 모터의 동력으로 구동된다.
③ 동력원이 회전하는 동안에는 항상 회전한다.
④ 오일을 흡입하여 컨트롤밸브(control valve)로 송유(토출)한다.

유압펌프는 동력원과 커플링으로 직결되어 있다.

답 : ①

05 유압장치에 사용되는 펌프형식에 속하지 않는 것은?

① 제트 펌프 ② 플런저 펌프
③ 베인 펌프 ④ 기어 펌프

유압펌프의 종류에는 기어 펌프, 베인 펌프, 피스톤(플런저) 펌프, 나사 펌프, 트로코이드 펌프 등이 있다.

답 : ①

06 유압장치에서 회전형 펌프에 속하지 않는 것은?

① 기어 펌프 ② 나사 펌프
③ 베인 펌프 ④ 피스톤 펌프

회전형 펌프에는 기어 펌프, 베인 펌프, 나사 펌프가 있다.

답 : ④

07 유압펌프 중 토출유량을 변화시킬 수 있는 형식은?

① 수직토출량형 ② 고정토출량형
③ 회전토출량형 ④ 가변토출량형

가변토출형은 유압펌프의 토출유량을 변화시킬 수 있는 형식이다.

답 : ④

08 아래 그림과 같이 2개의 기어와 케이싱으로 구성되어 오일을 토출하는 펌프는?

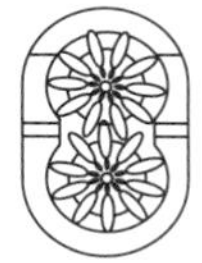

① 외접 기어 펌프
② 내접 기어 펌프
③ 스크루 기어펌프
④ 베인 펌프

답 : ①

09 기어 펌프에 관한 설명으로 옳은 것은?

① 날개깃에 의해 펌핑 작용을 한다.
② 가변용량형 펌프이다.
③ 비정용량 펌프이다.
④ 정용량 펌프이다.

기어 펌프는 회전속도에 따라 흐름용량(유량)이 변화하는 정용량형이다.

답 : ④

10 기어 펌프의 장·단점으로 옳지 않은 것은?

① 소형이며 구조가 간단하다.
② 피스톤 펌프에 비해 수명이 짧고 진동 소음이 크다.
③ 피스톤 펌프에 비해 흡입력이 나쁘다.
④ 초고압에는 사용이 곤란하다.

기어 펌프는 피스톤 펌프에 비해 흡입력이 우수하다.

답 : ③

11 외접형 기어 펌프에서 토출된 유량 일부가 입구 쪽으로 귀환하여 토출량 감소, 축동력 증가 및 케이싱 마모 등의 원인을 유발하는 현상을 무엇이라고 하는가?

① 열화촉진 현상 ② 캐비테이션 현상
③ 숨돌리기 현상 ④ 폐입 현상

폐입 현상이란 외접기어펌프에서 토출된 유량의 일부가 입구 쪽으로 귀환하여 토출유량 감소, 축동력 증가 및 케이싱 마모, 기포발생 등의 원인을 유발하는 현상이다.

답 : ④

12 날개로 펌핑동작을 하며, 소음과 진동이 적은 유압펌프는?

① 베인 펌프 ② 플런저 펌프
③ 기어 펌프 ④ 나사 펌프

베인 펌프는 원통형 캠링 안에 편심된 로터가 들어 있으며 로터에는 홈이 있고, 그 홈 속에 판 모양의 베인(날개)이 끼워져 자유롭게 작동유가 출입할 수 있도록 되어 있다.

답 : ①

13 베인 펌프의 펌핑작용과 관련되는 주요 구성요소로 나열된 것은?

① 배플, 베인, 캠링
② 로터, 스풀, 배플
③ 캠링, 로터, 스풀
④ 베인, 캠링, 로터

답 : ④

14 베인 펌프의 특징에 속하지 않는 것은?

① 구조가 간단하고 성능이 좋다.
② 맥동과 소음이 적다.
③ 대용량, 고속가변형에 적합하지만 수명이 짧다.
④ 소형이고, 경량이다.

베인 펌프는 소형 · 경량이고, 구조가 간단하고 성능이 좋고, 맥동과 소음이 적으며, 수명이 길다.

답 : ③

15 플런저 유압 펌프의 특징에 속하지 않는 것은?

① 플런저가 회전운동을 한다.
② 구동축이 회전운동을 한다.
③ 가변용량형과 정용량형이 있다.
④ 기어펌프에 비해 최고압력이 높다.

플런저 펌프의 플런저는 왕복운동을 한다.

답 : ①

16 플런저 펌프의 특징과 관계 없는 것은?

① 일반적으로 토출압력이 높다.
② 펌프효율이 높다.
③ 베어링에 부하가 크다.
④ 구조가 간단하고 값이 싸다.

플런저 펌프는 구조가 복잡하고 값이 비싸다.

답 : ④

17 기어 펌프와 비교한 플런저 펌프의 특징에 속하지 않는 것은?

① 펌프효율이 높다.
② 펌프의 수명이 짧다.
③ 구조가 복잡하다.
④ 최고 토출압력이 높다.

플런저 펌프는 효율과 최고 토출압력이 높고 수명이 긴 장점이 있다.

답 : ②

18 유압펌프에서 경사판의 각도를 조정하여 토출유량을 변환시키는 펌프는?

① 베인 펌프　② 로터리 펌프
③ 플런저 펌프　④ 기어 펌프

액시얼형 플런저 펌프는 경사판의 각도를 조정하여 토출유량(펌프용량)을 변환시킨다.

답 : ③

19 유압펌프 중에서 토출압력이 가장 높은 형식은?

① 기어 펌프
② 액시얼 플런저 펌프
③ 베인 펌프
④ 레이디얼 플런저 펌프

유압펌프의 토출압력

- 기어 펌프 : 10~250kgf/cm^2
- 베인 펌프 : 35~140kgf/cm^2
- 레이디얼 플런저 펌프 : 140~250kgf/cm^2
- 액시얼 플런저 펌프 : 210~400kgf/cm^2

답 : ②

20 **유압펌프의 용량을 표시하는 방법으로 옳은 것은?**

① 주어진 압력과 그 때의 토출량으로 표시
② 주어진 속도와 그 때의 토출압력으로 표시
③ 주어진 압력과 그 때의 오일무게로 표시
④ 주어진 속도와 그 때의 오일점도로 표시

유압펌프의 용량은 주어진 압력과 그 때의 토출량으로 표시한다.

답 : ①

21 **유압펌프의 토출량에 관한 설명으로 옳은 것은?**

① 펌프 사용 최대시간 내에 토출하는 액체의 최대 체적
② 펌프가 임의의 체적당 토출하는 액체의 체적
③ 펌프가 임의의 체적당 용기에 가하는 체적
④ 펌프가 단위시간당 토출하는 액체의 체적

유압펌프가 단위시간당 토출하는 액체의 체적을 토출량이라 한다.

답 : ④

22 **유압펌프의 토출량을 표시하는 단위는?**

① kW 또는 PS ② kgf·m
③ L/min ④ kgf/cm^2

유압펌프 토출량의 단위는 L/min(LPM)이나 GPM을 사용한다.

답 : ③

23 **유압펌프 작동 중 소음이 발생하는 원인으로 옳지 않은 것은?**

① 릴리프 밸브 출구에서 오일이 배출될 때
② 펌프 흡입관 접합부로부터 공기가 유입될 때
③ 펌프 축의 편심오차가 클 때
④ 스트레이너가 막혀 흡입용량이 너무 작아졌을 때

유압펌프 축의 편심오차가 클 때, 유압펌프 흡입관 접합부로부터 공기가 유입될 때, 스트레이너가 막혀 흡입용량이 작아졌을 때, 유압펌프의 회전속도가 너무 빠를 때 유압펌프에서 소음이 발생한다.

답 : ①

24 **유압펌프에서 흐름(flow ; 유량)에 대해 저항(제한)이 발생하면?**

① 유압펌프 회전수의 증가원인이 된다.
② 유압유 흐름의 증가원인이 된다.
③ 밸브 작동속도의 증가원인이 된다.
④ 압력형성의 원인이 된다.

유압펌프에서 흐름(유량)에 대해 저항(제한)이 생기면 압력형성의 원인이 된다. 즉 유압이 높아진다.

답 : ④

25 **유압펌프가 오일을 토출하지 않을 때의 원인과 관계 없는 것은?**

① 토출 측 배관 체결볼트가 이완되었다.
② 흡입관으로 공기가 유입된다.
③ 오일탱크의 유면이 낮다.
④ 유압유가 부족하다.

토출 측 배관 체결볼트가 이완되면 유압유가 누출된다.

답 : ①

26 **유압펌프 내의 내부누설은 어느 것에 반비례하여 증가하는가?**

① 작동유의 오염 ② 작동유의 압력
③ 작동유의 점도 ④ 작동유의 온도

유압펌프 내의 내부 누설은 작동유의 점도에 반비례하여 증가한다.

답 : ③

27 **유압펌프에서 진동과 소음이 발생하고 양정과 효율이 급격히 저하되며, 날개차 등에 부식을 일으키는 등 펌프의 수명을 단축시키는 현상은?**

① 유압펌프의 공동현상
② 유압펌프의 서징현상
③ 유압펌프의 비속도
④ 유압펌프의 채터링 현상

캐비테이션은 공동현상이라고도 하며 유압이 진공에 가까워져 기포가 발생하고, 기포가 파괴되어 국부적인 고압이나 소음과 진동이 발생하며, 양정과 효율이 저하되는 현상이다.

답 : ①

28 **캐비테이션(cavitation)현상이 발생하였을 때의 영향과 관계 없는 것은?**

① 유압장치 내부에 국부적인 고압이 발생하여 소음과 진동이 발생된다.
② 체적효율이 감소한다.
③ 최고압력이 발생하여 급격한 압력파가 일어난다.
④ 고압부분의 기포가 과포화 상태로 된다.

캐비테이션(공동현상)이 발생하면 최고압력이 발생하여 급격한 압력파가 일어나고, 체적효율이 감소한다. 또 저압부분의 기포가 과포화 상태로 되며 유압장치 내부에 국부적인 고압이 발생하여 소음과 진동이 발생된다.

답 : ④

29 **유압펌프의 흡입구에서 캐비테이션을 방지하기 위한 방법에 속하지 않는 것은?**

① 하이드롤릭 실린더에 부하가 걸리지 않도록 한다.
② 흡입관의 굵기를 유압본체의 연결구 크기와 같은 것을 사용한다.
③ 펌프의 운전속도를 규정 속도 이상으로 하지 않는다.
④ 오일통로 저항을 적게 한다.

캐비테이션을 방지하려면 오일통로의 저항을 감소시키고, 흡입관의 굵기를 유압본체의 연결구 크기와 동일한 것을 사용하며, 유압펌프의 운전속도를 규정 속도 이상으로 하지 않는다.

답 : ①

30 **유압유의 유체에너지(압력·속도)를 기계적인 일로 변환시키는 유압장치는?**

① 유압펌프
② 어큐뮬레이터
③ 유압 액추에이터
④ 유압제어밸브

유압 액추에이터는 유압펌프에서 발생된 유압(유체) 에너지를 기계적 에너지(직선운동이나 회전운동)로 바꾸는 장치이다.

답 : ③

31 **유압장치에서 액추에이터의 종류에 속하지 않는 것은?**

① 유압모터 ② 유압실린더
③ 플런저 모터 ④ 감압밸브

액추에이터에는 직선운동을 하는 유압실린더와 회전운동을 하는 유압모터가 있다.

답 : ④

32 유압모터와 유압실린더의 작동으로 옳은 것은?

① 유압모터는 직선운동, 유압실린더는 회전운동을 한다.
② 유압모터는 회전운동, 유압실린더는 직선운동을 한다.
③ 둘 다 회전운동을 한다.
④ 둘 다 왕복운동을 한다.

답 : ②

33 유압실린더의 주요 구성부품에 속하지 않는 것은?

① 커넥팅 로드 ② 피스톤
③ 실린더 ④ 피스톤 로드

유압실린더는 실린더, 피스톤, 피스톤 로드로 구성된다.

답 : ①

34 유압실린더의 종류에 속하지 않는 것은?

① 복동실린더 싱글로드형
② 복동실린더 더블로드형
③ 단동실린더 램형
④ 단동실린더 배플형

유압실린더의 종류에는 단동실린더, 복동실린더(싱글로드형과 더블로드형), 다단실린더, 램형 실린더 등이 있다.

답 : ④

35 유압실린더 중 피스톤의 양쪽에 유압유를 교대로 공급하여 양방향의 운동을 유압으로 작동시키는 형식은?

① 복동식 ② 단동식
③ 다동식 ④ 편동식

복동식은 유압실린더 피스톤의 양쪽에 유압유를 교대로 공급하여 양방향의 운동을 유압으로 작동시킨다.

답 : ①

36 유압 복동실린더에 대한 설명으로 옳지 않은 것은?

① 수축은 자중이나 스프링에 의해서 이루어진다.
② 더블 로드형이 있다.
③ 싱글 로드형이 있다.
④ 피스톤의 양방향으로 유압을 받아 늘어난다.

자중이나 스프링에 의해서 수축이 이루어지는 방식은 단동실린더이다.

답 : ①

37 유압실린더에서 피스톤 행정이 끝날 때 발생하는 충격을 흡수하기 위해 설치하는 장치는?

① 스로틀 밸브 ② 쿠션기구
③ 서보밸브 ④ 압력보상장치

쿠션기구는 유압실린더에서 피스톤 행정이 끝날 때 발생하는 충격을 흡수하기 위해 설치한다.

답 : ②

38 유압실린더의 작동속도가 정상보다 느린 원인은?

① 릴리프밸브의 설정압력이 너무 높다.
② 작동유의 점도가 약간 낮아졌다.
③ 작동유의 점도지수가 높다.
④ 계통 내의 흐름용량이 부족하다.

유압계통 내의 흐름용량(유량)이 부족하면 액추에이터의 작동속도가 느려진다.

답 : ④

39 유압실린더의 움직임이 느리거나 불규칙한 원인과 관계 없는 것은?

① 피스톤 링이 마모되었다.
② 체크밸브의 방향이 반대로 설치되어 있다.
③ 회로 내에 공기가 혼입되고 있다.
④ 유압유의 점도가 너무 높다.

답 : ②

40 유압실린더를 교환하였을 때 조치해야 할 사항과 관계 없는 것은?

① 시운전하여 작동상태를 점검한다.
② 공기빼기 작업을 한다.
③ 누유를 점검한다.
④ 오일필터를 교환한다.

유압장치를 교환하였을 경우에는 기관을 시동하여 공회전 시킨 후 작동상태 점검, 공기빼기 작업, 누유 점검, 오일보충을 한다.

답 : ④

41 유압실린더에서 숨돌리기 현상이 생겼을 때 일어나는 현상과 관계 없는 것은?

① 유압유의 공급이 과대해진다.
② 피스톤 동작이 정지된다.
③ 작동지연 현상이 생긴다.
④ 작동이 불안정하게 된다.

숨돌리기 현상은 유압유의 공급이 부족할 때 발생한다.

답 : ①

42 유압에너지를 이용하여 외부에 기계적인 일을 하는 유압장치는?

① 기동전동기 ② 유압모터
③ 유압탱크 ④ 유압스위치

유압모터는 유압에너지에 의해 연속적으로 회전운동을 하는 장치이다.

답 : ②

43 유압모터의 회전력 변화에 영향을 주는 요소는?

① 유압유 점도 ② 유압유 유량
③ 유압유 압력 ④ 유압유 온도

유압모터의 회전력에 영향을 주는 것은 유압유의 압력이다

답 : ③

44 유압모터를 선택할 때 고려할 사항과 관계 없는 것은?

① 동력 ② 점도
③ 효율 ④ 부하

답 : ②

45 유압모터의 종류에 속하지 않는 것은?

① 기어형 ② 베인형
③ 터빈형 ④ 플런저형

유압모터의 종류에는 기어 모터, 베인 모터, 플런저 모터 등이 있다.

답 : ③

46 유압모터의 특징 중 관계 없는 것은?

① 작동유의 점도변화에 의하여 유압모터의 사용에 제약이 있다.
② 작동유가 인화되기 어렵다.
③ 속도나 방향의 제어가 용이하다.
④ 무단변속이 가능하다.

작동유는 인화하기 쉬운 단점이 있다.

답 : ②

47 **유압모터의 특징과 관계 없는 것은?**

① 정·역회전 변화가 불가능하다.
② 과부하에 대해 안전하다.
③ 소형으로 강력한 힘을 낼 수 있다.
④ 무단변속이 용이하다.

유압모터는 정·역회전 변화가 원활하다.

답 : ①

48 **유압장치에서 사용하는 기어형 모터의 장점에 속하지 않는 것은?**

① 가격이 싸다.
② 소음과 진동이 작다.
③ 구조가 간단하다.
④ 먼지나 이물질이 많은 곳에서도 사용이 가능하다.

기어모터는 구조가 간단하여 가격이 싸며, 먼지나 이물질이 많은 곳에서도 사용이 가능한 장점이 있으나 소음과 진동이 크고 효율이 낮다.

답 : ②

49 **유압모터에서 소음과 진동이 발생하는 원인과 관계 없는 것은?**

① 유압모터의 내부부품이 파손되었을 때
② 유압펌프의 최고 회전속도가 저하되었을 때
③ 체결볼트가 이완되었을 때
④ 작동유 속에 공기가 혼입되었을 때

답 : ②

50 **유압모터의 회전속도가 느린 원인과 관계 없는 것은?**

① 유압모터 하우징 고정 볼트를 토크렌치로 조였다.
② 유량이 규정량보다 부족하다.
③ 유압 밸런스밸브가 불량하다.
④ 설정압력이 규정압력보다 낮다.

답 : ①

51 **유압모터와 연결된 감속기의 오일수준을 점검할 때의 주의사항으로 옳지 않은 것은?**

① 오일량이 너무 적으면 모터 유닛이 올바르게 작동하지 않거나 손상될 수 있으므로 오일량은 항상 정량유지가 필요하다.
② 오일수준을 점검하기 전에 항상 오일수준게이지 주변을 깨끗하게 청소한다.
③ 오일량은 영하(-)의 온도상태에서 가득 채워야 한다.
④ 오일이 정상온도일 때 오일수준을 점검해야 한다.

유압모터의 감속기 오일량은 정상온도 상태에서 Full 가까이 있어야 한다.

답 : ③

52 **유압장치의 고장 원인과 관계 없는 것은?**

① 공기·물 및 이물질이 혼입되었다.
② 과부하 및 과열 때문이다.
③ 덥거나 추운 날씨에 사용하였다.
④ 기기의 기계적 고장 때문이다.

답 : ③

53 **굴착기에서 유압구성 부품을 분해하기 전에 내부압력을 제거하는 방법은?**

① 압력밸브를 밀어 준다.
② 고정너트를 서서히 푼다.
③ 엔진정지 후 개방하면 된다.
④ 엔진정지 후 조정레버를 모든 방향으로 작동하여 압력을 제거한다.

유압구성 부품을 분해하기 전에 내부압력을 제거하려면 엔진정지 후 조정레버를 모든 방향으로 작동한다.

답 : ④

03 제어밸브

제어밸브(control valve)란 유압유의 압력, 유량 또는 방향을 제어하는 밸브의 총칭이다.

- 일의 크기를 결정하는 압력제어밸브
- 일의 속도를 결정하는 유량제어밸브
- 일의 방향을 결정하는 방향제어밸브

1 압력제어밸브(pressure control valve)

(1) 릴리프밸브(relief valve)

① 유압펌프 출구와 방향제어밸브 입구 사이에 설치되어 있다.

② 유압장치 내의 압력을 일정하게 유지하고, 최고압력을 제한하며 회로를 보호하며, 과부하 방지와 유압기기의 보호를 위하여 최고압력을 규제한다.

(2) 감압밸브(reducing valve, 리듀싱밸브)

① 유압회로에서 메인(main) 유압보다 낮은 압력으로 유압 액추에이터를 동작시키고자 할 때 사용한다.

② 상시개방 상태로 되어 있다가 출구(2차 쪽)의 압력이 감압밸브의 설정압력보다 높아지면 밸브가 작용하여 유로를 닫는다.

(3) 시퀀스밸브(sequence valve)

유압원에서의 주회로부터 유압실린더 등이 2개 이상의 분기회로를 가질 때, 각 유압실린더를 일정한 순서로 순차작동시킨다.

(4) 무부하밸브(unloader valve, 언로드밸브)

유압회로 내의 압력이 설정압력에 도달하면 유압펌프에서 토출된 유압유를 모두 오일탱크로 회송시켜 유압펌프를 무부하로 운전시키는 데 사용한다.

(5) 카운터밸런스밸브(counter balance valve)

체크밸브가 내장되는 밸브로서 유압회로의 한 방향의 흐름에 대해서는 설정된 배압을 발생시키고, 다른 방향의 흐름은 자유롭게 흐르도록 한다.

2 유량제어밸브(flow control valve)

① 액추에이터의 운동속도를 조정하기 위하여 사용한다.

② 종류에는 속도제어밸브, 급속배기밸브, 분류밸브, 니들밸브, 오리피스밸브, 교축밸브(스로틀밸브), 스로틀체크밸브, 스톱밸브 등이 있다.

3 방향제어밸브(direction control valve)

(1) 스풀밸브(spool valve)

액추에이터의 방향제어밸브이며, 원통형 슬리브 면에 내접하여 축 방향으로 이동하여 유로를 개폐한다.

(2) 체크밸브(check valve)

유압회로에서 역류를 방지하고 회로 내의 잔류압력을 유지한다. 즉 유압유의 흐름을 한쪽으로만 허용하고 반대방향의 흐름을 제어한다.

(3) 셔틀밸브(shuttle valve)

2개 이상의 입구와 1개의 출구가 설치되어 있으며, 출구가 최고압력의 입구를 선택하는 기능을 가진 밸브이다.

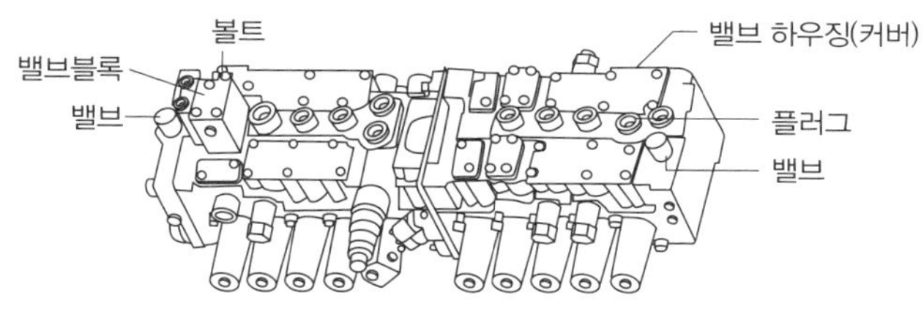

방향제어밸브

출제 예상 문제

01 유압유의 압력·유량 또는 방향을 제어하는 밸브의 총칭은?

① 제어밸브 ② 안전밸브
③ 감압밸브 ④ 축압기

답 : ①

02 유압회로의 제어밸브 역할과 종류의 연결 사항으로 옳지 않은 것은?

① 일의 방향제어 : 방향전환밸브
② 일의 속도제어 : 유량조절밸브
③ 일의 시간제어 : 속도제어밸브
④ 일의 크기제어 : 압력제어밸브

압력제어밸브는 일의 크기 결정, 유량제어밸브는 일의 속도 결정, 방향제어밸브는 일의 방향 결정

답 : ③

03 유압유의 압력을 제어하는 밸브의 종류에 속하지 않는 것은?

① 체크밸브 ② 릴리프밸브
③ 리듀싱밸브 ④ 시퀀스밸브

압력제어밸브의 종류에는 릴리프밸브, 리듀싱(감압)밸브, 시퀀스(순차)밸브, 언로드(무부하)밸브, 카운터밸런스밸브 등이 있다.

답 : ①

04 유압회로 내의 압력이 설정압력에 도달하면 유압펌프에 토출된 유압유의 일부 또는 전량을 직접 탱크로 돌려보내 회로의 압력을 설정값으로 유지하는 밸브는?

① 시퀀스밸브 ② 언로드밸브
③ 릴리프밸브 ④ 체크밸브

릴리프밸브는 유압장치 내의 압력을 일정하게 유지하고, 최고압력을 제한하며 회로를 보호하며, 과부하 방지와 유압기기의 보호를 위하여 최고 압력을 규제한다.

답 : ③

05 **압력제어밸브는 어느 위치에서 유압을 제어하는가?**

① 오일탱크와 유압펌프 사이에서 제어한다.
② 유압실린더 내부에서 제어한다.
③ 방향전환 밸브와 유압실린더 사이에서 제어한다.
④ 유압펌프와 방향전환밸브 사이에서 제어한다.

압력제어밸브는 유압펌프와 방향전환밸브 사이에서 작동한다.

답 : ④

06 **릴리프밸브에서 볼(ball)이 밸브의 시트(seat)를 때려 소음을 발생시키는 현상을 무엇이라고 하는가?**

① 노킹(knocking)현상
② 베이퍼 록(vapor lock)현상
③ 페이드(fade)현상
④ 채터링(chattering)현상

릴리프밸브에서 스프링 장력이 약할 때 볼이 밸브의 시트를 때려 소음을 내는 진동현상을 채터링이라 한다.

답 : ④

07 **유압으로 작동되는 작업장치에서 작업 중 힘이 떨어지는 원인과 밀접한 관련이 있는 밸브는?**

① 메이크업밸브 ② 체크밸브
③ 스풀밸브 ④ 메인릴리프밸브

유압으로 작동되는 작업장치에서 작업 중 힘이 떨어지면 메인 릴리프밸브를 점검한다.

답 : ④

08 **압력제어밸브 중 상시 닫혀 있다가 일정조건이 되면 열려 작동하는 밸브에 속하지 않는 것은?**

① 릴리프밸브 ② 무부하밸브
③ 감압밸브 ④ 시퀀스밸브

감압밸브는 상시 열려 있다가 일정조건이 되면 닫혀 유압을 감압시킨다.

답 : ③

09 **유압회로에서 어떤 부분회로의 유압을 주회로의 유압보다 저압으로 해서 사용하고자 할 때 사용하는 밸브는?**

① 카운터밸런스밸브
② 릴리프밸브
③ 체크밸브
④ 리듀싱밸브

리듀싱(감압)밸브는 유압회로에서 어떤 부분회로의 유압을 주회로의 유압보다 저압으로 해서 사용하고자 할 때 사용한다.

답 : ④

10 **감압(리듀싱)밸브에 대한 설명으로 옳지 않은 것은?**

① 출구(2차 쪽)의 압력이 감압밸브의 설정압력보다 높아지면 밸브가 작용하여 유로를 닫는다.
② 입구(1차 쪽)의 주회로에서 출구(2차 쪽)의 감압회로로 유압유가 흐른다.
③ 유압장치에서 회로일부의 압력을 릴리프밸브의 설정압력 이하로 하고 싶을 때 사용한다.
④ 상시폐쇄 상태로 되어 있다.

감압(리듀싱)밸브는 상시개방 상태로 있다가 출구(2차 쪽)의 압력이 감압밸브의 설정압력보다 높아지면 밸브가 작용하여 유로를 닫는다.

답 : ④

11 유압원에서의 주회로부터 유압실린더 등이 2개 이상의 분기회로를 가질 때, 각 유압실린더를 일정한 순서로 순차작동시키는 밸브는?

① 릴리프밸브 ② 감압밸브
③ 시퀀스밸브 ④ 체크밸브

시퀀스밸브는 2개 이상의 분기회로에서 유압실린더나 모터의 작동순서를 결정한다.

답 : ③

12 유압회로 내의 압력이 설정압력에 도달하면 유압펌프에서 토출된 오일을 전부 오일탱크로 회송시켜 유압펌프를 무부하로 운전시키는 데 사용하는 밸브는?

① 카운터밸런스밸브
② 시퀀스밸브
③ 언로드밸브
④ 체크밸브

언로드(무부하)밸브는 유압회로 내의 압력이 설정압력에 도달하면 유압펌프에서 토출된 작동유를 모두 오일탱크로 회송시켜 유압펌프를 무부하로 작동시킨다.

답 : ③

13 체크밸브가 내장되는 밸브로서 유압회로의 한 방향의 흐름에 대해서는 설정된 배압을 생기게 하고, 다른 방향의 흐름은 자유롭게 흐르도록 한 밸브는?

① 셔틀밸브
② 카운터밸런스밸브
③ 슬로리턴 밸브
④ 언로더 밸브

카운터밸런스밸브는 체크밸브를 내장한 밸브이며, 유압회로의 한 방향의 흐름에 대해서는 설정된 배압을 발생시키고, 다른 방향의 흐름은 자유롭게 흐르도록 한다.

답 : ②

14 유압실린더 등의 중력에 의한 자유낙하를 방지하기 위해 배압을 유지하는 압력제어 밸브는?

① 카운터밸런스밸브
② 시퀀스밸브
③ 언로드밸브
④ 감압밸브

카운터밸런스밸브는 유압실린더 등이 중력 및 자체중량에 의한 자유낙하를 방지하기 위해 배압을 유지한다.

답 : ①

15 유압장치에서 액추에이터(작동체)의 속도를 변환시켜주는 밸브는?

① 유량제어밸브 ② 압력제어밸브
③ 방향제어밸브 ④ 유온제어밸브

유량제어밸브는 액추에이터의 속도를 제어한다.

답 : ①

16 유압장치에서 사용하는 유량제어밸브의 종류에 속하지 않는 것은?

① 교축밸브 ② 분류밸브
③ 유량조정밸브 ④ 릴리프밸브

유량제어밸브의 종류에는 속도제어밸브, 급속배기밸브, 분류밸브, 니들밸브, 오리피스밸브, 교축밸브(스로틀밸브), 스톱밸브, 스로틀 체크밸브 등이 있다.

답 : ④

17 내경이 작은 파이프에서 미세한 유량을 조정하는 밸브는?

① 압력보상밸브 ② 바이패스밸브
③ 니들밸브 ④ 스로틀밸브

니들밸브(needle valve)는 내경이 작은 파이프에서 미세한 유량을 조절한다.

답 : ③

18 **유압장치에서 사용하는 방향제어밸브에 관한 설명으로 옳지 않은 것은?**

① 유체의 흐름방향을 변환한다.
② 유압실린더나 유압모터의 작동방향을 바꾸는 데 사용된다.
③ 유체의 흐름방향을 한쪽으로만 허용한다.
④ 액추에이터의 속도를 제어한다.

답 : ④

19 **유압장치에서 사용하는 방향제어밸브에 해당하는 것은?**

① 언로더밸브　② 릴리프밸브
③ 시퀀스밸브　④ 셔틀밸브

방향제어밸브의 종류에는 스풀밸브, 체크밸브, 셔틀밸브 등이 있다.

답 : ④

20 **유압작동기의 방향을 전환시키는 밸브에 사용되는 형식 중 원통형 슬리브 면에 내접하여 축 방향으로 이동하면서 유로를 개폐하는 밸브는?**

① 스풀밸브
② 포핏밸브
③ 시퀀스밸브
④ 카운터밸런스밸브

스풀밸브(spool valve)는 원통형 슬리브 면에 내접하여 축 방향으로 이동하여 유로를 개폐하여 오일의 흐름방향을 바꾸는 기능을 한다.

답 : ①

21 **유압유를 한쪽 방향으로는 흐르게 하고 반대 방향으로는 흐르지 않도록 하기 위해 사용하는 밸브는?**

① 체크밸브　② 무부하밸브
③ 릴리프밸브　④ 감압밸브

체크밸브는 역류를 방지하고, 회로 내의 잔류압력을 유지시킨다.

답 : ①

22 **유압회로 내에 잔압을 설정해두는 목적은?**

① 제동해제 방지　② 작동지연 방지
③ 오일산화 방지　④ 유로파손 방지

유압회로 내에 잔압을 설정해두는 이유는 작동지연 방지이다.

답 : ②

23 **방향제어밸브를 동작시키는 방식이 아닌 것은?**

① 유압 파일럿방식
② 수동방식
③ 전자방식
④ 스프링방식

방향제어밸브를 동작시키는 방식에는 수동방식, 전자방식, 유압 파일럿방식 등이 있다.

답 : ④

24 **방향제어밸브에서 내부 누유에 영향을 주는 요소에 속하지 않는 것은?**

① 밸브 양단의 압력차이
② 밸브간극의 크기
③ 관로의 유량
④ 유압유의 점도

방향제어밸브의 내부누유에 영향을 미치는 요소는 밸브간극의 크기, 밸브 양단의 압력차이, 유압유의 점도 등이다.

답 : ③

25 **방향전환밸브 포트의 구성요소에 속하지 않는 것은?**

① 감압위치 수
② 작동방향 수
③ 작동위치 수
④ 유로의 연결포트 수

방향전환밸브 포트(port)의 구성요소는 유로의 연결포트 수, 작동방향 수, 작동위치 수이다.

답 : ①

26 **유압회로 내에서 서지압(surge pressure)이란?**

① 정상적으로 발생하는 압력의 최솟값이다.
② 정상적으로 발생하는 압력의 최댓값이다.
③ 과도적으로 발생하는 이상압력의 최솟값이다.
④ 과도적으로 발생하는 이상압력의 최댓값이다.

서지압이란 유압회로에서 과도하게 발생하는 이상압력의 최댓값이다.

답 : ④

27 **유압회로 내의 밸브를 갑자기 닫았을 때, 유압유의 속도에너지가 압력에너지로 변하면서 일시적으로 큰 압력 증가가 생기는 현상은?**

① 캐비테이션(cavitation) 현상
② 채터링(chattering) 현상
③ 서지(surge) 현상
④ 에어레이션(aeration) 현상

서지(surge) 현상이란 유압회로 내의 밸브를 갑자기 닫았을 때, 유압유의 속도에너지가 압력에너지로 변하면서 일시적으로 큰 압력 증가가 생기는 것이다.

답 : ③

28 **유압장치에 사용되는 밸브부품의 세척유로 가장 적절한 것은?**

① 경유 ② 물
③ 엔진오일 ④ 합성세제

밸브부품은 솔벤트나 경유로 세척한다.

답 : ①

04 유압기호 및 회로

1 유압의 기본회로

유압의 기본회로에는 오픈(개방)회로, 클로즈(밀폐)회로, 병렬회로, 직렬회로, 탠덤회로 등이 있다.

(1) 언로드회로(unload circuit)

일하던 도중에 유압펌프 유량이 필요하지 않게 되었을 때 유압유를 저압으로 탱크에 귀환시킨다.

(2) 속도제어회로(speed control circuit)

유압회로에서 유량제어를 통하여 작업속도를 조절하는 방식에는 미터-인 회로, 미터-아웃 회로, 블리드오프 회로, 카운터밸런스 회로 등이 있다.

① 미터-인 회로(meter-in circuit) : 미터-인 회로는 액추에이터의 입구 쪽 관로에 직렬로 설치한 유량제어밸브로 유량을 제어하여 속도를 제어한다.

② 미터-아웃 회로(meter-out circuit) : 미터-아웃 회로는 액추에이터의 출구 쪽 관로에 직렬로 설치한 유량제어밸브로 유량을 제어하여 속도를 제어한다.

③ 블리드 오프 회로(bleed off circuit) : 블리드오프 회로는 유량제어밸브를 실린더와 병렬로 설치하여 유압펌프 토출유량 중 일정한 양을 탱크로 되돌리므로 릴리프밸브에서 과잉압력을 줄일 필요가 없는 장점이 있으나 부하변동이 급격한 경우에는 정확한 유량제어가 곤란하다.

2 유압기호

(1) 기호 회로도에 사용되는 유압기호의 표시방법

① 기호에는 흐름의 방향을 표시한다.

② 각 기기의 기호는 정상상태 또는 중립상태를 표시한다.

③ 오해의 위험이 없는 경우에는 기호를 회전하거나 뒤집어도 된다.

④ 기호에는 각 기기의 구조나 작용압력을 표시하지 않는다.

⑤ 기호가 없어도 바르게 이해할 수 있는 경우에는 드레인 관로를 생략해도 된다.

(2) 기호 회로도

정용량 유압펌프	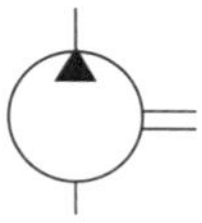	압력스위치	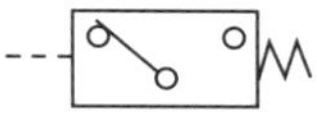
가변용량형 유압펌프	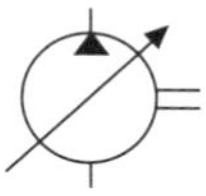	단동실린더	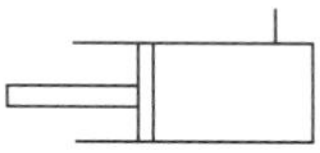
복동실린더	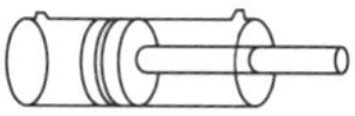	릴리프밸브	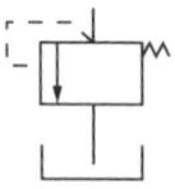
무부하밸브	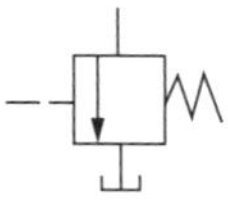	체크밸브	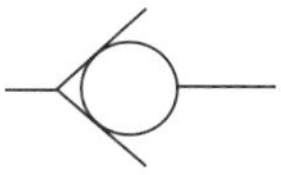
축압기(어큐뮬레이터)		공기·유압 변환기	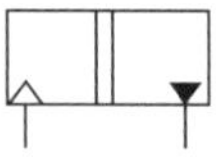
압력계		오일탱크	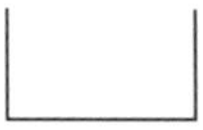
유압 동력원		오일여과기	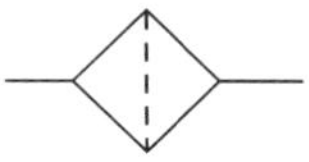
정용량형 펌프·모터	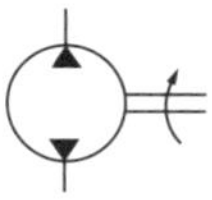	회전형 전기 액추에이터	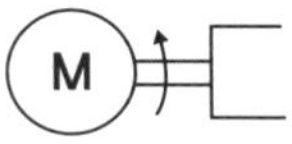 M
가변용량형 유압모터	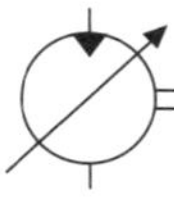	솔레노이드 조작방식	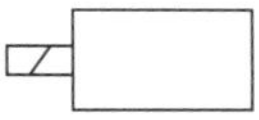
간접조작방식	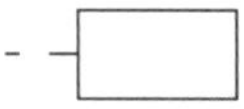	레버조작방식	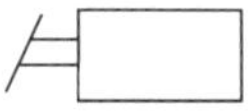
기계조작방식	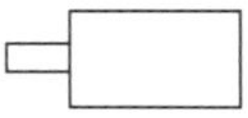	복동실린더 양로드형	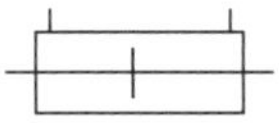
드레인 배출기	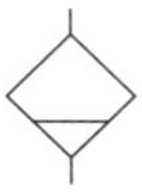	전자·유압 파일럿	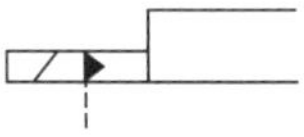

출제 예상 문제

01 작업 중에 유압펌프로부터 토출유량이 필요하지 않게 되었을 때, 유압유를 탱크에 저압으로 귀환시키는 회로는?

① 시퀀스회로
② 언로드회로
③ 블리드오프 회로
④ 어큐뮬레이터 회로

언로드회로는 작업 중에 유압펌프 유량이 필요하지 않게 되었을 때 오일을 저압으로 탱크에 귀환시킨다.

답 : ②

02 유량제어를 통하여 작업속도를 조절하는 방식에 속하지 않는 것은?

① 미터-인(meter-in)방식
② 미터-아웃(meter-out)방식
③ 블리드오프(bleed off)방식
④ 블리드온(bleed on)방식

속도제어회로에는 미터-인 방식, 미터-아웃 방식, 블리드오프 방식이 있다.

답 : ④

03 액추에이터의 입구 쪽 관로에 유량제어밸브를 직렬로 설치하여 작동유의 유량을 제어함으로서 액추에이터의 속도를 제어하는 회로는?

① 미터-인 회로(meter-in circuit)
② 미터-아웃 회로(meter-out circuit)
③ 블리드오프 회로 (bleed-off circuit)
④ 시스템 회로(system circuit)

미터-인 회로는 유압 액추에이터의 입력 쪽에 유량제어밸브를 직렬로 연결하여 액추에이터로 유입되는 유량을 제어하여 액추에이터의 속도를 제어한다.

답 : ①

04 유압실린더의 속도를 제어하는 블리드오프(bleed off) 회로에 대한 설명과 관계 없는 것은?

① 유압펌프 토출량 중 일정한 양을 탱크로 되돌린다.
② 유량제어밸브를 유압실린더와 직렬로 설치한다.
③ 릴리프밸브에서 과잉압력을 줄일 필요가 없다.
④ 부하변동이 급격한 경우에는 정확한 유량제어가 곤란하다.

블리드오프 회로는 유량제어밸브를 실린더와 병렬로 연결하여 실린더의 속도를 제어한다.

답 : ②

05 유압장치의 기호 회로도에 사용되는 유압기호의 표시방법으로 틀린 것은?

① 기호에는 흐름의 방향을 표시한다.
② 각 기기의 기호는 정상상태 또는 중립상태를 표시한다.
③ 기호에는 각 기기의 구조나 작용압력을 표시하지 않는다.
④ 기호는 어떠한 경우에도 회전하여서는 안 된다.

기호는 오해의 위험이 없는 경우에는 기호를 회전하거나 뒤집어도 된다.

답 : ④

06 유압장치에서 가장 많이 사용되는 유압 회로도는?

① 기호 회로도 ② 그림 회로도
③ 단면 회로도 ④ 조합 회로도

일반적으로 많이 사용하는 유압 회로도는 기호 회로도이다.

답 : ①

07 공·유압 기호 중 그림이 의미하는 것은?

① 밸브 ② 유압
③ 공기압 ④ 전기

답 : ②

08 아래 그림의 유압 기호는 무엇을 나타내는가?

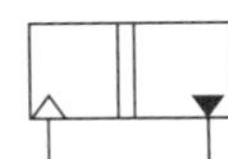

① 어큐뮬레이터 ② 증압기구
③ 촉매컨버터 ④ 공기·유압변환기

답 : ④

09 다음의 유압 도면기호의 명칭은?

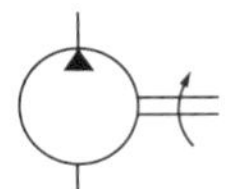

① 유압펌프 ② 스트레이너
③ 유압모터 ④ 압력계

답 : ①

10 정용량형 유압펌프의 기호는?

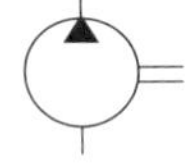

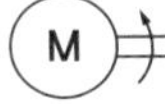

답 : ②

11 유압장치에서 가변용량형 유압펌프의 기호는?

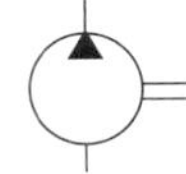

답 : ③

12 공유압 기호 중 그림이 나타내는 것은?

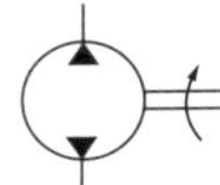

① 요동형 액추에이터
② 가변형 액추에이터
③ 정용량형 펌프·모터
④ 가변용량형 펌프·모터

답 : ③

13 그림의 유압 기호는 무엇을 표시하는가?

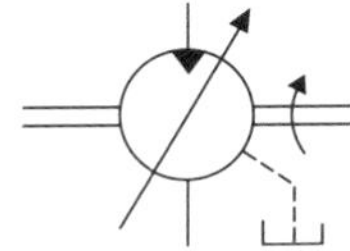

① 가변 흡입밸브 ② 유압펌프
③ 가변 토출밸브 ④ 가변 유압모터

답 : ④

14 그림과 같은 유압 기호에 해당하는 밸브는?

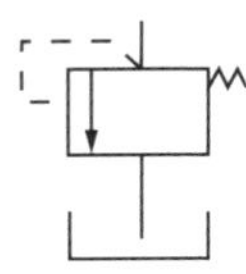

① 릴리프밸브
② 카운터밸런스밸브
③ 체크밸브
④ 감압밸브

답 : ①

15 그림의 유압기호가 나타내는 것은?

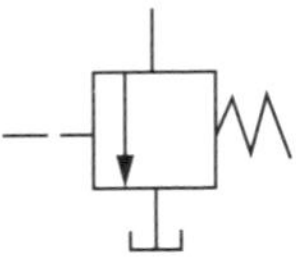

① 릴리프밸브 ② 감압밸브
③ 무부하밸브 ④ 순차밸브

답 : ③

16 단동실린더의 기호 표시로 옳은 것은?

① ② ③ ④

답 : ①

17 아래 그림과 같은 실린더의 명칭은?

① 복동실린더 ② 단동다단실린더
③ 단동실린더 ④ 복동다단실린더

답 : ①

18 복동실린더 양 로드형을 나타내는 유압 기호는?

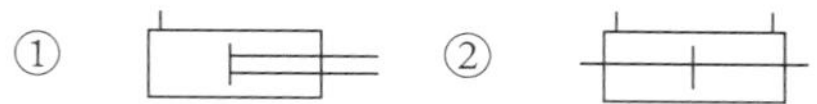

답 : ②

19 아래 그림에서 체크밸브를 나타낸 것은?

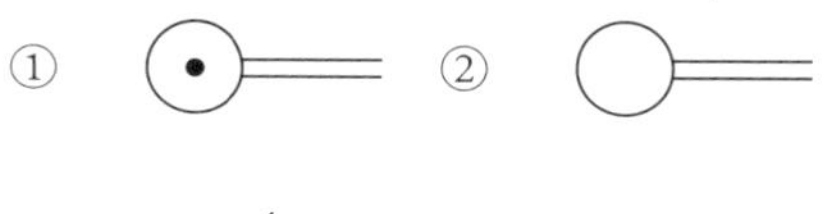

답 : ③

20 그림의 유압 기호는 무엇을 표시하는가?

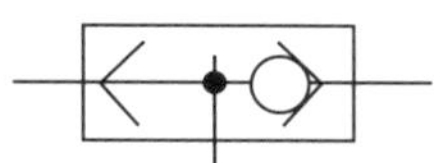

① 고압우선형 셔틀밸브
② 무부하 밸브
③ 스톱밸브
④ 저압우선형 셔틀밸브

답 : ①

21 그림의 유압 기호는 무엇을 표시하는가?

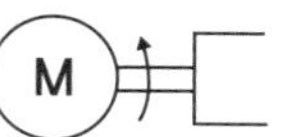

① 복동 가변식 전자 액추에이터
② 직접 파일럿 조작 액추에이터
③ 단동 가변식 전자 액추에이터
④ 회전형 전기 액추에이터

답 : ④

22 그림의 공·유압 기호는 무엇을 표시하는가?

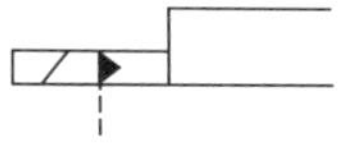

① 전자·공기압 파일럿
② 유압 2단 파일럿
③ 전자·유압 파일럿
④ 유압가변 파일럿

답 : ③

23 유압·공기압 도면기호 중 그림이 나타내는 것은?

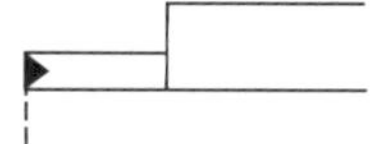

① 유압 파일럿(외부)
② 유압 파일럿(내부)
③ 공기압 파일럿(외부)
④ 공기압 파일럿(내부)

답 : ①

24 방향전환밸브의 조작방식에서 단동 솔레노이드 기호는?

① ②

③ ④

①항은 솔레노이드 조작방식, ②항은 간접조작방식, ③항은 레버조작방식, ④항은 기계조작방식

답 : ①

25 그림의 유압 기호에서 "A" 부분이 나타내는 것은?

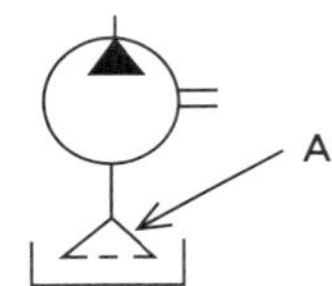

① 오일냉각기
② 가변용량 유압모터
③ 가변용량 유압펌프
④ 스트레이너

답 : ④

26 그림의 유압기호가 나타내는 것은?

① 오일탱크 ② 차단밸브
③ 유압밸브 ④ 유압실린더

답 : ①

27 유압장치에서 오일탱크(밀폐형)의 기호 표시로 옳은 것은?

① 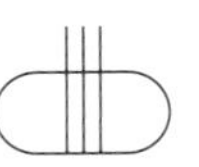 ② 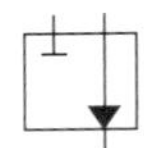

③ 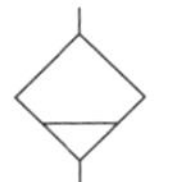 ④ 

답 : ①

28 아래 그림의 유압 기호는 무엇을 표시하는가?

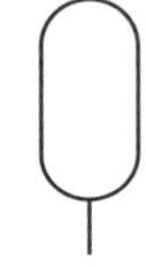

① 유압 실린더 로드
② 축압기
③ 오일탱크
④ 유압 실린더

답 : ②

29 유압 도면기호에서 여과기의 기호 표시는?

① 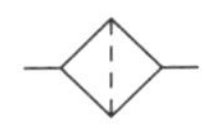 ② 

③  ④

답 : ①

30 공·유압 기호 중 그림이 의미하는 것은?

① 원동기　② 공기압 동력원
③ 전동기　④ 유압동력원

답 : ④

31 유압 압력계의 기호는?

 　② 

③ 

④ 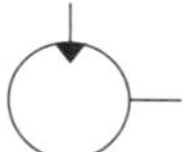

답 : ①

32 그림에서 드레인 배출기의 기호 표시로 맞는 것은?

 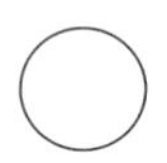　② 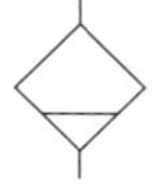

③ 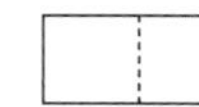　④ 

답 : ②

33 유압 도면기호에서 압력스위치를 나타내는 것은?

 　② 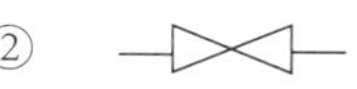

③ 　④ 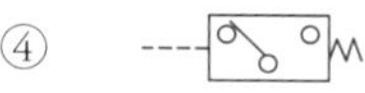

답 : ④

05 그 밖의 부속장치

1 유압유 탱크(hydraulic oil tank)의 기능

① 적정유량의 확보
② 유압유의 기포발생방지 및 기포의 소멸
③ 적정 유압유 온도유지

2 어큐뮬레이터(accumulator ; 축압기)

① 유압펌프에서 발생한 유압을 저장하고, 맥동을 소멸시키고 유압에너지의 저장, 충격흡수 등에 이용하는 기구이다.
② 용도는 압력보상, 체적변화 보상, 유압에너지 축적, 유압회로 보호, 맥동감쇠, 충격압력 흡수, 일정압력 유지, 보조동력원으로의 사용 등이다.
③ 블래더형 어큐뮬레이터(축압기)의 고무주머니 내에는 질소가스를 주입한다.

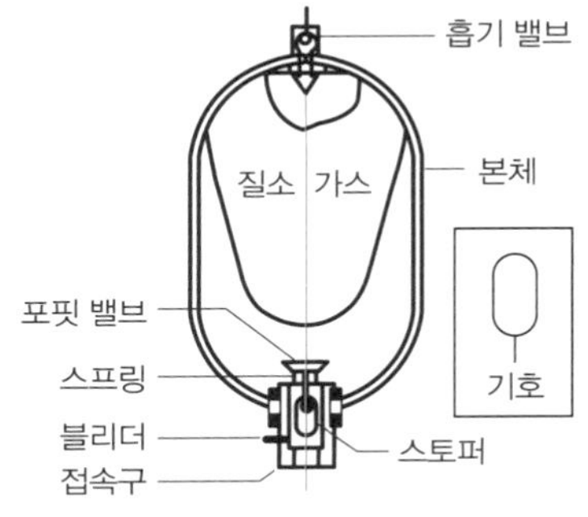

어큐뮬레이터의 구조

3 유압파이프와 호스

유압파이프는 강철파이프를 사용하고, 유압호스는 나선 블레이드 호스를 사용하며, 유니언 이음(union coupling) 되어 있다.

4 실(seal)

유압회로의 유압유 누출을 방지하기 위해 사용한다. 재질은 합성고무, 우레탄 등이며 종류에는 O-링, U-패킹, 금속패킹, 더스트 실 등이 있다. 유압실린더의 피스톤 부분에는 금속패킹, 고압 작동 부분에는 U-패킹을 사용한다.

출제 예상 문제

01 **유압탱크의 구성부품에 속하지 않는 것은?**

① 유압계
② 주입구
③ 유면계
④ 격판(배플)

유압탱크는 주입구, 흡입 및 복귀 파이프, 유면계, 격판(배플), 스트레이너, 드레인 플러그 등으로 구성된다.

답 : ①

02 **오일탱크 내의 오일량을 표시하는 부품은?**

① 온도계
② 유면계
③ 유량계
④ 유압계

유면계는 오일탱크 내의 오일량을 표시한다.

답 : ②

03 **오일탱크 내의 오일을 모두 배출시킬 때 사용하는 부품은?**

① 어큐뮬레이터
② 배플
③ 드레인 플러그
④ 리턴라인

오일탱크 내의 오일을 배출시킬 때에는 드레인 플러그를 사용한다.

답 : ③

04 **유압장치의 오일탱크에서 펌프 흡입구의 설치에 관한 설명으로 옳지 못한 것은?**

① 펌프 흡입구는 탱크로의 귀환구(복귀구)로부터 될 수 있는 한 멀리 떨어진 위치에 설치한다.
② 펌프 흡입구에는 스트레이너(오일여과기)를 설치한다.
③ 펌프 흡입구와 탱크로의 귀환구(복귀구) 사이에는 격리판(baffle plate)을 설치한다.
④ 펌프 흡입구는 반드시 탱크 가장 밑면에 설치한다.

펌프 흡입구는 탱크 밑면과 어느 정도 공간을 두고 설치한다.

답 : ④

05 **유압유 탱크에 들어있는 유압유의 양을 점검할 때의 유압유 온도는?**

① 열화온도일 때
② 정상작동온도일 때
③ 완냉온도일 때
④ 과냉온도일 때

유압유의 양은 정상작동온도일 때 점검한다.

답 : ②

06 **오일탱크에 대한 설명으로 옳지 않은 것은?**

① 흡입 스트레이너가 설치되어 있다.
② 탱크 내부에는 격판(배플 플레이트)을 설치한다.
③ 흡입구와 리턴구는 최대한 가까이 설치한다.
④ 유압유를 저장한다.

오일탱크 내의 흡입구와 리턴구(복귀구)는 최대한 멀리 떨어져 설치한다.

답 : ③

07 유압유 탱크의 기능과 관계 없는 것은?

① 스트레이너 설치로 회로 내 불순물 혼입을 방지한다.
② 유압회로에 필요한 유량을 확보한다.
③ 격판에 의한 기포분리 및 제거를 한다.
④ 유압회로에 필요한 압력을 설정한다.

유압회로에 필요한 압력은 릴리프밸브에서 설정한다.

답 : ④

08 유압탱크의 구비조건과 관계 없는 것은?

① 적당한 크기의 주유구 및 스트레이너를 설치한다.
② 오일냉각을 위한 쿨러를 설치한다.
③ 오일에 이물질이 유입되지 않도록 밀폐되어야 한다.
④ 드레인(배출밸브) 및 유면계를 설치한다.

유압탱크의 구비조건
①, ③, ④항 및 유압탱크의 크기는 중력에 의하여 복귀되는 장치 내의 모든 오일을 받아들일 수 있는 크기로 한다.

답 : ②

09 유압펌프에서 발생한 유압을 저장하고 맥동을 소멸시키는 장치는?

① 언로딩밸브 ② 어큐뮬레이터
③ 릴리프밸브 ④ 스트레이너

어큐뮬레이터(축압기)는 유압펌프에서 발생한 유압을 저장하고, 맥동을 소멸시키는 장치이다.

답 : ②

10 축압기(어큐뮬레이터)의 기능과 관계 없는 것은?

① 충격압력을 흡수한다.
② 유압에너지를 축적한다.
③ 유압펌프의 맥동을 흡수한다.
④ 릴리프밸브를 제어한다.

축압기의 기능은 압력보상, 체적변화 보상, 유압에너지 축적, 유압회로 보호, 맥동감쇠, 충격압력 흡수, 일정압력 유지, 보조동력원으로 사용 등이다.

답 : ④

11 축압기의 종류 중 가스-오일방식에 속하지 않는 것은?

① 블래더 방식(bladder type)
② 피스톤 방식(piston type)
③ 다이어프램 방식(diaphragm type)
④ 스프링 하중방식(Spring loaded type)

가스-오일방식의 어큐뮬레이터에는 피스톤 방식, 다이어프램 방식, 블래더 방식이 있다.

답 : ④

12 기체-오일형식 어큐뮬레이터에서 주로 사용하는 가스는?

① 이산화탄소 ② 질소가스
③ 아세틸렌가스 ④ 산소

가스형 축압기에는 질소가스를 주입한다.

답 : ②

13 유압장치에서 금속가루 또는 불순물을 제거하기 위해 사용되는 부품은?

① 필터와 스트레이너이다.
② 스크레이퍼와 필터이다.
③ 필터와 어큐뮬레이터이다.
④ 어큐뮬레이터와 스트레이너이다.

답 : ①

14 건설기계에 사용하고 있는 여과기의 종류에 속하지 않는 것은?

① 저압 여과기
② 흡입 여과기
③ 고압 여과기
④ 배출 여과기

답 : ④

15 유압유에 포함된 불순물을 제거하기 위해 유압펌프 흡입관에 설치하는 것은?

① 부스터
② 공기청정기
③ 스트레이너
④ 어큐뮬레이터

스트레이너(strainer)는 유압펌프의 흡입관에 설치하는 여과기이다.

답 : ③

16 오일필터의 여과입도가 너무 조밀하였을 때 일어나기 쉬운 현상은?

① 오일누출 현상 ② 블로바이 현상
③ 맥동현상 ④ 공동현상

필터의 여과입도가 너무 조밀하면(필터의 눈이 작으면) 오일공급 불충분으로 공동현상(캐비테이션)이 발생한다.

답 : ④

17 유압장치의 수명연장을 위한 가장 중요한 요소는?

① 오일탱크의 세척이다.
② 오일냉각기의 점검 및 세척이다.
③ 오일필터의 점검 및 교환이다.
④ 유압펌프의 교환이다.

유압장치의 수명연장을 위한 가장 중요한 요소는 오일필터의 점검 및 교환이다.

답 : ③

18 굴착기 유압회로에서 유압유 온도를 알맞게 유지하기 위해 사용하는 부품은?

① 어큐뮬레이터 ② 유압밸브
③ 방향제어밸브 ④ 오일쿨러

답 : ④

19 유압장치에서 사용하는 오일냉각기(oil cooler)의 구비조건과 관계 없는 것은?

① 촉매작용이 없을 것
② 온도조정이 잘될 것
③ 오일 흐름에 저항이 클 것
④ 정비 및 청소하기가 편리할 것

오일냉각기는 촉매작용이 없고, 온도조정이 쉽고, 정비 및 청소하기가 편리하며, 오일 흐름의 저항이 적어야 한다.

답 : ③

20 유압호스 중 가장 큰 압력에 견딜 수 있는 형식은?

① 나선 와이어 블레이드 형식
② 고무형식
③ 와이어리스 고무 블레이드 형식
④ 직물 블레이드 형식

유압호스 중 가장 큰 압력에 견딜 수 있는 것은 나선 와이어 블레이드 형식이다.

답 : ①

21 호이스트형 유압호스 연결부에 가장 많이 사용하는 것은?

① 엘보 조인트 ② 유니온 조인트
③ 소켓 조인트 ④ 니플 조인트

호이스트형 유압호스 연결부에는 유니온 조인트(union joint)를 주로 사용한다.

답 : ②

22 **유압회로에서 사용하는 호스의 노화현상과 관계 없는 것은?**

① 액추에이터의 작동이 원활하지 않을 경우
② 호스의 표면에 갈라짐이 발생한 경우
③ 코킹부분에서 오일이 누유되는 경우
④ 정상적인 압력상태에서 호스가 파손될 경우

호스의 노화는 호스의 표면에 갈라짐이 발생한 때, 호스의 탄성이 거의 없는 상태로 굳어 있는 때, 정상적인 압력상태에서 호스가 파손될 때, 코킹부분에서 오일이 누출되는 때이다.

답 : ①

23 **유압장치 작동 중 갑자기 유압배관에서 유압유가 분출되기 시작할 때 운전자가 취해야 할 조치는?**

① 유압회로 내의 잔압을 제거한다.
② 작업을 멈추고 배터리 선을 분리한다.
③ 오일이 분출되는 호스를 분리하고 플러그를 막는다.
④ 작업장치를 지면에 내리고 기관시동을 정지한다.

유압배관에서 오일이 분출되기 시작하면 가장 먼저 작업장치를 지면에 내리고 기관 시동을 정지한다.

답 : ④

24 **유압 작동부에서 오일이 새고 있을 때 가장 먼저 점검해야 하는 부품은?**

① 밸브(valve) ② 기어(gear)
③ 실(seal) ④ 플런저(plunger)

유압 작동부분에서 오일이 누유 되면 가장 먼저 실(seal)을 점검한다.

답 : ③

25 **유압장치에서 피스톤 로드에 있는 먼지 또는 오염물질 등이 실린더 내로 혼입되는 것을 방지하는 부품은?**

① 필터(filter)
② 실린더 커버(cylinder cover)
③ 밸브(valve)
④ 더스트 실(dust seal)

더스트 실(dust seal)은 피스톤 로드에 있는 먼지 또는 오염물질 등이 실린더 내로 혼입되는 것을 방지한다.

답 : ④

26 **실(seal)의 구분에서 밀봉장치 중 고정부분에만 사용되는 것은?**

① 개스킷 ② 로드 실
③ 패킹 ④ 메커니컬 실

개스킷은 고정부분(접합부분)에 사용되는 밀봉장치이다.

답 : ①

27 **유압장치에서 오일누설 시 점검사항과 관계 없는 것은?**

① 유압펌프의 고정 볼트 이완여부
② 실(seal)의 마모여부
③ 실(seal)의 파손여부
④ 유압유의 윤활성능

답 : ④

28 **유압장치를 수리할 때마다 반드시 교환해야 하는 부품은?**

① 터미널 피팅(terminal fitting)
② 샤프트 실(shaft seals)
③ 밸브스풀(valve spools)
④ 커플링(couplings)

답 : ②

산업안전표지

금지표지	출입 금지	보행 금지	차량 통행 금지	사용 금지	탑승 금지
금지표지	금연	화기 금지	물체 이동 금지		
경고표지	인화성물질 경고	산화성물질 경고	폭발성물질 경고	급성독성물질 경고	부식성물질 경고
경고표지	방사성물질 경고	고압 전기 경고	매달린 물체 경고	낙하물 경고	고온 경고
경고표지	저온 경고	몸균형 상실 경고	레이저 광선 경고	발암성·변이원성·생식독성·전신독성·호흡기과민성물질경고	위험 장소 경고
지시표지	보안경 착용	방독마스크 착용	방진마스크 착용	보안면 착용	안전모 착용
지시표지	귀마개 착용	안전화 착용	안전장갑 착용	안전복 착용	
안내표지	녹십자	응급구호	들것	세안장치	비상용기구
안내표지	비상구	좌측 비상구	우측 비상구		

교통안전표지일람표

주의표지

- 101 +자형 교차로
- 102 T자형 교차로
- 103 Y자형 교차로
- 104 ㅏ자형 교차로
- 105 ㅓ자형 교차로
- 106 우선도로
- 107 우합류도로
- 108 좌합류도로
- 109 회전형 교차로
- 110 철길건널목
- 111 우로굽은도로
- 112 좌로굽은도로
- 113 우좌로이중굽은도로
- 114 좌우로이중굽은도로
- 115 2방향통행
- 116 오르막 경사
- 117 내리막 경사
- 118 도로폭이 좁아짐
- 119 우측차로 없어짐
- 120 좌측차로 없어짐
- 121 우측방통행
- 122 양측방통행
- 123 중앙분리대 시작
- 124 중앙분리대 끝남
- 125 신호기
- 126 미끄러운 도로
- 127 강변도로
- 128 노면 고르지 못함
- 129 과속방지턱, 고원식횡단보도, 고원식교차로
- 130 낙석도로
- 131 〈삭 제〉 2007.9.28 개정 2008.3.28 부터시행
- 132 횡단보도
- 133 어린이 보호
- 134 자전거
- 135 도로공사중
- 136 비행기
- 137 횡풍
- 138 터널
- 138의2 교량
- 139 야생동물보호
- 140 위험
- 141 상습정체구간

규제표지

- 201 통행금지
- 202 자동차통행금지
- 203 화물자동차통행금지
- 204 승합자동차통행금지
- 205 이륜자동차 및 원동기장치자전거 통행금지
- 206 자동차·이륜자동차 및 원동기장치자전거 통행금지
- 207 경운기·트랙터 및 손수레 통행금지
- 208 〈삭 제〉 2007.9.28 개정 2008.3.28 부터시행
- 209 〈삭 제〉 2007.9.28 개정 2008.3.28 부터시행
- 210 자전거 통행금지
- 211 진입금지
- 212 직진금지
- 213 우회전금지
- 214 좌회전금지
- 215 〈삭 제〉 2007.9.28 개정 2008.3.28 부터시행
- 216 유턴금지
- 217 앞지르기 금지
- 218 정차주차 금지
- 219 주차금지
- 220 차중량제한
- 221 차높이제한
- 222 차폭제한
- 223 차간거리확보
- 224 최고속도제한
- 225 최저속도제한
- 226 서행
- 227 일시정지
- 228 양보
- 229 〈삭 제〉 2007.9.28 개정 2008.3.28 부터시행
- 230 보행자 보행금지
- 231 위험물적재차량 통행금지

지시표지

- 301 자동차전용도로
- 302 자전거전용도로
- 303 자전거 및 보행자 겸용도로
- 304 회전교차로
- 305 직진
- 306 우회전
- 307 좌회전
- 308 직진 및 우회전
- 309 직진 및 좌회전
- 309의2 좌회전및유턴
- 310 좌우회전
- 311 유턴
- 312 양측방통행
- 313 우측면통행
- 314 좌측면통행
- 315 진행방향별통행구분
- 316 우회로
- 317 자전거 및 보행자 통행로
- 318 자전거 전용차로
- 319 주차장
- 320 자전거주차장
- 321 보행자전용도로
- 322 횡단보도
- 323 노인보호 (노인보호구역안)
- 324 어린이보호 (어린이보호구역안)
- 324의2 장애인보호 (장애인보호구역안)
- 325 자전거횡단도
- 326 일방통행
- 327 일방통행
- 328 일방통행
- 329 비보호좌회전
- 330 버스전용차로
- 331 다인승차량전용차로
- 332 통행우선
- 333 자전거나란히통행허용

보조표지

- 401 거리 (100m앞부터)
- 402 거리 (여기서부터 500m)
- 403 구역 (시내전역)
- 404 일자 (일요일·공휴일제외)
- 405 시간 (08:00~20:00)
- 406 시간 (1시간이내 차둘수있음)
- 407 신호등화상태 (적신호시)
- 408 전방우선도로 (앞에우선도로)
- 409 안전속도 (안전속도 30)
- 410 기상상태 (안개지역)
- 411 노면상태
- 412 교통규제 (차로엄수)
- 413 통행규제 (건너가지마시오)
- 414 차량한정 (승용차에 한함)
- 415 통행주의 (속도를 줄이시오)
- 415의2 충돌주의 (충돌주의)
- 416 표지설명 (터널길이 258m)
- 417 구간시작 (구간시작 200m)
- 418 구간내 (구간내 400m)
- 419 구간끝 (구간끝 600m)
- 420 우방향
- 421 좌방향
- 422 전방 (전방 50M)
- 423 중량 (3.5t)
- 424 노폭 (3.5m)
- 425 거리 (100m)
- 426 〈삭 제〉 2007.9.28 개정 2008.3.28 부터시행
- 427 해제 (해제)
- 428 견인지역 (견인지역)

표지판

- 주의 (100~210)
- 규제 (100~210)
- 지시 (100 이상)
- 보조 (100 이상)

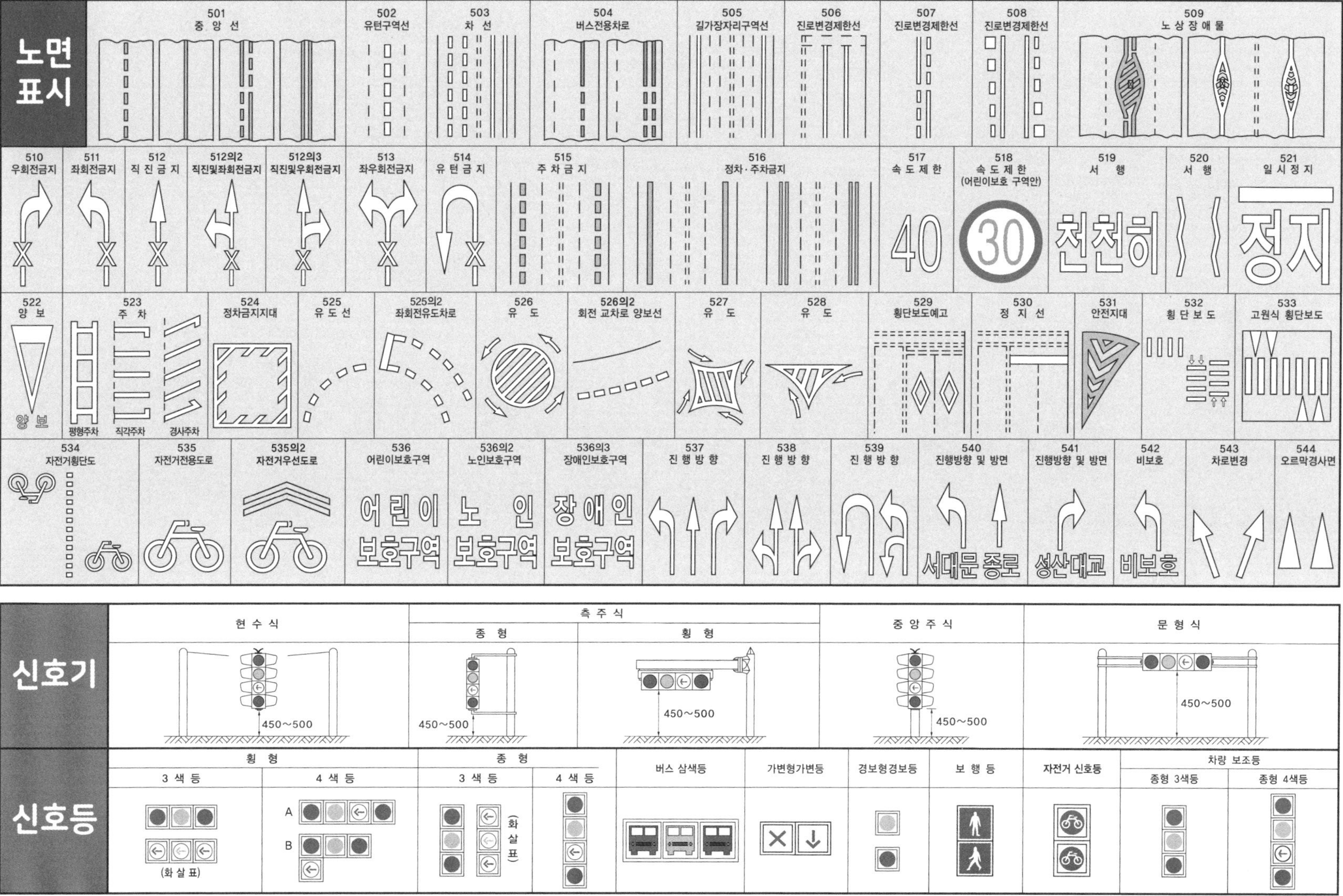
노면 표시
501 중 앙 선
502 유턴구역선
503 차 선
504 버스전용차로
505 길가장자리구역선
506 진로변경제한선
507 진로변경제한선
508 진로변경제한선
509 노 상 장 애 물
510 우회전금지
511 좌회전금지
512 직 진 금 지
512의2 직진및좌회전금지
512의3 직진및우회전금지
513 좌우회전금지
514 유 턴 금 지
515 주 차 금 지
516 정차·주차금지
517 속 도 제 한
40
518 속 도 제 한 (어린이보호 구역안)
30
519 서 행
천천히
520 서 행
521 일 시 정 지
정지
522 양 보
양 보
523 주 차
평형주차
직각주차
경사주차
524 정차금지지대
525 유 도 선
525의2 좌회전유도차로
526 유 도
526의2 회전 교차로 양보선
527 유 도
528 유 도
529 횡단보도예고
530 정 지 선
531 안전지대
532 횡 단 보 도
533 고원식 횡단보도
534 자전거횡단도
535 자전거전용도로
535의2 자전거우선도로
536 어린이보호구역
어린이 보호구역
536의2 노인보호구역
노 인 보호구역
536의3 장애인보호구역
장애인 보호구역
537 진 행 방 향
538 진 행 방 향
539 진 행 방 향
540 진행방향 및 방면
서대문 종로
541 진행방향 및 방면
성산대교
542 비보호
비보호
543 차로변경
544 오르막경사면
신호기
현 수 식
측 주 식
종 형
횡 형
중 앙 주 식
문 형 식
450~500
신호등
횡 형
3 색 등
(화 살 표)
4 색 등
A
B
종 형
3 색 등
(화 살 표)
4 색 등
버스 삼색등
가변형가변등
경보형경보등
보 행 등
자전거 신호등
차량 보조등
종형 3색등
종형 4색등

하루아침에 완성되지 않는 상식, 에듀윌 시사상식 정기구독이 답!

정기구독 신청 시 10% 할인

매월 자동 결제
~~정가 10,000원~~ 9,000원

6개월 한 번에 결제
~~정가 60,000원~~ 54,000원

12개월 한 번에 결제
~~정가 120,000원~~ 108,000원

· 정기구독 시 매달 배송비가 무료입니다.
· 구독 중 정가가 올라도 추가 부담 없이 이용하실 수 있습니다.
· '매월 자동 결제'는 매달 20일 카카오페이로 자동 결제되며, 6개월/12개월/무기한 기간 설정이 가능합니다.

정기구독 신청 방법

인터넷
에듀윌 도서몰(book.eduwill.net) 접속 ▶
시사상식 정기구독 신청 ▶
매월 자동 결제 or 6개월/12개월 한 번에 결제

전 화
02-397-0178
(평일 09:30~18:00 / 토·일·공휴일 휴무)

입금계좌
국민은행 873201-04-208883 (예금주 : 에듀윌)

정기구독 신청·혜택
바로가기

정기구독을 신청하시는 분들께 #2022 다이어리를 선물로 드립니다!

대상자 매월/6개월/12개월 정기구독 신청자

※ 다이어리 증정은 2022년 3월 31일까지 적용되며 사은품 소진 시 조기 종료될 수 있습니다.
※ 정기구독 혜택은 진행 프로모션에 따라 증정 상품 변동이 가능합니다.

에듀윌 시사상식과
#소통해요

더 읽고 싶은 콘텐츠가 있으신가요?
더 풀고 싶은 문제가 있으신가요?
의견을 주시면 콘텐츠로 만들어 드립니다!

☑ 에듀윌 시사상식은 독자 여러분의 의견을 적극 반영하고자 합니다.
☑ 읽고 싶은 인터뷰, 칼럼 주제, 풀고 싶은 상식 문제 등 어떤 의견이든 남겨 주세요.
☑ 보내 주신 의견을 바탕으로 특집 콘텐츠 등이 기획될 예정입니다.

설문조사 참여 시
#스타벅스 아메리카노를 드립니다!

추첨 방법 매월 가장 적극적으로 의견을 주신 1분을 추첨하여 개별 연락
경품 스타벅스 아메리카노 Tall

취업에 강한

에듀윌 시사상식

MAR. 2022

03

CONTENTS

2022. 03. 통권 제129호

발행일 | 2022년 2월 25일(매월 발행)
편저 | 에듀윌 상식연구소
내용문의 | 02) 2650-3912
구독문의 | 02) 397-0178
팩스 | 02) 855-0008
ISBN | 979-11-360-1463-4
ISSN | 2713 -4121

※ 「학습자료」 및 「정오표」도 에듀윌 도서몰 (book.eduwill.net) 도서자료실에서 함께 확인하실 수 있습니다.

PART 01

Cover Story 01

Cover Story 02

PART 02

분야별 최신상식

PART 03

취업상식 실전TEST

PART 04

상식을 넘은 상식

PART 01

Cover Story

이달의 가장 중요한 이슈

1.

베이징 동계올림픽 개막

개회식 한복·편파 판정 논란 속 황대헌 첫 金

2월 4일 제24회 베이징 동계올림픽 개회식이 열렸다. '함께하는 미래'를 슬로건으로 내건 이번 올림픽은 91개국, 2900여 명의 선수들이 출전해 2월 20일까지 15개 종목 109개의 금메달을 놓고 실력을 겨뤘다. 개회식의 클라이맥스인 성화 점화 방식은 친환경과 저탄소를 표방하며 호평을 받았다. 그러나 개막식에서 한복을 입은 공연자가 소수민족으로 등장한 것을 두고 중국의 문화공정을 우려하는 목소리가 커졌다. 또한 편파 판정으로 한국 쇼트트랙 선수들이 실격을 당하면서 반중 정서로 번졌다. 대한민국 첫 번째 금메달은 남자 쇼트트랙 1500m에서 황대헌이 차지했다. 최민정은 여자 쇼트트랙 1500m에서 한국에 두 번째 금메달을 안겼다.

베이징 동계올림픽 개막... '역대 가장 작은 성화' 눈길

▲ 눈꽃 모양의 조형물 한가운데 성화봉이 꽂힌 베이징 동계올림픽 성화대

2월 4일 중국 베이징 국립경기장에서 제24회 베이징 동계올림픽 개회식이 열렸다. 이번 올림픽은 지난해 도쿄 하계올림픽과 마찬가지로 코로나19 팬데믹이 끝나지 않은 상태에서 열렸다.

여기에 미국, 호주, 영국 등 일부 서방 국가들이 중국 인권 문제를 이유로 **외교적 보이콧**(선수단은 파견하지만 정치인들은 행사에 불참)을 선언하며 김을 뺐고 러시아의 우크라이나 침공 가능성까지 맞물려 관심을 덜 받는 올림픽이 됐다.

'함께하는 미래(Together for a Shared Future)'를 슬로건으로 내건 이번 올림픽은 91개국, 2900여 명의 선수들이 출전해 2월 20일까지 15개 종목 109개의 금메달을 놓고 실력을 겨뤘다.

베이징은 동·하계 올림픽을 모두 개최한 최초의 도시가 됐다. **베이징 동계올림픽 마스코트는 얼음 옷을 입고 있는 판다 캐릭터인 빙둔둔**(氷墩墩)**이며 동계패럴림픽 마스코트는 붉은색 전통 초롱을 형상화한 쉐룽룽**(雪容融)이다.

대한민국 선수단은 중국어 표기 국명 기준에 따라 73번째로 입장했다. 우리나라는 선수와 관계자 등 총 125명을 파견했고 중국의 텃세와 코로나19로 인한 훈련 부족을 고려해 역대 대회보다 낮은 금메달 1~2개·종합순위 15위 진입을 목표로 세웠다.

2008년 베이징 하계올림픽을 연출했던 **중국의 거장 영화감독 장이머우가 이번에도 개회식 총연출**을 맡았다. 4시간에 걸쳐 1만5000명이 참여했던 초대형 공연이었던 2008년과 달리 코로나19와 추운 날씨의 여파로 이번 개회식은 4000명이 2시간 30분 공연으로 규모가 줄었다.

그러나 고화질 LED 스크린으로 눈과 얼음을 표현하고 인공지능(AI) 라이브 모션 캡처 기술을 적용하는 등 화려한 기술력을 선보이며 볼거리를 제공했다.

특히 개회식의 클라이맥스인 성화 점화 방식이 호평을 받았다. 각각 2000년대생인 위구르족 출신 스키 크로스컨트리 선수 다니거 이라무장과 스키 노르딕 복합 선수 자오자원이 거대한 눈꽃 조형물 중앙에 성화를 꽂으며 점화가 완성됐다.

점화와 동시에 성화대에 큼직한 불길이 활활 타오르던 이전 방식과 차별화한 역대 올림픽 사상 가장 작은 성화였다.

장이머우 감독은 작은 성화에 대해 "저탄소와 환경보호 이념 실천"이라고 설명했다. 영국 BBC는 "눈부시면서 절제된 성화 점화 방식"이라고 호평했다.

▌베이징 동계올림픽·패럴림픽 종목

구분	동계올림픽	패럴림픽
종목	▲노르딕 복합 ▲루지 ▲봅슬레이 ▲바이애슬론 ▲스노보드 ▲스피드 스케이팅 ▲스키점프 ▲스켈레톤 ▲쇼트트랙 스피드 스케이팅 ▲아이스하키 ▲알파인 스키 ▲컬링 ▲크로스컨트리 스키 ▲피겨스케이팅 ▲프리스타일 스키	▲알파인 스키 ▲크로스컨트리 스키 ▲바이애슬론 ▲스노보드 ▲파라 아이스하키 ▲휠체어 컬링

개막식에 한복 등장... 여야 "문화공정" 비판

▲ 베이징 동계올림픽 개막식에서 한복을 입은 공연자가 손을 흔들고 있다.

이날 개회식 공연에서는 중국 내 56개 민족이 오성홍기(중국 국기)를 나르는 퍼포먼스가 포함됐는데, 이 가운데 댕기머리를 한 채 한복을 입은 공연자가 소수민족으로 등장해 논란이 일었다. 개회식 전 조선족 자치주가 있는 지린성 소개 영상에는 한복과 윷놀이, 강강술래 장면이 담겼다. 2008년 베이징 하계올림픽 개회식에서도 한복과 아리랑이 등장한 바 있다. **중국은 이전부터 한복(韓服)을 한푸(漢服)라 칭하며 자신들의 것이라고 주장**했다. 세계인이 지켜보는 올림픽 개막식에서 한복을 등장시킨 것은 한복이 중국 소수민족의 전통 의상이라는 잘못된 인식을 퍼트릴 수 있다는 점에서 중국의 ▪**문화공정**을 우려하는 목소리가 커졌다.

한복을 입고 개회식에 참석한 황희 문화체육관광부 장관은 "소수민족이라고 함은 그 민족이 하나의 국가로 성장하지 못한 때를 주로 말한다. 한국문화가 전 세계로 퍼지는 상황에서 소수민족으로 조선족을 표현한 것은 양국 관계에 오해의 소지가 생길 수 있다"고 말했다.

그러면서도 황 장관은 외교적으로 항의할 것이냐는 취재진의 질문에 "싸우자고 덤비는 순간 과연 실익이 뭐가 있느냐"며 공식 항의 계획이 없음을 밝혔다. 그러나 대선을 앞둔 정치권은 한목소리로 정부의 강력한 대응을 촉구했다.

황규환 국민의힘 선거대책본부 대변인은 논평을 통해 "주권 국가에 대한 명백한 문화침탈이자, '함께하는 미래'라는 이번 올림픽의 슬로건을 무색하게 하는 무례한 행위"라며 "우리 정부는 **중국몽(夢)에 사로잡혀 중국의 동북공정과 문화침탈에 대해 제대로 된 항의조차 하지 못했고 외교 사안에서 늘 저자세**를 유지했다. 단호한 대응이 있었다면 어제와 같은 일은 재발하지 않았을 것"이라고 비판했다.

이소영 더불어민주당 선대위 대변인은 "이 문제를 그대로 방치해서 우리 국민의 반중(反中) 정서가 날로 강해진다면, 앞으로 중국과의 외교를 펼쳐 나갈 때에도 커다란 장애물이 될 것"이라며 "**'실리외교'를 위해서라도 할 말은 해야 한다**"고 강조했다.

이재명 민주당 후보는 페이스북에 "문화를 탐하지 말라. 문화공정 반대"라는 게시물을 올렸다.

■ **문화공정 (文化工程)**

문화공정이란 세계 각국의 다양한 문화들을 마치 중국이 원조인 것처럼 만들려고 하는 행태를 말한다. 이는 2000년대 초반 논란이 됐던 동북공정의 연장선상으로 풀이된다. 동북공정은 중국 정부가 '동북변강역사여현상계열연구공정(東北邊疆歷史與現狀系列研究工程)'이라 이름 붙인 국책사업으로 현재 중국영토에서 벌어졌던 모든 역사가 자국의 역사에 속한다는 이른바 속지주의 관점에서 고대부터 전승돼온 역사와 문화현상의 기원을 자국으로 돌리는 프로젝트를 뜻한다. 2020년 중국이 절임 채소 음식인 파오차이(泡菜)의 제조법을 국제표준화기구(ISO)에 등록하며 "김치의 원조는 파오차이"라고 왜곡된 주장을 하거나 "태권도는 중국 발차기에서 기원했다"는 등의 주장을 하는 것 등이 문화공정의 사례다.

노골적 편파 판정에 반중 정서 커져

▲ 베이징 동계올림픽 편파 판정을 풍자한 합성물 (트위터 캡처)

개회식에 등장한 한복에 이어 중국의 무리한 홈어드밴티지로 편파 판정이 속출하며 반중 정서를 자극했다. **남자 쇼트트랙에서 황대헌·이준서 선수가 석연치 않은 심판 판정으로 실격**을 당하면서다. 황대헌과 이준서는 2월 7일 쇼트트랙 1000m 준결승에서 각각 1조 1위와 2조 2위를 차지했지만 실격 처리됐다.

심판진은 황대헌에게 1위로 올라오는 과정에서 뒤늦게 진로를 변경해 상대를 방해했다는 이유로 페널티를 부여했다. 이준서는 레인 변경으로 인한 실격이라고 판정했다. 한국 선수들이 상대 선수와 접촉 없이 깔끔한 레이스를 펼쳤다는 점에서 이해하기 어려운 판정이었다.

한국 선수들이 실격되는 대신 2위 안에 들지 못했던 중국 선수들이 어부리지(漁父之利)로 결승전에 진출했다. 이후 결승에서도 헝가리 선수가 1위를 차지했지만 그 역시 반칙으로 실격돼 중국 선수 2명이 금메달과 은메달을 가져갔다. 마치 잘 짜인 각본처럼 중국 선수들이 메달을 가져가자 SNS에서는 올림픽이 아니라 중국 동계 체전이라는 조소가 쏟아졌다.

우리 선수단은 쇼트트랙 심판 위원장에게 강력히 항의하고 국제빙상경기연맹(ISU)과 국제올림픽위원회(IOC)에 항의 서한문을 발송하고 ■**국제스포츠중재재판소(CAS)**에 제소키로 했다.

이상한 판정은 다른 종목에서도 이어졌다. 스키점프 혼성 단체전에서는 독일, 일본, 노르웨이, 오스트리아 등 우승후보 선수 5명이 느닷없이 복장 문제로 무더기 실격 처리됐다. 거의 매일 다양한 종목에서 이례적이고 충격적인 판정 시비가 이어지면서 '불공정 올림픽'이란 낙인이 찍혔다.

편파 판정은 반중 정서로 번졌다. 젊은 층을 중심으로 중국에 비판적인 주장이 많이 올라오면서 SNS에서는 한국과 중국 네티즌들이 설전을 벌이기도 했다. 반중을 넘은 혐중(嫌中) 정서가 번지는 것을 우려하면서, **정치권이 반중 정서를 편 가르기에 이용하는 행태를 경계**해야 한다는 지적도 있다.

■ **스포츠중재재판소 (CAS, Court of Arbitration for Sport)**
스포츠중재재판소(CAS)는 국제 스포츠계에서 일어나는 각종 분쟁을 중재하는 독립기구이다. 1981년 늘어나는 국제 스포츠 분쟁을 해결할 독립기구가 필요하다는 당시 국제올림픽위원회(IOC) 위원장의 발의에 따라 1983년 IOC의 승인을 얻어 1984년 6월 30일 출범했다. 본부는 스위스 로잔, 중재재판소는 로잔, 뉴욕, 시드니 세 곳에 있다. 원칙적으로 분쟁 당사자의 합의에 의해 회부된 건에 한해 법적 중재안을 제시하지만 구속력은 없다.

황대헌 쇼트트랙 남자 1500m에서 韓 첫 금메달

▲ 쇼트트랙 한국 대표팀 황대헌이 역주하고 있다.

대한민국 쇼트트랙 대표팀은 편파 판정을 딛고 실력으로 첫 번째 금메달을 수확했다. 주인공은 황대헌이었다.

황대헌은 2월 9일 베이징 캐피털 실내 경기장에서 열린 쇼트트랙 1500m 결승에서 2분9초219의 기록으로 당당히 우승했다. 황대헌은 이날 결승선 아홉 바퀴를 남기고 줄곧 1위를 내주지 않아 심판 판정이 개입할 여지를 아예 허용하지 않았다.

전날 **스피드 스케이팅 남자 1500m에서는 김민석이 동메달**을 획득했다. 김민석은 평창 동계올림픽에 이어 이 부분 2개 대회 연속 동메달을 차지했다. 2월 11일 여자 쇼트트랙 간판 **최민정은 1000m 결승에서 은메달을 차지했고 2월 16일에는 1500m에서 한국에 두 번째 금메달을 안겼다. 최민정은 여자 계주**(최민정·이유빈·김아랑·서휘민) **3000m에서도 은메달을 추가**하며 메달 3개를 목에 걸었다.

2월 12일 **스피드스케이팅 남자 500m에서 차민규는 은메달**을 획득하며 평창 동계올림픽 이후 2개 대회 연속 은메달을 차지했다. 2월 16일 **남자 쇼트트랙 대표팀**(황대헌·이준서·곽윤기·김동욱) **은 5000m 계주에서 은메달**을 추가했고 **스피드 스케이팅 남자 매스스타트에서 정재원과 이승훈이 각각 은메달, 동메달**을 따냈다. 이승훈은 역대 동계올림픽에서 한국 선수 최다인 메달 6개(금 3·은 2·동 1)를 수집해 전설로 등극했다.

한국은 이번 동계올림픽에서 금 2·은 5·동 2개로 메달 종합순위 14위를 기록했다. 한국이 동계올림픽에서 금메달 2개 이하를 획득한 것은 1992년 알베르빌, 2002년 솔트레이크시티 대회 이후 처음이다. 빙상 종목에 편중됐고 쇼트트랙 남녀 계주에 참가한 일부 선수를 제외하면 개인 종목에서 새로운 메달리스트를 한 명도 발굴하지 못해 선수 육성도 과제로 남았다. 한편, 이번 대회 종합순위 1위는 금메달 16개를 휩쓴 노르웨이가 차지했다.

+ 동계올림픽 썰매 종목
동계올림픽 종목 중에서 썰매를 이용하는 종목은 루지(luge), 봅슬레이(bobsleigh), 스켈레톤(skeleton) 등 3종목이다. ▲루지는 무게 약 23kg의 썰매 위에 발을 앞으로 뻗고 누워서 경기를 펼친다. ▲스켈레톤은 약 35kg의 썰매 위에서 머리를 앞으로 두고 엎드려 탄다. ▲봅슬레이는 가장 무거운 약 210kg의 자동차 모양 썰매로 경기한다. 3종목 가운데 썰매가 가장 무거운 봅슬레이가 가장 빠른 속도를 낼 수 있다.

IN
FLA
TION

2.

전 세계 인플레이션 공포

미친 물가·치솟는 대출금리 '2중고'

2월 4일 통계청 발표에 따르면 소비자물가지수가 근 10년 만에 4개월 연속 3%대 고공행진을 이어갔다. 외식 물가와 석유류가 가파른 물가 상승을 이끌었다. 미국을 비롯해 전 세계가 인플레이션 공포에 휩싸였다. 인플레이션의 원인은 코로나19로 인한 유동성 과잉 공급과 공급 쇼크 등이다. 미 연준이 모든 수단을 동원해서라도 인플레이션을 잡겠다고 공언하며 미국은 물론 한국도 가파른 긴축이 불가피하다. 이에 따른 가계 부채 상환 부담이 우려된다.

10년 만에 4개월 연속 3%대 물가 상승률

▲ 칼국수

2월 4일 통계청이 밝힌 자료를 보면 **1월 외식물가지수 상승률은 전년 동월 대비 5.5%로 12년 11개월 만에 최고치**를 기록했다. 대표적인 서민 음식인 칼국수나 비빔밥이 1만원, 냉면 1만 5000원이다. 스타벅스가 지난 1월 음료 46종 가격을 100~400원 인상한 것을 시작으로 커피 프랜차이즈 업체들도 줄줄이 가격을 올렸다. 밥 한 그릇 먹고 커피를 마시면 메뉴에 따라 한 끼에 2만원을 훌쩍 넘는다.

이날 통계청이 발표한 1월 소비자물가동향에서 지난 1월 ■**소비자물가지수**는 104.69(2020년 100기준)로 작년 같은 기간과 비교해 3.6% 오르며 4개월 연속 3%대 고공행진을 이어갔다. **물가가 4개월 연속 3% 상승률을 나타낸 것은 글로벌 금융위기 직후인 2009년 8월부터 2012년 6월까지 2년 11개월 연속 2%대를 기록한 이후 근 10년 만의 최장 기록**이다.

외식 물가와 함께 석유류가 가파른 물가 상승을 이끌었다. 국제유가 상승 추세에 따라 휘발유(12.8%), 경유(16.5%), 자동차용 LPG(34.5%), 등유(25.7%)가 모두 큰 폭으로 올랐다. 석유류의 물가 상승률 기여도는 0.66%p였다. 지난 2월 2일 뉴욕상업거래소에서 3월물 **서부텍사스산원유**(WTI) **가격은 전날보다 0.06% 오른 배럴당 88.26달러로 거래를 마치면서 2014년 10월 이후 7년여 만에 최고치**를 기록했다.

석유류 가격이 뛰면서 공업제품도 4.2% 올랐고 전기·수도·가스는 전기료(5.0%), 상수도료(4.3%), 도시가스(0.1%)가 각각 올랐다. 지난해 9월 0.3% 내렸던 전기료는 2017년 9월(8.8%) 이후 최대 상승했다. 서비스 부문에선 공공서비스(0.9%)와 개인서비스(3.9%) 모두 올랐다.

특히 서비스 물가에서 상당한 비중을 차지하는 외식 물가(5.5%)의 오름세가 무섭다. **외식 물가의 물가 상승률 기여도는 0.69%p로 석유류보다도 컸다.** 기상 여건에 따른 작황 부진으로 농·축·수산물 상승률이 6.3%를 기록하며 외식 물가 상승으로 이어졌다. 배추(56.7%), 딸기(45.1%), 달걀(15.9%), 수입 쇠고기(24.1%) 등이 대폭 올랐다.

집세(2.1%)는 전세(2.9%)와 월세(1.1%) 모두 상승했다. 전세는 2017년 8월(2.9%) 이후 최고 상승률이다. **임대차 3법**(계약갱신청구권제·전월세상한제·전월세신고제) 시행과 맞물려 전세는 작년 5월 이후 21개월 연속, 월세는 20개월 연속 상승세를 기록했다.

계절 요인이나 일시적 충격에 따른 물가 변동분을 제외한 '근원물가(농산물 및 석유류 제외지수)**'**는 103.77로 작년 같은 기간보다 3.0% 증가했다. **경제협력개발기구**(OECD) **기준 근원물가인 '식료품 및 에너지제외지수'**는 103.16으로, 지난해보다 2.6% 올랐다. **체감물가를 파악하기 위해 지출 비중이 크고 자주 사는 141개 품목을 토대**

로 작성한 '생활물가지수'는 105.33으로 1년 전보다 4.1% 상승했고 전·월세 포함 생활물가지수는 3.8% 올랐다.

■ **소비자물가지수 (消費者物價指數)**

소비자물가지수는 가구에서 일상생활을 영위하기 위해 구입하는 상품과 서비스의 가격변동을 측정하기 위하여 작성되는 지수로서 매월 통계청이 작성·발표한다. 총 소비지출 중에서 구입 비중이 큰 약 460여 개 상품 및 서비스 품목들을 정하고 이를 대상으로 조사된 소비자 구입가격을 기준으로 산정한다. 2022년 1월 소비자물가지수가 104.69이라는 것은 기준연도(2021년)와 같은 품질의 상품과 서비스를 같은 양만큼 소비한다고 가정할 때 예상되는 총 비용이 기준연도보다 4.69% 증가했다는 뜻이다.

전 세계가 인플레이션 공포... 美 소비자물가 40년 만에 최고치

가파른 물가 상승은 우리나라만 겪고 있는 문제가 아니다. 미국을 비롯해 전 세계가 인플레이션 공포에 휩싸였다. **미국 노동부는 1월 소비자물가지수**(CPI, Consumer Price Index)**가 1년 전 대비 7.5%로 올랐다고 2월 10일**(현지시간) **밝혔다. 이는 1982년 2월 이후 40년 만에 최대 상승 폭**이다.

인플레이션이 심각해진 가장 큰 이유는 먼저 코로나19로 **각 국가들이 마구 돈을 풀면서 유동성이 과잉 공급**됐기 때문이다. 각국은 금리를 제로금리 수준으로 낮춰 기업과 개인이 쉽게 돈을 빌릴 수 있도록 했고 국민에게 코로나19 지원금 명목으로 현금을 쥐여주기도 했다.

지난해 정부는 무려 4차 추가경정예산까지 편성하며 코로나19 지원금을 지출했지만 G20 경제 선진국에 비하면 국내총생산(GDP) 대비 코로나19 대응 재정 비율이 최하위였을 정도다. 2020년 1월부터 2021년 9월까지 한국 정부가 지출한 코로나19 대응 재정은 국내총생산(GDP) 대비 16.5%였는데 일본은 45.0%, 독일은 43.1%였다.

여기에 **코로나19로 공급 쇼크가 물가 상승세에 기름을 부었다.** 중국을 중심으로 전 세계 주요 공장이 수차례 문을 닫고 노동자들이 대량으로 해고되면서 공급은 줄어들었다. 재택근무나 실업 급여에 익숙해진 사람들이 일터로 복귀를 꺼리면서 미국은 최악의 구인난을 겪을 정도로 생산과 공급에 차질이 발생했다. 엎친 데 덮친 격으로 각국에서 코로나와의 공존을 선언하자 **억눌렸던 소비심리가 폭발하면서 수요는 되레 늘었다.** 인플레이션 쇼크를 일으키기 위한 모든 조건이 갖춰진 셈이다.

인플레이션 관련 용어

구분	의미
인플레이션(inflation)	화폐가치가 하락하고 물가가 상승하는 현상
디플레이션(deflation)	화폐가치가 상승하고 물가가 하락하는 현상
하이퍼(초)인플레이션 (hyperinflation)	인플레이션이 상상을 초월할 정도로 과도해 화폐의 액면가치가 사실상 상실된 상태
스태그플레이션 (stagflation)	경기 침체에도 불구하고 물가가 오히려 오르는 현상
리플레이션(reflation)	디플레이션 상태에서 벗어나 아직 인플레이션에 이르지 않은 상태
애그플레이션 (agflation)	농업(agriculture)과 인플레이션(inflation)의 합성어. 농산물 가격 급등이 다른 물가에도 영향을 줘 전반적인 인플레이션을 일으키는 것

초긴축의 시대가 온다

과잉 유동성 시대는 막을 내리고 초긴축의 시대에 접어들고 있다. 제롬 파월 미 연방준비제도(연준·Fed) 의장은 모든 수단을 동원해서라도 인플레이션을 잡겠다고 공언했다. 연준은 지난 1월 공개된 작년 12월 연방공개시장위원회(FOMC) 정례회의 의사록에서 금리 인상은 물론 **양적긴축**(QT, Quantitative Tightening : 중앙은행이 보유 자산을 축소해 시장 유동성을 회수하는 것) 의지까지 내비친 바 있다.

미국의 긴축 속도는 글로벌 경제의 주요 변수다. 시장 예상보다 긴축이 가파르게 단행될 경우 한국 등 신흥국에서는 자본이 유출되고 자산시장이 무너질 수 있다. 1980년대 이후 대부분의 금융위기는 미국이 긴축의 고삐를 쥐었을 때 나타났다.

파월 연준 의장은 지난 1월 26일 FOMC 정례회의 후 성명에서 고용 상황 개선과 인플레이션을 고려해 조만간 금리를 인상하겠다는 방침을 밝혔다.

연준이 인상 시점을 구체적으로 언급하지 않았지만 주요 금융 기관은 오는 3월에 기준금리가 인상될 것으로 예상했다. 골드만삭스는 연준이 3월부터 12월까지 금리를 0.25%(25bp, 1bp=0.01%p)씩 7차례 인상할 것으로 예측했다.

전 세계 중앙은행이 긴축 속도를 내고 있는 가운데 한국은행은 지난 1월 14일 선제적으로 기준금리를 1.25%로 0.25% 올렸고 이에 따라 시중은행들도 일제히 예금금리를 올렸다. 이에 1월 기준 ▪**코픽스**는 12월 기준(1.69%)보다 높아져 1.70%를 넘어섰다. 금융권에서는 한은이 올해 연말까지 기준금리를 최소 0.5%p 이상 더 올릴 것으로 예상했다.

문제는 은행 대출금리 등 시중금리도 빠르게 올라 가계의 부담을 가중한다는 것이다. **빚투**(빚을 내 투자), **영끌**(영혼까지 끌어 모아 대출)로 부동산 등에 투자한 이들과 자영업자 등 취약차주(脆弱借主 : 돈을 빌려 쓴 경제적으로 취약한 사람들) 등은 부채 상환 부담이 커진다. 이런 상황에서 대출금리가 1%p 오르면 대출자 10명 중 1명은 소득의 5% 이상을 이자 비용으로 추가 부담해야 한다는 분석도 나온다.

안팎의 전망도 낙관적이지 않다. **정치권의 최대 50조원 추가경정예산 증액 요구는 인플레이션 불안을 더 높일 수 있다.** 러시아의 우크라이나 침공 우려와 연준 기준 금리 인상으로 원자재값이 더 오르고 안전자산인 달러 가치가 더 높아지면 물가 상승률과 긴축 부담이 더 커질 수 있다.

▪ 코픽스 (COFIX, COst of Funds IndeX)

코픽스(은행자금조달지수)는 국내 7개 은행이 대출에 쓸 자금을 조달하는 데 얼마나 비용(금리)을 들였는지 나타내는 지표로 2010년 처음 도입돼 기존 콜금리를 대체했다. 은행연합회가 7개 은행의 자금 조달 금리를 취합한 후 가중 평균 금리를 구하는 방식으로 산출한다. 은행은 고객들에게 대출할 때 코픽스를 기준으로 일정한 가산금리를 더한 금리를 적용한다. 예를 들어 코픽스는 변동형 주택담보대출의 준거금리가 된다.

PART 02

분야별 최신상식

9개 분야 최신이슈와 핵심 키워드

분야별 최신상식

정치 행정

대선주자 첫 TV토론…
부동산·안보 등 전방위 격돌

■ **RE100**

RE100은 기업이 2050년까지 사용 전력량의 100%를 풍력, 태양광 등 재생에너지로 조달하겠다고 자발적으로 선언하는 국제 캠페인이다. 2014년 시작된 이후 구글·애플·GM·이케아 등 글로벌 기업 300여 곳이 가입했다. 국내에서는 SK계열사 6개, 아모레퍼시픽, LG 에너지솔루션 등 8개 기업이 참여를 선언했다. 애플, 구글 등은 이미 RE100을 달성했으며 사회적 흐름에 따라 RE100 실천은 필수 사항이 되고 있다.

대장동·사드 배치 격론

여야 대선 후보들이 2월 3일 첫 TV토론에서 각종 정치 현안을 놓고 전방위 격돌했다. 이날 여의도 KBS 공개홀에서 열린 지상파 방송 3사(KBS·MBC·SBS) 합동 초청 '2022 대선 후보 토론'에는 **이재명 더불어민주당·윤석열 국민의힘·안철수 국민의당·심상정 정의당 후보** 등 4명이 참석해 두 시간 동안 열띤 토론을 벌였다.

첫 번째 토론 주제로 '대통령이 된다면 취임 후 가장 먼저 손 볼 부동산 정책은 무엇인가'라는 공통 질문에 이·안·심 후보는 공급 확대를 강조했고 윤 후보는 임대차 3법 개정 등 규제 완화를 꼽았다.

윤 후보는 "이 후보가 성남시장 재직 시 대장동 도시개발로 김만배 등이 3억5000만원을 투자해 시행 수익과 배당금으로 6400억원을 챙겼다"며 "비용과 수익을 정확하게 가늠하고 설계한 것이 맞는가"라고 포문을 열었다. 이에 이 후보는 "부정부패는 그 업자를 중심으로 이익을 준 사람이다. 저는 이익을 본 일이 없다. 윤 후보는 부친 집을 관련자들이 사줬지 않나. 오히려 윤 후보가 책임을 져야 되지 않을까 싶다"고 받아쳤다.

두 번째 주제인 외교안보 분야에서도 격론이 오갔다. 이 후보는 **사드**(THAAD·고고도미사일방어체계) **추가 배치 문제**를 공약한 윤 후보에 대해 "왜 그걸 다시 설치해 중국 반발을 불러 경제를 망치려 하나"라며 "어디다 설치할지 말해보라"고 했다. 윤 후보는 "북한에서 수도권을 겨냥하면 고각 발사를 하는 경우가 많아 수도권에 필요하다"고 했다.

에너지·원전 문제와 관련해 이 후보가 윤 후보에게 "▪**RE100**에 대해서는 어떻게 대응하겠는가"라고 묻자 윤 후보는 "RE100이 무엇인가"라고 묻기도 했다. 이어 이 후보가 "EU **택소노미**(taxonomy : 친환경 경제활동을 분류해 각종 금융 혜택을 부여하는 제도)가 매우 중요한데 원자력 관련 논란이 있다"고 말하자 윤 후보는 "(택소노미란 용어를) 들어본 적이 없어서 가르쳐 달라"고 했고 이 후보가 또 해당 용어를 설명하기도 했다.

4인 토론 성사 배경

한편, 지상파는 앞서 대선 토론을 여론조사 지지율 선두권인 이 후보와 윤 후보 두 명으로 진행하려 했다. 그러나 안 후보가 지상파 방송 3사를 상대로 낸 '양자 TV 토론' 방송금지 가처분 신청을 법원이 인용하면서 양자토론은 무산됐다.

재판부는 지난 1월 26일 KBS·MBC·SBS가 안 후보를 제외한 채 방송 토론을 진행해서는 안 된다고 결정했다. 재판부는 후보자 선정에서 언론사 재량보다 후보의 출연 기회 보장이 더 중요하다고 판단했다. 재판부는 "후보자가 전국적으로 국민의 관심 대상인지 여부, 유력한 주요 정당의 추천을 받았는지, 토론 개최 시점 및 파급효과를 종합적으로 고려해 출연자를 판단해야 한다"고 밝혔다.

➕ 대선 토론회 대상 후보자 자격 (공직선거법 82조 의거)

가. 국회에 5인 이상의 소속 의원을 가진 정당이 추천한 후보자

나. 직전 대통령 선거, 비례대표국회의원선거, 비례대표시·도의원선거 또는 비례대표자치구·시·군의원선거에서 전국 유효투표총수의 3% 이상을 득표한 정당이 추천한 후보자

다. 중앙선거관리위원회규칙이 정하는 바에 따라 언론기관이 선거기간 개시일 전 30일부터 선거기간 개시일 전일까지의 사이에 실시하여 공표한 여론조사결과를 평균한 지지율이 5% 이상인 후보자

POINT 세 줄 요약

❶ 2월 3일 대선 후보들의 첫 TV 토론이 열렸다.
❷ 대장동 의혹, 사드 추가 배치 등 문제를 두고 격론이 벌어졌다.
❸ 안철수 후보 측이 낸 방송금지 가처분 신청을 법원이 인용하며 양자토론이 무산됐다.

李 311만 호–尹 250만 호 공급 계획

대선을 앞두고 부동산 민심을 잡기 위한 여야 후보의 경쟁이 치열해지는 가운데 부동산 공약을 통해 제시된 5년간 주택공급 목표치가 300만 호를 넘는 수준까지 늘어났다. 여야 후보 모두 문재인 정부가 수요 억제에만 집중하고 공급을 등한시해 집값 잡기에 실패했다고 비판하면서 자신들은 임기 중 압도적인 주택 공급을 통해 집값을 잡겠다는 입장이다.

이재명 더불어민주당 대선 후보는 1월 23일 기자회견을 열어 임기 내 주택공급 목표치를 기존 250만 호에서 311만 호로 61만 호 올려 잡았다. 현 정부가 공급하겠다고 이미 발표한 206만 호에 더해 105만 호를 추가로 공급해 **전국에 총 311만 호의 주택을 새로 공급하겠다는 구상**이다.

추가 105만 호는 지역별로 서울 48만 호, 경기·인천 28만 호, 비수도권 29만 호 등이다. 신규 공공택지로는 김포공항 주변 공공택지(8만 호)와 용산공원 일부 및 인근 부지(10만 호), 태릉·홍릉·창동 등 국·공유지(2만 호), 지하철 1호선 지하화(8만 호) 등이 거론됐다. 재개발·재건축·리모델링 규제 완화(10만 호)와 노후 영구임대단지 재건축(10만 호)을 통한 공급 방안도 담겼다.

국민의힘 윤석열 후보는 앞서 공공주도로 50만 호, 민간주도로 200만 호 등 총 250만 호 공급을 공약으로 내세운 상태다. 윤 후보는 용적률은 높이고 현실에 맞지 않는 규제는 전면 재조정해 **민간이 참여하는 도심 재개발·재건축을 대폭 허용**함으로써 주택 공급을 활성화하겠다는 구상이다.

윤 후보는 1기 신도시의 주택 리모델링 관련 규제 완화 가능성도 시사한 상태다. 두 후보의 수도권 공급 물량만 보면 이 후보는 이날 추가로 발표한 물량을 포함해 258만 호(서울 107만 호, 경기·인천 151만 호) 공급을 내세웠고, 윤 후보는 수도권에 민간·공공을 합쳐 130만 호를 공급하겠다는 계획이다.

"공급 확대 기조 공감, 현실성은 부족"

두 후보의 부동산 공약에 대해 전문가들 사이에서는 우려의 목소리도 커지고 있다. 이 후보가 주택공급 목표치를 높여 잡은 것을 두고도 **취지에는 공감하지만, 실효성 여부는 따져봐야 한다는 지적**이 제기됐다. 공급 과잉을 우려하는 목소리까지 나왔다.

서진형 경인여대 교수(대한부동산학회장)는 "이 후보와 윤 후보가 공히 250만 호 공약을 내놨을 때도 실효성에 의문을 제시하는 목소리가 높았다"며 "311만 호 공급은 실현 불가능한 목표가 아닌가 싶다"고 전망했다.

심교언 건국대 부동산학과 교수 역시 "최근 10년간 연간 주택 공급량이 50만 호 수준인데 250만

호 공급도 그렇고, 311만 호 계획은 조금 무리한 숫자로 보인다"며 "오히려 공급과잉 우려로 시장에 충격이 가해질 수 있는 만큼 실제 공급은 시장 상황을 살펴 가며 조절해야 할 것"이라고 제언했다.

용적률(容積率)·건폐율(建蔽率)

용적률은 건축물에 의한 토지 이용도를 나타내는 척도다. 대지면적에 대한 연면적(延面積 : 대지에 들어선 하나의 건축물의 바닥면적의 합계)의 비율로 나타낸다. 하나의 대지에 2층 이상의 건축물이 있는 경우에는 이들의 바닥면적을 모두 합계한 것이 연면적이 된다.
건폐율은 대지 면적에 대한 건물 바닥 면적인 건축면적 비율이다. 건축물의 층수와는 무관하며, 대지에 건축물이 둘 이상 있는 경우에는 이들 건축면적의 합계로 한다.

- 용적률(%)=(연면적÷대지면적)×100
- 건폐율(%)=(건축면적÷대지면적)×100

송영길 "종로 등 3곳 무공천, 나부터 총선 불출마"

▲ 송영길 민주당 대표

송영길 더불어민주당 대표는 1월 25일 "정치교체를 위해 저부터 내려놓겠다"며 "다음 총선에 출마하지 않겠다"고 선언했다. 송 대표는 이날 오전 기자회견을 열어 "지금 우리 앞에 놓인 새로운 역사적 소명은 이재명 후보의 당선"이라며 "저 자신부터 모든 기득권을 내려놓고 '이재명 정부' 탄생의 **마중물**(펌프질을 할 때 물을 끌어 올리기 위하여 위에서 붓는 물)이 되겠다"고 말했다.

송 대표가 이날 총선 불출마를 선언한 것은, 이 후보의 지지율이 30% 박스권에 묶여 움직이지 않고 있다는 위기감에 따른 것이다. 1월 23일 김종민 의원이 '이대로는 안 된다'며 '**86세대** 용퇴론'을 제기하고, 전날 정성호 의원 등 이재명 후보의 핵심 참모그룹 '7인회' 인사들이 "이재명 정부에서 임명직을 일절 맡지 않겠다"고 선언한 데 이어, 기득권을 내려놓는 모습을 통해 본격적인 인적 쇄신에 물꼬를 튼 셈이다.

송 대표는 "586 세대가 기득권이 됐다는 당 내외 비판의 목소리가 있다"며 "선배가 된 우리는 이제 다시 광야로 나설 때다. 자기 지역구라는 기득권을 내려놓고 젊은 청년 정치인들이 도전하고 전진할 수 있도록 양보하고 공간을 열어주어야 한다"고 말했다.

송 대표는 이날 불출마 선언과 함께 "당 정치개혁특위와 열린민주당 통합 과정에서 합의된 **동일 지역구 국회의원 연속 3선 초과 금지 조항의 제도화를 추진**하겠다"고도 말했다. 이를 통해 "'고인 물' 정치가 아니라 '새로운 물'이 계속 흘러들어오는 정치, 그래서 늘 혁신하고 열심히 일해야만 하는 정치문화가 자리 잡도록 굳건한 토대를 만들겠다"는 것이다.

또 이번 대선과 함께 치러지는 국회의원 보궐 선거에서 서울 종로와 경기 안성, 청주 상당구 등 세 지역에는 후보를 공천하지 않겠다고도 말했다. 전직 민주당 의원의 귀책사유로 재보궐선거가 생긴 경기 안성과 청주 상당구뿐 아니라, 이낙연 전 대표의 대선 출마로 공석이 된 서울 종로까지 무공천한 것은 파격적이라는 평가가 나온다.

송 대표는 국회 윤리심사자문위에서 제명 건의를 의결한 **윤미향·이상직 무소속 의원, 박덕흠 국민의힘 의원의 제명안을 신속히 처리**하겠다고도 했다. 그는 "국회의원들의 잘못에도 우리 국회가 적당히 뭉개고 시간 지나면 없던 일처럼 구는 게 하루 이틀 된 일이 아니"라며 "이런 잘못된 정치 문화부터 일소해야 한다"고 강조했다.

■ **86세대**

86세대는 주로 1980년대 전두환 군사정부 시절 학생 민주화 운동을 경험한 세대로서 '80년대 학번·60년대 출생한 세대'를 지칭한다. 이들이 아직 30대였던 1990년대에는 386세대라고 불렸고 이후 나이가 들면서 486세대, 586세대라고 불리기도 하지만 최근 언론에서는 86세대라는 표현을 주로 사용한다.

김건희 계속되는 '무속' 논란... 野 "악의적 프레임"

김의겸 열린민주당 의원이 윤석열 국민의힘 대선 후보 캠프에서 활동한 '건진법사' 전 모 씨와 윤 후보의 배우자 김건희 씨가 오랜 교분이 있었다고 주장하면서 '무속 논란'이 커졌다. 이에 국민의힘은 "악의적인 무속인 프레임"이라고 반발하면서 여야 간 공방이 치열해졌다.

열린민주당이 더불어민주당과 사실상 합당 절차를 마무리한 가운데 김 의원은 1월 23일 국회에서 기자회견을 열고 **건진법사로 알려진 전 모 씨가 2015년 김 씨가 대표로 있는 코바나컨텐츠 주관 전시회의 VIP 개막행사에 참여했다**고 주장하면서 관련된 사진과 영상을 공개했다.

김 의원은 "전 씨가 최소한 7년 전부터 김건희 씨와 잘 아는 사이였음이 확인됐다"며 "건진법사의 스승으로 알려진 충주 일광사 주지 해우스님의 모습도 확인됐다. 두 사람은 나란히 붙어서 개막식에 참석했다"고 말했다.

이어 김 의원은 "이번에 확인된 사진과 영상은 '김 씨가 주최한 코바나컨텐츠의 전시회에 3차례 정도 참석해 축원을 해 준 사실이 있다'는 해우스님의 발언을 증명함과 동시에 '해우스님-김건희-건진법사' 세 사람의 오랜 인연을 확인시켜주는 것"이고 밝혔다.

김진욱 민주당 선거대책위원회 대변인도 이날 김 씨와 무속인과 관계에 대한 내용 등이 담긴 김 씨의 이른바 '7시간 녹취록'에 대해 언급하면서 공세를 폈다. 김 대변인은 "김 씨가 윤 후보 부부와 주술인들과의 관계를 생생하게 증언했고, 심지어 '웬만한 무당 내가 봐준다'며 기자의 관상과 손금까지 봐줬다"고 꼬집었다.

김 씨를 둘러싼 '무속 논란'이 커지자 국민의힘

은 "거짓 무속인 프레임"이라며 반박했다. 이양수 국민의힘 선거대책본부 수석대변인은 이날 입장문을 내고 "김의겸 의원이 거짓 무속인 프레임을 씌우려고 하나 사실무근"이라며 "2015년 3월 ▪**마크 로스코** 전은 수십만 명이 관람한 초대형 전시행사였고, 경제계와 문화계, 종교계 인사뿐 아니라 박영선 전 장관, 우윤근 전 의원 등 지금 여권 인사들도 참석했다"고 설명했다.

그러면서 "김 의원은 의도적으로 무속인과의 오랜 친분인 것처럼 프레임을 씌우려고 하고 있다. 이는 악의적이며 전혀 사실이 아니다"고 비판했다.

▪ **마크 로스코 (Mark Rothko, 1903~1970)**

마크 로스코는 추상표현주의의 선구자로 꼽히는 러시아 출신으로 미국에서 활동한 화가다. 스케일이 큰 캔버스에 경계가 모호한 색채 덩어리로 인간의 근원적인 감정을 표현한 작품들이 유명하다. 한 작품에 제한된 색상과 변조로 의미를 부여하는 미술 사조를 모노크롬(monochrome)이라고 하는데 마크 로스코는 이브 칼라인, 바넷 뉴먼 등과 함께 모노크롬을 대표하는 화가로 꼽힌다. 한편, 한국판 모노크롬이라고 할 수 있는 단색화의 대표적인 화가로는 김환기, 이우환, 박서보, 정상화, 하종현, 윤형근 등이 있다.

+ 샤머니즘 (shamanism)

샤머니즘은 초자연적인 존재와 직접적으로 소통하는 샤먼을 중심으로 하는 주술이나 종교이다. 시베리아 원주민인 퉁구스족의 토착어 '사만'(Saman : '아는 자'란 뜻으로 '무당, 의사, 예언자' 등을 가리킴)에서 유래했다.

샤먼은 춤과 노래가 수반된 제의 행위 중에 황홀과 무아의 상태로 들어가 신을 접하게 되는데, 신령과 사령, 정령 등과 직접적으로 신비적인 교감을 수행하면서 주문을 외우고, 그 체험 내용을 속세의 무리에게 전하기도 하고 신탁을 수행하기도 한다. 고대 세계로 올라갈수록 샤먼은 부족의 지도자를 겸하는 등 종교사회적 관할자의 기능을 했다.

한국에서 무속으로 불리는 샤머니즘은 한국인의 생활과 사고 속에 깊숙이 뿌리내려 있으며, 토착종교인 샤먼에 불교, 유교, 기독교의 일부가 혼합되어 독특한 종교 현상으로 존재하고 있다.

李 "네거티브 중단"...野 "90분도 안 돼 네거티브 재개"

이재명 더불어민주당 대선 후보가 1월 26일 윤석열 국민의힘 대선 후보를 향해 ▪**네거티브 선거운동**을 하지 않겠다면서 국민의힘에도 동참해달라고 했다. 이 후보는 이날 서울 여의도 당사에서 기자회견을 열고 "실망감을 넘어 역대급 비호감 대선이라는 말을 들을 때마다 국민께 뵐 면목이 없다"면서 "저 이재명은 앞으로 일체의 네거티브를 중단하겠다"고 했다. 그러면서 "야당도 동참해달라"고 했다.

이양수 국민의힘 수석대변인은 논평에서 이 후보의 '네거티브 중단' 발언을 한 후 90분도 지나지 않아 김용민 민주당 최고위원이 국회 법사위에서 윤 후보의 아내 김건희 씨의 '7시간 통화' 녹음파일을 틀었다고 지적했다.

이 수석대변인은 "'네거티브 중단한다', '더불어민주당 바꾸겠다'는 이 후보의 말은 새빨간 거짓말"이라며 "선거용 '눈속임'이고 '쇼'라는 것이 90분 만에 입증됐다"고 했다.

이 수석대변인은 "이 후보는 선거 때마다 상황에 따라 네거티브에 대한 입장을 바꿔왔다"고 지적했다. 2014년 성남시장 선거에서 '욕설 파일'이 유포되자 돌연 네거티브 중단을 선언했고, 2017년 민주당 대선 경선에서 문재인 후보가 네거티브 중단을 요청하자, "왜 안 되냐. 과도한 네거티브 규정이 바로 네거티브"라며 거부했다는 설명이다.

이어 "(이 후보는) 윤 후보에 대한 네거티브가 거짓으로 드러나도 사과 한 번 하지 않았다"며 "이제 자신의 패륜 욕설과 친형을 강제입원시키려 했던 '잔혹사'가 드러나려고 하니 같이 네거티브를 하지 말자고 한다"고 말했다.

이 후보는 앞서 1월 24일 경기 성남 상대원시장 즉석연설에서 '형수 욕설' 논란에 대해 "그러나 이제 어머니도, 형님도 떠났다. 다시는 이런 일이 일어나지 않는다. 이젠 이런 문제로 우리 가족 아픈 상처를 그만 좀 헤집어 달라"면서 눈물을 흘렸다.

이에 대해 국민의힘 선대본부 대변인단은 이날 "그동안 이 후보가 자신의 가정사에 대해 진실을 숨기고 석연찮은 변명으로 일관하다 보니 검증단계로 이어진 것일 뿐"이라며 "결국 '아픈 상처를 헤집는 사람'은 뒤엉킨 가족사를 '감성팔이'하며 표 얻어 보겠다고 했던 이 후보 본인 아니냐"고 했다.

■ **네거티브 선거운동**

네거티브(negative) 선거운동(캠페인)이란 선거 후보자 자신의 공약이나 비전을 제시하기보다는 상대 후보자의 약점이나 비리를 폭로해 지지율을 떨어뜨리는 선거 전략이다. 네거티브를 당하는 쪽에서는 대개 '사실이 아니다'라거나 '근거 없는 비방과 흑색선전(마타도어)'이라고 주장하지만 공격하는 쪽에서는 정당한 검증이라고 주장한다. 네거티브 캠페인은 바람직하지는 않지만 효과적인 선거 전략으로 꼽힌다. 다만 과도한 네거티브 캠페인은 상대 후보 지지층의 결집을 초래함으로써 선거 결과에 역효과를 불러올 수 있다.

성남FC 의혹 수사 갈등 논란 확산...검찰, 특임검사 검토

▲ 성남FC 엠블럼

이재명 더불어민주당 대선 후보가 연루된 '성남FC 후원금' 의혹에 대한 수사 무마 의혹이 불거진 가운데 대검찰청과 수원지검 성남지청이 1월 28일 해명에 나섰다. 현직 차장검사가 항의성 사표를 던진 이후 검찰 내부에서도 반발이 일자 수습에 나선 것으로 보인다.

성남FC 후원금 의혹은 **이 후보가 성남시장 재직 시절 성남FC의 구단주를 맡으면서 네이버, 두산 등으로부터 160억원의 후원금을 유치하고 이들 기업은 건축 인허가나 *토지 용도변경 등 편의를 받았다는 내용**이다. 지난해 9월 경찰이 이 의혹에 대해 무혐의로 불송치 처분하자 고발인이 이의신청해 사건은 성남지청으로 넘어갔다.

이 사건을 맡은 박하영 성남지청 차장검사는 박은정 성남지청장에게 사건 재수사나 보완 수사가 필요하다고 여러 차례 보고했으나 박 지청장은 그때마다 재검토를 지시한 것으로 알려졌다. 이에 박 차장검사가 항의의 의미로 사표를 냈고 검찰 윗선과 박 지청장이 사건을 무마하려는 것이 아니냐는 의혹이 불거졌다.

이날 대검은 2021년 6월 박 차장검사가 네이버의 성남FC 후원금 40억원과 관련된 금융정보 자료를 금융정보분석원(FIU)에 요청하려고 의뢰서를 보내자 대검이 반려했다는 언론 보도에 "금융정보 자료제공 요청을 막은 사실이 없다"면서 "절차상 문제가 있어 재검토해 보라는 취지로 지적한 것"이라고 해명했다.

같은 날 성남지청도 입장문을 내 "중요사건 수사에 대한 기관장 보고는 위임전결 규정과 상관없이 당연한 것"이라면서 "수사팀과 견해 차이가 있어 각 검토 의견을 그대로 기재하여 상급 검찰청에 보고하기로 하고 보고를 준비하던 중 차장검사가 사직했다"고 밝혔다.

박 차장검사는 1월 25일 검찰 내부통신망에 "더 근무할 수 있는 다른 방도를 찾으려 노력해 봤지만 달리 방법이 없었다"는 글을 올리며 사의를 표명했다. 이 글에는 "사표를 내야 할 사람들은 따로 있다", "마지막까지 소신을 지키려 한 모습에 경의를 표한다" 등 수백 개의 댓글이 달렸다.

검찰 일각에선 ■**특임검사**를 도입해 아예 사건을 처음부터 재검토해야 한다는 이야기도 나온다. 특임검사는 검사가 연루된 사건 수사를 위해 검찰총장이 적임자를 지명해 독립적 수사를 보장하는 제도다. 신성식 수원지검장은 1월 28일 김 총장을 찾아 '성남FC 의혹'과 관련한 대면 보고를 진행한 것으로 전해졌다.

■ **토지 용도변경 (土地用途變更)**

토지 용도변경이란 어느 일필지의 땅을 법이 당초 지목으로 결정한 주용도 이외의 용도로 바꾸어 사용하는 것을 말한다. 대체로 토지를 용도변경하려면 법이 정한 전용의 절차를 밟아 심사를 받은 후에 타용도로 전환하는 것이 원칙이다. 그렇지 않으면 토지의 무단전용이 되어 불법행위가 된다. 법은 28개 지목 중 농지와 임야와 초지 등 일부분에만 전용을 예정하고 있다. 나머지 도로, 하천, 구거(인공적인 수로), 광천지, 염전 등은 용도변경이 사실상 어려우며, 기타 공장용지, 창고용지, 학교용지, 철도용지, 수도용지, 체육용지, 종교용지, 묘지, 주유소, 주차장 등은 그 용도가 분명하여 그 상태로 이용 중에는 전용이 안된다.

■ **특임검사 (特任檢事)**

특임검사는 검사의 범죄에 관한 사건에만 예외적으로 운영하는 제도로, 특임검사로 임명되면 독립성 보장을 위해 최종 수사 결과만 검찰총장에게 보고한다. 2010년 8월 '스폰서 검사' 논란 이후 도입되어 11월 일명 '그랜저 검사' 사건 때 처음 시행됐다.

김혜경 과잉 의전·법인카드 유용 의혹 파장

이재명 더불어민주당 대선 후보의 부인 김혜경 씨가 과잉 의전 및 법인카드 유용 등 갑질 의혹에 휘말렸다. 윤석열 국민의힘 대선 후보가 부인 김건희 씨의 학력·경력 위조와 무속 논란 등으로 겪었던 부인 리스크가 이 후보에게도 악재로 작용하는 모양새다.

이 후보가 경기도지사로 재직할 당시 비서실에서

▲ 이재명 민주당 대선 후보가 부인 김혜경 씨와 함께 설 명절인 2월 1일 경북 안동시 안동 김씨 화수회를 방문, 기념촬영을 하고 있다.

근무했던 7급 공무원 A 씨를 주장을 토대로 SBS가 1월 28일 보도한 바에 따르면 경기도청 총무과 소속으로 김 씨 관련 업무를 담당했던 배 모 씨가 김 씨의 약을 대리로 처방·수령하고 음식 배달까지 한 것으로 알려졌다. A 씨는 인터뷰에서 "일과의 90% 이상이 김 씨의 관련한 자질구레한 심부름이었다"고 주장했다.

JTBC에서는 김 씨가 비서실 법인 카드를 소고기나 회덮밥 구매 같은 사적인 용도로 썼다고 폭로했다. 이 과정에서 **개인 카드로 먼저 결제한 뒤 나중에 법인 카드로 재결제**하는 이른바 **▪카드깡**이 꾸준히 이뤄졌다고 보도했다. 지난해 3월부터 7개월간 일주일에 한 두 번씩 1회에 무조건 12만원을 채우는 식으로 법인카드를 썼고 이렇게 구매한 음식 상당수가 김 씨에게 전달됐다는 것이다.

이재명, 부인의 과잉 의전 논란 사과

이 후보는 부인 김 씨의 과잉 의전 논란에 사과했다. 이 후보는 "문제가 될 일을 사전에 미리 차단하지 못했다"고 사과하며, "감사를 통해 문제가 드러나면 책임지겠다"고 밝혔다. 김 씨는 2월 9일 기자회견을 열고 "모두 제 불찰이다. 국민 여러분께 죄송하다"고 사과했다.

그러나 국민의힘은 김 씨의 '황제 갑질'이 드러났다며 공세의 고삐를 조였다. 권영세 국민의힘 선거대책본부장은 "국민과 국가를 위해 봉사해야 할 공무원에게 몸종 부리듯 갑질했다니 '김혜경 방지법'이라도 나와야 할 것 같다"고 말했다. 김기현 국민의힘 원내대표는 "카드깡을 하다니 정신 나간 사람들 아닌가. 반드시 엄중한 처벌이 따라야 한다"고 목소리를 높였다.

▪ 카드깡

카드깡이란 신용카드로 가짜 매출전표를 만들어 조성한 현금으로 급전이 필요한 사람들에게 미리 이자를 떼고 빌려주는 불법 할인대출을 지칭하는 속어다. 주로 사채업자가 급전이 필요한 사람으로부터 신용카드를 받아서 선이자를 떼고 돈을 빌려준 뒤 이 카드로 물건을 사서 되팔아 현금을 챙기거나 특정 가맹점을 통해 허위로 매출 전표를 작성해 카드사로부터 돈을 청구하는 수법을 쓴다. 신용도가 낮아 은행과 저축은행은 물론 대부업체에서도 돈을 구하지 못하는 사람들이 주로 이용하는 수법이다.

여야, 확진자도 투표할 수 있도록 법 개정 추진

코로나19 확진자와 자가격리자가 대선 당일 투표 종료 후 투표소에서 별도로 투표하는 방안이

추진된다. 여야는 이 같은 내용을 담은 공직선거법 개정안을 논의할 예정이라고 2월 8일 밝혔다. 더불어민주당은 대선 당일 오후 6~9시에 확진자들이 별도로 투표할 수 있도록 하고 ■**거소투표** 대상에 확진자를 포함하는 등의 내용을 담은 공직선거법 개정안을 발의하기로 했다.

국민의힘에서도 마찬가지로 대선 당일 오후 6~9시 확진자 별도 투표를 위한 방안을 마련하고 확진자·격리자를 대상으로 하는 임시 기표소 설치 및 투표소 접근 편의를 위한 제반시설 설치 등의 내용을 담은 공직선거법 개정안을 발의한다.

국회 정치개혁특별위원회 민주당 간사인 김영배 의원은 "최근 확진돼 거소투표를 하거나 투표장으로 나가고 싶다고 의사표시를 했을 경우 그것을 보장할 수 있도록 법이 개정돼야 한다"고 말했다.

정개특위 국민의힘 간사인 조해진 의원은 "감염병예방관리법에도 불구하고 참정권 행사를 위해 확진자·격리자가 외부로 나올 수 있도록 법 개정이 필요하다"고 밝혔다.

앞서 오미크론 변이 확산으로 코로나19 확진자가 폭증하면서 이들의 투표권 행사 문제가 대두됐다. 현행법상 **사전투표일인 3월 4~5일 이후부터 투표 당일인 3월 9일 사이** 확진 판정을 받을 경우 자가격리 확진자와 생활치료센터 입소자 모두 투표할 방법이 없었다.

이에 문재인 대통령은 "코로나19 확진자와 자가격리자도 투표권이 보장돼야 한다"며 "관계기관이 마련 중인 방안을 조속히 확정해 국민의 투표권 행사에 차질이 없도록 하라"고 지시했고 여야 정치권은 대책 마련을 모색했다.

■ **거소투표 (居所投票)**

거소투표는 투표소에 직접 가지 않고 우편으로 투표할 수 있는 투표방식이다. 선거공고일 현재 영내나 함정에서 장기 기거하는 군인, 병원, 요양소, 수용소, 교도소 또는 선박에 장기 기거하는 사람, 신체장애로 거동할 수 없는 사람 등 일정한 사유가 있으면 거소투표를 할 수 있다.
아울러 선박에 승선할 예정이거나 승선하고 있는 선원이 사전투표소 및 투표소에서 투표할 수 없는 경우 선거인명부작성기간 중 구·시·군의 장에게 서면[승선하고 있는 선원이 해당 선박에 설치된 팩시밀리(전자적 방식을 포함함)로 신고하는 경우를 포함]으로 선상투표 신고를 할 수 있다.
사전투표기간 개시일 전에 출국하여 선거일 후에 귀국이 예정된 사람과, 외국에 머물거나 거주하여 선거일까지 귀국하지 않을 사람은 대통령 선거와 임기만료에 따른 국회의원선거의 경우 국외부재자 신고를 하고 해외에서 투표를 할 수 있으며, 이를 국외부재자투표라고 한다.

정경심 '자녀입시 비리' 유죄확정

조국 전 법무부 장관 배우자인 정경심 전 동양대 교수에 대해 대법원이 징역 4년 실형을 확정했다. 자녀 입시비리와 사모펀드 관련 자본시장법 위반 등 혐의를 1·2심에 이어 상고심에서도 유죄로 인정한 것이다. 이는 이른바 '조국 사태'로 검찰이 2019년 8월 강제 수사에 착수한 지 약 2년 5개월 만에 나온 대법원의 확정판결이다.

정 전 교수는 딸 조민 씨의 동양대 표창장을 위조하고 조 씨의 입시에 부정한 영향력을 행사한 혐의(업무방해 등)와 이차전지 업체 WFM 관련 미

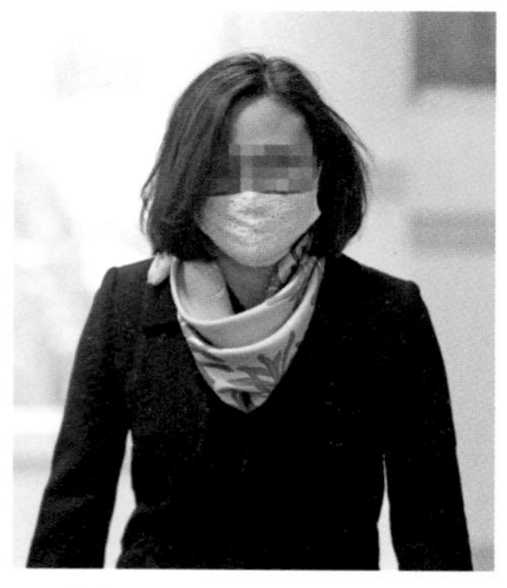

▲ 지난 2020년 12월 23일 서울 서초구 서울중앙지법에서 열리는 1심 선고 공판에 출석한 정경심 전 동양대 교수

공개 정보를 이용해 주식을 거래함으로써 재산상 이익을 얻은 혐의(자본시장법 위반) 등 총 15가지 죄명으로 기소됐다.

정 전 교수는 혐의를 부인하며 항소심 판결에 불복해 상고했지만, 대법원 2부는 1월 27일 정 전 교수의 업무방해, 자본시장법·금융실명법 위반, 사기, 보조금관리법 위반, 증거인멸·증거은닉 교사 등 혐의를 유죄로 인정해 징역 4년을 선고한 원심을 확정했다. 재판부는 정 전 교수의 보석 신청도 기각했다.

재판부는 1·2심과 마찬가지로 **검찰이 동양대 조교로부터 임의제출받은 강사휴게실 PC의 증거능력이 인정된다고 판단**했다. 검찰이 위법한 방식으로 PC를 압수해 증거능력이 없다는 정 전 교수 측 주장을 받아들이지 않은 것이다.

대법원의 이같은 판단은 별도 자녀 입시비리 혐의로 기소된 조 전 장관의 1심 재판에도 영향을 미칠 것으로 전망된다.

조국 전 장관 일가 수사 당시 대검 반부패·강력부장으로 수사를 지휘했던 한동훈 검사장은 이번 판결에 대해 "더디고 힘들었지만 결국 정의와 상식에 맞는 결과가 나온 것"이라며 "진실은 하나이고 각자의 죄에 상응하는 결과를 위해 아직 갈 길이 남았다"고 밝혔다.

➕ 심급제도(審級制度)

심급제도란 공정한 재판을 확보하기 위하여 급이 다른 법원에서 여러 번 재판 받을 수 있도록 하는 제도이다. 우리나라에서는 원칙적으로 3심제를 채택하고 있다. 항소란 1심의 판결에 불복하여 2심 재판을 청구하는 것이며 상고란 2심의 판결에 불복하여 3심 재판을 청구하는 것이다. 항고란 법원의 결정이나 명령에 대해 이의를 제기하는 것이며 재항고란 항고 법원의 명령이나 결정에 대해 대법원에 이의를 제기하는 것을 의미한다. 상소는 가장 큰 개념으로서 재판이 확정되기 전에 상급 법원에서 재판받을 수 있도록 하는 것을 말한다. 항소·상고·항고·재항고 모두 상소에 해당한다.
하지만 이러한 3심제가 모든 재판에 적용되는 것은 아니다. 특허재판, 지방의회 의원 및 기초자치단체의 장 선거재판은 2심제로 이루어진다. 비상계엄하의 군사재판, 대통령, 국회의원, 시·도지사 선거재판은 단심제를 적용한다.

한 달 앞둔 대선, 초접전 '예측 불허'

대선을 한 달여 앞둔 2월 6일까지 이재명 더불어민주당·윤석열 국민의힘 대선 후보의 오차범위 내 지지율 초접전 양상이 계속됐다. 대선 100일 전 여론조사 결과가 선거 당일까지 이어진다는 **'D-100 판세 유지의 법칙'이 무색**해졌다. '중도층 선점 법칙'도 이번 대선에서는 다소 양상이 다르다.

1987년 대통령 직선제 도입 이후 치러진 7차례 대선에서 D-100 무렵 여론조사 지지율에서 앞선 후보가 본선에서도 승리한 경우는 6차례다. 예외는 2002년 16대 대선 때 노무현 후보가 유일하다. 그러나 이번 대선은 확연한 우위를 보이는 후보가 없는 '깜깜이 대선'이다.

D-100, 李-尹 엎치락뒤치락

대선 D-100일이었던 2021년 11월 29일 발표된 엠브레인·한국사회여론연구소(KSOI)·케이스탯리서치·리얼미터 등 4개 여론조사에서 이 후보와 윤 후보의 지지율은 리얼미터를 제외한 3개 여론조사에서 오차범위 내 접전 승부를 보였다. KSOI와 엠브레인 조사에서 윤 후보와 이 후보의 지지율 격차는 2.8%p였고, 케이스탯리서치 조사에서는 1.7%p에 불과했다.

리얼미터 조사에서 윤 후보는 46.3% 지지율로 이 후보(36.9%)보다 9.4%p 앞섰지만, 이후 조사에서 윤 후보 지지율이 급락과 반등을 오가며 두 사람 사이 지지율은 다시 좁혀졌다. 지난 1월 10일 같은 기관 조사에서 윤 후보 지지율이 34.1%까지 추락하며 이 후보에게 오히려 6.0%p 뒤처지는 결과가 나오더니, 이후 윤 후보가 다시 반등에 성공하면서 이 후보와의 초접전 양상이 이어지고 있다.

중도 공략보단 유권자 쪼갠 공약

중도층을 잡는 후보가 승리한다는 중도층 선점 법칙도 이번에 통할지 장담하기 어렵다. 그간 대선에서 보수 후보는 좌클릭, 진보 후보는 우클릭하며 중도 공략으로 수렴하는 경향을 보였다. 그러나 이번엔 양대 후보 진영 모두 중도층이라는 큰 덩어리보다 잘게 분화된 유권자들을 겨냥한 작은 공약을 내세우고 있다.

이 후보가 '소확행'(소소하지만 확실한 행복) **공약**이라는 이름으로 작은 공약 공세에 나서자, **윤 후보도 '심쿵 약속'이라는 생활밀착형 공약**을 내놓으며 경쟁에 가세한 것이 대표적이다. 이 후보는 2월 6일 자동차세 부과 체계를 차량 가격과 이산화탄소 배출 기준으로 바꾸겠다는 내용의 64번째 소확행 공약을 내놨다. 윤 후보도 32번째 심쿵 약속 공약으로 교원 행정부담 완화를 내걸었다. 이를 두고 대선이 아니라 기초자치단체장을 뽑는 선거 같다는 지적도 나온다.

민주당과 국민의힘의 전통적 지지 기반이 이번에도 과거처럼 움직일지 지켜볼 부분이다. 이 후보는 경선 과정에서 호남 출신 이낙연 전 대표 지지자들과 불거진 감정의 골 탓에 호남 지지층 결집에 애를 먹고 있고, 윤 후보는 박근혜 전 대통령 구속에 관여한 데다 이 후보가 경북 안동 출신이라는 점 등이 맞물려 대구·경북(TK) 지지층을 충분히 흡수하지 못하고 있다.

2월 15일부터 대선 공식 선거운동이 시작되며 후보들은 대선 전날인 3월 8일까지 유세 전쟁에 나선다. 윤 후보와 안철수 국민의당 후보의 단일화가 최대 변수로 떠오른 가운데 **선거일 6일 전인 3월 3일부터는 여론조사 공표가 금지**된다.

+ 역대 대선 단일화 역사

단일화란 선거에서 지지율이 양분된 두 후보가 선거에서 이기기 위해 지지율이 높은 후보로 통일하는 것을 말한다. 보통 양쪽 지지층을 합친 것보다는 지지율이 낮게 나온다. 어느 한 쪽이 사퇴하면 일부 지지층의 이탈이 벌어지기 때문이다. 단일화 이후 중도층의 표심은 사전에 정확하게 계산하기 어렵다.

1987년 제13대 대선부터 야권 세력이었던 양김(김영삼, 김대중)의 단일화 논의가 이루어졌으나 결국 실패하며 노태우가 13대 대통으로 당선됐다. 1997년에는 김대중-김종필 단일화로 DJP 연합이 출범하여 헌정사상 첫 정권교체를 이룩했다. 2002년 제16대 대선에서도 노무현-정몽준 단일화가 이뤄져 이회창 절대 우위 구도를 일거에 뒤집고 노무현 대통령 당선을 이끌었다.

분야별 최신상식

경제 산업

작년 한 해 세수 오차 역대급 58조

■ 국세 (國稅)

국세란 국가가 부과하는 조세 중 소득세, 법인세, 상속세와 증여세, 부가가치세, 개별소비세, 증권거래세, 인지세, 교통에너지환경세, 관세, 교육세, 종합부동산세, 주세, 농어촌특별세를 말한다. 국세 수입 예산 및 실적은 우리나라의 총세입 중 가장 큰 비중을 차지하고 있어 국가재정운용 계획수립 및 재원배분 집행의 기초자료로 활용되며 재정건전성 유지 및 국가채무 관리의 정책결정에 중요한 자료로 활용된다.

부동산 관련 세금 증가가 원인

정부가 작년 예산을 처음 짤 때와 비교해 60조원에 육박하는 역대급 초과 **세수**(稅收 : 조세 징수해 얻는 정부의 수입)가 발생했다. 정부는 지난해 본예산을 짤 때 2021년 한 해 ■**국세** 수입을 282조7000억원으로 예상했는데 세금을 걷고 나서 보니 총 58조4000억원 이상 더 걷히면서 연간 국세 수입은 341조1000억원을 넘길 전망이다.

결국 **작년 본예산 대비 세수 추계 오차율은 20%를 넘으며 역대 최고** 기록을 갈아치울 것으로 보인다. 세수 추계 오차율은 지난 10년간 10%를 넘은 적이 없다. 정부가 세입 규모를 예측하지 못해 합리적인 지출 규모를 정하지 못했다고 평가할 수 있다.

1월 20일 유경준 국민의힘 의원이 국세청에서 받은 자료에 따르면 본예산과 비교해 세입 실적 증가율이 가장 높은 세목은 양도세였다. 기재부는 작년 예산 편성 시 양도세수를 16조8857억원으로 예측했으나 작년 11월 말까지 실제 걷힌 세수는 예측치의 두 배 이상인 34조3761억원으로 집계됐다.

상속·증여세는 본예산 때 9조999억원을 예측했으나 실제로는 11월까지 14조459억원 걷혀 실적이 본예산의 1.5배였다. 증권거래세도 본예산 5조861억원의 1.9배 수준인 9조4499억원이 징수됐다.

유 의원은 "양도세, 상속·증여세 등 부동산 관련 세수가 급증한 것은 문재인 정부의 부동산 정책 실패 때문"이라고 주장했다. 국회예산정책처는 "2021년 초과 세수 발생의 주된 원인은 자산 세수의 높은 증가로 볼 수 있다"며 "**저금리 기조 아래 이러한 유동성 확대는 부동산과 주식 등 자산시장의 수요 증대로 이어짐에 따라 부동산 및 주식 등 자산시장 가격의 상승을 초래**했다"고 분석했다.

홍남기 "세수오차 제가 최종 책임"

홍남기 경제부총리 겸 기획재정부 장관은 지난해 60조원 이상 발생한 세수 추계 오차와 관련해 2월 4일 "최종 책임은 기관장인 저에게 있다"고 말했다. 홍 부총리는 2월 4일 국회 기획재정위원회 전체회의에서 유경준 의원이 "최근 기재부 세제실장 9개월 만에 자리에서 물러나게 한 것은 경질(更迭 : 어떤 직위에 있는 사람을 다른 사람으로 바꿈)이냐"고 묻자 이렇게 대답했다.

지난 1월 27일 기재부는 **김태주 세제실장을 윤태식 국제경제관리관으로 교체**했다. 역대 세제실장이 1년 6개월 정도 일하고 교체됐기에 홍 부총리가 세수 추계 오차 책임을 김 실장에게 지우고 경질한 게 아니냐는 지적이 나왔다. 홍 부총리는 "임기 말이 아니라면 제가 물러났겠지만 상황이 그렇지 않아 괴롭다"며 "세제실장도 일정 책임을 지겠다는 의지가 있었고 저도 그게 국민에 대한 도리라고 생각했다"고 말했다.

+ 래퍼 곡선 (Laffer curve)

래퍼곡선은 일정 수준 이상으로 세율이 높아지면 오히려 조세수입이 감소하기 시작한다는 경제학 이론을 표현한 곡선이다. 세율이 0%라면 당연히 세수는 0%가 된다. 하지만 세율이 100%라면 누구도 소득을 얻기 위한 활동을 거부할 것인즉 역시 세수는 0%가 된다. 따라서 래퍼 곡선은 그 중간 지점에서 세수가 극대화될 수 있는 점의 존재를 주장한다. 래퍼 곡선은 감세를 표방했던 레이건 정권이 등장하면서 주목을 받았다. 레이건 대통령은 미국의 세율이 최적점을 넘었다고 주장하면서 대폭적인 감세를 실시했다. 그러나 래퍼 곡선은 실증적인 연구에서 도출된 결과가 아니며 경제적 아이디어를 표현한 것에 불과해 실제 경제 상황과 맞지 않는다는 비판을 들었다.

POINT 세 줄 요약

❶ 60조원에 육박하는 사상 최대 초과 세수가 발생했다.
❷ 세입 실적 증가율이 가장 높은 세목은 양도세였다.
❸ 홍남기 경제부총리는 세수 오차에 관한 최종 책임이 자신에게 있다고 말했다.

국민연금, 포스코 물적분할 찬성

국민연금 수탁자책임전문위원회(수탁위)가 포스코의 물적분할안을 찬성하기로 결정했다. 국민연금은 2021년 3분기 말 기준 포스코 지분 9.75%를 보유하고 있는 최대주주다.

1월 24일 국민연금 산하 수탁위는 올해 첫 번째 회의를 열고 포스코의 물적분할 안건에 대한 의결권 행사 방향을 논의한 결과 찬성하기로 했다. 수탁위는 외부 전문가로 구성된 국민연금 산하 전문위원회의 하나로, 기금운용본부가 내부에서 결정하기 곤란하다고 판단한 안건에 대해 의결권 행사 방향을 결정할 수 있다.

포스코는 1월 28일 임시 주주총회를 열고 지주사 전환 안건을 담은 분할계획서를 상정했다. 주총 통과를 위해서는 발행주식 총수의 3분의 1 이상, 출석 주주의 3분의 2 이상 동의를 얻어야 한다.

국민연금은 물적분할 안건에 줄곧 반대 의사를 표명해왔다. 앞서 LG화학, SK이노베이션 등 물적분할안에 반대표를 행사했다. 모회사의 가치가 하락해 기존 주주가 손해 볼 수 있다고 판단했다.

반면 국민연금은 이번 포스코의 물적분할 안건에 대해선 찬성했다. 포스코가 지주사 전환 후 자회사를 상장하지 않겠다고 밝혔고 주당 배당금도 최소 1만원으로 올려 주주가치 제고를 위해 노력한다고 한 것을 수용한 것으로 보인다.

'개미 울리는 쪼개기 상장' 논란

물적분할은 기업 분할의 한 형태로서 모회사가 특정 사업부를 분사해 별도 법인으로 설립하는 것이다. 기존 회사를 분할하고자 할 때, 기존 회사가 지분을 100% 보유한 회사를 신설하는 형태로 이루어지는 회사분할이다.

이때 모회사는 신설된 자회사의 주식을 전부 소유하지만 기존 모회사의 주주는 자회사의 주식을 가지지 못한다. **핵심 사업부서가 물적분할돼 상장할 경우 모회사의 소액주주들은 새로 상장되는 자회사에 대한 권리를 갖지 못하고 모회사 가치는 희석되는 만큼 소액주주들이 고스란히 피해**를 본다.

대표적인 예는 LG화학에서 분사된 LG에너지솔루션이다. LG에너지솔루션의 상장 계획이 발표되자 LG화학의 주가는 하향세를 탔고, 52주 신저가를 기록했다. 이밖에 SK케미칼은 SK바이오사이언스, 카카오는 카카오뱅크과 카카오페이로 각각 분할시켜 상장했는데, 1년 사이에 모회사 주가는 절반 수준으로 떨어졌다. SK바이오사이언스가 상장된 2021년 3월 18일부터 2022년 1월 20일까지 SK케미칼의 주가는 30만1000원에서 14만4000원으로 급락했다.

물적분할로 모·자회사가 동시 상장되는 사례는 해외에서 찾아보기 어렵다. 미국에서도 물적분할은 가능하지만 기업 가치 하락을 원치 않는 소액 주주들의 집단소송 역풍에 휘말릴까봐 자회사를 상장하는 경우는 극히 드물다. **수십 개 자회사를 거느린 구글이나 애플은 자회사를 단 하나도 상장하지 않고 주주들에게 기업가치 상승에 따른 혜택을 온전히 누릴 수 있도록 한다.**

한편, 모회사로부터 물적분할된 쓱닷컴(SSG)과 카카오모빌리티도 올해 안에 상장을 추진하고 있다. 여기에 SK이노베이션이 물적분할해 설립된 배터리 자회사인 SK온도 기업공개(IPO)를 준비 중인 것으로 알려져 논란의 불씨는 당분간 꺼지지 않을 것으로 보인다.

➕ 지주사 디스카운트 현상

지주사 디스카운트(discount) 현상은 지주회사가 통상의 사업회사보다 투자자들로부터 저평가받는 현상을 뜻하는 개념으로서 국내 주식시장에서만 발생하는 특유의 현상이다. 지주사 디스카운트의 원인으로는 모회사·자회사 동시 상장으로 인한 '더블 카운팅'과 투자자들의 미진한 관심 등이 꼽힌다.

LG에너지솔루션 시총 2위 직행… '따상'은 실패

사상 최대 규모 기업공개(IPO)로 꼽히는 LG에너지솔루션이 ***코스피**(유가증권시장) 입성 첫날 시가총액 2위에 등극했지만, 이른바 '따상'에는 실패했다. 한국거래소에 따르면 1월 27일 코스피에 상장된 LG에너지솔루션은 이날 시초가 59만7000원에서 15.41% 내린 50만5000원에 장을 마

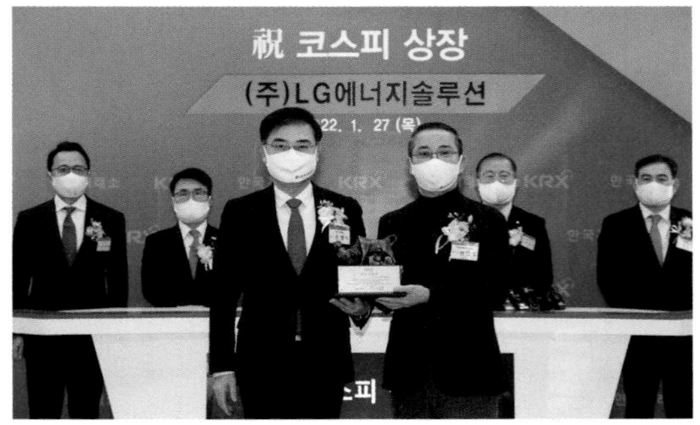

▲ LG에너지솔루션 코스피 상장 (자료 : LG에너지솔루션)

감했다. 공모가 30만원에 비해서는 68.3% 상승했다.

이날 LG에너지솔루션의 시초가는 공모가의 2배에 약간 못 미치는 59만7000원으로 정해졌다. **'시초가가 공모가의 2배로 결정된 후 상한가'를 의미하는 따상에는 실패**한 것이다. 한국 증시에서 하루 상·하한가 범위는 30%로 제한되지만 공모주식의 시초가는 개장 전 오전 8시30분부터 9시 사이에 호가를 받아 공모가의 90~200% 범위 안에서 정해진다.

LG에너지솔루션은 이날 한 때 외국인 투자자들이 집중 매도에 나서며 45만원까지 떨어졌다. **의무보유확약**(의무적으로 보유해야 하는 기간)을 하지 않은 외국인 투자자를 중심으로 물량이 쏟아진 것이다. 이날 외국인과 개인은 LG에너지솔루션 주식을 각각 1조4968억원과 1조4709억원 순매도했다. 기관은 3조원 이상을 사들였다.

이날 LG에너지솔루션의 종가 기준 시가총액은 118조2000억원으로 **SK하이닉스**(82조6000억원)**를 제치고 삼성전자**(425조6000억원)**에 이어 시가총액 2위**에 올랐다. LG에너지솔루션의 코스피 상장으로 LG그룹 합산 시총도 237조3000억원을 기록

하며 SK그룹(178조8000억원)을 제치고 2위에 올랐다.

■ **코스피 (KOSPI, Korea Composite Stock Price Index)**
코스피(KOSPI)는 한국거래소에 상장된 기업의 주식 가격에 주식 수를 가중평균해 시가총액으로 산출한 지수이다. 우리나라를 대표하는 대기업이 상장된 유가증권시장 그 자체를 지칭하기도 한다.
코스피는 대한민국 주식시장의 종합적인 시황을 파악할 수 있는 지표이다. 이전에는 다우존스식 산출 방식을 사용했으나, 경제 성장과 더불어 2007년부터 시가총액방식의 지수로 전환됐다.
기준은 1980년 1월 4일 당일의 주가지수를 100으로 하며, 한국거래소에 상장된 보통주 전 종목을 대상으로 산출한다. 흔히 한국거래소의 주식시장 전체를 가리켜 코스피라고 하는 경우가 있으나 한국거래소는 코스닥과 코넥스도 운영하므로 이는 엄밀히 말해 잘못된 표현이다.

기출TIP 2021년 스튜디오S 필기시험에서 코스피 등 경제지수를 묻는 문제가 출제됐다.

美 연준, 3월 금리인상 시사

미국 중앙은행인 연방준비제도이사회(연준)는 1월 26일(현지시간) 조만간 금리를 인상하는 것이 적절하다는 입장을 밝혔다. 지금은 금리를 현행처럼 동결하지만 이르면 3월 금리 인상을 시사했다. 뉴욕 증시는 전날 대비 상승세를 보이다가 하락세로 돌아섰다.

연준은 이날 이틀간의 **연방공개시장위원회**(FOMC) **정례회의**를 마친 뒤 낸 성명에서 미 연방 금리를 현 수준으로 유지하지만, 고용상황 개선과 지속적인 인플레이션을 감안해 조만간 금리를 인상하겠다는 방침을 밝혔다.

연준은 "인플레이션이 2%를 웃돌고 강력한 노동시장 탓에 금리의 목표 범위를 올리는 것이 곧 적절해질 것으로 예상한다"고 말했다. 따라서 당장의 기준 금리는 현재의 0.00~0.25%가 유지된다.

이날 금리 동결은 위원들의 만장일치로 이뤄졌다고 외신은 전했다. 연준이 금리 인상 시점을 구체적으로 언급하지 않았지만, CNBC는 3월에 기준금리가 인상될 것으로 예상했고, AP통신은 이르면 3월 금리 인상이라고 전망했다.

연준은 "경제활동 및 고용 지표는 계속 강세를 보인다"며 "대유행으로 가장 불리하게 영향을 받는 분야는 최근 몇 달간 개선됐지만, 최근 코로나19 감염의 급격한 증가로 영향을 받고 있다"고 분석했다.

또 "최근 몇 달간 일자리 증가는 견고했고, 실업률은 크게 하락했다"면서도 "대유행과 경제 재개와 관련한 수급 불균형은 인플레이션 수준을 높이는 데 계속해서 일조하고 있다"고 지적했다.

연준은 "경제 앞길은 계속해서 코로나19 경로에 달려 있다"며 "백신 접종 진전과 공급 제약 완화는 인플레이션 감소뿐 아니라 경제 활동과 고용의 지속적인 증가를 뒷받침할 것으로 예상된다. 새 변이 등 경제 전망 위험은 여전하다"고 진단했다.

한편, 연준이 연일 기준금리 인상 및 긴축을 시사하면서 '매의 발톱'을 드러내자 뉴욕 증시는 큰 변동성을 보였다. 다만 2월 2일 외신에 따르면 FOMC 위원들이 **한꺼번에 0.5%p를 올리는 이른바 빅스텝**(big step) **금리 인상**에 잇달아 반대하면서 투자 심리가 조금씩 살아나는 모양새다.

비둘기파와 매파

비둘기파는 정책을 추진하는 면에서 성향이 부드러운 온건파를, 매파는 강경파를 일컫는다. 이 말은 베트남 전쟁 당시 전쟁을 지속·확대하자고 주장했던 파벌을 매의 공격적인 성향에 빗대어 '매파', 전쟁을 막고 외교적 측면을 활용해 평화적으로 해결하자고 주장했던 파벌을 온순한 '비둘기파'라고 불렀던 것에서 유래되었다.
경제 분야에서는 과열된 시장을 억제해 물가를 안정시키고자 금리 인상을 지지하는 세력을 매파, 성장과 경기부양을 중시해 금리 인하를 지지하는 세력을 비둘기파라고 부른다. 매파도 비둘기파도 아닌 중립적 입장을 가진 쪽을 올빼미파라고도 한다.

신평사 "HDC현산, 사고 비용 부담 불가피…신용등급 하향 검토"

국내 3대 신용평가사가 광주 아이파크 붕괴사고를 낸 HDC현대산업개발의 신용등급을 하향 검토하기로 했다. 1월 26일 한국기업평가(한기평)는 **HDC현대산업개발의 무보증사채와 기업어음 신용등급을 부정적 검토**(negative review) **대상에 등록**했다.

한기평 측은 "붕괴 사고로 대규모 손실과 브랜드 평판 및 수주 경쟁력 저하가 예상되는 가운데, 자금보충약정을 제공한 PF(프로젝트 파이낸싱) 유동화증권의 만기 도래로 유동성 대응능력 검토가 필요한 점 등을 반영했다"고 설명했다.

앞서 1월 24일 나이스신용평가(나신평), 1월 25일에는 한국신용평가(한신평)가 HDC현대산업개발 신용등급을 하향 검토 대상에 등록했다. 나신평 측은 "사고로 인한 손실 규모는 안전점검 결과 등에 따라 변동될 수 있으나, 완전 철거 후 재시공하게 되는 경우 추가 부담은 최소 3000억원 이상이 될 것으로 예상된다"고 분석했다.

한신평 측은 "사고 현장과 관련한 원가 및 비용 부담이 불가피할 전망"이라며 "특히 전체 전면 철거 후 재시공하는 방안이 결정될 경우 장기간의 준공 지연, 추가 공사에 따른 원가 투입, 분양받은 사람 보상 등으로 손실 및 자금 소요가 확대될 수 있다"고 밝혔다. 한신평에 따르면 올해 내 만기가 도래하는 HDC현대산업개발의 ■**자산유동화기업어음(ABCP)**과 ■**자산유동화전자단기사채(ABSTB)** 규모는 약 1조9000억원이다.

앞서 1월 11일 광주 서구 현대산업개발 아이파크 신축 아파트 공사 현장에서 콘크리트를 타설하던 중 23~38층 일부 구조물이 붕괴해 무너지는 사고가 나 실종자가 6명 발생했고, 이들 모두 숨진 채 수습됐다.

■ **자산유동화기업어음 (ABCP, Asset Backed Commercial Paper)**

자산유동화기업어음(ABCP)이란 유동화전문회사(SPC·특수목적법인)가 매출채권, 리스채권, 회사채, 정기예금, 부동산 프로젝트파이낸싱(PF) 등 자산을 담보로 발행하는 기업어음이다. 실물 기업어음(CP)이 아니라 전자증권으로 발행하면 ABCP로 표기한다. 자산을 유동화해 회사채 형태로 발행하는 자산유동화증권(ABS)과 달리 별도의 등록 절차를 거치지 않아도 된다. ABCP는 회사채보다 만기가 짧아 장·단기 금리차를 활용해 자금조달 비용을 줄일 수도 있다. 금융감독원 등록 의무가 있는 ABS와 달리 감독권 밖에 있다는 점에서 그림자 금융의 대표 상품으로 꼽힌다.

■ **자산유동화전자단기사채 (ABSTB, Asset Backed Short Term Bond)**

자산유동화전자단기사채(ABSTB)란 SPC가 자산유동화를 위해 발행하는 전자단기사채이다. 전자단기사채는 전자적인 방식으로 발행이 이루어지기 때문에 종이로 발행되는 CP와 달리 거래 지역의 한계가 없고 실물의 위·변조, 분실과 같은 위험을 제거할 수 있으며 발행 사무를 간소화하여 비용을 줄일 수 있다. 또한 액면금액이 1억원 이상이어서 최소 액면금액이 10억원인 CP보다 거래가 수월하다.

배달비 인터넷 공시제 시행... 배달앱 '당혹'

정부가 최근 급등하고 있는 배달 애플리케이션 수수료 문제에 칼을 빼 들었다. 배달 수수료 공시제를 도입해 배달의 민족·쿠팡이츠·요기요 등 배달 앱들의 가격경쟁을 유도하기로 했다. 사회적 거리두기가 길어지는 상황에서 일부 지역을 중심으로 **배달비가 최대 1만원에 육박할 정도로 치솟으면서 소비자물가에도 부담을 주고 있다는 판단**에 따른 것이다.

정부는 우선 소비자단체들의 물가 감시 기능을 강화하기로 했다. 이에 따라 2월부터 소비자단체협의회가 매달 1회 배달비 현황을 조사해 소비자단체협의회 홈페이지와 소비자원 홈페이지에 공개하기로 했다. 정부가 배달비를 직접 통제할 법적 근거가 없는 만큼 소비자단체를 통한 압박에 나서는 것으로 풀이된다.

이억원 기획재정부 제1차관은 "최근 배달 수수료가 급격히 올라 외식 물가 상승의 주요 이유 중 하나로 작용하고 있고 배달비를 아끼려고 아파트 주민들끼리 한 번에 배달시키는 '배달공구'까지 등장했다"며 "우선 서울 등 일부 지역을 대상으로 시범 사업을 실시하고 향후 추진 성과를 봐가며 확대 하겠다"고 말했다.

단 정부의 배달비 공시제가 효과를 거둘 수 있을지는 미지수이다. 배달 앱 측은 "플랫폼에 소속된 라이더 서비스는 건당 배달비가 5000원 선을 넘기지 않도록 상한선을 두고 있지만 입점 업주가 배달 대행 서비스를 쓰면서 배달비를 올려 받으면 통제할 명분이 없다"며 당혹스럽다는 견해다.

아울러 배달비 공개가 자영업자의 반발을 불러올 수도 있다. 음식점별, 지역별 배달비가 일목요연하게 공개되면 음식점들 간 경쟁이 발생하기 때문이다. 배달 수수료가 올라도 이를 소비자에게 전가할 수 없어 음식점주가 오롯이 부담하게 될 가능성이 높다.

➕ 배달비 '1만원' 시대

비대면 문화 확산으로 배달 시장이 급격히 커지며 '배달비 1만원 시대'가 현실화했다. 코로나19 여파에 외식이 어려워지고 집에 머무는 시간이 길어지면서 배달 의존도가 커진 영향이다. 문제는 배달 의존도가 높아진 만큼 배달비가 오르고 있다는 점이다. 배달비가 오르는 데는 여러 이유가 있다. 일단 배달플랫폼 간 출혈 경쟁 영향이 있다. 2019년 5월 쿠팡이츠가 출시하면서 한 번에 한 건만 배달하는 '단건 배달'을 앞세우자 배달의 민족이 가세하며 경쟁이 본격화했다. 배달 기사의 고용보험 도입도 배달비 인상 요인으로 꼽힌다. 지난해 7월 특별고용지원업종 직종의 산재보험이, 올해부터 고용보험 가입이 의무화됐다. 무엇보다 배달비가 오르는 가장 큰 이유는 공급 부족이다. 배달 기사 수가 폭증하는 배달 수요를 따라가지 못한다. 소비자 원성이 높아지자 정부는 배달비를 공개·비교하는 '배달비 공시제'를 긴급 처방으로 내놨지만, 효과를 발휘할지는 미지수다.

기업 10곳 중 9곳 "원자재 공급리스크 대책 없어"

코로나19 사태 이후 가중되고 있는 글로벌 공급망 불안과 원자재 가격 상승이 2022년에도 지속할 것으로 예상된다. 공급망 불안은 제조업 위주의 한국 산업계에 가장 큰 영향을 미치는 대외 변수이지만 기업 10곳 중 9곳은 이러한 불확실성에 제대로 대비조차 못 하고 있는 것으로 나타났다.

1월 23일 대한상공회의소는 원자재, 부품 등을

해외에서 조달하는 기업 300개사를 대상으로 '최근 공급망 불안에 대한 기업실태 조사'를 한 결과 기업의 66.7%가 '2021년과 유사하게 불안하다'고 답했다고 밝혔다. 공급망 불안이 2021년보다 더 악화할 것이라고 답한 기업은 21.7%였고, 완화될 것이라고 답한 기업은 11.6%에 그쳤다.

하지만 대책은 미흡한 것으로 나타났다. 공급망 리스크에 대한 '대책이 없다'는 기업은 53.0%였으며, '검토 중'이라는 기업은 36.1%였다. '세웠다'고 답한 기업은 9.4%에 불과했다. 대책을 세웠거나 검토 중인 기업은 구체적인 대책으로 '수급 다변화'(45.7%)를 가장 많이 꼽았다. 뒤이어 '재고 확대'(23.9%), '국내 조달 확대'(12.0%) 순으로 나타났다.

2021년 거시경제와 기업 실적에 상당한 부담을 안긴 국제원자재 가격 급등도 당분간 계속된다는 게 재계의 판단이다. 또한 기업들은 적어도 올 4~5월까지 원자재 가격 상승 흐름이 이어질 것으로 보고 있다.

추광호 한국경제연구원 경제정책실장은 "**우리나라는 원유, 비철금속 등 원자재 수입 비중이 높아 국제원자재 가격이 상승하면 국내 물가상승 압력이 커질 수밖에 없는 구조**"라며 "핵심 원자재 공급망 안정적 확보, 수입관세 인하, 국제물류 지원 등을 통해 수입물가 상승 압력을 최대한 완화해 나갈 필요가 있다"고 말했다.

+ 채찍효과 (bullwhip effect)

채찍 효과는 채찍 손잡이에 가한 작은 힘이 채찍 끝에선 커다란 충격으로 변하듯 최종 소비자 수요의 변동폭이 소매 업체와 유통, 제조, 공급 업체 등 공급망을 거슬러 올라갈수록 지나치게 확대 또는 축소되는 현상을 말한다. 수요 변동성이 극심할 경우 채찍 효과로 공급망이 마비되는 현상이 나타날 수 있다.

밀키트 1위 프레시지, 2위 테이스티나인 인수합병

국내 **밀키트** 1위 업체인 프레시지가 2위 업체인 테이스티나인과 약 1000억원 규모의 인수합병(M&A) 계약을 체결했다고 1월 26일 밝혔다. 프레시지로선 2021년 11월 건강·특수식 업체인 '닥터키친', 올 들어 간편식 업체 '허닭', 물류업체인 '라인물류시스템'에 이은 네 번째 M&A로 밀키트 시장에서의 입지를 단단히 구축했다.

프레시지는 협력사의 간편식 기획·생산·유통판매를 돕는 B2B(기업 간 거래) 비중이 크고, 테이스티나인은 25개 자체 브랜드를 가지고 편의점·홈쇼핑 등에서 간편식을 파는 B2C(기업과 소비자 간 거래) 비중이 크다. 이날 정중교·박재연 프레시지 공동대표는 "서로 시너지가 나는 1·2위 기업 간 연합전선을 통해 간편식에서 독보적인 입지를 다지겠다"고 밝혔다.

밀키트 시장 확대

가정간편식(HMR, Home Meal Replacement) 업계는 빠르게 재편되고 있다. 코로나19 확산을 계기로 밀키트를 비롯한 간편식 소비가 늘고 있어서다. 국내 간편식 시장 규모는 2016년 2조2700억원에서 2020년 4조원대로 커졌고, 2021년에는 5조원대에 이른 것으로 전망된다.

코로나19 사태가 장기화하면서 간편식은 '외식'도 대체하고 있다. 전국 유명 식당들과 손잡고 내놓은 **레스토랑 간편식**(RMR, Restaurant Meal Replacement)이 새로운 성장 품목으로 떠오른 것이다. 롯데마트의 '송추가마골 LA꽃갈비', 홈플러스의 '매드포갈릭'과 '오발탄' 간편식들, 편의점 세븐일레븐의 '원할머니 보쌈족발', GS25의 '부대찌개 정식 도시락', '봉골레 칼국수', CJ프레시웨이의 '봉추찜닭' 등이 대표적이다.

전문가들은 코로나 사태 장기화, 요리·셰프 콘텐츠 확산, 구매 채널 간편화 등에 따라 가정간편식 시장은 더욱 커질 것으로 전망했다. 이어 인스타그램 등 SNS를 통해 간편식 정보를 공유하는 것 역시 사회적 욕구를 해소하는 라이프스타일로 자리 잡았다는 분석도 나왔다.

■ **밀키트 (meal kit)**

밀키트란 식사(meal) 키트(kit)라는 뜻으로 요리에 필요한 손질된 식재료와 딱 맞는 양의 양념, 조리법을 세트로 구성해 제공하는 제품이다. 쿠킹 박스, 레시피 박스라고도 불린다. 이미 조리되어 있어 데우기만 하면 되는 가정간편식(HMR)과 달리, 밀키트는 조리 전 냉장 상태의 식재료를 배송하기 때문에 유통기한이 길지 않으며, 소비자가 동봉된 조리법대로 직접 요리해야 한다. 밀키트는 신선한 재료를 직접 요리해 외식보다 저렴하면서도 건강한 식사를 할 수 있고, 재료를 구입하고 손질하는 시간이 절약돼 1인 가구나 맞벌이 가구로부터 특히 인기를 끌고 있다.

홍남기 "추경 증액, 국가 신용등급 우려"

▲ 홍남기 경제부총리

홍남기 경제부총리 겸 기획재정부 장관은 2월 8일 여권의 추가경정예산(추경) 증액 움직임과 관련해 국가 신용등급에 악영향을 줄 수 있다고 우려했다. 홍 부총리는 "■ **재정준칙**이 말로만 하고 국회에서 입법이 안 되는 것과 국가채무가 늘어나는 속도에 대해 우려하고 있다"고 말했다.

이날 국회 예산결산특별위원회에서 최형두 국민의힘 의원이 **국제 신용평가기관인 '무디스·스탠다드앤드푸어스**(S&P)'의 평가 전망에 관해 묻자 이같이 답했다. 그러면서 "국회가 이번 추경처럼 소위 컨트롤(통제) 바깥에 있는 것에 우려가 있다"고 덧붙였다.

홍 부총리는 정부가 14조원으로 제출한 추경 규모를 여당의 요구대로 35조원으로 증액할 경우 부채율 증가 규모와 관련 "GDP(국내총생산) 대비 2%p 전후로 올라갈 것"이라며 "재정 여건 (문제도) 있고 해서 인플레이션이 매우 우려된다"고 덧붙였다.

세출 구조조정을 통해 추경 재원을 마련하자는 야당의 주장에 대해서도 홍 부총리는 "세출 구조조정은 예산 편성 당시에도 했고 연초에 이제 막 시작하는 사업을 잘라내기 어렵다"며 부정적이었다.

이재명 "홍남기, 민주주의 부정 폭거"

이재명 더불어민주당 대선 후보는 추경 예산 증액에 반대하는 홍 부총리를 비판했다. 2월 6일 이 후보는 여야가 합의해도 추경 예산 증액에 쉽게 동의하지 않겠다고 밝힌 홍 부총리에 대해 **"민주주의를 부정하는 일종의 폭거"**라고 강한 어조로 비판했다.

앞서 2월 4일 홍 부총리는 국회 기재위 전체회의에 참석해 "여야가 추경 증액에 함께하면 어떻게 하겠냐"는 우원식 민주당 의원의 질문에 "추경 증액은 여야 합의에 구속되기보다는 정부의 행정부 나름의 판단이 함께 고려돼야 한다"고 답했다.

이 발언 이후 민주당 의원들의 날선 비판이 이어졌다. 우원식 민주당 의원은 홍 부총리를 겨냥해 "나라의 재정을 지키는 곳간 지기가 오히려 이를 쥐락펴락하는 주인행세를 한다"고 말했다. 민주당 의원 일각에서는 홍 부총리를 탄핵해야 한다는 주장까지 나왔다.

■ **재정준칙 (財政準則)**

재정준칙은 재건건전성(국가채무를 적정 수준으로 유지하며 채무상환 능력이 있는 재정 상태) 지표가 일정 수준을 넘지 않도록 관리하는 규범이다. 전 세계 90여 개국이 재정준칙을 두고 있는데 한국은 그동안 재정준칙을 두고 있지 않다가 2020년 10월 5일 정부가 한국형 재정준칙 도입 방안을 발표했다. 한국형 재정준칙 도입 방안의 골자는 2025년부터 GDP 대비 국가채무 비율은 60%, 통합재정수지 비율은 -3% 이내로 관리하며, 이를 넘길 경우 건전화 대책을 의무적으로 마련해야 한다는 내용이다. 두 가지 기준 중 하나가 기준치를 넘어도 다른 하나가 그에 해당하는 만큼 기준을 밑돌면 재정준칙 규제를 적용받지 않도록 설계됐다.
다만 전쟁이나 대규모 재해, 글로벌 경제위기나 경기둔화 시에는 적용 예외를 인정한다. 위기 때에는 국가채무 비율이 늘어나도 그해 적용하지 않고 이후 4년간 국가채무 비율 증가분을 해마다 균등하게 나눠 반영한다.
한국형 재정준칙은 코로나19로 취약계층이 위기에 빠지고 유연한 재정 운영이 필요한 시점에서 시기상조가 아니냐는 지적이 있었다. 또한 재정준칙에 강제성이 없어 지켜지지 않을 가능성이 높고 시행 시점을 2025년으로 미룬 것도 차기 정부에 재정건전성 관리를 떠넘기는 것이란 비판이 나왔다.

'상속주택 종부세 완화' 세법시행령 공포

상속주택에 대한 ■**종합부동산세**를 완화하고 경차 유류세 환급 한도를 연 30만원으로 올리는 내용의 세법 시행령이 2월 15일부터 시행된다. 기획재정부는 2월 8일 국무회의에서 의결된 소득세법 시행령 등 2021년 개정 세법 후속 시행령 21개가 이날 공포돼 시행된다고 밝혔다.

이날 공포된 시행령에는 종부세 보완 방안이 담겨 있다. 상속주택에 대한 종부세율을 적용할 때 수도권·특별자치시·광역시 소재 주택일 경우 상속개시일(사망일)로부터 2년간(이외 지방 지역은 3년간) 주택 수에서 제외한다. 이에 따라 갑작스럽게 상속받은 주택 때문에 다주택자가 돼 종부세를 많이 납부하는 일이 줄어들 전망이다.

다만 2년이나 3년 안에 상속주택을 매각하지 않으면 종부세율 중과를 적용받게 된다. 이 시행령은 이날부터 시행되지만, **과세는 올해 과세기준일인 6월 1일 기준**으로 이뤄진다. 시행령 시행 전에 상속이 개시됐더라도 과세기준일 현재 상속개시일로부터 2년(지방은 3년) 이내라면 새 규정을 적용받을 수 있다.

이번 시행령에서 위임한 사항 등을 규정하기 위한 16개 후속 시행규칙 개정안은 현재 입법예고 중이며, 부처 협의와 법제처 심사 등을 거쳐 오는 3월 중 공포·시행할 예정이다.

韓 부동산 관련 세금 'OECD 1위'

한편, 한국의 부동산 관련 세금이 경제협력개발기구(OECD) 회원국 중 최고 수준이라는 분석이 나왔다. 각 국가의 국내총생산(GDP) 규모에 견줘서다. 부동산 같은 자산에 부과하는 자산세는 물론, 양도소득세 부담 모두 2020년 기준으로 OECD 국가 가운데 1위를 차지했다. 자산세와 양도소득세 대상에는 주식 같은 금융자산 등도 포함되지만 부동산 관련 세금이 대부분을 차지한다.

2월 7일 통계청장, 한국개발연구원(KDI) 수석이코노미스트 등을 역임한 유경준 국민의힘 의원이 2022년 내놓은 '부동산 관련 세금 국제비교' 보고서에 따르면 2020년 기준 한국의 GDP 대비 자산세 비중은 3.976%를 기록하며 OECD 38개 회원국 가운데 프랑스와 함께 공동 1위를 차지했다. 이어 영국(3.855%)·룩셈부르크(3.834%)·캐나다(3.777%) 순이다.

구체적으로 ▲취득세 같은 자산거래세가 2.395%로 1위 ▲상속·증여세가 0.539%로 3위 ▲재산세·종합부동산세·주민세(재산분) 등 부동산 재산세가 1.042%로 13위다. 한국의 GDP 대비 자산세 비중은 문재인 정부가 출범한 2017년 8위에서, 2018~2019년엔 2년 연속 6위를 지키더니 2020년 1위로 치솟았다. 납세자의 세금 부담 증가 속도가 경제성장 속도를 훨씬 앞질렀다는 의미다.

이는 **국내 부동산 시장의 거래세 비중이 높은 상황에서, 집값이 크게 뛰고 정부의 고강도 부동산 규제에 따라 보유세가 급격히 늘어나서다.** 2020년 기준 한국의 GDP 대비 자산거래세 비중은 2.395%로 전년 1.754%에서 크게 뛰었는데, 이는 OECD 평균(0.436%)의 5배가 넘는 압도적 1위다. 집값 상승으로 취득세가 늘어난 데다, 패닉바잉으로 전국 주택 거래량이 폭증한 영향으로 분석된다.

■ **종합부동산세 (綜合不動産稅)**

종합부동산세(종부세)는 주택과 토지 공시가격을 납세자별(인별)로 합산해 공제금액을 초과하는 부분에 대해 과세하는 세금이다. 주택의 경우 공시가격 합산액이 6억원을 넘기면 종부세 과세 대상이다. 단, 1세대 1주택자는 11억원까지 공제받는다. 종합합산토지(나대지, 잡종지 등)의 공제금액은 5억원, 별도합산 토지(상가·사무실 부속토지)의 경우 80억원이다. 종부세 세율은 주택 수와 과세표준 액수에 따라 0.6~6.0%가 적용된다.

+ 부동산과 관련된 세금

부동산을 취득하면 우선 지방세인 '취득세'가 과세된다. 취득세는 동산이나 부동산 등의 자산을 취득한 이에게 부과되는 세금을 말한다. 부동산 취득세에는 항상 다른 세금이 따라다니는데, 바로 농어촌특별세(농특세)와 지방교육세(교육세)가 그것이다. 취득세만 내는 경우는 거의 없고 이 두 가지가 항상 붙기 때문에, 보통 취득세라고 하면 농특세와 교육세를 합쳐 이야기하는 경우가 많다. 취득세는 부동산을 취득한 날부터 60일 이내에 신고·납부하여야 한다.

상속세와 증여세는 재산이 무상으로 이전되는 경우 부과되는 세목이다. 상속세는 사람이 사망하여 남긴 유산에 대해, 증여세는 살아생전 자녀 등에게 재산을 넘겨줄 때 부과된다. 상속세와 증여세는 과세표준이 커질수록 세율도 커지는 누진세율 구조로 되어 있다. 상속세(증여세) 과세표준에 세율을 곱하고 누진공제를 차감하면 상속세(증여세)를 계산할 수 있다.

재산세는 6월 1일 시점에서 부동산을 소유하고 있는 사람에게 부과된다. 7월(16~31일)에는 주택 부분의 1/2과 건물분 재산세를, 9월(16~30일)에는 주택 부분의 1/2과 토지분 재산세를 낸다. 재산세 납부금액은 주택 공시가격에 공정시장가액비율(주택 및 건물은 60%, 토지는 70%)을 곱하여 산정되며, 재산세율은 지방세법 규정에 따라 전국적으로 동일하게 적용된다. 아울러 재산세에는 지방교육세(재산세 납부세액의 20%), 재산세 도시지역분(재산세 과세표준의 0.14%), 지역자원시설세가 부과돼 과세된다.

종합부동산세는 지방자치단체가 부과하는 종합토지세 외에 일정 기준을 초과하는 주택과 토지 소유자에 대해 국세청이 별도로 누진세율을 적용해 납세자별로 부과하는 세금이다.

보유 부동산을 처분할 때는 국세인 양도소득세를 납부해야 하며, 이에 따른 지방세인 지방소득세 소득분도 함께 납부해야 한다. 양도세는 ▲건물이나 토지 등 고정자산에 대한 영업권 ▲특정 시설물에 대한 이용권·회원권 ▲주식이나 출자지분 등 대통령령으로 정하는 기타의 재산에 대한 소유권을 다른 사람에게 넘길 때 생기는 양도차익에 대해 부과되는 세금이다. 부동산을 양도한 경우에는 양도일이 속하는 달의 말일부터 2개월 이내에 주소지 관할세무서에 예정신고 및 양도소득세를 납부해야 하며, 미신고 시 가산세가 부과된다.

기출TIP 2021년 머니투데이 필기시험에서 종합부동산세를 묻는 문제가 출제됐다.

MS 6300억 세금 소송전 원점 …대법, 파기환송

6300억원 규모의 법인세 반환 여부를 놓고 미국 마이크로소프트(MS)와 한국 국세청이 벌여온 소송전에서 대법원이 MS 측의 손을 들어준 원심을 파기했다. 대법원은 2월 10일 MS사와 MS라이센싱(MS의 100% 자회사)이 동수원세무서를 상대로 낸 법인세 경정(更正 : 세금 부과 정정) 거부처분 취소소송 상고심에서 MS 측의 승소로 판단한 원심을 깨고 사건을 수원고법으로 돌려보냈다.

재판부는 "원심은 '(MS 측이 받은) 특허권 사용료에 국내원천소득으로서 원천징수대상인 저작권, 노하우, 영업상의 비밀 등의 사용 대가가 포함돼 있다'는 피고(세무당국)의 주장을 심리·판단했어야 한다"고 밝혔다. 대법원은 다만 "미국 법인의 국내 미등록 특허권 사용료는 국내원천소득에 해당하지 않는다고 판단한 것은 정당하다"고 덧붙였다.

미국 법인의 국내 미등록 특허권을 국내원천소득으로 잡을 수 없으니 초과 납부한 법인세를 돌려주는 것은 맞지만, **MS의 소득으로 잡힌 사용료에는 국내 미등록 특허권만이 아니라 기술 등이 포함돼있는데 2심이 이를 따지지 않아 잘못된 판결을 내렸다는 취지다.**

1심과 2심은 한미조세조약을 적용하면 MS가 한국에 등록하지 않은 특허권의 사용료는 국내 원천소득으로 볼 수 없다며 MS 측의 손을 들어준 바 있다. 법인세법은 외국법인이 국내에 등록하지 않은 특허권에 대한 사용료도 국내 원천소득으로 보도록 하지만, 국제조세조정법은 국내 원천소득을 구분할 때 조세조약을 우선 적용한다고 규정하기 때문이다.

➕ MS, 국세청과의 소송 원인

4년 넘게 이어진 이번 소송의 발단은 2011년 MS와 삼성전자 간의 계약이다. MS는 당시 삼성전자에 안드로이드 기반 스마트기기 사업에 필요한 특허 사용권을 부여하고 사용료(로열티)를 받는 계약을 체결했다.
이후 삼성전자는 2012~2015년 MS라이센싱의 계좌로 특허권 사용료를 보낸다. 4년 동안의 특허권 사용 대가는 약 4조3582억원이었는데, 삼성전자는 한미조세협약에 따라 전체 금액의 15%인 6537억원가량을

MS 측의 법인세로 세무당국에 납부(원천징수)했다. 특허 사용료를 주면서 일부를 세금으로 떼어놓은 셈이다. MS는 2016년 세무당국에 '특허권 사용료 중 한국에 등록되지 않은 특허권 사용 대가는 국내 원천소득이 아니므로 원천징수 세액을 환급해야 한다'는 경정 청구를 했다. MS는 이를 토대로 원천징수세액 약 6537억 원 가운데 6344억원을 돌려달라고 요구했으나 세무당국이 경정을 거부하자 2017년 소송을 제기했다.

현대차, 12년 만에 日 시장 재도전

현대자동차가 12년 만에 일본 자동차(승용차)시장에 재진출한다. 현대차는 일본에서 아이오닉5와 넥쏘 등 친환경자동차를 온라인 방식으로 판매한다. 현대차가 2009년 말 일본에서 철수했을 때와 비교해 세계 3위 수준으로 위상과 제품 경쟁력이 월등히 높아진 데 따른 자신감이 반영된 것으로 풀이된다.

현대차는 2월 8일 일본 도쿄 오테마치 미쓰이홀에서 현지 미디어 대상으로 기자간담회를 열고 일본 승용차시장 재진출 계획을 발표했다. 현대차는 2009년 일본 승용차시장에서 철수한 뒤 버스 등 상용차 분야에서만 영업을 해왔다.

현대차는 최근 일본법인명을 현대자동차재팬에서 현대모빌리티재팬으로 바꾸고 일본 승용차 마케팅 관련 부서를 신설했다. 현대차는 연내 전기자동차 아이오닉5와 **수소전기자동차 넥쏘** 등 친환경차를 출시할 예정이다. 현대차는 일본시장에서 다양한 친환경차를 선보일 계획이다. 현대차는 웹사이트나 모바일 애플리케이션(앱)을 통해 탐색부터 결제·탁송까지 판매 전 과정을 원스톱 온라인 방식으로 제공한다.

현대차가 일본시장에 재진출하는 이유는 세계 최고 수준의 제품 경쟁력과 위상을 갖췄다는 판단 때문으로 분석된다. 실제 현대차는 2021년 1~3분기 전 세계시장 차량 판매량이 505만 대로 르노-닛산-미쓰비시 얼라이언스(549만 대), 스텔란티스(504만 대)와 빅3 자리를 놓고 쟁탈전을 벌이고 있다. 현대차가 일본시장에서 철수할 당시 전 세계 순위는 6위였다.

현대차는 또 수소전기차와 전기차시장에서 각각 세계 1위와 5위를 기록하며 차량 제품 품질을 세계적으로 인정받고 있다. 또 일본의 전기차 비중이 1%를 밑도는 점도 현대차에 기회로 작용했다.

수소차 글로벌 판매 순위 (단위 : 천 대)

순위	제조사	2020.1.~10.	2021.1.~10.	성장률(%)	2020 점유율(%)	2021 점유율(%)
1	현대차	5.6	7.9	40.6	73.9	54
2	도요타	0.9	5.5	508.4	11.9	37.5
3	혼다	0.2	0.2	10.5	2.7	1.6
기타		0.9	1	16	11.5	7
합계		7.6	14.7	92.4	100	100

분야별 최신상식

사회 환경

정부 "의료 안정 시 일상회복 재개·코로나 독감 수준으로 관리"

방역패스 적용시설 11종

▲유흥시설 ▲노래(코인)연습장 ▲실내체육시설 ▲목욕장업 ▲경륜·경정·경마·내국인 카지노 ▲식당·카페 ▲멀티방 ▲PC방 ▲실내 스포츠경기장 ▲파티룸 ▲마사지업소·안마소

확산 빠르지만 중증화율 낮아져

오미크론 변이 확산으로 코로나19 확진자 수가 연일 폭증하며 2월 10일 기준 5만 명을 훌쩍 넘은 가운데 정부가 코로나19를 사실상 독감 수준으로 관리하는 방안을 검토하기로 했다. 중앙재난안전대책본부는 앞서 2월 4일 사회적 거리두기를 2주 연장하는 내용의 조정안을 발표하면서 이같이 밝혔다.

중대본은 이날 온라인 브리핑에서 "확진자가 증가하더라도 위중증·치명률이 계속 안정적으로 유지되고 의료체계 여력이 충분하다면 방역 규제를 단계적으로 해제하면서 일상회복을 다시 시도할 것"이라고 말했다. 또한 "의료체계 여력, 최종 중증화율·치명률 등을 평가하면서 계절 독감과 유사한 일상적 방역·의료체계로의 전환 가능성을 본격 검토할 것"이고 설명했다.

이번 결정은 국내에서 우세종이 된 오미크론 변이가 확산 속도는 기존 델타 변이와 비교해 배 이상 빠르지만 중증화율과 치명률은 3분의 1에서 5분의 1 정도로 평가된 것을 고려해 내린 결정으로 보인다.

한편, 2월 20일까지 유지되는 **사회적 거리두기 조치에 따르면 사적모임 최**

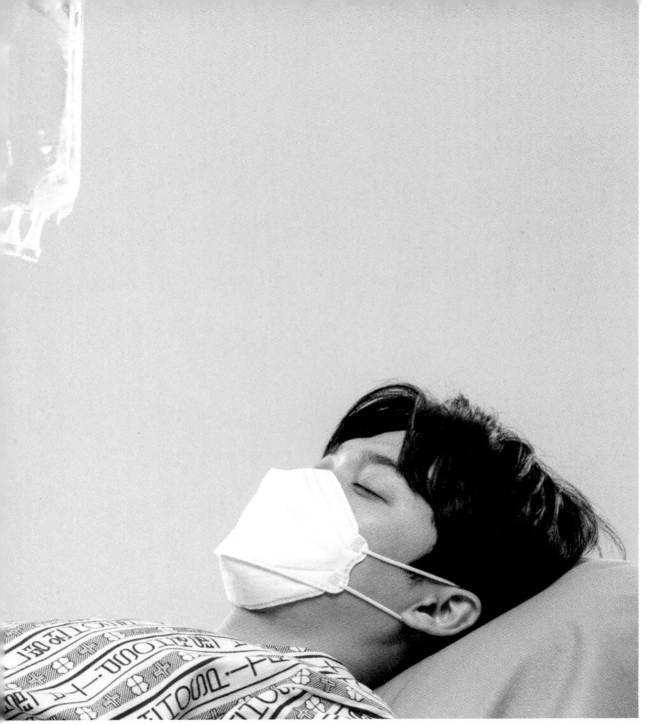

집중관리군은 지금처럼 담당 의료기관이 하루 2번 건강 모니터링을 실시하고 필요하면 경구용 치료제인 팍스로비드도 처방한다. 환자가 원하면 다니던 병원에 비대면 진료를 받을 수 있다.

그 외 일반관리군은 집에서 알아서 건강관리를 해야 한다. 증상이 악화하고 진료가 필요하다면 인근 병·의원이나 호흡기 진료 지정 의료기관, 호흡기전담클리닉에 전화를 걸어 비대면 진료를 받거나 외래진료센터를 찾아 검사, 처치, 수술, 단기입원 등의 의료서비스를 받으면 된다.

대 인원이 6명으로 제한되고 식당·카페·실내체육시설·노래방·목욕탕·유흥시설 등은 오후 9시까지, 학원·PC방·키즈카페·안마소·파티룸 등은 오후 10시까지 영업할 수 있다. 방역패스 제도는 유지되고 백신 미접종자는 지금처럼 혼자서만 식당·카페를 이용할 수 있다.

고위험군 외엔 각자 알아서 치료

정부는 확진자 수가 연일 크게 늘어나면서 2월 10일부터 인명 피해 최소화를 위해 고위험군을 집중적으로 관리하는 새 재택치료 체계를 가동한다고 밝혔다. 중대본에 따르면 재택치료 대상은 **고위험군인 집중관리군과 그 외 일반관리군으로 구분**돼 각기 다른 방식으로 건강관리를 받는다.

정부는 60세 이상 및 경구용(먹는) 코로나19 치료제 투약 대상자로서 각 지방자치단체가 집중관리가 필요하다고 판단한 사람을 집중관리군으로 분류한다. 50대 기저질환자와 면역저하자도 집중관리군에 포함된다.

+ 원격의료 (遠隔醫療, telemedicine)

원격의료는 직접 얼굴을 맞대는 이른바 대면진료를 원격통신수단을 이용해 대신하는 것으로서 '원격진료'라고도 한다. 기술발달로 향후 원격수술까지 가능해질 것으로 보여 성장 잠재력이 클 것으로 판단되지만, 도입 여부를 두고 보건복지부와 의료계의 입장은 첨예하게 대립되고 있다. 보건복지부는 환자들이 병원에 직접 가지 않아도 돼 편리하고 만성질환자, 도서·벽지 환자에게 반드시 필요하기 때문에 원격의료를 적극 도입해야 한다고 주장한다. 그러나 의료계는 원격의료는 대면의료에 비해 안전성이 떨어지고 대형병원으로의 환자 쏠림현상이 가속화될 것이라며 도입을 반대하고 있다.

POINT 세 줄 요약

❶ 정부가 코로나19를 독감 수준으로 관리하는 방안을 검토하기로 했다.
❷ 오미크론 변이의 확산 속도가 빠르지만 중증화율이 낮아져 내린 결정으로 보인다.
❸ 2월 10일부터 고위험군과 일반관리군을 구분하는 새 재택치료 체계가 가동됐다.

모바일 신분증 시대 열렸다… '모바일 운전면허증' 발급

▲ 모바일 운전면허증 실행 화면 (자료 : 도로교통공단)

행정안전부와 경찰청은 현행 플라스틱 운전면허증과 동일한 법적 효력을 갖는 모바일운전면허증을 1월 27일부터 시범 발급한다고 밝혔다. 학교나 기업에서, 혹은 공무원을 대상으로 한 모바일 신분증은 있었지만, **일반 국민을 대상으로 모바일 환경에서 사용할 수 있는 신분증이 도입된 것은 이번이 처음**이다.

모바일운전면허증은 서울 서부 운전면허시험장, 대전 운전면허시험장과 서울 남대문·마포·서대문·서부·중부·용산·은평·종로 경찰서와 대전 중부·동부·서부·대덕·둔산·유성 경찰서 등 이들 시험장에 연계된 14개 경찰서에서 발급된다. 발급을 원하는 사람은 거주지와 무관하게 이들 기관을 방문해 발급받을 수 있다. 6개월 시범기간을 거쳐 오는 7월부터 전국에서 발급된다.

모바일운전면허증을 사용하면 일일이 신분증을 가지고 다닐 필요가 없고, 스캔 등의 절차 없이 온라인 환경에서도 간편하게 이용할 수 있다는 장점이 있다. 확인하는 사람이 원하는 정보만 제공할 수도 있어서 개인정보 노출에 대한 우려도 적다. 예를 들어 차량 렌트 시에는 운전자격 정보만을, 담배나 주류 구매 시에는 성인 여부만을 제시할 수 있다.

모바일면허증을 확인할 때는 육안으로 체크하거나 별도의 검증앱을 내려받아 모바일면허증에 QR코드를 비추면 된다. 직접 눈으로 체크할 때에는 신분증 위에서 움직이는 태극무늬나 실시간 변하는 시각 표시를 중점적으로 확인해 위조 여부를 살펴봐야 한다.

처음 도입되는 모바일 신분증인 만큼 보안 문제가 발생할 수 있다는 우려도 있지만, 행안부는 ■**블록체인**, 암호화 등 다양한 보안기술을 적용해 안전성 확보에 철저히 대비했다고 설명했다.

■ **블록체인 (block chain)**

블록체인이란 블록에 데이터를 담아 체인 형태로 연결, 수많은 컴퓨터에 동시에 이를 복제해 저장하는 분산형 데이터 저장 기술이다. 공공 거래 장부라고도 부른다. 중앙 집중형 서버에 거래 기록을 보관하지 않고 거래에 참여하는 모든 사용자에게 거래 내역을 보내 주며, 거래 때마다 모든 거래 참여자들이 정보를 공유하고 이를 대조해 데이터 위조나 변조를 할 수 없게 돼 있다.

기출TIP 2021년 스튜디오S 필기시험에서 블록체인을 묻는 문제가 출제됐다.

먹는 치료제 투약 대상 65세 →60세 이상으로 확대

정부가 **먹는 치료제 투약 대상을 65세 이상에서 60세 이상으로 확대**하기로 했다. 김부겸 국무총

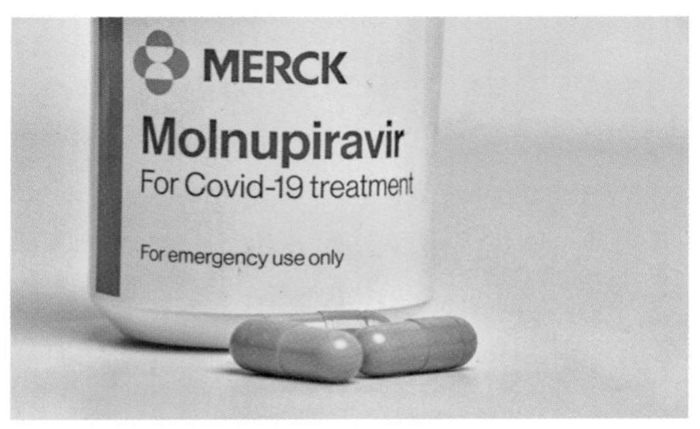

리는 1월 21일 오전 정부서울청사에서 열린 코로나19 중앙재난안전대책본부(중대본) 회의를 주재하면서 "오미크론 변이에 효과적으로 대처하고자 기존 의료대응체계에서 몇 가지 변화를 시도하겠다"면서 이러한 개편 방안을 발표했다.

김 총리는 "요양병원, 요양시설, 감염병전담병원까지 (먹는 치료제) 공급기관을 넓히겠다"면서 "내주에 환자 개인별 진료 이력을 확인할 수 있는 시스템이 가동되면 처방이 더 늘어날 것"이라고 말했다.

또 **스스로 진단검사가 가능한 신속항원검사 방식을 선별진료소에도 도입**한다. 김 총리는 "이렇게 되면 기존 PCR(유전자증폭) 검사는 고위험군만을 대상으로 하기 때문에, 속도가 훨씬 빨라질 것"이라고 기대했다. 김 총리는 이어 "오미크론이 급증하고 있는 몇몇 지역을 대상으로, 동네 병·의원 중심의 검사·치료체계 전환모델을 우선 적용한다"고 밝혔다.

또 해외유입 확진자를 줄이기 위해 입국 관리를 더욱 강화한다. 김 총리는 "입국 후, 격리과정에서 기존 PCR 검사에 더해 신속항원검사를 추가적으로 실시하겠다"면서 "격리면제 사유를 엄격하게 한정하고 대상자도 최소화하는 한편, 면제서 유효기간도 1개월에서 14일로 단축한다"고 말했다.

김 총리는 "오미크론의 공격에 맞서는 정부의 대응 전략은 커다란 파고의 높이를 낮추어 피해를 최소화하자는 것"이라면서 "한 번도 가보지 않은 길이기 때문에 의료계의 적극적인 협력과 헌신, 국민 모두의 참여와 지지가 어느 때보다 절실하다"고 호소했다.

+ 팍스로비드 (Paxlovid)

팍스로비드는 미국 제약회사 화이자에서 개발한 코로나19 경구용 치료제를 말한다. 팍스로비드는 단백질 분해효소(3CL 프로테아제)를 차단해 바이러스 복제에 필요한 단백질이 생성되는 것을 막아 바이러스의 증식을 억제하는 원리로 만들어졌다. 현재 팍스로비드는 확진자 가운데 50대 이상 당뇨, 고혈압, 천식 등의 기저질환자가 유전자증폭(PCR)검사를 통해 양성 판정을 받은 경우에 한 해 처방이 가능하다.

기출TIP 2022년 이투데이 필기시험에서 팍스로비드 문제를 묻는 문제가 출제됐다.

포천 스키장 리프트 역주행… 감속기 기계 고장 추정

탑승객 100여 명을 태운 리프트가 역주행하는 사고가 발생한 베어스타운이 2월 4일 동계시즌을 종료했다. 베어스타운은 1월 25일 ▪**국립과학수사연구원**과 함께 합동 감식한 결과가 3주 이상 소요될 것으로 예상된다며 재발 방지와 안전 점검을 위해 내년 시즌에 재개장하는 것으로 결정했다.

앞서 지난 1월 22일 베어스타운에서 100여 명이 탑승한 리프트가 역주행하는 사고가 터졌다. 운행 중 갑자기 멈춰선 리프트는 반대 방향으로 움직이며 멈추지 않고 계속 하강해 승하차장 인근에서 탑승객들이 아래로 뛰어내려야 했다. 이 과정에서 100명이 구조되거나 자력으로 탈출했지만 7살 여자아이가 자력으로 뛰어내리던 중 타박상을 입고 병원으로 옮겨지기도 했다.

포천 베어스타운 스키장에서 발생한 **리프트 역주행 사고의 원인은 감속기 고장 때문으로 추정**됐다. 박윤국 포천시장은 탑승객 구조 직후 베어스타운 내 모든 리프트의 운영을 중단하고 재발 방지와 이용자들에 대한 피해보상에 차질 없도록 조치할 것이라고 밝혔다.

■ **국립과학수사연구원 (NFS, National Forensic Service)**
국립과학수사연구원은 행정안전부 소속으로 과학수사 지원을 담당하는 감정·연구기관이다. 경찰·검찰·군사기관 등 각급 수사기관과 법원 등 공공기관의 각종 범죄수사 사건에서 증거물에 대한 과학적 감정(법의학·법과학·이공학·유전자감식 분야를 아우르는 감정)을 수행하여 범죄사실의 입증·판증 근거를 제시한다. 과학적 증거력 확보를 위한 실험연구 및 교육활동도 실시한다. 업무 영역에 따라 법생화학부(법유전자과·약독마약분석과·화학분석과)와 법공학부(법안전과·디지털분석과·교통사고분석과·법심리과), 중앙법의학센터 등으로 구성되어 있으며, 5곳의 지방과학수사연구소가 설치되어 있다.

115억 횡령 강동구청 공무원 구속

▲ 강동구청 (강동구청 인스타그램 캡처)

서울 강동구청 소속 공무원이 100억원대 공금을 빼돌린 정황이 포착돼 경찰이 수사에 나섰다. **회삿돈 2215억원을 횡령한 오스템임플란트 횡령 사건과 판박이 사건이 공직사회에서 재현**됐다.

서울 강동경찰서는 1월 24일 오후 8시 50분쯤 강동구청 투자유치과에서 일한 직원 40대 A 씨를 경기도 하남시의 자택 주차장에서 특정경제범죄 가중처벌 등에 관한 법률상 업무상 횡령 혐의로 긴급체포했다고 1월 25일 밝혔다.

7급 주무관인 A 씨는 2019년 12월 18일쯤부터 2021년 2월 5일쯤까지 구청 투자유치과에서 근무하며 강동구청이 짓고 있는 고덕동 광역자원순환센터의 건립 자금(2327억원) 가운데 서울주택도시공사(SH)의 원인자부담금 등 115억원을 횡령한 혐의를 받는다. 강동구는 강동일반산업단지와 단지 내 고덕비즈밸리 등의 대규모 개발 사업을 진행 중인데 A씨는 이 사업에 들어오는 투자금을 관리하는 부서인 투자유치과에서 실무를 맡은 것으로 알려졌다.

A 씨는 횡령액 115억원 중 38억원을 구청 계좌로 되돌려놓아 실제 피해액은 77억원으로 전해졌다.

경찰은 "강동구청 내 공범이 있는지 아니면 단독 범행인지는 수사를 해봐야 알 수 있다"고 말했다. A 씨는 경찰 조사에서 "횡령한 돈을 가상화폐와 주식에 투자했다"고 진술한 것으로 알려졌다.

구청은 최근 A 씨가 공금을 횡령한 사실을 파악하고 1월 23일 경찰에 A 씨를 고발했다. 경찰은 피해 금액을 정확히 파악한 뒤 기소 전 몰수·추징보전 신청을 하는 한편, 김 씨에 대한 구속영장을 신청할 예정이다.

➕ 직장인의 '소확횡'은 범죄일까?

'소확횡'(소소하지만 확실한 횡령)이란 신조어가 직장인들 사이에서 높은 공감을 사고 있다. 작은 사치를 즐긴다는 의미의 '소확행'(소소하지만 확실한 행복)을 변형한 단어로 회사 물건을 소소하게 사적으로 소비하면서 만족감을 얻는 행동을 일컫는다. 회사 비품을 '슬쩍'하는 소확횡 놀이는 직장인이 회사에서 받은 스트레스를 해소하기 위한 일종의 보상 심리에서 비롯된 일탈 행동이다.

소확횡은 자신이 회사 비품을 관리, 보관하는 직원이 아니면 횡령죄에 해당하지 않는다. 횡령죄는 '타인의 재물을 보관하는 자'가 그 물건을 반환하지 않은 경우 성립한다. 그러나 횡령죄가 성립하지 않더라도 타인의 재물을 그 타인의 허락 없이 가져가는 것은 절도죄에 해당한다. 만약 회사에서 휴대전화를 충전한 것은 전기를 사용한 것이지 회사 물건을 취득한 것은 아니지 않으냐고 반문할 수도 있다. 하지만 우리 법은 '관리할 수 있는 동력'도 절도죄에서 말하는 재물에 포함되는 것으로 보고 있다. 그러니 회사에서 펜 한 자루를 슬쩍하는 것은 물론이고 개인 전자제품을 충전하는 것은 원칙적으로 회사의 재물을 훔치는 행동이 된다.

6월부터 1회용 컵으로 음료 사면 보증금 300원 부과

오는 6월 10일부터 전국 주요 커피점과 패스트푸드점에서 1회용 컵 1개당 300원의 보증금을 받는다. 또 식당에서 제공되는 1회용 물티슈도 사용할 수 없다. 환경부는 이 같은 내용이 담긴 '자원의 절약과 재활용촉진에 관한 법률 시행령 및 규칙', '폐기물의 국가 간 이동 및 그 처리에 관한 법률 시행령' 일부개정안을 입법예고한다고 1월 24일 밝혔다.

1회용 컵 보증금제는 전국 약 3만8000개 매장에 적용된다. 환경부에 따르면 1회용 컵을 사용해 음료를 판매하는 매장에서 사용되는 컵은 연간 28억 개에 이르며 이 중 23억 개가 보증금제가 적용되는 매장에서 사용되고 있다.

1회용 컵은 차가운 음료를 담는 플라스틱컵과 뜨거운 음료를 담는 플라스틱 종이컵이다. 다회용 플라스틱컵, 머그컵은 해당되지 않는다. **1회용 컵에 담아 식음료를 구매할 때 300원의 보증금을 내고 해당 컵을 돌려주면 보증금을 돌려받을 수 있다.** 또 길거리에 방치된 1회용 컵을 주워 매장에 돌려주는 경우도 보증금을 돌려받을 수 있다.

환경부는 서로 다른 매장에서 구매한 컵을 반환할 경우도 보증금을 반환받을 수 있도록 컵의 표준규격도 지정할 계획이다. 이에 따라 플라스틱 컵은 밑면 지름 48mm, 윗면 지름 90mm, 높이 102mm 이상으로, 종이컵은 밑면 지름 52mm, 윗면 지름 80mm, 높이 95mm 이상으로 지정되며 재활용하기 쉽게 1회용 컵 표면은 인쇄를 최소화한다는 방침이다.

한편 음식점에서 제공하는 플라스틱이 함유된 1회용 물티슈도 금지된다. 대신 위생물수건이나 플라스틱이 함유되지 않는 물티슈를 사용해야 한다. 현재 식당에서 쓰고 버려지는 1회용 물티슈는 플라스틱이 40~50% 함유된 합성섬유로 재활용이 어렵고 자연분해에 시간이 오래 걸린다.

음식물 쓰레기와 일반 쓰레기 구분

구분	음식물 쓰레기	일반 쓰레기
공통	가축이 먹을 수 있는 것	가축이 먹을 수 없는 것
일반	밥 등 곡류, 김치 등 반찬류 된장, 고추장 등 장류, 빵, 과자	비닐, 왕겨, 병뚜껑, 나무이쑤시개, 종이 등
채소류	모든 채소류	고추대, 마늘대, 옥수수대, 옥수수껍질(작게 자를 경우 음식물쓰레기로 배출 가능)
과일류	모든 과일류	호두 밤, 도토리, 코코넛 땅콩 등의 껍질과 복숭아, 자두, 살구, 매실 감 등의 단단한 씨앗
육류	모든 육류의 살 및 지방. 닭뼈는 음식물 쓰레기로 배출가능	소, 돼지 등 짐승의 뼈와 털
어패류	생선 부산물	조개, 소라, 전복 등 패류의 껍데기와 게, 가재 등 갑각류의 껍데기
기타	–	각종 차류 찌꺼기, 한약재 찌꺼기, 계란 등 알껍데기

서울·인천도 첫 자연감소... 수도권 '인구절벽' 돌입

통계 작성 이래 처음으로 서울 인구의 자연감소가 확실시되고 있다. 자연감소는 사망자 수가 출생아 수보다 많아지면서 발생한다. 인천 인구도 2021년 자연감소가 시작되면서 수도권 인구까지 줄어드는 '■**인구절벽** 시대'에 본격적으로 돌입했다.

통계청이 1월 26일 발표한 '11월 인구동향'을 보면 2021년 1~11월 내국인 인구는 총 4만1876명 감소했다. 11월에만 8626명이 줄었다. 2021년 1~10월만 해도 출생아가 사망자보다 많았던 서울은 11월에만 1006명이 줄어, 2021년 11월까지 누적 799명 감소로 돌아섰다. 이대로라면 2021년 연간 서울 인구 자연감소가 확실시된다. **1981년 관련 통계를 집계한 이래로 서울 인구가 자연감소한 것은 이번이 처음**이다.

과거 인구가 몰리며 전국에서 가장 빠르게 인구가 늘었던 서울 인구가 무너지기 시작했다는 것은 인구 구조 자체가 바뀌었음을 의미한다. 일자리와 소비 활동 등 경제 기반이 다른 지역보다 안정적인 지역에서까지 인구가 줄기 시작하면서 국내 인구 감소는 더욱 가속할 전망이다. 전국 17개 시·도 가운데 인구가 아직 증가하고 있는 지역은 경기도·세종·울산·광주광역시뿐이다.

조영태 서울대 보건대학원 교수는 "인구가 몰려 있는 서울과 인천에는 초고령자 인구 역시 많기 때문에 청년 세대가 아이를 낳는 속도보다 빠르게 인구가 줄어들 수밖에 없는 구조"라고 분석했다.

그리고 조 교수는 "이미 인구 자연감소 폭이 큰 경북·전남·부산 등의 지역에서는 고령 인구가 그대로 남고 청년 인구는 다른 지역으로 빠져나가면서 감소가 더 빠르게 진행될 것"이라고 전망했다.

인구 규모의 축소 흐름이 돌이킬 수 없게 되면서 아직 인구 증가를 유지하고 있는 일부 지역도 급격하게 감소로 전환할 수밖에 없다. 노형준 통계청 인구동향과장은 "인구 자연감소 폭은 미래에 더 커질 전망"이라며 "남은 12월 통계에서도 사망자가 늘고 출생아가 줄어드는 추세가 이어질 것"이라고 설명했다.

■ **인구절벽 (人口絕壁)**

인구절벽은 미국의 경제학자 해리 덴트가 주장했던 이론이다. 어느 순간을 기점으로 한 국가나 구성원의 인구가 급격히 줄어들어 인구 분포가 마치 절벽이 깎인 것처럼 역삼각형 분포가 된다는 내용이다. 주로 생산가능인구(만 15~64세)가 급격히 줄어들고 고령인구(만 65세 이상)가 급속도로 늘어나는 경우를 말한다. 인구절벽 이론에 의하면 과거와 달리 여러 가지 이유로 저출산 기조가 확산되었는데 그렇게 확산된 기조의 결과에 따라 노동력 부족, 경제성장 둔화 등 참사가 발생할 것이라고 한다. 즉, 인구절벽은 사회를 구성하던 흐름이 어느 순간을 기점으로 약해지기 시작하는 현상을 설명하기 위한 이론이다.

"42년형 부당하다" 조주빈 블로그 폐쇄

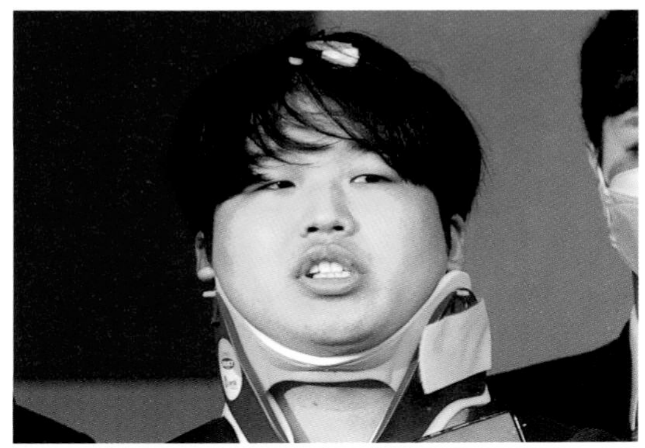

▲ 조주빈

미성년자 성착취물을 제작·유포하는 이른바 n번방 중에서도 악명 높은 '박사방'을 운영한 혐의로 징역 42년 형이 확정된 조주빈이 블로그를 통해 자신의 형량에 대해 불평을 해 논란이 일었다. 서울구치소에 수감 중인 조 씨는 상고심이 진행 중이던 작년 8월부터 '조주빈입니다'라는 제목으로 네이버 블로그를 운영해온 사실이 최근 알려졌다.

조 씨는 블로그에서 "법의 형평성은 무너졌고 목소리 큰 여론이 원하는 바가 정답인, 멍석말이 법치 시대가 도래했다"며 여론재판으로 인해 자신이 지은 죄보다 억울하게 중형을 선고받았다는 취지의 글을 올렸다. 그는 "징역 42년, 전자발찌 부착 30년, 도합 72년으로 기대수명 내에 사회로 복귀할 가능성이 없다. 나에 대한 선고는 법이 여론을 향해 뱉은 패배 선언"이라고 사법부를 비난하기도 했다.

법무부는 수감 중인 조 씨가 외부에 보낸 서신을 조 씨의 아버지가 블로그에 올린 것으로 파악했다. 조주빈 블로그는 2월 4일 폐쇄됐다. 네이버 측이 게재한 알림 메시지에 따르면 "이 블로그는 네이버 이용약관 및 블로그 서비스 운영정책에서 제한하고 있는 목적으로 개설됐거나 제한 대상 게시물을 다수 포함하고 있어 접근이 제한됐다"라고 설명하고 있다.

법무부는 2월 4일 "조주빈에 대한 편지 검열 대상자 지정 여부를 면밀하게 검토한 결과 수형자의 교화 또는 건전한 사회복귀를 해칠 우려 등이 있다고 판단, 편지 검열 대상자로 지정해 엄격히 관리하기로 했다"고 밝혔다.

교정 당국은 수형자의 교화 또는 건전한 사회 복귀를 해칠 우려가 있을 때 편지 내용을 검열하거나 발신을 제한할 수 있다. 다만 교정 당국이 조 씨의 서신 발송을 막으려면 조 씨의 편지가 교화에 부정적인 영향을 주거나 위법 소지가 있다는 점을 구체적으로 입증해야 한다.

+ n번방 금지법

n번방 금지법은 n번방 성착취물 제작 및 유포 사건의 재발 방지를 위해 발의돼 2020년 4월 29일 국회 본회의를 통과한 ▲성폭력범죄의 처벌 등에 관한 특례법 일부개정법률안 ▲형법 일부개정법률안 ▲범죄수익은닉의 규제 및 처벌 등에 관한 법률 일부개정법률안을 말한다.

이 법은 미성년자 의제강간(擬制强姦 : 성교 동의 연령에 이르지 않은 사람과의 성교를 강간으로 보아 처벌하는 것) 기준 연령을 기존의 13세에서 16세로 상향했으며, 13세 미만 미성년자 강제추행 범죄에 대해 벌금형을 삭제하고 5년 이상의 징역형만으로 처벌할 수 있도록 규정했다. 13세 미만 미성년자에 대한 의제강간·추행죄의 공소시효도 폐지했다.

n번방 사건과 같은 성착취 영상물 제작·배포 행위에 대한 처벌 수위도 7년 이하 징역 또는 5000만원 이하 벌금으로 상향 조정했다. 영리목적으로 배포할 경우 기존 7년 이하 징역에서 3년 이상 징역으로 처벌을 강화했다.

성적 촬영물을 이용한 협박·강요는 각각 1년 이상 징역, 3년 이상 징역으로 처벌 수위를 높였다. 성착취 영상물·제작 배포, 딥페이크, 성적 촬영물을 이용한 협박·강요 행위 상습범은 가중처벌된다. 성인 대상으로 한 불법 촬영물을 소지하거나 구입, 저장, 시청하는 행위에 대한 처벌 규정(3년 이하 징역 또는 3000만원 이하 벌금)도 신설됐다. 합동강간, 미성년자강간 등 중대 성범죄를 준비하거나 모의만 해도 처벌하는 예비·음모죄도 새로 생겼다.

삼표산업 대표이사 중대재해처벌법 첫 입건

고용노동부가 노동자 3명이 숨지는 중대산업재해를 일으킨 삼표산업 대표이사를 중대재해처벌법 위반 혐의로 입건했다. 노동부는 2월 11일 삼표산업 서울 본사에 대한 강제수사에도 나섰다. 노동부 측은 "본사 PC를 위주로 압수수색하고 있다"며 "근로감독관들이 삼표산업 사무실별로 나눠서 투입돼 증거를 확보 중"이라고 설명했다.

지난 1월 27일부터 **노동자 사망 등의 중대산업재해가 발생하면 사고를 막기 위한 책임·의무를 다하지 않은 사업주·경영책임자를 처벌할 수 있도록 한 중대재해처벌법이 시행**됐다. 중대재해처벌법은 노동자가 숨지는 등의 사고가 발생했을 경우 현장 책임자뿐 아니라 사업주, 경영책임자를 처벌할 수 있도록 한 법이다. 대표이사 같은 경영책임자가 안전 의무를 다한 것으로 확인되면 법 적용 대상에서 제외된다.

하지만 노동 당국이 열흘이 넘게 진행한 조사 내용을 기반으로 본사에 칼날을 겨누고 대표이사를 중대재해처벌법 위반 혐의로 입건한 것으로 확인되면서 삼표산업은 중대재해처벌법 적용 1호라는 불명예를 안았다. 다만 법원의 판단은 노동부와 다를 수 있다. 노동부가 중대재해처벌법 위반 혐의로 삼표산업 대표이사를 입건한 뒤 검찰 송치를 거쳐 재판에 넘기더라도 법원이 무죄 판결을 내릴 가능성도 있다.

앞서 1월 29일 경기도 양주시 삼표산업 양주사업소에서 석재 발파를 위해 구멍을 뚫던 중 토사가 붕괴해 작업자 3명이 매몰돼 모두 숨졌다. 이는 중재재해처벌법이 시행된 이래 발생한 첫 중대산업재해다.

이번 사고와 관련한 삼표산업에 대한 노동부의 압수수색은 이번이 두 번째다. 노동부는 1월 31일 삼표산업 양주사업소 현장 사무실과 협력업체 사무실을 압수수색했다.

➕ 중대재해처벌법 시행 한 달도 안 돼 4건

50인 이상 사업장에서 작업자가 숨지거나 크게 다칠 경우 사업주의 법적 책임을 강화한 '중대재해기업처벌법'이 1월 27일부터 시행됐지만, 시행 한 달도 채 지나지 않아 곳곳에서 중대재해가 잇따르고 있다. 고용부는 현재 '토사 붕괴' 사고로 3명의 사망자를 낸 삼표산업과, '승강기 설치 작업자 추락사고'로 2명이 숨진 요진건설산업에 대한 중대재해법 위반 수사를 진행 중이다.

2월 11일엔 전남 여수산단 내 여천NCC 3공장에서 발생한 폭발 사고로 협력업체 직원 3명이 숨진 건에 대한 중대재해법 수사도 개시했다.

2월 15일 한솔페이퍼텍 사업장에 고형연료 하차 작업 중이던 협력 연료공급업체 직원 A씨가 적재물 하차 중 발생한 사고로 사망하며 중대재해법 적용 수사 대상 '4호'가 될 가능성이 높다.

KB국민은행, '로블록스' 내에 가상영업점·금융 접목한 게임 론칭

▲ KB국민은행 로블록스 가상영업점 모습 (자료 : KB국민은행)

KB국민은행이 메타버스 게임 플랫폼인 '■로블록스' 안에 가상 지점을 만들어 운영하는 서비스를 시험 운영한다고 2월 9일 밝혔다. 메타버스 안에서 게임처럼 금융 서비스를 이용해볼 수 있는 방식이다. 다만 현실 세계에서 쓰이는 진짜 돈이 아닌 게임 안에서 쓸 수 있는 가상 머니를 활용한다.

이 게임의 시나리오는 게임 안에서 가상의 돈을 빌려 집을 사거나 빌린 돈을 불리고 갚아 나가는 방식이다. 게임 내 '보물' 아이템을 찾아내면 신용 등급이 올라가고 빚을 제때 갚지 않으면 신용

등급이 하락하기도 한다. 주식시세 등 현실 세계 정보를 볼 수 있으며, KB화상상담서비스와 모바일브랜치의 연동, 용돈 조르기 서비스도 구현했다.

게임은 사용자의 금융교육을 목적으로 고안됐지만 **메타버스가 현실의 삶을 일부 대체하는 추세를 볼 때 향후 메타버스 내 금융의 시금석 역할을 할 것으로 기대**된다.

■ **로블록스 (Roblox)**

로블록스는 2004년에 설립된 미국의 게임 플랫폼이자 메타버스(가상세계)의 대표주자로 꼽히는 회사이다. '미국 초딩의 놀이터'로 불린다. 미국의 16세 미만 청소년의 55%가 로블록스에 가입하고 있다. 이들은 레고 모양의 아바타를 이용해 가상세계 내에서 스스로 게임을 만들거나 다른 사람이 만든 게임을 즐긴다. 로블록스는 2020년 코로나19 팬데믹 수혜로 매출이 전년 대비 82% 증가한 9억2400만달러에 달했다. 2021년 6월 기준 월간활성이용자수(MAU)는 1억5000만명, 일평균 접속자수는 4000만명에 달한다. 코로나19 사태 이후 집안에서 홀로 외로움을 느끼는 사람들이 몰리면서 전 세계 이용자수가 대폭 늘었다.

공기업 정규직 신규 채용 2년 새 47% 감소…상임 임원은 늘어

청년들이 가장 선호하는 공기업들의 2021년 정규직 신규 채용 인원이 코로나 이전인 2019년에 비해 반 토막이 난 것으로 나타났다. 반면, 상임 임원들의 신규 채용 인원은 두 배 증가해 대비를 보였다.

2월 8일 기업분석연구소 리더스인덱스가 공공기관 경영정보 공시 사이트인 '알리오'의 공기업 신규 채용현황을 조사한 결과로는 2021년 공기업(시장형, 준시장형) 35곳(한국광물자원공사 해산으로 제외)의 일반정규직 신규 채용 인원은 2019년 1만1238명에 비해 47.3% 줄어든 5917명으로 나타났다. 35개 공기업 중 23개 공기업들의 신규 채용 인원이 줄어들었다.

일자리 정부를 표방한 문재인 정부의 출범 이후, 증가 추세에 있었던 공기업들의 신규 채용 인원은 코로나 발생 이후인 2020년부터 2년 연속해서 급격히 감소했다. 이에 반해 이들 공기업 상임 임원의 신규 채용 인원은 같은 기간 45명에서 91명으로 2배 증가한 것으로 나타났다. 이는 이번 정부의 임기가 얼마 남지 않은 상황에서 임기가 보장된 상임 임원들이 대거 교체된 것으로 해석된다.

신규 채용 인원이 가장 많이 줄어든 공기업은 코로나19의 직접적인 타격을 입은 한국마사회, 강원랜드, 그리고 그랜드코리아레저로 90% 이상 신규 채용 인원이 줄어들었다. 한국마사회는 2019년 41명에서 작년 0명으로 정규직 신규 채용이 아예 없었다. 그나마 있던 무기계약직도 2019년 480명에서 작년 98명으로 380명 이상 감소했다.

반면 상임임원은 2019년 3명에 이어 작년에도 2명의 신규 채용이 있었다. 2019년 각각 154명, 58명씩을 채용한 강원랜드와 그랜드코리아레저는 지난해 각각 3명을 신규 채용한 반면, 상임임원은 각각 4명씩 신규 채용했다.

2021년 3월 LH직원들의 땅 투기 사태 이후 '해체 수준'의 조직혁신을 약속했던 한국토지주택공사는 2019년 664명에서 97% 감소한 단 17명만 신규 채용했고 현재 250명 규모의 신규 채용 전형을 진행 중이다. 같은 기간 임원들은 3명에서 6명으로 신규 임원 채용이 증가했다.

매년 1000명 이상의 대규모 신규 채용을 하는 한국철도공사, 한국전력공사도 일반정규직 신규 채용 인원이 2019년 대비 반 이상 감소한 것으로 나타났다. 한국철도공사는 2019년 3964명에서 1426명으로 64% 감소했다. 한국전력공사는 2019년 1772명에서 작년 725명(−41%) 감소한 1047명으로 2016년 이후 신규 채용규모가 가장 작았다. 반면 한국전력의 같은 기간 신규 임원 채용은 1명에서 4명으로 증가했다.

+ 등기이사·비등기이사

등기이사와 비등기이사를 구분하는 기준은 이사회에 참여할 권한이 있는지로 정해진다. 즉 등기이사는 이사회 구성원에 올라 있지만 비등기 이사는 회사 내 직급이 이사일 뿐 이사회 구성원에 속하지 않는다는 뜻이다. 주식회사에서 이사회는 주주총회 소집, 대표이사 선임권을 행사하며 국내외 투자, 채용, 인사 등 장단기 사업계획 수립 등 경영 전반에 걸쳐 중요사항을 의결하는 기구다. 등기이사는 이사회에서 중요한 의사결정을 하고 그에 따른 법적 지위와 책임을 갖게 된다.

저소득층 학자금대출 '5년간 2.8조원'

저소득층 대학생의 학자금 대출 규모가 최근 5년 동안 약 2조8000억원에 달한 것으로 집계됐다. 국회 국토교통위원회 소속 김회재 더불어민주당 의원이 2월 7일 한국장학재단으로부터 받은 학자금 대출 현황 자료에 따르면 2017년부터 2021년까지 5년 동안 전체 소득 10분위 중 3분위 이하 저소득층의 학자금 대출 규모는 2조8802억원이었다. 전체 학자금 대출 6조4325억원의 절반에 가까운 44.8%에 달하는 수치다.

특히 소득 1분위의 학자금 대출은 1조2406억원으로 전체의 19.3%를 차지했다. 소득 2분위가 7441억원(11.6%), 3분위 5757억4900만원(9.0%) 순으로 뒤를 이었다. 전체 저소득층의 학자금대출 중 생활비 대출이 차지하는 비중도 해마다 늘고 있는 것으로 나타났다. **ᐧ국가장학금 확대 영향으로 등록금 대출은 줄어든 반면 생활비 부담이 지속**된 까닭이다.

■ 국가장학금(國歌奬學金)

국가장학금이란 소득수준에 연계하여 경제적으로 어려운 학생들에게 더 많은 혜택이 주어지도록 설계된 장학금이다. 대한민국 국적으로 국내 대학에 재학 중인 소득 8구간 이하 대학생 중 성적기준 충족자로 해당 학기 국가장학금 신청절차를 완료하여 소득수준이 파악된 학생에게 지원한다. 지원금액은 소득구간별 해당 학기 등록금 필수경비(입학금, 수업료)를 초과하지 않는 범위 내에서 차등 지원한다.

국가장학금 소득분위 기준 (2022년 1학기 기준)

구분 (구간)	기준중위 소득비율 (%)	구분 (구간)	기준중위 소득비율 (%)
1	30	6	130
2	50	7	150
3	70	8	200
4	90	9	300
5	100	10	−

※ 2022년 4인 가구 기준중위소득 : 512만1080원(월 소득)

분야별
최신상식

국제
외교

한미일 외교 장관, 5년 만에 하와이서 공동성명

■ 공동성명 (共同聲明)
공동성명이란 국가 수뇌 간 회담 내용이나 협의사항을 기록한 외교문서를 말한다. 법적으로는 구속력이 없으나, 양국 최고책임자의 회담 결과가 담겨 있어, 도의적 구속력을 가지는 정치적 약속으로 작용한다.

글로벌 도전 과제 확대

한국, 미국, 일본 3국 외교장관들이 최근 북한의 잇따른 미사일 도발 이후 고조되고 있는 한반도 안보 위기 해법을 마련하기 위해 하와이에서 3자 회담을 갖고 공동성명을 발표했다(사진). 한미일 외교장관들이 회의 후 ■**공동성명** 형태의 결과 문서를 발표한 것은 2017년 2월 이래 5년 만이다.

이날 호놀룰루 외교장관 회의에서 나온 공동성명은 일부만 북한 문제에 할애하고 각종 인도·태평양 역내 및 글로벌 현안이 망라됐다. 우크라이나, 미얀마 등 정세 현안은 물론 공급망과 핵심·신흥기술 등 경제안보, 기후 위기, 팬데믹 대응 등이 모두 포함됐다. 전문가들은 **3국 간 협력 공간이 기존 북한 문제에서 글로벌 공급망·기후변화 등 국제사회가 직면한 도전 과제로 확대**됐다고 평가했다.

한미일 3자 협의 메커니즘이 태생적으로는 1990년대 대북정책조정감독그룹(TCOG, Trilateral Coordination and Oversight Group)에서부터 이어지는 등 대북 공조에 연원을 두고 있지만, 이제 초점이 북한 문제에 그치지 않는다는 해석도 가능한 대목이다.

중국 견제 강화

미국은 이번 회담에서 **중국 견제를 위한 한미일 3자 공조 필요성을 강조**하기도 했다. 토니 블링컨 미 국무부 장관은 "북한의 도발적 행동이든, 우크라이나에 대한 러시아의 위협이든, 규칙 기반의 질서를 저해하려는 이 지역 내 큰 국가들의 다른 행동이든 공통분모는 안보와 번영에 필수적인 기본적 원리가 도전을 받고 있다는 것"이라며 "함께 서서 우리 세 나라를 보호해야 한다"고 말했다.

3국 외교장관 회담 후 발표된 공동성명에는 '중국'이 직접 명시되지 않았다. 그러나 '규칙 기반의 질서를 저해하는 지역 내 큰 국가'는 중국을 가리키는 표현으로, 북중러의 행동을 유사한 연장선상에서 보면서 한미일 3자 공조를 강조한 것으로 풀이된다. 이는 동북아 지역의 핵심 동맹인 한일 두 나라와 함께 대중국, 대러시아 등 국제적 대립 구도에서 동맹 연대를 강화하려는 의도라는 해석이 나온다.

아울러 성명은 중국이 극도로 예민하게 반응하는 ■**대만해협** 문제를 명시했다. 성명은 "장관들은 대만해협에서의 평화와 안정 유지의 중요성"을 강조했으며, "자유롭고 개방적이며 포용적인 인도·태평양에 대한 공동의 관점 및 규범에 기반한 국제질서에 대한 존중을 공유"했다.

"북한, 대화 나서야 해"

한미일 장관은 ▲북한의 탄도미사일 발사를 '규탄'(condemn)하고 ▲완전한 비핵화(CD, Complete Denuclearization)를 위한 협력을 약속했다. 이들은 "북한이 불법적인 활동을 중단하고 대화에 나와야 한다"며 "한미일은 북한에 대해 적대적인 의도를 보유하고 있지 않으며 전제 조건 없이 북한과 만나는 데 대해 지속적으로 열린 입장을 가지고 있다"고 강조했다.

■ **대만해협 (臺灣海峽)**

대만해협은 중국과 대만 사이에 있는 해협을 말한다. 국공 내전 이후 중화민국과 중화인민공화국 사이의 군사적 대치 상황이 계속되고 있는데, 바로 이 해협 사이의 정치적 관계를 '양안 관계'라고 한다. 이 해협은 양측의 상징적인 군사분계선 역할을 한다. 동중국해와 남중국해의 경계이기도 하며 폭은 180km 정도이고 가장 짧은 곳은 131km이다.

POINT 세 줄 요약

❶ 한국, 미국, 일본 3국 외교 장관들이 하와이에서 3자 회담을 하고 공동성명을 발표했다.
❷ 한미일 3자 회담은 대북 공조에 연원을 두고 있지만, 이제는 국제사회가 직면한 도전 과제에 대한 논의로 확대됐다.
❸ 미국은 이번 회담에서 중국 견제를 위한 한미일 3자 공조 필요성을 강조하기도 했다.

바이든 "미군, 시리아에서 IS 수괴 알쿠라이시 제거"

▲ 제거된 IS 수괴 알쿠라이시

조 바이든 미국 대통령은 2월 3일(현지시간) **이슬람 수니파 극단주의 무장 조직인 이슬람국가**(IS, Islamic State)의 수괴(首魁 : 반란군의 우두머리) 아부 이브라힘 알하시미 알쿠라이시가 제거됐다고 밝혔다. 바이든 대통령은 "용맹하고 뛰어난 우리 군이 IS를 이끄는 알쿠라이시를 전장에서 제거했다"며 "작전에 참여했던 미국인은 무사히 귀환했다"고 덧붙였다.

바이든 대통령은 이날 대국민 연설을 통해 "이번 작전은 테러리스트들이 전 세계 어디에 숨든 테러 위협을 제거할 수 있는 미국의 영향력과 능력의 증거"라면서 "우리나라를 지키기 위해 단호하게 행동할 것"이라고 다짐했다.

AP 통신 등에 따르면 이번 작전은 바이든 대통령의 지시로 이뤄졌다. 작전에는 미군 특수부대와 헬리콥터, 무인기 등이 동원됐다. 바이든 대통령은 미군 특수부대가 접근하자 알쿠라이시가 스스로 폭탄을 터뜨려 부인·자녀들과 함께 폭사했다고 전했다.

이번 대테러 작전은 **2019년 10월 미군 특수부대가 IS의 수괴였던 아부 바크르 알바그다디를 제거**한 이후 최대 규모였다고 알려졌다. 알쿠라이시는 당시 알바그다디가 사살된 뒤 나흘 만에 그의 후계자로 지명됐다. 그는 소수 민족인 ■**야지디족** 대량 학살을 정당화하는 등 잔혹함으로 '파괴자'라는 별명을 얻었다.

2014~2015년도 시리아와 이라크의 절반 이상을 점령하며 세력을 키웠던 **IS는 미군과 러시아군의 공습과 국제사회의 공조로 2017년 시리아 라카 등 주요 거점을 모두 잃었다.** 2019년 알바그다디가 제거됐고 IS의 세력권은 궤멸됐다.

그러나 IS는 여전히 시리아와 이라크, 나이지리아, 파키스탄, 소말리아, 인도네시아, 파키스탄, 필리핀 등 각국에 점조직 형태로 명맥을 유지하고 있다. 전문가들은 IS가 체계적인 지하 조직을 갖추고 있는 만큼 조만간 새로운 지도자를 옹립할 가능성이 있다고 전망했다.

■ **야지디족 (Yazidi族)**

야지디족은 주로 이라크 북부에 사는 종교적 소수 민족으로 시리아, 아르메니아, 러시아, 독일 일부분에도 흩어져 있으며 인구는 2010년 기준 약 70만 명으로 추산된다. 이들은 쿠르드족이지만 기독교와 이슬람교, 고대 페르시아 종교인 조로아스터교가 혼합된 '야지디'라는 종교를 믿는다. 다른 이슬람 종파들은 야지디족을 이교도로 탄압했고 이라크인 다수는 이들을 사탄 숭배자로 여겼다. 야지디족 역사상 최악의 학살 피해는 IS의 세력이 정점에 달했던 2014년 8월에 발생했다. 이라크 북서부 신자르 지역을 장악한 IS는 이곳에 살던 야지디족 남성 5000명을 죽이고 수많은 여성을 납치해 성노예로 삼았다.

+ 와하비즘 (Wahhabism)

와하비즘은 18C 아라비아 반도에 태동한 이슬람 수니파 원리주의로서 코란을 글자 그대로 해석하며 율법을 엄격하게 강조하는 것이 특징이다. 수니파의 맏형 격인 사우디아라비아 건국이념의 기초이자 이슬람 복고주의 운동의 이념적 배경이다. 이슬람 극단주의 무장 조직이나 테러 단체들도 와하비즘을 따른다. 와하비즘은 비무

슬림은 물론 와하비즘 해석을 거부하는 무슬림에게도 폭력을 허용하는데 이슬람 극단주의 세력은 이를 통해 자신들의 범죄 행위를 정당화하고 있다. 이로 인해 이슬람 사회 내에서도 와하비즘의 폭력성에 대해 비판하는 목소리가 존재한다.

미, 中 기관 33곳 수출통제대상

미국이 2월 7일(현지시간) 중국 기관 33곳을 미국의 수출통제 대상에 올렸다. AP·로이터통신 등에 따르면 상무부는 이날 중국의 33개 기관을 소위 '■**미검증 리스트**'에 포함한다고 밝혔다. 미국의 이번 조처는 중국이 베이징 동계올림픽을 주최하며 국제적 관심을 받는 와중에 이뤄졌다.

이번 조처로 미국의 미검증 리스트에 오른 기관은 약 175곳으로 늘어났다. 중국 이외에 러시아와 아랍에미리트 기관도 미검증 리스트에 올라 있다. AP는 이번 조처는 중국 기관들이 미검증 리스트에서 해제되려면 중국이 미국의 검사와 점검을 허용해야 한다는 것을 의미한다고 설명했다.

중국 당국 반발

중국 당국은 이번 조치에 강력히 반발했다. 중국 상무부는 기자질의 형식으로 발표한 입장문에서 "미국이 중국의 33개 기관을 미검증 리스트에 포함한 것에 강력히 반대한다"며 "최근 몇 년간 **미국은 수출 규제를 정치적 탄압과 경제 침탈의 도구로 삼고 있다"고 비판**했다.

이어 "미국은 타국 기업, 기관, 개인에 대한 탄압을 계속해 미중 기업 간 정상적인 경제 무역 협력에 어려움을 초래하고, 국제경제 무역질서와 자유무역 규칙을 심각하게 훼손하고 있다"면서 "이는 중국과 미국은 물론 전 세계에 해가 된다"고 강조했다.

■ **미검증 리스트 (unverified list)**
미검증 리스트는 미 당국이 통상적인 검사를 할 수 없어 최종 소비자가 어디인지를 정확히 알 수 없다는 이유로 더 엄격한 수출 통제를 하는 대상을 말한다. 미국은 외국 정부와 검사를 위해 협의를 하는데, 검사를 할 수 없거나 이 기업의 합법성을 확인할 수 없을 때 리스트에 올린다. 이 리스트에 오르면 미국 수출업자가 이들 기관에 물품을 수출할 경우 미 당국의 허가를 받아야 한다. 또 수입업자는 자신이 합법적이며 미국의 규제를 따르겠다는 점을 입증해야 한다.

한-미 '세탁기 분쟁' 한국 정부 승리

세계무역기구(WTO)가 미국 정부의 세탁기 ■**세이프가드**(긴급수입제한조치) 조치가 부당하다고 판정하면서 삼성전자와 LG전자 등 국내 기업들에 적용됐던 '관세 장벽'이 해제될 것이라는 기대감이 나오고 있다. 2월 9일 업계와 산업통상자원부에 따르면 **WTO는 전날 미국의 세이프가드와**

관련해 핵심 쟁점 5개 모두에서 위법하다고 판정하며 한국의 손을 들어줬다.

'미국 우선주의'를 강조했던 도널드 트럼프 전 대통령은 수입산 세탁기로 인해 큰 피해를 본다는 월풀 등 자국 기업들의 주장을 수용해 2018년 2월부터 수입산 세탁기에 관세를 적용하는 세이프가드를 발효했다. 이는 사실상 삼성전자와 LG전자를 겨냥한 조치로, 2018년부터 3년 간 시행 후 한 차례 연장돼 내년 2월까지 시행된다.

이번 WTO의 판정 결과를 미국 정부가 수용하면 분쟁 해결 절차를 거쳐 내년 2월 이후 세이프가드는 해제될 것으로 전망된다. 삼성전자와 LG전자 등 국내 가전업계는 이번 WTO의 승소 판정에 따라 잠재적 불확실성과 리스크가 해소되길 기대하는 분위기다.

세탁기 세이프가드 발효에 맞춰 이미 세탁기를 미국에서 직접 생산하는 체제를 갖추고 있어 세이프가드 해제로 국내 가전업계가 받게 될 직접적 영향은 크지는 않은 것으로 평가된다. 그러나 장기화됐던 리스크가 해소되고 사업 운영 전략의 다변화가 가능해지며 미국 시장에서 더욱 영향력을 키울 계기가 됐다는 분석이 나온다.

업계 측은 "현지 생산체제를 갖춰 대응하고 있어 세이프가드 해제가 시장에 미치는 영향은 크지 않다지만 WTO 승소로 한국의 위상이 높아지고, 세탁기 외에도 세이프가드 남용에 제동을 거는 효과가 있을 것"이라고 분석했다.

■ **세이프가드 (safeguard)**

세이프가드(긴급수입제한조치)란 특정 품목의 수입이 급증하는 등 예기치 않은 사태가 발생하여 국내 업체에 심각한 피해가 발생하거나 발생할 우려가 있을 경우, 수입국이 관세 인상이나 수입량 제한 등을 통해 수입 규제를 할 수 있는 제도를 말한다. 이러한 특성 때문에 '면책조항' 또는 '도피조항'(escape clause)이라고도 한다.

이는 미국과 멕시코 간의 무역협정에 규정되었던 면책조항이 모델이 되어 GATT 제19조로 도입되어 국제규범으로 자리잡았다. 세이프가드의 유형으로는 수입물품의 수량 제한, 관세율 조정, 국내산업의 구조조정을 촉진시키기 위한 금융 등의 지원이 있다. 세이프가드는 공정무역관행에 의한 정당한 수입을 규제하는 제도이므로, 반덤핑·상계 관세 등 불공정무역을 규제하는 제도보다는 발동요건이 엄격하다.

오바마 때 대북제재 주역 골드버그, 새 주한미국대사 내정

▲ 주한미국대사관

조 바이든 미국 대통령이 1년 동안 공석이던 **주**

한 미국대사에 필립 골드버그 주콜롬비아 대사를 내정한 것으로 확인됐다. 연초부터 강 대 강 구도를 이어 가고 한반도 긴장 수위가 고조된 상황에서 2009~2010년 국무부 대북 유엔제재 이행 조정관으로 오바마 행정부의 대북 제재 전략을 총괄 조정했던 베테랑 외교관이 내정된 배경에 관심이 쏠린다.

직업 외교관이 주한대사로 오는 것은 2011~2014년 성 김 대사 이후 처음이다. 상원 인준 절차를 거쳐 부임하기까지 통상 수개월이 걸리기 때문에 임기를 시작하는 것은 3월 대선 이후가 될 전망이다. 이미 한국 정부에 ▪**아그레망**(부임 동의)을 요청했으며, 공식 지명도 임박한 것으로 보인다.

앞서 바이든 행정부는 국무부 정무차관을 지낸 니컬러스 번스를 주중국대사로, 측근인 람 이매뉴얼 전 시카고 시장을 주일본대사로 발탁하는 등 동아시아 주요국에 대한 대사 인선을 마쳤다. 국내 보수 진영에선 한미동맹에 대한 우려가 제기됐다. 2021년 1월 해리 해리스 대사 이임 뒤 장기간 대리 체제가 이어졌기 때문이다.

직업 외교관 출신으로 최고위직인 '경력대사(Career Ambassador)' 타이틀을 달고 있는 골드버그 대사는 2006~2008년 주볼리비아 대사, 2009~2010년 국무부 대북 유엔제재 이행조정관, 2013~2016년 주필리핀 대사 등을 지냈다. 이행조정관 당시 중국에 안보리 대북제재 1874호의 적극적인 이행을 요청해 북한이 중국으로부터 밀반입하려던 전략물자를 봉쇄하고 언론에 공개해 화제를 모았다.

▪ 아그레망 (agrément)

아그레망은 외교사절을 파견할 때 주재국의 사전 동의 내지 승인을 가리키는 외교용어다. 아그레망을 받은 사람은 ▲페르소나 그라타(persona grata)라고 한다. 반면 주재국은 이유에 따라 파견국의 외교사절을 거부할 수도 있는데, 이처럼 아그레망을 받지 못한 사람은 ▲페르소나 논 그라타(persona non grata)라고 한다. 주재국이 페르소나 논 그라타를 통고하면 파견국은 해당 관계자를 소환하거나 공관직무를 종료시켜야 한다.

+ 역대 주한 미국대사 (2000년대 이후)

토마스 허버드(임기 : 2001.9.12.~2004.4.17.) ▲알렉산더 버시바우(임기 : 2005.10.17.~2008.9.18.) ▲캐슬린 스티븐스 (임기 : 2008.10.6.~2011.10.23.) ▲성 김 (임기 : 2011.11.25.~2014.10.24.) ▲마크 리퍼트 (임기 : 2014.11.21.~2017.1.20.) ▲해리 해리스(임기 : 2018.7.7.~2021.1.20.)

아세안 2030 "한국을 미국·중국·일본보다 더 신뢰"

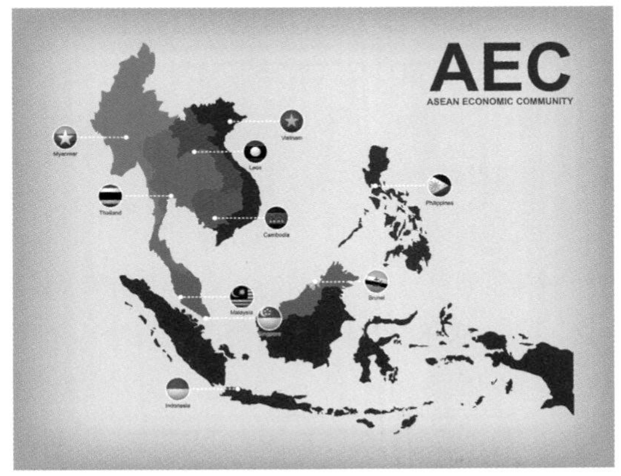

▪**아세안** 20~30대는 미국이나 중국, 일본보다 한국을 더 신뢰하고 있는 것으로 나타났다. 한-아

세안센터는 1월 26일 서울 중구 한국프레스센터에서 열린 '한국과 아세안의 지속가능한 관계를 위한 상호 인식 제고 좌담회'에서 이런 내용의 '2021 한-아세안 청년 상호 인식 조사' 결과를 발표했다.

한국과 아세안·미국·중국·일본·호주 가운데 '가장 신뢰하는 국가'를 묻는 질문에 아세안 20~30대는 한국이라고 답했다. 일본과 호주가 그 뒤를 이었다. '자국의 미래에 가장 도움이 될 국가'로 아세안 현지의 20~30대는 아세안 자체를 1위로 꼽았지만, 한국에 살고 있는 아세안 20~30대는 한국을 1위로 꼽았다.

이 조사는 지난해 8월 아세안 9개국 현지 청년(만 19~34세) 1800명과 한국에 거주하는 아세안 청년 519명, 한국 청년 1000명 등 총 3300여 명을 대상으로 이뤄졌다. 한-아세안센터는 한국과 아세안 10개국의 협력 증진을 위해 설립된 국제기구다. 미얀마 현지 청년에 대한 조사는 현지 사정으로 인해 이뤄지지 못했다.

한-아세안 미래 관계를 위해 협력해야 할 분야로 한국과 아세안 20~30대 모두 '4차 산업혁명'을 첫 번째로 꼽았고 그 외에는 '교육'과 '의료보건'에서의 협력이 필요하다고 답했다.

한-아세안센터는 "연간 5% 이상 성장하고 있는 아세안 국가들은 경제적 도약을 위해 4차 산업혁명 관련 정책을 마련하고 기술도입을 추진하고 있으며 스타트업들의 약진이 이어지고 있다"며 "IT 강국인 한국은 아세안 국가들에 매력적인 파트너 국가로 인식되고 있다"고 설명했다.

■ **아세안 (ASEAN, Association of South-East Asian Nations)**

아세안이란 동남아시아 국가 간 전반적인 상호협력 증진을 위한 기구다. 1967년 설립된 아세안은 동남아시아의 공동 안보 및 자주독립 노선의 필요성 인식에 따른 지역 협력 가능성을 모색한다. 아세안의 설립 목적을 명시한 방콕선언에 인도네시아·말레이시아·필리핀·싱가포르·태국 5개국이 서명하면서 출범되었고, 상설 중앙사무국은 인도네시아의 자카르타에 위치하고 있다. 1984년 브루나이에 이어 1995년 베트남, 1997년 라오스·미얀마, 1999년 4월 캄보디아가 정식 가입하면서 회원국은 총 10개국이 되었다.

1994년부터는 아세안 회원국, 대화상대국 10개국과 기타 3개국, 그리고 EU 의장국 외무장관으로 구성된 아세안지역안보포럼(ARF, ASEAN Regional Forum)을 매년 개최하면서 아시아·태평양 지역 국가 간 정치 및 안보 문제에 대해 협의하고 있다. 한국은 1991년부터 미국·일본·호주·뉴질랜드·캐나다·유럽연합(EU)·인도·중국·러시아 등과 함께 대화상대국 10개국에 속한다.

기출TIP 2020년 경향신문 필기시험에서 아세안 국가를 묻는 문제가 출제됐다.

마크롱, 푸틴에 우크라이나 중립국가화 제시

우크라이나를 둘러싸고 러시아와 서방 세계 간 긴장이 최고조에 다다른 가운데 에마뉘엘 마크롱 프랑스 대통령이 해결사를 자처했다. 마크롱 대통령은 2월 7일(현지시간) 러시아 모스크바를 방문해 블라디미르 푸틴 러시아 대통령과 정상회담을 가졌다. 우크라이나 사태 이후 서방 세계 정상이 푸틴 대통령과 직접 만난 것은 이번이 처음이다.

CNN과 뉴욕타임스(NYT) 등에 따르면 이날 두 정상의 만남은 일대일로 5시간가량 이어졌다. 회

▲ 2월 7일(현지시간) 열린 프랑스-러시아 정상회담. 이날 회담에서는 양국 정상이 마주보고 앉은 길이 4m의 긴 테이블이 화제가 됐다. 이는 마크롱 대통령이 러시아 측이 요구한 코로나19 검사를 거부하며 거리두기를 한 것으로 알려졌다.

담 후 마크롱 대통령은 "(푸틴 대통령에게) 구체적인 안보 보장을 제안했다"고 밝혔다. 이어 "비록 차이점이 있지만 대화를 통해 의견이 일치되는 지점을 찾을 수 있었다"고 말했다.

푸틴 대통령은 "프랑스가 우크라이나 분쟁 해결을 위해 노력해왔다. 이번 대화가 유용하고 실질적이었다"고 평가했다. 그러면서도 **"우크라이나가 나토**(NATO·북대서양조약기구)**에 가입하고 크림반도를 탈환하려고 하면 러시아와 유럽국가 간 전쟁이 벌어질 것"**이라고 경고했다.

외신은 마크롱 대통령이 러시아를 달랠 카드로 '우크라이나의 핀란드화(중립국화)와 **■민스크 협정** 이행 등을 제시한 것으로 파악하고 있다. 핀란드화는 냉전 시기 만들어진 용어다. 2차 세계대전 이후 소련은 주변국을 위성 국가로 병합했는데 **러시아와 국경을 맞댄 지정학적 약소국이었던 핀란드는 나토에 가입하지 않는 조건으로 소련의 침공을 받지 않는다는 내용의 조약을 체결**했다.

하지만 러시아의 영향력에 저항하며 나토 가입을 추진해왔던 우크라이나로서는 핀란드화를 받아들이기 어려울 것이란 분석도 나온다. 강대국끼리 만나 약소국의 운명을 좌우하고 주권을 제약하는 것이 시대착오적인 제국주의적 행태라는 지적도 있다.

바이든 "미·러 전쟁 때는 세계대전"

한편, 조 바이든 미국 대통령은 2월 10일(현지시간) NBC 뉴스와의 인터뷰에서 "우리는 지금 테러 단체를 상대하고 있는 게 아니라 세계 최강 군대 중 한 곳과 맞서고 있다"면서 "아직 우크라이나에 남아 있는 미국 시민들은 당장 떠나라"고 밝혔다.

그는 우크라이나에 위급 상황 발생 시 미국인 대피를 돕기 위해 미군을 보낼 것인지 묻는 질문에 "그럴 일은 없다"고 선을 그으며 "미국과 러시아가 서로를 향해 쏘기 시작한다면 그것은 세계대전"이라고 말했다.

■ 민스크 협정 (Minsk protocol)

민스크 협정은 2014년 9월과 2015년 2월 두 차례에 걸쳐 우크라이나와 러시아, 도네츠크 인민 공화국(DPR), 루간스크 인민 공화국(LPR) 사이에 서명한 돈바스 전쟁의 정전 협정이다. 이 협정은 유럽안보협력기구(OSCE)의 중재 아래 벨라루스의 민스크에서 서명됐다. 이 협정은 우크라이나 정부군과 친러시아 반군 간 내전인 돈바스 전쟁을 중단하기 위해 체결됐지만 제대로 지켜지지 않았고 현재까지 교전이 이어지면서 2021년 한 해에만 79명 이상의 우크라이나군이 사망했다.

구글, 20대 1로 주식 분할

세계 최대 검색엔진 업체 구글의 모기업 알파벳이 2월 1일(현지시간) 20대 1의 비율로 주식 분할

(■**액면분할**)을 추진한다고 발표했다. 주식 분할은 자본금 증가 없이 발행 주식 수를 늘리는 것으로, 이날 종가를 적용할 경우 1주당 2750달러가 넘는 알파벳 주식은 138달러 수준으로 저렴해진다. 블룸버그 통신 등에 따르면 알파벳 주식 분할은 2014년 이후 처음으로, 주주 승인 절차를 밟아 오는 7월부터 적용된다.

루스 포랫 최고재무책임자(CFO)는 **더 많은 사람이 알파벳 주식에 접근할 수 있도록 하기 위해 이사회에서 주식 분할을 결의**했다고 전했다. 투자정보업체 네드 데이비스 리서치의 에드 클리솔드 수석 전략가는 "소규모 투자자의 경우 (주식 분할로) 주당 가격이 낮아지면 합리적인 숫자에 주식을 살 수 있게 된다"고 설명했다.

블룸버그 통신은 **알파벳이 다우존스30 산업평균지수 편입**을 염두에 두고 주식 분할 계획을 발표했을 가능성이 있다고 분석했다. 다우존스 지수는 30개 우량 기업을 선정해 산출하는 주가지수다. 다만, 시가총액이 아닌 주가 평균 방식으로 지수를 산출하기 때문에 알파벳처럼 네자릿수 주가 기업은 지수를 왜곡할 수 있다는 이유로 편입되지 못했다.

이와 함께 알파벳은 이날 뉴욕 증시 마감 이후 작년 4분기 실적도 공개했다. 4분기 매출은 753억 3000만달러(약 91조740억원)로 작년보다 32% 증가한 수치다.

■ **액면분할 (額面分割)**

액면분할이란 주식의 액면가액을 일정한 비율로 나눠 주식 수를 증가시키는 행위를 말한다. 국내에서 액면분할은 상장사와 코스닥 등록법인을 대상으로 1998년에 도입됐으며, 1999년부터 상법개정으로 비상장회사도 액면분할을 할 수 있게 됐다. 액면분할은 보통 해당 주가가 너무 올라 시장에서 유동성이 낮아질 경우 실시한다. 액면분할을 실시한 경우 주가가 낮아져 주주들의 접근성을 높일 수 있으며, 주식의 분산효과가 나타나 적대적 인수합병(M&A)에 대항할 수 있다.

사퇴 압력 사면초가 몰린 존슨 영국 총리

▲ 보리스 존슨 영국 총리

코로나19 봉쇄 기간 중 술잔치를 벌인 이른바 '파티게이트'로 사퇴 압박을 받고 있는 보리스 존슨 영국 총리의 입지가 좁아지고 있다. 여당 내 사퇴 압력은 물론 최측근들마저 잇따라 자리에서 물러나겠다고 밝혔지만 존슨 총리 본인은 사퇴할 생각이 없음을 분명히 하고 있다.

존슨 총리와 참모들은 봉쇄령이 내려졌을 당시 총리관저에서 방역 수칙을 어기고 관저 정원 음주 파티, 총리 생일 파티, 크리스마스 파티 등을 한 게 알려져 질타를 받고 있다. 또한 파티 게이트가 부적절했다는 정부 자체조사 결과가 나오자 존슨 총리의 측근 보좌진들이 하나둘 자리에서 물러나고 있다.

지난 2월 3일 하루만에도 댄 로젠필드 비서실장과 무니라 미르자 정책실장을 포함해 4명의 총리 보좌진들이 스스로 사임했다. 하지만 존슨 총리는 측근들에게 "나를 끌어내려면 탱크 부대를 보내야 할 것"이라며 완강히 사퇴 의사가 없다고 밝힌 것으로 전해졌다.

집권 보수당 내에서도 존슨 총리의 사퇴를 요구하는 목소리가 늘고 있어 그에 대한 불신임 투표 요구 조건이 조만간 충족될 것이라는 전망이 나온다. 보수당의 원로들도 존슨 총리의 사퇴를 공개적으로 요구하고 나섰다.

이에 존슨 총리는 자진 사퇴한 총리실 보좌진들을 새로 임명하면서 전열을 재정비하고 있다. 2월 6일 주요 외신에 따르면 존슨 총리는 전날 신임 총리실 비서실장에 스티브 바클리 내각부 장관을, 커뮤니케이션 국장에 구토 해리 전 BBC 기자를 임명했다.

영국 정치권이 혼란 속으로 빠져든 가운데 **엘리자베스 2세 여왕은 즉위 70주년**을 맞았다. 여왕은 성명에서 찰스 왕세자가 왕위에 오르면 그의 부인인 ■**카밀라 파커 볼스**도 '왕비(Queen Consort)'로 인정받길 바란다고 말했다.

■ 카밀라 파커 볼스 (Camilla Parker Bowles, 1947~)

카밀라 파커 볼스는 2005년 영국 찰스 왕세자와 재혼한 새로운 영국 왕세자비이다. 공식 직함은 '콘월 공작부인'이다. 카밀라는 찰스 왕세자의 오랜 연인으로 알려져 있으며, 찰스 왕세자가 첫 부인이었던 고(故) 다이애나와 1996년 이혼한 이후 2005년 그와 결혼하면서 두 번째 부인이 됐다.

카밀라는 찰스 왕세자와 불륜설에 휩싸였던 과거 때문에 향후 왕비가 될지, 아니면 다른 호칭을 받을지가 관심사였다. 카밀라는 콘월 공작부인으로서 왕실 행사에 참석 중이며, 다이애나가 받았던 왕세자빈 공식 호칭인 '프린세스 오브 웨일스'는 쓰지 않고 있다.

미국, 일본산 철강 관세 일부 면제 합의

미국이 도널드 트럼프 행정부 시절부터 부과했던 일본산 철강에 대한 추가 관세 일부를 면제하기로 했다. 2021년 유럽연합(EU)에서 생산된 철강 수입품에 부과해온 추가 관세 일부를 철폐하기로 합의한 데 이어 주요 동맹국인 일본과도 관세 일부 철폐에 합의한 것이다.

미 행정부는 2월 7일(현지시간) 일본의 철강과 알루미늄에 대한 수입제한 조치 가운데 철강에 대한 조치 일부를 올 4월부터 면제한다고 밝혔다.

■**관세할당제도**를 도입해 일본에서 수입하는 철강 가운데 연간 125만 톤까지는 25%의 추가 관세를 부과하지 않기로 했다.

트럼프 행정부는 무역확장법 232조에 근거해 2018년 3월부터 일본을 포함한 세계 각국·지역으로부터 수입하는 철강과 알루미늄에 각각 25%와 10%의 관세를 부과해 왔다. 중국의 과잉생산으로 철강이나 알루미늄이 헐값으로 수입돼 미국 철강산업에 타격을 주고 안보에 위협이 된다는 이유를 내세웠다.

하지만 미국의 주요 동맹국인 EU는 물론 한국과 일본산 철강도 관세 부과 대상에 포함되며 동맹관계에 긴장 요소로 작용했다. 특히 EU는 청바지, 오토바이, 버번위스키 등 미국산 일부 수입품에 총액 28억유로의 보복관세를 부과하며 맞대응했다.

앞서 미국은 2021년 10월 EU에 대해서도 관세 할당 제도를 두고 추가 관세를 일부 면제키로 합의해 2022년 1월부터 시행에 들어갔다. 미국과 EU는 중국을 염두에 두고 알루미늄 생산 과정에서 발생하는 이산화탄소 감축과 과잉생산 문제에 대한 협의도 시작하기로 합의했다. 미국은 EU에서 탈퇴한 영국과도 철강 관세 관련 협상을 진행 중이다.

한국은 EU·일본과 달리 자발적으로 수출량을 제한하는 쿼터제를 선택함으로써 추가 관세를 피해 왔다. 그러나 관세할당 제도로 연평균 383만 톤이던 한국의 대미 철강 수출량은 200만 톤대로 낮아졌다.

한국도 바이든 행정부 출범 이후 이 문제를 논의하기 위한 협상 개시를 요구하고 있지만 아직 별다른 진전은 없는 상황이다. 미국 정부는 여전히 세계 철강 공급이 과잉 상태인데다 EU, 일본, 영국 등은 쿼터제를 택한 한국에 비해 고율의 관세를 물고 있어 시급성이 다르다는 입장인 것으로 전해졌다.

■ **관세할당제도 (TRQ, Tariff-Rate Quota)**

관세할당제도(TRQ)는 무역 정책의 일환으로 수입물량으로부터 자국 상품을 보호하기 위한 대표적인 비관세 조치이다. 수입물량의 과도한 증가를 억제하기 위해 일정 기간 내에 수입되는 특정 물품에 대해 일정 할당량까지는 저세율(또는 무세)을 적용하고 그것을 초과하는 것에는 고세율을 적용하는 이중세율제도로 운영한다.

외신이 소개한 한국 대선 "추문·언쟁·모욕, 역대 최악"

▲ 워싱턴포스트가 한국대선을 평가한 기사 (워싱턴포스트 홈페이지 캡처)

미국의 유력 일간지가 한 달 앞으로 다가온 한국의 대통령 선거를 두고 "추문과 말다툼, 모욕으로 얼룩지고 있다"고 지적했다. 2월 8일(현지시간) 워싱턴포스트(WP)는 기사 서두에서 유력 대선 후보인 민주당 이재명 후보가 토지 개발 비리 스캔들에 휩싸였고, 국민의힘 윤석열 후보는 자칭 항문침술사와 연관됐다며 이 같이 보도했다.

이어 대선 이슈가 두 후보의 가족으로까지 확대된 점에 주목했다. 이 후보는 아내 김혜경 씨의 공무원 사적 지시 논란과 장남의 불법 도박 의혹 문제가 있고, 윤 후보는 아내 김건희 씨가 비판적인 언론인을 감옥에 보내겠다고 협박했으며 장모는 통장 잔액 증명을 위조한 혐의로 유죄판결 받았다고 전했다.

WP는 또 후보들의 경력과 의혹도 소개했다. 이 후보에 대해서는 "경기도지사 출신으로 처음으로 코로나19 현금지원을 제공하는 등 '해결사'의 면모를 구축했다"고 소개했다. 대장동 의혹과 관련해 "조사를 받던 2명의 관계자가 극단적인 선택을 했다"고 전했다.

윤 후보에 대해서는 "전직 검찰총장으로 박근혜 전 대통령의 탄핵을 도왔고 공격적인 반부패 검사라는 명성을 구축했다"고 소개했다. 그러면서 "그는 '정치 초보자'로 주요 정책 문제와 심지어 자신의 주요 선거 공약에 유창함을 보여주지 않는 등 선거 기간 여러 실수를 저질렀다"고 평가했다.

WP는 **다가오는 대선이 '비호감들의 선거'라고 불릴 만큼 역대 최악에 도달했다고 평가했다.** 또한 이번 대선을 국내로는 소득과 성 불평등을 둘러싼 분쟁이 심화하고 국외로는 한국의 문화적·경제적 영향력이 커지는 가운데 북한과 중국, 미국, 일본과의 관계에서 미래를 형성해야 하는 중요한 선거라고 평가하면서 그런데도 두 후보는 핵심 정책 이슈보다는 ■**포퓰리즘**적 제안으로 유권자들에게 어필하는 데 주력해왔다고 비판했다.

■ **포퓰리즘 (populism)**

포퓰리즘은 대중을 중시하는 정치 사상 및 활동을 이르는 말로, 인민·대중을 뜻하는 라틴어 '포풀루스(Populus)'에서 유래한 것이나, 현대에는 주로 정치적인 목적으로 일반대중, 저소득계층 등의 인기에 영합하려는 정치인의 이미지 전략이라는 의미로 쓰인다. 특히 지지를 얻기 위해 취하는 일련의 소득 재분배 경제 정책을 꼬집을 때 사용된다.

+ 필리핀 대선 레이스 시작...독재자 아들이 선두

필리핀에서는 5월 9일 대선을 앞두고 있는 가운데 2월 8일 공식 선거 운동이 시작됐다. 로이터통신은 최근 여론조사 지지율 순위대로 주요 대선 후보들을 소개했다. 첫 번째 대선 후보는 독재자 페르디난드 마르코스 전 대통령의 아들인 '봉봉' 마르코스 주니어다.

마르코스 주니어는 최근 여론조사에서 선두주자로 부상했다. 아버지가 축출된 후 망명 생활을 하다가 1991년 귀국했고 독재자 가문이라는 꼬리표를 없애기 위해 노력해 왔다. 그는 러닝메이트(부통령 후보)로 두테르테 현 필리핀 대통령의 딸 사라 두테르테 카르피오 다바오 시장을 지명했다. 필리핀은 대통령과 부통령을 별도 선거로 각각 선출한다.

두 번째 후보는 야권 지도자이자 유일한 여성 후보인 레니 로브레도 부통령이다. 그는 인권 변호사 출신으로 두테르테 대통령과 대립각을 세우고 있다. 세번째 후보는 영화 배우 출신 프란시스코 도마고소 마닐라 시장이다. 네 번째 후보는 필리핀의 복싱 영웅 매니 파퀴아오, 다섯 번째는 판필로 락손 상원의원이다.

분야별 최신상식

북한 안보

北, 한 달간 미사일 발사 역대 최다

■ **탄도미사일 (ballistic missile)**

탄도미사일은 로켓을 동력으로 날아가는 미사일로, 추진장치·유도장치(가속계·자이로)·탄두·발사장치 등으로 구성된다. 탄도미사일은 사정거리에 따라 대륙간탄도미사일(ICBM, 사거리 5500km 이상), 중거리탄도미사일(IRBM, 1000~5500km), 준중거리탄도미사일(MRBM, 1000~3000km), 단거리탄도미사일(SRBM, 1000km 이하)로 구분된다.

1월에만 7번째

북한은 올 1월에만 벌써 7차례의 미사일을 발사했다. 한 달 기준으로 보면 역대 최다 기록이다. 북한은 지난 1월 5일 극초음속미사일 1차 발사, 11일 극초음속미사일 2차 발사, 14일 평북 의주 철도기동 미사일연대의 북한판 이스칸데르(KN-23) 발사, 17일 평양 순안공항 북한판 에이태킴스(KN-24) 발사, 25일 장거리 순항미사일 발사, 27일 지대지 ■**탄도미사일** 발사에 이어 30일 7번째 미사일을 쐈다.

북한의 올해 7차례에 걸친 미사일 무력시위에 대해 군사 전문가들은 **탄종과 발사 장소를 달리하면서 목표지점에 동시 탄착하게 하는 TOT**(Time On Target) **사격**(이른바 섞어 쏘기) 실전훈련으로 한미 미사일 요격망을 무력화하고 군사력 과시를 극대화하기 위해 연초부터 치밀히 계획된 것으로 풀이하고 있다.

文, 1년 만에 NSC 직접 주재

문재인 대통령은 1월 30일 북한이 탄도미사일 추정 발사체를 쏘아올린 것과 관련해 ■**국가안전보장회의**(NSC) **전체회의를 소집**했다. 문 대통령이 NSC

전체회의를 소집한 것은 취임 후 11번째이며, 지난해 1월 21일 미국 바이든 행정부 출범에 맞춰 회의를 주재한 데 이어 약 1년 만이다. 이제까지 정부는 북한이 발사체 도발을 하더라도 문 대통령이 소집하는 전체회의가 아닌, 서훈 국가안보실장이 주재하는 상임위원회 회의로 대응해왔다.

NSC 상임위원들은 북한의 중거리 탄도미사일 발사를 규탄했다. 올 들어 북한이 미사일을 쏘아 올린 지 7번째 만에 첫 규탄 입장이다.

상임위원들은 "북한은 한반도에 긴장을 조성하고 지역 정세의 불안정을 초래하는 행동을 즉각 중단하는 동시에 모라토리엄을 유지해야 한다"고 촉구했다.

이날 NSC 전체회의에서는 북한의 미사일을 '도발'로 규정하거나 미사일 발사를 규탄하는 내용은 언급되지 않았다. 대신 '국제사회의 노력에 대한 도전', '유엔 안보리 결의 위배', '모라토리엄(핵실험 및 ICBM 시험발사 유예) 파기 근처' 등 기존의 유감 표명보다는 한 단계 더 나아간 발언들이 나왔다.

한편, 2월 13일(현지시간) 미국의 소리(VOA) 방송에 따르면 올리 헤이노넨 전 국제원자력기구(IAEA) 사무차장은 "2월 1일 촬영된 위성사진을 보면 **영변 우라늄농축공장 단지 여러 곳에서 눈이 녹은 모습이 관측**된다"면서 북한이 핵 시설 가동에 들어갔다고 추정했다.

북한이 벼랑 끝 전술로 회귀함에 따라 문재인 정부가 끝까지 공을 들였던 한반도 평화프로세스 구상이 물거품이 되고 한반도 정세가 판문점 선언 이전으로 퇴행할 수 있다는 우려가 나온다.

■ **국가안전보장회의 (NSC, National Safety Council)**

국가안전보장회의(NSC)는 국가 안보·통일·외교와 관련된 정책을 수립하는 최고 의결기구로, 대통령 직속 자문기관이다. 우리나라에서 NSC는 대통령, 국무총리, 외교부 장관, 통일부 장관, 국방부 장관 및 국가정보원장과 대통령령으로 정하는 위원으로 구성한다. 대통령은 회의의 의장이 된다.
NSC는 상임위원회와 사무처를 두 축으로 하는데, 상임위원회는 NSC에서 위임한 사항을 처리하기 위한 곳이다. 상임위원회는 매주 최소한 1회 이상 수시로 열려 통일·외교·안보 현안에 관한 정책을 조율한다. 그리고 합의가 되면 곧바로 대통령에게 보고하고, 합의가 이뤄지지 않는 문제나 국가적 중대 사안의 경우 NSC에 안건을 넘긴다.

기출TIP 2020년 한국일보 필기시험에서 국가안전보장회의(NSC)를 묻는 문제가 출제됐다.

POINT 세 줄 요약

❶ 북한은 지난 1월 한 달간 역대 최다인 7차례 미사일을 발사했다.
❷ 1월 30일 문재인 대통령은 1년 만에 NSC를 직접 주재했다.
❸ 북한이 핵 시설 가동에 들어갔다는 미국 보도가 나왔다.

미국·일본·호주 연합훈련…
"북한 저지 목적" 이례적 명시

▲ 콥 노스 훈련

미국과 일본, 호주가 연합공중훈련인 '콥 노스(Cope North 22)'에 돌입했다. 2월 4일 미 태평양공군사령부 등은 이번 훈련이 지난 2월 2일부터 18일까지 괌 앤더슨 공군기지와 북태평양 마리아나제도 일대에서 시행된다고 밝혔다. 훈련에는 미 공군과 해병대 2500명 이상과 약 1000명의 일본 항공자위대 및 호주 공군 병력이 참여했다.

미 태평양공군사령부 공보실은 이번 훈련에 대해 "특정 국가를 전제한 훈련은 아니다"라면서도 "우리의 목표는 북한을 비롯한 잠재적 적대국들이 군사행동을 하지 못하게 하는 것"이라고 답했다. 동맹국과 연합훈련을 하거나 군사 공조를 할 때 상대 국가를 명시하지 않는 미국이 연합공중훈련 목적을 설명하며 북한을 거론한 것은 이례적인 일로 평가된다.

이는 **북한이 지난 1월 30일 괌을 사정권으로 하는 중거리탄도미사일 화성 12형을 4년여 만에 발사**하는 등 무력시위 강도를 높이고 있는 것과 무관치 않은 것으로 보인다. 한국은 지난 2020년 실시한 콥 노스 훈련에 수송기 2대와 병력 30여 명을 파견했지만, 지난해와 올해는 불참했다. 다만 공군은 인도주의적 지원과 재난구호 작전 훈련에는 예년 수준의 수송기와 병력을 파견해 참여했다고 밝혔다.

3대 한미 연합훈련

3대 한미 연합훈련은 1954년부터 2018년까지 실시된 대규모 한미연합훈련인 ▲을지프리덤가디언(UFG) 연습, 한미연합사령부가 한반도 이외의 지역에서 미군 증원군을 수용하여 신속하게 전개할 수 있는 능력에 숙달하기 위하여 매년 봄에 행하는 합동 훈련인 ▲키리졸브(Key Resolve), 우리 군과 주한미군이 적군의 후방지역 침투에 대비해 실시하는 연례 야외기동훈련인 ▲독수리 훈련(Foal Eagle)을 일컬었다. 한반도 안보 환경 변화에 따라 2019년부터 3대 연합훈련은 사실상 폐지되거나 대폭 축소된 상태다.

K9 자주포 2조원대
이집트 수출 타결

한국 방위산업의 대표 상품인 ■K9 자주포의 2조원대 이집트 수출이 협상 10년 만에 극적으로 타결됐다. 방위사업청은 2월 1일(현지시간) 이집트 현지에서 양국 주요 관계자가 참석한 가운데 한화디펜스가 K9 자주포 수출 계약에 최종 서명했다고 밝혔다.

이번 계약은 지난 1월 호주와 체결한 K9 수출 금액의 2배에 이르는 규모로 K9 역대 수출 규모 중 최대다. K9이 **영·미권 정보 동맹인 파이브 아이즈**(미국·영국·캐나다·호주·뉴질랜드) 국가에 처음

▲ K9 자주포

으로 진출한 데 이어 이번에 중동·아프리카 지역 첫 진출이라는 성과를 남겼다.

K9의 이집트 수출은 작년 11월 이집트 방산전시회(EDEX 2021)을 계기로 협상이 진행되고 있다는 사실이 알려졌고 이후 지난 1월 19~21일 문재인 대통령의 이집트 방문 기간 최종 타결에 대한 기대감이 높아졌으나 순방 기간 중 최종 계약에 이르지는 못했다.

방위사업청 관계자는 "문 대통령 귀국 이후 정부 대표단 일부가 현지에 남아 협상을 지속했고 우리 측에서 추가 양보 없이 제시한 최종안을 이집트 측이 수용해 극적으로 협상이 타결됐다"고 설명했다.

계약 조건 논란

K9 사상 최대 규모 수출 쾌거에도 불구하고 계약 조건에 문제가 있다는 지적이 나와 논란이 일었다. 방산업계 일각에서는 **우리 수출입은행이 이집트 측에 돈을 빌려주고 제조업체가 우리 은행으로부터 돈을 받는 편법이 동원돼 가까스로 성사된 계약**이라고 평가절하했다.

이를 두고 구체적인 계약 조건을 공개해야 한다는 목소리가 나오는 것에 대해 청와대는 2월 4일 "해국 행위"라고 강도 높게 비판했다. 박수현 청와대 국민소통수석은 언론을 통해 "그런 조건을 밝힌다면 다른 나라에 우리가 어떻게 수출을 하겠나. 영업비밀까지 까라는 것인데 이게 애국 행위인가. 다른 선진국도 다 수출입은행 조건을 끼고 (수출을) 하는데 왜 문제인지 모르겠다"라고 비판했다.

■ **K9**

K9은 국방과학연구소(ADD)와 한화디펜스가 국내 기술력으로 만들어낸 52구경장의 155mm 자주포다. 1999년 말 서해 연평도와 백령도에 최초로 배치됐으며 세계 정상급 성능을 인정받아 터키, 폴란드, 핀란드, 노르웨이, 에스토니아, 호주, 이집트 등에 수출됐다. 사거리가 40km에 이르고, 급속 발사 시 15초 이내에 포탄 3발을 발사할 수 있으며, 분당 6발의 사격이 가능하다. 1000마력의 디젤엔진을 탑재해 최대속력이 시속 67km에 이를 만큼 뛰어난 기동력으로 다양한 환경과 지형에서의 작전수행이 가능하다.

기출복원문제 2019 조선일보

방사포와 탄도미사일의 핵심적인 차이점은?

① 사거리　② 폭발력

③ 발사 위치　④ 유도 장치 유무

정답 ④

북, 김정은 불참 속 최고인민회의 개최

북한이 ■**최고인민회의** 제14기 제6차 회의를 2월 6~7일 평양 만수대의사당에서 개최했다고 조선중앙통신이 2월 8일 밝혔다. **김정은 국무위원장은 회의에 불참했으며 최룡해 최고인민회의 상임위원장이 개회사와 폐회사**를 맡았다. 김 위원장은 최고인민회의 대의원이 아님에도 과거 회의에 참석해 시정연설 형식으로 대외 메시지를 내놓았

지만, 이번에는 회의에 불참하면서 별도 메시지도 나오지 않았다.

회의에서는 지난해 예산 결산과 함께 올해 예산을 편성했다. 고정범 재정상이 올해 지출을 전년 대비 1.1% 늘리고, 경제 분야 예산은 2% 증액한 예산안을 보고했다. 지난해에는 0.6%로 소폭 인상한 데 이어 올해도 상대적으로 작은 인상률을 보였다. 그러나 **코로나19 대응을 위한 예산은 항목을 신설하고 지난해보다 33.3% 늘렸다.**

국방비 예산은 총액의 15.9%로 지난해와 같은 수준을 유지했다. 통일부 당국자는 "북한이 공개한 예산 규모를 보면 지난해에 이어 전반적으로 수세적 예산 편성 기조"라며 김정은 집권 이후 예산 증가율이 통상 3%를 넘나들었는데 코로나19가 닥친 지난해는 0.9%, 올해는 0.8%로 예산 수입 증가율을 잡았다고 설명했다.

이례적인 '자아비판'...경제난 돌파 의지 다져

이번 회의에서는 이례적으로 **북한 지도부의 '자아비판'이 나왔다.** 내각을 이끄는 김덕훈 내각총리는 "지난해 내각사업에서 심중한 결함들도 나타났다"며 "당에서 아무리 정확한 경제정책을 제시하고 믿음과 권한을 부여해줘도 경제지도 일군(간부)들이 나라의 경제사업을 책임진 주인으로서의 본분을 다하지 못한다면 경제사업과 인민생활에서 그 어떤 진보도 기대할 수 없다"고 반성했다.

고정범 재정상도 지난해 국가예산 집행결과를 보고하며 "일군들이 국가예산수입계획을 무조건 수행하겠다는 각오가 부족한 데로부터 일부 단위가 예산 수입 계획을 미달했다"고 반성했다. 이어 "자기 단위의 이익에만 집착하는 그릇된 일본새(업무태도)에서 벗어나지 않는다면 언제 가도 나라의 경제를 장성궤도에 올려세울 수 없다"고 다그쳤다.

■ **최고인민회의 (最高人民會議)**

최고인민회의는 북한 헌법상 최고 주권 기구로, 헌법과 법률 개정 등 국가정책의 기본원칙 수립, 주요 국가기구 인사, 예산안 승인 등의 기능을 수행한다. 1994년과 1998년 개정된 헌법을 통해 최고인민회의 상임위원회가 갖는 권한이 크게 강화되었으나, 이는 실질적으로 조선노동당에서 결정한 사항들을 추인하는 명목상의 권한만 갖는 형식적 기관에 불과하다. 북한은 통상 1년에 한 차례 최고인민회의를 개최해왔지만, 2012년과 2014년, 2019년에 예외적으로 두 차례 열었다. 2021년에도 1월에 이어 8개월 만에 두 번째 최고인민회의를 소집했다.

기출TIP 2020년 경향신문 필기시험에서 북한 최고인민회의를 묻는 문제가 출제됐다.

북, '광명성4호' 발사 6주년 "세상 놀랄 신화 창조될 것"

북한이 6년 전 장거리 로켓에 실어 발사한 **'광명성 4호'**(북한이 지구관측위성이라고 주장)의 기념일을 맞아 '우주 정복'의 의지를 강조했다. 북한 관

영 라디오 조선중앙방송은 2월 7일 국가과학기술위원회 관계자들이 광명성 4호 발사 6주년을 맞아 밝힌 소감들을 전했다.

박준철 국장은 "인공지구위성의 설계로부터 제작과 조립 발사와 발사부 관측에 이르는 모든 것을 100% 국산화한 것이야말로 강국 건설에서 이룩된 기적 중의 기적이었다"라고 성과를 부각하면서 "우리는 불과 5년이라는 짧은 기간에 우주개발 역사에 일찍이 없었던 대(大) 비약을 이룩했다"고 강조했다.

북한은 인공위성 개발이 군사적 목적이 아닌 경제적 목적임을 강조했다. 이날 대외선전매체 '내나라'는 "우주 정복에서의 성과는 인민경제의 발전을 적극 추동하고 있으며 과학, 교육, 보건 등 사회문화의 여러 분야에 널리 도입되고 있다"고 주장했다. 그러면서 "2021년부터 시작된 새로운 우주개발 5개년 계획의 첫해 목표를 달성한 데 이어 두 번째 해인 올해에도 혁신적 성과들을 창조하고 있다"고 밝혔다.

하지만 이 같은 주장에도 **국제사회는 북한이 인공위성 발사를 내세워 장거리 미사일 발사 시험을 하고 있다고 보고 있다.** 북한이 지난 2016년 2월 7일 '지구관측위성 광명성 4호'를 발사했을 때도, 유엔 안전보장이사회는 곧바로 규탄 성명을 발표하고 한 달도 지나지 않아 안보리 결의를 채택했다. 당시엔 북한의 우방인 중국도 협력하는 모습을 보였다.

북한은 지상관측 영상을 공개한 적이 없고 위성과 지상 기지국 간의 신호가 송수된 사례가 없어 광명성 4호는 위성 기능을 상실한 것으로 평가되고 있다. 최근 북한이 핵실험·대륙간탄도미사일(ICBM) 유예 철회를 시사하고 '■**레드라인**'에 근접한 중거리 탄도미사일(IRBM)을 발사하는 등 도발 수위를 높이는 상황에서 앞으로 위성 발사 명분으로 ICBM을 쏘는 등의 대형 전략도발에 나설 수 있다고 일부 전문가들은 주장한다.

■ 레드라인 (red line)

레드라인은 사전적 의미로 한계선이란 뜻으로, 대북 정책에서는 한미 양국이 설정한 '대북 포용 정책을 봉쇄 정책으로 바꾸는 기준선'을 말한다. 레드라인의 설정기준에 시간 개념은 도입하지 않고 북한의 행위를 기준으로 기준선을 판단한다. 이에 따라 한미는 ▲북한이 중장거리 미사일을 재발사할 경우 ▲제네바 합의를 위반할 정도의 핵개발 혐의가 포착될 경우 ▲대규모 대남 무력도발의 반복적 실시 등을 포함하여 북한의 행동에 대한 리스트를 마련하였다.

유엔 안보리 대북 추가 제재, 중·러 저지로 무산

북한 미사일 발사에 대한 ■**유엔 안전보장이사회**(안보리)의 대북 추가 제재안이 중국과 러시아의 저지로 사실상 무산됐다. 로이터·AFP통신은 1월 20일(현지시간) 안보리가 북한 미사일 개발 관련

자들에 대한 추가 제재 결정을 연기했다고 보도했다.

앞서 린다 토머스-그린필드 주유엔 미국대사는 미 재무부가 1월 12일 독자 제재 대상에 올린 북한 국방과학원(제2자연과학원) 소속 북한인 5명을 안보리 제재 대상자로도 지정하는 내용의 추가 제재를 요구했다. 2022년 들어 북한의 잇따른 탄도미사일 발사에 따른 대응하겠다는 취지였다.

이 제안은 이날 오후 3시(미 동부시간)까지 안보리 15개 이사국의 반대가 없다면 자동으로 확정될 예정이었으나, **중국은 검토할 시간이 더 필요하다며 보류를 요청**했다고 외교 소식통들이 전했다. 시간을 두고 더 검토하자는 것이 중국의 공식 입장이지만, 사실상 거부 의사를 표현한 것이나 마찬가지로 분석된다. 중국은 이전에도 보류를 요청하는 형식으로 대북 결의안의 채택을 사실상 막았다.

러시아도 이날 미국의 추가 대북 제재 제안에 대해 보류를 요청한 것으로 전해졌다. AFP는 중국과 러시아의 요청으로 추가 제재안은 6개월간 보류되며, 이후 다른 이사국이 보류 기간을 3개월 더 연장할 수 있다고 전했다.

■ **유엔 안전보장이사회 (United Nations Security Council)**

유엔(UN·국제연합) 안전보장이사회(안보리)는 세계 평화와 안전을 지키기 국제 분쟁을 해결하기 위해 둔 국제연합의 주요 기관으로 ▲미국 ▲영국 ▲러시아 ▲프랑스 ▲중국 5개 상임 이사국과 10개 비상임 이사국으로 구성된다.

국제연합이 2차 세계대전 이후 평화 유지를 위해 만들어지면서 2차 세계대전 전승국들이 영구 상임이사국을 맡게 됐다. 상임이사국은 국제연합의 의사 결정에서 막강한 힘을 가진다. 안보리의 주요 결정은 상임이사국 5개국을 모두 포함한 9개국 이상의 찬성으로 이루어지는데, 상임이사국은 거부권(veto power)을 행사할 수 있어, 5개국 중 어느 한 국가라도 반대하면 어떠한 결정도 성립될 수 없다. 이에 독일, 일본 등이 상임이사국 지위를 얻고자 하지만, 상임이사국 수를 늘리려면 국제연합 헌장을 개정해야 하고 상임이사국들이 반대하면 이 헌장도 개정될 수 없다.

유엔 안보리 주요 대북 제재 결의안

- 2006년 : 제1695호(사유 : 대포동 2호), 제1718호(1차 핵실험)
- 2009년 : 제1874호(2차 핵실험)
- 2013년 : 제2087호(광명성 3호 2호기), 제2094호(3차 핵실험)
- 2016년 : 제2270호(광명성 4호), 제2321호(5차 핵실험)
- 2017년 : 제2356호, 제2371호(화성 14호), 제2375호(6차 핵실험), 제2397호(화성 15호)

北 매체 "윤석열 사퇴하라"-尹 "그럴 생각 없다"

대북 선제타격 능력을 확보하겠다고 주장해 북한으로부터 비난을 받은 윤석열 국민의힘 대선 후보가 "북한과 더불어민주당은 '원팀'이 돼 저를 전쟁광으로 **호도**(糊塗 : 명확하게 결말을 내지 않고 일시적으로 감추거나 흐지부지 덮어 버림)하고 있다"며 "선제타격은 북한의 핵·미사일 공격이 임

▲ 윤석열 국민의힘 대선 후보 (윤석열 인스타그램 캡처)

박한 상황에서 선택할 수 있는 우리의 자위권적 조치"라고 밝혔다.

윤 후보는 북한이 핵을 탑재한 미사일로 도발할 경우 "선제타격 말고는 막을 방법이 없다"고 말했다. 그는 대북 선제타격에 필요한 능력을 확보하겠다며 필요한 조치를 구체적으로 열거하기도 했다.

이에 대해 북한의 선전매체 '통일의 메아리'는 1월 22일 "대북 선제타격론을 주장하는 윤석열은 더 이상 구태 색깔론으로 남북 대결을 조장하지 말고 조용히 후보 자리에서 사퇴하는 것이 제 살길을 찾는 일임을 알아야 한다"며 윤 후보를 비판했다.

이에 윤 후보는 1월 23일 페이스북에 "이러한 북한의 논리는 저를 전쟁세력으로 몰아붙이는 집권여당의 주장과 동일하다. 북한과 민주당은 '원팀'이 돼 저를 전쟁광으로 호도하고 있다"고 반박했다.

윤 후보는 또 "북한의 핵·미사일이 한 발만 떨어져도 우리 국민 수백만 명이 희생될 수 있다. 이는 상상을 초월하는 대재앙이 될 것"이라며 "저는 결코 우리 국민이 희생되는 것을 가만히 보고만 있지 않을 것이다. 국민의 안전을 지키기 위해 모든 수단을 강구할 것"이라고 강조했다.

이어 "지난 5년 동안 무너져 내린 **한미동맹을 재건하고, 한미 확장억제**(핵우산)**가 확실히 작동하도록 하겠다.** '한국형 3축 체계'를 복원하고 독자적인 대응능력도 강화하겠다. 정보감시정찰(ISR, Intelligence, Surveillance, Reconnaissance) 능력과 '한국형 ■**아이언 돔**'을 조기에 전력화하겠다. 북한이 감히 도발할 엄두를 내지 못하도록 하겠다"고 했다.

■ 아이언 돔 (Iron Dome)

아이언 돔이란 이스라엘이 2011년 실전 배치한 미사일 방어체제다. 영토를 돔(dome, 둥근 지붕) 형태의 방공망으로 둘러싸는 방어시스템을 말한다. 약 70km 이내에서 적의 단거리 로켓포·박격포탄 등을 공중에서 격추한다.
이스라엘은 사정거리 4~70km 단거리 미사일과 포탄 공격에 대비하기 위해 2007년부터 약 2억1000만달러(약 2360억원)를 투자해 아이언돔을 개발하기 시작하였고, 2011년 남부 3개 도시에 실전 배치했다.
아이언돔은 레이더·통제센터·미사일 발사대로 구성되어 있으며, 약 70km 이내에서 적의 단거리 로켓포·박격포탄 등을 공중에서 격추한다. 최초 탐지에서 격추까지 걸리는 시간은 15~25초에 불과한 것으로 알려져 있다.
이스라엘군은 아이언 돔을 배치한 2011년 이후 팔레스타인 무장 정파 하마스가 이스라엘에 발사한 로켓탄 중 90%를 방어했다고 홍보한다.

기출TIP 2021년 뉴스1 필기시험에서 아이언 돔을 묻는 문제가 출제됐다.

분야별 최신상식

문화 미디어

신문 단체 "열독률 조사 오류... 정부광고 집행 지표 활용 반대"

■ 열독률 (熱讀率)

열독률은 신문을 읽는 비율을 말하는 것으로 구독 여부와 상관없이 최근 일정기간 동안 신문을 읽는 사람을 대상으로 어떤 신문을 읽었는지를 조사하는 것이다. 열독률은 보통 일주일간 2분 넘게, 적어도 1건 이상의 기사를 읽는 비율을 뜻한다. 구독률이 신문을 사서 정기구독하느냐의 여부를 따지는 반면에 열독률은 그저 단순히 어떤 신문을 보았는지를 따진다는 차이가 있다.

"가구 구독률만 조사 대상 포함됐다"

신문 유관 단체들이 지난 1월 24일 신문 열독률 조사를 정부광고 집행 지표로 활용하는 것을 중단하라고 촉구했다. 한국신문협회·한국지방신문협회·대한민국지방신문협의회·한국신문방송편집인협회 등 신문 관련 4개 단체는 이날 성명을 통해 "■**열독률** 조사가 표본 선정 기준 및 가중치 부여 등 오류가 많아 신뢰성과 타당성을 상실하고 있다"며 "열독률 조사를 정부 광고 집행 지표로 활용하는 것을 중단하라"고 촉구했다.

이들 단체는 열독률 조사가 반쪽짜리에 그쳤다며 **"신문잡지 이용 조사에서 가구 구독률만 조사대상에 포함하고, 사무실·상점·학교 등 영업장과 가판은 포함하지 않았다"**고 주장했다. 또 "소규모 지역신문은 조사대상에서 배제되고 종이신문을 발행하지 않는 인터넷신문이 종이신문 열독률에 집계됐다"며 "소규모 지역신문을 차별하고 가뜩이나 어려움을 겪는 지역 언론을 궁지로 내몰고 있다"고 비판했다.

이들 단체는 "이번 조사 결과는 ■**ABC협회**의 발행 및 유가부수와 부합하지 않는다"며 "일부 지역신문사의 열독률 또는 구독률 수치가 0으로 집계되는

등 구독률·열독률이 전혀 파악되지 않고 있는데 이들 매체의 발행 부수와 유료부수를 감안하면 터무니없는 결과"라고 주장했다.

문화체육관광부는 **한국 ABC협회 부수 조사의 '특정 신문 유료 부수 부풀리기 논란'을 계기로 지난해 정부광고 지표를 개선해 올해부터 신문사 열독률 자료를 핵심 지표로 활용**하기로 했다.

이에 따라 한국언론진흥재단은 지난 12월 30일 '2021 신문잡지 이용 조사' 결과를 발표하고 신문사별 열독률을 공개한 바 있다. 열독률이 가장 높은 구간인 **1구간 매체는 조선일보, 중앙일보, 동아일보, 매일경제, 농민신문, 한겨레 등 6곳**이 꼽혔다.

정부 반박 "영업장에서 열독한 독자도 포함"

문체부는 1월 26일 가구 구독률만 조사하고 영업장과 가판을 조사 대상에 포함하지 않았다는 신문 유관 단체들의 주장에 반박하며 "영업장에서 신문을 읽은 경우도 조사대상에 포함했다"고 설명했다.

이어 "가구 구성원 간 열독 행태 차이가 있을 수 있어 표본 추출 가구의 만 19세 이상 모든 적격 가구원을 조사했으며 영업장에서 신문을 열독한 독자도 포함됐다"고 말했다.

소규모 지역신문을 조사대상에서 배제했다는 비판에는 "지역신문 현황을 세밀하게 확인할 수 있도록 조사 표본에 17개 지역을 고루 포함했다"고 반박했다. 또한 종이신문을 발행하지 않는 신문사가 열독률에 잡힌 경우 '정상발행 여부'를 확인해 광고 집행이 제한된다는 점도 짚었다.

조사 결과가 ABC협회의 부수조사 결과와 부합하지 않는다는 주장과 관련해선 **"일반 국민을 대상으로 한 소비자 관점의 이용률**(열독률) **조사로, ABC협회 부수공사 결과는 생산자**(언론사) **측면의 판매 자료여서 비교가 적절하지 않다"**고 말했다.

■ **ABC협회 (Audit Bureau of Certification)**

ABC협회는 1989년 설립된 국내 유일의 신문 부수 인증기관으로, 2009년 정부광고 훈령에 'ABC협회의 발행부수 검증에 참여한 신문·잡지에 정부광고 우선 배정' 규정이 생기면서 2008년 287개였던 회원사가 현재 1500여 개로 급격히 늘었다. 그러나 부수 조사에서 신뢰성 논란이 불거지면서 정부광고법 시행령 등 정부의 정책적 활용 기준에서 ABC협회의 부수공사(인증)가 빠졌고 ABC협회는 사실상 퇴출 수순에 놓였다.

POINT 세 줄 요약

❶ 신문 유관 단체들이 정부가 신문 열독률 조사를 정부광고 집행 지표로 활용하는 것에 반발했다.
❷ 신문 유관 단체들은 영업장과 가판 신문이 포함되지 않는 등 열독률 조사에 문제가 많다고 주장했다.
❸ 정부는 모든 적격 가구원을 조사한 결과이므로 문제가 없다는 견해다.

지정번호 폐지 이어 '문화재' 용어 바뀐다…분류체계도 개편

문화재청이 지난해 국보·보물·사적 등에 붙인 ■**문화재** 지정번호를 공식적으로 폐지한 데 이어 올해 '문화재'라는 용어 변경과 분류체계 개선을 추진한다. 우리나라 문화재 정책의 근간이 되는 '문화재보호법' 제정 60년 만에 일어나는 대대적인 변화로, 문화재 관련 법률이 대폭 정비되고 나아가 '문화재청'의 기관 명칭까지 바뀔 가능성이 제기된다.

문화재보호법은 일본에서 1950년 제정된 동명 법률의 영향을 받아 만들어졌다고 알려졌다. 일본에는 여전히 문화재보호법이 존재하며, 문화재를 유형문화재·무형문화재·민속문화재·기념물·문화적 경관·전통적 건조물군으로 분류한다.

'문화재'라는 용어는 옛 유물이나 경제적 재화의 의미를 강조하는 느낌이 강하고, 자연물과 사람을 표현하기에 부적합하다는 지적이 제기돼 왔다. 유형문화재는 물론 무형문화재와 동식물·자연환경의 보존과 활용을 담당하는 문화재청의 정책 범위를 포괄하는 데 한계가 있다는 의견도 있었다.

문화재청은 '문화재'라는 단어 대신 '유산'(遺産)을 적극적으로 활용하기로 했다. 유네스코 세계유산에서 '유산'은 보통 선조로부터 물려받아 오늘날 그 속에 살고 있으며, 우리 후손에게 물려줘야 할 자산을 의미한다. 문화재청은 우선 '문화재'를 대체할 새로운 용어를 만들고, 그 아래에 '문화유산', '무형유산', '자연유산' 등을 둘 방침이다.

문화재청은 문화재위원들로부터 개선안에 관한 의견을 모은 뒤 3~4월쯤 정책 토론회를 열 예정이다. 이어 하반기에 개선안을 확정하고 법률 작업도 마무리할 계획이다. 문화재청 측은 "문화유산, 자연유산, 무형유산 등을 망라하는 용어가 필요한데, 아직 무엇으로 할지 결정되지 않았다"며 "각계 의견을 수렴해 개선안을 다듬어 나갈 것"이라고 말했다.

■ **문화재 (文化財)**

문화재란 인위적이나 자연적으로 형성된 국가적·민족적 또는 세계적 유산으로, 역사적·예술적·학술적·경관적 가치가 큰 것을 의미한다. 문화재보호법에서 문화재를 건축물과 미술품 같은 '유형문화재', 전통 공연·예술·기술을 포함하는 '무형문화재', 사적·명승·천연기념물을 아우르는 '기념물', 풍속과 관습에 사용되는 의복과 기구 등을 뜻하는 '민속문화재'로 나눈다.

SBS 라디오 진행자 하차 논란

SBS 라디오 '이재익의 시사특공대'를 진행해온 이재익 PD가 더불어민주당 항의 때문이라며 프로그램에서 하차해 논란이 일고 있다. 이 PD는 2월 6일 개인 블로그에 올린 글에서 "주말 사이 이재명 후보를 겨냥해 공정하지 못한 방송을 했

▲ SBS 라디오 '이재익의 시사특공대' (SBS 홈페이지 캡처)

다는 민주당 쪽의 항의가 들어왔다"며 "진행자 자리에서 물러나는 걸로 회사의 조치를 받아 당장 내일(7일)부터 물러나기로 했다"고 말했다.

SBS 유튜브 채널에 올라온 방송 내용을 보면 이 PD는 지난 4일 첫 곡으로 나간 DJ DOC 노래 '나 이런 사람이야' 중 '나에게는 관대하고 남에게는 막 대하고 이 카드로 저 카드로 막고'라는 가사를 따라 부른 뒤 "가사가 의미심장합니다. 이런 사람은 절대로 뽑으면 안 돼요. 이런 사람이 넷 중에 누구라고 얘기하진 않았어요. 여러분들 머릿속에 있겠죠. 이런 가사를 들었을 때"라고 말했다.

논란이 일자 SBS는 민주당 항의로 진행자를 교체했다는 주장은 사실과 다르다고 해명했다. SBS 라디오센터는 입장문을 내고 "**SBS는 시사 프로그램에서 모든 이슈를 다룸에 있어 최우선으로 공정성과 객관성을 담보해야 한다는 대원칙**을 정해 두고 있다"며 "이 PD의 하차는 이 원칙이 훼손되었다고 판단해 결정했다"고 밝혔다.

더불어민주당 권혁기 선대위 공보부단장은 2월 7일 브리핑을 통해 "DJ(이 PD)가 방송 중 이재명 후보 실명을 언급하지는 않았지만, 사실상 이 후보라고 인식할 수 있는 내용으로 (언급하며) '대통령으로 뽑으면 안 된다' 이런 표현을 썼다"고 지적했다.

권 부단장은 "방송은 공인이 하는 것인 만큼 특정 후보를 찍어라, 찍지 말라는 것은 선거법에 저촉되는 발언"이라며 "선대위가 해당 방송국에 관련 문의와 항의를 하는 것은 정당한 권한"이라고 주장했다.

+ 공직선거법 (公職選擧法)

공직선거법이란 '대한민국헌법'과 '지방자치법'에 의한 선거가 국민의 자유로운 의사와 민주적인 절차에 의하여 공정히 행하여지도록 하고, 선거와 관련한 부정을 방지함으로써 민주정치의 발전에 기여함을 목적으로 한 법이다. 해당 법은 대통령 선거·국회의원 선거·지방의회의원 및 지방자치단체의 장의 선거에 적용한다. 공직선거법에 따라 공무원이나 기타 정치적 중립을 지켜야 하는 자는 선거에 대해 부당한 영향력을 행사할 수 없으며 선거 결과에 영향을 미치는 행위를 해서는 안 된다.

기출TIP 2020년 이투데이 필기시험에서 공직선거법에 따라 당선 무효가 되는 벌금 액수를 묻는 문제가 출제됐다.

日, '조선인 강제노역' 사도광산 세계유산 추천서 제출

일본이 한국 정부의 반발에도 불구하고 일제 강점기 조선인 강제 노역 현장인 사도 광산을 유네스코 세계문화유산으로 등록하기 위해 2월 1일 유네스코(UNESCO) 세계유산센터에 추천서를 제출했다.

▲ 사도광산 박물관 (홈페이지 캡처)

사도광산은 일본 니가타현 사도시의 사도 섬에 위치한 금광으로 **태평양전쟁 시기 2000명 이상으로 추정되는 조선인이 일제에 동원돼 가혹한 환경에서 강제노역**을 했다. 이에 한국 외교부는 일본의 사도광산 세계문화유산 등록 시도를 철회하라고 촉구한 바 있다.

일본 측은 "사도광산이 전통 방식의 금 채굴로 높은 평가를 받고 있다"면서 등록 대상 시기를 **▪에도 시대**(1603~1867)로 한정했다. 한국의 반발을 의식한 듯 대상 시기에서 일제 강점기 역사를 제외해 꼼수를 부린다는 지적이 나오는 배경이다.

기시다 후미오 일본 총리는 한국의 반발을 의식한 듯 "(사도광산 등재에) 여러 의견이 있는 것으로 안다"며 범정부 기구를 만들어 대처하겠다고 밝혔다. 한국 정부도 등재를 막기 위해 민관 합동 전담반을 만들고 국제사회와 공조해 대응에 나서기로 하면서 양국의 치열한 역사 논쟁을 예고했다.

사도 광산의 세계유산 등재 여부는 내년 5월로 예정된 유네스코 자문기관인 **▪이코모스(ICOMOS·국제기념물유적협의회)**의 권고를 통해 최종 결론이 날 것으로 보인다.

▪ 에도 시대 (江戸時代)

에도 시대는 일본에서 도쿠가와 이에야스가 막부를 열어 집권한 1603년부터 막부가 정권을 조정에 반환한 1867년까지의 봉건시대를 말한다. 도쿠가와 시대라고도 한다. 에도 시대는 가마쿠라 시대에 조성되기 시작한 봉건사회 체제가 확립된 시기이며 무사계급의 최고 지위에 있는 쇼군이 막강한 권력을 장악하고 전국을 통일 지배하는 집권정치 체제가 확립된 시기다.

▪ 이코모스 (ICOMOS, International Council On Monuments and Site)

이코모스(국제기념물유적협의회)는 세계 각국의 문화재와 기념물을 평가·관리· 등재하는 유네스코의 자문기구로 1965년 창설됐다. 세계 각국의 문화재와 기념물에 대한 평가를 하고 이를 등재하고 관리하는 업무를 주로 한다. 세계문화유산 보전을 위한 포럼을 제공하고, 각 유산들을 보전하기 위해 정보를 수집하고 평가·보급하는 역할도 수행한다.

첫 국보 경매, 응찰자 없었다… 간송 불교 유물 2점 유찰

▲ 금동계미명삼존불입상 (자료 : 문화재청)

사상 처음으로 국보가 경매에 나왔지만 새 주인은 나타나지 않았다. **▪간송미술관**이 내놓은 불교 문화재 2점이 모두 유찰됐다. 1월 27일 서울 강남구 신사동 케이옥션 본사에서 열린 경매에 국보 '금동계미명삼존불입상'과 국보 '금동삼존불감'이 출품됐으나 응찰자가 없었다.

미술품 경매에 국보가 나온 것은 처음이어서 이날 경매에 관심이 집중됐다. 낙찰되면 문화재 경매 사상 최고가 기록을 세울 것으로 예상됐다. 지금까지 국내 경매에서 가장 비싼 가격에 팔린 문화재는 보물 '청량산 괘불탱'으로, 2015년 12월 서울옥션 경매에서 35억2000만원에 낙찰됐다.

이번 경매에 나온 국보 2점은 간송 전형필(全鎣弼, 1906~1962)이 수집한 문화재여서 더 화제가 됐다. 2020년 케이옥션 경매에 보물 불상 2점을 매물로 올려 문화계에 충격을 안긴 간송미술관이 이번에는 국보 매각에 나섰다.

이날 오후 6시 30분께 금동삼존불감이 시작가 28억원으로 경매에 부쳐졌지만 아무도 응찰하지 않았다. 잠시 후 경매 마지막 순서로 금동계미명삼존불입상이 시작가 32억원에 나왔지만, 역시 나서는 이가 없어 순식간에 경매가 끝났다.

금동계미명삼존불입상은 한 광배 안에 주불상과 양쪽으로 협시보살이 모두 새겨진 일광삼존(一光三尊) 양식으로, 광배 뒷면에 새겨진 글로 미뤄 백제 위덕왕 10년(563)에 만든 것으로 분석된다. 금동삼존불감은 사찰 내부에 조성된 불전을 그대로 축소한 듯한 형태로, 11~12C 고려 시대에 제작된 것으로 추정된다.

일제강점기에 사재를 털어 문화유산을 지킨 간송이 수집한 두 유물은 1962년 나란히 국보로 지정됐다. 간송 손자인 전인건 간송미술관장 개인 소유로 알려졌으며, 간송미술관이 관리해왔다. 간송 일가는 3대에 걸쳐 수집품을 지켜왔지만, 최근 들어 **재정난 등을 이유로 불교 문화재 매각을 추진**해왔다. 2020년 간송미술관 측은 "재정적인 압박으로 불교 관련 유물을 불가피하게 매각하고 서화와 도자, 전적에 집중하려 한다"고 밝힌 바 있다.

■ 간송미술관 (澗松美術館)

간송미술관은 간송 전형필이 설립한 우리나라 최초의 사립미술관이다. 간송은 일제 강점기 당시 민족 문화재를 보존하기 위해 앞장섰으며, 이를 보관하고 연구하기 위해 간송미술관의 전신인 보화각을 1938년에 설립했다. 1962년 간송 전형필이 서거한 후, 1966년 간송의 수장품을 정리·연구하기 위하여 한국민족미술연구소가 발족되었으며 그 해 보화각은 간송미술관으로 명칭을 변경했다. 간송미술관의 대표적인 작품으로는 훈민정음(국보 제70호), 청자상감운학문매병(국보 제68호) 등이 있으며, 그밖에도 신윤복, 김홍도, 정선 등 조선을 대표하는 화가의 작품이 다수 보관돼 있다.

지난해 공연 판매 전년보다 2배로 늘어..2019년 절반 수준

코로나19 팬데믹 2년 차였던 지난해 공연 티켓 판매 금액과 편수가 전년보다 2배 정도 늘어난 것으로 나타났다. 다만 **팬데믹 이전인 2019년에 비하면 50~60%대**에 머물렀다.

공연 예매 사이트 인터파크가 2월 15일 발표한 2021년 공연 결산 자료에 따르면 지난해 티켓 판매 금액은 2837억원으로 2020년 1303억원보다 117.7% 증가했지만, 2019년 5276억원의 절반 수준인 53.8%로 조사됐다. 지난해 공연 편수는 전년보다 97.6% 늘어난 8515편으로 2019년 1만 3305편과 비교하면 64% 수준이다.

전체 티켓 판매 금액에서 뮤지컬의 비중이 58%로 가장 높았다. 주 관객층이 젊어지고 라포엠, 포레스텔라 등 크로스오버 성악가들이 활약한 클래식·오페라 비중은 2020년 3%에서 지난해 12%로 약진했다. 대규모 관객 동원이 쉽지 않았던 콘서트는 같은 기간 30%에서 23%로 줄었다.

팬데믹과 함께 본격화한 온라인 공연도 크게 늘었다. 지난해 판매된 온라인 공연은 203편으로 전년(58편)보다 250% 증가했다. 콘서트가 158편으로 가장 많았고, 뮤지컬 35편, 클래식 6편, 연극 4편이었다.

온라인 공연의 80%가 콘서트 장르이고, 아이돌 가수 공연과 팬 미팅이 다수를 차지하면서 10~20대 관객 비중이 56.3%로 높게 나타났다. 전체 공연 관객 중 10~20대 비중은 37.9%였다. 장르별로 가장 많이 본 공연은 뮤지컬 '프랑켄슈타인', 연극 '쉬어매드니스', '아이즈원 온라인 콘서트', '팬텀싱어 올스타전 : 갈라 콘체르토', 유니버설 발레단 '호두까기 인형'이었다.

➕ 코로나로 활짝 열린 온라인 유료공연 시대

코로나19 사태가 장기화하는 가운데 K팝 시장에 본격적으로 온라인 유료 공연 시대가 열리고 있다. 오프라인 공연과 해외 투어 재개가 요원해지면서 아이돌 그룹들은 잇따라 온라인 무대로 눈을 돌렸다. 온라인 유료 공연이 활성화하면서 플랫폼과의 협업도 화두로 떠올랐다. 실제로 최근 콘텐츠와 팬덤을 보유한 엔터테인먼트 회사들이 라이브 스트리밍 기술력을 지닌 IT 기업들과 잇따라 손을 잡았다.

온라인 유료 공연의 특징은 일반 콘서트에 비해 싼 가격(보통 3~4만원대)으로 접근성에 제한 없이 관람할 수 있다는 것이다. 투어로 방문하기 어려운 나라의 팬들에게도 공연 관람 기회를 제공할 수 있고, 기획사 입장에선 해외 팬덤 분포를 확인할 수 있다는 것도 이점이다. 그러나 현장감 부족을 보완할 차별화 요소를 어떻게 만들지는 여전히 고민거리다. 공연 수익의 큰 부분을 차지하는 MD(팬 상품) 매출도 오프라인 공연만큼은 기대하기 어렵다.

OTT 5종 통합검색 SKB '플레이제트' 출시

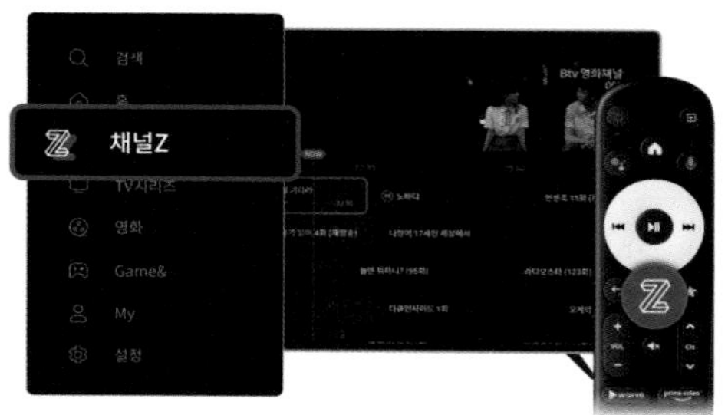

▲ '플레이제트' (자료 : SK브로드밴드)

SK브로드밴드는 각종 OTT와 스트리밍 채널·게임·노래방 등을 모두 즐길 수 있는 올인원 플레이박스 '플레이제트'(PlayZ)를 1월 25일 선보였다. 플레이제트는 웨이브·티빙·왓챠·아마존프라임비디오·애플TV+ 등 5개 주요 OTT의 연결 화면을 한 번에 보여주고 이들 OTT 서비스의 통합검색과 가격비교를 가능하게 해준다.

플레이제트는 'OTT 포털'로서 국내외 주요 OTT의 콘텐츠들을 통합검색할 수 있고, 자체 큐레이션한 콘텐츠를 제공하는 미디어 플랫폼이다. 소형 셋톱박스 형태인 플레이제트는 TV나 PC 등에 꽂기만 하면 국내외 주요 OTT를 즐길 수 있는 스마트TV가 된다.

플레이제트를 통해 최근 국내외 OTT 플랫폼이 급증하면서 파편화된 각 OTT를 한 눈에 편하게 이용할 수 있게 될 전망이다. SK브로드밴드는 현재 5개인 제휴 OTT를 점차 확대해나가 OTT 포털로서의 입지를 강화할 계획이라고 강조했다.

다만 **이번 제휴에 최대 OTT 플랫폼인 넷플릭스는 빠져 있다.** 김혁 SK브로드밴드 미디어CO 홈엔터테인먼트 담당은 이날 기자간담회에서 관련 질문이 나오자 "오픈 플랫폼인 만큼 넷플릭스와도 당연히 제휴하려고 하지만 망 소송 이슈 등의 이유로 아직 적극적으로 이야기가 오가지 않고 있다"고 말했다.

국내외 주요 OTT 서비스

구분	내용
국내	▲웨이브 ▲쿠팡플레이 ▲카카오TV ▲티빙 ▲왓챠 ▲시즌
해외	▲넷플릭스 ▲디즈니+ ▲애플TV+ ▲HBO MAX ▲프라임 비디오 ▲훌루

기출TIP 언론사 시험에서 OTT에 대한 논술이나 OTT에 대해 묻는 문제가 자주 출제된다.

외출 시 반려견 목줄 2m 넘으면 과태료 최대 50만원

앞으로 반려견과 외출할 때는 목줄이나 가슴줄 길이를 2m 이내로 유지해야 한다. 공용주택 등

내부에서는 반려견을 직접 안거나 목줄의 목덜미 부분을 잡아 제어해야 한다. 농림축산식품부는 2월 9일 반려동물을 효과적으로 통제하고, 다른 사람에게 위해를 주지 않기 위해 목줄·가슴줄의 길이를 구체화한 내용의 동물보호법 시행 규칙이 2월 11일부터 시행된다고 밝혔다.

미국의 일부 주에서 외출 시 반려견 목줄 길이를 6피트(약 1.8m)로, **독일과 호주 등에서는 2m 이내로 제한하고 있어 국내에도 이를 적용키**로 했다. 이에 따라 외출 시 반려견의 목줄·가슴줄을 2m 이내로 둬야 한다. 목줄의 전체 길이가 2m 이상이라면 줄의 중간 부분을 감는 방식 등으로 반려견과 보호자 간격을 2m 이내로 유지하면 안전 규정을 준수한 것으로 인정된다.

또 다중주택·다가구주택·공동주택 내 공용 공간에서는 반려견을 안거나 목덜미를 잡아 돌발 행동을 방지하도록 했다. 좁은 실내 공간에서는 목줄을 하더라도 반려견을 통제하기 쉽지 않아 물림 사고 등이 발생할 수 있기 때문이다.

복도나 계단, 엘리베이터에서 부득이하게 동물과 이동해야 할 때는 목줄 길이를 최소화해 수직으로 유지하는 등의 조치를 취하도록 했다. 안전조치를 위반하면 50만원 이하 과태료가 부과된다.

맹견 소유자 책임보험 의무 가입

맹견 소유자의 책임보험 의무 가입이 2월 12일부터 시행된다. 동물보호법에 따라 ▲도사견 ▲아메리칸 핏불테리어 ▲아메리칸 스태퍼드셔 테리어 ▲스태퍼드셔 불테리어 ▲로트와일러 및 그 잡종의 개 등 동물보호법상 맹견 5종에 대해 적용한다. 맹견 소유자가 이 보험에 가입하지 않으면 300만원 이하의 과태료가 부과된다.

4월 '이건희 컬렉션' 전시에 정선·모네 그림 등 300여점 공개

▲ 이건희 컬렉션에서 공개된 겸재 정선의 '인왕제색도'

오는 4월 국립중앙박물관 기획전시실에서 막을 올리는 '이건희 컬렉션' 기증 1주년 특별전에 고대부터 현대에 이르는 자료 300여점이 나온다. 2021년 국립중앙박물관과 국립현대미술관이 열었던 전시(135점)의 두 배가 넘는 규모다.

2022년 2월 9일 국립중앙박물관이 발표한 올해 주요 업무계획에 따르면 '어느 수집가의 초대-고 이건희 회장 기증 1주년 기념전'에는 지난해 선보인 겸재 정선의 '■**인왕제색도**'와 **모네가 그린 '수련이 있는 연못', 김환기의 푸른색 전면 점화 '산울림'** 등을 포함해 모두 300여점이 공개된다.

4월 28일부터 8월 28일까지 이어지는 전시는 이건희 삼성 회장 유족이 국가에 기증한 문화재와 미술품 2만3000여점을 관리하는 국립중앙박물관과 국립현대미술관이 공동 주최한다. 출품작 중에는 공립미술관 다섯 곳에 있는 '이건희 컬렉션' 12점도 포함된다. 전시는 기증품이 진열된 응접실에 초대된 듯한 느낌이 들도록 꾸며진다.

■ **인왕제색도 (仁王霽色圖)**

인왕제색도는 겸재 정선(鄭敾, 1676~1759)이 76세 때인 1751년 그린 작품으로 정선의 작품 세계 말년을 대표하는 작품이다. 인왕산의 강인한 정기를 화폭에 충만하게 담고 있으나 정선이 표현한 인왕산은 강인하여 보는 이를 압도하기만 하는 것은 아니다. 산 중턱을 타고 흐르는 구름은 감상적인 정취를 일깨우고, 사람이 머물만한 정자 한 채는 인간을 감싸 안은 인왕산의 온기를 보여준다. 나아가 자연과 인간이 조화롭게 어울린 것에서 오는 묘한 감동과 편안함까지 준다.

홍상수 '소설가의 영화' 베를린영화제 은곰상 수상

▲ 홍상수 감독

홍상수 감독이 2월 16일(현지시간) 독일 베를린에서 열린 제27회 베를린 국제영화제에서 27번째 연출작인 **'소설가의 영화'로 은곰상**(심사위원 대상)을 수상했다. 은곰상은 대상 격인 황금곰상(최우수작품상)에 이어 두 번째 높은 상이다.

이로써 홍 감독은 자신의 연출작으로 ■**세계 3대 영화제** 중 하나로 꼽히는 베를린 영화제에서 총 네 번 수상했다. 2020년 이후 3년 연속 수상이다. **2017년 영화 '밤의 해변에서 혼자'로 은곰상 여우주연상**(김민희)**을 수상한 이후 2020년 '도망친 여자'로 은곰상 감독상, 2021년 '인트로덕션'으로 은곰상 각본상**을 수상한 바 있다.

홍 감독은 "정말 기대하지 않았다. 너무 놀랐다"라고 말했다. 홍 감독은 불륜 논란 이후 연인 관계이자 주연 배우, 제작자로 함께하고 있는 배우 김민희를 함께 무대에 불러 수상의 기쁨을 만끽하기도 했다. 한편, **황금곰상은 카를라 시몬 감독의 영화 '알라카스'**가 수상했다.

■ **세계 3대 영화제**

세계 3대 영화제는 ▲베니스 국제영화제 ▲칸 국제영화제 ▲베를린 국제영화제를 일컫는 말이다. 이탈리아 베니스에서 개최되는 베니스 영화제는 3대 영화제 중 가장 오랜 전통을 자랑하며 대상 격으로 '황금사자상'을 수여한다. 3대 영화제 중 가장 높은 권위를 인정받는 칸 영화제는 프랑스 칸에서 개최되며 대상 격으로 '황금종려상'을 수여한다. 베를린 영화제는 독일 베를린에서 개최되며 대상 격으로 '황금곰상'을 수여한다.

진주시, 진주성 유네스코 세계유산 등재 추진

진주성을 비롯한 읍성이 있는 전국 지방자치단체가 읍성도시협의회를 구성해 한국읍성 유네스코 세계유산 등재를 추진한다. 진주성은 16C 세계 최대의 국제 전쟁이던 임진왜란과 관련이 있다.

경남 진주시는 2월 9일 전남 순천시, 전북 고창군, 충남 서산시 등 3개 지자체와 '한국 읍성' 유네스코 세계유산 공동등재를 위한 첫 비대면 화상회의를 했다. **읍성은 옛날 지방 군현의 마을을 보호하기 위해 쌓은 성**으로 우리나라 전 국토에 산재했다. 전국에 현존하는 읍성은 98곳으로 이 가운데 국가사적지로 지정된 곳은 진주성을 포함해 16곳이다.

▲ 진주성

순천시 주관으로 한 시간쯤 진행된 이날 회의에서는 한국 읍성 유네스코 세계유산 공동등재를 위한 읍성도시협의회 구성, 읍성 공동 연구와 보존 활용방안, 다양한 문화콘텐츠 개발 등 앞으로 추진 방향 등이 논의됐다.

임진왜란의 3대첩(三大捷)

대첩	내용
진주대첩(晋州大捷)	1592년 진주성에서 민관군이 임진왜란 사상 처음으로 성을 지켜낸 전투
한산도대첩(閑山島大捷)	1592년 한산도 앞바다에서 조선 수군이 일본 수군을 크게 무찌른 해전
행주대첩(幸州大捷)	권율이 지휘하는 조선군과 의병이 행주산성에서 왜군을 대파한 전투

+ 이순신 장군 3대첩

▲한산도대첩 ▲명량대첩 ▲노량대첩

MS, 82조원에 블리자드 인수

■ **메타버스 (metaverse)**
메타버스는 가공, 추상을 의미하는 '메타(meta)'와 경험세계를 의미하는 '유니버스(universe)'의 합성어로 온라인에 구현되는 가상세계를 뜻한다. 메타버스라는 개념은 1992년에 발표된 닐 스티븐슨의 SF 소설 『스노우크래쉬(Snow Crash)』에서 처음 등장했다.

IT 역사상 최대 '빅딜'

마이크로소프트(MS)가 1월 18일(현지시간) 미국의 대형 게임업체 액티비전 블리자드(이하 블리자드)를 687억달러(약 81조9000억원)에 인수한다고 밝혔다. 이번 거래는 IT(정보통신) **산업 역사상 최고액 인수합병**이다. 종전 기록은 2016년 델(Dell)이 데이터 스토리지업체인 EMC를 인수할 때 지출한 670억달러다. 또 MS의 46년 역사에서 링크드인(260억달러)을 넘어 최대 규모의 기업 인수로 기록됐다.

블리자드는 마니아층이 탄탄한 IP(지식재산권)를 다수 보유한 글로벌 대표 게임사다. 블리자드는 '콜 오브 듀티', '스타크래프트', '워크래프트' 등 게임 문외한이라도 이름을 알 만한 IP를 다수 보유하고 있다. 이번 인수를 통해 MS는 ■**메타버스**(3차원 가상세계) 주도권 쟁탈전에 본격 가세할 수 있을 것으로 평가된다.

MS의 블리자드 인수가 마무리되면 게임업계 판도는 큰 변화를 겪는다. 블리자드 인수가 완료되면 MS는 종전 4위에서 2위로 도약한다. 2020년 연간 매출 기준 글로벌 게임 산업 1위는 일본의 소니다. 대표 콘솔 기기 플레이

스테이션을 앞세운 소니는 이 기간 250억달러의 매출을 거뒀다.

'메타버스 공략' 승부수

이번 블리자드 인수를 통해 글로벌 IT 업계에서는 PC 운영체제(OS) 사업으로 세계 최고 기업에 올라섰지만, 스마트폰 OS 경쟁에서는 뒤쳐졌던 **MS가 대표적인 미래 산업으로 꼽히는 메타버스 영역을 선점하기 위해 승부수**를 던졌다는 분석이 나온다.

게임은 가상공간에서 놀고 일하고 쇼핑할 수 있는 메타버스를 구현하는 데 있어서 가장 선두에서 있는 산업으로 평가된다. 블리자드가 가상현실(VR) 등을 활용하는 게임을 주로 만들지는 않았지만 이용자들이 장시간에 걸쳐 몰입하면서 다른 사람들과 상호 작용하는 게임이라는 세계 자체가 일종의 메타버스라는 것이다. 이번 인수에 대해 뉴욕타임즈는 "사람들이 점점 더 많은 시간을 디지털 세상에서 보낸다는 데 크게 베팅하는 것"이라고 평가했다.

MS는 이미 여러 곳의 게임사를 인수한 바 있다. 대표적인 메타버스 게임으로 꼽히는 '마인크래프트'를 만든 모장을 2014년 인수했고 2년 전에는 '둠' 제작사도 인수했다. 이날 사티아 나델라 MS 회장 겸 최고경영자(CEO)는 "지금 게임은 모든 플랫폼에서 가장 역동적이고 흥미로운 엔터테인먼트 분야이고 메타버스 플랫폼 개발에 핵심적인 역할을 할 것"이라고 밝혔다.

+ 메타버스로 불붙은 게임 인수전

IP 확보를 통해 향후 3차원 가상공간 '메타버스' 플랫폼 경쟁에서 앞서나가기 위해 글로벌 기업 간의 게임업체 인수전이 불붙었다. 마이크로소프트(MS)의 액티비전 블리자드 인수 소식이 나오자 최대 경쟁사인 소니도 유명 슈팅게임 '헤일로', '데스티니'를 개발한 게임업체 번지를 인수하며 맞불을 놨다. 앞서 1월 10일에는 게임 'GTA'로 유명한 대형 게임회사 테이크투 인터랙티브가 미국의 소셜네트워크 게임 개발업체 징가를 127억달러에 인수할 예정이라고 발표하기도 했다.

이러한 인수전은 메타버스 속에서는 대체불가능토큰(NFT)의 활용도 점쳐지면서 IP를 다수 보유한 플랫폼이 시장을 선점할 수밖에 없는 구조이기 때문이다. 사티아 나델라 MS 최고경영자는 블리자드 인수와 관련해 "게임이 메타버스 플랫폼 개발에서 핵심적 역할을 할 것"이라며 단순 콘텐츠 사업뿐 아니라 메타버스로 확장하는 발판임을 분명히 했다.

POINT 세 줄 요약

❶ 마이크로소프트(MS)가 미국의 대형 게임업체 액티비전 블리자드를 687억달러에 인수했다.
❷ MS가 블리자드를 인수한 이유는 메타버스 때문이다.
❸ 게임은 가상공간에서 메타버스를 구현하는 데 있어서 가장 선두에 서 있는 산업으로 평가된다.

KAIST '초안정 마이크로파' 발생 기술 개발

▲ 광학 칩과 광섬유 기반 초안정 마이크로파와 광 펄스를 발생하는 기술의 개요도 및 응용 분야 (자료 : KAIST)

국내 연구진이 광학 칩과 광섬유를 이용해 기존 ■**마이크로파**보다 월등한 성능을 갖춘 초소형 마이크로파 발생 기술을 개발했다. 한국과학기술원(KAIST)은 김정원 기계공학과 교수와 이한석 물리학과 교수 공동연구팀이 손바닥만 한 초소형 장치로부터 2조 분의 1 수준의 주파수 안정도를 가진 초안정 마이크로파를 발생하는 기술을 개발했다고 1월 26일 밝혔다.

최근 초소형 **마이크로파 공진기**(공진현상을 이용해서 특정 주파수의 파나 진동을 끌어내기 위한 장치)**를 이용해 광 펄스**(pulse : 극히 짧은 시간 동안 큰 진폭을 내는 파동)**를 생성하는 마이크로콤 기술**이 발전하고 있다.

마이크로콤은 광 펄스가 나오는 속도를 테라헤르츠(THz : 1초에 1조 번 진동)까지 높일 수 있어 고주파 마이크로파나 밀리미터파 생성이 쉽고 시스템의 소형화가 가능해 다양한 정보통신기술 시스템의 대역폭 향상과 성능 개선에 도움을 줘 5G·6G 통신, 전파망원경, 레이더, 양자 센서 등은 물론 새로운 천체 관측 등에 적용이 기대된다.

마이크로콤은 이론상 **펨토초**(1000조 분의 1초) 수준의 펄스 간 시간 오차를 가지지만 조형 소자의 특성상 주변 환경에 따라 쉽게 변해 그 성능을 유지하는 데 어려움이 있었다. 연구진은 이 문제를 해결하기 위해 광섬유를 이용해 마이크로콤의 주파수를 안정시키는 기술을 개발했다. 광섬유는 안정도가 우수하면서도 부피가 작고 가벼우며 가격도 저렴한 장점이 있다.

연구진은 그 결과 생성된 마이크로파의 시간 오차를 상용 중인 고성능 신호 발생기보다 6배 이상 향상된 수준으로 낮출 수 있었다. 주파수 안정도는 2조 분의 1 수준까지 낮출 수 있었다.

이 기술을 이용하면 기존 마이크로파 발생 기술보다 위상잡음 수준과 주파수 안정도가 월등히 우수한 마이크로파를 휴대전화 크기 면적의 작은 장치로부터 생성할 수 있다. 이를 통해 향후 5G·6G 통신, 전파망원경을 이용한 천체 관측, 군용 레이더, 휴대용 양자 센서 및 초고속 신호 분석 기술 등 다양한 분야에서 획기적인 성능 향상이 기대된다.

대표적인 예로서 높은 주파수와 낮은 잡음을 가지는 마이크로파와 광 펄스를 사용하면 전파망원경의 관측 정밀도를 획기적으로 향상할 수 있어 기존에는 관측할 수 없었던 블랙홀의 ■**사건의 지평선**과 같은 새로운 천체 현상들을 탐사할 수 있을 것으로 기대된다.

■ **마이크로파 (microwave)**

마이크로파는 라디오파와 적외선 사이의 파장과 주파수를 가지고 있는 전자기파이다. 보통 파장이 1mm와 10cm 사이의 전자기 방사이다. 마이크로파는 레이더, 휴대전화, 와이파이(Wi-Fi), 전자레인지 등에 다양하게 사용되고 있다.

■ 사건의 지평선 (event horizon)

사건의 지평선(이벤트 호라이즌)은 외부에서는 물질이나 빛이 내부로 자유롭게 들어갈 수 있지만, 내부에서는 블랙홀의 중력을 빠져나오기 위한 속도가 빛의 속도보다 커야 하므로 원래의 곳으로 되돌아갈 수 없는 경계를 말한다. 사건의 지평선은 일반 상대성 이론에서, 그 내부에서 일어난 사건이 그 외부에 영향을 줄 수 없는 경계면이며 가장 흔한 예가 블랙홀의 바깥 경계면으로서 블랙홀 너머에서는 빛을 포함한 어떠한 정보도 관측할 수 없다.

스포티파이, 코로나 가짜뉴스 방치했다가 궁지

글로벌 음원 플랫폼 서비스인 스포티파이가 코로나19 가짜뉴스에 늑장 대처했다가 보이콧 역풍을 맞으며 궁지에 몰렸다. 캐나다 출신의 전설적 록 뮤지션인 닐 영은 지난 1월 24일 자신의 홈페이지에 **스포티파이 ■팟캐스트 '조 로건 익스피리언스'가 코로나19 백신에 대한 가짜뉴스를 유포하는 데 스포티파이가 이를 방치한다**면서 "조 로건의 가짜뉴스를 막지 않겠다면 내 음악을 전부 내려달라. 스포티파이는 나와 로건 중 양자택일해야 할 것"이라고 밝혔다.

코미디언 조 로건이 진행하는 방송은 매회 청취자가 1100만 명에 이르는 인기 팟캐스트다. 로건은 이 팟캐스트에서 "백신 접종 사망자가 폭증하고 있다. 백신을 맞으려는 사람들은 집단 정신병에 걸린 것"이라는 등의 발언을 쏟아내며 논란을 일으켰다. 닐 영의 촉구에 팟캐스트는 1월 26일 조 로건 익스피리언스를 중단하는 대신 닐 영의 음원을 모두 내렸다.

다니엘 에크 스포티파이 최고경영자(CEO)는 이번 결정에 대해 "조 로건이 말한 내용 중에는 나도 동의하지 않거나 불쾌한 것이 많지만 회사의 경쟁력 확보를 위해 필수적인 요소"라고 말해 여론의 분노를 부채질했다.

이후 **'포크록의 대모' 조니 미첼** 등 다른 음악인들도 닐 영을 지지하며 스포티파이 보이콧에 나섰다. 2월 4일 영국 일간지 텔레그래프는 오바마 전 대통령 부부도 스포티파이와 계약을 종료하는 것을 고려하고 있다고 보도했다. **오바마 대통령 부부는 자신들이 설립한 하이어 그라운드 오디오**를 팟캐스트로 제작하는 조건으로 2019년 스포티파이와 3년간 1억달러(약 1199억원)를 받는 계약을 체결한 바 있다. 오바마 대통령은 작년 4월부터 미국의 '국민가수' 브루스 스프링스틴과 함께 8개 에피소드로 구성된 팟캐스트를 진행했다.

유명인들의 이탈이 줄줄이 이어지자 스포티파이는 슬며시 논란이 된 팟캐스트 에피소드를 삭제한 것으로 드러났다. 2월 5일 외신에 따르면 조 로건 익스피리언스 중 70편이 삭제됐다. 한편, 유튜브가 음원 플랫폼 시장에서도 덩치를 불리는 가운데 애플과 아마존도 스트리밍 서비스를 통한 팟캐스트에 대한 투자를 늘리면서 스포티파이는 더 치열한 경쟁에 직면한 상황이다.

■ 팟캐스트 (podcast)

팟캐스트는 시청 또는 청취를 원하는 사용자들이 원하는 프로그램을 선택하여 자동으로 구독할 수 있도록 하는 인터넷 방송이다. 사용자가 다운로드하여 들을 수 있는 일련의 디지털 오디오 또는 비디오 파일이며, 구독에 자주 사용되므로 새로운 에피소드가 웹 신디케이션을 통해 사용자의 로컬 컴퓨터, 모바일 응용 프로그램 또는 포터블 미디어 플레이어에 자동으로 다운로드된다.

주로 MP3와 같은 미디어 파일을 웹에 올리고 RSS 파일의 주소를 공개하는 방식으로 배포한다. 팟캐스트가 다른 온라인 미디어와 다른 점은 사용자가 매번 미디어를 선택하거나 찾아 들어가는 방식이 아닌 구독 방식으로 이루어진 점이다. 독립 제작자들은 팟캐스트를 통해 자신만의 라디오 프로그램을 만들고 청취자들은 팟캐스트 구독 플랫폼을 통해 정기적으로 프로그램을 다운로드해 청취할 수 있다.

국내 음원 플랫폼 월간 이용자 수 순위 (2021년 6월 기준·자료 : 모바일인덱스)

순위	플랫폼	월간 이용자 수(단위 : 만 명)
1	멜론	878
2	지니뮤직	506
3	유튜브뮤직	375
4	플로	299
5	바이브	90
6	벅스	60
7	스포티파이	33

기출복원문제 2017 KBS 라디오 PD

팟캐스트와 네이버 오디오클립과 같은 오디오 콘텐츠가 늘어가고, 유튜브 등과 같은 뉴미디어 플랫폼 기반의 1인 방송의 영상매체가 인기를 끌고 있다. 기존 플랫폼인 라디오의 역할과 의미에 대해 쓰고, 다채널의 KBS 라디오 전략과 뉴미디어 전략이 병행하는 방법에 대해 쓰시오. (논술)

삼성전자 언팩 2022에서 갤럭시 S22 공개

삼성전자는 2월 10일 온라인을 통해 '삼성 갤럭시 언팩 2022' 행사를 열고 신형 주력 스마트폰 시리즈인 갤럭시 S22(Galaxy S22)를 공개했다. 갤럭시 S22 시리즈는 각각 6.1형과 6.6형 디스플레이를 탑재한 S22와 S22+, 6.8형으로 갤럭시 노트 시리즈를 계승한 S22 울트라 3종으로 출시됐다.

▲ 갤럭시 S22 울트라

삼성전자에 따르면 갤럭시 S22 시리즈는 전작 대비 커진 이미지센서와 인공지능(AI) 기술 기반의 '나이토그래피(Nightography)'로 혁신적인 동영상 촬영을 지원하는 게 특징이다. **나이토그래피 기술은 어두운 환경에서도 더 많은 빛을 흡수해 다양한 색상과 디테일을 선명하게 표현**해준다.

업계 최초로 ■NPU(신경망프로세서) 성능을 갖춘 4nm(나노미터) 프로세스를 탑재했다. 갤럭시 S22 울트라는 S 시리즈 최초로 갤럭시 노트를 대표하는 'S펜'을 내장했다. 또한 버려진 어망과 PCM(Post-Consumer Materials·소비 후 재료)을 재활용한 소재를 부품으로 재활용하며 친환경 비전인 '지구를 위한 갤럭시' 달성을 위한 노력을 보여줬다.

삼성전자 MX사업부장 노태문 사장은 "갤럭시 S22 시리즈는 혁신적인 카메라와 역대 최고 성능으로 사용자들이 창작하고 공유하며 소통하는 데

최상의 선택이 될 것"이라면서 "특히 갤럭시 S22 울트라는 갤럭시 노트와 갤럭시 S를 결합해 독창적인 모바일 경험을 제공할 것"이라고 밝혔다. 갤럭시 S22 시리즈는 2월 25일부터 전 세계 시장에 순차적으로 출시된다.

■ **NPU (Neural Processing Unit)**

NPU는 뇌처럼 정보를 학습하고 처리하는 프로세서로 신경망프로세서, 신경망처리장치 등으로 불린다. NPU는 수많은 신경세포와 시냅스로 연결돼 신호를 주고받으며 동시에 여러 작업을 수행하는 사람의 뇌와 유사하게 작업을 진행한다. 기존 중앙처리장치(CPU)와 애플리케이션프로세서(AP : CPU를 포함해 다양한 기능이 하나의 칩으로 통합된 형태)에 비해 연산 속도도 대폭 개선됐다.

NPU는 여러 개 연산을 실시간으로 처리하며 축적된 데이터를 기반으로 스스로 학습해 최적의 값을 도출해낸다. 컴퓨터가 사람처럼 학습하고 판단하는 딥러닝과 인공지능(AI) 구현에 최적화된 기술로 일명 AI 칩이라고도 한다.

금속구슬 굴려 단원자 촉매 합성기술 개발

울산과학기술원(UNIST)은 금속 구슬을 굴리는 간단한 공정으로 **단원자 ■촉매**(SACs, Single Atom Catalysts)를 합성하는 신기술을 개발했다고 2월 11일 밝혔다. 촉매는 화학 반응을 촉진하는 물질로 산업 전반에 널리 사용되고 있는데 촉매 물질은 우수한 성능과 안정성이 요구돼 백금과 같은 귀금속으로 만든다.

그러나 **귀금속 촉매는 가격이 비싼 단점이 있어 고가 희귀 금속 원료를 적게 쓸 수 있는 단원자 촉매 기술이 차세대 촉매 기술로 주목**받고 있다.

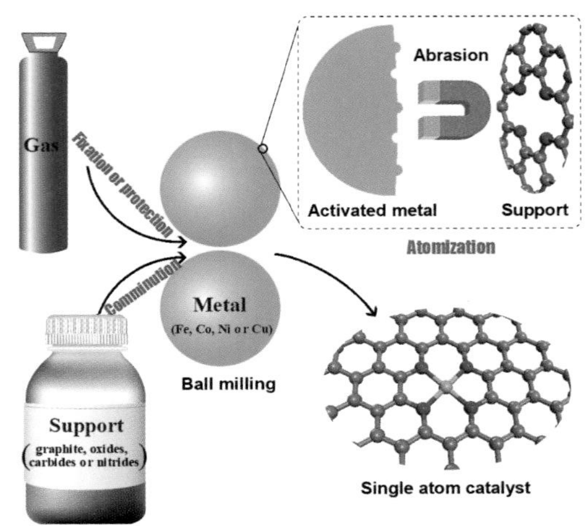

▲ 단원자 촉매 제조 모식도 (자료 : UNIST)

UNIST에 따르면 백종범 에너지화학공학과 교수 연구팀은 용기 안에서 금속 구슬을 충돌시키는 기술인 볼 밀링(ball−milling)을 이용해 단원자 촉매를 제조하는 데 성공했다.

연구팀은 용기에 금속 구슬과 질소 가스, 지지체를 넣고 돌려 단원자 촉매를 합성하는 방식을 개발했다. 금속 구슬이 서로 강하게 충돌하면 표면이 압축과 팽창을 반복해 활성 상태가 되고 이 때 지지체로 활성화된 금속을 잡아당겨 금속 원자가 쉽게 분리되도록 하는 원리다.

일반적인 촉매 합성 방식에는 환경오염 우려가 있는 유기 액체를 쓰는데 이 합성법은 일산화탄소나 염소가스 등 유해 물질은 물론 물조차 필요하지 않아 친환경적이고 경제적이라고 연구팀은 밝혔다. 또한 금속 구슬의 원료만 바꾸면 다양한 종류의 단원자 촉매를 합성할 수 있고 용기 회전 속도와 지지체 양, 반응 시간을 조절해 지지체에 고정되는 금속량도 쉽게 조절할 수 있다.

백종범 교수는 "기존 단원자 촉매 합성의 문제점

을 한 번에 해결할 수 있는 합성법"이라면서 "향후 다양한 산업에 응용하면서 수소 경제와 탄소중립 사회 실현에도 크게 기여할 수 있을 것"이라고 말했다. 이 연구 결과는 나노 공학 분야 학술지인 '네이처 나노테크놀로지' 2월 10일자에 공개됐다.

■ **촉매 (觸媒, catalyst)**

촉매는 반응 과정에서 변하거나 소모되지 않으면서 반응 속도를 빠르게 만드는 물질을 말한다. 촉매는 반응에 참여하지만 소모되지 않기 때문에 소량만 있어도 반응 속도에 영향을 미칠 수 있다.

촉매는 균일계 촉매와 불균일계 촉매로 나눌 수 있다. 균일계 촉매는 기체나 액체처럼 촉매가 반응물과 같은 상으로 존재하는 촉매이다. 비균일계 촉매는 촉매와 반응물이 다른 상으로 존재하는 촉매로서 이를테면 촉매는 고체이고 반응물은 액체나 기체인 경우를 들 수 있다. 효소와 그 밖의 생물 촉매를 제3의 분류로 간주하는 경우도 있다.

기출복원문제 2021년 동대문구 시설관리공단

뼈에 존재하면서 단백질을 합성하며 탄수화물 대사 과정에서 촉매 역할을 하는 원소는?

① 인 ② 질소
③ 칼슘 ④ 마그네슘

정답 ④

핵융합으로 5초간 '인공태양' 구현

영국 핵융합에너지청(UKAEA)에서 2월 13일 핵융합 에너지를 종전 실험보다 두 배 넘게 만드는 데 성공한 획기적인 실험 결과를 발표했다. 연구진은 작년 12월 UKAEA의 세계 최대 핵융합 연구장치 제트(JET)를 5초간 운전해서 59MJ(메가줄)의 에너지를 생성하고 최근 그 결과를 발표했다.

핵융합 발전은 태양과 같은 별이 에너지를 내뿜을

때 사용하는 원리와 같아서 '인공태양'으로 불린다. 핵융합발전은 탄소 배출이 없고 원전과 달리 방사성 폐기물과 연쇄 반응이 없어서 안전하다는 점에서 기후변화 해법으로 꼽힌다. 주 연료가 바닷물과 소량 리튬뿐이라 자원 고갈에도 대응할 수 있다.

이번 실험 결과가 희망적이기는 하지만 상용화와는 아직 거리가 먼 미미한 수준이라는 평가다. 다만 유로퓨전 컨소시엄의 토니 던 박사는 이날 성명에서 "5초 동안 유지한 핵융합을 앞으로 5분으로 늘리고, 미래에는 5시간으로 유지할 수 있는 가능성이 확인됐다"고 평가했다.

영국의 제트보다 규모가 더 큰 국제핵융합실험로(■**ITER**)도 프랑스 남부 지역에 건설 중이다. 220억달러가 투입된 ITER 프로젝트는 한국, 미국, 중국, 유럽연합(EU) 등 7개국 공동 사업으로 2025년 핵융합 실험 개시를 목표로 한다.

■ **ITER (International Thermonuclear Experimental Reactor)**

ITER(국제핵융합실험로)은 핵융합에너지 대량 생산 가능성을 실증하기 위해 EU·한국·중국·인도·일본·러시아·미국 등 7개국이 공동으로 개발·건설·운영하는 프로젝트를 말한다. 1980년대 후반부터 국제원자력기구(IAEA)의 지원하에 진행하고 있으며, 10년 이상의 설계 과정을 거쳐 2007년 건설하기 시작했다.
ITER 건설비용은 프랑스 등 EU 회원국이 현물과 현금으로 45.46%를 분담하고 한국·중국·인도·일본·러시아·미국 등 6개국이 9.09%씩 분담하고 있다. 회원국들은 이 사업을 통해 창출되는 모든 지식재산권 등을 100% 공유하게 된다.

까다로운 중고폰 보상, 확 바뀐다..갤럭시 S22부터 적용

그동안 보상조건이 까다롭고 계약조건이 이용자에게 불리하다는 지적이 잇따랐던 이동통신사 중고폰 보상 프로그램 제도가 개선된다. 방송통신위원회는 이동통신사업자가 운영하고 있는 '중고폰 보상 프로그램'의 이용자 피해는 방지하고 혜택은 확대하기 위해 제도개선 방안을 마련했다고 2월 15일 밝혔다.

중고폰 보상 프로그램은 특정 단말기를 48개월 할부로 구매하면서 24개월 이후 동일 제조사의 신규 단말기를 동일 통신사를 통해 구입 시 기존 단말기를 출고가의 최대 50%까지 보장해 주는 서비스이다.

그동안 유통 현장에서 **중고폰 보상 프로그램의 상품 내용과 실질 혜택 등에 대한 설명이 부족하다는 민원이 지속**되고, 보상 조건이 까다로워 이용자에게 불리하다는 지적이 따랐다.

이에 방통위는 지난해 9월부터 이통 3사와 연구반을 운영해 논의한 결과, ▲고지 강화 ▲보상률 및 보상 단말기 확대 ▲보상기준 명확화 및 절차 개선 등을 골자로 하는 제도개선 방안을 마련했으며, 2월 22일 사전 개통되는 갤럭시 S22부터 적용하기로 했다.

반납 시기와 단말 상태에 따라 보상률이 달라지고 가입 안내 SMS에 반납 시기별 보상률과 가입 후 7일 이내 취소가 가능하다는 사실도 고지에 포함토록 했다. 기기 변경 시 선택할 수 있는 단말기도 확대하도록 했다.

또 이용자 권리 실행 기간을 30개월 이내로 줄이고 최소 보상률은 30% 이상을 보장하고, 이용자에게 권리실행 안내 SMS 발송 횟수를 늘리도록 했다. 수리 후 보상이 가능한데도 반납 불가로 안내하는 등의 불편 사항도 개선하기로 했다.

방통위는 이용자가 수리 후 반납을 원할 경우 원칙적으로 수리 비용을 차감한 후 보상하도록 절차를 개선했다. 통신사별 차감 기준이 다른 점을 고려해 용어와 차감 분류체계 등도 일원화하도록 했다.

한상혁 방통위원장은 "이번 개선을 통해 이용자들이 중고폰 보상 프로그램의 가입 조건을 이해하고 가입하게 돼 이용자 피해는 예방되고 혜택과 편익이 강화될 것으로 기대한다"고 말했다.

+ 늘어나는 스마트폰 수명, 커지는 중고폰 시장

스마트폰 수명이 점점 길어지면서 중고폰 시장이 점차 커지고 있다. 해마다 새 모델은 나오지만 눈에 띄는 성능 향상이 없기 때문에 소비자들이 100만원이 넘는 돈을 들여 스마트폰을 자주 바꿀 이유가 줄고 있기 때문이다. 기업들도 이런 흐름에 대응해 운영체제 업그레이드 횟수를 늘리거나, 중고폰 시장 진출을 꾀하고 있다. SK네트웍스는 2019년 중고폰 전문기업 금강시스템즈 지분 20%를 인수하며 '민팃' 브랜드로 시장에 진입했다. KT는 지난해 9월 중고거래 플랫폼 번개장터와 제휴를 맺고 중고폰 브랜드 '민트폰'을 선보였다. KT 유통전문 자회사 KT M&S는 중고폰 거래 플랫폼 '굿바이'를 지난해 10월 런칭했다.

지난해 랜섬웨어 피해 76%↑… 올해도 지속 증가

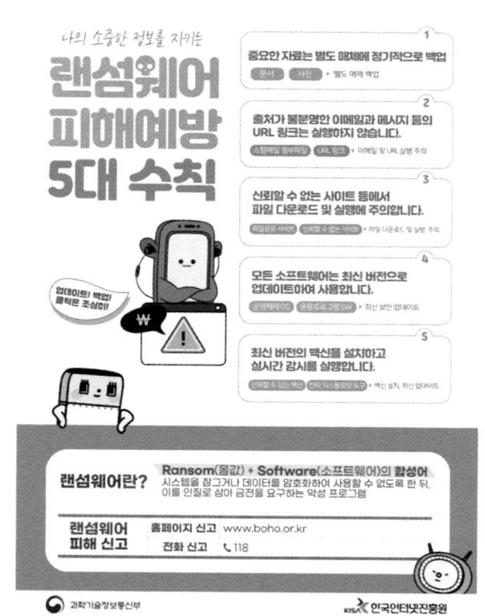

▲ 랜섬웨어 피해예방 5대 수칙 (자료 : 한국인터넷진흥원)

지난 2월 9일 과학기술정보통신부(과기정통부)와 한국인터넷진흥원은 데이터를 쓸 수 없게 암호화한 뒤 금전을 요구하는 '■**랜섬웨어** 침해사고'가 증가하고 있다며 주의를 당부했다. 과기정통부에 따르면 지난해 과기정통부에 접수된 **랜섬웨어 해킹 피해 신고는 223건으로 재작년 127건보다 76% 늘었다.**

지난 1월 한 달 동안 접수된 랜섬웨어 피해 신고 건수도 19건을 기록했다. 최근 3년간 1월에는 평균적으로 5건의 랜섬웨어 피해 신고가 접수된 것과 비교하면 올해는 피해 사례가 3.8배 늘었다.

신고 분석 결과 상대적으로 보안 투자 여력이 부족한 중소기업의 피해가 전체의 92%에 달했다. 서울 외 지역에서의 피해가 전체의 64%를 차지했다. 유형별로는 내부 직원 등으로 위장해 출처 불명의 URL을 클릭하게 유도하거나, 공공기관을 사칭해 연말정산 정보 등 첨부파일을 실행하게 유도하는 경우가 많았다.

과기정통부는 한국인터넷진흥원과 함께 주요 기관·기업을 대상으로 랜섬웨어 침해사고 주의보를 발령한 상황이다. 오는 4월부터는 중소기업이 데이터를 백업할 수 있는 '데이터 금고(백업)' 사업을 실행한다.

홍진배 과기정통부 정보보호네트워크정책관은 "랜섬웨어에 감염된 데이터는 복구가 사실상 불가능하기 때문에 자료의 정기적 백업과 보안 업데이트 등 예방이 최선"이라며 "출처가 불명확한 이메일 열람, URL 클릭, 첨부파일 실행 시 주의가 필요하다"고 말했다.

■ **랜섬웨어 (ransomware)**

랜섬웨어는 몸값을 의미하는 '랜섬(ransom)'과 제품을 의미하는 '웨어(ware)'의 합성어로, 사용자의 컴퓨터 시스템에 침투하여 중요 파일에 대한 접근을 차단하고 금품을 요구하는 악성 프로그램을 말한다. 랜섬웨어는 이메일, SNS, 메신저 등을 통해 전송된 첨부파일을 실행했을 때 감염될 수 있다. 랜섬웨어를 유포한 해커들은 파일을 열 수 있게 해준다는 조건으로 돈을 요구하는데 보통 돈을 지불해도 파일 복구가 어려운 경우가 대부분이다.

기출TIP 2021년 KBS 필기시험에서 랜섬웨어를 묻는 문제가 출제됐다.

SK바이오사이언스 제조 노바백스 백신 첫 출하

SK바이오사이언스가 위탁 생산하는 코로나19 ■**노바백스 백신**이 2월 9일 첫 출하됐다. SK바이오사이언스는 이날 노바백스 백신 29만2000회분을 출하했으며, 이달 중 약 200만 회분을 내놓을 예정이다. 또 정부의 예방 접종계획 등을 고려해 순차적으로 4000만 회분을 국내에 공급할 예정이다.

권덕철 보건복지부 장관은 **"노바백스 백신은 국내 기업이 원액부터 완제까지 생산한 백신"**이라며 "노바백스 백신의 국내 공급은 아스트라제네카(AZ), 모더나에 이어 국내에서 생산한 코로나19 백신을 우리 국민에게 접종하는 3번째 사례"라고 의미를 설명했다.

노바백스 백신은 지난 1월 12일 '뉴백소비드'라는 이름으로 식품의약품안전처의 품목 허가를 받았고, 2월 8일 출하 승인이 남에 따라 9일 국내 도입이 시작됐다. 정부는 의료기관·요양병원 입원환자나 요양시설 입소자, 재가노인·중증장애인 등 고위험군 미접종자를 위한 요양병원·시설 내 자체·방문접종에 노바백스 백신을 우선 활용하기로 했다.

또 1·2차 접종을 화이자, 모더나 등 메신저리보핵산(mRNA) 백신이나 아스트라제네카 등 바이러스벡터 백신으로 받았으나 의학적 사유로 이러한 백신을 추가로 맞기 어려운 사람에게는 예외적으로 노바백신으로 교차접종이 가능하게 할 방침이다.

■ **노바백스 백신 (novavax vaccine)**

노바백스 백신은 최초의 합성항원 방식 코로나19 백신으로, 인플루엔자(독감), B형 간염, 자궁경부암 등 기존 백신에서 장기간 활용된 플랫폼을 기반으로 한다. 냉장 조건에서 보관할 수 있어 기존 백신 물류망으로 유통할 수 있으며, 접종 단계에서 해동 과정이 필요하지 않아 사용이 편리하다.

국내에서 유통되는 백신 종류 및 특징

구분	특징
화이자	• 정식 명칭 : 코미나티주 • mRNA 백신 • 유통이 어려움
모더나	• 모더나코비드-19백신주 • mRNA 백신 • 세계 최초 FDA 긴급 사용 승인
얀센	• 코비드19백신얀센주 • 바이러스 벡터 백신 • 1회 투여
아스트라제네카	• 한국아스트라제네카코비드-19백신 • 바이러스 벡터 백신 • 비영리 백신
노바백스	• 뉴백소비드프리필드시린지 • 유전자 재조합 백신 • 국내 생산 가능

분야별
최신상식

스포츠
엔터

한국 축구, 10회 연속 월드컵 본선 진출 위업

+ 월드컵 개최 현황 (2000년대 이후)

▲2002년 한일 월드컵(우승국:브라질·한국 성적:4위)→▲2006년 독일 월드컵(이탈리아·17위)→▲2010년 남아프리카 공화국 월드컵(스페인·15위)→▲2014년 브라질 월드컵(독일·27위)→▲2018년 러시아 월드컵(프랑스·19위)

세계 6번째 대기록

한국 남자 축구 대표팀이 10회 연속 국제축구연맹(FIFA) 월드컵 본선 진출이라는 위업을 달성했다. **포르투갈 출신 파울루 벤투** 감독이 이끄는 대표팀은 2월 1일 아랍에미리트(UAE) 두바이의 라시드 스타디움에서 열린 시리아와의 2022 카타르 월드컵 아시아 최종예선 조별리그 A조 8차전에서 2-0으로 승리를 거뒀다.

후반 8분 김진수(전북)가 헤딩 결승골을 터뜨렸고 후반 26분 권창훈(김천)이 추가 골로 쐐기를 박았다. 이로써 최종예선에서 6승 2무(승점 20) 무패 행진을 이어간 대표팀은 남은 2경기에서 모두 지더라도 최소 A조 2위를 확보하게 돼 카타르 월드컵 본선행을 확정했다.

한국은 1986년 멕시코 대회부터 **10회 연속 월드컵 본선 진출에 성공하면서 브라질, 독일, 이탈리아, 아르헨티나, 스페인에 이어 전 세계 6번째 10회 연속 본선행**이라는 대기록을 달성했다. 첫 출전한 1954년 스위스 대회를 포함하면 통산 11번째 월드컵 본선 진출 성공이다.

브라질은 1930년 열린 제1회 우루과이 대회부터 올해 카타르 대회까지 한 번도 거르지 않고 22회 연속 월드컵 본선에 진출해 5번이나 정상에 올랐다. 독일은 18회 출전해 4번 우승을 차지했다. 이어서 이탈리아가 14회 출전해 4번 우승, 아르헨티나가 13회 출전해 2번 우승, 스페인이 12회 출전해 1번 우승에 성공했다.

벤투 감독, 경질론 딛고 역대 최장수 사령탑

한국 축구 대표팀 감독직은 '독이 든 성배'라고 불렸다. 기대를 모으며 부임했다가 성적 부진을 이유로 경질되는 경우가 잦아서다. 2014년 브라질 월드컵과 2018년 러시아 월드컵 당시 대표팀은 본선까지 1년을 남겨둔 시점에서 감독을 교체하는 사태에 이르기도 했다.

벤투 감독은 2018년 8월 22일 대표팀 사령탑에 오른 뒤 현재 이례적으로 3년 6개월간 자리를 지키며 역대 최장수 감독 기록을 이어가고 있다. 월드컵 예선을 완주하며 본선 출전권을 따낸 것은 외국인 감독으로 최초다.

벤투 감독은 2018년 코스타리카와의 감독 데뷔전에서 2-0으로 승리했고 지난 시리아 경기까지 총 41차례 A매치를 이끌며 27승 10무 4패(74골·25실점)로 준수한 성적을 냈다.

하지만 위기도 있었다. 후방 ▪**빌드업**에 치중하는 벤투식 축구는 답답한 공격력이란 숙제를 남겼다. 59년 만에 정상 탈환이 간절했던 2019년 아시아축구연맹(AFC) 아시안컵에서 벤투호는 카타르와의 8강전에서 0-1로 패했다. 특히 지난해 3월 한일전 0-3 대패로 벤투 감독은 감독 생명이 위태로웠다.

하지만 그해 9월 '원정팀의 지옥'이라고 불리는 이란과의 원정 경기에서 1-1로 비긴 뒤 아랍에미리트(UAE), 시리아에 잇따라 이기며 분위기가 반전됐고 한국 축구는 오랜만에 월드컵 본선 티켓을 순조롭게 따냈다.

▪ **빌드업 (build up)**

빌드업이란 사전적 의미로 무엇인가를 쌓아올린다는 뜻으로, 축구에서는 상대의 압박을 무력화하고 공격을 전개하기 위한 일련의 움직임이나 패스워크 등 총체적인 과정을 일컫는 말이다. 상대 진영에서 공격 시 수적 우위를 점하려는 목적에 따라 여러 가지 빌드업 형태가 있을 수 있겠으나 일반적으로 빌드업은 정교한 숏패스 위주로 점유율을 높이는 축구 전술로 이해되고 있다.

POINT 세 줄 요약

❶ 한국 남자 축구 대표팀이 최종예선에서 시리아에 2-0으로 이기면서 카타르 월드컵 본선 진출에 성공했다.
❷ 이번 진출로 한국은 세계에서 6번째로 10회 연속 월드컵 본선 진출 성공이라는 대기록을 달성했다.
❸ 2018년 8월 대표팀 사령탑에 오른 벤투 감독은 역대 최장수 감독 기록을 이어가고 있다.

악플에 시달린...
배구 선수·BJ 잇단 사망

유명인이 악성 댓글과 루머에 시달리다가 극단적 선택을 한 소식이 잇달아 전해지면서 온라인 괴롭힘 문제를 이대로 방치해서는 안 된다는 비판과 성찰의 목소리가 나오고 있다. 특히 조회 수를 늘리기 위해 혐오를 확대 재생산해 온 이른바 ▪**사이버 렉카**들과 이들을 방치한 유튜브에 대한 비판도 집중되고 있다.

프로배구 남자부 삼성화재 소속 김인혁 선수가 2월 4일 자택에서 숨진 채 발견됐다. 그동안 SNS 악성 댓글에 시달렸던 김 씨는 신변을 비관하는 메모를 남긴 것으로 알려졌다. 고인은 지난해 8월 자신의 SNS에 "십 년 넘게 들었던 오해들, 무시가 답이라 생각했는데 저도 지친다"며 고통을 호소한 바 있다.

유튜브와 ▪**트위치**에서 활동해온 BJ잼미(본명 조장미)도 지난 1월 세상을 떠난 사실이 뒤늦게 알려졌다. 조 씨의 사망 배경에도 악플로 인한 우울증이 있었던 것으로 추정됐다. 2년 전 조 씨의 어머니도 악플로 극단적 선택을 했던 바 있어 주변을 안타깝게 했다.

조 씨의 삼촌이라고 밝힌 유족은 조 씨의 아이디로 트위치에 접속해 "장미는 그동안 수많은 악성 댓글과 루머 때문에 우울증을 심각하게 앓았었고 그것이 (극단적 선택의) 원인이 됐다"고 밝혔다. 이어 온라인에 떠도는 각종 루머는 사실무근으로 허위사실 유포에 대해 법적 대응을 하겠다고 강조했다.

조 씨는 2019년 인터넷 방송을 시작해 트위치 구독자가 16만 명에 달할 정도로 인지도를 쌓았다. 하지만 방송 중 남성 혐오 제스처를 했다는 이유로 남성 누리꾼들의 악플 공격을 받으며 심적 고통을 호소해왔다.

한편, 유튜브 뻑가는 조 씨를 저격한 대표적인 사이버 렉카로 지탄을 받았다. **사이버 렉카끼리 서로를 저격하는 역(逆) 사이버 렉카까지 나타날 정도로 인터넷 방송 문화가 혼탁**한 가운데 유튜브 알고리즘은 이용자 체류 시간을 늘리는 데만 혈안이 돼 사이버 렉카 경쟁을 부추긴다는 비판을 받고 있다.

▪ 사이버 렉카 (cyber wrecker)
사이버 렉카는 교통사고가 나면 재빠르게 달려오는 렉카처럼, 온라인 공간에서 특정 사건사고나 논란이 터지면 빠르게 논란을 정리하여 소개하거나, 비판하는 영상을 올려 조회 수를 올리는 크리에이터를 말한다. 기본적인 사실 확인 없이 기성 언론 보도를 그대로 베껴 목소리를 덧씌워 영상을 만들고, 제작자의 주관적 생각을 덧붙여 근거 없는 루머를 유포하는 경우가 많아 큰 문제가 되고 있다.

▪ 트위치 (Twitch)
트위치는 미국 아마존닷컴이 운영하는 세계 최대의 인터넷 방송 중계 플랫폼이다. 게임 방송을 중심으로 다양한 실시간 방송 콘텐츠를 송출하고 있다. 현재 인터넷 방송 플랫폼의 절대 강자는 유튜브지만 트위치는 뛰어난 화질과 게임 콘텐츠에 특화된 방송으로 실시간 동영상 송출 분야에서 유튜브를 뛰어 넘었다고 평가된다. 트위치는 광고 수익만 배분하는 유튜브와 달리 고정 후원을 통해 중견 스트리머를 안정적으로 확보하고 있다.

기출TIP 2021년 KBS와 아이뉴스24에서 사이버 렉카를 묻는 문제가 출제됐다.

프로배구 여자부 전격 중단

▲ 2월 11일 페퍼저축은행과 흥국생명 경기 이후 리그가 중단됐다. (자료 : KOVO)

한국프로배구 V리그가 코로나19 덫에 걸려 2월 12일부터 20일까지 9일 동안 쉼표를 찍는다. 2월 11일 **KGC인삼공사와 한국도로공사에 코로나19 확진자가 추가로 발생**하면서, 두 팀은 경기 진행 기준인 '출전 가능 선수 12명'을 채우지 못했다.

한국배구연맹(KOVO) 코로나19 대응 매뉴얼 '확진자 발생에 따른 리그 운영 방침' 3항은 '관계자 집단 감염으로 리그 정상 운영이 불가할 시 리그 일시 중단을 검토한다'고 명시했다. 예로 든 상황이 '2개 구단 이상 출전 가능 선수 12명 미만 이거나 기타 집단 감염 등으로 정상 리그 운영이 불가할 경우'다.

여자부 2개 구단이 코로나19 확진자 발생으로 출전 가능한 선수가 12명 미만이 되면서 KOVO는 2월 12일 경기부터 리그 일시 중단을 결정했다. 경기는 21일 재개된다.

이날 오전 V리그 여자부 단장들은 2월 11일 '코로나19 긴급 대책회의'를 열고 V리그의 원활한 일정 소화를 위해 코로나19 매뉴얼을 따르기로 결의했다. 대책 회의가 끝나기 전까지 KOVO에 보고된 여자부 선수 확진자는 총 7명이었다.

현대건설에서 3명, KGC인삼공사와 한국도로공사에서 2명씩 확진 판정을 받아 모든 구단이 '보유 선수 12명' 기준을 충족하지 못한 상태였다. 이에 KOVO는 2월 9일 코로나19 확산 위험으로 열리지 못한 현대건설–한국도로공사전을 2월 14일 월요일에 편성했다. 하지만 곧 한국도로공사에서 '추가 확진자 5명 발생'을 보고했고, KGC인삼공사도 추가 확진자 소식을 전했다. 결국 KOVO는 코로나19 확산 방지를 위해 '리그 중단 기간'을 결정했다.

+ 코로나19로 직격탄 맞은 겨울 스포츠

배구, 농구 등 겨울 프로 스포츠가 코로나19 직격탄을 맞고 있다. 코로나19 확진자가 빠르게 증가하면서 연기되는 경기가 속출하고 있다. 선수 무더기 확진으로 여자배구가 2월 20일까지 중단된 가운데 남자배구도 비상이 걸렸다. 2월 14일 대한항공에서 무려 10명의 확진자가 나오며 리그 중단 위기에 처했다.

프로농구도 비상이다. 2월 15일 인삼공사, 케이티에서 각각 8명의 확진자가 나와 경기를 치를 수 없는 상황이 됐다. KBL은 중단 없이 최대한 일정을 소화하겠다는 입장을 고수하고 있어 불만이 나오는 상황이다.

'지금 우리학교는' 글로벌 흥행… 넷플릭스 1위

JTBC스튜디오의 산하 레이블 필름몬스터가 제작한 ■**넷플릭스** 오리지널 '지금 우리 학교는'이 차별화된 콘텐트 제작 역량을 인정받으며 전 세계를 대상으로 한국 좀비 드라마의 한 획을 그었다. 2월 11일 온라인 콘텐츠 서비스 순위 집계 사이트인 플릭스 패트롤에 따르면 '지금 우리 학교는'이 전날 기준으로 넷플릭스 전 세계 톱 10 TV 프로그램(쇼)' 부문에서 1위를 차지했다.

이는 **공개 하루 만에 정상을 차지한 후 13일 연속 1위 자리**를 지킨 것으로, '지옥'의 기록을 넘어서며 다시 한 번 한국 콘텐츠의 제작 능력을 세계인에게 어필했다. 우리나라는 물론 그리스, 멕시코, 브라질, 영국, 인도, 일본, 프랑스, 헝가리 등 42개국에서 1위를 기록하며 인기몰이 중이다. 또한, 공개 10일 만에는 넷플릭스 TV 비영어 부문에서 역대 시청 시간 순위 5위를 기록하며 신드롬을 이어갔다.

넷플릭스 시리즈 '지금 우리 학교는'은 좀비 바이러스가 시작된 학교에 고립되어 구조를 기다리던 학생들이 살아남기 위해 사투를 벌이는 이야기를 다루며 '하이틴 좀비 서바이벌'이라는 새로운 장르를 개척하며 호평을 얻었다. 주역들인 박지후, 윤찬영, 조이현, 로몬 등 배우들 역시 글로벌 팬층을 확보하며 인기 고공행진 중이다.

'K–좀비' 자리매김

'지금 우리 학교는'은 한복 입은 좀비들을 탄생시켰던 '킹덤'에 이어 교복 입은 좀비를 세상에 선보이며 'K–좀비'를 다시 한번 세계에 각인시켰다. 사실 2019년 '킹덤'이 나오기 전까지만 해도 좀비는 서양 작품의 전유물로 여겨졌지만, 이제 한국은 학원물과 좀비물을 결합한 변주를 능수능란하게 선보일 수 있는 나라로 자리매김했다.

실제 좀비 바이러스에 감염된 학생들이 그르렁 소리를 내고, 우두둑 소리를 내며 기괴하게 몸을 꺾는 움직임 등은 오랜 시간 좀비물을 만들어온 할리우드와 비교해도 큰 차이가 없을 정도다. 느릿느릿하게 움직이던 전통적인 좀비들과 달리 빠르고 역동적으로 움직인다는 점도 긴장감을 높인다는 평가를 받는 요소다.

미국 연예 매체 버라이어티는 "복도를 따라 팽팽하게 내달리는 미션, 강당을 미친 듯이 질주하는 장면들이 특별한 스릴감을 선사한다"고 언급했다.

■ **넷플릭스 (Netflix)**

넷플릭스란 인터넷 등을 통해 영화나 드라마를 볼 수 있는 미국의 온라인 동영상 스트리밍 서비스 회사를 말한다. 넷플릭스는 1997년 비디오와 DVD를 우편·택배로 배달하는 서비스로 시작하다가, 2007년부터 온라인 스트리밍 서비스를 시작했다. 넷플릭스는 월 사용료를 지불하면 영화나 드라마 등을 볼 수 있는 방식을 채택하고 있다. 2013년 넷플릭스 자체 드라마 '하우스 오브 카드'의 흥행으로 사업이 확장됐으며, 오늘날 세계 최대 유료 동영상 스트리밍 서비스로 자리잡았다.

LA 램스 수비의 승리, 22년만에 슈퍼볼 우승

▲ 2022 슈퍼볼 (자료 : NFL)

미국프로풋볼(NFL) **로스앤젤레스 램스**가 신시내티 벵골스에 극적인 역전승을 거두고 22년 만에 ▪**슈퍼볼** 정상에 올랐다. 램스는 2월 14일(한국시간) 미국 캘리포니아주 잉글우드의 소파이스타디움에서 열린 제56회 슈퍼볼에서 신시내티를 23-20으로 제압했다.

이로써 램스는 세인트루이스 시절인 2000년 1월 테네시 타이탄스를 23-19로 꺾고 창단 첫 우승을 차지한 이래 22년 만에 두 번째 슈퍼볼 우승의 감격을 누렸다.

지금까지 홈 경기장에서 개최된 슈퍼볼에 진출한 팀은 지난해의 탬파베이 버커니어스와 올해의 램스 딱 두 팀뿐이다. 54회까지 홈구장에서 슈퍼볼 경기를 치른 팀이 없었는데, 2년 연속으로 이런 사례가 발생한 것이다.

램스의 쿼터백 매슈 스태포드는 인터셉션 2개를 기록했지만, 터치다운 패스 3개를 곁들여 283야드를 던져 승리의 일등공신이 됐다. 특히 와이드리시버 쿠퍼 컵과의 호흡이 절묘했다. 컵은 경기 종료 직전 역전 터치다운을 포함해 2개의 터치다운을 찍고 스태포드와 함께 극적인 드라마를 썼다.

리그 최고의 수비수로 꼽히는 램스의 디펜시브 태클 에런 도널드도 이름값을 톡톡히 했다. 도널드는 경기 종료 직전 신시내티 쿼터백 조 버로우를 상대로 마지막 색(쿼터백이 볼을 소유한 상황에서 태클을 당하는 것)을 책임지며 승리의 숨은 주역이 됐다.

▪ **슈퍼볼 (Super Bowl)**

슈퍼볼이란 미국 프로미식축구 NFC 우승팀과 AFC 우승팀이 겨루는 챔피언 결정전을 말한다. 미국 최고의 스포츠 이벤트로 알려져 있으며, 주로 매년 2월 첫 번째 일요일에 슈퍼볼을 치른다. 슈퍼볼은 1967년부터 시작되었으며, 우승팀에는 '빈스롬바르디 트로피'를 수여한다.

슈퍼볼은 매년 1억 명 이상 시청할 정도로 세계 단일 스포츠 결승전 시청자 수 1위를 다투는 행사다. 이 때문에 슈퍼볼 하프타임 광고는 천문학적인 금액으로 책정돼 있으며, 새로운 상품을 처음 내보내거나, 화제의 영화 개봉작을 이때 개봉하는 경우가 많다.

차준환, 김연아 이후 8년 만에 피겨 '올림픽 톱5'

▪**피겨스케이팅** 남자 싱글 간판 차준환이 올림픽 피겨 도전사에 또 하나의 획을 그었다. 차준환은 2월 10일 중국 베이징 캐피털 실내경기장에서 열린 2022 베이징 동계올림픽 피겨스케이팅 남자 싱글 프리스케이팅에서 기술점수(TES) 93.59점, 예술점수(PCS) 90.28점, 감점 1점으로 총점 182.87점을 받으며 전체 5위 자리에 올랐다.

▲ 차준환 선수 (차준환 인스타그램 캡처)

한국 선수가 올림픽 피겨에서 5위 이내에 이름을 올린 건 김연아 이후 처음이다. 차준환은 2018 평창동계올림픽에서 자신이 기록한 한국 남자 싱글 올림픽 최고 순위(15위)도 훌쩍 경신했다. 아울러 지난 1월 국제빙상경기연맹(ISU) 피겨스케이팅 4대륙선수권대회에서 본인이 세운 한국 남자 싱글 공인 최고점(273.22점)도 넘어섰다.

경기를 마친 뒤 차준환은 "이번 올림픽이 나에겐 더 큰 경험이 될 것 같아 앞으로의 경기에서 더 좋은 결과를 만들어낼 수 있을 것 같다"며 4년 뒤 올림픽에 대해서는 "아직 먼 미래지만 앞으로도 계속 강한 선수로 성장해나가고 싶다. 더 싸우고 발전하면서 더 성장하고 싶다"라고 기대감을 드러냈다.

차준환, 한국 역사상 4대륙대회 우승

베이징 올림픽에 앞서 차준환은 1월 23일 **국제빙상경기연맹(ISU) 4대륙선수권대회에서 한국 남자 싱글 선수 최초로 금메달**을 목에 걸었다. 1999년부터 매년 열린 4대륙 대회에서 한국 남자 싱글 선수가 우승한 것은 물론, 메달을 획득한 것도 차준환이 처음이다.

미국과 일본 등이 이번 대회에 2진급 선수를 파견하면서 네이선 첸(미국), 하뉴 유즈루(일본) 등 정상급 선수들이 불참하기는 했지만, 차준환은 완성도 높은 연기를 선보였다.

■ **피겨스케이팅 (figure skating)**

피겨스케이팅이란 빙판 위에서 음악에 맞춰 스케이팅 기술을 선보이는 스포츠를 말한다. 피겨라는 명칭은 빙판 위에서 도형을 그리듯이 움직이는 것에서 유래했다. 1742년 영국에서 처음으로 피겨스케이팅 클럽이 설립되었으며, 1908년 런던 하계 올림픽에 정식 종목으로 지정되었다가 1924년 샤모니 동계 올림픽이 창설되면서 정식 종목으로 지정되었다. 올림픽에는 남녀 싱글과 혼성 페어, 혼성 아이스댄스, 팀 이벤트 등 5개 세부 종목이 치러진다.

KB스타즈, 여자농구 우승 확정

▲ 우승 확정한 KB스타즈 (자료 : WKBL)

여자프로농구 KB스타즈가 23승 1패로 정규리그 우승을 확정지었다. 역대 최소인 24경기 만에 달성한 것이다. KB는 1월 22일 충북 청주체육관에서 열린 삼성생명 2021~2022 여자프로농구 삼성생명과의 홈경기에서 75-69로 승리했다. 이날 승리로 이날까지 올 시즌 23승 1패인 KB는 남은 6경기 결과와 관계없이 정규리그 1위를 확정했다.

단일리그가 도입된 2007~2008시즌 이후 24경기 만에 우승을 확정한 것은 KB가 처음이다. 종전 기록은 2016~2017시즌 우리은행의 25경기(24승 1패)였다. KB는 남은 6경기에서 모두 이기면 29승 1패로, 승률 96.7%를 기록하게 된다. 현재 최고기록은 2016~2017시즌 우리은행이 세운 94.3%(33승2패)다. 그러나 KB의 신기록 도전은 1월 26일 우리은행에 지며 좌절됐다.

KB가 우승할 수 있었던 요인 중 하나로 ■**자유계약선수**(FA) 강이슬의 영입이 꼽힌다. '국가대표 간판 슈터' 강이슬의 가세로 '국내 최고 센터' 박지수의 부담이 크게 덜어졌다. 박지수에 대한 상대 수비가 강이슬로 분산되면서 박지수의 활동 영역이 넓어졌다.

이날 경기에서도 강이슬의 활약이 빛났다. KB는 3쿼터 한때 53-31로 앞섰지만 박지수가 자리를 비운 사이 삼성생명에 추격을 허용했다. KB는 4쿼터 초반 3점 차까지 쫓겼으나 강이슬이 3점포에 이은 자유투 2개로 연속 5득점, 다시 63-55를 만들었고 '역대 최소 경기 우승'이라는 대기록을 세웠다.

한편, 여자농구 월드컵 최종예선 참가로 인해 여자 프로농구가 한 달 넘게 일정을 중단한 가운데 2군 리그인 퓨처스리그가 이를 대신한다. 이번 퓨처스리그는 코로나19 확산세에 따라 무관중 경기로 진행되며, 대회 전 경기는 네이버 스포츠와 유튜브 채널 '여농티비'를 통해 생중계 된다.

■ **자유계약선수 (FA, Free Agent)**

자유계약선수란 일정 기간 자신이 속한 팀에서 활동한 뒤 다른 팀과 자유롭게 계약을 맺어 이적할 수 있는 선수를 말한다. 자유계약선수가 되면 모든 구단과 선수계약을 체결할 수 있는 권리를 가진다. 해당 제도는 1976년 미국 프로야구에서 처음으로 도입됐다. 한국에서는 1999년부터 프로야구가 먼저 이 제도를 도입했다.

여자배구 현대건설 14연승 '역대 최다'

▲ 현대건설 배구단 (자료 : 한국배구연맹)

여자배구 현대건설이 GS칼텍스에 대역전승을 거두고 최다 연승 타이기록을 작성했다. 현대건설은 2022년 2월 4일 서울 장충체육관에서 벌어진 프로배구 도드람 2021~22 V리그 5라운드 원정경기에서 풀세트 접전 끝에 GS칼텍스를 상대로 세트 스코어 3-2(16-25 19-25 25-21 25-20 15-13)로 제압했다.

이날 승리로 14연승 행진을 이어간 현대건설은 시즌 26승(1패)으로 1위를 굳게 지켰다. **14연승은 여자배구 최다 연승 타이기록**이다. GS칼텍스가 2009~10시즌에, 이후 흥국생명이 2019~20시즌과 2020~21시즌 두 시즌에 걸쳐서 14연승을 거뒀다.

현대건설은 GS칼텍스를 맞아 1~2세트를 내주며 연승 행진이 끊길 위기를 맞았다. 그러나 3세트부터 GS칼텍스 레티치아 모마 바소코의 공격 성공률이 떨어지자 분위기를 바꿨다.

이후 정지윤이 공격의 활로를 찾았고 리그 최고의 센터 양효진이 중앙 속공과 ■**블로킹**에 시동을 걸며 25-21로 3세트를 따내 기사회생했다. 이어 4세트를 25-20으로 이기며 승부를 원점으로 돌린 현대건설은 마지막 5세트에서 13-13의 팽팽한 승부에서 야스민의 후위 공격과 상대 범실로 먼저 15점에 챙기면서 14연승에 성공했다.

■ **블로킹 (blocking)**

블로킹은 배구의 방어 기술이다. 1명 또는 그 이상의 전위 선수들이 팔을 뻗어 공이 네트를 건너오는 순간 막아내는 것이다. 블로킹으로 적의 공격을 효과적으로 저지하는 것을 유효 블록이라고 칭한다. 센터(미들 블로커) 포지션의 주 임무가 블로킹이며 자신뿐 아니라 좌우에 위치한 선수들을 통제하며 블로킹을 책임진다. 현대 배구는 빠른 세트 플레이를 중심으로 돌아가기 때문에 상대방의 세트 플레이에 기민하게 대응할 수 있는 좌우스텝과 부지런함을 가진 미들 블로커가 중시되고 있다.

도핑 논란의 발리예바, CAS, IOC 제소 기각

도핑 규정을 위반한 피겨스케이팅 신기록 제조기 카밀라 발리예바(러시아)가 2월 15일 베이징 동계올림픽 여자 싱글 경기에 출전했다. 스포츠중재재판소(CAS)는 2월 14일 도핑 위반 통보를 받은 러시아반도핑기구(RUSADA)가 발리예바의 징계를 철회한 것과 관련해 국제올림픽위원회

▲ 카밀라 발리예바 (자료 : 2022 베이징 올림픽 홈페이지)

(IOC), 세계반도핑기구(WADA), 국제빙상경기연맹(ISU)이 제기한 이의 신청을 기각했다.

이탈리아, 미국, 슬로베니아 법률가로 구성된 3인의 CAS 청문위원들은 2월 13~14일 이틀에 걸쳐 화상으로 청문회를 열어 발리예바, IOC, WADA, ISU, 러시아올림픽위원회(ROC), RUSADA 등 6자의 의견을 청취하고 숙고 끝에 **발리예바에게 올림픽 은반에 설 기회를 주기로 했다.**

CAS는 판결문에서 4가지 예외 조항을 들어 발리예바에게 잠정 자격 정지 처분을 내릴 수 없다고 판시했다. 먼저 발리예바가 만 16세 이하로 WADA에 규정된 정보공개 보호대상자이며 WADA나 RUSADA는 이런 보호대상자들을 위한 경징계 조항과 증거에 입각한 다른 기준 조항을 둔다고 거론했다.

이어 스포츠에서 공정, 과잉조처 금지, 회복할 수 없는 피해, 이해관계에서 상대적인 균형 등과 같은 근본 원칙을 고려할 때 발리예바가 이번 베이징 동계올림픽 기간 도핑 검사를 통과하지 못한 것도 아닌데, 올림픽 출전을 금지한다는 것은 지금 상황에서 그에게 회복할 수 없는 피해를 줄 수 있다고 판단했다고 설명했다.

이어 지난해 12월에 진행한 도핑 검사 결과가 이달 8일에야 통보된 것은 시기적으로 부적절하며, 이는 선수가 법적으로 자신을 방어할 능력을 침해했다고 덧붙였다. 도핑 검사 결과가 늦게 통보된 게 발리예바의 잘못이 아니라는 설명도 곁들였다. 다만 싱글 경기에 출전해도 발리예바의 성적과 순위를 확정하지 않기로 한 가운데 발리예바는 잇단 실수로 자멸했다.

+ 김연아 '원칙에 예외는 없어야'

'피겨퀸' 김연아가 자신의 SNS에 올린 세 문장이 팬들의 공감을 얻고 있다. 김연아는 2월 14일 SNS에 영어로 "도핑 규정을 위반한 선수는 경기에 출전할 수 없다. 이 원칙에는 예외가 없어야 한다. 모든 선수의 노력과 꿈은 공평하고 소중하게 여겨야 한다"고 썼다. 2010년 밴쿠버올림픽 금메달리스트인 김연아는 2014년 소치 대회에서는 '판정 논란' 끝에 아델리나 소트니코바(러시아)에게 금메달을 내줬다.

'파워 오브 도그', 오스카상 12개 부문 최다 후보

■ 제인 캠피온 감독의 넷플릭스 영화 '파워 오브 도그'가 2월 8일(현지시간) 미국 최고 권위 영화상인 아카데미상 최다 후보에 올랐다. 미국 영화예술과학아카데미(AMPAS)의 제94회 오스카상 후보 발표에서 **'파워 오브 도그'는 작품상과 감독상 등 가장 많은 12개 부문에 지명돼 1위를 차지**했다. 캠피온 감독은 영화 '피아노'(1993)에 이어 오스카 감독상 후보에 두 차례 오른 첫 여성으로 기록됐다.

'파워 오브 도그'는 20C 초 미국 서부 몬태나주 목장을 배경으로 하는 심리 스릴러물로 베니스영화제에서 감독상 수상작이다. 드니 빌뇌브 감독의 SF 영화 '듄'은 10개 부문 후보로 꼽혔다.

올해 작품상 10편 후보 가운데 온라인 스트리밍 서비스(OTT) 영화가 5편을 차지했다. 넷플릭스의 '파워 오브 도그'와 '돈 룩 업', HBO 맥스의 '듄'과 '킹 리처드', 애플TV 플러스의 '코다' 등이다.

코로나 사태로 스트리밍 콘텐츠가 인기를 끌었고 넷플릭스 영화 등은 2020년부터 오스카 레이스에서 두각을 나타냈지만, OTT 영화가 작품상을 받은 적은 아직 없다. AP 통신은 "올해는 스트리밍 서비스가 할리우드의 마지막 장벽 중 하나를 통과할 가능성이 어느 때보다 크다"고 전망했다.

■ 제인 캠피온 (Jane Campion, 1954~)

제인 캠피온은 뉴질랜드 출신의 영화감독이다. 대표작으로는 '피아노', '내 책상 위의 천사', '여인의 초상', '브라이트 스타', '파워 오브 도그' 등의 작품이 있다. 작품의 특징으로는 여성 영화적 시각이 내포된 주제의식과 회화적인 아름다움을 결합한 스타일이 꼽힌다. 특히 여성과 가족에 대한 묘사에 탁월한 식견을 가졌다고 평가받으며, 사회의 무시와 냉대 속에 무능력하다고 손가락질 받는 주인공들이 현실의 돌파구를 찾는 내용이 돋보인다.

분야별 최신상식

인물 용어

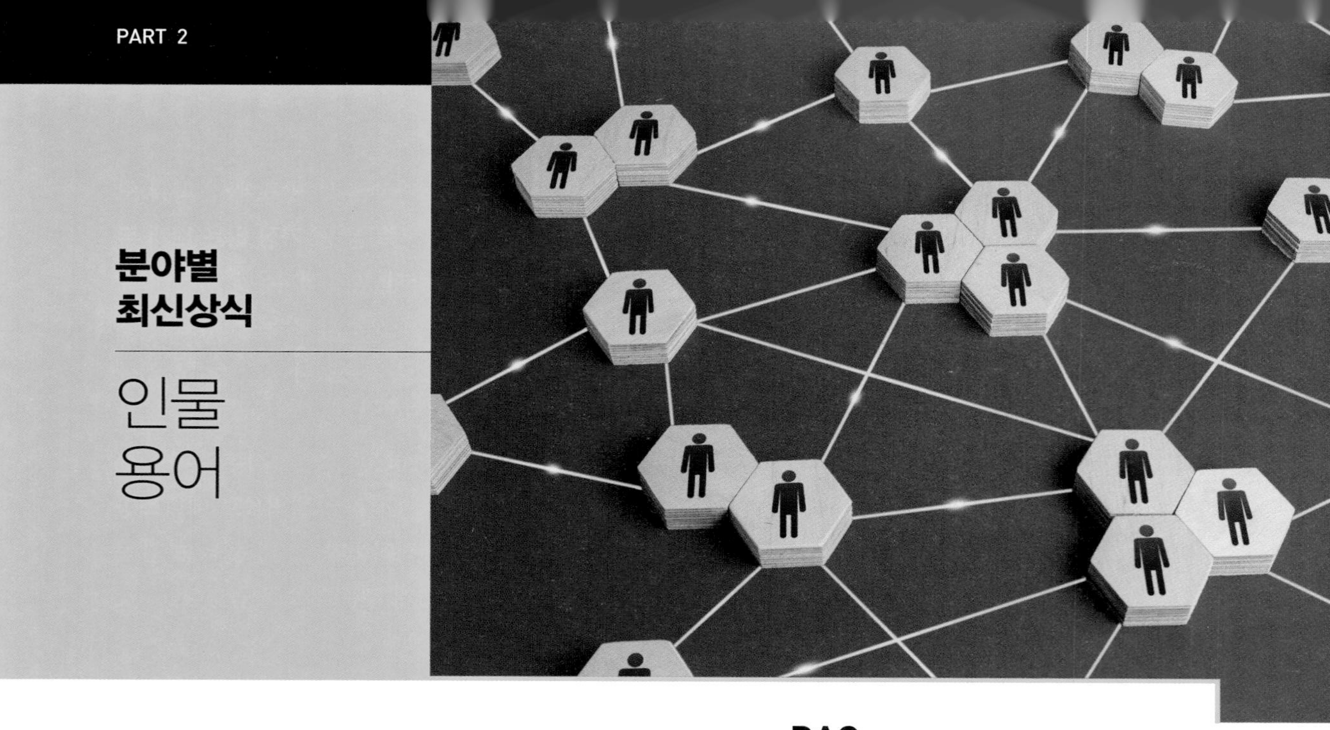

DAO

Decentralized Autonomous Organization

DAO(다오)란 **'탈중앙화된 자율조직'의 줄임말이며 블록체인 기술 중심의 가상화폐**(토큰)**로 재정을 충당하는 새로운 조직 형태**를 말한다. 조직 구성원은 블록체인에서 사용하는 토큰을 소유하며 토큰 보유량에 따라 조직 내 지분이나 참정권, 의결권을 결정한다. 대표나 관리자, 부서가 존재하는 전통적인 조직과 달리 개인들이 자유롭게 모여서 자율적으로 운용된다는 특징을 가진다.

DAO는 주요 의사결정을 스마트 콘트랙트(smart contract)가 결정하고 실행한다. 기존 조직에서는 소수의 운영주체가 임의로 규칙을 바꿀 가능성이 존재했으나, DAO는 코드에 계약 내용을 담고 이를 블록체인 네트워크를 통해 참여하는 다수의 당사자들이 승인하는 과정을 거친다. 서로가 누구인지 모르고 의사결정을 위한 중앙 조직이 없음에도 공동의 목표를 향해 집단적인 의사결정이 가능한 구조다. 이러한 특성 때문에 앞으로 탄생할 **메타버스 생태계의 프로토콜**로 DAO가 떠오르고 있다.

블록체인 기술은 코드 내에 계약의 내용을 담은 스마트 콘트랙트 개념으로 진화했다. DAO는 스마트 콘트랙트의 규칙에 따라 움직인다. 일단 스마트 콘트랙트 내에서 운용될 규칙을 사람이 코드로 짜 놓으면 이후부터는 컴퓨터가 자동으로 규칙을 실행한다.

라스트룩
last look

라스트룩은 **전자거래에서 거래요청을 받은 시장참가자가 해당 호가에 거래를 승낙하거나 거절할 최종 기회를 가지는 절차**를 가리킨다. 서울외환시장협의회는 지난해 12월 서면 방식 총회를 개최해 전자거래 도입에 발맞춰 '서울 외환시장 행동규범' 개정안을 의결했다. 개정안의 제27조 전자방식의 거래에서 라스트룩 사용을 의무적으로 사용해야 한다는 내용과 함께 "라스트룩 사용은 투명해야 하며 적절한 정보를 고객에게 제공하여야 한다"고 명시했다.

서울외환시장협의회는 또한 글로벌 외환시장의 전자화 추세나 서울 외환시장의 접근성 제고 필요성 등을 고려할 때 API(Application Programming Interface)를 활용한 대고객 전자거래의 도입 기반을 마련할 필요가 있었다며 개정 배경을 설명했다. API는 은행이 중개사에서 형성된 가격 정보를 받아 자체적인 가격 책정 시스템인 MMS(Market Making System)를 통해 생성한 호가를 실시간으로 기업에 제공할 수 있도록 한 플랫폼이다. 이미 글로벌 외환시장의 대세가 된 API에 기반한 전자거래가 서울 외환시장에도 안착할 수 있을지 관심이 높아지고 있다.

서울페이플러스

서울페이플러스(서울페이+)란 **서울시가 출시한, 핀테크를 활용한 스마트 생활결제플랫폼이다.** 모바일 간편결제부터 각종 행정서비스 신청, 생활정보 알림 등이 결합된 서비스이다. 서울시가 서울시민과 서울 소상공인을 위해 만든 앱이며 국내 최초의 '핀테크 활용 스마트 생활결제플랫폼'이다. 지난 1월 20일부터 플레이스토어(안드로이드), 앱스토어(iOS)에서 설치할 수 있다. 해당 앱에서는 서울사랑상품권 구매 및 결제, 정부 및 지자체 정책지원 서비스 신청·수령·결제, 각종 생활정보 알림 및 검색 등의 서비스를 제공받을 수 있다.

한편 상품권 판매대행사가 신한컨소시엄으로 바뀌는 과정에서 데이터 이관이 지연되면서 지난 1월 24일부터 27일까지 서울페이플러스에서 결제 오류가 발생해 소상공인 가맹점 피해가 속출했다. 이날까지 가맹점으로 접수된 민원 건수만 3884건으로 민원 대부분은 현장에서 결제가 발생해도 가맹점주가 결제 사실을 확인하기 어렵다는 내용이다. 서울페이플러스의 서울사랑상품권 결제 오류 대란 문제는 소송으로 비화할 조짐이다. 운영 주체인 서울시와 제로페이 운영사 한국간편결제진흥원은 책임 소재를 놓고 공방전을 벌이고 있다.

누산타라

Nusantara

▲ 인도네시아 국기

누산타라는 인도네시아의 새 수도 명칭이다. 누산타라는 자바어로 '군도(群島 : 많은 섬)'라는 뜻으로 인도네시아가 여러 섬으로 구성된 나라임을 상징한다. 인도네시아 의회는 지난 1월 **수도를 현재의 자카르타에서 보르네오섬 동(東) 칼리만탄으로 이전하는 법안을 통과시켰다. 조코 위도도 대통령은 새 수도 명칭 후보로 누산타라를 선택**했다. 인도네시아 정부 추산에 따르면 수도 이전 사업에는 320억달러(약 38조원)가 소요된다.

위도도 대통령이 2019년 8월 신수도 부지를 발표한 지 2년 6개월 만에 수도 이전이 성사됐다. 인도네시아 정부는 향후 25만6000헥타르($2560km^2$)의 산림 등을 개척하고 이 가운데 5만6000헥타르($560km^2$)만 수도 중심부로 건설해 2024년 1단계 이주를 목표로 하고 있다. 세계에서 가장 큰 도시 중 하나인 자카르타는 인도네시아 전체 인구의 60%가 집중돼 있어 인구 과밀과 급속한 확산으로 말미암아 혼잡과 공해가 매우 심하다. 또 무분별한 지하수 개발과 고층건물 급증 등에 따라 세계에서 가장 빠르게 가라앉는 도시 중 하나이기도 하다.

모지봇넷

Mozi botnet

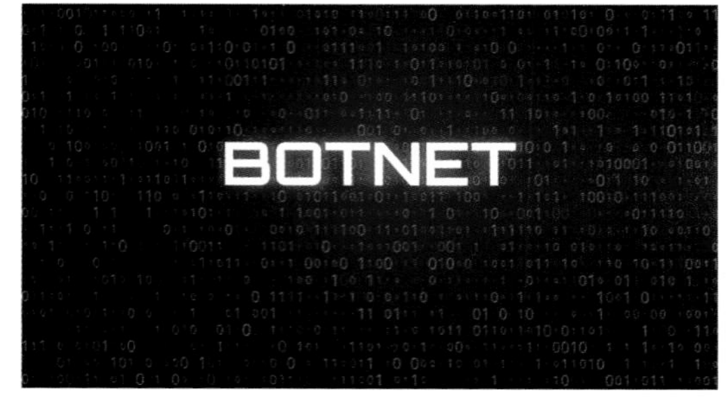

모지봇넷이란 **보안에 취약한 비밀번호와 최신 업데이트가 이뤄지지 않은 소프트웨어(SW) 기반 장비 등을 공격해 감염시켜 디도스(DDoS) 공격을 위한 좀비PC로 활용하는 악성코드**다. 2019년 말에 본격적으로 활동을 시작했다. 국가정보원은 2021년 12월 전 세계 72개국의 CCTV와 DVR 등 사물인터넷(IoT) 장비 1만1700여 대가 악성코드에 감염된 사실을 확인했다며 대응해 나섰다. 그 결과 국내 모 지자체 PC일체형 광고 모니터가 모지봇넷에 감염된 사실을 확인했고, 국가·공공기관을 점검한 결과 100여 대 기기가 감염된 것으로 파악했다.

감염된 일부 장비는 비트코인 등의 가상자산 채굴용 악성코드 유포를 위한 경유지로 활용된 것으로 알려졌다. 국정원은 민간기업이나 개인까지 조사하면 피해 규모가 커질 수 있어 예방적 차원에서 긴급하게 관련 조치를 했다고 설명했다. 한편 모지봇넷의 개발자와 운영자로 보이는 이들이 작년 7월 한 차례 체포되었지만 P2P 구성을 하고 있어 운영자 없이도 계속해서 확산되고 있다. 이를 사이버 공간에서 말끔히 지워내려면 몇 년 더 걸릴 것이라고 전문가들은 보고 있다.

플럼북
Plum Book

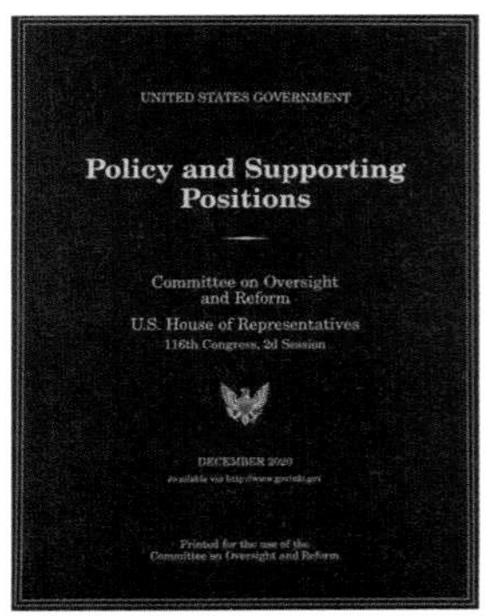

▲ 미국 정부 정책 및 지원 직책(플럼북)

플럼북이란 미국에서 대통령이 임명할 수 있는 공직자 리스트로, 대선이 끝나는 시기에 맞춰 4년마다 발간해 새 정부의 인사 지침서로 활용된다. **정식 명칭은 '미국 정부 정책 및 지원 직책**(The United States Government Policy and Supporting Positions)**'**이며 해당 지침서의 표지가 자두(plum)색이어서 플럼북이라는 별칭이 붙었다. 플럼북은 백악관 스태프는 물론이고 연방정부의 장관과 선임·특별보좌관, 각종 위원회 인사, 각국 대사 등 연방정부와 입법부 일부의 주요직 9000여 개를 총망라하고 있다.

플럼북은 1952년 드와이트 아이젠하워 당시 대통령이 20년 만에 공화당 출신으로 당선되면서 전임 정권에 연방정부의 직위 리스트를 만들어 달라고 요청한 것이 시초다. 이후 4년마다 대선이 있는 12월에 미국 상·하원이 미국 인사관리처(OPM)의 지원을 받아 책자로 펴낸다. 플럼북의 정신은 대통령의 인사에 대한 책임성을 높이고, 권한의 자의적 남용을 막자는 데 있다. 한편, 대선 결과에 따라 공직이 '전리품'이 되고 **부적절한 인사 기용으로 '인사 참사'가 되풀이되는 것을 막기 위해 한국판 플럼북을 만들자**는 주장도 나온다.

E플레이션
E-flation

E플레이션이란 **에너지**(Energy)**와 인플레이션**(Inflation)**을 합친 말로, 에너지 자원 수급의 문제로 인해 물가가 지속해서 오르는 현상을 말한다.** 코로나19 사태 이후 심화한 에너지 자원 수급 불균형이 물가의 지속적인 상승세를 부추기자 E플레이션이란 표현이 등장했다. 전 세계적으로 에너지 가격이 급격히 오르면서 E플레이션이 본격화할 수 있다는 우려가 일고 있다.

한편 러시아와 유럽연합(EU)의 갈등, 전 세계의 탄소 중립 정책, 전기차 전환 등으로 세계 곳곳에서 에너지값은 들썩이고 있다. 최근에는 우크라이나와 러시아 사이의 전운이 감돌면서 E플레이션 공포가 더 커지고 있다. 국제 원유 거래의 기준이 되는 브렌트유는 최근 배럴당 90달러 가까이 치솟으면서 7년 만에 최고치를 경신했다. 국내 사정도 마찬가지다. 한국은행에 따르면 지난해 1~12월 평균 생산자물가지수는 109.6(2015년=100)으로 2020년보다 6.4% 오른 것으로 나타났다. 이는 10년 만에 가장 큰 상승 폭이다. 천연가스·원유·석탄 등 에너지 가격이 급등한 게 주된 원인 중 하나다.

반도체 특별법

半導體特別法

반도체 특별법이란 반도체, 이차전지 등의 국가 첨단전략산업을 파격적으로 지원하는 내용을 골자로 하는 법으로, 지난 1월 국회 본회의를 통과해 오는 7월부터 시행된다. 정식 명칭은 '국가첨단전략사업 경쟁력 강화 및 육성에 관한 특별조치법'이다. 국제사회에서 첨단산업 주도권 경쟁이 심화하면서 이에 대응하기 위해 마련됐다. 국가첨단전략산업위원회 설치, 국가첨단산업 투자 확대를 위한 인허가 신속처리 특례 등이 포함됐다.

반도체 특별법은 **▲국무총리실 소속 국가첨단전략산업위원회 구성 ▲5개년 단위 전략산업 등 육성·보호 기본계획 수립 ▲전략산업 관련 인허가 신속처리 특례 및 세액공제 지원** 등을 담고 있다. 한편 국내 반도체 업계의 숙원인 반도체 특별법이 시행을 앞두고 있지만 업계는 기대보다 우려가 더 큰 분위기다. 별도 전담 위원회를 구성해 반도체 지원 정책을 심의한다는 내용을 골자로 할 뿐 구체적인 지원 방안은 대거 빠졌기 때문이다. 특히 '수도권 대학 반도체 관련 학과 정원 증원' 요구 배제로 반도체 우수 인력 양성과 채용의 기회가 제한된 것을 우려했다.

오피스 프리

office free

오피스 프리란 **고정된 사무실을 탈피해 자유로운 공간에서 근무하는 형태를 뜻한다.** 코로나19로 비대면 문화가 확산하면서 재택근무, 원격근무 등이 급증하며 대두됐다. 재택·원격근무 외에도 도심 곳곳에 거점 오피스를 두거나 공유 오피스를 활용하는 형태 등도 있다. 거점 오피스는 비대면 및 출퇴근 시간 절약이라는 재택근무의 장점을 살리면서 소통 부재에 따른 업무효율 저하, 직원 간의 유대감 단절 등의 단점을 보완할 수 있다. 오피스 프리의 장점으로 개인의 업무 스타일과 상황에 따라 근무 공간을 선택할 수 있어 효율성과 생산성을 극대화할 수 있다는 것이 꼽힌다.

대기업은 앞 다퉈 도입해온 거점 오피스 문화를 확대되는 추세다. CJ그룹은 거점 오피스 'CJ워크온'을 도입한다고 밝혔고, 지난해 하반기 수도권 일대 8곳에 500여 석 규모의 거점 오피스를 오픈해 운영 중인 현대차 그룹은 올해 전 계열사로 거점 오피스를 늘리고 근무 환경을 탄력적으로 선택할 수 있게 한다는 방침이다. e커머스 업체 티몬 역시 상반기 내 원격 근무 체제로 전환하고 연내 메타버스 오피스를 도입한다고 밝혔다.

5대 법정의무교육

5대 법정의무교육이란 우리나라에서 근로자를 대상으로 매년 의무적으로 시행하는 교육으로, 직장인이라면 법률에 따라 필수적으로 받아야 한다. 미이수를 할 경우 과태료가 부과된다. 일반적으로 **▲산업안전보건교육 ▲직장 내 성희롱예방교육 ▲개인정보보호교육 ▲직장 내 장애인 인식개선교육 ▲퇴직연금교육** 등이 해당한다.

산업안전보건교육은 사고의 위험에 노출돼 있는 산업현장에서 발생하는 안전사고 등을 예방하고 현장 노동자들의 건강을 위해 실시된다. 직장 내 성희롱예방교육은 사업주가 직장 내 성희롱을 예방하고 근로자가 안전한 근로환경에서 일할 수 있는 여건을 조성하기 위해 해당 교육을 매년 실시해야 한다. 개인정보보호교육은 기업 등에서 다루는 고용 노동자를 비롯해 고객들의 개인정보를 보호하기 위해 실시하는 교육이다. 직장 내 장애인 인식개선교육은 장애인들의 고용환경 개선과 함께 직장 내 처우개선 및 차별을 예방하고 인식을 개선하기 위한 취지로 시행되고 있다. 퇴직연금교육은 퇴직연금제도 가입자를 대상으로 한다.

대쉬 식단

DASH diet

대쉬(DASH, Dietary Approaches to Stop Hypertension) **식단**이란 미국 국립보건원이 고혈압 환자들의 혈압을 낮추기 위해 고안한 식단이다. 채소, 과일을 많이 섭취하며 통곡물, 견과류, 씨앗류, 저지방이나 무지방 유제품, 닭고기 오리 등 가금류나 생선을 먹는 식단이다. 특히 소금 섭취를 제한하며, 포화지방, 붉은 육류, 단것, 첨가당, 설탕 음료 섭취는 피한다. 식이섬유를 비롯해 칼륨이나 칼슘, 마그네슘 등이 풍부한 식단으로 혈압을 낮추는 데 도움될 수 있다.

대쉬 식단은 다양한 성인병 예방에 좋으며, 체중 감량에도 도움이 된다. 한편 해마다 최고의 다이어트를 발표하는 미국 온라인 매체 '뉴스 앤드 월드 리포트'는 최고의 다이어트 식단으로 지중해식을 꼽았다. 공동 2위로는 대쉬 식단, **플렉시테리언**(flexitarian : 식물성 음식을 주로 먹지만, 고기류도 함께 먹는 사람)이 선정됐다. 이 세 가지 식단의 특징은 가공식품을 줄이거나 없애며, 과일, 채소, 콩, 렌틸콩, 통곡물, 견과류, 씨앗류 섭취를 강조한다는 것이다.

마가와

Magawa

▲ 지뢰탐지 쥐 마가와

마가와는 **캄보디아에서 100개가 넘는 지뢰를 찾아내 많은 생명을 구한 대형 설치류 아프리카도깨비쥐이다.** 2013년 11월 탄자니아에서 태어난 마가와는 벨기에 비영리기구인 아포포(APOPO)의 전문 훈련을 받은 뒤 2016년부터 캄보디아에서 북서부 시엠레아프에서 폭발물 탐지 활동을 펼치며 맹활약했다. 마가와는 지뢰를 발견하면 그 위의 땅을 긁어 조련사에게 신호를 보낸다. 마가와의 도움으로 아포포는 캄보디아 내 22만 5000m^2가 넘는 면적을 수색할 수 있었다.

쥐는 무게가 가벼워 사람과 달리 지뢰 폭발을 피할 수 있고 부상의 위험도 적다. 테니스코트만 한 땅에서 지뢰를 탐지할 경우 사람은 금속탐지기로 나흘 정도가 걸리지만, 설치류는 30분 만에 탐지할 수 있다고 한다. 1월 11일(현지시간) 뉴욕타임스(NYT)는 지난해 현장에서 은퇴한 마가와가 최근 세상을 떠났다고 전했다. 마가와는 지난 2020년 영국의 동물보호단체 PDSA(People's Dispensary for Sick Animals)가 용감한 동물에 수여하는 금메달을 받아 영광을 누리기도 했다.

초양극화

The Great Divide

초양극화란 **회계·컨설팅 법인 EY한영의 박용근 대표이사가 올해 글로벌 경제를 진단하며 꼽은 키워드다.** EY한영은 1월 26일 '초양극화(The Great Divide) 시대 : 기업 신성장 공식'을 주제로 '2022 EY한영 신년 경제전망 세미나'를 개최했다. 온라인으로 진행한 이번 행사에는 국내 주요 기업인과 경제계 인사들이 참석했다. 박용근 EY한영 대표이사는 "2022년에 글로벌 경제는 더 큰 성장 격차에 직면할 것"이라면서 '초양극화'라는 키워드를 제시했다.

박 대표는 "혁신 성장 기업과 도태 기업 간의 부익부 빈익빈 현상이 커질 것"이라며 "성장 기업과 도태 기업을 결정하는 핵심 변수는 비즈니스 전환(transformation·트랜스포메이션)"이라고 강조했다. 또한 이창용 국제통화기금(IMF) 아시아태평양 국장은 '2022년 세계 주요국의 경제 흐름과 한국 경제에 미치는 영향' 발표에서 올해 경제 흐름의 키워드로 '성장세 둔화 및 양극화'와 '선진국 거시경제정책 정상화의 시작'을 꼽았다.

꾸자사모

꾸자사모란 **'꾸준히 자산을 사서 모으자'의 줄임말**로, 주식, 코인, 부동산 등을 매입해 중장기적으로 보유하는 재테크 전략이나 이 같은 투자 방법을 고수하는 사람들을 일컫는 말이다. 주로 주식 투자에서 많이 사용되는 표현이다. 장기투자를 강조해온 존 리 메리츠자산운용 대표의 메시지가 반영된 표현이다. 일반 투자자들이 저가 매수와 고가 매도 타이밍을 맞추기는 쉽지 않다. 불확실한 시장 상황에서 등락을 거듭하지만, 장기적으로 봤을 때 우상향한다는 믿음으로 접근하는 투자 방식이 꾸자사모다.

젊은 세대를 중심으로 인터넷 카페 등에는 꾸자사모를 추구하는 사람들의 경험담이 적지 않다. 이와 반대로 개인투자자들이 시장 상황에 따라 매매 패턴을 자주 바꾸는 것을 말하는 '껄무새'란 신조어도 있다. '~할걸'과 말을 반복한다는 의미의 '앵무새'가 합쳐진 말로 개인투자자들이 특정 투자자산을 상승하기 전에 사거나 하락하기 전에 팔지 못하고 후회하는 모습을 반복한다는 점에 착안한 말이다.

임플로이언서

employencer

임플로이언서란 **'employee(직원)'와 'influencer(인플루언서)'의 합성어로 자신이 다니는 회사의 임금, 복지 등을 디지털 공간에서 공유함으로써 대외적으로 영향력이 큰 직원**을 뜻한다. MZ세대(1980년~2000년대 초반 출생) 직원들이 블로그나 인스타그램 등을 통해 공개적으로 회사를 평가하는 사례가 늘고 있어 생겨난 말이다. 임플로이언서는 활발한 SNS 활동 등으로 인지도를 얻고, 그 인지도로 자기 회사의 메시지를 발신하기도 한다.

회사 측에서 자사 직원을 인플루언서로 키워 마케팅에 활용하는 사례도 생겨나고 있다. 스타벅스 코리아는 공식 유튜브 채널 '스벅 TV'를 열어 임직원 파트너가 진행자로 나서 운영 서비스, 매장, 커피 등 다양한 소재로 이야기를 풀어간다. 오뚜기는 직원들이 비공개 인스타그램 계정으로 8888(오뚜기와 닮은 숫자)명의 구독자에게 각종 콘텐츠를 개시하는데 신메뉴 출시 전 미리 귀띔해주는 티저 콘텐츠가 온라인 커뮤니티에서 큰 화제로 떠오르기도 했다.

틱낫한

Thich Nhat Hanh, 1926~2022

▲ 틱낫한 스님

틱낫한 스님은 **베트남 출신의 세계적인 불교 지도자이자 평화 운동가**이다. 지난 1월 22일 뚜 히우에 사원에서 향년 95세를 일기로 열반(涅槃 : 덕이 높은 승려가 사망함)했다. 고인은 실천적인 사회운동을 벌이는 '참여불교(engaged buddhism)' 선구자로 평가받는다. 평생에 걸친 수행과 사회활동, 전 세계적인 영향력으로 틱낫한 스님은 티베트의 정신적 지도자 달라이 라마와 함께 살아있는 부처인 '생불(生佛)' 반열에 올랐다.

고인은 1961년 미국 프린스턴대에서 유학하며 비종교학을 가르쳤고, 베트남 전쟁이 발발하자 1963년 귀국해 반전 운동에 참여했다가 남베트남 정부에 의해 추방당했다. 이후 주로 프랑스에 거주하면서 불교 원리를 정치·사회 개혁에 적용하는 참여불교 운동을 전개했다. 그는 서방 세계에 불교를 널리 알린 인물로 꼽힌다. 고인은 2014년 뇌졸중으로 쓰러진 뒤 여생을 고향에서 보내기 위해 2018년 베트남으로 돌아왔다. 생전에 한국을 방문했던 틱낫한 스님은 국내에도 『화』, 『틱낫한 명상』, 『마음에는 평화 얼굴에는 미소』 등 다수 책이 소개됐다.

리비안

RIVIAN

리비안은 **테슬라의 막강한 경쟁업체 중 하나로 꼽히는 미국의 전기자동차 개발 스타트업이다.** 2009년 매사추세츠공대(MIT)를 나온 엔지니어 출신 로버트 조셉 스캐린지가 26세에 설립했다. 제조 기술력을 인정받아 2019년 아마존, 포드 등으로부터 105억달러(약 12조원)를 투자 받았다. 2021년 11월 기준 세계 2위 부자로 꼽히는 아마존의 제프 베이조스가 리비안을 밀고 있어, 리비안이 전기차 1위 업체 테슬라의 대항마로 평가받고 있다.

한편 1월 25일(현지시간) 포브스에 따르면 리비안 주가가 폭락했다. 이날 리비안 주가는 전날 대비 6.71% 내린 59.61달러에 장을 마쳤다. 올해 들어서만 37% 폭락했고, 지난해 11월 10일 상장 이후 최고점 대비 60% 이상 빠졌다. 연방준비제도(Fed)의 공격적인 금리 인상 전망에 따른 성장 및 기술주 매도세 여파다. 매출 제로인 리비안 주가가 여전히 비싸다는 평가도 나온다. 또한 리비안의 전기트럭이 테슬라, 포드 등 경쟁사들의 압도적인 수요를 따라잡기 역부족일 것이라는 분석이 나온다.

그린 GDP

Green GDP

그린GDP는 **국내총생산**(GDP)**에서 생산활동 중 천연자원의 소비나 환경파괴를 수반한 경우 그 손실액을 공제하고 산출한 GDP이다.** 석유, 석탄, 가스 등 재생 불가능한 자원을 소비한 경우 그 손실만을 계산에 집어넣고 삼림, 수자원, 신선한 공기 등은 경제적 가치를 분석해 그 피해액을 그린 GDP의 산출에 반영한다. 기존의 GDP가 재화와 서비스를 많이 생산할수록 커지지만, 생산활동 과정에서 발생하는 자원고갈, 환경오염 등으로 인해 국민의 삶의 질이 떨어지는 부정적인 효과를 반영하지 못하는 데 따른 대안으로 나온 것이다.

1994년 4월 22일 지구의 날을 맞아 미국이 처음으로 그린 GDP를 발표했다. 2012년 국제연합(UN)은 환경과 경제를 통합적인 관점에서 정량적으로 분석할 수 있는 틀인 환경경제통합계정(SEEA)을 표준으로 채택하고 각국에 이의 작성을 권고한 바 있다. 우리나라에서는 통계청을 중심으로 SEEA(2012)에 따라 2014~2022년 중 3단계에 걸쳐 관련 계정을 개발하기 위한 계획이 진행 중이다.

심 스와핑

SIM swapping

심 스와핑이란 **휴대전화에 꽂는 유심**(USIM) **정보를 복제해 은행이나 가상화폐 계좌를 손에 넣는 신종 해킹 수법이다.** 유심칩으로 불리는 '가입자 식별모듈(SIM) 카드'는 고유번호가 있어서 이 카드만 꽂으면 휴대폰을 본인의 단말기처럼 활용할 수 있고, 휴대폰 가입자 인증도 가능한 점이 악용됐다. 유심 정보를 복제하는 방법은 다양한데, 유심칩을 빼내 직접 복사하거나 사용자에게 해킹용 인터넷 주소를 보내 클릭을 유도한 후 유심 정보를 훔칠 수 있다.

한편 국내에서도 심 스와핑 의심 사례가 잇따라 발생하고 있다. 전문가들은 가상화폐를 노린 신종 사이버 범죄에 정부와 관련 업계가 적극적으로 대응해야 한다고 지적하고 있다. 또한 유심 비밀번호를 재설정하거나 잠금 설정을 하도록 권하고 있다. 국내에선 아직 낯설지만 심 스와핑은 2018년 미국 암호화폐 투자자가 미국 제1위 이동통신사업자인 AT&T의 부주의로 심 스와핑 피해를 봤다면서 2억2400만달러 규모의 소송을 내 일반에 알려졌다. 2019년 8월 잭 도시 트위터 최고경영자도 심 스와핑 피해를 봤다.

반려돌

반려돌이란 **더불어 살아간다는 뜻의 '반려(伴侶)'와 '돌'을 합친 말로, 생명은 없지만 반려동물처럼 온갖 정성을 쏟으며 함께하는 돌을 가리킨다.** 주로 화분이나 수조 등을 꾸미는 데 쓰이는 달걀 모양의 반들반들한 '에그스톤'을 많이 사용한다. 반려돌을 키우는 사람은 '석주(石主)'라고 부르는데, 이들은 각자의 취향에 따라 반려돌에 모자를 씌워주거나 집을 꾸며주는 등 애정을 쏟는다. 또한 반려돌에게 이름을 지어주고 산책하러 다니고 씻겨주는 등의 감정교류를 통해 위로를 얻기도 한다.

반려돌은 1975년 게리 달이라는 미국 청년이 '순종 펫락'(Pure blood pet-rock)라는 이름으로 반려돌을 판매한 것이 시작이다. 당시 그가 판매한 반려돌이 폭발적 인기를 모으면서 미국에서는 '펫락 현상'이라는 말이 생겨나기도 했다. 최근에는 코로나19로 심리적 어려움을 겪는 사람이 늘어나면서 반려돌의 인기가 높아졌다. 특히 20~30대의 MZ세대들에서 반려돌에 대한 관심이 높다. 일부 전문가들은 코로나19 대유행이 3년째 지속되면서 타인과의 소통이 줄고 불안·고립감을 호소하는 사람에게 심리적 안정감을 주는 효과가 있다고 말한다.

Y2K 패션

▲ 블랙핑크의 제니, 소녀시대의 태연이 선보인 Y2K 패션 (제니, 태연 인스타그램 캡처)

Y2K 패션이란 1990년대 말부터 2000년대 초까지 유행한 패션이다. 벨벳 트레이닝복 세트부터 배꼽티와 골반바지, 화려한 액세서리 등으로 대표되는 이 패션은 지난해부터 Z세대를 중심으로 패션 트렌드로 급부상하고 있다. '패션은 돌고 돈다'는 말처럼 최근 아이돌 가수들이 배꼽이 보일 만큼 짧은 상의와 골반에 걸쳐 입는 헐렁한 바지 등 Y2K 패션을 최신 스타일로 소화한 모습이 화제가 되고 있다.

연도(Year)와 1000(Kilo)의 첫 글자를 딴 'Y2K'는 2000년도 시작 시점에서 벌어질 수 있는 컴퓨터 오류 '밀레니엄 버그'를 이르는 약자다. Y2K 패션은 한 세기의 마지막 시점에 유행했기에 '세기말 패션'이라고도 불린다. 지난해 코로나19 장기화로 집에 머무는 시간이 늘면서 이른바 **'원 마일 웨어**(one-mile wear : 실내와 집 근처 1마일 반경 내에서 입을 수 있는 옷)'가 대세로 등극했다면 소비심리가 되살아나고 일상으로 돌아가려는 움직임을 보이면서 Y2K와 같은 창의적인 패션이 부상하고 있다.

함영주

咸泳周, 1956~

▲ 차기 하나금융 회장으로 내정된 함영주 부회장 (자료 : 하나금융)

함영주는 **10년 만에 교체되는 하나금융지주 차기 회장으로 내정된 인물이다.** 지난 2월 8일 하나금융그룹이 김정태 회장의 뒤를 이을 수장으로 함영주 하나금융지주 부회장을 낙점했다. 함 내정자는 상고를 졸업한 뒤 1980년 서울은행에 입사했다. 말단 은행원부터 시작해 2015년 하나은행과 외환은행이 통합한 이후 초대 행장 자리에 오른 뒤 2016년 지주 부회장직에 올랐고 4대 금융지주의 최고경영자로 내정되면서 금융권 고졸 신화라는 평가를 받았다.

'영업제일주의'와 '현장중시' 경영전략을 내세웠던 그는 2015년 9월 KEB하나은행 출범 이후 2016년 1조3872억원의 순이익을 내며 전년 대비 31.7% 증가 실적을 거뒀다. 함 내정자는 지주에서 오랜 기간 2인자 역할을 해오며 김정태 회장과 함께 하나금융을 3대 금융지주사로 끌어 올렸다. 다만 함 내정자는 금융감독원을 상대로 제기한 **DLF**(Derivative Linked Fund·파생결합상품) 중징계 취소 청구소송과 은행장 시절 연루된 채용 부정 관련 재판 등 해결해야 할 법률 리스크를 안고 있다.

구자홍

具滋洪, 1946~2022

▲ 고(故) 구자홍 LS그룹 초대 회장

구자홍 **LS그룹 초대 회장은 범(汎) LG가의 2세대 경영인으로, LS그룹의 부흥을 이끈 인물**이다. 2월 11일 지병으로 별세했다. 향년 76세. 고인은 1973년 반도상사 수입과로 입사해 반도상사 해외사업본부에서 근무했고 LG전자 대표이사 회장을 역임했다. 2003년 LS그룹이 LG그룹에서 분리 후, 2004년부터 2012년까지 LS그룹 초대 회장으로 9년 동안 그룹 성장을 주도했다. LS그룹 독립 경영을 성공적으로 안착시키고 LS그룹을 재계 13위 기업으로 성장시켰다.

또한 2012년 말 사촌동생인 구자열 회장에게 그룹 회장직을 순조롭게 승계하며 평화로운 회장직 이양 전통 선례를 남겼다. 형제 간 경영권 다툼이 잦은 국내 재계에서 손꼽히는 모범 사례다. LS그룹에 따르면 고인은 소탈하고 온화한 성품으로 직원들과 소통하며 건강한 기업문화를 정착시키는 데도 노력했다. 소문난 바둑 애호가이자 아마추어 6단의 실력자로서 사내 바둑대회를 개최해 화합을 꾀하고, 대외 바둑 대회도 적극적으로 후원했다. 한편 LS그룹은 올해 초부터는 구자은 회장이 3대 회장으로서 이끌고 있다. 구자은 회장이 2세대 마지막 주자다.

비트코인 고래

bitcoin whale

비트코인 고래란 거대한 양의 가상화폐를 보유하고 있는 개인투자자를 의미한다. 일명 코인계의 큰손이다. 이들은 보유량이 매우 크기 때문에 때로 대량 매수·매도를 통해 시세를 좌지우지하기도 한다. 가상화폐 시장은 소위 **'2080 법칙'으로 알려진 '파레토법칙'**을 따르는 것으로 알려져 있다. 상위 20% 투자자가 전체 가상자산의 80%를 보유하고 있다는 의미다. 가상화폐 정보 사이트인 비트인포차트에 따르면 2021년 6월 기준으로 보유량 상위 3개의 비트코인 지갑에 비트코인 총량의 3.07%가 담겼다. 이는 약 278억달러에 육박한다.

비트코인 고래는 가상화폐의 유동성과 변동성 위험을 가져온다. 고래들이 대량의 가상화폐를 보유한 채 시장에 내놓지 않고 있으면 이는 유동성 경색을 불러올 수 있고, 한 번에 대량의 자산을 시장에 풀면 급격한 가격하락을 일으킬 수 있다. 통상 가상 지갑 보유자의 실명을 알 수 없지만 비트코인 개발자로 알려진 사토시 나카모토, 메타(구 페이스북) 설립 초기 분쟁 상대로 알려졌던 윙클보스 형제(카메론 윙클보스, 타일러 윙클보스) 등이 비트코인 고래로 유력하게 거론된다.

에코이즘

echoism

▲ 그리스 신화의 에코와 나르키소스

에코이즘이란 지나치게 **자기 자신이 뛰어나다고 믿거나 아니면 사랑하는 자기 중심성을 뜻하는 나르시시즘**(narcissism)**의 반대 개념**으로, 자기애적으로 보일 것을 두려워하는 것이다. 이런 성향이 있는 이들은 '에코이스트'라 한다. 이들은 타인과의 관계에서 자신이 중심에 서는 것을 극도로 싫어하며, 자신에게 엄격한 특징이 있다. 또 타인에게 폐를 끼치는 것을 싫어하며 갈등을 싫어해 이를 피하려는 경향을 지니고 있다. 아울러 확신이 없는 표현을 자주 사용하고 남들의 질투를 받는 것을 피하려고 일부러 못하는 척 행동하기도 한다.

에코이즘도 나르시시즘과 마찬가지로 그리스 신화에서 파생된 말이다. 그리스 신화에 등장하는 에코는 말을 너무 많이 하는 바람에 남편 제우스가 바람피우는 현장을 놓친 헤라의 벌을 받게 되는데, 에코가 받은 벌은 남이 말할 때는 말할 수 없고 남의 말이 다 끝난 다음에야 그 말만 따라할 수 있는 것이었다. 나르시시즘은 그리스 신화에서 호수에 비친 자기 모습을 사랑하며 그리워하다가 물에 빠져 죽어 수선화가 된 나르키소스라는 미소년의 이름에서 유래됐다.

유틸리티 토큰

utility token

유틸리티 토큰이란 블록체인 네트워크 내에서 특정 서비스·제품을 사용할 수 있도록 발행되는 암호화폐로, 흔히 '유틸리티 코인'으로도 불린다. 유틸리티 토큰은 하나의 서비스를 위해 블록체인을 두는 것은 비효율적이기 때문에 독립적인 블록체인을 두지 않는다. 일반적으로 이더리움 블록체인과 같은 다른 플랫폼 코인 블록체인을 활용한다. 유틸리티 토큰은 메타버스 속 경제 시스템이 고도화할수록 사용 빈도가 높아질 것으로 전망된다. 메타버스 속 서비스와 사업 활용성으로 말미암아 잠재력 높은 분야로 평가된다.

게임 업계에서는 각각의 **P2E**(Play to Earn·놀면서 돈벌기) **게임에서 활용되는 재화를 별도의 유틸리티 토큰으로 교환**해, 이를 게임이 서비스되는 플랫폼에서 통용될 기축통화로 전환할 수 있는 암호화폐 경제 생태계가 정착될 것으로 보고 있다. 대표적으로 위메이드가 개발하고 퍼블리싱하는 다중접속역할수행게임(MMORPG)인 '미르4'에서는 '드레이코'가 유틸리티 토큰을, '위믹스'가 기축통화 역할을 맡는다. 이용자는 게임 속 재화인 흑철을 유틸리티 코인인 드레이코로, 이를 위믹스로 교환할 수 있다.

역머니무브

逆 money move

역머니무브란 **시중 자금이 위험 자산에서 안전 자산으로 몰리는 현상을 의미한다.** 최근 금융당국의 강력한 대출 규제와 한국은행의 기준금리 추가 인상으로 예·적금 금리가 오르면서 올해 들어 역머니무브가 지속되는 모양새다. 지난해 저금리 기조 장기화로 주식과 가상자산(암호화폐), 부동산 등 자산시장으로 이동했던 돈의 흐름이 은행으로 다시 돌아오고 있는 것으로 풀이된다.

은행권에 따르면 지난해 12월 5대 시중은행(KB국민·신한·하나·우리·NH농협)의 **요구불예금**(예금주가 원할 때 언제든지 은행에서 찾을 수 있는 초단기 예금) 잔액은 659조7362억원으로 전월 대비 9조원 이상 늘었다. 이처럼 요구불예금이 늘어난 것은 코스피가 지난 1월 2800선까지 떨어지는 등 주식시장이 고전하는 데다 한국은행의 금리 인상에 따른 은행권 수신금리 상승 등이 영향을 미치면서 주식, 가상자산 등 위험자산 선호 심리가 사그라진 까닭으로 분석된다. 앞서 한국은행 금융통화위원회는 지난해 기준금리를 선제적으로 인상한 데 이어 지난 1월 14일 기준금리를 1.25%로 추가 인상한 바 있다.

테크 셀레스터

tech-celestor

▲ 대표적인 테크 셀러스터로 꼽히는 라이언 레이놀즈

테크 셀레스터는 **기술**(technology), **유명인사**(celebrity), **투자자**(investor) **세 가지 단어가 결합해 만들어진 신조어로 기술 스타트업에 투자하는 유명 인사를 의미한다.** 스타트업을 직접 운영하거나 투자에 적극 나서는 테크 셀레스터들이 늘어나고 있다. 이들은 엔터테인먼트와 스포츠 등의 본업에서 번 돈으로 벤처캐피털을 세우고 첨단 테크 기업에 투자해 이득을 남긴다. 높은 수익률을 자랑하는 스타도 있다.

영화 '데드풀' 등으로 유명한 라이언 레이놀즈는 2018년 '맥시멈 에포트 프로덕션'이라는 광고 마케팅 회사를 직접 설립했고, 이 회사는 지난해 최소 수백억원의 차익으로 매각된 것으로 알려졌다. 아이언맨으로 유명한 로버트 다우니 주니어는 풋프린트코얼리션벤처스(FCV), 유명 할리우드 배우인 윌 스미스는 드리머스VC라는 벤처캐피털을 설립하는 등 수많은 할리우드 스타들이 테크 셀러스터의 길을 걷고 있다. 스타트업 생태계가 커지고 테크 스타트업들이 주목받으면서 벤처 투자가 스타들의 투자 선택지로 급부상한 것이다.

자이낸스

zinance

▲ BC카드가 블랙핑크와 함께 제작한 '블랙핑크 카드' (자료 : BC카드)

자이낸스란 **1990년대 중반 이후 태어난 'Z세대'와 '금융**(finance)**'을 결합해 만든 신조어로, 모바일 플랫폼에 익숙한 Z세대의 차별화된 금융활동을 일컫는 용어**다. Z세대는 상대적으로 자산과 소득이 적지만 과감하게 대출하고 소비와 투자에 적극적인 특징을 보이며 최근 금융시장에서 존재감을 드러내고 있다. 지난해 3월 말 기준 국내 은행권의 2030세대 가계대출 잔액은 전년 대비 44조 7000억원 증가했다. 전체 가계대출 증가분(88조 1600억원)의 50.7%를 차지한다.

투자를 게임처럼 즐기는 Z세대는 위험이 크지만 고수익을 낼 수 있는 가상자산뿐 아니라 저작권, 미술품, 디지털자산유동화증권(DABS, Digital Asset Backed Securities) 등 다양한 자산에 투자하며 트렌드를 만들어 간다. 이에 금융업계는 Z세대 공략에 적극 나서고 있다. BC카드는 소비와 재미를 함께 추구하는 '펀슈머(fun+consumer)'와 팬덤 성향이 강한 Z세대 맞춤형 카드 상품인 블랙핑크 카드를 선보여 좋은 반응을 얻었다. 전문가들은 경제활동의 주류로 올라서고 있는 Z세대가 편리성, 친밀도, 사회적 가치 등을 중시하기에 금융산업의 재편을 유발한다고 평가했다.

임페리얼 마케팅

imperial marketing

임페리얼 마케팅이란 **가격파괴와 반대되는 개념으로 뛰어난 품질과 높은 가격을 바탕으로 소비자를 공략하는 판매기법이다.** 제품을 선택할 때 무엇보다 품질을 최우선으로 생각하는 소비자층을 타깃으로 한다. 일례로 유럽의 자동차 시장에 아시아의 저렴하고 품질이 우수한 제품이 들어오면서 값비싼 제품이 외면받기 시작했던 시기에 독일 기업가 벤델린 비데킹은 오히려 소수의 고급 계층을 대상으로 임페리얼 마케팅을 전개했으며, 결국 포르쉐는 고급 이미지를 지닌 회사로 성장하게 된다.

이후 자동차업계뿐만 아니라 화장품, 주류, 디지털기기 등 점차 다른 다양한 업종에서도 이 전략이 활용되고 있다. 최근에는 고가인 제품들뿐 아니라 라면이나 우유, 과자, 운동화 등 일상적으로 소비하는 제품들 또한 기존 제품보다 2~3배 높은 가격과 차별화된 고급 품질을 앞세워 임페리얼 마케팅을 펼친다. 이와 유사한 귀족마케팅(prestige marketing)은 특정한 고소득 상류층을 타깃으로 정해 그들이 선호하는 상품을 판매하는 전략이다.

폴리널리스트

polinalist

폴리널리스트란 **정치(politics)와 언론인(journalist)이 결합된 합성어로, 언론인 출신으로서 정치권에서 정치적인 활동을 하는 인물을 지칭한다.** 중립적인 자세를 취하며 신뢰를 주는 언론인 경력을 활용해 정치권에 진출한 사람이라 비판받기도 한다. 정부를 비판하는 사회정화 기능을 수행하던 언론인으로서의 직분이 아닌 정치권에 진출하기 위해 언론인으로서의 경력을 이용하는 정·언 유착의 상징적 표본으로 비춰지기 때문이다.

지난 2007년 대통령 선거 당시 이명박 후보 캠프에서는 언론인 출신 40명으로 구성된 공보조직을 구성했다. 당시 이들 중 상당수가 언론사 및 언론유관기관의 수장 혹은 중역으로 재직 중이었다. 문재인 정부 출범 이후에도 윤도한 청와대 국민소통수석, 강민석 대변인 등 언론인의 청와대 직행 논란이 끊이질 않았다. 제20대 대통령 선거를 앞두고도 주요 정당 선거 캠프에 언론인 출신 인사들인 폴리널리스트들이 들어가고 있다. 후보가 대통령에 당선되면 언론인 출신 인사들은 청와대 대변인실이나 홍보 및 소통 관련 보직으로 갈 가능성이 높다.

SNS 톡! 톡!

해야 할 건 많고, (이거 한다고 뭐가 나아질까) 미래는 여전히 불안하고 거울 속 내 표정은 (정말 노답이다) 무표정할 때! 턱 막힌 숨을 조금이나마 열어 드릴게요. "톡!톡! 너 이 얘기 들어봤니?" SNS 속 이야기로 쉬어가요.

#이 정도는 알아야 #트렌드남녀

명지학원 파산할까…딸린 5개교 학생들 '불안'

▲ 명지대학교 로고 (명지대학교 홈페이지 캡처)

명지대와 명지전문대, 명지초·중·고교 등의 학교법인 명지학원의 회생절차가 2월 8일 법원의 결정으로 중단됐다. 명지학원은 한때 매출 2조원대의 기업을 보유했을 정도로 재정 여건이 좋았지만, 실버타운 분양 사업이 꼬이고, 사학 비리가 터지면서 재정이 악화됐다. 명지학원이 파산하게 되면 산하 5개 학교는 폐교 수순을 밟게 되는데, 명지대학교와 명지전문대학교를 포함한 명지초·중·고교생들의 학습권 침해가 우려되고 있다.

@ 회생절차(回生節次)
기업이 자력으로 회생이 불가능한 경우 법원이 지정한 제3자가 대신 관리하여 파산 대신 회생시키는 제도를 말한다.

#다니던_학교_없어지나#학생은_무슨_죄

토트넘, 올해 7월 한국 온다

▲ 토트넘 해외 투어 (자료 : 토트넘 핫스퍼)

한국 축구의 간판 손흥민이 활약하고 있는 잉글랜드 프로축구 구단 토트넘이 올해 7월 한국을 찾는다. 토트넘 구단은 2월 16일(한국시간) "오는 7월 프리시즌 투어를 위해 한국을 방문한다. 두 차례 경기를 갖고, 팬들을 만나는 등 다양한 행사를 진행할 것이다"고 했다. 토트넘이 한국을 찾는 건 2005년 피스컵, 2017년 프로모션 투어 이후 세 번째다.

@ 손흥민(Son Heung-min, 1992~)
대한민국 축구선수로 토트넘 홋스퍼 FC에서 공격수로 뛰고 있다. 2020년 아시아 선수 최초로 유럽 빅리그 정규리그 통산 100득점을 돌파한 바 있다.

#손흥민_조소현의_나라#코로나_이후_첫_해외_투어

연 9% '청년희망적금' 출시

청년희망적금이 2월 21일부터 11개 시중은행(국민·신한·하나·우리·농협·기업·부산·대구·광주·전북·제주)에서 정식 출시된다. 청년희망적금은 청년의 자산 형성을 위해 저축장려금과 이자소득 비과세가 지원되는 적금상품이다. 가입일 기준으로 만 19세 이상 만 34세 이하인 청년층이 대상이며, 가입자는 매달 50만원 내에서 자유롭게 2년간 납입할 수 있다. 해당 상품은 11개 취급은행 중 1개 은행을 선택해 1개 계좌만 개설할 수 있다.

@ 적금(積金)
일정 기간 동안 매월 일정한 금액을 납입하여, 기간 만료 후에 계약금액을 환불받는 예금제를 말한다.

#연이율_무려_9%#대상자면_하루빨리_신청해야

'구멍 뚫린 방역' 코로나 자가검사키트 대란

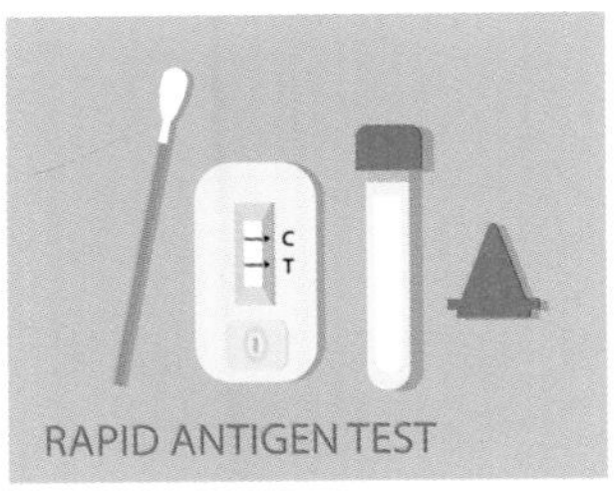

오미크론의 대유행으로 코로나19 개인용 자가검사키트 가격이 치솟자, 정부는 가격지정 조치를 취했다. 정부는 자가키트 가격을 6000원으로 지정하고 약국별로 최소 50개를 고르게 공급할 수 있도록 했지만, 수급이 안정화되지 않으면서 자가키트 품귀 현상이 일어났다. 정부는 2월 15일부터 편의점에서도 자가키트를 구매할 수 있도록 했다. 1명당 1회 구매 수량은 5개로 제한한다. 한 사람이 여러 곳을 돌아다니면서 하루에 여러 차례 키트를 사는 것에는 제약이 없다.

@ 자가검사키트
채취한 검체를 개인이 키트를 활용해 확인할 수 있는 방법으로 PCR 검사와는 달리 30분이면 결과를 얻어낼 수 있다.

#자가검사키트_대란#집_주변_편의점_약국_확인하세요

* **Cover Story**와 분야별 **최신상식**에 나온 중요 키워드를 떠올려보세요.

01 2022년 베이징 동계올림픽에서 대한민국 첫 번째 금메달을 차지한 선수는? p.11

02 국내 7개 은행이 대출에 쓸 자금을 조달하는 데 얼마나 비용을 들였는지 나타내는 지표는? p.16

03 기업이 사용 전력량의 100%를 풍력, 태양광 등 재생에너지로 조달하겠다고 자발적으로 선언하는 국제 캠페인은? p.18

04 투표소에 직접 가지 않고 우편으로 투표할 수 있는 투표방식은? p.27

05 요리에 필요한 손질된 식재료와 딱 맞는 양의 양념, 조리법을 세트로 구성해 제공하는 제품은? p.39

06 노동자 사망 등의 중대산업재해가 발생하면 사고를 막기 위한 책임·의무를 다하지 않은 사업주·경영책임자를 처벌할 수 있도록 한 법은? p.52

07 특정 품목의 수입이 급증하는 등 예기치 않은 사태가 발생하여 국내 업체에 심각한 피해가 발생하거나 발생할 우려가 있을 경우, 수입국이 관세인상이나 수입량 제한 등을 통해 수입 규제를 할 수 있는 제도는? p.60

08 영토를 돔 형태의 방공망을 구축하여 미사일을 막는 방어시스템은? p.75

09 훈민정음, 청자상감운학문매병 등 국보가 보관되어 있는 우리나라 최초의 사립미술관은? p.81

10 현실과 같은 활동이 온라인에 구현된 가상세계를 뜻하는 용어는? p.86

11 사용자의 컴퓨터 시스템에 침투하여 중요 파일에 대한 접근을 차단하고 금품을 요구하는 악성 프로그램은? p.94

12 한국 남자 축구 대표팀의 월드컵 본선 연속 진출 횟수는? p.96

13 미국 프로미식축구 NFC 우승팀과 AFC 우승팀이 겨루는 챔피언 결정전은? p.101

14 일정 기간 자신이 속한 팀에서 활동한 뒤 다른 팀과 자유롭게 계약을 맺어 이적할 수 있는 선수를 뜻하는 용어는? p.103

정답 **01** 황대헌 **02** 코픽스 **03** RE100 **04** 거소투표 **05** 밀키트 **06** 중대재해처벌법 **07** 세이프가드 **08** 아이언 돔 **09** 간송미술관 **10** 메타버스 **11** 랜섬웨어 **12** 10회 **13** 슈퍼볼 **14** 자유계약선수(FA)

무엇이든 넓게 경험하고 파고들어
스스로를 귀한 존재로 만들어라.

– 세종대왕

에듀윌, 대한민국사회공헌대상으로 정부기관상 '17관왕' 달성

종합교육기업 에듀윌(대표 이중현)이 2021년 제16회 대한민국사회공헌대상 사회공헌 부문 대상을 수상하고, 농림축산식품부 장관상을 수상했다.

대한민국사회공헌대상은 다양한 형태로 사회발전에 공헌한 유공자를 발굴 및 포상하고 국내 사회공헌 문화를 확산시키고자 주최하는 시상식이다. 제16회 대한민국사회공헌대상은 사회공헌 부문, 일자리창출 부문, 산업발전 부문, 지역발전 부문, 사회봉사 부문까지 총 5개 분야, 40곳의 기업·기관·단체 및 개인에 시상을 진행했다.

에듀윌은 11년째 어려운 지역 이웃을 위해 매월 100포대의 쌀을 기증하는 사랑의 쌀 나눔을 비롯해 학교 밖 청소년을 위한 검정고시 수강권 지원 ▲경제적 어려움으로 학업에 집중하기 힘든 학생들을 위한 장학금 지원 ▲소외계층 지원 사업을 위한 임직원 나눔펀드 운영 등 꾸준한 사회 공헌 활동으로 ESG 경영을 실천한 공로를 인정받아 사회공헌 부문 대상을 수상하게 됐다.

지속적인 사회 공헌 활동을 통해 지역에 기부한 쌀은 모두 1만3122포대에 이르며, 십여 년간 진행한 검정고시 수강권 및 교재 지원 환산 금액은 약 70억에 달한다. 120명의 에듀윌 장학생을 탄생시켰고, 임직원과 함께 모금하여 기부한 성금도 약 3억원에 이르고 있다.

에듀윌 관계자는 "지역사회의 꿈 실현이라는 기업의 비전 아래, 이웃들이 조금 더 나은 미래를 꿈꿀 수 있도록 꾸준한 지원을 펼치고자 노력하고 있다. 에듀윌은 앞으로도 지역사회와 함께 성장할 수 있도록 활발한 사회공헌 활동을 비롯해 ESG 경영 실천에 앞장서겠다"고 전했다.

한편, 에듀윌은 대한민국 사회공헌대상 농림축산식품부 장관상 수상으로 정부기관상 17관왕이라는 기록을 달성했다. 지속 성장을 통한 국가 경제 발전 기여, 우수 일자리 창출, 사회공헌 활동을 통한 지역 사회 발전 기여에 대한 공로를 인정받아 대통령 표창 3관왕을 포함해 다수의 정부기관상을 수상했다. 또, 5년간 아무도 깨지 못한 합격자 수 최고 기록 (KRI한국기록원, 단일 교육 기관 공인중개사 최다 합격자 배출 공식 인증)도 보유하고 있다.

취업상식 실전TEST

취업문이 열리는 실전 문제 풀이

최근 출판된 에듀윌 자격증·공무원·취업 교재에 수록된 문제를 제공합니다.

01 공직선거법에 따르면 선거방송토론위원회가 주관하는 대선 TV 토론은 선거 기간에 최소 몇 번 이상 진행해야 하는가?

① 3번
② 4번
③ 5번
④ 6번

해설 현행 공직선거법상 대선 후보 토론은 선거방송토론위원회의 주관으로 선거기간 동안 최소 3번 이상을 해야 한다고 규정하고 있다.

'이재명·윤석열' 양자토론 불발...법원, 방송금지 가처분 인용

설 연휴 진행될 예정이었던 이재명 더불어민주당 대선 후보와 윤석열 국민의힘 대선 후보의 양자토론이 불발됐다. 법원은 지난 1월 26일 안철수 국민의당 대선 후보 측이 KBS·MBC·SBS 등 지상파 방송 3사를 상대로 낸 대통령 후보 초청 토론 방송금지 가처분 신청을 인용했다.

재판부는 "안 후보가 이번 TV 토론에 참여하지 못할 경우, 첫 방송토론회 시작부터 군소후보로서 이미지가 굳어지게 돼 향후 선거 과정에서 불리하게 작용할 것이 명백하다"고 판단했다. 한편, 설 연휴에 계획됐던 양자토론은 선거방송토론위원회가 아니라 언론기관에서 여는 것으로 토론 참가자를 자유롭게 정할 수 있었으며, 지지율 1·2위인 두 후보가 합의해서 방송사에 제안해 계획된 것이었다. 2월 3일 이 후보, 윤 후보와 더불어 후보, 심상정 정의당 대선 후보 4인이 첫 TV토론을 열어 부동산, 안보 문제 등을 놓고 대격돌했다.

정답 ①

02 2021년 2월 기준 당과 당대표의 연결이 잘못된 것은?

① 국민의힘 – 이준석
② 더불어민주당 – 송영길
③ 정의당 – 심상정
④ 국민의당 – 안철수

해설 2021년 2월 기준 정의당 당 대표는 여영국 의원이다.

민주, 종로·안성·청주 無공천...동일 지역 4선 연임 금지 제도화

▲ 송영길 더불어민주당 대표 (자료 : 더불어민주당)

송영길 더불어민주당 대표는 1월 25일 종로·안성·청주 등 지역구 재보선 무(無)공천과 자신의 차기 총선 불출마, 동일 지역 4선 연임 금지, 윤미향·이상직·박덕흠 의원의 제명 처리 등을 핵심으로 하는 당 쇄신안을 발표했다. 송 대표는 오는 3월 9일 치러지는 재·보궐선거에서 종로·안성·청주 상당구 3곳에 후보를 공천하지 않겠다고 밝혔다.

그는 "'고인 물' 정치가 아니라 '새로운 물'이 계속 흘러들어오는 정치, 그래서 늘 혁신하고 열심히 일해야만 하는 정치문화가 자리 잡도록 굳건한 토대를 만들겠다"고 설명했다. 송 대표는 이어 "2030이 직접 정치에 참여하는 기회를 더 많이 갖는 것만으로도 청년 당사자들은 해법을 찾아낼 수 있을 것"이라며 오는 5월 지방선거에서 전체 광역·기초 의원의 30% 이상 청년이 공천되도록 하겠다고 밝혔다.

정답 ③

03 **건설교통부 장관이 조사·평가하여 공시한 토지의 단위면적당 가격은?**

① 조정지가
② 공시지가
③ 기준시가
④ 감정가격

해설 '공시지가(公示地價)'에 대한 설명이다.
③ 기준시가 : 국세청이 투기가 우려되는 특정 지역의 아파트나 연립주택을 대상으로 양도세와 상속, 증여세의 과세 기준으로 산정하는 가액
④ 감정가격 : 금융기관에서 융자를 위해 평가하거나 경매법원이나 자산관리공사에서 경매나 공매를 하기 위한 가격

2022년 표준지 공시가 10.17%↑...하향조정 건의에 정부는 거절

올해 전국 표준지 공시지가가 10.17% 오른다. 지난해보다는 상승폭이 다소 낮아졌지만 2년 연속 10%대 상승률이라 국민 세 부담은 커질 전망이다. 올해 전국 표준 단독주택의 공시가격 상승률은 7.34%로, 지난해 6.80%보다 더 오른다. 국토교통부는 올해 1월 1일 기준 표준지 54만 필지와 표준 단독주택 24만 가구의 공시가격 안에 대한 의견 청취를 거쳐 표준지·표준주택 공시가격을 확정했다고 1월 25일 밝혔다.

이처럼 큰 폭의 상승은 지난해 전국적으로 부동산 가격이 크게 오른 데다 정부의 공시가격 현실화율 로드맵 적용에 따라 땅값 상승률 이상으로 공시가격이 올랐기 때문이다. 올해 표준지 공시지가 현실화율은 71.4%다. 공시가격은 재산세, 종합부동산세 등의 과세 기준이 된다. 서울시 등 일부 지방자치단체가 공시가격 하향 조정을 건의했지만, 정부는 수용하지 않았다.

정답 ②

04 **중앙은행이 은행권에서 반강제로 돈을 빼내는 등 자산을 축소해 인플레이션을 억제하는 방법은?**

① 양적완화
② 양적긴축
③ 긴축발작
④ 테이퍼링

해설 '양적긴축(quantitative tightening)'이란 중앙은행이 금리 인상을 하면서 보유 중인 자산도 축소하는 조치를 말한다.

연준 긴축 우려에 주가·원화·채권 '트리플' 약세

미국 연방준비제도(Fed·연준)의 긴축 우려에 국내 금융시장이 연일 출렁거리면서 주가와 원화, 채권 가격이 추락했다. 1월 25일 코스피는 2720.39로 급락했다. 코스닥지수는 889.44로 지난해 3월 10일(890.07) 이후 10개월여 만에 900선이 무너졌다. 코스피와 코스닥 시가총액 100위 안에서 각각 98개, 84개 종목이 하락했다. 장중 52주 신저가를 기록한 종목은 코스피 219개, 코스닥 301개 등 모두 520개에 이른다.

국내 자산 가격이 동반 약세를 보이는 것은 미국 연준이 인플레이션(물가 상승)을 잡기 위해 긴축을 가속할 것이라는 전망이 확산하면서 투자 심리가 급속히 냉각되고 있어서다. 여기에 우크라이나를 둘러싸고 미국과 러시아 간 긴장감이 고조되는 것도 투자 심리에 찬물을 끼얹고 있다.

정답 ②

05 질병 등의 건강 문제로 근로 능력을 잃은 노동자의 소득을 보전해 주는 제도는?

① 상병수당
② 장해수당
③ 특별수당
④ 휴업수당

해설 '상병수당(傷病手當)'에 대한 설명이다. 상병수당은 정부가 2020년 7월 14일 확정·발표한 '한국판 뉴딜 종합계획'에 포함된 내용이기도 하다.

'아프면 쉴 권리' 2025년 도입...7월부터 시범사업

근로자가 몸이 안 좋을 경우 휴식을 취하며 치료에 집중할 수 있도록 소득을 일부 보전해주는 '상병수당'이 2025년에 도입된다. 보건복지부는 2025년 상병수당 도입을 위해 오는 7월부터 3년간 3단계에 거쳐 시범사업을 한다고 1월 18일 밝혔다.

한편, 상병수당은 지난 1883년 독일에서 처음 도입됐다. 현재는 대부분의 국가에서 사회보험 방식으로 상병수당 제도를 운영하고 있으며, 경제협력개발기구(OECD) 국가 중에서 우리나라와 미국(일부 주에는 도입됨)을 제외한 모든 국가가 상병수당 제도를 운영하고 있다. 우리나라의 경우에는 코로나19 확산으로 상병수당 제도 도입에 대한 사회적 요구가 높아진 바 있다.

정답 ①

06 조깅을 하면서 쓰레기를 줍는 운동을 말하는 것은?

① 리깅
② 에코깅
③ 플로깅
④ 에코조깅

해설 '플로깅(plogging)'은 조깅을 하면서 쓰레기를 줍는 운동을 말한다. '이삭을 줍는다'는 뜻을 가진 스웨덴어 'plocka upp'과 영어 단어 'jogging(조깅)'을 합성한 말이다. 2016년 스웨덴에서 처음 시작된 이 운동은 북유럽을 중심으로 빠르게 확산됐다.

오는 6월부터 일회용컵 음료 구매하면 보증금 낸다

오는 6월 10일부터 커피 판매점, 패스트푸드점 등에서 일회용컵에 담긴 음료를 구매하면 1잔당 300원의 보증금을 내야 한다. 환경부는 이 같은 내용을 담은 '자원의 절약과 재활용촉진에 관한 법률 시행령' 등 3개 자원순환 분야 하위법령 일부개정안을 1월 25일부터 40일간 입법예고한다고 1월 24일 밝혔다.

보증금제 적용 대상 일회용컵은 플라스틱컵과 종이컵 등이며, 사용 후 수거·세척해 다시 사용하는 다회용 플라스틱컵이나 머그컵은 제외된다. 소비자는 일회용컵에 담긴 음료를 구매할 때 보증금을 내고, 해당 컵을 구매한 매장이나 보증금제를 적용받는 다른 모든 매장에 돌려주면 보증금을 돌려받을 수 있다. 한편, 길거리에 버려진 일회용컵을 주워 매장에 돌려주는 경우에도 보증금을 받을 수 있어 플로깅 등 활동이 성행할 것으로 보인다.

정답 ③

07 남아프리카 공화국에서 확산된 코로나 바이러스 변이종으로, 그리스 문자 알파벳 15번째 글자에서 따온 명칭은?

① 베타
② 엡실론
③ 오메가
④ 오미크론

해설 오미크론은 남아프리카 공화국에서 확산돼, 현재 전 세계로 확산된 바이러스 변이종이다. 해당 명칭은 그리스 문자 알파벳 15번째 글자에서 따와 명명했다.

오미크론 대유행 시작...오미크론 대응 단계 전환

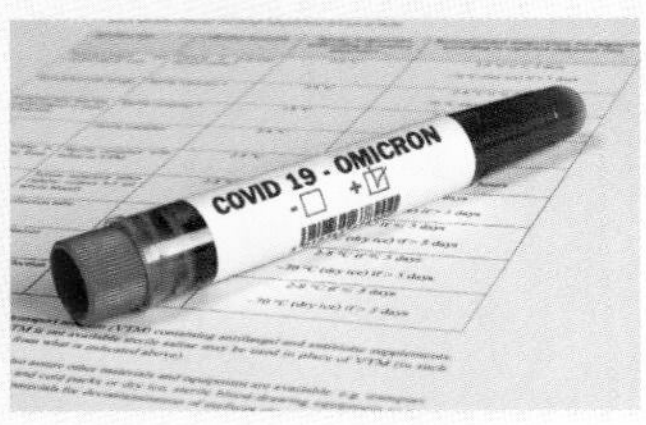

코로나19 오미크론 변이 대유행이 본격화하면서 1월 26일 신규 확진자 수가 처음으로 1만 명을 넘었다. 하루 신규 확진자 수가 1만 명을 넘은 것은 2020년 1월 20일 국내에서 코로나19 환자가 발생한 이후 2년여 만에 처음이고, 발표일 기준 737일 만의 최다 기록이다. 또 지난 12월 1일 국내에서 오미크론 변이 감염자가 처음 확인된 뒤로는 56일 만이다.

정부는 대규모 유행이 예상됨에 따라 코로나19 방역체계를 이날부터 '오미크론 대응 단계'로 전환했다. 현재 10일인 백신 접종완료 확진자의 격리기간은 7일로 단축된다. 또 오미크론 변이가 일찌감치 우세종이 된 광주, 전남, 평택, 안성 등 4개 지역에서는 코로나19 유전자증폭(PCR) 검사를 밀접접촉자, 60세 이상 고령층 등 고위험군만 받을 수 있게 하는 등 선제 조치에 들어간다.

정답 ④

08 다음 중 탈레반에 대한 설명으로 옳지 않은 것은?

① 탈레반은 파슈툰족 언어로 '학생'이라는 뜻이다.
② 오사마 빈 라덴의 지도 아래 9·11 테러를 일으켰다.
③ 탈레반은 정권 장악 이후 2001년 미국이 이끄는 연합군의 공격에 붕괴했다.
④ 탈레반은 2021년 아프가니스탄 수도 카불을 장악하며 정권을 다시 잡았다.

해설 오사마 빈 라덴은 탈레반이 아니라 알카에다의 수장으로 2001년 9월 11일 미국 뉴욕의 세계무역센터를 테러해 세계에 큰 충격을 주었다.

탈레반, 집권 후 처음으로 서방 국가와 회동

▲ 탈레반의 기

AFP, AP 통신 등 외신은 아프가니스탄을 집권하고 있는 세력인 탈레반이 1월 24일(현지시간) 노르웨이 수도 오슬로에서 아프간의 인도적 위기 상황에 대한 논의를 위해 서방 관리들과 회동했다고 전했다. 지난 2021년 8월에 탈레반이 아프간을 장악한 이후로 탈레반이 서방국가를 공식 방문한 것은 최초다.

이번 회동은 노르웨이 외무부의 초청에 따른 것이다. 탈레반은 방문 둘째 날에 오슬로의 한 호텔에서 미국, 프랑스, 영국, 독일, 이탈리아, 유럽연합(EU), 노르웨이 대표단과 비공개로 만났다. 한편, 미국과 EU 등은 포용적 정부 구성, 소수자와 여성 인권 보장 등을 요구하며 탈레반을 합법정부로 인정하지 않고 있다. 노르웨이 정부도 이번 회동이 탈레반을 인정한다는 의미는 아니라고 강조했다.

정답 ②

09 외교부의 여행경보제도 단계와 색깔이 잘못 짝지어진 것은?

① 여행유의–남색
② 여행자제–황색
③ 출국권고–적색
④ 여행금지–검보라색

해설 외교부는 해외에서 우리 국민에 대한 사건·사고 피해를 예방하고 우리 국민의 안전한 해외 거주·체류 및 방문을 도모하기 위해 2004년부터 여행경보제도를 운영하고 있다. 여행경보제도는 발령 대상 국가(지역)의 위험 수준에 따라 ▲1단계 여행유의(남색경보) ▲2단계 여행자제(황색경보) ▲3단계 출국권고(적색경보) ▲4단계 여행금지(흑색경보) 등 1~4단계로 구분된다.

정부, 전운 드리운 우크라이나 12개 주 여행경보 상향

러시아의 침공 가능성으로 우크라이나의 군사적 긴장감이 극에 달하고 있는 가운데 정부는 1월 25일 우크라이나의 남·동·북부 12개 주의 여행경보를 3단계(출국권고)로 상향 조정했다. 이에 따라 기존에 여행경보 3단계가 발령됐던 크림·루간스크·도네츠크 등 3개 주를 포함해 우크라이나 25개 주 중에서 15개 주가 3단계 지역이 됐다.

한편, 조 바이든 미국 대통령은 잇단 군사 훈련으로 긴장을 고조시키고 있는 러시아를 향해 블라디미르 푸틴 러시아 대통령에 대한 직접 제재까지 언급하며 경고했다. 또한, 보리슨 존슨 영국 총리는 러시아가 우크라이나를 침략하면 북대서양조약기구(NATO·나토) 동맹국 보호를 위해 군을 파병할 준비가 돼 있다고 밝히며 러시아를 압박했다.

정답 ④

10 다음 중 지난 2년 내에 쿠데타가 일어난 국가가 아닌 것은?

① 기니
② 말리
③ 앙골라
④ 부르키나파소

해설 2020년경부터 부르키나파소, 말리, 기니 등 서아프리카 국가에서 잇따라 쿠데타가 발생했다.

부르키나파소 반란군 TV 생방송서 "이제 군정이 국가 통제"

▲ 부르키나파소 국기

서아프리카 부르키나파소에서 처우개선을 요구하면서 반란을 일으킨 군인들이 하루 만인 1월 24일(현지시간) 로슈 카보레 대통령을 축출했다고 발표했다. 반란군은 휴일인 전날 거사해 수도 와가두구 대통령 관저 부근에서 총격전을 벌인 끝에 이튿날 사실상 쿠데타 성공을 국내외에 알렸다. 앞서 이들은 카보레 대통령을 구금했다고 주장한 바 있다.

이로써 부르키나파소는 서아프리카에서 지난 18개월 새 말리, 기니에 이어 세 번째로 군사 쿠데타가 발생한 국가가 됐다. 군정은 이슬람 급진세력의 준동에 따른 치안 악화와 대통령의 위기관리 능력 부족 등을 쿠데타 이유로 들었다. 미국과 유럽연합(EU)은 구금된 카보레 대통령의 즉각적 석방을 촉구했다. 안토니우 구테흐스 유엔 사무총장도 쿠데타를 강하게 규탄하면서 "무기를 내려놓으라"고 말했다.

정답 ③

11 개발도상국의 경제개발과 복지 향상을 위해 다른 국가가 개발도상국이나 국제기구에 지원하는 지금을 뜻하는 포괄적인 용어는?

① ODA
② NGO
③ DAC
④ EDCF

해설 'ODA(Official Development Assistance·공적개발원조)'에 대한 설명이다.
② NGO : 자발적인 비영리 시민단체
③ DAC : OECD 개발원조위원회의 약어
④ EDCF : 개발도상국의 산업화 및 경제발전을 지원하고 우리나라와 이들 국가와의 경제교류를 증진하기 위하여 1987년 설립된 정책기금

2024년까지 EDCF 신규 사업 11.4조원 승인

▲ EDCF 홈페이지 캡처

정부가 오는 2024년까지 3년간 11조4000억원 규모의 대외경제협력기금(EDCF) 신규 사업 승인을 추진하기로 했다. EDCF 지원 사업에 대해서는 기후 위험 관리를 더욱 강화하고, 구체적인 기후 대응 기여도를 측정할 수 있는 성과평가 제도도 함께 마련한다. 정부는 1월 25일 홍남기 부총리 겸 기획재정부 장관 주재로 대외경제장관회의를 열고 이러한 내용을 담은 'EDCF 중기운용 방향'을 발표했다.

EDCF는 우리나라가 개발도상국의 경제 발전을 지원하고 경제 협력을 촉진하기 위해 1987년 설립한 유상원조기금이다. EDCF 사업은 그린·디지털·보건 분야를 중점적으로 지원하며, 특히 그린 분야와 디지털 분야 지원 목표를 상향해 개발도상국의 그린 인프라 개발 수요에 대응하기로 했다. 지역별로는 인프라 수요가 많은 아시아에 재원의 60~70%를 집중적으로 투입하되, 경제협력 잠재력이 높은 아프리카나 보건 수요가 많은 중남미 지역에도 전략적 투자를 이어간다.

정답 ①

12 북한이 2017년 이후 약 4년 2개월 만에 발사한 중거리 탄도미사일의 이름은?

① 금성 2호
② 북극성 4호
③ 북극성 5호
④ 화성 12형

해설 북한은 1월 31일 전날 중거리 탄도미사일(IRBM) 화성 12형 발사 시험을 성공적으로 진행했다고 밝혔다. 북한의 중거리급 이상 탄도미사일 발사는 지난 2017년 이후 약 4년 2개월 만이다.

北, 4년 2개월 만에 '괌 타격 가능' 중거리 탄도탄 발사

북한이 1월 30일 올해 들어 7번째 미사일 도발을 감행했다. 이번에는 중거리탄도미사일(IRBM)급 이상의 탄도미사일을 쏜 것으로 파악됐다. 합동참모본부는 이날 "우리 군은 오늘 오전 7시 52분쯤 북한 자강도 무평리 일대에서 동쪽 동해상으로 고각으로 발사된 중거리탄도미사일 1발을 포착했다"고 밝혔다.

합참에 따르면 북한이 이날 쏜 미사일의 비행거리는 약 800km, 정점 고도는 약 2000km로 탐지됐다. 북한이 IRBM급 이상의 탄도미사일을 발사한 것은 지난 2017년 이후 4년 2개월 만이다. 전문가들은 화성 12형을 정상 각도로 쏠 경우 최대 사거리가 4500km 이상에 이를 것으로 추정한다. 이는 북한에서 태평양 괌의 미군 기지를 타격할 수 있는 사거리다. 미국은 북한의 화성 12형 발사 문제를 협의하기 위해 2월 3일 유엔 안전보장이사회(안보리) 긴급회의 소집을 요청했다.

정답 ④

13 2022년 2월 기준 KBS의 수신료는 얼마인가?

① 2500원
② 2800원
③ 3500원
④ 3800원

해설 현재 KBS의 수신료는 2500원이다. 수신료는 1963년 1월 100원으로 시작해 1981년 4월에 2500원으로 인상된 뒤 현재까지 이어지고 있다. 한편, KBS는 수신료를 현행 2500원에서 3800원으로 올리고자 시도하고 있다.

KBS 대하사극 '태종 이방원' 동물 학대 논란

▲ KBS 대하사극 '태종 이방원' 포스터 (자료 : KBS)

KBS 대하사극 '태종 이방원'이 촬영 중 발생한 동물 학대 논란으로 거센 비판을 받았다. 문제의 장면은 이성계(김영철 분)가 낙마하는 장면이 담긴 7회에서 불거졌다. 제작진은 이 장면을 촬영하기 위해 말의 뒷다리에 줄을 묶어 말을 달리게 한 뒤, 인위적으로 줄을 잡아당겨 넘어뜨렸다. 이 여파로 해당 말은 목이 꺾인 채 고꾸라졌으며, 촬영 일주일 뒤 사망한 것으로 알려졌다.

KBS는 "동물 안전을 위한 제작 규정을 마련하겠다"며 재차 사과했지만, 국민 여론은 싸늘하다. 한편, KBS의 '태종 이방원'은 정통 대하사극을 방송 공영성의 상징으로 삼아 수신료 인상 논리에 힘을 싣겠다는 KBS의 포석이었다. 최근 국회에 제출된 수신료 조정안(현행 2500원→3800원)에서도 대하 사극 제작비 확보를 내세웠다. 그러나 가뜩이나 여론이 나빴던 수신료 조정안의 국회 통과는 이번 동물 학대 논란으로 더욱 쉽지 않게 됐다.

정답 ①

14 국내 사업체가 운영하는 OTT가 아닌 것은?

① 티빙
② 웨이브
③ 왓챠플레이
④ 프라임비디오

해설 '프라임비디오(Prime Video)'는 미국의 아마존이 제공하는 OTT(Over The Top·온라인동영상서비스)다.

MBC 떠난 김태호 PD, 이효리 출연하는 예능 '서울체크인' 선보여

▲ 김태호 PD가 이효리와 손잡고 '서울체크인'을 선보였다. (자료 : 티빙)

입사 21년 만에 MBC를 퇴사한 'MBC의 간판 PD' 김태호 PD가 제주도에 사는 이효리의 서울 나들이를 다룬 파일럿 예능 '서울체크인'을 선보였다. 국내 온라인동영상서비스(OTT) 업체 티빙은 김 PD가 연출한 예능 콘텐츠인 '서울체크인'을 1월 29일 정오에 공개한다고 1월 26일 밝혔다.

김 PD가 지난 1월 17일 MBC를 퇴사한 이후 처음 선보이는 예능인 '서울체크인'은 제주살이 9년 차인 이효리가 서울에서 스케줄을 마친 뒤 어디서 자고, 누구를 만나는지 등 서울 라이프를 다룬 리얼리티 콘텐츠다. 서울이 낯설어진 톱스타 이효리의 속마음과 고민, 이효리가 만나는 사람들과의 솔직한 대화를 통해 시청자에게 위로와 공감을 건넨다.

정답 ④

15 2022년 동계올림픽이 개최된 도시는?

① 시안
② 충칭
③ 상하이
④ 베이징

해설 제24회 동계올림픽은 2022년 2월 4일부터 2월 20일까지 중국 베이징에서 개최됐다.

피겨 차준환, 4대륙대회 우승...한국 남자 싱글 첫 금메달

▲ 피겨스케이팅 국가대표 차준환 (자료 : ISU)

한국 피겨스케이팅 간판 차준환(고려대)이 국제빙상경기연맹(ISU) 4대륙선수권대회에서 한국 남자 싱글 선수 최초로 금메달을 목에 걸었다. 차준환은 1월 23일 에스토니아 탈린의 톤디라바 아이스 홀에서 열린 2022 ISU 4대륙선수권대회 남자 싱글 프리스케이팅에서 174.26점을 기록했다. 전날 쇼트 프로그램에서 개인 최고점인 98.96점을 획득하며 총점 273.22점으로 일본의 도모노 가즈키(268.99점)를 누르고 우승을 확정했다.

1999년부터 매년 열린 4대륙 대회에서 한국 남자 싱글 선수가 우승한 것은 물론, 메달을 획득한 것도 차준환이 처음이다. 미국과 일본 등이 이번 대회에 2진급 선수를 파견하면서 네이선 첸(미국), 하뉴 유즈루(일본) 등 정상급 선수들이 불참하기는 했지만, 차준환은 완성도 높은 연기를 선보였다. 차준환은 베이징 동계올림픽에서 5위로 선전했다.

정답 ④

16 한국의 FIFA 월드컵 본선 연속 진출 기록은?

① 8회
② 9회
③ 10회
④ 11회

해설 한국 축구 대표팀은 2월 1일(현지시간) 시리아와의 2022 카타르 FIFA(국제축구연맹) 월드컵 아시아 최종예선 8차전에서 승리하며 세계에서 6번째로 10회 연속 월드컵 본선 진출이라는 대기록을 세웠다.

韓 축구 시리아에 승리...카타르 월드컵 본선 진출 확정

2월 1일(현지시간) 아랍에미리트(UAE) 두바이의 라시드 스타디움에서 열린 2022 카타르 월드컵 아시아 최종예선 8차전에서 대한민국이 시리아에 2-0으로 완승하며 10회 연속 및 통산 11번째 월드컵 본선 진출을 확정했다. 이날 경기로 한국은 최종예선에서 6승 2무 승점 20을 기록, 남은 2경기 결과와 상관없이 카타르 월드컵 본선행을 확정했다.

한국은 1986년 멕시코 대회부터 2022년 카타르 대회까지 10회 연속 월드컵 본선 무대를 밟는다. 처음 출전했던 1954년 스위스 대회를 포함하면 통산 11번째 월드컵 본선 진출이다. 한 세기 가까운 월드컵 역사 속에서 월드컵 본선 무대를 한번이라도 밟아본 나라는 210개 국제축구연맹(FIFA) 회원국 가운데 78개국에 불과하다. 특히 10회 연속 본선에 진출한 국가는 한국에 앞서 브라질(22회), 독일(18회), 이탈리아(14회), 아르헨티나(13회), 스페인(12회) 등 내로라하는 축구 강국 5개국뿐이다.

정답 ③

01 다음 중 일본식 용어의 순화가 잘못된 것은?

	일본식 용어	순화
①	앗사리	깨끗이
②	가불	선지급
③	고참	선임
④	합계	도합
⑤	잉꼬 부부	원앙 부부

해설 도합(都合)은 일본식 한자 표기이므로 합계(合計)로 순화해야 한다.

정답 ④

02 규모가 작은 중소·벤처기업이 창업 초기에 상장할 수 있는 제3의 주식시장은?

① 코넥스
② 코스닥
③ 코스피
④ 나스닥
⑤ K-OTC

해설 코넥스(KONEX, Korea New EXchange)는 소규모 기업의 원활한 자금 조달을 위해 만들어진 중소·벤처기업 전용 주식시장이다. 성장 잠재력은 높지만 코스피나 코스닥에 상장하기에 규모가 작은 기업들의 주식이 거래될 수 있도록 상장 요건을 완화한 것이다.

정답 ①

03 다음 〈보기〉에 들어갈 내용으로 옳은 것은?

> 보기
>
> 촉법소년은 (　　)의 형사미성년자로서 형벌을 받을 범법행위를 한 사람을 말한다.

① 10세 이상 14세 미만
② 11세 이상 13세 미만
③ 11세 이상 14세 미만
④ 10세 이상 17세 미만
⑤ 12세 이상 17세 미만

해설 촉법소년(觸法少年)은 10세 이상 14세 미만의 소년으로서 형벌을 받을 범법행위를 한 형사미성년자를 말한다. 촉법소년은 범법행위를 저질렀으나 형사책임능력이 없기 때문에 형벌처벌을 받지 않는다. 대신 가정법원 등에서 감호위탁, 사회봉사, 소년원 송치 등 보호처분을 받게 된다.

정답 ①

04 **안보·외교적으로 구심점 역할을 하는 핵심 국가를 일컫는 말로 마차 바퀴에서 유래한 용어는?**

① 허브
② 하이브
③ 메자닌
④ 린치핀
⑤ 코너스톤

해설 린치핀(linchpin)은 마차나 수레의 바퀴를 고정시키기 위해 축에 꽂는 핀으로서 안보·외교적으로 구심점 역할을 하는 핵심 국가를 일컫는 말로 쓰인다.
미국은 린치핀이란 용어를 미국·일본 간 동맹 관계에 주로 쓰고 한국은 외교적 파트너를 의미하는 코너스톤에 비유하다가 지난 2010년부터 처음으로 한미 동맹 관계를 린치핀이라고 격상해 표현하기 시작했다.

정답 ④

05 **호텔업이나 관광업에서 고객의 개인적인 요구나 요청에 적극적으로 대응하는 일종의 집사 서비스를 의미하는 용어는?**

① 도슨트
② 바리스타
③ 소믈리에
④ 컨시어지
⑤ 큐레이터

해설 컨시어지(concierge)는 유럽 중세 성을 지키며 촛불을 들고 안내하는 사람에서 유래된 말로, 호텔업이나 관광업에서 고객의 개인적인 요구나 요청에 적극적으로 대응하는 일종의 집사 서비스를 의미한다. 최근 은행권에서는 고객들이 보유한 모든 금융자산을 분석해 개인별로 최적의 맞춤형 자산관리 솔루션을 제공하는 컨시어지 뱅킹이 주목을 받고 있다.

정답 ④

06 **낯선 사람과 함께 음식을 나눠 먹고 일상 속 여유와 소소함을 즐기는 사람들을 일컫는 말은?**

① 루비족
② 포미족
③ 킨포크족
④ 로케팅족
⑤ 다운시프트족

해설 킨포크족(kinfolk族)에 대한 설명이다. 아날로그와 자연주의에 대한 관심이 커지면서 우리나라에서도 킨포크족이 늘고 있다. 20~30대 젊은 층을 중심으로 SNS를 통해 시간을 공지하고 각자 준비해 온 음식을 나눠 먹는 소셜다이닝(social dining)도 비슷한 문화로 볼 수 있다.

정답 ③

07 **다음 중 트리클 다운 효과에 따른 경제정책으로 보기 어려운 것은?**

① 고환율 정책을 유지한다.
② 중소기업 적합업종 제도를 실시한다.
③ 계열사 간 출자총액 제한 규제를 완화한다.
④ 고소득층을 대상으로 소득세율을 인하한다.
⑤ 투자와 고용 촉진을 위해 대기업 규제를 완화한다.

해설 트리클 다운 효과(trickle down effect)는 '넘쳐흐르는 물이 바닥을 적신다'는 뜻으로 낙수효과(落水效果) 또는 적하효과(滴下效果)라고도 한다. 대기업이나 고소득층의 성장을 우선 촉진하면 중소기업이나 저소득층에게도 혜택이 돌아가 전체적으로 경기가 활성화된다는 경제이론이다. 고환율 정책을 통한 대기업 수출 경쟁력 강화, 부유층 감세, 규제완화 등은 낙수효과에 따른 정책이다.

정답 ②

08 **앱 광고를 보면서 돈을 버는 것을 일컫는 신조어는?**

① 푸티지
② 테크핀
③ 핀테크
④ 앱테크
⑤ 데이터테크

해설 앱테크란 애플리케이션(앱)과 재테크의 합성어로, 스마트폰으로 리워드앱(reward app)을 통해 자투리 시간마다 광고를 보거나 설문조사에 참여하는 방식으로 적립금 등의 혜택을 받는 것을 말한다. 앱테크는 소비자들로서는 쉽게 소액이지만 용돈을 벌 수 있고 광고주 처지에서 소비자들의 몰입도를 높여 높은 광고효과를 기대할 수 있다는 장점이 있다.

정답 ④

09 **고가의 물건이나 귀중품을 사고 이를 SNS 등에 자랑하는 것을 일컫는 말은?**

① 파밍
② 욜로
③ 플렉스
④ 스왜그
⑤ 지름신

해설 플렉스(flex)는 원래 '구부리다'라는 뜻이지만 1990년대 미국 힙합 문화에서 '부나 귀중품을 과시하다'라는 의미로 사용됐다. 한국에서도 10~20대 젊은 세대를 중심으로 아르바이트를 하거나 용돈을 모아 고가의 옷이나 패션 잡화 등을 사고 SNS 등을 통해 "플렉스 해버렸다"고 자랑하는 문화가 나타났다.

정답 ③

10 **하나의 문제를 해결하면 그 대신에 다른 곳에서 문제가 새로 생겨나는 현상은?**

① 나비효과
② 호손효과
③ 기저효과
④ 분수효과
⑤ 풍선효과

해설 풍선의 한 부분을 누르면 쑥 들어가는 만큼 다른 부분이 튀어나온다는 데서 유래한 말이다. 부동산 시장에서 특정 지역의 집값을 잡기 위해 규제를 강화하면 수요가 다른 지역으로 몰려 새로운 지역의 집값이 오르는 현상이 대표적인 풍선효과의 사례다.

정답 ⑤

11 **시스템 침입 사실을 숨긴 채 차후의 침입을 위한 백도어, 원격 접근, 사용 흔적 삭제, 관리자 권한 획득 등 불법적인 해킹에 사용되는 기능들을 제공하는 프로그램의 모음은?**

① 웜
② 큐싱
③ 루트킷
④ 바이러스
⑤ 랜섬웨어

해설 루트킷(rootkit)은 해커들이 나중에 시스템에 접근할 때 들키지 않으려는 목적으로 설치한다. 루트킷이 설치되면 시스템 침입 경로를 바꾸어 놓고, 명령어들을 은폐해 놓기 때문에 해커가 시스템을 원격으로 해킹하고 있어도 루트킷이 설치되어 있는 사실조차 감지하기 어렵다.

정답 ③

12 **성희롱이나 성추행이란 오해를 살 수 있는 상황 자체를 만들지 않기 위해 여성과의 교류를 아예 기피하는 생활 방식은?**

① 미투
② 힘투
③ 볼커룰
④ 버드룰
⑤ 펜스룰

해설 펜스룰(Pence rule)에 대한 설명이다. 마이크 펜스 미국 부통령이 인터뷰에서 "아내 이외의 여성과 식사 등 둘이 있는 상황을 절대 만들지 않는다"라고 한 발언에서 유래한 용어다.

정답 ⑤

YTN 2022년 1월 22일

01 상생임대인 인센티브 제도에 대한 설명으로 옳지 않은 것은?

① 상생임대인은 1년만 실거주해도 양도세 비과세 혜택을 받을 수 있다.
② 갱신 계약뿐만 아니라 신규 계약도 상생임대인 인센티브 제도 대상이다.
③ 임대료를 직전 계약 대비 인상한 임대인은 상생임대인 자격을 받지 못한다.
④ 2022년 12월 31일까지 한시적으로 도입된 제도이다.
⑤ 임대차 3법이 시행된 이후 집주인들이 임대료를 많이 올리는 것을 막기 위해 도입됐다.

해설 임대료를 직전 계약 대비 유지·인하하거나 5% 이내로 인상한 임대인은 상생임대인 인센티브 제도의 혜택을 받아, 양도소득세 비과세 특례 적용을 받기 위한 실거주 2년 기간 중 1년을 인정받을 수 있다.

02 K택소노미에 포함되지 않은 경제 활동은?

① 블루수소 제조
② 친환경 원자력발전 투자
③ LNG 기반 에너지 생산
④ 중소기업 온실가스 감축
⑤ 친환경 선박 건조·운송

해설 그린 택소노미(green taxonomy·녹색금융 분류체계)는 친환경 경제활동을 분류해 각종 금융 혜택을 부여하는 제도로서 특정 기술이나 산업활동이 탄소중립을 위한 친환경에 포함되는지에 대한 가이드라인 역할을 한다. K택소노미는 한국형 녹색금융 분류체계이다. 환경부는 2021년 12월 원자력발전을 제외하고 액화천연가스(LNG)는 조건부로 포함해 녹색부문(64개)과 전환부문(5개) 등 69개 경제활동을 포함한 K택소노미를 확정했다. 앞서 유럽연합(EU)은 한국과 달리 원자력을 그린 택소노미에 포함시키기로 했다.

03 노동이사제에 대한 설명으로 옳지 않은 것은?

① 노동이사의 임기는 2년이며 1년 단위로 연임할 수 있다.
② 독일을 비롯해 유럽 대부분의 나라에서 보편화된 제도다.
③ 노동자 대표가 이사회에 들어가 발언권과 의결권을 행사하는 제도다.
④ 공공기관의 운영에 관한 법률에 따라 공기업에는 노동이사제가 적용되나 준정부기관에는 적용되지 않는다.
⑤ 3년 이상 재직한 노동자 중 노동자 대표의 추천이나 근로자 과반수 동의를 받은 1명이 노동이사로 임명된다.

해설 국회가 지난 1월 11일 본회의에서 통과시킨 '공공기관의 운영에 관한 법률' 개정안에 따르면 공기업과 준정부기관은 3년 이상 재직한 근로자 중 근로자 대표의 추천이나 근로자 과반수 동의를 받은 1명을 비상임 노동이사에 임명해야 한다.

04 지속적인 경고가 나와 충분히 예상할 수 있는데도 쉽게 간과하여 대처하지 못하는 위험 요인을 일컫는 신조어는?

① 블랙스완
② 그린스완
③ 하얀 코끼리
④ 회색 코뿔소
⑤ 방 안의 코끼리

해설 회색 코뿔소에 대한 설명이다. 멀리서도 눈에 잘 띄며 진동만으로도 움직임을 느낄 수 있지만 두려움 때문에 피하지 못하거나 대처 방법을 몰라 일부러 코뿔소를 무시하는 것을 비유한 말이다.
①블랙스완(검은 백조)은 예상할 수 없었던 위험 요인, ②그린스완(녹색 백조)은 기후 변화가 초래할 수 있는 경제·금융 위기, ③하얀 코끼리는 대형 행사를 치르기 위해 건설했지만 행사가 끝난 뒤에는 유지비만 많이 들고 쓸모가 없어 애물단지가 돼버린 시설물, ⑤방 안의 코끼리는 모든 사람이 잘 알고 있지만 누구도 문제를 드러내기 꺼려 말을 꺼내지 않는 것을 말한다.

05 **〈보기〉의 빈칸에 들어갈 말을 순서대로 나열한 것은?**

보기

㉠ 한 매장에서 다양한 브랜드의 제품을 판매하는 매장은 (　　)(이)다.
㉡ 하루에서 한두 달 정도까지 짧은 기간 한시적으로 운영하는 매장은 (　　)(이)다.
㉢ 시장에서 성공을 거둔 특정 상품이나 브랜드의 성격과 이미지를 극대화한 매장은 (　　)(이)다.

① 플래그십 스토어–편집숍–팝업 스토어
② 편집숍–플래그십 스토어–팝업 스토어
③ 편집숍–팝업 스토어–플래그십 스토어
④ 팝업 스토어–편집숍–플래그십 스토어
⑤ 팝업 스토어–플래그십 스토어–편집숍

해설 ㉠은 편집숍, ㉡은 팝업 스토어(pop-up store), ㉢은 플래그십 스토어(flagship store)에 대한 설명이다.

06 **넷플릭스 오리지널 드라마 '오징어 게임'이 2022년 미국배우조합상 수상 후보로 지명된 부문이 아닌 것은?**

① 앙상블 최고 연기상
② TV 드라마 부문 남우주연상
③ TV 드라마 부문 남우조연상
④ TV 드라마 부문 여우주연상
⑤ TV 드라마 스턴트 부문 앙상블상

해설 '오징어 게임'은 2022년 2월 27일 개최되는 제28회 미국배우조합상에서 대상 격인 ▲앙상블 최고 연기상 ▲TV 드라마 부문 남우주연상 ▲TV 드라마 부문 여우주연상 ▲TV 드라마 스턴트 부문 앙상블상 등 4개 부문 후보로 지명됐다.

❖ 미국배우조합상 (SAG Awards)

미국배우조합상은 세계 최대 연기자 조합인 미국배우조합(SAG, Screen Actors Guild)에서 주최하는 시상식으로서 영화와 TV 부문의 배우, 성우들에게 매년 상을 수여한다. 미국영화예술아카데미 소속 회원들이 다수 소속돼 있어 아카데미상의 전초전 격으로 불릴 정도로 권위를 인정받고 있다. 미국배우조합상의 최고상은 최고의 연기를 펼친 작품 배우 전체에 주는 앙상블 최고 연기상으로서 봉준호 감독 영화 '기생충'의 배우들은 2020년 아시아 영화로서는 처음으로 이 상을 수상한 바 있다.

07 **고성장을 이루고 있으면서도 물가상승이 없는 이상적인 상태는?**

① 리플레이션
② 골디락스
③ 디스인플레이션
④ 스태그플레이션
⑤ 파레토 최적

해설 고성장을 이루고 있으면서도 물가상승이 없는 이상적인 상태를 골디락스(Goldilocks)라고 한다. 이는 영국의 전래 동화에 등장하는 금발 머리 소녀 골디락스에서 나온 말이다. 골디락스는 숲속의 곰 가족이 사는 집에 무단침입한 뒤 곰이 끓인 뜨겁고 차갑고 적당한 수프 중 적당한 것을 먹고 기뻐하는 내용에서 유래했다. 각국 정부는 성장을 하면서도 물가 안정을 이루는, 너무 뜨겁거나 차갑지 않은 골디락스 경제 상태를 추구하지만 이러한 이상적인 경제 발전 상태를 달성하기란 대단히 어렵다.

① 리플레이션(reflation) : 디플레이션으로부터 벗어났지만 심각한 인플레이션까지는 이르지 않은 상태
③ 디스인플레이션(disinflation) : 인플레이션을 극복하기 위해 통화 발생을 억제하고 재정금융 긴축을 실시하는 조정 정책
④ 스태그플레이션(stagflation) : 경기 침체에도 불구하고 오히려 물가가 오르는 현상
⑤ 파레토 최적(pareto optimum) : 어떤 사람의 효용을 감소시키지 않고서는 다른 사람의 효용을 증가시킬 수 없는, 자원 배분이 가장 효율적으로 이루어진 최적의 상태

정답 01 ③ 02 ② 03 ④ 04 ④ 05 ③ 06 ③ 07 ②

08 금융위원회가 마련한 대출심사 지표로서 대출을 받으려는 사람의 소득 대비 전체 금융부채의 원리금 상환액 비율을 말하는 것은?

① DSR ② LTV ③ DTI
④ RTI ⑤ LTI

해설 DSR(Debt Service Ratio·총부채원리금상환비율)에 대한 설명이다.
② LTV(Loan To Value ratio·주택담보대출비율) : 주택을 담보로 돈을 빌릴 때 인정되는 자산가치의 비율
③ DTI(Debt To Income·총부채상환비율) : 주택담보대출의 연간 원리금의 상환액과 기타 부채에 대해 연간 상환한 이자의 합을 연소득으로 나눈 비율
④ RTI(Rent To Interest ratio·임대업이자상환비율) : 부동산임대업 이자상환비율로서 담보가치 외에 임대수익으로 어느 정도까지 이자상환이 가능한지 산정하는 지표
⑤ LTI(Loan To Income ratio·소득대비대출비율) : 자영업자의 소득에 비해 대출이 얼마나 되는지 판단하는 지표

09 2022년 2월 기준 서울시의 뇌병변장애인 기저귀 구입비 지원 대상 연령은?

① 3~54세 ② 5~57세
③ 3~60세 ④ 5~60세
⑤ 3~64세

해설 서울시는 뇌병변장애인 기저귀 구입비 지원 대상자 연령을 기존 3~54세에서 3~64세로 확대한다고 지난 1월 11일 밝혔다. 지원 대상자로 선정되면 매월 5만원 한도로 기저귀 구입비의 50%를 지원받을 수 있다.

10 2022 베이징 동계올림픽 개막일은?

① 2월 4일 ② 2월 5일
③ 2월 6일 ④ 2월 7일
⑤ 2월 8일

해설 제24회 동계올림픽인 2022 베이징 동계올림픽은 2022년 2월 4일부터 2월 20일까지 열린다.

11 〈보기〉에 들어갈 내용을 바르게 연결한 것은?

보기

2022년 LG에너지솔루션을 비롯해 더블유씨피(WCP), 성일하이텍, 세아메카닉스 등 (㉠) 관련 사업을 영위하는 업체가 속속 (㉡)에 도전하면서 공모 시장의 눈길을 끌고 있다.

	㉠	㉡
①	이차전지	ICO
②	이차전지	IPO
③	자율주행	ICO
④	태양광 발전	IPO
⑤	태양광 발전	ICO

해설 〈보기〉에서 언급된 기업들은 이차전지 사업을 영위하는 업체들로서 2022년에 IPO(Initial Public Offering·기업공개)를 이미 진행했거나 추진할 예정이다. 특히 LG에너지솔루션은 일반공모 청약에 국내 기업공개 사상 최고 기록인 110조원이 넘는 자금이 몰리기도 했다.

❖ **암호자산공개 (ICO, Initial Coin Offering)**

암호자산공개(ICO)는 주식시장에서 자본금을 조달하는 기업공개(IPO)처럼 일정한 주체가 자금을 조달받고 그 대가로 토큰(가상화폐)을 발행해 제공하는 것이다. ICO 규제 방안을 적극적으로 모색하는 각국과 달리 우리나라는 투자자 보호를 위해 ICO를 전면적으로 금지하고 있다.

12 BIS 자기자본비율은 은행이 최소 몇 % 이상의 자기자본을 유지하도록 권고하는가?

① 4% ② 6% ③ 8%
④ 10% ⑤ 20%

해설 BIS 자기자본비율은 스위스 바젤에 위치한 국제결제은행(BIS, Bank for International Settlement)이 일반 은행에 권고하는 위험자산(부실채권) 대비 자기자본비율을 말한다. 은행이 건전성과 안정성을 확보할 수 있도록 한 국제기준으로서, BIS에서는 보통 자기자본비율의 8% 이상을 유지하라고 권고하고 있다. 자기자본은 은행이 갖고 있는 순수한 은행 돈을 말하며 위험자산은 은행이 빌려준 돈을 위험성에 따라 분류한 자산을 의미한다.

13 **제20대 대통령 선거에 대한 설명으로 옳지 않은 것은?**

① 2022년 3월 9일 실시된다.
② 18세부터 선거권이 주어진다.
③ 기호 3번 후보는 안철수다.
④ 국민의힘 후보는 윤석열이다.
⑤ 선거일 기준 5년 이상 국내 거주하고 있는 40세 이상 국민은 대통령의 피선거권이 있다.

해설 기호 3번 후보는 정의당의 심상정이다. 후보자들의 기호는 먼저 의석을 보유한 정당 중에서 의석수가 많은 순으로 기호를 정하고 의석이 없는 정당은 정당 명칭의 가나다순으로, 무소속은 관할 선관위 추첨으로 기호를 결정한다.
이에 따라 20대 대선에서 기호는 1번 이재명(더불어민주당), 2번 윤석열(국민의힘), 3번 심상정(정의당), 4번 안철수(국민의당), 5번 오준호(기본소득당) 순서가 된다.

14 **미세먼지 계절관리제에 대한 설명으로 옳지 않은 것은?**

① 대형사업장은 자발적 감축 협약을 이행한다.
② 배출가스 3등급 차량의 수도권 운행이 제한된다.
③ 12월부터 3월까지 강화된 미세먼지 저감 정책을 시행한다.
④ 시군구별 집중 관리 도로를 지정하고 도로 청소를 강화한다.
⑤ 석탄화력발전소의 가동 중단 및 80% 이내의 출력 제한이 이뤄진다.

해설 미세먼지 계절관리제는 미세먼지 고농도 시기인 12월부터 이듬해 3월까지 평상시보다 강화된 미세먼지 저감 및 관리 정책을 시행하는 것이다. 수송, 발전, 산업, 생활 등 부문별로 추가적인 배출 감축 조치를 시행하는데 수송 부문에서는 배출가스 5등급 차량의 수도권 운행이 제한된다.

15 **〈보기〉에 들어갈 내용으로 옳은 것은?**

보기

여성청소년 생리대 바우처 지원 제도는 여성청소년의 건강한 성장을 지원하기 위해 생리대 구매 비용을 지원하는 제도로서 생계·의료·주거·교육 급여 수급자, 법정 차상위 계층, 한부모 가족 지원 대상자에 해당하는 (　　) 여성 청소년이 지원 대상이다.

① 9~18세　② 9~22세
③ 9~24세　④ 10~18세
⑤ 10~22세

해설 여성청소년 생리대 바우처 지원 제도는 9~24세 저소득층 여성청소년에게 월 1만2000원씩 6개월 단위로 연간 최대 14만4000원의 생리용품 구매 비용을 지원한다. 지원 대상은 종전 11~18세에서 2022년부터 9~24세로 확대됐다.

16 **북한 이탈 후 10년 넘게 재입북을 원한 북한 이탈 주민 여성의 이름과 이 여성을 주제로 한 다큐멘터리 영화의 제목은?**

① 원정화 – 태양 아래
② 원정화 – 암살자들
③ 김현희 – 그림자꽃
④ 김련희 – 그림자꽃
⑤ 김련희 – 태양 아래

해설 김련희는 돈을 벌려고 한국에 들어왔다가 탈북 의지가 없었다며 북한 송환을 요구하고 있는 북한이탈주민이다. 이승준 감독은 김련희의 사연을 담은 2019년 다큐멘터리 영화 '그림자꽃'으로 DMZ 국제다큐멘터리영화제 최우수 한국 다큐멘터리상을 수상했다.

정답 08 ① 09 ⑤ 10 ① 11 ② 12 ③ 13 ③ 14 ② 15 ③ 16 ④

17 〈보기〉의 빈칸에 들어갈 말은?

보기

(　　)은(는) 2015년 파리에서 열린 UN 기후변화 협약 당사국총회 본회의에서 버락 오바마 전 미국 대통령 주도로 195개 당사국이 채택한 협정이다. 산업화 이전 수준 대비 지구 평균온도가 2℃ 이상 상승하지 않도록 온실가스 배출량을 단계적으로 감축하는 내용을 골자로 한다.

① 람사르협약
② 파리협약
③ 몬트리올의정서
④ 교토의정서
⑤ 글래스고 기후조약

해설 파기기후변화협약(파리협약)에 대한 설명이다. 파리협약은 1997년 채택한 교토의정서를 대체하는 것으로서 2020년 이후 적용된 기후협약이다. 교토의정서에서는 선진국만 온실가스 감축 의무가 있었지만 파리협약에서는 195개 참여 당사국 모두가 탄소 감축 목표를 지키도록 한 것이 특징이다.
파리협약 채택 이후 6년간 협상 끝에 2021년 10~11월 197개 참가국은 '유엔 기후변화협약 당사국 총회'(COP26)에서 파리협약을 이행하기 위한 세부 규칙을 완성했다. 각국이 '석탄 발전을 단계적으로 감축하고 선진국은 2025년까지 기후변화 적응 기금을 두 배로 확대하기로 한다'는 내용의 ⑤글래스고 기후조약을 채택하며 COP26은 폐막했다.

18 1987년에 일어난 일이 아닌 것은?

① 4·13 호헌 조치
② 6·10 민주 항쟁
③ 6·29 민주화 선언
④ 노태우 대통령 취임
⑤ 박종철 고문치사 사건

해설 노태우는 1987년 12월 16일 제13대 대통령 선거에서 당선됐고 1988년 2월 25일 대통령에 취임했다.

19 〈보기〉에 들어갈 말은?

보기

최근 모다모다샴푸에 함유된 (　　) 성분의 유해성 논란을 두고 갑론을박이 일고 있다. 업체 측은 이 성분이 유럽에서 사용이 금지된 성분이지만, 식약처가 금지한 염모제 성분 리스트에 없다는 이유로 이 성분을 함유한 제품을 염색용 기능성 샴푸로 허가받아 판매 중이다. 식약처는 이 성분의 유해성을 이유로 사용금지 원료로 지정했지만 업체 측은 이에 반박하며 식약처의 사용금지 행정예고에 재검토를 요청했다.

① PPD
② 5-디아민
③ 황산톨루엔-2
④ 1, 2, 4-THB
⑤ 벤잘코늄클로라이드

해설 〈보기〉에서 논란을 일으킨 성분은 1, 2, 4-THB(Trihydroxybenzene·트리하이드록시벤젠)이다.

20 〈보기〉의 빈칸에 차례로 들어갈 말은?

보기

(　　)은(는) 언론의 자유를 증진할 목적으로 1985년 프랑스의 전 라디오 기자 로베르 메나르가 조직한 국제 비정부 기구다. 이 기구는 줄여서 (　　)(이)라고도 하며 전 세계에서 언론 자유 증진 및 언론 상황 감시 활동 등을 펼치고 있다.

① 국제 펜클럽, IPI
② 국제 기자 연맹, IPI
③ 국제 기자 연맹, RSF
④ 국제 언론인 협회, IPI
⑤ 국경 없는 기자회, RSF

해설 국경 없는 기자회(RSF, Reporters Sans Frontières·Reporters Without Borders)에 대한 설명이다.

21 국토교통부가 국내 1호 우수 물류신기술로 선정한 기술은?

① 경유 택배 트럭의 하이브리드 개조 기술
② 트럭 적재함 및 컨테이너 내 택배화물 하역 작업을 수행하는 하역 로봇
③ 물류센터의 디지털 도면기술을 적용한 스마트 물류센터 시설 관리 시스템
④ 보관·하역작업 자동 처리용 포킹 폭 조절 및 승하강이 가능한 셔틀 시스템
⑤ 스마트중량센서 및 무인무정차 축중기를 활용한 실시간 물류정보 모니터링 시스템

해설 정부는 국내 우수 물류기술을 정부에서 인증·지원해 육성·보급하는 우수 물류기술 지정제도를 시행하고 있다. 2021년 정부는 제1호 우수 물류신기술로 경유 택배 트럭의 하이브리드 개조 기술을 선정했다. ⑤, ④, ③, ②의 순서대로 2~5호 우수 물류신기술에 선정된 기술이다.

22 화학물질의 관리와 관련이 있는 용어는?

① REACH ② MAGA
③ MACH ④ FAANG
⑤ HACCP

해설 REACH는 Registration, Evaluation, Authorization and Restriction of Chemicals(화학물질의 등록, 평가, 허가, 제한)의 줄임말로서 유럽연합(EU) 내 화학물질 관리 규정을 일컫는다. 우리나라는 2015년부터 K-REACH라고 불리는 '한국 화학물질 등록 및 평가법'(화평법)이 시행됐다.

23 2020 도쿄 하계패럴림픽에서 한국 대표팀이 9연패를 달성한 종목은?

① 양궁 ② 골볼
③ 보치아 ④ 사이클
⑤ 배드민턴

해설 보치아(boccia)는 뇌성마비 중증·운동성 장애인이 참가할 수 있는 패럴림픽 스포츠 종목 중 하나이다. 고대 그리스의 공 던지기 경기에서 유래했으며 공을 경기장 안으로 굴리거나 발로 차서 보내 표적구에 가까운 공의 점수를 합해 승패를 겨룬다. 한국은 자타공인 보치아 최강국으로서 1988년 서울 패럴림픽에서 1위에 오른 뒤 2020 도쿄 패럴림픽까지 9개 대회 연속 금메달을 획득했다.

24 청암언론문화재단에서 주관하는 언론상으로서 2021년 자유언론실천재단이 수상자로 선정된 이 상은?

① 이용마 언론상
② 송건호 언론상
③ 관훈 언론상
④ 삼성 언론상
⑤ 홍성현 언론상

해설 송건호 언론상(宋建鎬言論賞)은 언론 민주화에 한평생을 바친 송건호(宋建鎬1927~2001)의 뜻을 기리기 위해 2002년 1월 25일 공식 발족한, 청암언론문화재단에서 주관하는 언론상이다.
송건호는 1974년 동아일보 편집국장 당시 정권의 언론 탄압과 기자 대량 해직 사태에 맞서 사임했고 1984년 해직 언론인들과 함께 민주언론운동협의회(민언련)을 결성, 초대 의장을 지냈다. 1985년 진보 성향 월간지 '말'을 창간해 군사 정권의 보도지침을 1986년 폭로했으며 1988년 한겨레신문 창간을 이끌었다.

정답 17 ② 18 ④ 19 ④ 20 ⑤ 21 ① 22 ① 23 ③ 24 ②

25 **2025년 완공 예정인 한국형 중이온가속기의 별칭은?**

① SSC ② CERN
③ RAON ④ LHC
⑤ 테바트론

해설 라온(RAON, Rare isotope Accelerator complex for ON-line experiments)은 한국형 중이온가속기의 별칭으로 '즐거움'과 '기쁨'의 순우리말이다. 라온은 기초과학연구원(IBS) 산하 중이온가속기건설구축사업단(RISP)에 속한 입자가속기이다. 대전광역시 외곽의 신동지구에 건설 중이다. 2021년 완공 예정이었으나 2025년으로 연기되었다.

26 **독일에서 가장 오래된 콩쿠르는?**

① 슈만 콩쿠르
② 브람스 콩쿠르
③ 베토벤 콩쿠르
④ 퀸 엘리자베스 콩쿠르
⑤ 멘델스존 대학 콩쿠르

해설 독일 유명 음악대학의 대표 연주자들이 모여 기량을 겨루는 멘델스존 대학 콩쿠르는 1878년부터 시작된, 독일에서 가장 오래된 콩쿠르다.
지난 1월 16일(현지시간) 멘델스존 대학 콩쿠르 피아노 부문에서 1위 김정환(한스 아이슬러 음대), 2위 김지영(뮌헨 음대), 공동 3위 박진형·박영호(하노버 음대) 등 한국인 학생들이 1~3위를 휩쓸어 화제가 됐다.

27 **낮은 고도에서 몇 이상의 속도로 비행하는 미사일을 극초음속 미사일이라고 하는가?**

① 마하 1 ② 마하 2
③ 마하 3 ④ 마하 4
⑤ 마하 5

해설 극초음속 미사일이란 낮은 고도에서 마하 5(1.7km/s) 이상의 속도로 비행하는 미사일이다. 일반적인 초음속 전투기의 최고 비행 속도가 마하 2~3 이내이므로, 그보다 2배가 넘는 속도로 비행한다. 극초음속 미사일은 장거리의 목표물에 단시간에 도달하여 타격할 수 있고 비슷한 탄두 중량을 갖춘 미사일보다 관통력이 뛰어나다.

28 **의회 내 합법적 의사진행 방해 행위를 일컫는 용어는?**

① 직권상정
② 게리맨더링
③ 섀도캐비닛
④ 캐스팅보트
⑤ 필리버스터

해설 필리버스터(filibuster)는 의회에서 고의로 합법적인 방법을 이용하여 의사진행을 방해하는 것이다. 그 방법으로는 법안의 통과 및 의결 등을 막기 위해 토론 발언 시간 무제한으로 늘리기, 유회(流會), 산회(散會)의 동의, 불신임안 제출, 투표의 지연 등이 있다.

29 **국민취업지원제도 1유형에 대한 설명으로 옳지 않은 것은?**

① 취업활동비용이 지급된다.
② 지원 대상 연령은 15~69세이다.
③ 최대 300만원의 구직촉진수당이 지급된다.
④ 지원 대상 소득은 가구단위 중위소득 50% 이하, 재산은 3억원 이하이다.
⑤ 맞춤형 취업상담, 직업훈련, 창업지원프로그램, 심리상담 등 취업지원서비스를 지원한다.

해설 국민취업지원제도 1유형은 구직촉진수당과 취업지원서비스를 제공받고 2유형은 취업활동비용과 취업지원서비스를 제공받는다.

30 **황석영 작가가 2022년 상반기 펴낼 우화소설의 제목은?**

① 별찌에게
② 엘 콘도르
③ 빅아이
④ 이토록 아름다운
⑤ 장미의 이름은 장미

해설 올해 등단 60주년을 맞는 작가 황석영은 어른들을 위한 우화소설로 알려진 『별찌에게』를 내놓을 예정이다. 『별찌에게』는 우주에서 떨어진 운석이 숲속 식물과 동물, 무생물 등과 사귀면서 성장하는 과정을 그린 작품으로 알려져 있다.

31 **여러 악재가 동시다발적으로 뒤섞여 발생하는 현상은?**

① 넛크래커
② 보드카 위기
③ 데킬라 위기
④ 칵테일 위기
⑤ 유동성 위기

해설 칵테일 위기는 다양한 술이 혼합된 칵테일처럼 동시다발적으로 여러 악재가 뒤섞여 일어나는 상황을 일컫는다.

32 **현재 미국 연방준비제도(Fed) 이사회 의장은?**

① 재닛 옐런
② 벤 버냉키
③ 제롬 파월
④ 앨런 그린스펀
⑤ 폴 볼커

해설 제롬 파월(Jerome H. Powell, 1953~)은 2018년 2월 미 연방준비제도(Fed) 이사회 의장으로 취임했고 2021년 11월 연임됐다.

33 **인권 변호 및 연구를 하는 비영리 기구 단체로서 본부가 미국 뉴욕에 있고 세계 주요 도시에 지부가 있는 이 단체는?**

① 휴먼라이츠워치
② 프리덤하우스
③ 국제엠네스티
④ 나우(NAUH)
⑤ 국제라이온스협회

해설 휴먼라이츠워치(Human Rights Watch)에 대한 설명이다.

정답 25 ③ 26 ⑤ 27 ⑤ 28 ⑤ 29 ① 30 ① 31 ④ 32 ③ 33 ①

01 (가) 시대의 생활 모습으로 옳은 것은?

이것은 경상남도 창녕군 비봉리에서 출토된 (가) 시대 배의 복제품입니다. 본래의 출토품은 약 8천 년 전에 제작된 것으로 추정되는데, 지금까지 한반도에서 발견된 배 중 가장 오래된 것입니다. (가) 시대 사람들은 낚싯바늘과 그물을 이용하여 물고기를 잡았고, 농경과 목축을 시작하였습니다.

① 소를 이용한 깊이갈이가 일반화되었다.
② 반량전, 명도전 등의 화폐를 사용하였다.
③ 빗살무늬 토기를 만들어 식량을 보관하였다.
④ 많은 인력을 동원하여 고인돌을 축조하였다.
⑤ 대표적인 도구로 주먹도끼, 찍개 등을 제작하였다.

해설 자료에서 출토품이 약 8천 년 전에 제작된 것으로 추정된다는 점, 물고기를 잡는 어로 활동과 함께 농경과 목축을 시작한 시대라는 점 등을 통해 (가) 시대가 신석기 시대임을 알 수 있다.
③ 신석기 시대에는 농경이 시작되고, 토기를 만들어 곡식을 조리·보관하였다. 빗살무늬 토기는 신석기 시대의 대표적인 토기이다.

오답 피하기
① 소를 이용한 깊이갈이는 우경이다. 우경은 신라 지증왕 때 기록상 처음 등장하였고, 고려 시대에 일반화되었다.
② 반량전, 명도전 등의 화폐는 중국 춘추 전국 시대의 화폐로 철기 시대에 해당한다. 이는 한반도와 중국의 교류를 보여주는 유물이다.
④ 고인돌은 청동기 시대 지도자의 무덤이다.
⑤ 주먹도끼, 찍개 등은 대표적인 뗀석기로 구석기 시대의 유물이다.

02 (가)~(마)에 들어갈 내용으로 옳은 것은?

〈2018년도 하계 한국사 강좌〉

인물로 보는 신라 불교사

우리 학회에서는 신라 승려들의 활동을 통해 불교사의 흐름을 파악하는 자리를 마련하였습니다. 관심 있는 분들의 많은 참여를 바랍니다.

◈ 강좌 주제 ◈

제1강 원광,	(가)
제2강 자장,	(나)
제3강 원효,	(다)
제4강 의상,	(라)
제5강 도선,	(마)

• 기간: 2018년 ○○월 ○○일 ~ ○○월 ○○일
매주 목요일 오전 10시
• 장소: □□ 박물관 대강당
• 주최: △△학회

① (가) – 풍수지리설을 들여오다
② (나) – 황룡사 구층 목탑 건립을 건의하다
③ (다) – 영주에 부석사를 창건하다
④ (라) – 세속 오계를 제시하다
⑤ (마) – 대승기신론소를 저술하다

해설 자료에서는 신라 승려들의 활동을 제시하고 있다. 자장은 신라 선덕 여왕 때 황룡사 구층 목탑의 건립을 건의하였고, 백제의 아비지 등을 불러 건설하였다.
② 자장은 당에 유학할 때 신인(神人)이 나타나 황룡사에 구층 목탑을 건립하면 이웃나라가 항복하고 조공을 바칠 것이라는 이야기를 듣고 선덕여왕에게 탑의 건립을 건의하였다.

오답 피하기
① 통일 신라 말 도선에 의해 풍수지리 사상이 확산되었다.
③ 영주에 부석사를 창건한 것은 의상이다.
④ 원광은 화랑도의 규범으로 세속 오계를 제시하였다.
⑤ 원효는 불교의 사상과 체계를 이해하기 쉽게 풀이한 『대승기신론소』를 저술하였다.

03 (가), (나)에 해당하는 토지 제도에 대한 설명으로 옳은 것을 보기에서 고른 것은?

(가) 경종 원년(976) 11월, 처음으로 직관(職官)과 산관(散官) 각 품의 전시과를 제정하였다.

(나) 공양왕 3년(1391) 5월, 도평의사사가 글을 올려 과전을 주는 법을 정하자고 요청하니 왕이 따랐다.

보기

ㄱ. (가) – 전지와 시지를 지급하여 수취의 권리를 행사하게 하였다.
ㄴ. (가) – 관리의 사망 시 유가족에게 수신전과 휼양전을 지급하였다.
ㄷ. (나) – 지급 대상 토지를 원칙적으로 경기 지역에 한정하였다.
ㄹ. (나) – 관리의 인품과 공복을 기준으로 하여 토지를 지급하였다.

① ㄱ, ㄴ　② ㄱ, ㄷ　③ ㄴ, ㄷ　④ ㄴ, ㄹ　⑤ ㄷ, ㄹ

해설 (가) 자료에서는 경종 원년에 처음으로 각 품의 전시과를 제정하였다는 것을 통해 시정 전시과임을 알 수 있다. (나) 자료에서는 공양왕 때 도평의사사가 과전을 주는 법을 정하였다고 하여 과전법에 대한 것임을 알 수 있다.
ㄱ. 전지와 시지를 지급하여 수취의 권리를 행사하게 한 토지 제도는 고려 시대의 전시과이다.
ㄷ. 지급 대상 토지를 경기 지역에 한정한 것은 과전법이다.

오답 피하기
ㄴ. 관리의 사망 시 유가족에게 수신전과 휼양전을 지급하도록 한 것은 과전법이다.
ㄹ. 관리의 인품과 공복을 기준으로 하여 토지를 지급한 것은 시정 전시과이다.

04 (가) 신분에 대한 설명으로 옳은 것은?

이향견문록

이 책은 (가) 출신인 유재건이 지은 인물 행적기로, 위항 문학 발달에 크게 기여하였다. (가) 은/는 자신들의 신분에 따른 사회적인 차별에 불만이 많았는데, 시사(詩社)를 조직하는 등의 문예 활동을 통해 스스로의 위상을 높이고자 하였다. 책의 서문에는 이항(里巷)*에 묻혀 있는 유능한 인사들의 행적을 기록하여 세상에 널리 알리고자 이 책을 썼다고 밝히고 있다.

＊이항: 마을의 거리

① 매매, 증여, 상속의 대상이 되었다.
② 장례원을 통해 국가의 관리를 받았다.
③ 공장안에 등록되어 수공업 제품 생산을 담당하였다.
④ 양인이지만 천역을 담당하는 신량역천으로 분류되었다.
⑤ 관직 진출 제한을 없애달라는 소청 운동을 전개하였다.

해설 자료에서 중인 계층의 문학인 위항 문학이 언급되었고, 시사(詩社)를 조직하였다는 점 등을 통해 (가)가 중인임을 알 수 있다.
⑤ 중인 계층은 조선 후기 관직 진출에 제한을 없애 달라는 소청 운동을 전개하였다.

오답 피하기
① 매매, 증여, 상속의 대상이 된 신분은 노비이다.
② 장례원은 노비의 소송을 담당하던 기관이다.
③ 공장안은 수공업자들을 등록하는 명부이다.
④ 신량역천으로 분리된 사람들은 수군, 조례, 나장 등이 해당한다.

정답　01 ③　02 ②　03 ②　04 ⑤

05 다음 인물에 대한 설명으로 옳은 것은?

◆ 이달의 문화 인물 ◆

그림에도 두각을 나타낸 실학자, 초정(楚亭) 선생

초정 선생은 조선 후기의 대표적인 실학자로, 문인화풍의 산수화와 생동감이 넘치는 꿩, 물고기 그림 등을 잘 그렸다. 그는 청에 다녀온 후 북학의를 저술하여 조선 사회의 모순을 지적하고 개혁 방안을 제시하였는데, 특히 재물을 우물에 비유하여 절약보다 소비를 권장하였다.

초정이 그린 꿩 그림, 야치도

① 양반전을 지어 양반의 허례와 무능을 풍자하였다.

② 북한산 신라 진흥왕 순수비를 처음으로 고증하였다.

③ 서얼 출신으로 규장각 검서관에 발탁되어 활동하였다.

④ 곽우록에서 토지 매매를 제한하는 한전론을 제시하였다.

⑤ 우서를 통해 사농공상의 직업적 평등과 전문화를 주장하였다.

해설 자료에서 초정이라는 호가 제시되었고, 청에 다녀온 후 『북학의』를 저술하였다는 점, 재물을 우물에 비유하여 절약보다 소비를 권장하였다는 점 등을 통해 자료의 인물이 박제가임을 알 수 있다.

③ 서얼 출신의 박제가는 유득공, 이덕무, 서이수 등과 함께 정조 때 규장각 검서관에 등용되었다.

오답 피하기

① 「양반전」을 지은 것은 박지원이다.

② 북한산 신라 진흥왕 순수비를 처음으로 고증한 것은 김정희이다.

④ 『곽우록』에서 토지 매매를 제한하는 한전론을 제시한 것은 이익이다.

⑤ 『우서』를 저술하고, 사농공상의 직업적 평등과 전문화를 주장한 것은 유수원이다.

06 (가)~(마)에 들어갈 내용으로 옳은 것은?

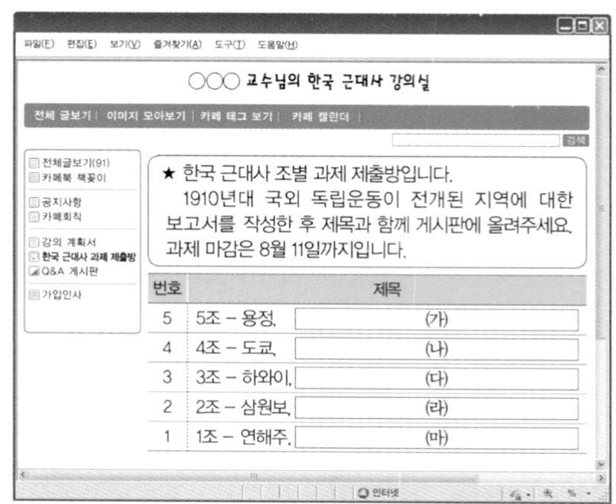

번호	제목	
5	5조 – 용정,	(가)
4	4조 – 도쿄,	(나)
3	3조 – 하와이,	(다)
2	2조 – 삼원보,	(라)
1	1조 – 연해주,	(마)

① (가) – 신흥 강습소를 세워 독립군을 양성하다

② (나) – 서전서숙을 설립하여 민족 교육에 힘쓰다

③ (다) – 유학생을 중심으로 2·8 독립 선언서를 발표하다

④ (라) – 대조선 국민 군단을 결성하여 군사 훈련을 실시하다

⑤ (마) – 대한 광복군 정부를 수립하여 무장 독립 전쟁을 준비하다

해설 ⑤ 자료는 1910년대의 국외 독립운동이 전개된 지역을 보여 주고 있다. 연해주 지역에서는 블라디보스토크에 신한촌이 건설되었고, 권업회가 만들어졌다. 또한 1914년에는 대한 광복군 정부가 수립되었다.

오답 피하기

① 신흥 강습소는 만주 삼원보(서간도)에 설립되었다.

② 서전서숙은 만주 용정(북간도)에 설립되었다.

③ 2·8 독립 선언서는 일본 도쿄에서 발표되었다.

④ 대조선 국민 군단은 박용만이 하와이에서 조직하였다.

07 다음 자료가 작성된 이후에 일어난 사실로 옳은 것은?

1. 무상 원조에 대해 한국 측은 3억 5천만 달러, 일본 측은 2억 5천만 달러를 주장한 바 3억 달러를 10년에 걸쳐 공여하는 조건으로 양측 수뇌에게 건의함.
2. 유상 원조(해외 경제 협력 기금)에 대해 한국 측은 2억 5천만 달러, 일본 측은 1억 달러를 주장한 바 2억 달러를 10년 간에 걸쳐 이자율 3.5%로 제공하기로 양측 수뇌에게 건의함.
3. 수출입 은행 차관에 대해 한국 측은 별개 취급을 희망하고 일본 측은 1억 달러 이상을 프로젝트에 따라 늘릴 수 있도록 하자고 주장한 바 양측 합의에 따라 국교 정상화 이전이라도 협력하도록 추진할 것을 양측 수뇌에게 건의함.

① 반민족 행위 특별 조사 위원회가 구성되었다.
② 6·3 시위가 전개되고 비상 계엄령이 선포되었다.
③ 평화 통일론을 주장한 진보당의 조봉암이 구속되었다.
④ 유엔 한국 재건단의 지원으로 문경 시멘트 공장이 건설되었다.
⑤ 일제가 남긴 재산 처리를 위하여 귀속 재산 처리법이 제정되었다.

해설 자료에서 일본이 한국 측에 무상 원조와 유상 원조를 준다고 한 점, 그리고 이것을 '양측 수뇌에게 건의함'이라고 한 점을 통해 한·일 협정의 체결 과정에서 진행된 김종필·오히라 비밀 회담(1962년)임을 알 수 있다. 박정희 정부는 경제 개발을 위한 자금 마련을 위해 김종필·오히라 비밀 회담을 추진하였다.
② 6·3 시위는 1964년에 굴욕적인 한·일 협정에 반발하여 일어났다.

오답 피하기
① 반민족 행위 특별 조사 위원회는 1948년에 구성되었다.
③ 진보당의 조봉암이 구속된 것은 이승만 정부 때인 1958년의 일이다.
④ 유엔 한국 재건단의 지원으로 문경에 시멘트 공장이 설립된 것은 1957년이다.
⑤ 귀속 재산 처리법이 제정된 것은 1949년의 일이다.

08 다음 자료를 통해 알 수 있는 민주화 운동에 대한 설명으로 옳은 것은?

나는 해방 후 본국에 들어와서 우리 여러 애국 애족하는 동포들과 더불어 잘 지내왔으니 이제는 세상을 떠나도 한이 없으나, 나는 무엇이든지 국민이 원하는 것만 알면 민의를 따라서 하고자 한 것이며, 또 그렇게 하기를 원하는 것이다. ……

첫째는 국민이 원하면 대통령직을 사임할 것이며, 둘째는 지난번 정·부통령 선거에 많은 부정이 있었다고 하니, 선거를 다시 하도록 지시하였고, 셋째는 선거로 인연한 모든 불미스러운 것을 없애게 하기 위해서, 이미 이기붕 의장이 공직에서 완전히 물러가겠다고 결정한 것이다. ……

① 호헌 철폐와 독재 타도 등의 구호를 내세웠다.
② 전개 과정에서 시민군이 자발적으로 조직되었다.
③ 신군부의 비상 계엄 확대가 원인이 되어 일어났다.
④ 양원제 국회와 장면 내각이 출범하는 계기가 되었다.
⑤ 3·1 민주 구국 선언을 통하여 장기 독재에 저항하였다.

해설 자료에서 대통령이 스스로 사임할 것을 이야기하였고, 정·부통령 선거에서 부정이 있었다는 내용 등을 통해 4·19 혁명 당시 발표된 이승만 대통령의 하야 선언서임을 알 수 있다. 1960년 3·15 부정 선거로 인해 일어난 4·19 혁명의 결과 이승만 대통령이 하야하였다.
④ 4·19 혁명 이후 헌법 개정을 통해 양원제 국회와 장면 내각이 출범하게 되었다.

오답 피하기
① 호헌 철폐와 독재 타도 등의 구호를 내세운 것은 6월 민주 항쟁이다.
② 시민군이 조직되었던 민주화 운동은 5·18 민주화 운동이다.
③ 신군부의 비상 계엄 확대가 원인이 된 것은 5·18 민주화 운동이다.
⑤ 3·1 민주 구국 선언은 유신 체제에 대한 저항으로 이루어졌다.

정답 05 ③ 06 ⑤ 07 ② 08 ④

01 **다음 중 밑줄 친 문장 성분의 종류를 잘못 파악한 것은?**

① 화분에 물을 주어야 해. → 목적어
② 영화배우라면 그 작품은 봤을 거야. → 목적어
③ 교육부에서 초등학생용 교재를 만들었다. → 주어
④ 밭이 푸른 바다로 변했다. → 부사어
⑤ 김연아가 또 세계 기록을 경신했다. → 부사어

해설 국어학
'화분에'의 문장 성분은 부사어이다. 목적어는 '물을'이며, 주어는 표면적으로 드러나지 않았다.

정답 ①

02 **밑줄 친 고유어의 기본형이 지닌 의미를 바르게 풀이하지 못한 것은?**

① 그는 눈이 아리도록 담배를 피워 댔다. → 상처나 살갗 따위가 찌르는 듯이 아프다.
② 그는 자기를 제쳐 두고 놀러 가는 것을 못마땅해했다. → 일정한 대상이나 범위에서 빼다.
③ 할아버지는 버려진 것 중에서 쓸 만한 것을 추렸다. → 섞여 있는 것에서 여럿을 뽑아내거나 골라내다.
④ 나는 마음을 저미는 이야기에 눈물을 흘렸다. → 뜻대로 되지 아니하거나 보기에 딱하여 가슴 아프고 답답하다.
⑤ 할머니는 손님이 더 올지 몰라 음식을 낫잡아 준비했다. → 금액, 나이, 수량, 수효 따위를 계산할 때에, 조금 넉넉하게 치다.

해설 고유어
제시된 문장에서 사용된 '저미다'는 '마음을 몹시 아프게 하다.'라는 의미이다. '뜻대로 되지 아니하거나 보기에 딱하여 가슴 아프고 답답하다.'라는 의미인 말은 '안타깝다'이다.

정답 ④

03 **밑줄 친 한자어의 사전적 뜻풀이로 옳지 않은 것은?**

① 아버님께서는 숙환(宿患)으로 고생하시다가 별세하셨다. → 오래 묵은 병.
② 그는 의자에 앉아 한동안 상념(想念)에 잠겨 있었다. → 슬픈 마음이나 느낌.
③ 문제 해결의 관건(關鍵)을 쥐다. → 어떤 사물이나 문제 해결의 가장 중요한 부분.
④ 국장은 사장의 치부(恥部)를 폭로했다. → 남에게 드러내고 싶지 아니한 부끄러운 부분.
⑤ 그들의 잔혹한 통치 정책은 세계에서 유례(類例)를 찾기 힘든 것이다. → 같거나 비슷한 예.

해설 한자어
상념(想念)은 마음속에 품고 있는 여러 가지 생각을 의미한다.

정답 ②

04 **"그는 개성이 강한 인물의 역할을 완벽하게 소화하기로 유명하다."에 사용된 '소화'와 가장 유사한 의미로 사용된 것은?**

① 그 작품은 독창적이어서 소극장이 아니면 소화할 수 없었다.
② 요즘 들어 무엇을 먹어도 소화하는 데 어려움을 느끼고 있다.
③ 동생은 이번 공연의 어려운 연주곡을 소화하기 위해 끊임없이 연습했다.
④ 이곳 농산물 유통 시장은 시에 반입되는 농산물의 60%를 소화하고 있다.
⑤ 정부는 경주에 오만 명 이상을 소화할 수 있는 종합 경기장을 짓기로 결정했다.

해설 어휘 관계
발문에 쓰인 '소화(消化)'는 '주어진 일을 해결하거나 처리함을 비유적으로 이르는 말.'을 뜻하는 것으로, 같은 의미로 사용된 것은 ③이다. '소화(消化)'는 다의어로, ②에서 중심적 의미(섭취한 음식물을 분해하여 영양분을 흡수하기 쉬운 형태로 변화시키는 일.)로 사용되었고 나머지는 모두 주변적 의미로 사용되었다.

정답 ③

05 속담을 사용한 표현이 적절하지 않은 것은?

① 남편은 '꾸어다 놓은 보릿자루'처럼 구석에 가만히 앉아 있었다.
② '가는 날이 장날'이라고 하필 체육 대회 하는 날 비가 오고 있다.
③ 정부는 '언 손 불기'로 급하게 부동산 정책을 펼쳐 집값을 잡았다.
④ '눈 감고 따라간다'는 말처럼 그녀는 친구의 의견에 무조건 따랐다.
⑤ '오뉴월에도 남의 일은 손이 시리다'고 그는 자신의 일이 아니라서 대충 일했다.

해설 관용 표현

'언 손 불기'는 부질없는 짓을 비유적으로 이르는 말이다. 따라서 '정책을 펼쳐 집값을 잡은 상황'에서 사용되기 어렵다.

정답 ③

06 다음 말을 쉬운 말로 순화한 것으로 적절하지 않은 것은?

① 제척(除斥) : 제외
② 착수(着手) : 시작
③ 최촉(催促) : 재촉
④ 시방(時方) : 때때로
⑤ 미연(未然)에 : 미리

해설 순화어

'시방'은 '말하는 바로 이때.'라는 뜻으로, '지금'으로 순화하는 것이 적절하다.

정답 ④

자주 출제되는 고유어		자주 출제되는 외래어 표기법	
곰살갑다	성질이 보기보다 상냥하고 부드럽다	Machu Picchu	마추픽추
노량으로	어정어정 놀면서 느릿느릿	napkin	냅킨
비거스렁이	비가 갠 뒤에 바람이 불고 기온이 낮아지는 현상	tape	테이프
설눈	설날에 내리는 눈	schedule	스케줄
약가심	약을 먹은 뒤에 다른 음식을 먹어 입을 가시는 일. 또는 그 음식	web	웹

01 다음 글의 주제로 가장 적절한 것은?

During the late twentieth century socialism was on the retreat both in the West and in large areas of the developing world. During this new phase in the evolution of market capitalism, global trading patterns became increasingly interlinked, and advances in information technology meant that deregulated financial markets could shift massive flows of capital across national boundaries within seconds. 'Globalization' boosted trade, encouraged productivity gains and lowered prices, but critics alleged that it exploited the low-paid, was indifferent to environmental concerns and subjected the Third World to a monopolistic form of capitalism. Many radicals within Western societies who wished to protest against this process joined voluntary bodies, charities and other non-governmental organizations, rather than the marginalized political parties of the left. The environmental movement itself grew out of the recognition that the world was interconnected, and an angry, if diffuse, international coalition of interests emerged.

① The affirmative phenomena of globalization in the developing world in the past
② The decline of socialism and the emergence of capitalism in the twentieth century
③ The conflict between the global capital market and the political organizations of the left
④ The exploitative characteristics of global capitalism and diverse social reactions against it

(유형) **독해**

어휘 socialism 사회주의 retreat 후퇴, 철수 / capitalism 자본주의 / interlink 연결하다 / deregulate 규제를 철폐하다 / globalization 세계화 / allege 주장하다 / exploit 착취하다 / indifferent 무관심한 / subject A to B A를 B에 복종[종속]시키다 / monopolistic 독점적인 / radical 급진주의자 / protest 저항하다, 반대하다 / body 단체, 조직 / charity 자선[구호]단체 / marginalize ~을 (특히 사회의 진보에서) 처지게 하다, 내버려두다 / left 좌파, 좌익 / recognition 인식 /interconnect 연결하다 / diffuse 확산한, 흩어진 / coalition 연합(체) / emerge 나타나다, 등장하다 / affirmative 긍정적인 / phenomena phenomenon(현상)의 복수형 / emergence 등장, 출현 / exploitative 착취적인

해설 본문 초반에서 사회주의의 후퇴와 자본주의의 확장에 대해 설명한 후, 이로 인한 세계화의 부작용(착취)을 제시하고 있다. 이어서 이에 대한 급진주의자의 반응, 환경 운동의 발달 등을 설명하며 세계화의 부작용에 대한 사회 여러 분야의 반응을 제시하고 있다. 따라서 글의 주제로 가장 적절한 것은 ④이다.

해석 20세기 후반에, 사회주의는 서구와 많은 지역의 개발도상국들에서 후퇴하고 있었다. 시장 자본주의 진화에서의 이러한 새로운 국면 동안, 세계 무역의 양상은 점점 더 연결되었고, 정보 기술의 발달은 규제가 철폐된 금융 시장이 몇 초 이내에 국경을 가로질러 어마어마한 자본 흐름을 이동시킬 수 있다는 것을 의미했다. '세계화'는 무역을 신장시키고, 생산성 향상을 고취하고, 가격을 낮추었지만, 평론가들은 그것이 저임금층을 착취하고, 환경적 우려에 무관심했으며, 제3세계를 독점적인 형태의 자본주의하에 두었다고 주장했다. 이러한 과정에 저항하길 원했던 서구 사회의 많은 급진주의자들은 소외된 좌파 정당보다는 자원봉사 단체, 자선단체, 그리고 다른 비정부 조직에 가입했다. 세계가 연결되어 있다는 인식으로부터 환경 운동이 발달했으며, 만일 확산될 경우 분노한 국제 이익 연합체가 생겨났다.

정답 ④

02 다음 글에 나타난 Johnbull의 심경으로 가장 적절한 것은?

In the blazing midday sun, the yellow egg-shaped rock stood out from a pile of recently unearthed gravel. Out of curiosity, sixteen-year-old miner Komba Johnbull picked it up and fingered its flat, pyramidal planes. Johnbull had never seen a diamond before, but he knew enough to understand that even a big find would be no larger than his thumbnail. Still, the rock was unusual enough to merit a second opinion. Sheepishly, he brought it over to one of the more experienced miners working the muddy gash deep in the jungle. The pit boss's eyes widened when he saw the stone. "Put it in your pocket," he whispered. "Keep digging." The older miner warned that it could be dangerous if anyone thought they had found something big. So Johnbull kept shoveling gravel until nightfall, pausing occasionally to grip the heavy stone in his fist. Could it be?

① thrilled and excited
② painful and distressed
③ arrogant and convinced
④ detached and indifferent

유형 **독해**

어휘 blazing 불타는 듯한 / stand out 눈에 띄다, 두드러지다 / pile 더미 / unearth 파다 / gravel 자갈 / miner 광부 / finger 손가락으로 만지다 / pyramidal 피라미드형의 / plane 면, 평면 / find 발견물, 발견한 것 / merit 받을 만하다[자격/가치가 있다] / second opinion 다른 견해[의견] / sheepishly 소심하게 / gash (바위 등의) 갈라진 금[틈] / pit boss (광산의) 현장 감독 / shovel 삽으로 파다[파서 옮기다] / nightfall 해질녘, 해거름 / thrilled 신난, 흥분한 / distressed 고뇌에 찬 / arrogant 거만한, 오만한 / convinced 확신하는 / detached 무심한 / indifferent 무관심한

해설 어린 광부인 Johnbull이 가치 있을 것이라 생각되는 돌(아마도 다이아몬드)을 발견하는데, 다른 나이 든 광부의 반응을 통해 해당 돌이 실제로 매우 가치 있는 것일 수 있음을 유추할 수 있다. Johnbull이 그 돌을 만지작거리면서 Could it be?(혹시?)라고 한 것으로 보아 그것이 진짜 다이아몬드일지도 모른다는 기대감을 지니고 있음을 알 수 있다. 즉 Johnbull의 심경으로 가장 적절한 것은 thrilled and excited(신나고 들뜬)이다.

해석 불타는 듯한 한낮의 태양 아래, 노란색의 계란 모양의 돌이 최근에 파헤쳐진 자갈 더미 사이에서 눈에 띄었다. 호기심에 16세의 광부 Komba Johnbull은 그것을 주워 손가락으로 납작한 피라미드형의 면을 만져 보았다. Johnbull은 전에 다이아몬드를 본 적이 없었지만, 그는 어떠한 굉장한 발견물조차도 그의 엄지손톱보다 더 크지는 않을 것이라는 것을 이해할 정도로는 충분히 알고 있었다. 하지만, 그 돌은 다른 견해의 가치가 있을 만큼 충분히 비범했다. 소심하게, 그는 그것을 정글 깊은 곳에서 진흙투성이의 틈을 작업하고 있는 더 경험이 많은 광부 중 한 명에게 가져갔다. 그가 그 돌을 보았을 때, 그 현장 감독의 눈이 커졌다. "그것을 네 주머니에 넣어라."라고 그가 속삭였다. "계속해서 파." 그 나이 많은 광부는 만일 누군가 그들이 굉장한 무언가를 발견했다고 생각한다면 위험할 수 있다고 경고했다. 그래서 Johnbull은 해질녘까지 계속해서 자갈을 삽으로 옮기며, 이따금씩 그의 주먹으로 그 무거운 돌을 움켜쥐기 위해 멈추었다. 혹시?

정답 ①

자/료/해/석

01 **다음은 2020년 하반기 중고차 수출 현황에 관한 자료이다. 이를 바탕으로 [보기]에서 옳은 것을 고르면?**

[표] 2020년 하반기 중고차 수출 현황

(단위 : 대)

구분	6월	7월	8월	9월	10월	11월	12월
중동	11,235	17,326	18,246	21,367	19,451	17,554	28,188
중남미	2,632	3,456	3,919	5,393	5,546	4,404	7,413
아프리카	3,479	3,940	3,407	4,034	4,179	3,491	3,313
아시아	3,426	3,540	3,517	3,907	3,753	4,173	3,572

㉠ 전월 대비 중동의 수출 증가량은 12월이 9월의 3배 이상이다.
㉡ 7~12월 동안 4개 지역의 전월 대비 수출이 모두 증가한 달은 2개이다.
㉢ 6월 대비 9월의 아프리카 수출 증가율은 15% 이상이다.
㉣ 아시아의 3분기(7~9월)와 4분기(10~12월)의 월평균 수출량의 차는 150대 이하이다.

① ㉠, ㉡ ② ㉠, ㉢ ③ ㉠, ㉡, ㉢
④ ㉡, ㉢, ㉣ ⑤ ㉠, ㉡, ㉢, ㉣

해설 전월 대비 중동의 수출 증가량은 12월이 28,188−17,554=10,634(대), 9월이 21,367−18,246=3,121(대)이다. 따라서 10,634÷3,121≒3.4(배)이다. (○)

㉡ 7~12월 동안 4개 지역의 전월 대비 수출이 모두 증가한 달은 7월, 9월로 2개이다. (○)

㉢ 6월 대비 9월의 아프리카 수출 증가율은 $\frac{4,034-3,479}{3,479}\times100≒16(\%)$이다. (○)

㉣ 아시아의 월평균 수출량은 3분기에 $\frac{3,540+3,517+3,907}{3}≒3,654.7$(대), 4분기에 $\frac{3,753+4,173+3,572}{3}≒3,832.7$(대)이다. 따라서 월평균 수출량의 차는 약 3,832.7−3,654.7=178(대)이다. (×)

정답 ③

02 **다음 [표]는 K사의 연도별 무역수지에 대한 자료이다. 주어진 자료와 [조건]을 보고 빈칸에 들어갈 값을 예측했을 때 가장 타당한 것을 고르면?**

[표] 연도별 무역수지 (단위 : 억 원)

연도	2018년	2019년	2020년	2021년	2022년	2023년	2024년
무역수지	34	28	30	40	58	84	( )

- $y=a\left(\frac{x}{10}\right)^2+bx$
- y는 '(2020+x)년 무역수지−2020년 무역수지'와 같다.

① 88억 원 ② 104억 원 ③ 106억 원
④ 112억 원 ⑤ 118억 원

해설 '2019년 무역수지−2020년 무역수지'는 −2억 원이고, 이때 $x=-1$이므로 $-2=a\left(\frac{-1}{10}\right)^2-b$, $-2=\left(\frac{a}{100}\right)-b$이다.

'2021년 무역수지−2020년 무역수지'는 10억 원이고, 이때 $x=1$이므로 $10=a\left(\frac{1}{10}\right)^2+b$, $10=\left(\frac{a}{100}\right)+b$이다.

위 두 식을 합하면 $8=2\times\frac{a}{100}$ → $a=400$이므로 $b=6$이다.

이에 따라 $y=400\left(\frac{x}{10}\right)^2+6x$이므로 $x=4$를 대입하면 $y=400\left(\frac{4}{10}\right)^2+24=88$이다.

따라서 2024년의 무역수지는 30+88=118(억 원)이다.

정답 ⑤

문 / 제 / 해 / 결 / 능 / 력

01 **다음 글에서 알 수 있는 발생한 '문제'와 원인이 되는 '문제점'에 대한 설명으로 옳지 않은 것을 고르면?**

철로에서 공사를 하고 있던 작업 차량이 화물 열차와 충돌하는 사고가 발생하였다. 작업차량은 부득이한 작업 사정으로 인해 이동이 예정되어 있던 원래의 노선을 벗어나 옆 노선으로 운행을 하게 되었고, 이를 인지하지 못하고 옆 노선에서 마주 오던 화물 열차와 충돌하게 된 것이다. 사고 당시 옆 노선은 화물 열차가 이동하지 않는 시간이었으나, 사고 차량 외에도 추가로 3대의 화물 열차가 더 이동 중이었던 것으로 밝혀졌다. 또한 해당 작업을 감독하던 안전 운행원은 조사 결과 안전 운행원으로서의 자격이 충족되지 않은 상태에서 채용된 것으로 드러났다. 사고를 더욱 크게 만들었던 것은 당시 화물 열차의 운행을 제어해야 하는 신호기 역시 제대로 작동하지 않았다는 점이었다.

① 작업 차량과 화물 열차가 충돌한 것은 발생한 '문제'에 해당한다.
② 철도에서 작업 차량이 공사 중이었던 것은 '문제점'에 해당한다.
③ 자격 요건을 충족하지 못한 안전 운행원을 채용한 것은 '문제점'에 해당한다.
④ 신호기가 정상 작동하지 않은 것은 '문제점'에 해당한다.
⑤ 옆 노선에 예고되지 않은 화물 열차들이 이동 중이었던 것은 '문제점'에 해당한다.

해설 문제를 해결하기 위해서는 발생한 '문제'가 무엇인지를 정확히 파악해야 하며, 그 문제의 원인이 되는 '문제점'을 제대로 도출해 내야 한다. 주어진 상황에서는 발생한 사실에 해당하는 충돌 사고가 '문제'인 것이며, 그러한 문제가 발생하게 된 원인이 되는 사건, 즉 옆 노선에 예고되지 않은 화물 열차들이 이동 중이었다는 점, 안전 운행원의 자격 미달, 신호기의 오작동 등을 '문제점'으로 볼 수 있다.

정답 ②

02 **2018년에 신입사원 A~D는 코레일 신입교육을 받고 각 지점으로 발령받았다. 다음 주어진 [조건]을 보고 [보기]에서 옳은 것을 모두 고르면?**

조건

• 지점은 동부, 남부, 서부, 북부의 4개 지점이 있다.
• 신입사원 A~D는 각각 동부, 남부, 서부, 북부 지점으로 발령받았다.
• 순환근무 차 순환이동은 동부 → 남부 → 서부 → 북부 → 동부 순서로 이동한다.
• A는 1년마다, B는 2년마다, C는 3년마다, D는 4년마다 1회 순환근무 차 이동한다.

보기

㉠ 입사 후 7년 뒤에 B는 동부 지점에서 근무한다.
㉡ 3명이 처음으로 같은 지점에 근무하는 해는 2020년이다.
㉢ D가 처음으로 서부 지점에 발령받는 해에 남부 지점에는 아무도 근무하지 않는다.
㉣ A가 처음으로 D와 함께 근무하는 해에 C는 B와 함께 근무한다.
㉤ 2024년에는 북부 지점에 한 명만 근무한다.

① ㉠, ㉡ ② ㉡, ㉤ ③ ㉢, ㉣
④ ㉠, ㉡, ㉢ ⑤ ㉠, ㉢, ㉣, ㉤

해설 ㉠ 7년이 지나면 B는 세 번 이동하므로 남부 지점에서 세 번 이동하면 동부 지점이다.
㉡ 2019년에는 A, B가 남부 지점에서 근무하고, C, D는 움직이지 않는다. 2020년에는 A, B, C가 서부 지점에서 근무하고, D는 북부 지점에서 근무한다.
㉢ D가 서부 지점에 근무하려면 세 번 이동해야 하므로 12년이 지난 해이다. A는 열두 번 이동하여 다시 동부 지점에 근무하고, B는 여섯 번 이동하여 북부 지점에 근무하고, C는 네 번 이동하여 서부 지점에 근무한다. 따라서 남부 지점에는 아무도 근무하지 않는다.

정답 ④

고 / 난 / 도

01 **다음 [그래프]는 2014~2020년 연말 기준 갑국의 국가 채무 및 GDP에 관한 자료이다. 이에 대한 설명으로 옳지 않은 것을 고르면?**

[그래프1] 연도별 GDP 대비 국가 채무 및 적자성 채무 비율 추이 (단위 : %)

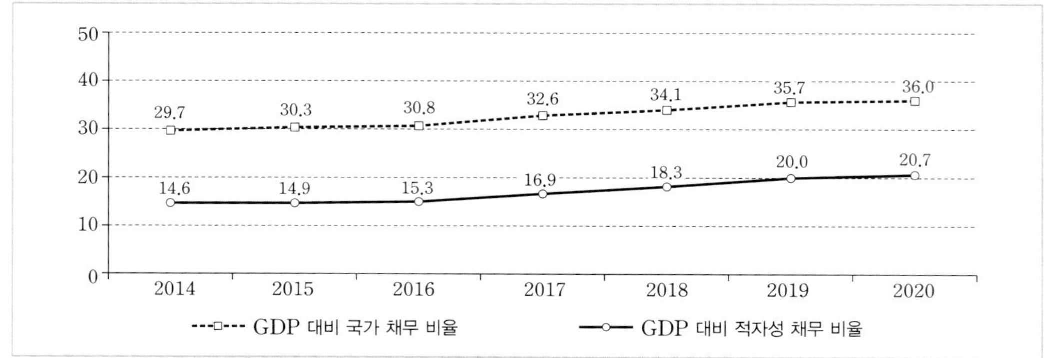

※ (국가 채무)=(적자성 채무)+(금융성 채무)

[그래프2] 연도별 GDP 추이 (단위 : 조 원)

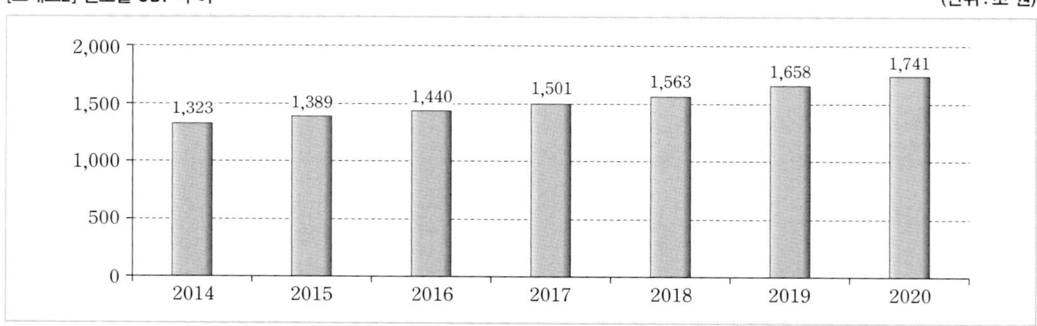

① 2020년 국가 채무는 2014년의 1.5배 이상이다.
② GDP 대비 금융성 채무 비율은 2018년까지 증가한다.
③ 조사 기간 동안 금융성 채무는 매년 국가 채무의 50% 이상이다.
④ 2019년 적자성 채무와 2017년 금융성 채무의 차이는 100조 원 미만이다.
⑤ 조사 기간 동안 적자성 채무는 매년 증가하며, 2019년부터 300조 원 이상이다.

정답 풀이

(국가 채무)=(적자성 채무)+(금융성 채무)의 식과 [그래프1]의 비율을 바탕으로 국가 채무 대비 금융성 채무의 비율이 50% 이상인지 미만인지 확인할 수 있다.

금융성 채무의 비율이 50% 이상이라면 (GDP 대비 적자성 채무 비율)<(GDP 대비 금융성 채무 비율)이 성립하므로, 연도별 비율의 대소 관계를 확인하도록 한다. 2014년 14.6%<15.1%, 2015년 14.9%<15.4%, 2016년 15.3%<15.5%, 2017년 16.9%>15.7%, 2018년 18.3%>15.8%, 2019년 20.0%>15.7%, 2020년 20.7%>15.3%로 2016년까지는 GDP 대비 적자성 채무 비율보다 GDP 대비 금융성 채무 비율이 높지만, 2017년부터는 GDP 대비 적자성 채무 비율이 높으므로 2014~2016년 동안에만 금융성 채무가 국가 채무의 50% 이상이다.

정답 ③

오답 풀이

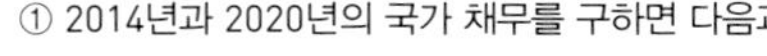

① 2014년과 2020년의 국가 채무를 구하면 다음과 같다.

- 2014년: 1,323×0.297≒392.9(조 원)
- 2020년: 1,741×0.36≒626.8(조 원)

2020년 국가 채무는 2014년 기준 $\frac{626.8}{392.9}$≒1.6(배)이므로 1.5배 이상이다.

② [그래프1] 주석의 식을 보면, (국가 채무)=(적자성 채무)+(금융성 채무)이고 [그래프1]의 비율은 각 연도의 GDP 대비에 대한 비율이므로, 각 연도의 GDP 대비 금융성 채무 비율은 (GDP 대비 국가 채무 비율)−(GDP 대비 적자성 채무 비율)로 구할 수 있다. 2014~2020년 GDP 대비 금융성 채무 비율을 구하면 다음과 같다.

- 2014년: 29.7−14.6=15.1(%)
- 2015년: 30.3−14.9=15.4(%)
- 2016년: 30.8−15.3=15.5(%)
- 2017년: 32.6−16.9=15.7(%)
- 2018년: 34.1−18.3=15.8(%)
- 2019년: 35.7−20.0=15.7(%)
- 2020년: 36.0−20.7=15.3(%)

따라서 조사 기간 동안 GDP 대비 금융성 채무 비율은 2018년까지 증가한 후 2019년부터 감소한다.

④ 2017년 금융성 채무는 1,501×0.157≒235.7(조 원)이고, 2019년 적자성 채무는 1,658×0.2=331.6(조 원)이므로 그 차이는 331.6−235.7=95.9(조 원)이다. 따라서 100조 원 미만이다.

⑤ 2014~2020년 적자성 채무를 구하면 다음과 같다.

- 2014년: 1,323×0.146≒193.2(조 원)
- 2015년: 1,389×0.149≒207(조 원)
- 2016년: 1,440×0.153≒220.3(조 원)
- 2017년: 1,501×0.169≒253.7(조 원)
- 2018년: 1,563×0.183≒286(조 원)
- 2019년: 1,658×0.2=331.6(조 원)
- 2020년: 1,741×0.207≒360.4(조 원)

따라서 적자성 채무는 2014~2020년 동안 매년 증가하며, 2019년부터 300조 원 이상이다.

해결 TIP

이 문제는 2021년 7급 공채 PSAT 기출 변형 문제로 두 그래프가 주어진 복합 자료를 바탕으로 선택지의 정오를 판단하여 정답을 선택하는 NCS 자료해석 빈출유형입니다. 선택지의 정오를 판단하는 문제의 경우에는 계산이 복잡하거나 시간이 오래 걸리는 선택지는 우선 건너뛰고, 계산 없이 쉽게 해결이 가능한 내용의 선택지 혹은 상세한 계산 과정이 필요하지 않고, 비교적 쉬운 계산 과정으로 해결할 수 있는 선택지를 먼저 풀도록 합니다. 이 문제의 선택지 ①~⑤를 한번 살펴보면, ①~⑤ 모두 계산 과정이 필요한 선택지이지만, ①, ④, ⑤와 비교해 ②와 ③의 경우에는 비교적 간단한 사칙연산으로 해결할 수 있는 내용의 선택지이므로 먼저 풀도록 합니다. 참고로 대소 관계에 대해 물어보는 선택지의 내용 중 계산 과정이 복잡할 경우에는 과정마다 모두 계산할 필요 없이 결과에 영향이 미치지 않는 수치를 생략하거나 분수 비교법, 수치 비교법을 통해 계산 과정을 최소화하는 방법으로 풀어나가도록 합니다.

먼저 ②와 ③을 보면, [그래프1]의 비율이 의미하는 것과 주석의 식인 (국가 채무)=(적자성 채무)+(금융성 채무)를 이해하였다면, 두 선택지 모두 비율 간 간단한 사칙연산 및 대소 관계로 빠르게 정오를 판별할 수 있습니다. 이를 바탕으로 ②를 보면, GDP 대비 금융성 채무 비율은 (GDP 대비 국가 채무 비율)−(GDP 대비 적자성 채무 비율)이므로, 2014~2020년 GDP 대비 금융성 채무 비율을 구할 수 있습니다. 연도별 비율을 보면, 2014년 15.1%, 2015년 15.4%, 2016년 15.5%, 2017년 15.7%, 2018년 15.8%, 2019년 15.7%, 2020년 15.3%이므로 2014~2020년 동안 GDP 대비 금융성 채무 비율은 2018년까지 증가한 후, 2019년부터 감소한다는 것을 알 수 있습니다. 따라서 ②는 옳은 선택지이므로 소거할 수 있습니다. ③을 보면, 2014~2016년에는 (GDP 대비 적자성 채무 비율)<(GDP 대비 금융성 채무 비율)의 관계가 성립하지만, 2017년에는 GDP 대비 금융성 채무 비율은 16% 미만이므로 GDP 대비 적자성 채무 비율인 16.9%보다 낮아 (GDP 대비 적자성 채무 비율)<(GDP 대비 금융성 채무 비율)의 관계가 성립하지 않다는 것을 알 수 있습니다. 따라서 ③은 틀린 선택지이므로 정답을 ③으로 선택할 수 있습니다.

참고로 ①을 보면, 1,323×0.297<1,330×0.3=399이고, 399의 1.5배는 400×1.5=600보다 작습니다. 1,740×0.35=609<1,741×0.36이므로 1,323×0.297×1.5<1,741×0.36의 관계가 성립한다는 것을 알 수 있습니다. 따라서 ①은 옳은 선택지입니다. 그리고 ⑤를 보면, [그래프1]의 GDP 대비 적자성 채무 비율과 [그래프2]의 GDP 수치 모두 매년 증가하고 있으므로, 조사 기간 동안 적자성 채무는 매년 증가한다는 것을 알 수 있습니다. 1,500×0.2=300(조 원)을 기준으로 2014~2016년의 경우에는 GDP가 1,500조 원 미만이고 비율 또한 20% 미만이며, 2017년의 경우에는 GDP는 1,501조 원으로 1,500조 원 정도이지만 비율은 16.9%로 20%에 한참 미치지 못하므로 해당 연도의 적자성 채무를 구할 필요 없이 2014~2017년 적자성 채무는 300조 원 미만임을 알 수 있습니다. 2019~2020년의 경우, GDP는 1,500조 원이 넘고 비율 역시 20% 이상이므로, 계산할 필요 없이 2019~2020년 적자성 채무는 300조 원 이상임을 알 수 있습니다. 따라서 2018년의 적자성 채무만 확인하도록 합니다. 1,563×0.183<1,570×0.19=298.3<300의 관계가 성립하므로, 2018년 적자성 채무는 300조 원 미만이라는 것을 알 수 있습니다. 그러므로 ⑤ 역시 옳은 선택지입니다.

김성근
에듀윌 취업연구소 연구원

PART 04

상 식 을 넘은 상식

사고의 틀이 넓어지는 깊은 상식

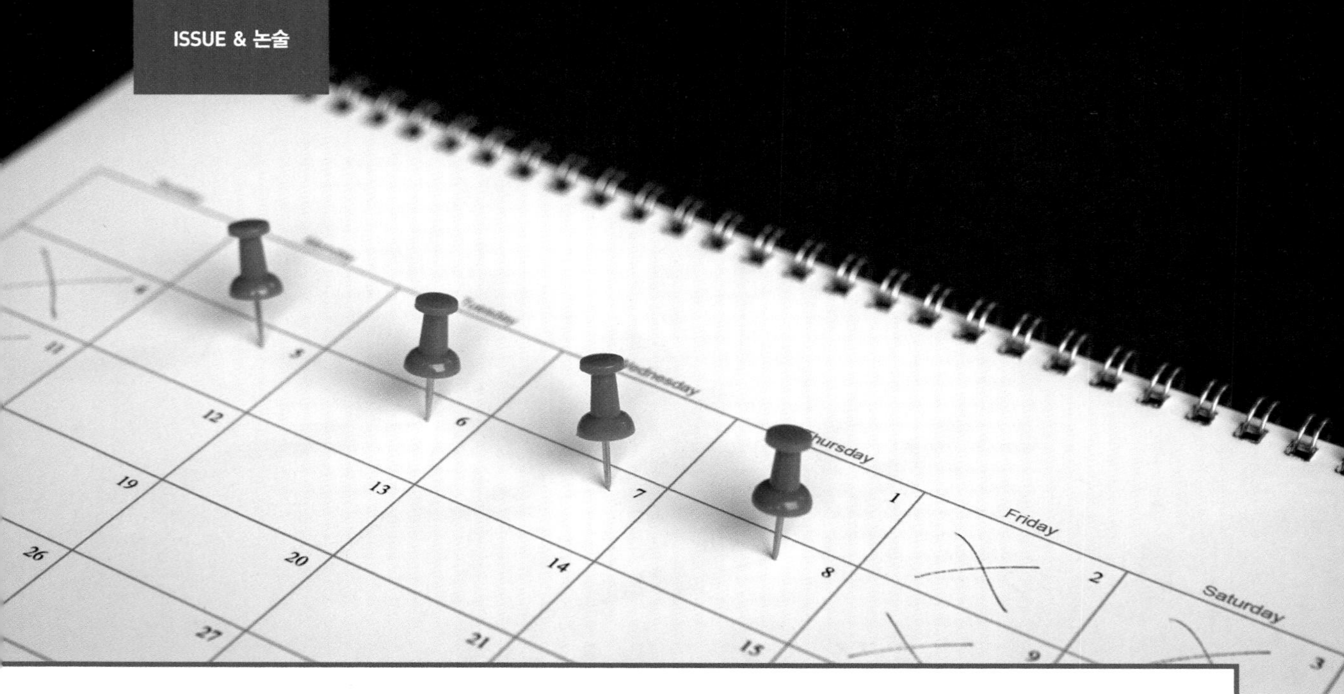

주4일 근무제를 도입해야 하는가

"최고의 복지제도·노동 생산성도 향상"–"임금 줄고 노동 양극화 심화될 것"

이슈의 배경

한국은 세계에서 가장 오래 일하는 나라 중 하나다. 경제협력개발기구(OECD) 통계에 따르면 2020년 기준 한국의 연간 평균 근로시간은 1908시간으로 멕시코(2124시간), 코스타리카(1913시간)에 이어 세 번째로 높았다. OECD 평균 근로시간인 1687시간보다 221시간을 더 일하니 하루 8시간 근무로 계산하면 1년에 한 달 가까이 더 일하는 셈이다.

주52시간 근무제가 도입됐지만 한국 직장인들은 아직도 야근을 하기 일쑤다. 미국에서 잔업이 잦은 직원은 주어진 시간에 업무를 처리할 능력이 없는 무능한 직원으로 평가받는다고 하듯 오래 일한다고 일을 잘하는 것은 아니다. 2021년 기준 한국 노동자의 시간당 노동 생산성은 OECD 38개국 가운데 27위로 하위권이었다. 한국 노동자들은 독일보다 연간 576시간을 더 일하지만 노동 생산성은 훨씬 떨어진다.

이처럼 긴 노동 시간은 업무의 효율성을 높이지도 못하면서 노동자들의 정신적·육체적 건강을 좀먹는다. **번아웃 증후군**은 한국 직장인 대부분이 겪는 고통으로서 사회 문제로 떠올랐다. 특히 밤낮이 바뀌어 교대 근무를 하는 노동자들은 생체 리듬이 깨져 스트레스를 받고 기억력이 저하되는 등 위험을 겪고 있다 2007년 세계보건기구(WHO)는 교대 근무를 2A군 발암 물질로 규정했을 정도다.

그 대안으로 최근 주4일 근무제라는 파격적인 제안이 등장했다. 주4일제는 현행 주 40시간, 최대 52시간으로 규정돼 있는 법정근로시간을 줄여 노동자에게 휴일을 하루 더 주는 제도다. 주4일제로 대표되는 노동시간 단축 논의는 오는 3월 대선의 주요 의제 중 하나로 떠올랐다. 지난해 서울시장 보궐 선거 당시에도 여권 후보들을 중심으로 주4일제가 공론화됐던 바 있다.

이번 대선에서는 심상정 정의당 후보가 공약 1호로 주4일제를 내걸었다. 이재명 더불어민주당 후보도 "인간다운 삶과 노동시간 단축, 4차 산업혁명 등을 고려할 때 주4일제는 언젠가 해야 할 일"이라며 "가급적 빨리 도입하도록 노력해야 한다"고 말했다. 윤석열 국민의힘 후보는 뚜렷한 입장을 밝히지 않았으나 국민의힘 김기현 원내대표와 이준석 당 대표 등은 임금 삭감과 일자리 감소 등을 이유로 반대하고 있다.

번아웃 증후군 (burnout syndrome)

번아웃 증후군은 한 가지 일에 몰두하던 사람이 극도의 신체적·정신적 피로를 겪으며 무기력증이나 자기혐오에 빠지는 것으로서 현대 사회의 직장인들에게 자주 나타나는 증상이다. 번아웃 증후군은 심할 경우 우울증을 동반하며 자살 충동으로까지 이어질 수 있으므로 각별한 주의가 필요하다.

이슈의 논점

최고의 복지제도·노동 생산성도 향상

이른바 '대(大)퇴사의 시대(great resignation)'가 몰려오고 있다. 지난해 8월 미국의 퇴사율은 2.9%로 2001년 관련 통계 작성 이래 최고를 기록했다. 코로나19로 직격탄을 맞고 대량 해고된 노동자들 중 팬데믹 진정 이후에 직장으로 복귀하지 않은 경우가 많았다. 이들은 비대면·재택근무를 경험하며 전통적 직장 문화와 노동 관습의 비효율성을 절감했고 시간에 얽매이지 않고 비대면 업무가 가능한 일자리로 이동하고 있다.

우리나라에서도 아직까지 뚜렷하지는 않지만 대퇴사의 조짐이 보인다. 최근 자영업자·소상공인들은 아르바이트 구하기가 하늘에 별 따기만큼 어렵다고 한다. 팬데믹 여파로 일자리를 잃은 아르바이트생들이 개인 시간을 활용할 수 있는 배달 등 플랫폼 노동으로 발길을 돌리고 있어서다. 악명 높은 장시간 노동이나 만연한 직장 갑질 등 한국 특유의 노동 조건이 달라지지 않는다면 정규직 제조업이나 사무직 노동자의 이탈 현상도 나타날 수 있다.

오늘날 기업이 생존하고 성장하려면 노동자들의 퇴사 욕구를 낮추고 워라밸(일과 삶의 균형) 수준을 높이기 위해 더 많은 보상을 제공해야 한다. 주4일제는 회식이나 간식비, 교통 지원비, 자기 개발비 지원 등 여타의 어떤 것과도 견줄 수 없는 최고의 사내 복지 제도다. 크고 작은 사내 복지제도를 대부분 없애고 주4일제를 도입한다고 해도 노동자들은 만족할 것이며 기업도 비용을 절감할 수 있을 것이다.

일을 적게 하면 생산성이 떨어질 것이란 우려가 있지만, 주4일제를 도입하면 도리어 생산성이 높아지는 결과가 나왔다. 생산성이 높아지면 덜 일한다고 해서 급여를 줄일 필요도 없다. 이에 몇몇 나라에서는 주4일제를 이미 시행 중이거나 도입을 검토하고 있다.

아이슬란드는 2015년부터 2019년까지 2500명의

노동자를 대상으로 주35시간 근무로 노동시간을 줄이는 대신 임금은 동일하게 지급하는 주4일제 연구에 나섰다. 그 결과 대부분의 회사에서 생산성이 유지되거나 향상돼 4일제를 보편적으로 도입했다. 최근 스페인에서도 정부가 전국적으로 주4일제를 실험하기로 했으며 '과로 공화국'이라고 불릴 정도로 노동 문화가 경직된 일본에도 지난해부터 선택적 주4일제 시행을 검토하고 있다.

한국도 극소수지만 주4일제를 도입한 기업이 있다. 종합교육기업 에듀윌이 임직원들의 워라밸을 위해 2019년부터 주4일제를 도입했으며 배달의민족을 운영하는 우아한형제들, 토스를 운영하는 비바리퍼블리카, 대기업 가운데 SK 그룹 등도 금요일 조기 퇴근 또는 월요일 오후 출근을 정례화한 주4.5일제를 시행하고 있다.

마이크로소프트 일본 지사는 2019년 8월 한 달간 직원 2300명을 대상으로 주4일제를 시범 운영한 결과 직원 1인당 생산성이 1년 전 동월 대비 39.9% 증가했다. 에듀윌은 2019년 매출액이 952억원에서 주4일제 도입 이후인 2020년 1193억원으로 늘었다. 국내외 주4일제를 경험한 노동자들의 절대다수가 업무는 물론 삶에 긍정적인 변화가 있었다고 평가했다.

'1만 시간의 법칙'이라는 개념을 처음 소개한 앤더스 에릭슨 플로리다주립대 심리학과 교수의 연구에 따르면 평범한 사람이 하루에 집중할 수 있는 시간은 고작 1시간 정도이며 숙련된 전문가도 4시간이 한계라고 한다. 주4일제로 충분한 휴식을 취하고 개인 업무를 말끔히 처리한 뒤 맑은 정신으로 집중해 업무를 처리하는 노동자의 업무 효율이 높아지는 것은 당연한 이치다.

주4일제는 친환경적이기도 하다. 출퇴근 시 자동차 운행거리가 줄어들고 사무실을 하루 닫을 수 있어서 전력소비량은 물론 사무실의 각종 관리·유지 제반 비용도 감축할 수 있다. 영국 환경 단체 '플랫폼 런던'은 영국이 주4일제로 전환하면 2025년까지 온실가스 배출을 연간 1억7000만 톤 줄일 수 있다고 분석했다.

노동자의 복리 증진과 노동 생산성 향상, 친환경성 등 장점이 많은 주4일제를 차별 없이 전 산업 분야에 도입한다면 선진사회로 가는 길을 앞당길 수 있다. 2003년 주5일제가 도입됐을 당시 "나라가 망할 것"이란 주장이 기우에 불과했듯이 주4일제 역시 새로운 표준으로 정착할 수 있다.

임금 줄고 노동 양극화 심화될 것

문재인 정부는 최저임금 시급 1만원 공약을 의식하며 2018년과 2019년 최저임금을 전년 대비 무려 16.4%, 10.9% 올렸다. 무리한 최저임금 인상으로 사업자들이 고용을 대폭 줄였고 물가는 크게 올랐다. 코로나19 팬데믹까지 겹쳐 취약계층은 고용 한파에 내몰렸다. 놀란 정부는 최저임금 인상률을 2020년 전년 대비 2.9%, 2021년 1.5%, 2022년 5.0%로 억제했다. 결국 문재인 정부 임기간 최저임금 연평균 인상률(7.20%)은 널뛰기 끝에 박근혜 정부 임기 연평균 인상률(7.42%)보다도 낮았다.

주52시간제는 워라밸 보장이라는 사회적 합의로 출발했으나 산업별 특성이나 사업장 규모 등의 차이를 무시하고 획일적으로 적용되면서 기업은 물론 노동자들에게도 원성을 사고 있다. 건설업에서는 협력 업체의 근무시간이 하루 줄었지만

같은 일당이 지급돼 단가가 크게 올랐고 공사 기간까지 늘어나면서 수익성이 크게 줄었다.

조선 및 자동차 업계 등에서도 근로 시간이 줄어들며 실질임금 감소로 이직하거나 투잡을 뛰는 노동자들도 많아졌다. 주52시간제 도입 이후 숱한 부작용 끝에 정부가 뒤늦게 유연근무제를 도입했지만 기업과 노동계에서는 유연근로제를 더 확대하라는 요구가 거세다.

아무리 좋은 의도가 담긴 정책이라도 현실을 무시하고 성급히 추진하면 부작용만 낳을 뿐이다. 현재 주52시간 근무제가 도입된 지 3년 6개월이 넘었음에도 제대로 정착되지 않은 판국에 주4일제 도입론은 주32시간 근무제를 도입하거나 최저임금을 당장 1만2000원쯤으로 올리자는 허황된 주장에 가깝다.

소득과 자산의 양극화가 갈수록 두드러지는 흐름 속에서 주4일제를 도입하면 노동자 대부분은 소득이 줄어들 것이다. 주4일제를 도입한 극소수 기업에서 오히려 노동 생산성이 늘고 매출이 증가한 사례가 있다고 하나 이러한 기업은 지식·서비스 업종에 한정돼 있다. 라인을 돌리는 제조업이나 중소기업에서는 노동 시간이 줄어들면 필연적으로 임금이 줄어든다.

일주일에 하루를 더 쉰다고 하지만 소득도 그만큼 줄어든다면 무슨 수로 워라밸을 누릴 수 있겠는가. 실제로 지난해 10월 한국리서치가 실시한 여론조사에 따르면 주4일제 찬성이 51%, 반대 41%로 나타났지만 '임금이 줄어든다면'이라는 전제가 붙자 응답자의 주4일제 반대 의견이 64%로 우세해졌다.

결국 주4일제가 제도화돼 시행된다면 공무원·공기업이나 힘센 노조가 있는 대기업에만 적용돼 소수만 혜택을 볼 것이고, 주52시간도 지켜지지 않는 열악한 환경에 놓인 노동자들의 상대적 박탈감은 커질 것이다. 소득 상실과 고용·노동시장 양극화 문제는 악화할 것이다. 보편적 주4일제로 시행을 위해서는 정부 지원이 불가피할 것이고 이는 국민들의 혈세 부담으로 이어질 것이다.

우리나라보다 소득 수준이 높고 경제적으로 평등한 나라들에서도 아직까지 주4일제를 보편적으로 적용한 경우는 없다. 유일하게 주4일제를 국가 차원에서 도입한 아이슬란드는 인구가 경기도 광주시 수준인 36만 명에 불과하고 금융업과 어업, 천연 자원의 수혜를 받는 나라로서 경제 구조가 거대하고 복잡한 한국과 비교하기 어렵다. 스페인도 주4일제를 검토하기로 했다지만 대상 기업은 200~400개에 불과해 미미한 수준이다. 한국이 검증되지 않은 실험 대상을 자처할 필요는 없다.

물론 주4일제 도입이 무조건 나쁘다는 것은 아니다. 사업체의 규모와 업종별로 주4일제가 생산성을 높이고 인재를 모으는 데 도움이 된다면 주4일제는 물론 주3일제라도 자유롭게 도입하면 된다. 다만 정부가 최저임금을 책정하듯 주4일제를 모든 산업 분야에 일괄적으로도 도입해야 한다거나 주4일제를 장려해야 한다는 주장은 시장원리를 저해하는 것으로서 경계해야 한다. 노동시간은 기업의 자율에 맡겨야 한다.

연습문제 2022 JTV 전주방송

주4일 근무제가 실시된다면 어떤 변화가 올 것인지 찬성과 반대를 선택해 논하시오. (1000자, 50분)

※ 논술대비는 실전연습이 필수적입니다. 반드시 시간을 정해 놓고 원고지에 직접 써 보세요.

200

400

600

800

1000

MZ

MZ세대는 공감하지 않는 'MZ세대론'

"무성의한 세대 구분 삼가고 청년 문제 핵심 살펴야"

이슈의 배경

MZ세대가 뜨거운 주목을 받고 있다. 지금 우리 사회에는 MZ를 탐구하는 책, MZ를 타깃으로 하는 마케팅, MZ의 환심을 사기 위한 공약이 넘쳐난다. 기성세대는 MZ세대와 공존하기 위해, 기업은 MZ세대의 소비를 끌어내기 위해, 정치권은 MZ세대의 표를 받기 위해 끊임없이 MZ세대론을 외친다.

MZ세대는 말 그대로 밀레니얼(M)세대와 Z세대를 합쳐서 일컫는 말이다. 각각 세대의 등장 배경을 살펴보면, M세대의 경우 미국의 닐 하우와 윌리엄 스트라우스가 펴낸 책에서 처음 명명된 것으로, 이들은 M세대를 "덜 반항적이고 더 실질적이며 개인보다는 팀, 권리보다는 의무, 감정보다는 명예, 말보다는 행동을 중시한다"고 풀이했다.

1980년대 초반~2000년대 초반 출생한 세대를 가리키는 M세대는 대학 진학률이 어느 세대보다 높은 편이고, 청소년 시기부터 정보기술(IT)을 접해 모바일, 소셜네트워크서비스(SNS) 등을 능통하게 다룬다는 특징이 있다.

그러나 M세대는 2008년 글로벌 금융위기 이후 사회에 진출한 까닭에 고용 감소, 일자리 질 저하 등으로 어느 세대보다 교육을 많이 받은 것 대비 낮은 임금을 받는 등의 어려움을 겪는 세대이기도 하다.

M세대는 이렇듯 소득이 적고 금융위기를 겪은 세대이기 때문에 금융사 등에 투자하는 것을 꺼리는 편이며, 결혼이나 내 집 마련을 미루는 경우도 많다. 또, 광고 등의 전통적인 마케팅보다는 개인 정보를 신뢰하는 특성을 보인다.

Z세대는 M세대의 뒤를 잇는 인구 집단으로, 1990년대 중반~2000년대 초반 출생한 세대를 이르는 말이다. Z세대는 아날로그와 디지털 문화가 한 데 섞인 환경에서 성장한 M세대와는 달리 태어날 때부터 디지털 환경에서 자란, 이른바 '디지털 네이티브(digital native · 디지털 원주민)'라 불린다. Z세대는 M세대보다 IT에 더욱 친숙하며, 컴퓨터보다는 스마트폰을, 글자보다는 이미지와 동영상 콘텐츠를 선호한다.

Z세대는 1990년대 경제 호황기 속에서 자란 동시에, 부모 세대인 X세대가 2000년대 말 금융위기로 인해 경제적 어려움을 겪는 모습을 보고 자랐기 때문에 안정성과 실용성을 추구하는 특징도 보인다.

M세대와 Z세대는 디지털 문화에 익숙하다는 공통점이 있어 MZ세대로 묶이기도 한다. 디지털 환경에 익숙한 MZ세대는 모바일을 우선 사용하고, 최신 트렌드와 남과 다른 이색적인 경험을 추구하는 특징을 보인다. 특히 MZ세대는 SNS를 기반으로 유통시장에서 강력한 영향력을 발휘하는 소비 주체로 부상했다.

MZ세대는 나아가 집단보다는 개인의 행복을, 대여나 중고 시장을 활발히 활용하여 소유보다는 공유를, 상품보다는 경험을 중시하는 소비 특징을 보인다. 또, 물건을 단순히 필요 때문에 구매하지 않고 물건에 담긴 사회적 가치나 특별한 메시지를 구매 이유로 꼽으며 자신의 신념을 표출하는 **미닝아웃** 소비를 하기도 한다.

MZ세대는 가격보다 취향을 중요시해 어느 세대보다 명품 소비가 많은 등 플렉스(flex : 부나 귀중품을 과시하고 뽐내는 것) 문화가 활성화되어 있기도 하다. 한편, 통계청에 따르면 MZ세대는 2019년 기준 약 1700만 명으로 국내 인구의 약 34%를 차지하는 것으로 알려져 있다.

미닝아웃 (meaning out)

미닝아웃은 '신념'을 뜻하는 미닝(meaning)과 '벽장 속에서 나오다'라는 뜻의 커밍아웃(coming out)이 결합된 단어다. 남들에게 밝히기 힘들어 함부로 드러내지 않았던 자기만의 의미나 취향 또는 정치적·사회적 신념 등을 소비행위를 통해 적극적으로 표출하는 현상을 뜻한다. '소확행(小確幸 : 작지만 확실한 행복)', '케렌시아(Querencia : 나만의 안식처)' 등과 더불어 서울대 소비트렌드 분석센터의 2018년 대한민국 소비트렌드로 선정된 바 있다.

미닝아웃은 전통적인 소비자 운동인 불매운동이나 구매운동에서 다양한 형태로 나타나며, 흡사 놀이나 축제와 같은 특징을 지닌다. SNS의 해시태그 기능을 사용해 적극적으로 자신의 신념을 공유하고, 사회적 관심사를 끌어내기도 한다. 옷이나 가방 등에 메시지가 담긴 문구나 문양을 넣는 '슬로건 패션(slogan fashion)' 제품, 환경보호를 위해 '업사이클링(up-cycling)' 제품이나 페이크 퍼라고 불리는 인조 모피 제품을 구매하고, SNS에 이런 내용을 공유하는 것으로 자신의 신념을 나타낸다.

이슈의 논점

누가, 어떤 이유로 MZ세대론을 외치나

MZ세대를 주로 언급하는 곳은 기업, 정치권, 언론이다. 기업은 매력적인 마케팅 메시지를 만들어 물건을 팔기 위해, 혹은 신입사원을 효과적으로 관리하기 위해, 정치권은 선거에서 표를 얻기 위해, 언론은 X세대(1970년대생)·86세대(1960년대생)·75세대(1950년대생) 등 기성세대와 젊은 세대의 차이를 조명하기 위해 MZ세대를 이야기한다.

특히 정치권은 MZ세대가 캐스팅 보트(casting vote : 의회에서 두 정당의 세력이 비슷할 때 그 승패를 결정하는 제3당의 투표 혹은 선거에서 승패를 가르는 세대·지역 등을 일컫는 말)로 떠오르자, MZ세대에 구애를 보내는 데 더 열을 올리는 모습이다.

지난해 있었던 4·7 재보궐선거에서 '이대남'으로 불리는 20대 남성들이 야당에 더 많은 표를 던진 것으로 집계되며 MZ세대는 캐스팅 보트로 떠올랐다. 그간 젊은 세대는 정치에 무관심하다는 인식이 많았으나, MZ세대는 정치적 사안에도 자신의 신념을 밝히는 것을 주저하지 않는 것으로 평가됐다.

그러나 정작 MZ세대론은 MZ세대의 공감을 받지 못하는 모양새다. MZ세대론이 MZ세대의 공감을 사지 못하는 이유는 무엇일까? MZ세대에 해당하는 출생자는 1980~2010년 사이에 이르며, 최대 30년을 통칭한다. 이를 현실에 반영하면 학생부터 한 기업의 관리자급 직원까지가 한 테두리 안에 들어가는 셈이다.

이처럼 하나로 묶인 MZ세대의 범위가 너무 넓다 보니 정작 MZ세대에 해당하는 사람들은 고개를 갸우뚱하게 되고, 나아가서는 불쾌감을 표출하게 된다. 지금은 어느 때보다 사회 변화의 속도가 빠른 시대인데, 최대 30년을 한 그룹으로 묶어버리는 것을 받아들일 수 없다는 입장이다.

M세대와 Z세대 간에는 전쟁이나 산업화, 민주화 등 세대 공통의 역사적 경험이 없다. 디지털에 친숙하다는 공통점으로 MZ세대가 묶였지만, 그 이전, 이후 세대도 스마트폰과 인터넷을 사용하는 것은 마찬가지다. 나아가 M세대는 디지털을 배웠고 Z세대는 디지털 네이티브라는 차이도 있다.

무성의한 세대 구분 삼가야

물론 MZ세대론을 부정적으로 볼 것만은 아니다. MZ세대가 한 데 묶여 젊은 세대를 대표하게 되면서 청년들의 목소리에 힘이 실리게 됐다는 긍정적인 평가도 존재한다. 요즈음은 MZ세대가 SNS에서 움직임을 보이면 사회가 주목하고 뒤따라가는 양상을 보이기도 한다.

그러나 M세대와 Z세대가 디지털에 익숙하다는 공통점을 이유로 무성의하게 묶어 놓은 MZ세대론은 각기 세대를 섬세하게 들여다보지 못하고 타자화하므로 순기능보다 부작용이 더 크다.

MZ세대론은 세대 내 다양성을 숨긴다. MZ세대는 한국 인구의 약 34%에 달하는데, 이렇게 많은 사람에게는 공통점보다 차이점이 더 많을 것이 당연하다. 세대의 특징을 통일시켜 단정하는 것은 대중의 고정관념을 만들어 내는 위험한 사고다.

MZ세대에게 구애하는 정치권은 젠더 문제를 중심으로 내세워 이해관계에 따라 대안 없이 MZ세대론을 소비한다는 비판을 받는다. MZ세대를 타깃으로 한 마케팅을 펼치는 기업은 MZ세대론을 지나치게 상업적으로 이용한다는 비판을 받는다. MZ세대를 기성세대와 비교하는 언론은 각기 세대를 갈라 세워 갈등을 조장한다는 비판을 받는다.

지금처럼 기업과 정치권, 언론이 MZ세대를 이용하고자 하여 MZ세대의 특성을 단순하게 단정 지어 버린다면, 중장기적으로 세대 간 상이하게 인식되는 특성이 더 부각되며 세대 간 갈등이 커질 수 있다.

한 세대를 규정하고 명명하는 이유가 그들을 대상으로 물건을 팔거나 표를 얻기 위함이 아닌, 기성세대와 구분되는 젊은 세대의 특징을 손쉽게 구분 지으려는 것이 아닌, 진정으로 그들을 이해하고 그들과 소통하고자 함에 있다면, 더욱 섬세하고 다양한 방식으로 세대를 고찰해야 한다.

세대에 알파벳 붙이기 전에 청년 문제 핵심 살펴야

요즘 언론에서는 Z세대 다음으로 등장할 세대로 A(알파)세대를 거론하고 있다. 사람들은 세대를 알파벳으로 구분 짓는 알파벳 놀이에 피로감을 호소한다. 다수의 사람이 세대론에 실체가 있는 것이 아니라 언론, 정치권, 기업에 의해 만들어진 것이라고 인식하고 있다.

알파벳으로 구분하는 세대는 임의적이며 근거가 없다. 가장 큰 문제는 뭉뚱그려져 설명의 대상이 되는 당사자가 언론, 기업, 정치권이 말하는 내용을 무의식 중에, 혹은 강제로 내면화할 가능성이 있다는 점이다.

우리 사회의 MZ세대론이라는 담론이 가지는 또 한 가지 큰 문제점은 MZ세대론이 젊은 세대를 단순한 특징으로 정의내리는 것에서 논의가 끝나 버린다는 점이다. 젊은 세대가 안고 있는 주거 문제, 부와 소득의 불평등 문제, 공정의 문제 등을 근본적으로 살피고 해결 방법을 모색해야 하는데, 지금 우리 사회는 청년들에게 이름표를 붙일 뿐 문제의 핵심을 외면하고 있다.

우리 사회가 그토록 부르짖는 MZ세대가 세대에 대한 몰이해로 점철되지 않게, 젊은 세대에 특정한 명칭을 붙이는 것보다 그들이 안고 있는 문제 상황을 야기한 진짜 요인을 찾아 해결하는 데 집중해야 한다.

알파벳 붙이기만 반복할 것이 아니라 청년들이 객관적으로 사회 구조를 들여다보고 그들의 의견을 주체적으로 말할 수 있게 해야 젊은 세대를 진정으로 이해하고 이들이 안고 있는 여러 가지 문제를 조화롭게 해결할 수 있을 것이다.

연습문제 2022 YTN

우리 사회가 MZ세대론에 주목하는 이유를 쓰고, 이것이 중장기적으로 미칠 영향, 본인의 평가를 쓰시오. (1000자, 50분)

※ 논술대비는 실전연습이 필수적입니다. 반드시 시간을 정해 놓고 원고지에 직접 써 보세요.

200

400

600

800

1000

국내 규제에 막혀버린 P2E 게임 논란

“제2의 바다이야기 우려” vs “규제 샌드박스 도입해야”

배경 상식

최근 게임 업계에서 가장 주목받고 있는 이슈는 ‘플레이투언(P2E·Play To Earn)’ 비즈니스 모델이다. P2E 게임은 블록체인 기술을 기반으로 플레이어들이 게임을 하면서 수익을 창출하고, 획득한 보상은 암호화폐 지갑을 통해 보유하거나 매도할 수 있다. 국내에서도 위메이드를 선두로 네오위즈, 액션스퀘어, 판도소프트웨어 등 다양한 게임 기업들이 P2E 게임을 선보이고 있다. P2E는 환금성 문제로 국내에서 서비스 이용이 불가능하다. 과거 ‘바다이야기’ 사태로 국내 게임법은 사행성을 우려해 아이템의 현금화를 금지하고 있기 때문이다. 지난해 국내 최초의 P2E 게임인 ‘무한돌파삼국지 리버스’가 국내에 출시해 큰 인기를 끌었지만, 게임물관리위원회로부터 ‘등급 분류 취소’를 받으며 앱마켓에서 퇴출됐다.

현재 한국은 P2E 게임 운영을 할 수 없고, 블록체인 게임 심의 논의 역시 수년째 제자리에 머물러 있어, 게임회사들은 P2E 게임이 허용되는 해외시장 진출에 우선 집중하며 규제를 풀어달라는 목소리를 지속적으로 높이고 있다. P2E 규제를 없애야 한다는 측은 “P2E 게임이 이미 게임 업계의 미래 먹거리로 자리 잡았으며, 전 세계 게임 시장이 P2E로 빠르게 전환하는 가운데 당국은 하루빨리 규제 샌드박스를 추진해 규제를 완화해야 한다”고 주장한다. 그러나 규제를 찬성하는 측은 P2E 게임이 게임의 본질을 훼손할 수 있다는 우려를 나타내고 있다. 또한 지난 2006년에 발생한 바다이야기 사태를 언급하며, P2E 게임도 환금성 문제를 벗어날 수 없기에 제2의 ‘바다이야기’ 사태가 발생할 수 있어 보수적인 접근이 필요하다고 말한다.

찬성1 게임의 본질 훼손 우려

뜨거운 국내 열기와는 달리 해외에서는 사행성 등 P2E 게임에 대한 우려도 높아지고 있다. 1억2000만 명의 이용자를 보유한 세계 최대 게임 유통 플랫폼 '스팀(Steam)'은 사용자를 보호하고 리스크를 회피하기 위해 지난해 NFT와 암호화폐 기술을 적용한 게임의 입점을 원천 차단하고 가상화폐 교환 행위를 금지시켰다.

게임의 본질은 누가 뭐래도 즐기는 것이다. P2E 게임은 게임의 본질인 '재미와 놀이문화'를 흐려 일종의 노동이 되고 결국 게임 수명을 단축시킨다. 실제로 P2E 게임의 코인의 가치가 하락하자 수많은 이용자가 빠르게 이탈한 사례를 쉽게 찾아볼 수 있다.

반대1 P2E는 미래 먹거리

P2E 게임은 이미 게임 업계의 미래 먹거리로 자리 잡았다. 스카이마비스는 P2E 게임 '엑시 인피니티' 하나로 기업 가치가 30억달러(약 3조 5000억원·2021년 기준)로 커졌다. 한국도 예외가 아니다. 국내 P2E 게임의 선두주자 위메이드는 '미르4'로 영업이익 344%를 달성하며 지난해 창사 이래 최대 실적을 기록했다.

P2E 게임 이용자 수가 전체 게임 이용자의 1% 수준에 불과하지만 시장이 급격히 커질 수 있다. 위메이드 이후 다수의 게임사들이 P2E 게임에 대해 출사표를 던지고 있다. 정부도 규제를 벗어 던지고 P2E 게임에 투자하여 한국 게임 기업이 글로벌 영향력을 가질 수 있도록 도와야 한다.

YES NO

찬성2 제2의 바다이야기 우려

P2E가 합법화되는 순간 소셜 카지노 등 사행성 게임들이 밀고 들어와 '환전성'을 미끼로 제2의 '바다이야기'가 나올 염려가 있다. 검증 안 된 게임들이 잇달아 출시될 경우 P2E 게임 자체가 사행과 사기의 온상이 되어 게임 산업의 건전한 발전마저 저해할 수 있다.

게임을 돈과 엮을 경우 '바다이야기'와 같이 극단적인 중독·사행성 게임이 나타날 수 있다. P2E 규제 개선에 있어 보수적인 접근을 주문하고 나섰다. 2006년 '바다이야기'도 성인오락실을 양지로 끌어낸다는 선의로 출발했지만 변질될 것이라고는 생각을 못했듯, P2E 게임이 청소년판 바다이야기가 되지 않도록 주의해야 한다.

반대2 규제 샌드박스 도입해야

규제 당국은 P2E 게임을 먹거리로 키우고 있는 글로벌 트렌드와 반대되는 정책을 고집하고 있다. P2E 등 블록체인 게임 허용을 막고 있는 국가는 한국을 비롯해 중국, 싱가포르 등 단 3곳이다. 해외 게임사는 앞다투어 P2E 게임을 개발하고 있는데, 국내 게임사는 규제에 가로막혀 있다.

전 세계 게임 시장이 P2E로 빠르게 전환하는 가운데 규제가 혁신을 막아선 안 된다. 20년 전 법조항으로 P2E 게임 대응에 한계가 있다. P2E 게임을 시범적으로 허용하고, 그 과정에서 사행성 등 우려되는 부분에 대한 대책을 마련하는 규제 샌드박스를 추진해야 한다.

토크콘서트 총 / 정 / 리

지난 1월 18일부터 22일까지 '2022 공공기관 채용 정보 박람회'가 온라인으로 열렸다. 취준생들이 취업하고 싶어 하는 공기업에 재직하는 현직자들로부터 생생한 조언과 구직 정보를 들을 수 있는 기회였다. 역대 최대 148개 공공기관의 참여 속에 풍성하게 쏟아진 취업 꿀팁을 〈에듀윌 시사상식〉이 요점만 모아 정리해준다.

Q1 자소서는 어떻게 써야 할까요?

A

한국자산관리공사 먼저 회사 이름을 혼동하지 말아야 합니다. 기관마다 주력으로 하는 업무를 잘 파악해서 지원서를 작성해야 합니다. 하나의 경험을 여러 질문에 나눠서 답변해도 괜찮습니다. 저도 그렇게 합격했습니다. 다만 같은 경험이라도 해당 문항에서 묻는 핵심 포인트에 맞춰서 작성해야 합니다. 또한 면접 준비는 필기시험 후에 해도 늦지 않지만 자기소개서를 작성하며 기업 공부를 철저히 하면 도움이 될 것입니다.

국방과학연구소 서류전형에서 자기소개서가 가장 중요한 부분입니다. 서류전형 전담 위원을 선발해 꼼꼼하게 지원서를 검토하므로 자소서를 잘 작성하면 합격에 도움이 됩니다. 합격자의 자소서를 보면 수치와 객관적인 내용이 많이 들어가 있습니다. 육하원칙에 맞게 지원 동기 등을 구체적으로 또 사실적으로 작성하는 게 좋습니다.

한국자산관리공사 보통 자소서에서는 학회 활동 등의 경험을 어필하는데 이와 다르게 어린 시절부터 다량의 독서를 통해 논리적 사고 연습을 많이 했다는 내용으로 자신이 하고 싶은 주장을 논리에 맞춰 작성한 자소서가 기억에 남습니다.

" 육하원칙에 맞게 구체적으로 또 사실적으로 작성 "

자기소개서 작성 팁

자기소개서를 작성할 때 가장 중점적으로 생각해야 할 부분은 본인이 지원하고자 하는 분야에 필요한 역량이다. 채용 공고를 올릴 때 지원 분야마다 직무기술서를 같이 공지한다. 본인이 지원하고자 하는 직무기술서를 토대로 필요한 역량을 도출하고 본인의 역량에 해당하는 부분을 어떻게 발전시킬 수 있는지를 고려하여 작성해야 한다.

Q2 블라인드 채용에서 주의할 점은 무엇인가요?

축산물품질평가원 지원 요건에 해당하는 자격(관련학과, 동등 경력)은 공개되지만, 동아리명 등 학교를 유추할 수 있는 정보나 특정 회사명은 모두 블라인드로 진행됩니다.

울산항만공사 산업인력공단에서 블라인드 채용의 기준을 정해놓았습니다. 울산항만공사 홈페이지 채용공고란에서 이 같은 블라인드 채용 안내서(블라인드 채용 정복하기)를 참고하시기 바랍니다.

인천국제공항공사 기관명은 가능하나 지역명은 블라인드 처리합니다. 공고문에 블라인드 관련 가이드라인을 기재하고 있으니 필히 참조하시기 바랍니다.

한국수력원자력 기관명을 써야 할 경우 OO회사, OO기관 등으로 기재해야 합니다. 혹시 부득이하게 써도 면접 시에는 블라인드로 처리 후 면접관에게 제공됩니다.

한국디자인진흥원 경력을 어필할 경우에도 "00기관, 어떤 업무를 했던 기관" 등으로 표기하기 바랍니다. 특히, 군대 관련 사항에서 병사(남자를 유추가능)를 표기하는 것은 지양하기 바랍니다. 병사라는 특정 단어를 통해 특정 성별을 구분할 수 있기 때문에 군 복무 등으로 변경해서 작성하기 바랍니다.

한국언론진흥재단 기관명은 기재하셔도 무방합니다. 어떤 기관에서 어떤 업무를 했는지 중요하게 생각합니다. 단, 학교명은 금지하고 있습니다. 어느 학교에 소속된 기관에서 경력을 쌓았다고 해도 학교명은 블라인드처리 해주시기 바랍니다.

국민체육진흥공단 자소서 작성 시 경력사항 기재에는 특별한 제한을 두고 있지 않습니다. 학연, 지연 등 개인 인적사항만 드러나지 않으면 무방합니다.

한국교육학술진흥원 저희 기관은 블라인드 채용을 운영하며 지역, 학력, 나이 등은 모두 블라인드로 운영되며 자격증, 수상 기록 등도 정량적으로 별도 반영되지 않습니다.

" 학교나 동아리 등을 쓰지 않도록 주의 "

" 인턴 기관명 기입 허용은 기업마다 다르니 자체 기준 확인 필수 "

Q3 인턴·직무 경험이 당락을 좌우할까요?

A

한국소비자원 매해 한두 명 정도 인턴경험자가 합격은 했지만, 대부분 신입사원들은 인턴 경력과 무관합니다. 다만 인턴을 하면서 그 경험을 토대로 면접을 보는 데 도움이 될 수는 있습니다.

축산물품질평가원 청년인턴, 아르바이트 등 경험이 없다고 해도 학교생활에서 경험한 것을 입사해서 어떻게 표출할 수 있을지 적는 것도 도움이 됩니다.

한국자산관리공사 금융 공공기관은 필기 문턱이 높아 필기 전형 준비 때문에 경험이 많지 않은 것을 면접관들도 인지하고 있어 크게 걱정하지 않아도 됩니다.

A

시청자미디어재단 신입 입사자 중에서 경력을 가지고 있는 분들이 많지는 않았던 것 같은데, 정식 근무 경력은 아니어도 저희 재단이나 센터에서 활동하셨던 분들이 많았습니다. 재단이나 센터 경험이 있던 사람이 저희 재단에 대해 높은 이해를 보여주는 경향이 있어 좋은 평가를 받기도 하는 것 같습니다.

한국조세재정연구원 본원의 체험형 인턴 경험이 있는 경우, 정규직 위촉직에 지원 시 2% 가점을 부여하고 있습니다. 정규직 채용 시 그 차이가 매우 근소하기 때문에 매우 큰 우대사항이라 생각합니다.

한국교육학술진흥원 저희 기관에서는 청년인턴 경험자의 경우 면접전형에서 만점의 2% 가점이 주어집니다. 여기서 말하는 청년인턴은 체험형 인턴과 채용형 인턴을 구분하지 않으며 기간 또한 별도 제한은 없습니다. 다만 전년도 정부에서 시행한 공공 데이터 인턴의 경우 공공기관 청년인턴으로 인정하지 않습니다.

인턴 경험이 없다면 어떻게 보완해야 할까?

인턴 경험은 있는 게 좋지만 없을 수도 있다. 이럴 경우에는 동아리 활동 중의 리더십이나 해당 채용을 준비하면서 가졌던 열정 등을 어필하여 면접관들의 시선을 사로잡아야 한다.

" 인턴 경험의 중요도는 회사마다 달라 "

한국임원진흥원 합격자들을 보면 보통은 대학교 졸업자이고, 석사 이상 지원자 비율도 꽤 되는 편입니다. 자격증의 경우 기사가 있으면 만점을 줬기 때문에 다양한 자격증은 딱히 필요하지 않다고 봅니다. 정성적인 부분에서 점수가 더 들어갈 수는 있어도 최소한 정량적으로 평가되진 않습니다. 입사자분들을 보면 스펙이 좋은 사람도 있으나 아닌 사람도 많습니다. 스펙보다는 조직에의 적응력과 기관, 사업에 대한 이해도를 본다고 말씀드리고 싶습니다.

한국남동발전 기계, 전기, 화학, 토목, 건축, ICT 직렬의 경우 최종 합격자 기준으로 평균 보유한 자격증은 1개라고 보시면 됩니다. 100명 기준으로 10명 정도만 소위 쌍기사(전기기사, 전기공사기사 등 기사 자격증을 2개 취득) 자격증을 가지고 있었습니다. 근데 올해부터는 전형이 바뀌어 서류 전형이 적부에서 30배수로 바뀌었기 때문에 10점짜리 기사 자격증 2개를 따 놓으시는 게 도움이 될 것으로 보입니다.

직무수행계획서 작성 팁

단기적 목표와 장기적 목표를 나눠 단기적 목표는 자신의 역량 강화를 통해 직무에 도움을 줄 방안 위주로 작성한다. 장기적 목표는 회사 전체의 비전과 방향성에 맞춰 장기적인 회사 사업에 도움을 줄 수 있는 자신의 역량과 그 역량을 활용한 구체적인 직무계획을 기술한다.

울산항만공사 최근 직무능력중심으로 가다 보니 인턴 경험을 가진 입사자들이 많습니다. 그 부분이 크게 절대적으로 유리하지는 않지만, 아무래도 역량 상황 면접에서 조금씩 구체적이고 실제적 대답을 경력 있는 분들이 잘해줘서 유리하지 않나 싶습니다.

한국중부발전 사무직은 컴퓨터활용능력과 한국사능력시험 자격증 정도를 많이 보유하고 있는 편입니다. 우리 공사는 자격증 가점이 따로 부여되지 않기 때문에 더욱 그런 것 같습니다. 경력에 대한 부분은 저의 입상 동기 중 2~3명을 제외하면 무경력이었습니다. 대외활동이나 수상 기록도 특별히 많다고 보기는 어렵습니다.

한국소방산업기술원 대략 지원자 중 약 2~30% 정도는 타 기관 또는 기업체에서 근무한 경력이 있었고, 대외활동이나 수상경력에 대한 사항은 주로 대학교에서 활동했던 내용들을 언급하는 지원자 분들이 종종 있습니다. 수상까지는 아니지만, 경연대회나 기타 공모전 등을 본인의 역량 강화를 위한 사항으로 자기소개서에 어필하는 경우가 가끔 있었습니다.

" 스펙보다 조직 적응력, 사업 이해도가 중요 "

" 전문직인 경우 자격증 중요 "

NCS 필기시험의 출제 경향은 어떠한가요?

한국철도공사 전년도에 NCS가 쉬웠다는 의견이 있어서, 올해는 변별력을 주려고 계획 중입니다. 전공필기도 조금 더 어렵거나 최소한 유사한 수준을 유지할 것이며, 더 쉬워지지는 않으리라고 보입니다.

인천국제공항공사 저희 공사는 주로 행동과학연구소라는 대행사를 통해 채용을 진행해왔습니다. 시중에 나와 있는 문제집 및 봉투모의고사에서도 비슷한 유형을 찾기 어려운데 저는 개인적으로 PSAT형과 모듈형이 결합된 유형이라고 설명해 드리고 싶습니다. 입사 동기들 대부분이 PSAT 5급 및 민경채(민간경력자채용)를 주로 활용하였고 행동과학연구소 문제 특성상 선지에 함정도 많고 지문도 길기 때문에 짧은 시간 내에 정확하게 문제를 파악하고 지문에서 필요한 부분을 발췌하는 능력이 중요합니다.

한국조세재정연구원 필기는 직무 관련해서 현황이나, 기초 지식들을 물어보고 난이도는 만점의 60% 정도를 받으면 합격할 수 있도록 출제됩니다. 따라서 난이도는 크게 걱정할 필요는 없다고 여겨집니다. 학습 방향은 본인이 문제의 해결방안을 제시하는 것, 또한 그 과정에서의 창의력 등을 평가하기에 개인적으로는 기사나 여러 글을 접해보고 써봐야 좋을 것 같습니다. 직무 관련된 내용을 필기시험으로 평가를 받는데, (저는) 현황에 대한 중요한 이슈를 내가 아는 전공지식 등으로 잘 풀어나가는 시험을 봤었습니다.

한국국방연구원 필기전형은 업무 관련 지문이 활용되기 때문에 공사에서 배포하는 자료를 참고하는 것도 많은 도움이 됩니다.

한국철도공사 전년도에 NCS가 쉬웠다는 의견이 있어서, 올해는 변별력을 주려고 계획 중입니다. 전공필기도 조금 더 어렵거나 최소한 유사한 수준을 유지할 것이며, 더 쉬워지지는 않으리라고 보입니다.

한국지역난방공사 기술직의 경우 개인적으로는 기본적인 개념들을 물어보는 기본 소양 정도의 문제로 생각됩니다. 공사 가치관이 반영된 문제들은 후기들을 보면 NCS같은 느낌들을 많이 받았다고 하고, 공고에 나온 출제 예시 정도로 준비하면 됩니다.

국토안전관리원 작년의 경우 NCS 필기는 PSAT/피듈/모듈 어디 하나에도 속하지 않는 유형이었습니다. 회사 이슈 및 사업을 바탕으로 하는 지문에서 정보를 잡아내 답을 추론하는 방식의 문제가 많았습니다. 올해는 NCS 관련 업체와의 계약이 결정된 바가 없어 작년과 동일할지는 미정입니다.

" 난이도는 변별력 강화될 것 "
" 업무 관련 지문은 공사 배포 자료 참고 "

A

한국디자인진흥원 경영학의 경우 공무원 수준으로 출제가 되었던 것 같습니다. 일부 3개 문항 정도는 공무원을 상위하는 문제도 있었습니다.

한국관광공사 전공필기는 4년제 대학 수준으로 출제 됩니다. 원론보다 좀 난이도가 있고 합격자들을 보면 회계사 1차 문제집들과 같이 좀 더 어려운 문제집들까지 풀어보는 경우도 많았다고 합니다.

한국산업안전보건공단 공단에서는 타 기관과 달리 산업안전관리론, 산업심리, 산업안전보건법령 등이 출제되는데 산업안전기사 정도 난이도를 생각하시면 됩니다. 지원자들의 후기를 들어보면, 산업안전기사 문제집을 가장 많이 활용하는 것으로 압니다. 문제가 산업안전기사와 똑같이 나오는 것은 아니지만, 많은 도움이 되는 것으로 알고 있습니다.

신용보증기금 금융사무 시험 과목인 경영, 경제, 법학의 경우 난이도는 작년 출제 기준으로 회계사 1차 시험 수준까지 공부하시면 좋은 점수를 받으실 수 있었습니다. 출제 교수진에 따라 문제 난이도 편차가 조금씩 있어서 구체적인 답변 드리기는 좀 어렵네요.

한국임업진흥원 임업이나 임산 직렬은 전공필기를 임학, 산림경영학, 산림정책학, 임산공학 등의 과목에서 출제하고 있습니다만 지원 시 대학교 전공은 전혀 무관하다고 보시면 됩니다. 임업 관련 직렬의 경우 산림기사 수준으로 공부하시면 될 것 같습니다.

입사 준비 기간은 얼마나 걸릴까?

공공기관 채용 박람회에서 현직자들은 자신들이 합격하기까지 보통 필기시험 준비에 가장 많은 시간을 쏟았으며 입사 준비 기간이 보통 1년 이상이었다고 밝혔다. 1년 반 정도에서 2년 이상 또는 중간에 포기했다가 다시 준비했다는 현직자들도 있었다.

" 전공 필기는 대학교 전공 수준 "
" 금융 공기업의 필기는 회계사 1차 시험 수준 "

논술·상식 시험은 어떻게 준비하면 될까요?

인천국제공항공사 재작년의 경우 인문학 논술이, 작년의 경우에는 시사 논술이 출제되었으며, 일반적으로 3개의 주제와 짧은 지문을 주고 그 중 하나를 골라 답변을 작성하는 방식으로 진행되었습니다. 논술은 한 주제에 대해 서론–본론–결론 하나의 글을 완성하는 정도로만 준비하시면 됩니다.

한국산업기술진흥원 보통 3개의 대질문으로 출제되며, 사업관리직의 경우 국가연구개발사업 관련 기획 및 지원에 대한 역량을 확인하기 위한 목적의 질문들이 출제됩니다. 이에 질문에 대한 답이 진흥원 설립 목적, 전략목표를 달성할 수 있는 내용이며, 동시에 창의적이고 명확한 답변일 경우 높은 점수를 얻을 수 있습니다.

신용보증기금 작년에 논술평가는 70분간 답변을 작성하였고 직무전공과 연계한 약술문항 2문항, 직무전공과 시사가 연계된 서술문항 1문항이 출제되었습니다. 약술은 직무와 연계된 전공지식을 묻는 항목이라 본인이 알고 있는 것을 간단히 작성해주시면 되고, 서술은 시사 주제에 대한 본인의 의견을 얼마나 논리적으로 설득력 있게 기술하였는지를 평가하게 됩니다.

한국수출입은행 2차 필기에서 전공 논술은 대학교 전공시험 정도 난이도로 경영·경제, 법학 등의 수준이 비슷하게 나옵니다. 일반 논술은 시사상식의 주제에 대해 직무 상황과 연관성 있는 분야에서 논리력을 검증합니다.

한국디자인진흥원 일반상식의 경우, 올해에도 출제한다면 시중 문제집을 활용하시는 게 좋을 것 같습니다. 그리고 일반상식의 범위가 상당히 넓기 때문에 평소에 관심을 두는 게 좋겠습니다. 뉴스 큐레이팅 서비스나, 시사상식 뉴스 등을 관심 있게 보시는 게 좋을 것 같습니다.

" 일반 논술은 시사상식 주제에 대해 논리적으로 설득력 있게 기술 "

인성검사는 어떻게 답해야 하는가?

인성검사는 합격과 불합격을 나누지는 않으나 면접관들에게 참조 자료로 제공된다. 인성검사는 너무 고민하지 않고 본인의 답변을 솔직하게 해야 신뢰도를 충족할 수 있다. 답변의 일관성이 제일 중요하다.

한국전력공사 직무면접은 말 그대로 직무역량 검증이 주가 되는 단계고, 해당 분야 전공지식 질문의 비중이 높습니다. 종합면접에서는 자기소개서, 회사 관련 지식, 인성검사 결과 등을 종합적으로 다룹니다.

한국산업기술진흥원 우리 기관에 대한 관심도가 높다는 것을 어필하는 것이 면접에서 좋은 점수를 받는 것 같습니다.

한국콘텐츠진흥원 역량 면접의 경우 그룹 면접으로 진행됩니다. 그룹에서의 프로젝트 면접이 아닌, 그룹으로 다대다 면접이 진행되며, 보통 공통질문 및 개별 질문으로 면접이 진행됩니다. 홈페이지에서의 인재상을 참고 바랍니다. 직무기술서 역시 제일 기본이기에 참고 바라며, 콘진원에 대한 정보, 콘텐츠에 대한 관심도를 평소에 많이 쌓아두고 이를 어필하는 것이 좋아 보입니다.

한국고용정보원 직무 관련이 많이 나옵니다. 보통은 답변도 비슷하고 지원자들 경험도 비슷하기 때문에 확실히 경험·경력이 있으면 유리한 것 같아요. 뻔한 답변을 하는 지원자들은 붙기 쉽지 않은 것 같습니다.

한국마사회 기관마다 중심이 되는 이슈에 대해 보도 자료 등을 통해 파악해야 합니다. 이 기관이 어떤 것을 하려하고, 왜 이것을 하려하며, 기관이 그것들을 통해 앞으로 어떻게 하려는지 머릿속에 잘 넣어놓고 이를 바탕으로 본인의 어필에 잘 활용하도록 노력하는 것이 중요합니다. 실무자가 쓸모가 있다 느낄 수 있도록 어필하는 것이 중요합니다.

한국소방안전원 전문성도 중요하지만, 대부분 대학을 갓 졸업한 지원자들에게 직무 전문성을 강요하기 어려운 상황이기 때문에 주로 중점을 두어야 할 부분은 지원자께서 지원한 채용 분야에서 필요로 하는 역량을 강화하기 위해 노력한 점, 책임성, 청렴성 등 직무를 대하는 태도입니다. 또한 자기소개서에 작성한 경력 또는 경험사항과 관련하여 발전을 위해 노력한 부분이나 경력 경험을 통해 지원자 본인의 어떤 점이 좋아졌고 미흡했던 점을 어떤 것이 있었는지에 대한 사항에 대한 내용도 준비하면 좋을 것 같습니다.

" 기관에 대한 관심, 역량을 강화하기 위한 노력을 어필 "

인바스켓(in-basket) 면접

인바스캣 면접은 실제 직무와 흡사한 상황을 주고 응시자가 일정 시간 준비해 해결 방안에 관해 얘기한 뒤 그것이 타당한지 면접자가 묻는 방식이다. 전공지식을 묻지 않지만 실제 직무 상황의 모델 케이스를 주고 그에 대해 지원자가 풀 수 있는 해법을 던져주며 그것만으로 논리력과 이해력으로 답변하는 방식이다. 직무 지식보다는 지문에서 힌트를 얻어 설득력 있게 전달하는 것이 핵심이다.

현직자 분들의 합격 스토리를 들려주십시오.

A

한국수자원공사 정보가 많이 없었기 때문에 지자체에서 진행하는 취업프로그램이 많은 도움되었습니다. NCS와 관련해서는 잘할 수 있는 영역에 집중해서 공부하는 것이 도움이 되었습니다. 학부 3년차부터 취업을 준비했는데, 필기를 많이 경험하는 것이 중요하다고 생각해서 최대한 많은 곳에 필기를 지원했습니다. 시간을 활용하기 위해 여러 스터디를 이용했습니다.

건강보험심사평가원 서류전형과 필기시험에 수없이 많이 떨어졌습니다. 상반기에만 10번 이상 떨어진 적이 있을 정도였습니다. 면접에서도 2번 떨어졌습니다. 청년 인턴 경험인 자소서 작성이나 면접 등에 도움이 되었습니다.

창업진흥원 고졸 전형에서 인문계고등학교 졸업자였기 때문에 무스펙으로 지원하게 되었습니다. 특성화고 출신이 아니었기 때문에 서류조차 통과하는 것이 힘들었고 알리오에서 고졸전형에 관한 정보를 정리하며 자소서 위주로 보는 기업에 지원했습니다. 필기시험에서 3번 정도 좌절했으며 목표를 공공기관 취업으로 잡고 10번을 떨어질 각오로 임했습니다. 서류전형을 준비할 때 자소서와 개조식 보고서 비중이 높기 때문에 창업진흥원을 지원하게 되었습니다. 면접에서 많이 떨었는데, 담당자님이 진정성이 있는 답변이 인상적이었다고 한 만큼 목소리와는 많은 관련이 없는 듯합니다.

한국산업인력공단 스펙, 경력이 없었기 때문에 서류 적부 기관 위주로 준비했습니다. 필기시험과 면접시험 위주로 준비. 무스펙인 상태에서 자격증을 따고 남들을 따라갈까 고민했지만, 전략적으로 고민한 끝에 합격할 수 있었습니다.

" 10번을 떨어질 각오로 끊임없이 도전하는 것이 중요 "

Q. 우리 기관에 지원한 동기는 무엇입니까?

A. **자산관리공사** 자산관리공사는 많은 공공기관 중에서 다양한 방법으로 취약계층을 도와주고 있습니다. 가계, 기업, 공공에 걸쳐 넓은 범위로 실제 수요가 있는 분들에게 도움을 주는 모습에 공감하여 지원했습니다.

A. **산업은행** 다른 정책금융기관보다 성장하는 기관이라고 생각합니다. 시장 안전판 역할을 꾸준하게 이행하고 있고, 거기에 그치지 않고, 혁신 성장 산업 발굴, ESG 관련 제도를 수립하는 등 미래 먹거리를 꾸준히 발굴하고 있다고 생각합니다. 입행 후, 현재의 상태에 머물지 않고, 꾸준히 학습하고 배우는 자세로 산업은행에 이바지 하겠습니다.

A. **축산물품질평가원** 축산물품질평가원은 국민들의 먹거리 행복에 기여하는 기관입니다. 특히 축산물유통시장을 국민들과 공유하는 점이 가치 있는 일이라고 생각하여 지원하게 되었습니다. 축산물유통정보 사업에 필요한 역량은 분석력이라고 생각하고 실제로 중소기업에서 지속가능경영보고서 등을 작성하며 해당 역량을 키웠습니다. 해당 기업의 경쟁력, 사업계획, 기업이 나아가야 될 방향 등 경영전략을 제시하는 경험을 토대로 축산시장 변화에 민감하게 반응하고, 습득하는 태도로 임하겠습니다.

A. **한국식품안전관리원** 식생활, 식품 안전, 위생은 실제 삶에 가장 큰 영향을 미친다고 생각합니다. 식품안전과 위생에 대한 요구가 점차 늘어나고 있고, 이런 업무를 책임지고 있는 한국식품안전관리인증원에 발전이 있을 것으로 생각되어 지원하게 되었습니다. 소비자 보람을 느끼면서 업무를 수행할 기회가 적지 않은데, 소비자의 권익을 보호하는 업무를 하기 때문에 보람을 느낄 수 있는 업무라고 생각하여 지원하게 되었습니다.

Q. 우리기관에서 하고 있는 주요 사업을 알고 계십니까?

A. **자산관리공사** 평소 귀사의 사업을 눈여겨보고 있었습니다. 가계 안정, 기업 활력을 국가 자산의 가치를 더하는 리딩 플랫폼이라는 비전에 맞게 가계 채무조정방안, 한계기업에 다양한 프로그램을 통해 유동성 공급, 국유재산을 관리하고 국·공유 자산을 위탁 개발하는 등 다양한 산업과 사업을 하는 수행하는 것으로 알고 있습니다.

Q. 우리 기관에서 지원자를 뽑아야 하는 이유는 무엇입니까?

A. **자산관리공사** 두 가지로 답변하겠습니다. 첫 번째는 강한 책임감입니다. 시장 안전판 역할을 하면서 다양한 한계기업 지원, 성장기업의 원활한 자금지원, 이런 과정에서 기업에 대한 분석과 정책자금 지원, 꾸준한 사후 관리가 필요하므로 끝까지 포기하지 않는 강한 책임감이 필요하다고 생각합니다. 두 번째는 끊임없이 성장하고 배우고자 하는 자세입니다. 학부수업 뿐 아니라 석사 박사과정의 수업을 듣는 자세로 공부하였습니다. 이러한 자세로 입행하더라도 다양한 부서에서 끊임없이 배우고자 하는 자세로 더 나은 정책금융기관이 되도록 기여하고자 합니다.

우리의 소원은 통일인가

줄어드는 이산가족

"우리의 소원은 통일, 꿈에도 소원은 통일"이라는 노래는 40대 이상 세대에게 익숙하지만 MZ세대는 좀처럼 들어본 적이 없다. 남북 분단으로 발생한 약 1000만 명의 이산가족에게 통일은 외교·안보 정책 차원 이전에 인륜(人倫 : 사람으로서 마땅히 지켜야 할 도리)의 문제였다. 1983년 KBS 특별생방송 '이산가족을 찾습니다'에서 찢긴 혈육들이 재회해 울부짖는 장면은 전 국민의 눈시울을 붉혔다.

남북 이산가족 상봉은 1985년부터 2018년까지 21차례 이어졌지만 화상 상봉을 포함해 한 번이라도 가족을 만난 이들은 2만5000명이 채 안 된다. 수많은 이산가족이 혈육과 생이별한 채 눈을 감았다. 유소년 시절에 남북 분단을 맞았던 이들이 현재 최소 70대이고 당시 부모 세대는 90세 이상이다. 이산가족 자체가 줄고 있다. 남북이 극과 극의 체제와 이념 속에서도 한민족이란 정체성을 공유할 수 있었던 가족이라는 연(緣)이 희미해진 만큼 '우리의 소원은 통일'이라는 통절한 수사(修辭)도 절박함을 잃고 있다.

통일은커녕 "통일부 없애자"

그러한 영향 탓인지 우리는 역대 최초로 진지한 통일 논의가 실종된 대통령 선거를 보고 있다. 역대 진보·보수 정권을 막론하고 남북통일은 '정의로운 민주 사회 구현'이나 '경제 발전과 선진국 도약'처럼 이견이 있을 수 없는 국시(國是 : 국가 이념이나 국가 정책의 기본 방침)였다. 하지만 이번 20대 대선에서는 어떤 유력 후보들도 남북통일을 문제를 적극 거론하지 않는다.

윤석열 국민의힘 후보는 한 기업인의 이른바 '멸공 놀이'를 좇아 '멸치와 콩'을 사는 사진을 올리는가 하면 이를 실행에 옮기겠다는 듯 대북 선제타격론을 주장했다. 그는 지난 1월 신년 기자회견에서 북한의 극초음속 미사일 개발 정황과 미사일 방어 계획에 대한 질문에 "북한의 도발 조짐 시 킬체인(Kill Chain : 북한 핵위협에 대응해 2023년까지 구축하기로 한 한미연합 선제타격 체제)을 활용한 선제타격밖에 방법이 없다"고 말했다.

햇볕정책과 판문점 선언의 계승자이어야 할 법한 이재명 더불어민주당 후보의 통일관도 미지근하긴 마찬가지다. 이재명 후보는 지난해 11월 "통일 지향은 이미 늦었다. 사실상의 통일 상태, 통일된 것과 마찬가지면 됐다"며 "통일하자고 해봐야 쉽지 않으니 너무 정치적으로 접근하지 말고 실리적으로 접근하면 좋겠다"라고 말했다. 즉 통일은 현실적으로 불가능하니 평화롭게 남북 경제협력이나 할 수 있으면 족하다는 것이다.

1985년생 제1야당 대표인 이준석 국민의힘 대표는 "통일부가 있다고 통일이 가까워지는 것도 아니며 (통일부가) 마땅히 하는 일도 없고 되는 일도 없으니 존재 이유가 없다"며 유력 정치인 가운데 처음으로 통일부에 사형선고를 내렸다. 그의 주장은 MZ 세대의 부족한 민족·역사의식을 드러낸 것이란 비판을 받았지만 통일부 폐지론은 어느덧 대선 의제로 떠올랐다. 이재명 후보는 "통일부를 남북협력부 또는 평화협력부로 이름을 바꿔 (평화 유지를) 단기 목표로 하는 게 장기적인 통일의 실효적인 길"이라며 사실상 통일부 폐지론에 탑승했다.

정치권의 격세지감이 느껴지는 통일론은 통일 문제에 유권자의 관심이 적다는 방증이기도 하다. '한민족이니 반드시 통일해야 한다'는 민족주의적 통일관은 힘을 잃어가고 있다. 지난해 12월 통일연구원이 발표한 통일의식조사에서 남북관계의 변화와 크게 상관없이 2016년 이후 우리 국민 중 평화공존을 선호한다는 사람들의 비율이 늘고 통일을 선호하는 비율은 꾸준히 줄어들었다.

20대가 통일 반대론 주도

통일에 대해 부정적인 인식을 주도하는 세대는 20대다. 지난해 중앙일보와 엠브레인퍼블릭이 진행한 인식조사에 따르면 '남북통일이 필요하지 않다'는 응답은 20대에서 47.1%로 40대(23.8%)의 두 배에 달했다. 역사적인 이산가족 상봉 행사와 2000년 최초의 남북정상회담을 보며 통일의 당위성에 공감했던 40대 이상과 달리, 취업난에 시달리고 내 집 마련을 꿈꾸기도 어려운 20대에게 통일 담론은 뜬구름 잡는 얘기다.

절차의 공정성과 능력주의를 중요시 하고 손해보기 싫어하는 젊은 세대에게 북한은 가까이 하기엔 너무 이질적인 존재다. 2018년 평창 동계올림픽 당시 여자 아이스하키팀을 남북 단일팀으로 구성한다는 결정에 반대하며 문재인 정부를 당혹케 한 것도 10~20대 젊은 층들이었다. 태어날 때부터 민주주의와 경제 발전, 디지털 소통의 수혜를 누려온 이들에게, 왕조 세습 체제를 떠받들고 있는 북한은 도저히 함께 살아갈 공동체로 보이지 않는 것이다.

그러나 통일이 더는 우리의 소원이 아닌 시대라고 하더라도 평화는 여전히 우리의 실존적 소원이다. 머리 위에 적국의 핵탄두 미사일을 이고 살 수는 없으니 말이다. 남북 분단 체제가 한국의 국가 브랜드를 좀먹는 코리아 디스카운트(Korea discount) 현상도 극복하지 않을 수 없다. 이러한 문제는 결국 '남북이 통일된 것이나 마찬가지인 상태'가 되어야만 풀 수 있다. 언젠가 그러한 상태에 도달한다면 진정한 남북통일을 목표로 삼지 않을 이유 또한 없지 않겠는가.

2022 베이징 동계올림픽과 외교적 보이콧

지구촌 최대의 겨울 축제 동계올림픽의 계절이 돌아왔다. 이번 2022 베이징 동계올림픽은 중국 공산당은 물론 시진핑 중국 국가주석에게도 정치적으로 매우 중요한 행사다. 시 주석의 공산당 총서기 3연임을 확정할 2022년 10월 제20차 공산당대회 이전에 치러지는 초대형 이벤트이기 때문이다. 또한 코로나 대유행으로 인한 사회 불만, 경제성장 동력상실과 이로 인한 성장둔화, 인민들의 경제난 등으로 인한 불만을 잠재우고, 공산당 창건 100주년을 맞이해 독재체제를 합리화하고 선전하는 데 올림픽만 한 게 없다.

2022 베이징 동계올림픽은 지구촌 최대의 겨울 축제라는 수식어가 무색하게 조용하다. 텔레비전이나 오프라인 등지에서 앞 다투어 앰부시 마케팅(ambush marketing : 스포츠 이벤트에서 공식 후원업체가 아님에도 불구하고 광고 문구를 통해 올림픽 등과 같은 이벤트와 관련이 있는 곳이라는 인상을 주는 마케팅 기법)이 나와야 할 시기에도 기업들은 눈치를 보며 숨을 죽이고 있다.

이번 동계올림픽을 바라보는 대외적 시선도 곱지 않다. 미국 주도로 캐나다·영국·호주 등은 중국의 인권 문제를 지적하며 '외교적 보이콧(diplomatic boycott)'을 선언한 상황이다. 외교적 보이콧이란 선수 참가국이 올림픽과 같은 국제경기의 개·폐막식에 정치인이나 장관급 이상 고위관리 등 정부대표단을 보내지 않는 것을 말한다.

미국은 중국 정부의 신장 위구르 자치구 지역의 인권 탄압을 이유로 외교적 보이콧을 선언했고 미국 주요 동맹국들의 보이콧 동참이 이어졌다. 다수의 인권단체들과 서구권 정부들은 중국의 신장 지역 인권 탄압과 학살을 의심하고 있다. 홍콩 내 정치적 자유 및 범민주파 시위자들에 대한 억압, 그리고 최근 중국 고위 간부로부터 성폭행 피해를 호소한 뒤 사라진 중국 테니스 선수 펑솨이로 인해 보이콧 문제는 더 악화했다.

미국 등 서방 각국의 외교적 보이콧에 따라 지구촌의 화합과 축제의 장이라는 올림픽 정신은 빛이 바랠 수밖에 없다. 올림픽 주최국의 국제적 위상은 물론 흥행에도 영향을 미칠 것이 분명하다.

외교적 보이콧의 역사

1896년 근대 올림픽 출범 이후 1936년 베를린 올림픽 때에 이르러 미국 등 여러 나라에서 보이콧 움직임이 일었다. 독일의 독재자 아돌프 히틀러가 올림픽을 독일의 우수성을 과시하려는 선전 도구로 사용하려 했기 때문이다. 당시에는 스포츠와 정치를 분리해야 한다는 논리가 우세해 미국은 베를린 올림픽에 참가했다.

올림픽에서 본격적으로 보이콧이 일어난 건 1976년 몬트리올 올림픽 때부터다. 당시 국제 스포츠계는 아파르트헤이트(인종차별 정책)를 실시하던 남아프리카공화국과의 교류를 제한했다. 뉴질랜드 럭비팀이 남아공을 방문해 경기를 치르자 뉴질랜드의 올림픽 참가를 막아야 한다는 주장이 제기됐다. 하지만 뉴질랜드가 올림픽에 참가하자 탄자니아 가나 등 아프리카 국가들을 중심으로 29개국이 정부대표단을 포함한 선수들 모두 올림픽을 보이콧했다.

역사상 가장 큰 올림픽 보이콧은 1980년 모스크바 올림픽 때 일어났다. 당시 소련의 아프가니스탄 침공을 비난하며 미국을 비롯한 66개국이 올림픽을 보이콧했다. 그러자 소련은 이에 대한 보복으로 1984년 로스앤젤레스(LA) 올림픽을 보이콧했다. 소련의 영향력 아래 있던 동유럽 국가들을 중심으로 14개국이 보이콧에 동참했다.

올림픽과 정치 갈등

올림픽에서 보이콧이 발생하는 이유는 보통 정치적 문제였다. 국제올림픽위원회(IOC)는 줄곧 '올림픽과 정치의 분리'를 표방해 왔지만 올림픽의 과거와 현재는 올림픽 무대가 첨예한 정치적 이해관계와 갈등이 둘러싸고 있는 공간임을 보여준다. 2022 베이징 동계올림픽도 마찬가지다. 올림픽을 통해 대외적 위상을 높이려는 중국과 이를 저지하려는 미국과 유럽 국가들의 치열한 힘의 논리와 정치적 목적이 작용하고 있다.

올림픽 헌장 제2조 'IOC의 역할과 사명'은 "올림픽 운동의 단결을 강화하고 독립성을 보호하고 정치적 중립을 유지하고 스포츠의 자율성을 보존하기 위한 조치를 취한다"는 내용을 포함한다. IOC에 정치적 중립이란 스포츠 외의 문제로 개최국을 문제 삼지 않는 것이다. 이번 동계올림픽 보이콧을 IOC 입장에서 환영하지 않는 이유다.

IOC는 정치적 중립을 지키겠다며 중국 인권 유린 문제에 대한 언급을 자제하고 있으나 IOC의 이러한 '선택적 정치적 중립'에 대해 비난도 나온다. IOC는 2018년 평창 동계올림픽 당시에는 남북한 사이의 대화를 촉진하며 현실 정치에 개입하기도 했다. 이번 보이콧은 중국이 자초한 인권 문제를 환기하는 데 효과가 있겠으나 수년 동안 올림픽을 준비한 무고한 운동선수들에게는 올림픽 정신과 가치를 떨어뜨리는 불공정한 일로 인식될 수 있다.

국가나 선수들이 국제 스포츠 무대에서 정치적 견해를 드러내는 것이 옳은가 여부에 대해 여전히 논쟁이 진행 중이다. 다만 점점 더 많은 운동선수들이 인종차별과 여성의 권리, 정신 건강, 환경에 이르기까지 다양한 사회적 문제에 대해 목소리를 내면서 국제 경기에 있어 보이콧과 같은 정치적 행동주의는 더 활발해질 것으로 보인다.

암군暗君의 그림자, 간신奸臣

세상에는 일찍이 간신이 존재하지 않았던 적이 없다. 다만 현명한 임금이 그것을 잘 살피고 부림으로써 나라를 바른 길로 이끌었기에 멋대로 술수를 부릴 수 없었다. 만약 간신의 술수에 빠지면 나라가 패망에 이르지 않는 경우가 없었다.

－『고려사高麗史』－

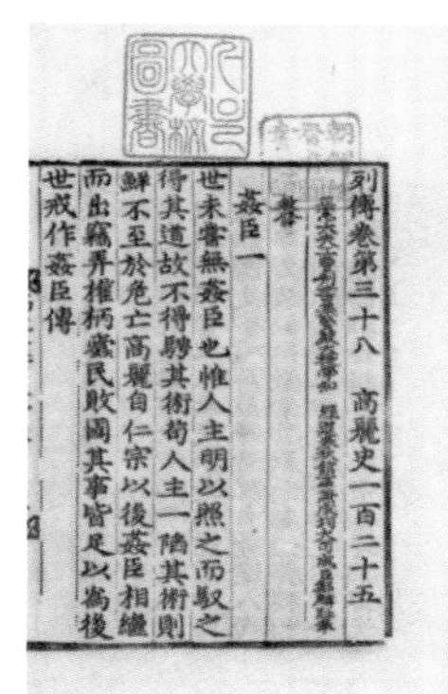

列傳卷第三十八 高麗史一百二十五

姦臣一

世未嘗無姦臣也惟人主明以照之而馭之得其道故不得騁其術苟人主一陷其術則鮮不至於危亡高麗自仁宗以後姦臣相繼而出竊弄權柄虐民敗國其事皆足以爲後世戒作姦臣傳

▲『고려사』 '간신열전' 서문
(자료 : 한국사데이터베이스)

위 글은 조선 세종世宗(조선 제4대 왕, 재위 1418~1450) 때 김종서金宗瑞, 정인지鄭麟趾 등이 편찬한 『고려사高麗史』의 간신열전奸臣列傳 서문이다. 간신이 횡행한 시대라면 이는 곧 암군의 치세기라 할 수 있다. 간신과 암군은 떼려야 뗄 수 없는 '역사 속 콤비' 같은 존재다.

우리 역사에도 수많은 간신이 존재하였다. 이들은 나라의 존망이 위태롭거나 어리석은 군주의 치세기면 반드시 등장하여, 끝내 역사에 오명을 남긴 채 사라졌다. 권신權臣과 간신은 양날의 검 같은 것이었다. 권력을 장악한 이들이 간신으로 변모하기란 너무도 쉬웠으나, 간신이 다시 '정신을 차린' 역사는 찾아보기 어렵다.

고려 공민왕恭愍王(고려 제31대 왕, 재위 1351~1374), 우왕禑王(고려 제32대 왕, 재위 1374~1388) 때의 권신이자 간신 이인임李仁任은 『고려사』 간신열전에 이름이 오른 인물이다. 그의 조부는 고려 말 무려 4명의 왕을 모시며 청렴함과 강직함으로 이름이 높았던 이조년李兆年이다. 고려 말 최고의 간신이라 평가받는 이인임의 조부가 손자와는 반대로 청렴과 강직을 대변하는 인물이었다 하니 역사의 아이러니다.

이인임은 공민왕 때 고려에 침입해 온 홍건적을 물리치는 데 큰 공을 세웠고, 최유崔濡 등이 충선왕忠宣王(고려 제26대 왕, 재위 1308~1313)의 셋째 아들인 덕흥군을 옹립하려 일으킨 반란군을 진압하는 데에도 공을 세우며 공민왕의 두터운 신임을 얻게 되었다. 익히 알려진 것과 같이 공민왕은 집권 초기 반원정책을 펼치며 고려의 재건을 위해 과감한 개혁을 이끈 영민한 왕이었다. 공민왕이 왕비인 노국대장공주魯國大長公主의 죽음으로 정사에서 손을 놓고 방황하기 전까지 이인임은 공민왕의 충직한 신하로서 뛰어난 정무 감각과 문무를 겸비한 능력을 앞세워 고려를 이끌었다.

결국 재위 초반의 모습을 잃어버린 공민왕이 측근들에 의해 처참하게 살해되는 일이 발생하자 이인임은 본능적으로 권력의 향배를 판단하였다.

▲ 공민왕·노국공주 초상. 공민왕이 노국공주를 잃지 않았다면 간신 이인임도 없었을지 모를 일이다. (자료 : 국립고궁박물관)

그는 발 빠르게 공민왕 시해사건의 역신들을 처단한 후 공민왕의 유언을 받든다는 명목하에 10세의 어린 강녕대군江寧大君(우왕)을 왕으로 옹립하였다. 공민왕이 이인임에게 실제로 후사와 관련한 유언을 남겼는가는 이인임만이 아는 것이었다. 그는 권력을 오로지하면서 기어이 자신의 세상을 열었다.

하루아침에 비참하게 아버지를 잃고 어린 나이에 왕위에 오른 우왕은 천성이 포악하고 여색을 좋아하여 국정을 이인임 등의 세력가들에게 맡기고 주색에 빠져 지냈다. 그의 엽색행위가 얼마나 지나쳤는지 이를 보다 못한 최영崔瑩이 우왕의 행위를 고려의 역대 왕 중 최악의 패륜아인 충혜왕忠惠王(고려 제28대 왕, 재위 1330~1332)에 빗대어 간언할 정도였다.

이인임은 꼭두각시 우왕을 두고 권문세족의 수장으로서 공민왕이 펼쳤던 반원정책에 반하는 친원으로 돌아섰고, 친명을 추진하던 신진사대부를 대거 숙청하였다. 그의 심복 임견미林堅味, 염흥방廉興邦 등은 이인임의 권력을 믿고 매관매직, 토지수탈 등 전횡을 일삼으며 고려 사회를 도탄에 빠뜨렸다.

이인임은 우왕 12년(1386)에 노환을 이유로 사직하였으나, 그의 측근들에 의한 부정부패가 극에 달하자 결국 이를 보다 못한 최영과 이성계가 나섰다. 존경받는 무장이자 떠오르는 별이었던 두 장군은 군대를 동원하여 이인임 세력을 일거에 숙청하여, 임견미와 염흥방은 참수되었고 이인임은 목숨만은 부지한 채 유배형에 처해졌다. 십년이 넘는 세월 동안 왕마저 손아귀에 틀어쥐고 고려를 좌지우지하던 최고의 권력자는 쓸쓸히 유배지에서 생을 마감하였다.

이인임이 세력을 잃자 그에 대한 탄핵이 이어졌다. 공양왕恭讓王(고려 제34대 왕, 재위 1389~1392) 즉위 후 이인임이 이미 죽은 뒤임에도 다시금 오사충吳思忠 등이 이인임의 극형을 간언하자 왕은 이인임의 집을 헐어버리고 그 집터를 파 연못으로 만들라 지시하였다. 이 파가저택破家瀦澤은 대역죄인을 극형에 처한 뒤 그 집터 마저 없애버리는 형벌이었다. 그의 살아생전 전횡에 얼마나 많은 분노가 쌓였는지 알 수 있는 대목이다.

옛말에 '군자가 여럿이어도 나라를 제대로 다스리기란 어렵지만, 나라를 망치는 데에는 소인 하나면 족하다'고 하였다. 위기의 한국을 이끌어갈 새 대통령은 소인을 멀리 하고, 간신을 구별할 줄 아는 이라야 할 것이다. 다시금 간신열전의 서문을 음미할 만하다.

세상에는 일찍이 간신이 존재하지 않았던 적이 없다. 다만 현명한 임금이 그것을 잘 살피고 부림으로써 나라를 바른 길로 이끌었기에 멋대로 술수를 부릴 수 없었다.

신민용
에듀윌 한국사연구소 연구원

井底之蛙

우물 정 밑 저 갈 지 개구리 와

우물 안 개구리

출전: 『장자莊子』

정저지와井底之蛙는 '우물 안 개구리'란 뜻의 고사성어다. 흔히 경험과 지식이 부족하여 세상 물정에 어두운 사람을 뜻하는 말로 자주 쓰인다. 해당 내용은 장자莊子 추수秋水편에 실려 있는 첫머리의 이야기로, 황하黃河의 신 하백河伯과 북해北海의 신인 약若과의 문답으로 구성돼있다.

가을 홍수로 황하에 물이 가득하자, 하백은 온 천하에서 자신이 최고라고 생각했다. 강의 흐름을 따라 동쪽으로 가서 북해에 도착하자 하백은 소스라치게 놀랐다. 북해는 황하보다 훨씬 더 컸고 끝이 보이지 않을 정도로 광대했다.

하백은 약에게 탄식하며 말했다. "'백 가지 도리를 들으면 저만한 사람이 없는 줄 안다'는 속담이 바로 저를 두고 한 말인 듯합니다. 이곳에 오지 않았다면, 저는 아마 사람들의 비웃음거리가 되었을 것입니다."

그러자 약이 말했다. "'우물 안 개구리井底之蛙'에게 바다에 대해서 말해도 알아듣지 못하는 것은 자신이 사는 곳에 얽매여 있기 때문이고, 여름 벌레에게 얼음에 대해 말해도 알아듣지 못하는 것은 자신이 사는 때에 얽매여 있기 때문이며, 식견이 좁은 선비에게 도에 대해 말해도 알아듣지 못하는 것은 자신이 알고 있는 가르침에만 얽매여 있기 때문이오."

"이제 그대는 강기슭을 벗어나 큰 바다를 보고 비로소 자신이 보잘것없다는 것을 알게 되었소. 그러니 그대와 함께 진리에 대해 이야기를 나눌 수 있을 것 같소."

한자 돋보기

井은 우물의 난간을 그린 글자로, '우물'을 뜻한다.

- **渴而穿井(갈이천정)** 목이 말라야 비로소 샘을 팜
- **天井不知(천정부지)** 물건의 값 따위가 자꾸 오르기만 함

井

우물 정
二 총4획

底는 땅속 깊이 뿌리가 뻗어 나간 모습을 그린 것으로, '낮다'를 뜻한다.

- **方底圓蓋(방저원개)** 일이 어긋나고 맞지 않음

밑 저
广 총8획

之는 사람의 발을 그린 글자로 '가다'를 뜻으로 쓰였으나, 현재는 어조사 역할로 사용된다.

- **易地思之(역지사지)** 상대방 처지에서 생각해봄
- **結者解之(결자해지)** 일을 저지른 사람이 그 일을 해결해야 함

갈 지
丿 총4획

蛙는 벌레를 뜻하는 虫과 음을 나타내는 圭(규→와)가 합쳐진 글자로, '개구리'를 뜻한다.

- **春蛙秋蟬(춘와추선)** 쓸모없는 언론을 봄철 개구리와 가을 매미의 시끄러운 울음소리에 비유

蛙

개구리 와
虫 총12획

동의어

- 정중지와(井中之蛙)
- 감중지와(坎中之蛙)
- 좌정관천(坐井觀天)
- 통관규천(通管窺天)

한자 상식 | 2021년 에듀윌 고사성어 정리 ②

구분	의미
용두사미(龍頭蛇尾)	시작은 거창하나 끝이 초라함
함흥차사(咸興差使)	한번 간 사람이 돌아오지 않거나 소식이 없음
순망치한(脣亡齒寒)	한쪽이 망하면 다른 한쪽도 보존키 어려움
천고마비(天高馬肥)	가을 정취를 아름답게 비유함
매사마골(買死馬骨)	손익을 계산하지 말고 정성을 들여야 바라는 바를 성취함
화룡점정(畵龍點睛)	무슨 일을 하는 데 있어 가장 중요한 부분을 완성함

Books

센 강의 이름 모를 여인

기욤 뮈소 저·양영란 역 | 밝은세상

특유의 분위기로 탄탄한 팬층을 확보한 프랑스 작가 기욤 뮈소의 신작이 출간됐다. 기욤 뮈소는 ■'르 피가로' 지와 프랑스서점연합회에서 조사하는 베스트셀러 작가 순위에서 8년 연속 1위를 기록한 만큼 자국에서 사랑받는 작가이다. 우리나라 독자들 또한 기욤 뮈소에 대한 사랑이 각별한데, 이번 책이 한국에서 18번째로 출간된 기욤 뮈소의 장편소설이라는 점이 그러한 사실을 증명한다. 기욤 뮈소의 이번 신작은 스릴러 작품으로, 센 강에서 익사 직전에 구조된 한 여인에 관한 이야기다. 유전자 검사 결과 이 여인은 일 년 전 항공기 사고로 사망한 유명 피아니스트인 것으로 밝혀지는데, 이 사건의 진실은 무엇일지, 섬뜩하고 매혹적인 이야기가 펼쳐진다.

■ 르 피가로(Le Figaro) 1826년 발행된 프랑스에서 가장 오래된 보수계 신문으로 에밀 졸라, 공쿠르 형제 등 일류 작가를 기용하고 유명 인사와의 대담 방식을 최초로 도입한 일간지이다.

계절 산문

박준 저 | 달

시집 『당신의 이름을 지어다가 며칠은 먹었다』, 『우리가 함께 장마를 볼 수도 있겠습니다』와 산문집 『운다고 달라지는 일은 아무것도 없겠지만』 등 제목만으로도 따뜻함을 가득 전달하는 박준 시인이 두 번째 산문집을 내놓았다. 이번 산문집은 첫 번째 산문집 출간 이후 4년 만에 독자들을 찾은 것이다. 이번 산문집에서 박준 시인은 당연하게 주어지는 시간을 사는 동안 계절의 길목에서 우리 곁을 스쳐 지나간 장면들을 꺼내어 섬세하게 어루만진다. 한편, 박준 시인은 그 존재만으로도 독자들의 사랑을 받기에 충분하지만, 지난해에는 tvN의 예능 프로그램 '유 퀴즈 온 더 블록'에 출연하며 대표작들의 판매량이 급증, ■미디어셀러의 면모를 보이기도 했다.

■ 미디어셀러(media seller) 영화나 드라마, 예능 프로그램 등에 노출된 이후 주목을 받아 판매량이 급증한 도서를 말한다.

NFT 레볼루션

성소라, 롤프 회퍼, 스콧 맥러플린 저 | 더퀘스트

가까운 미래에 새로운 경제 생태계가 몰려올 것으로 예상되며, 많은 사람이 그 중심에 있는 ■NFT에 관심을 보이고 있다. 그러나 익숙하지 않은 개념인 NFT에 관한 정보를 혼자서 정리하기란 쉽지 않다. 이 책은 먼저 NFT의 의미를 다양한 관점으로 쉽게 설명해준다. 나아가서 NFT를 보다 확실하게 이해하려면 블록체인·암호화폐 등 새로운 기술 관점의 해설이 필요하고, 비즈니스 접목 사례와 시장 전망도 알아야 하는데, 이 책이 착실한 가이드 역할을 한다.

■ NFT(Non-Fungible Token) 대체불가능토큰의 줄임말로, 블록체인 기술로 그림이나 영상 등 디지털 파일에 원본이라고 인증하는 토큰을 붙인 것을 말한다. 디지털 장부를 무수히 분산해 조작이 불가능한 블록체인의 특성상 하나의 NFT는 오로지 하나만 존재하며 누구가가 변경할 수 없다. 이에 예술품을 비롯한 다양한 디지털 자산들이 NFT로 거래되고 있다.

Movie

문폴

롤랜드 에머리히 감독

| 할리 베리·패트릭 윌슨 출연

'투모로우', '2012' 등의 재난 블록버스터를 선보인 롤랜드 에머리히 감독이 초대형 재난 블록버스터 '문폴'로 관객을 찾는다. '문폴'은 궤도를 벗어난 달이 지구를 향해 떨어지기 시작하면서 지구의 중력과 모든 물리적인 법칙이 붕괴되는, 인류가 상상하지 못했던 재난 상황이 발생한 가운데, ▪**NASA** 연구원 파울러(할리 베리 분), 전직 우주 비행사 브라이언(패트릭 윌슨 분), 우주 덕후 KC(존 브래들리 분)가 달을 막을 방법을 찾기 위해 마지막 우주선에 오르며 펼쳐지는 이야기를 그린다. 달과 지구의 충돌까지 남은 시간은 단 30일, 이들이 추락하는 달을 멈출 수 있을지, 박진감 넘치는 이야기가 압도적인 비주얼로 펼쳐진다.

▪ **NASA(미항공우주국)** 미국의 우주 탐사 활동과 우주선에 관한 연구·개발을 담당하는 대통령 직속 기구다. 1969년 아폴로 11호를 통해 최초로 달에 사람을 보냈다.

Exhibition

우연히 웨스 앤더슨

그라운드시소 성수

| 2021. 11. 27.~2022. 06. 06.

여행 사진 커뮤니티 '우연히 ▪**웨스 앤더슨**(AWA, Accidentally Wes Anderson)'의 국내 첫 대규모 전시가 진행되고 있다. 유럽과 중앙아시아, 북미 등 매력적인 장소에서 수집된 웨스 앤더슨 풍의 풍경 사진 300여 점이 회고, 여정, 영감 세 가지 테마로 나눠 선보여진다. 한편, AWA 커뮤니티의 모태가 된 AWA 프로젝트는 월리와 아만다 코발 부부가 웨스 앤더슨의 영화에 나올 것 같은 세계의 풍경들을 인스타그램에 올리면서 시작됐다. 이들 부부의 사진은 전 세계인의 관심을 불러일으켜, 150만 명 이상의 SNS 팔로워를 기록하게 됐다. 또한 이 프로젝트에 전 세계인이 참여해 서로의 아름다운 사진을 공유했다.

▪ **웨스 앤더슨(Wes Anderson, 1969~)** '그랜드 부다페스트 호텔'을 연출한 미국의 영화 감독으로, 자신만의 독특한 미학을 관객에게 설득시키는 것으로 잘 알려져 있다.

Musical

프리다

세종문화회관 S씨어터

| 2022. 03. 01.~2022. 05. 29.

꽃처럼 화려하고 불꽃처럼 열정적인 ▪**프리다** 칼로를 주인공으로 내세운 우리나라의 창작 뮤지컬 '프리다'가 관객을 만난다. 이 작품은 제14회 DIMF(대구국제뮤지컬페스티벌) 수상작이자, 제15회 DIMF 공식 초청작이다. 당시 DIMF 역대 창작지원작 중 유일한 기립박수를 끌어내며, "트라이아웃이라고는 믿기지 않는, 지금 당장 공연을 올려도 손색이 없는 작품"이라는 극찬 세례를 받은 바 있다. 인생의 어둠과 고통에도 담대하게 맞선 열정의 예술가이자, 이 극의 주인공인 프리다 칼로 역은 한국 뮤지컬계의 살아있는 전설 최정원과 독보적인 디바 김소향이 맡았다. 이들은 프리다 칼로의 극적인 서사를 관객들에게 감동적으로 전달한다.

▪ **프리다 칼로(Frida Kahlo, 1907~1954)** 멕시코의 초현실주의 계열 화가로, 20C 멕시코 미술계를 대표한다. 치명적인 교통사고로 평생 육체적·정신적 고통을 겪었으며, 이는 작품에 고스란히 담겨 있다.

eduwill

취업, 공무원, 자격증 시험준비의 흐름을 바꾼 화제작!

에듀윌 히트교재 시리즈

에듀윌 교육출판연구소가 만든 히트교재 시리즈!
YES 24, 교보문고, 알라딘, 인터파크, 영풍문고 등 전국 유명 온/오프라인 서점에서 절찬 판매 중!

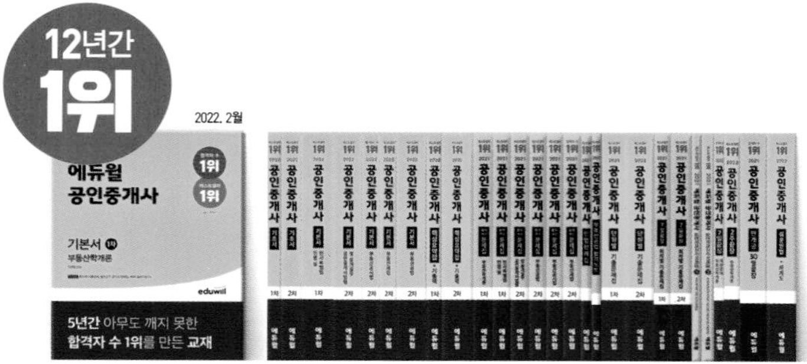

공인중개사 기초서/기본서/핵심요약집/문제집/기출문제집/실전모의고사 외 11종

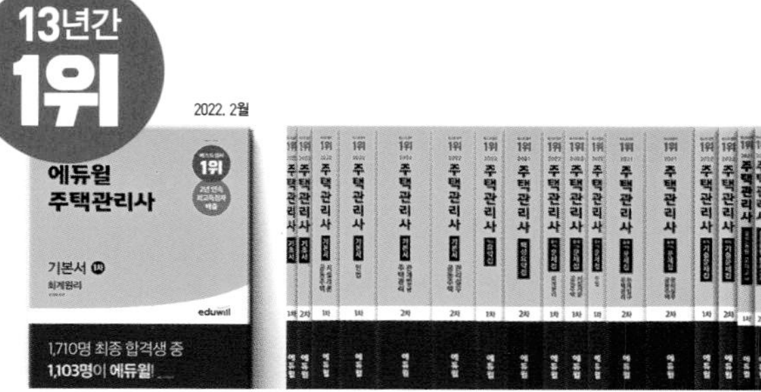

주택관리사 기초서/기본서/핵심요약집/문제집/기출문제집/실전모의고사

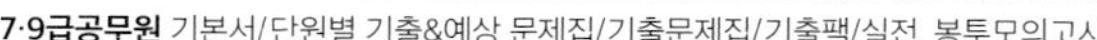

7·9급공무원 기본서/단원별 기출&예상 문제집/기출문제집/기출팩/실전, 봉투모의고사

공무원 국어 한자·문법·독해/영어 단어·문법·독해/한국사 흐름노트/행정학 요약노트/행정법 판례집/헌법 판례집

7급공무원 PSAT 기본서/기출문제집

계리직공무원 기본서/문제집/기출문제집

군무원 기출문제집/봉투모의고사

경찰공무원 기본서/기출문제집/모의고사/판례집/면접

소방공무원 기출문제집/실전, 봉투모의고사

맞춤형 화장품 조제관리사

검정고시 고졸/중졸 기본서/기출문제집/실전모의고사/총정리

사회복지사(1급) 기본서/기출문제집/핵심요약집

직업상담사(2급) 기본서/기출문제집

경비 기본서/기출/1차 한권끝장/2차 모의고사

전기기사 필기/실기/기출문제집

전기기능사 필기/실기

※ YES24 수험서 자격증 공인중개사 베스트셀러 1위 (2011년 12월, 2012년 1월, 12월, 2013년 1월~5월, 8월~12월, 2014년 1월~5월, 7월~8월, 12월, 2015년 2월~4월, 2016년 2월, 4월, 6월, 12월, 2017년 1월~12월, 2018년 1월~12월, 2019년 1월~12월, 2020년 1월~12월, 2021년 1월~12월, 2022년 1월~2월 월별 베스트, 매월 1위 교재는 다름)
※ YES24 국내도서 해당분야 월별, 주별 베스트 기준

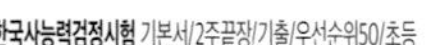
한국사능력검정시험 기본서/2주끝장/기출/우선순위50/초등

조리기능사 필기/실기

제과제빵기능사 필기/실기

SMAT 모듈A/B/C

ERP정보관리사 회계/인사/물류/생산(1, 2급)

전산세무회계 기초서/기본서/기출문제집

어문회 한자 2급 | 상공회의소한자 3급

ToKL 한권끝장/2주끝장

KBS한국어능력시험 한권끝장/2주끝장/문제집/기출문제집

한국실용글쓰기

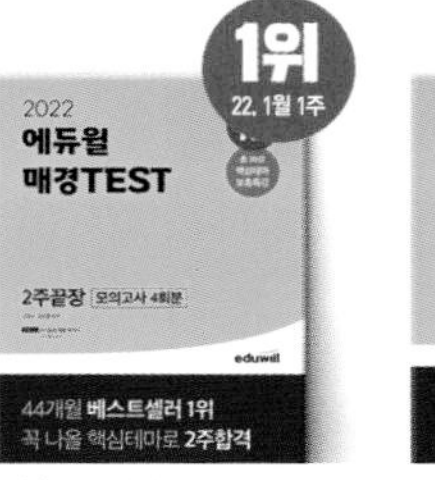
매경TEST 기본서/문제집/2주끝장

TESAT 기본서/문제집/기출문제집

스포츠지도사 필기/실기구술 한권끝장

산업안전기사 | 산업안전산업기사

위험물산업기사 | 위험물기능사

무역영어 1급 | 국제무역사 1급

운전면허 1종·2종

컴퓨터활용능력 | 워드프로세서

월간시사상식 | 일반상식

월간NCS | 매1N

NCS 통합 | 모듈형 | 피듈형

PSAT형 NCS 수문끝

PSAT 기출완성 | 6대 출제사 | 10개 영역 찐기출

한국철도공사 | 서울교통공사 | 부산교통공사

국민건강보험공단 | 한국전력공사

한수원 | 수자원 | 토지주택공사

행과연 | 휴노형 | 기업은행 | 인국공

대기업 인적성 통합 | GSAT

LG | SKCT | CJ | L-TAB

ROTC·학사장교 | 부사관

※ YES24 수험서 자격증 주택관리사 베스트셀러 1위 (2010년 12월, 2011년 3월, 9월, 12월, 2012년 1월, 3월~12월, 2013년 1월~5월, 8월~11월, 2014년 2월~8월, 10월~12월, 2015년 1월~5월, 7월~12월, 2016년 1월~12월, 2017년 1월~12월, 2018년 1월~12월, 2019년 1월~12월, 2020년 1월~7월, 9월~12월, 2021년 1월~12월, 2022년 1월~2월 월별 베스트, 매월 1위 교재는 다름)
※ YES24 국내도서 해당분야 월별, 주별 베스트 기준